QUÍMICA ORGÂNICA

Uma Aprendizagem Baseada em Solução de Problemas

gen
Grupo
Editorial
Nacional

QUÍMICA ORGÂNICA

Uma Aprendizagem Baseada em Solução de Problemas

3ª Edição

Volume 2

DAVID KLEIN

Johns Hopkins University

Tradução e Revisão Técnica

Oswaldo Esteves Barcia, D.Sc.

Professor do Instituto de Química - UFRJ

Edilson Clemente da Silva, D.Sc.

Professor do Instituto de Química - UFRJ

Apesar dos melhores esforços do autor, dos tradutores, do editor e dos revisores, é inevitável que surjam erros no texto. Assim, são bem-vindas as comunicações de usuários sobre correções ou sugestões referentes ao conteúdo ou ao nível pedagógico que auxiliem o aprimoramento de edições futuras. Os comentários dos leitores podem ser encaminhados à **LTC — Livros Técnicos e Científicos Editora** pelo e-mail ltc@grupogen.com.br.

Traduzido de
ORGANIC CHEMISTRY AS A SECOND LANGUAGE, THIRD EDITION, SECOND SEMESTER TOPICS

ISBN: 978-1-118-01040-2

Travessa do Ouvidor, 11
Rio de Janeiro, RJ – CEP 20040-040
Tels.: 21-3543-0770 / 11-5080-0770
Fax: 21-3543-0896
ltc@grupogen.com.br
www.ltceditora.com.br

Designer sênior de capa: Wendy Lai
Créditos de capa: fundo: © William Hopkins/iStockphoto; tubo de ensaio: Untitled X-Ray/Nick Veasey/Getty Images, Inc.; bicicleta: Igor Shikov/Shutterstock.

Editoração Eletrônica: Imagem Virtual Editoração Ltda.

CIP-BRASIL. CATALOGAÇÃO NA PUBLICAÇÃO
SINDICATO NACIONAL DOS EDITORES DE LIVROS, RJ

K72q
3. ed.
v. 2

Klein, David
Química orgânica : uma aprendizagem baseada em solução de problemas / David Klein ; tradução Oswaldo Esteves Barcia , Edilson Clemente da Silva. - 3. ed. - Rio de Janeiro : LTC, 2017.
il. ; 23 cm.

Tradução de: Organic chemistry as a second language, third edition, second semester topics
Inclui bibliografia e índice
ISBN 978-85-216-3250-4

1. Química orgânica. I. Título.

16-36411 CDD: 547
CDU: 547

INTRODUÇÃO

QUÍMICA ORGÂNICA É REALMENTE APENAS MEMORIZAÇÃO?

A química orgânica é realmente tão difícil quanto todos dizem? A resposta é sim e não. Sim, porque você passa mais tempo com química orgânica do que passaria em um curso de fabricação de cestos subaquáticos. E não, porque os que dizem que é assim tão difícil estudaram de maneira ineficiente. Pergunte à sua volta e verá que a maioria dos estudantes pensa em química orgânica como um jogo de memorização. *Isto não é verdade!* Ex-estudantes de química orgânica perpetuam o falso boato de que a química orgânica é a aula mais difícil do *campus*, porque isto os faz se sentirem melhor frente às baixas notas que receberam.

Se não tem nada de memorização, então, o que ela é? Para responder esta pergunta, vamos comparar a química orgânica a um filme. Imagine um filme em que o enredo muda a cada segundo. Se você está em um cinema vendo um filme deste tipo, não pode sair do lugar nem por um segundo porque perderia algo importante para o enredo. Assim, você tenta esperar ao máximo o filme terminar antes de ir ao banheiro. Você já passou por isso?

A química orgânica é muito semelhante. É uma longa história, e a história realmente só faz sentido se você prestar atenção. O enredo se desenvolve continuamente, e tudo fica amarrado ao enredo. Se você se distrair por muito tempo, poderá se perder facilmente.

Muito bem, então, trata-se de um filme longo. Mas eu não preciso memorizar? É claro, há algumas coisas que você precisa memorizar. Você precisa saber alguma terminologia importante e alguns outros conceitos que exigem uma parcela de memorização, mas a quantidade de pura memorização não é tão grande. Se eu tivesse que dar a você uma lista de 100 números, e lhe pedisse que os memorizasse para um exame, você provavelmente ficaria muito preocupado com isso. Mas, ao mesmo tempo, você provavelmente pode me dizer pelo menos 10 números de telefone de cabeça. Cada um deles tem 10 algarismos (incluindo o DDD). Você nunca se sentou para memorizar todos os 10 números de telefone. Em vez disso, com o tempo você lentamente se acostumou a digitar os tais números até o ponto de sabê-los. Vejamos como isso funciona na nossa analogia com o filme.

Você provavelmente conhece pelo menos uma pessoa que assistiu a um filme mais de cinco vezes e pode repetir cada fala de cabeça. Como essa pessoa pode fazer isto? *Não* é porque ele ou ela tentou memorizar o filme. Na primeira vez que você assiste a um filme, aprende o enredo. Depois da segunda vez, você entende por que as cenas individuais são necessárias para o desenvolvimento do enredo. Depois da terceira vez, você entende por que o diálogo foi necessário para o desenvolvimento do enredo. Depois da quarta vez, você repete muitas das falas de cabeça. *Você nunca, em tempo algum, fez um esforço para memorizar as falas*. Você as conhece *porque elas fazem sentido* na dimensão do enredo. Se eu tivesse que entregar a você um roteiro de um filme e pedisse que memorizasse o máximo possível em

10 horas, você provavelmente não iria muito longe. Se, ao contrário, eu o colocasse em uma sala por 10 horas e repetisse o mesmo filme várias vezes, você saberia a maior parte do filme de cabeça, sem mesmo tentar. Você saberia os nomes de todos, a ordem das cenas, muitos diálogos, e assim por diante.

A química orgânica é exatamente a mesma coisa. Não se trata de memorização. Trata-se de fazer ter sentido o enredo, as cenas e os conceitos individuais que compõem nossa história. É claro que você vai precisar se lembrar de toda a terminologia, mas, com prática suficiente, a terminologia se tornará automática para você. Então aqui está uma rápida pré-estreia do enredo.

O ENREDO

A primeira parte da nossa história baseia-se em reações e aprendemos a respeito das características das moléculas que nos ajudam a entender as reações. Começamos examinando os átomos, os blocos construtores das moléculas, e o que acontece quando eles se combinam formando ligações. Concentramo-nos em ligações especiais entre certos átomos e vemos como a natureza das ligações pode afetar a forma e a estabilidade das moléculas. Neste ponto, precisamos de um vocabulário para começar a falar sobre moléculas, então, aprendemos como representar e dar nome às moléculas. Vemos como as moléculas se movimentam no espaço e exploramos as relações entre tipos semelhantes de moléculas. Neste ponto, sabemos as características importantes das moléculas e estamos prontos para utilizar nosso conhecimento e, então, explorar as reações.

As reações ocupam o resto do curso e são normalmente divididas em capítulos baseados em determinadas propriedades. Dentro de cada um desses capítulos, existe realmente um enredo secundário que se encaixa na história principal.

COMO UTILIZAR ESTE LIVRO

Este livro irá ajudá-lo a estudar com mais eficiência de modo que você possa evitar perder incontáveis horas. Vai destacar as principais cenas do enredo da química orgânica. O livro fará uma revisão dos princípios críticos, explicando por que eles são relevantes para o resto do curso. Em cada seção, você receberá as ferramentas para compreender melhor seu livro-texto e as aulas, bem como diversas oportunidades para praticar os conhecimentos fundamentais que necessitará para resolver problemas nas provas. Em outras palavras, você aprenderá a linguagem da química orgânica. *Este livro não substitui seu livro-texto, suas aulas ou outras formas de estudo.* Este livro não é um "Lembrete" de Química Orgânica. Ele se concentra nos conceitos básicos que capacitarão você a se sair bem se for às aulas e estudar além de usar este livro. Para fazer o melhor uso deste livro, você precisa saber como estudar neste curso.

COMO ESTUDAR

Há dois aspectos separados associados a este curso:

1. Entender os princípios
2. Resolver os problemas

Embora estes dois aspectos sejam muito diferentes, os professores normalmente medirão seu entendimento dos princípios por meio de testes de sua capacidade de resolver problemas. Assim, você deve dominar ambos os aspectos do curso. Os princípios estão nas suas notas de aula, mas você deve descobrir como resolver problemas. A maioria dos alunos tem dificuldades com essa tarefa. Neste livro, exploramos alguns processos em etapas para analisar problemas. Há um hábito muito simples que você deve adquirir imediatamente: *aprenda a fazer as perguntas certas*.

Se você vai ao médico com dores no estômago, vai ouvir uma série de perguntas: Há quanto tempo você tem a dor? Onde é a dor? Ela vem e vai ou é constante? Qual foi a última coisa que você comeu? E assim por diante. O médico está fazendo duas coisas muito importantes e muito diferentes. A primeira é que ele aprendeu as perguntas certas a fazer. Em seguida, ele aplica o conhecimento dele junto com as informações que ele recolheu para chegar ao diagnóstico apropriado. Observe que o primeiro passo é fazer as perguntas certas.

Imaginemos que deseje mover uma ação contra o McDonald's porque você derramou café no seu colo. Você procura uma advogada e ela faz a você uma série de perguntas que a possibilitem aplicar seu conhecimento ao seu caso. Mais uma vez, o primeiro passo é fazer perguntas.

De fato, em qualquer profissão ou negócio, o primeiro passo para diagnosticar um problema é sempre fazer perguntas. Digamos que você esteja tentando decidir se realmente quer ser médico. Há algumas perguntas difíceis e profundas que você deverá fazer a si mesmo. Tudo isso será para aprender como fazer as perguntas certas.

O mesmo é verdadeiro para a solução de problemas neste curso. Infelizmente, espera-se que você aprenda como fazer isso por si mesmo. Neste livro, vamos examinar alguns tipos comuns de problemas e verificaremos que perguntas você deverá fazer em tais circunstâncias. E o mais importante, vamos também desenvolver "habilidades" que permitirão a você descobrir que perguntas deverá fazer para um problema que nunca viu antes.

Muitos alunos perdem a cabeça nas provas quando encontram um problema que não podem resolver. Se você pudesse ouvir o que se passa nas suas mentes, seria algo parecido com: "Não posso resolver isto… vou ser reprovado." Esses pensamentos são contraproducentes e um desperdício de tempo precioso. Lembre-se de quando tudo falha, há sempre uma pergunta que você pode fazer a si mesmo: "Que perguntas eu deveria fazer agora?"

A única maneira de realmente dominar a solução de problemas é praticar os problemas todos os dias, de forma consistente. Você nunca aprenderá como resolver problemas pela simples leitura de um livro. Você deve tentar, e falhar, e tentar novamente. Você deve aprender com seus erros. Você deve ficar frustrado quando não conseguir resolver um problema. É assim o processo de aprendizado. Sempre que encontrar um exercício neste livro, pegue um lápis e trabalhe nele. Não ignore os problemas! Eles são concebidos para incentivar o preparo necessário para a solução de problemas.

A pior coisa que você pode fazer é ler as soluções e achar que agora sabe como resolver problemas. Não funciona assim. Se você quer uma nota 10, vai precisar suar um pouco (sem esforço, não há vitórias). E isso não significa que você deve passar noite e dia memorizando. Os alunos que se concentram na memorização experimentarão dor, mas poucos deles vão receber um 10.

A fórmula simples é: reveja os princípios até entender como cada um se encaixa no enredo; então, *concentre todo o tempo restante na solução dos problemas*. Não se preocupe. O curso não é tão ruim se você o aborda com a atitude correta. Este livro agirá como um mapa para seus esforços no estudo.

SUMÁRIO GERAL

VOLUME 1

VOLUME 2

SUMÁRIO

CAPÍTULO 1

ESPECTROSCOPIA NO IV

Você alguma vez se perguntou como os químicos podem determinar se uma reação formou ou não o produto desejado? No seu livro-texto, você vai aprender muitas reações. E uma pergunta óbvia deve ser: "como os químicos *sabem* que aqueles são os produtos da reação?"

Até uns 50 anos atrás, era realmente MUITO difícil determinar as estruturas dos produtos de uma reação. Os químicos frequentemente perdiam muitos meses, e até anos, elucidando a estrutura de um composto simples. Porém, as coisas ficaram muito mais simples com o advento da espectroscopia. Hoje em dia, a estrutura de um composto pode ser determinada em minutos. A espectroscopia é, sem dúvida, uma das mais importantes ferramentas disponíveis para a determinação da estrutura de um composto. Foram ganhos muitos prêmios Nobel nas últimas décadas por químicos que foram os pioneiros na aplicação da espectroscopia.

A ideia básica por trás de todas as formas de espectroscopia é que a radiação eletromagnética (luz) pode interagir com a matéria de maneiras previsíveis. Considere a analogia simples vista a seguir: imagine que você tenha 10 amigos e sabe os tipos de produtos de padaria que cada um deles gosta de comer todas as manhãs. O João sempre come um bolinho de chocolate, o Pedro sempre come um pãozinho francês, a Maria sempre come um docinho de amora etc. Agora imagine que você entra na padaria logo depois de ela abrir e alguém diz que alguns dos seus amigos já estiveram na padaria. Examinando o que está faltando na padaria, você poderia imaginar qual dos seus amigos acabou de estar ali. Se você vir que falta um bolinho de chocolate, então, deduzirá que o João esteve na padaria antes de você.

Esta simples analogia desaparece quando você realmente entra nos detalhes da espectroscopia, mas a ideia básica é um bom ponto de partida. Quando a radiação eletromagnética interage com a matéria, são absorvidas certas frequências, enquanto outras frequências não são. Analisando quais as frequências que foram absorvidas (quais frequências estão faltando assim que a luz atravessa uma solução contendo o composto desconhecido), podemos obter informações úteis sobre a estrutura do composto.

Você pode se lembrar das aulas de ciências do Ensino Médio que a faixa de todas as frequências possíveis (da radiação eletromagnética) é conhecida como espectro eletromagnético, que é dividido em diversas regiões (incluindo raios X, luz UV, luz visível, radiação infravermelha, micro-ondas e ondas de rádio). São utilizadas diferentes regiões do espectro eletromagnético para investigar diferentes aspectos da estrutura molecular, conforme se vê na tabela a seguir:

Tipos de Espectroscopia	**Região do Espectro Eletromagnético**	**Informações Obtidas**
Espectroscopia de RMN	Ondas de Rádio	O arranjo específico de todos os átomos de carbono e hidrogênio do composto
Espectroscopia no IV	Infravermelha	Os grupos funcionais presentes no composto
Espectroscopia no UV-Vis	Visível e Ultravioleta	Qualquer sistema π presente no composto

Não vamos considerar a espectroscopia no UV-Vis neste livro. O seu livro-texto terá uma pequena seção sobre essa forma de espectroscopia. Neste capítulo, vamos nos concentrar nas informações que podem ser obtidas com a espectroscopia no IV. O Capítulo 2 abordará a espectroscopia de RMN.

1.1 EXCITAÇÃO VIBRACIONAL

As moléculas podem armazenar energia de várias maneiras. Elas giram no espaço, suas ligações vibram como molas, seus elétrons podem ocupar uma série de orbitais moleculares possíveis etc. Segundo os princípios da mecânica quântica, cada uma destas formas de energia é quantizada. Por exemplo, uma ligação de uma molécula só pode vibrar em níveis de energia específicos:

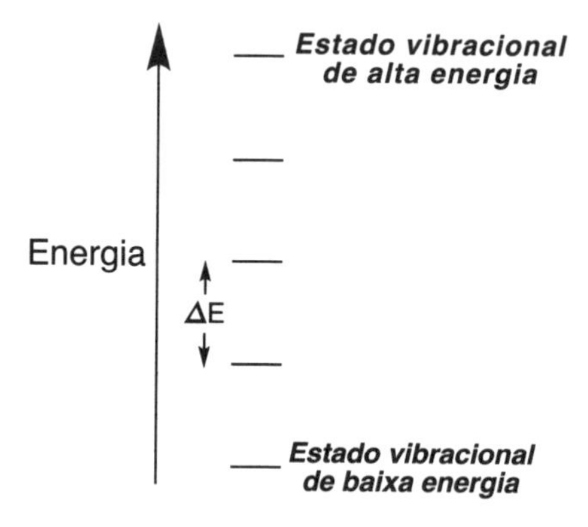

As linhas horizontais neste diagrama representam os níveis de energia vibracional permitidos para determinada ligação. A ligação fica restrita a estes níveis de energia, não podendo vibrar com uma energia que esteja entre os níveis permitidos. A diferença de energia (ΔE) entre os níveis de energia permitidos está associada à natureza da ligação. Se um fóton de luz possui exatamente esta quantidade de energia, a ligação (que já estava vibrando) pode absorver o fóton, promovendo uma *excitação vibracional*. Isto é, a ligação agora vai vibrar com mais energia (uma amplitude maior). A energia do fóton fica armazenada temporariamente como energia vibracional, até que a energia seja liberada de volta ao meio ambiente, geralmente na forma de calor.

As ligações podem armazenar energia vibracional de diversas maneiras. Elas podem *ser estiradas*, de forma muito semelhante a uma mola que se estira, ou elas podem *ser torcidas* de várias maneiras. O seu livro-texto provavelmente terá imagens que ilustram estes diferentes tipos de excitação vibracional. Neste capítulo, vamos dedicar a maior parte da nossa atenção às vibrações de estiramento (em oposição às vibrações de torção), porque, em geral, elas fornecem as informações mais úteis.

Para toda ligação de uma molécula, a lacuna de energia entre os estados vibracionais é muito dependente da natureza da ligação. Por exemplo, a lacuna de energia de uma ligação C—H é muito maior do que a lacuna de energia de uma ligação C—O:

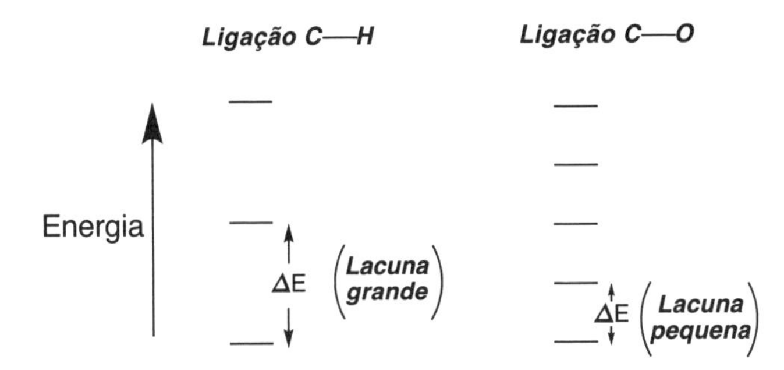

Ambas as ligações absorvem radiação no IV, mas a ligação C—H absorverá um fóton de energia mais alta. Pode ser feita uma análise semelhante para outros tipos de ligação também, e veremos que cada tipo de ligação absorve uma frequência característica, permitindo-nos determinar que tipos de ligações estão presentes em um composto. Por exemplo, um composto contendo uma ligação O—H absorve uma frequência de radiação no IV característica de ligações O—H. Desta maneira, ***a espectroscopia no IV pode ser utilizada para identificar a presença de grupos funcionais em um composto***. É importante entender que a espectroscopia no IV NÃO revela a estrutura completa de um composto. Ela pode indicar que um composto desconhecido é um álcool, mas, para determinar a estrutura completa de um composto, vamos precisar da espectroscopia de RMN (abordada no capítulo a seguir). Por ora, estamos simplesmente nos concentrando na identificação de quais os grupos funcionais que estão presentes em um composto desconhecido. Para obter tal informação, simplesmente irradiamos o composto com todas as frequências da radiação no IV e, a seguir, detectamos que frequências foram absorvidas. Isto pode ser realizado com um espectrômetro de IV, que mede a absorção em função da frequência. A representação gráfica resultante é chamada de espectro de absorção no IV (ou, abreviadamente, espectro de IV).

1.2 ESPECTROS DE IV

A seguir é dado um exemplo de um espectro de IV:

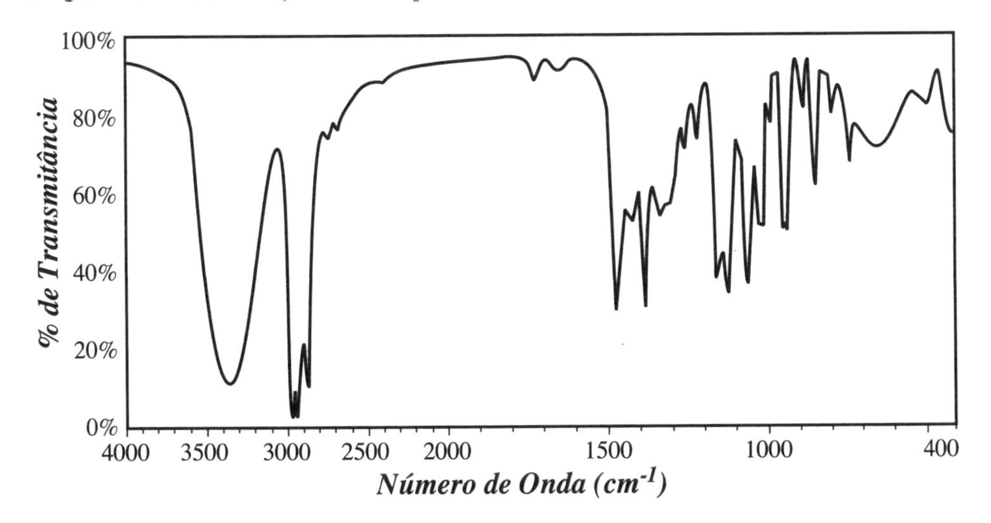

Observe que todos os sinais apontam para baixo em um espectro de IV. A localização de cada sinal no espectro é dada em termos de uma unidade relacionada com a frequência, chamada de número de onda ($\tilde{\nu}$). O número de onda é simplesmente a frequência da luz (ν) dividida por uma constante (a velocidade da luz, c):

$$\tilde{\nu} = \frac{\nu}{c}$$

As unidades de número de onda são centímetros recíprocos (cm^{-1}) e os valores variam desde 400 cm^{-1} até 4000 cm^{-1}. Não confunda os termos número de onda e comprimento de onda. O número de onda é proporcional à frequência e, portanto, um número de onda maior representa energia mais alta. Os sinais que aparecem no lado esquerdo do espectro correspondem à radiação de energia mais alta, enquanto os sinais à direita do espectro correspondem à radiação de energia mais baixa.

Todo sinal em um espectro de IV tem as três características vistas a seguir:

1. o *número de onda* no qual o sinal aparece
2. a *intensidade* do sinal (forte *vs*. fraco)
3. a *forma* do sinal (larga *vs*. estreita)

Vamos agora explorar cada uma destas três características, começando com o número de onda.

1.3 NÚMERO DE ONDA

Para qualquer ligação, o número de onda da absorção associada ao estiramento da ligação é dependente de dois fatores:

1) *Força da ligação* – Ligações mais fortes sofrerão excitação vibracional em frequências mais elevadas, daí, correspondendo a um número de onda de absorção mais elevado. Por exemplo, compare as ligações vistas a seguir. A ligação C≡N é a mais forte das três ligações e, portanto, aparece no número de onda mais elevado:

C≡N	C=N	C—N
~ 2200 cm^{-1}	~ 1600 cm^{-1}	~ 1100 cm^{-1}

2) *Massa atômica* – Átomos menores formam ligações que sofrem excitação vibracional em frequências mais elevadas, daí, correspondendo a um número de onda mais alto. Por exemplo, compare as ligações vistas a seguir. A ligação C—H envolve o menor dos átomos (H) e, portanto, aparece no número de onda mais alto:

C—H	C—D	C—O	C—Cl
~ 3000 cm^{-1}	~ 2200 cm^{-1}	~ 1100 cm^{-1}	~ 700 cm^{-1}

Utilizando as duas tendências anteriores, vemos que diferentes tipos de ligações aparecerão em diferentes regiões de um espectro de IV:

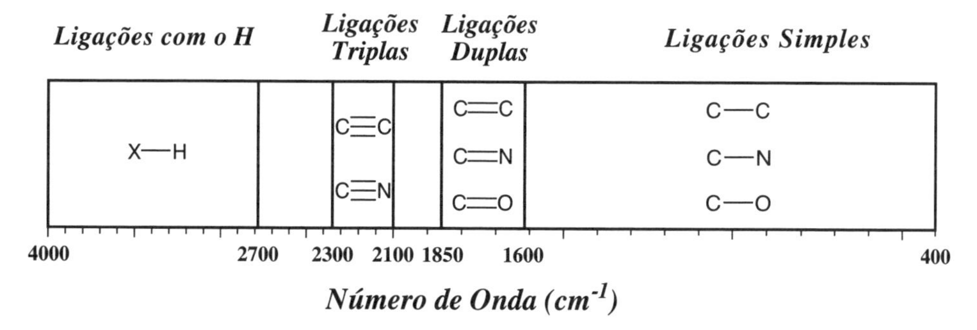

As ligações simples aparecem no lado direito do espectro, porque ligações simples geralmente são as ligações mais fracas. As ligações duplas aparecem em um número de onda mais alto (1600–1850 cm^{-1}) porque elas são mais fortes do que as ligações simples, enquanto as ligações triplas aparecem em um número de onda ainda mais elevado (2100–2300 cm^{-1}) porque elas são ainda mais fortes do que as ligações duplas. E, finalmente, o lado esquerdo do espectro contém sinais produzidos por ligações X—H (tal como C—H, O—H ou N—H), todas elas sofrendo estiramento em um número de onda alto porque o hidrogênio tem a menor massa.

Os espectros de IV podem ser divididos em duas regiões principais chamadas de região de diagnóstico e região de impressão digital:

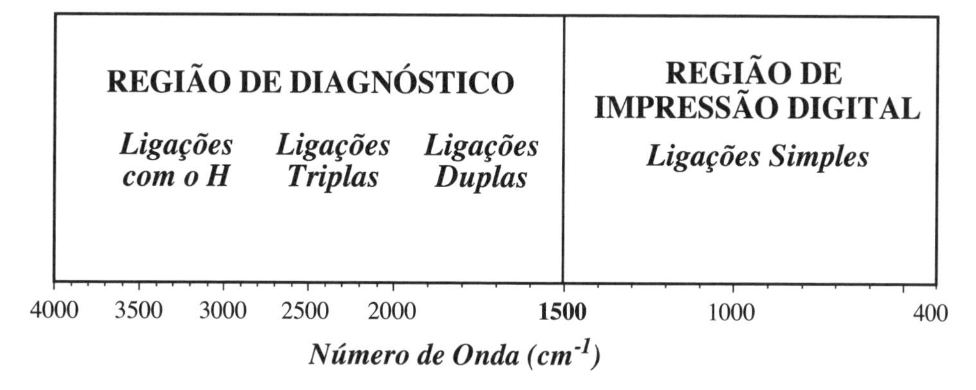

A região de diagnóstico geralmente tem menos picos e fornece a maioria das informações. Esta região contém todos os sinais que vêm do estiramento de ligações duplas, ligações triplas e ligações X—H. A região de impressão digital contém principalmente vibrações de deformação angular, bem como vibrações de estiramento da maioria das ligações simples. Esta região normalmente contém muitos sinais e é mais difícil de analisar. O que parece um estiramento C—C poderia, de fato, ser outra ligação que está sofrendo deformação. Esta região é chamada de região de impressão digital porque cada composto tem um padrão único de sinais nesta região, semelhantemente à maneira que cada pessoa tem uma impressão digital única. Por exemplo, os espectros de IV do etanol e do propanol são muito semelhantes em suas regiões de diagnóstico, mas suas regiões de impressão digital são diferentes. Para o restante deste capítulo, vamos nos concentrar exclusivamente nos sinais que aparecem na região de diagnóstico e ignorar os sinais na região de impressão digital. Você deverá verificar as notas de aula e o livro-texto para ver se é responsável por quaisquer sinais característicos que aparecem na região de impressão digital.

PROBLEMA 1.1 Para o composto visto a seguir, classifique as ligações destacadas em ordem crescente de número de onda.

Agora continuemos a explorar os fatores que afetam a força de uma ligação (e que, portanto, afetam o número de onda da absorção). Vimos que as ligações com o hidrogênio (como as ligações C—H) aparecem no lado esquerdo de um espectro de IV (número de onda alto). Agora vamos comparar vários tipos de estado de hibridização do átomo de carbono. Compare as três ligações C—H vistas a seguir:

sp^3	sp^2	sp
C—H	C—H	≡C—H
~ 2900 cm^{-1}	~ 3100 cm^{-1}	~ 3300 cm^{-1}

Das três ligações apresentadas, a ligação C_{sp}—H produz o sinal de energia mais elevada (~3300 cm^{-1}), enquanto uma ligação C_{sp^3}—H produz o sinal de energia mais baixa (~2900 cm^{-1}). Para entender esta tendência, devemos rever as formas dos orbitais atômicos hibridizados:

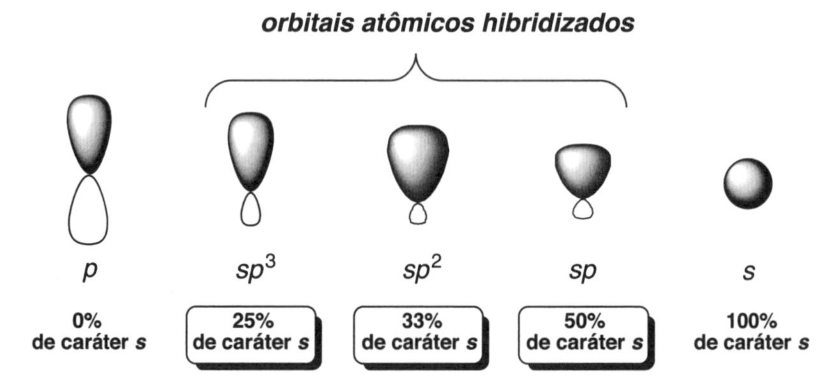

Conforme ilustrado, os orbitais *sp* têm mais caráter *s* do que os outros orbitais atômicos hibridizados e, portanto, os orbitais *sp* assemelham-se mais aos orbitais *s*. Compare as formas dos orbitais atômicos hibridizados e observe que a densidade eletrônica de um orbital *sp* está próxima do núcleo (muito semelhante a um orbital *s*). Como resultado, uma ligação C_{sp}—H será mais curta do que outras ligações C—H. Como ela tem o menor comprimento de ligação, ela será a ligação mais forte. Por outro lado, a ligação C_{sp^3}—H tem o maior comprimento de onda e, portanto, é a ligação mais fraca. Compare os espectros de um alcano, um alqueno e um alquino:

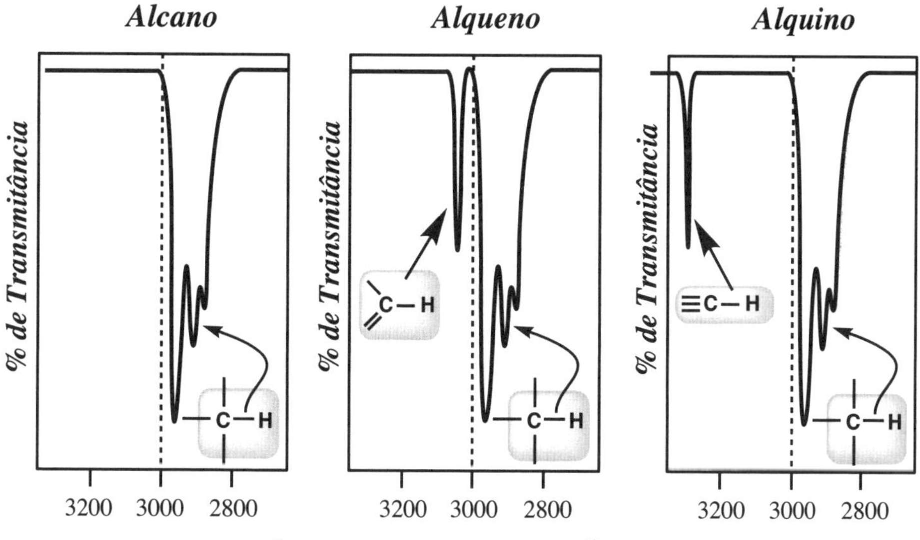

Em cada caso, traçamos uma linha em 3000 cm^{-1}. Todos os espectros têm sinais à direita da linha, resultantes das ligações C_{sp^3}—H. A chave é procurar quaisquer sinais à esquerda da linha. Um alcano não tem um sinal à esquerda de 3000 cm^{-1}. Um alqueno tem um sinal em 3100 cm^{-1} e um alquino tem um sinal em 3300 cm^{-1}. Porém, tenha cuidado — a ausência de um sinal à esquerda de 3000 cm^{-1} *não* indica necessariamente a ausência de uma ligação dupla ou uma ligação tripla no composto. As ligações duplas tetrassubstituídas não possuem quaisquer ligações C_{sp^3}—H, e as ligações triplas internas não possuem quaisquer ligações C_{sp}—H.

R R R R

R—≡—R

sem sinal em 3100 cm^{-1}

(nenhuma C_{sp^2}—H)

sem sinal em 3300 cm^{-1}

(nenhuma C_{sp}—H)

PROBLEMAS Para cada um dos compostos vistos a seguir, determine se você espera ou não que o espectro de IV mostre um sinal à esquerda de 3000 cm^{-1}.

1.2 **1.3** **1.4** **1.5**

Agora vamos explorar os efeitos de ressonância na força da ligação. Como ilustração, compare os grupos carbonila (C═O) nos dois compostos vistos a seguir:

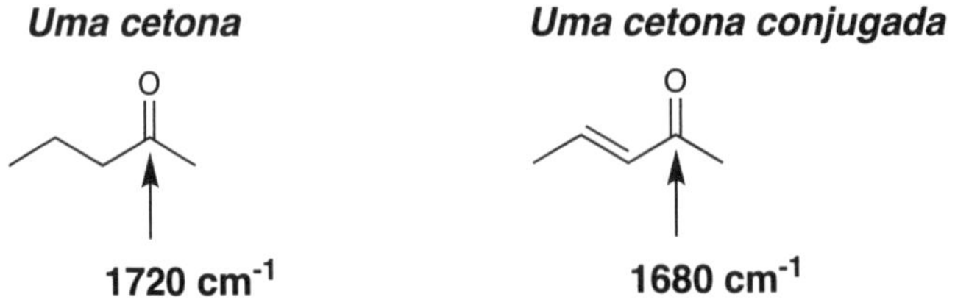

Uma cetona ***Uma cetona conjugada***

O

1720 cm^{-1} **1680 cm^{-1}**

O segundo composto é chamado de cetona conjugada insaturada. Ela é *insaturada* por causa da presença de uma ligação C═C e é conjugada porque as ligações π estão separadas uma da outra por exatamente uma ligação simples. O seu livro-texto vai explorar sistemas π conjugados com mais detalhes. Por ora, apenas analisaremos o efeito da conjugação no espectro de IV do grupo carbonila. Conforme mostrado, o grupo carbonila de uma cetona conjugada insaturada produz um sinal em número de onda inferior (1680 cm^{-1}) ao do grupo carbonila de uma cetona saturada (1720 cm^{-1}). Para entender por que, devemos representar as estruturas de ressonância de cada composto. Comecemos com a cetona.

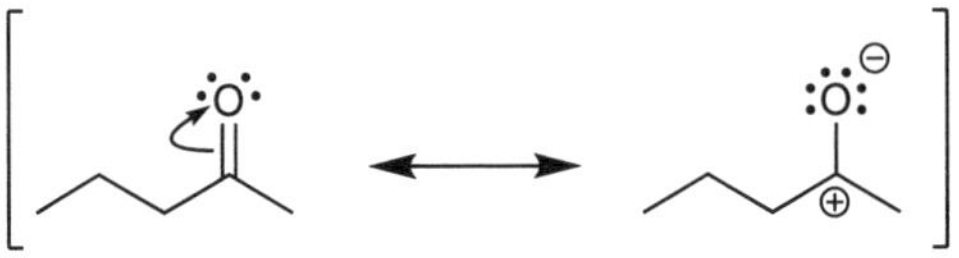

As cetonas têm duas estruturas de ressonância. O grupo carbonila está representado na forma de uma ligação dupla na primeira estrutura de ressonância e está representado na forma de uma ligação simples na segunda estrutura de ressonância. Isto significa que o grupo carbonila tem algum caráter de ligação dupla e algum caráter de ligação simples. Para determinarmos a natureza desta ligação, devemos considerar a contribuição que cada estrutura de ressonância dá. Em outras palavras, o grupo carbonila tem mais caráter de ligação dupla ou de ligação simples? A segunda estrutura de ressonância apresenta separação de carga, bem como um átomo de carbono (C$^+$) que tem menos de um octeto de elétrons. Ambas as razões explicam por que a segunda estrutura de ressonância contribui apenas ligeiramente para o caráter global do grupo carbonila. Portanto, o grupo carbonila de uma cetona tem caráter principalmente de ligação dupla.

Agora considere as estruturas de ressonância de uma cetona conjugada insaturada:

uma estrutura de ressonância adicional

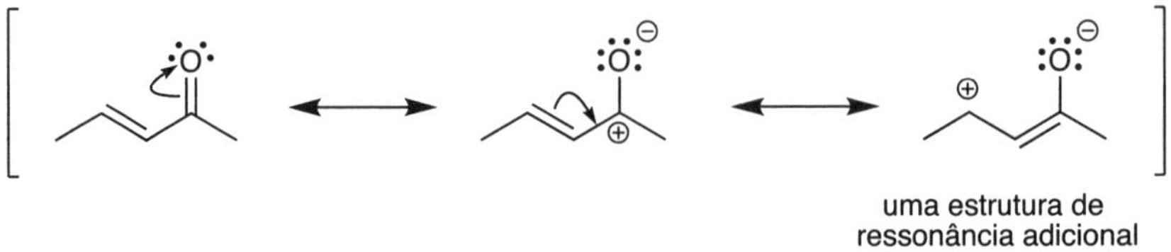

As cetonas conjugadas insaturadas têm três estruturas de ressonância em vez de duas. Na terceira estrutura de ressonância, o grupo carbonila é representado na forma de uma ligação simples. Novamente aqui, esta estrutura de ressonância apresenta separação de carga, bem como um átomo de carbono (C$^+$) com menos de um octeto de elétrons. Como resultado, esta estrutura de ressonância também contribui apenas ligeiramente para o caráter global do composto. Todavia, esta terceira estrutura de ressonância contribui com algum caráter, dando a este grupo carbonila um caráter maior de ligação simples do que o grupo carbonila de uma cetona saturada. Com maior caráter de ligação simples, ela é uma ligação ligeiramente mais fraca, produzindo, desta forma, um sinal em um número de onda inferior (1680 cm^{-1} em vez de 1720 cm^{-1}).

Os ésteres exibem uma tendência semelhante. Um éster produz normalmente um sinal próximo de 1740 cm^{-1}, mas os ésteres conjugados insaturados produzem sinais de energia mais baixa, geralmente em torno de 1710 cm^{-1}. Uma vez mais, o grupo carbonila de um éster conjugado insaturado é uma ligação mais fraca devido à ressonância.

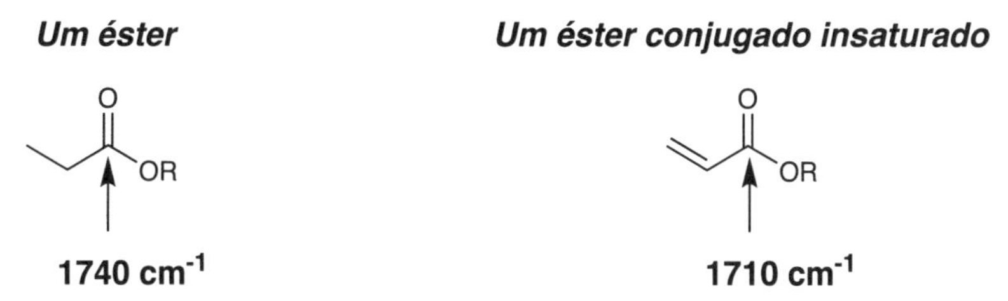

PROBLEMA 1.6 O composto visto a seguir tem três grupos carbonila. Classifique-os em ordem crescente de número de onda em um espectro de IV:

1.4 INTENSIDADE DO SINAL

Em um espectro de IV, alguns sinais serão muito fortes em comparação com outros sinais no mesmo espectro:

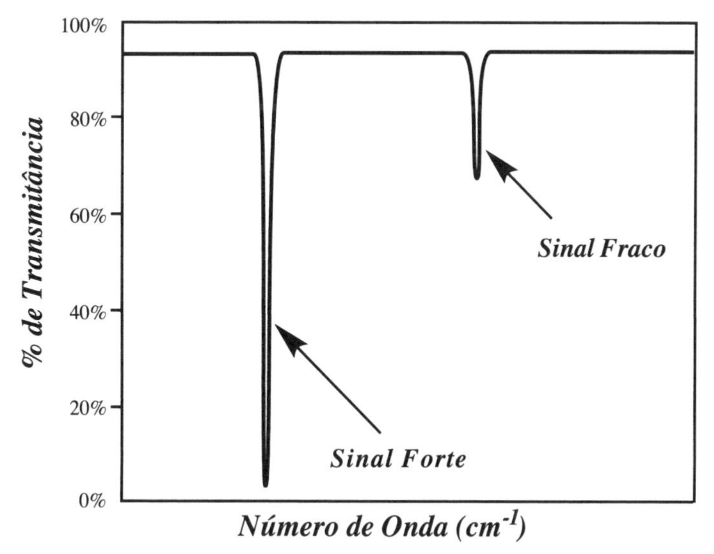

Isto é, algumas ligações absorvem radiação no IV muito eficientemente, enquanto outras ligações são menos eficientes na absorção de radiação no IV. A eficiência de uma ligação em absorver radiação no IV depende da intensidade do momento de dipolo daquela ligação. Por exemplo, compare as duas ligações destacadas a seguir:

Cada uma das ligações tem um momento de dipolo mensurável, mas eles diferem significativamente em intensidade. Primeiramente, analisemos o grupo carbonila (ligação C=O). Devido à ressonância e indução, o átomo de carbono tem uma carga positiva parcial grande e o átomo de oxigênio tem uma carga negativa parcial grande. Assim, o grupo carbonila tem um momento de dipolo grande. Agora analisemos a ligação C=C. Uma das posições vinílicas está ligada aos grupos alquila doadores de elétrons, enquanto a outra posição vinílica está ligada a átomos de hidrogênio. Como resultado, a posição vinílica com dois grupos alquila é ligeiramente mais rica em elétrons do que a outra posição vinílica, produzindo um momento de dipolo pequeno.

Como o grupo carbonila tem um momento de dipolo maior, o grupo carbonila é mais eficiente em absorver radiação no IV, produzindo um sinal mais forte:

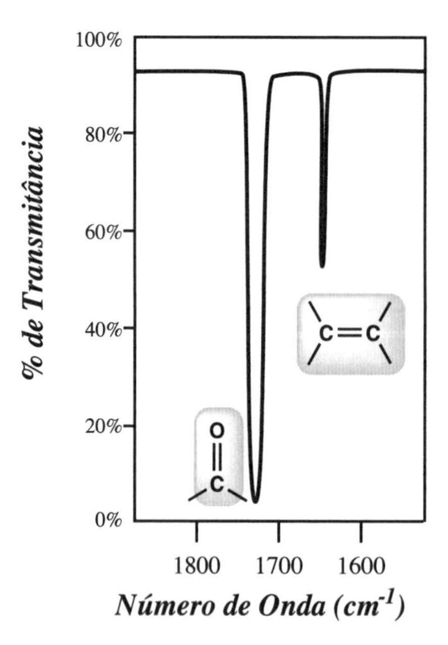

Os grupos carbonila frequentemente produzem os sinais mais fortes em um espectro de IV, enquanto as ligações C=C frequentemente produzem sinais bem mais fracos. De fato, alguns alquenos nem mesmo produzem qualquer sinal. Por exemplo, considere o espectro de IV do 2,3-dimetil-2-buteno:

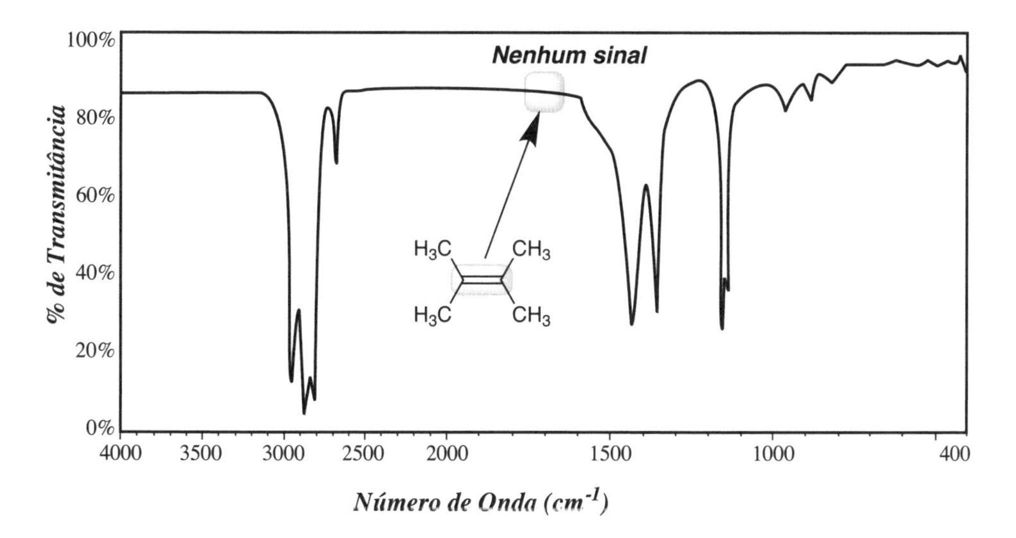

O alqueno é simétrico. Isto é, ambas as posições vinílicas são eletronicamente idênticas e a ligação não tem qualquer momento de dipolo. Assim, esta ligação C═C é completamente ineficiente em absorver radiação no IV, não sendo observado qualquer sinal. O mesmo é válido para ligações C≡C simétricas.

Existe um fator que pode contribuir significativamente para a intensidade dos sinais em um espectro de IV. Considere o grupo de sinais que aparecem logo abaixo de 3000 cm^{-1} no espectro anterior. Tais sinais estão associados ao estiramento das ligações C—H do composto. A intensidade destes sinais deriva do número de ligações C—H que dá origem aos sinais. De fato, os sinais logo abaixo de 3000 cm^{-1} estão normalmente entre os sinais mais fortes em um espectro de IV.

PROBLEMAS

1.7 Preveja qual das ligações C═C produz o sinal mais forte em um espectro de IV:

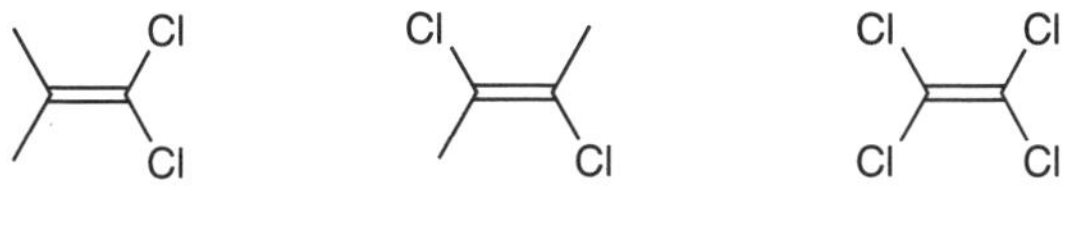

Cl Cl · Cl Cl · Cl Cl Cl Cl

1.8 A ligação C═C do composto visto a seguir produz um sinal excepcionalmente forte. Explique utilizando estruturas de ressonância:

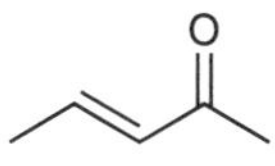

O

1.5 FORMA DO SINAL

Nesta seção, vamos explorar alguns fatores que afetam a forma de um sinal. Alguns sinais em um espectro de IV podem ser muito largos, enquanto outros sinais podem ser muito estreitos:

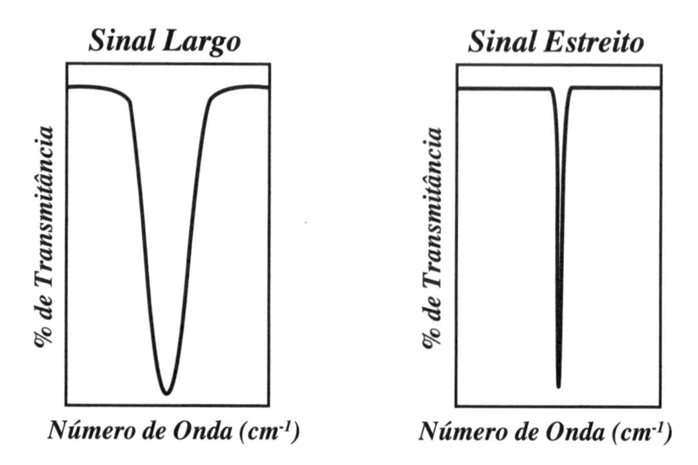

Os álcoois concentrados normalmente exibem sinais de O—H largos, como resultado da ligação de hidrogênio que enfraquece as ligações O—H.

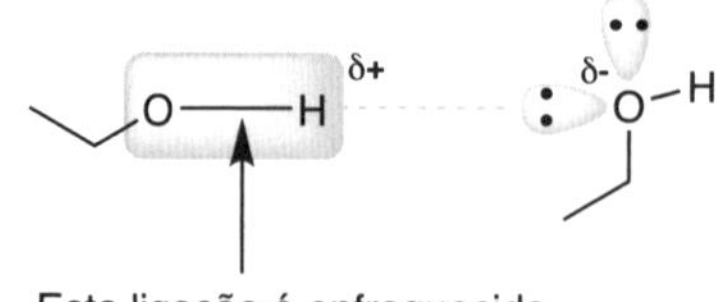

A cada instante, a ligação O—H de cada molécula é enfraquecida em uma extensão diferente. Como resultado, as ligações O—H não têm, nenhuma delas, uma força de ligação uniforme, mas, em vez disso, há uma *distribuição* da força de ligação. Isto é, algumas moléculas dificilmente estão participando de uma ligação de H, enquanto outras estão participando da ligação de H em graus variados. O resultado é um sinal largo.

A forma de um sinal de O—H é diferente quando o álcool está diluído em um solvente que não pode formar ligações de hidrogênio com o álcool. Em um ambiente assim, é provável que as ligações O—H não participem de uma ligação de H. O resultado é um sinal estreito. Quando a solução nem é muito concentrada nem muito diluída, são observados dois sinais. As moléculas que não estão participando da ligação de H dão origem a um sinal estreito, enquanto as moléculas que participam da ligação de H dão origem a um sinal largo. Como exemplo, considere o espectro visto a seguir do 2-butanol, no qual podem ser observados ambos os sinais:

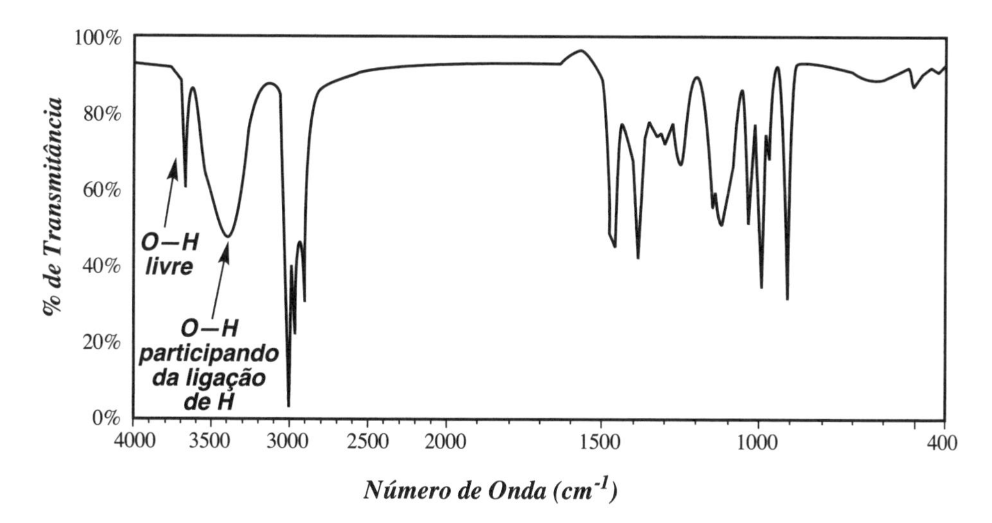

Quando as ligações O—H não participam de ligação de H, elas geralmente produzem um sinal em aproximadamente 3600 cm^{-1}. Este sinal pode ser visto no espectro anterior. Quando ligações O—H participam da ligação de H, elas geralmente produzem um sinal largo entre 3200 cm^{-1} e 3600 cm^{-1}. Este sinal também pode ser visto no espectro anterior. Dependendo das condições, um álcool dará um sinal largo, ou um sinal estreito, ou ambos.

Os ácidos carboxílicos exibem comportamento similar, só que mais pronunciado. Por exemplo, considere o espectro visto a seguir de um ácido carboxílico:

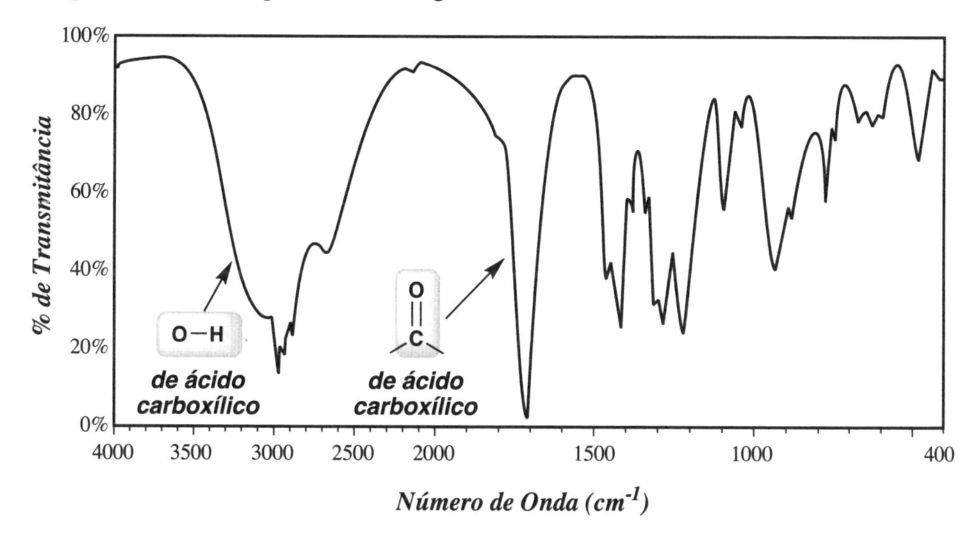

Observe o sinal muito largo no lado esquerdo do espectro, estendendo-se de 2200 cm^{-1} a 3600 cm^{-1}. Este sinal é tão largo que se estende sobre os sinais de C—H usuais que aparecem em torno dos 2900 cm^{-1}. Este sinal muito largo, característico dos ácidos carboxílicos, é resultado da ligação de H. O efeito é mais pronunciado do que nos álcoois, porque as moléculas do ácido carboxílico podem formar ligações de hidrogênio resultando em um dímero.

O espectro de IV de um ácido carboxílico é fácil de reconhecer devido ao sinal largo característico que cobre quase um terço do espectro. Este sinal largo também é acompanhado de um sinal de C═O largo acima de 1700 cm^{-1}.

PROBLEMAS Para cada espectro de IV visto a seguir, identifique se ele é consistente com a estrutura de um álcool, de um ácido carboxílico ou de nenhum dos dois.

1.9

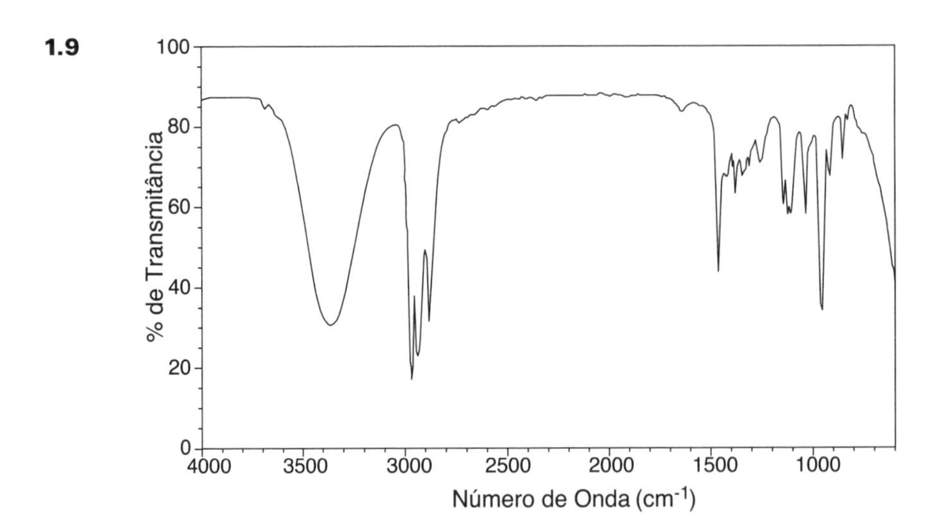

1.10

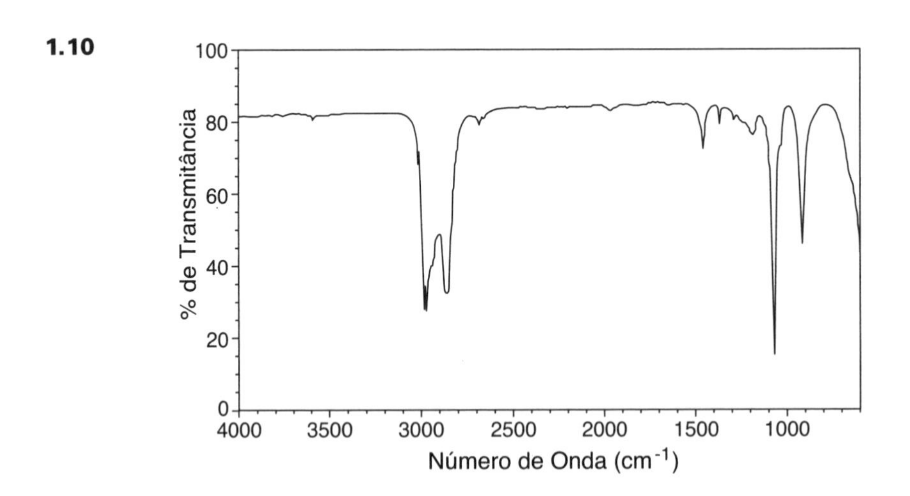

1.11

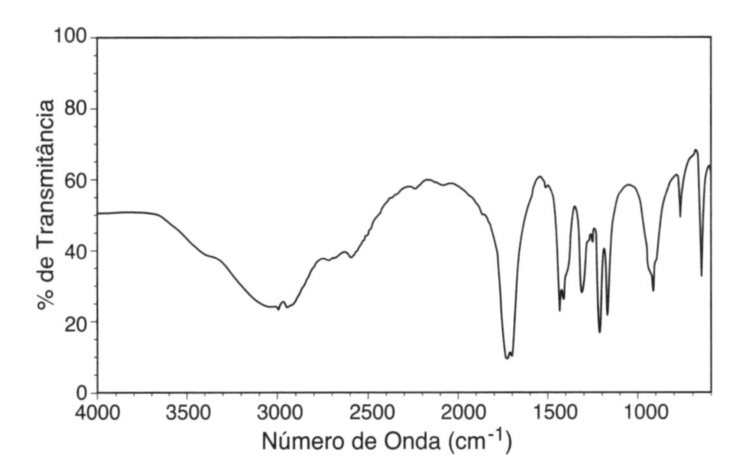
100
80
60
40
20
0
% de Transmitância
4000
3500
3000
2500
2000
1500
1000
Número de Onda (cm-1)

1.12

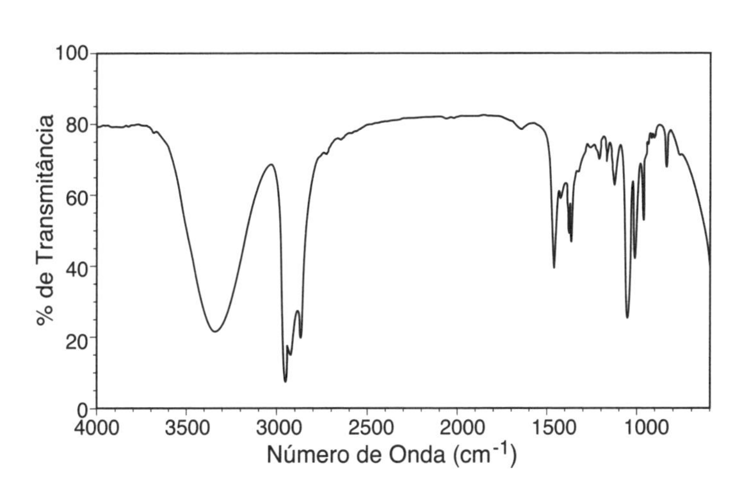
100
80
60
40
20
0
% de Transmitância
4000
3500
3000
2500
2000
1500
1000
Número de Onda (cm-1)

1.13

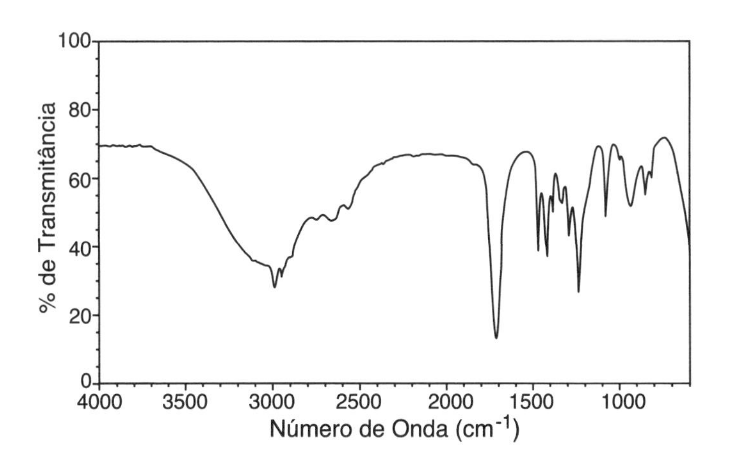
100
80
60
40
20
0
% de Transmitância
4000
3500
3000
2500
2000
1500
1000
Número de Onda (cm-1)

1.14

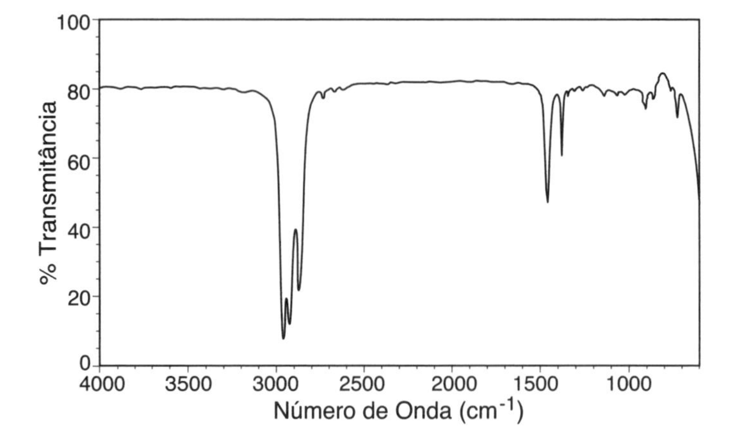

Existe outro fator importante além da ligação de H que afeta a forma de um sinal. Considere a diferença da forma dos sinais de N—H das aminas primárias e secundárias:

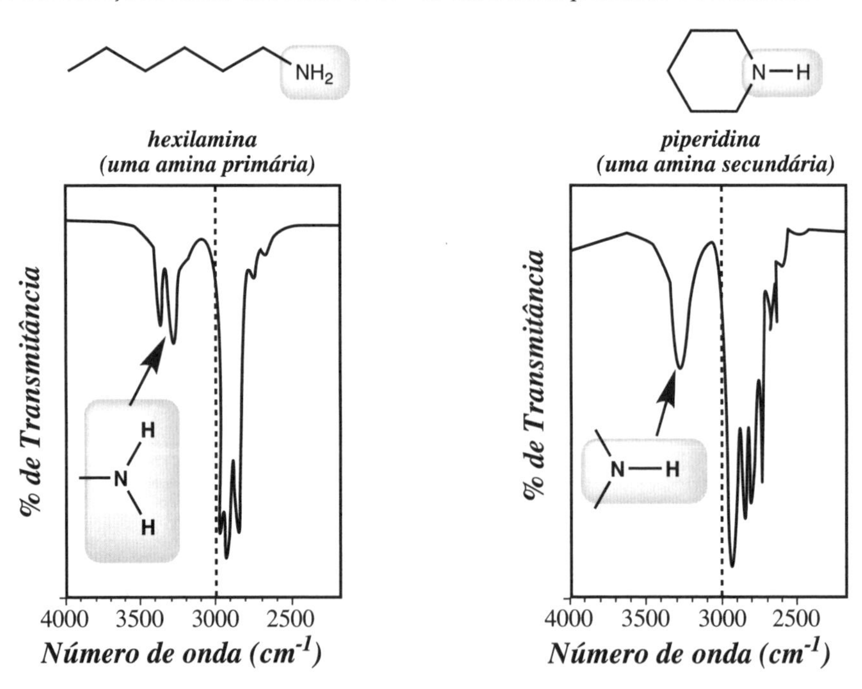

A amina primária exibe dois sinais: um em 3350 cm^{-1} e o outro em 3450 cm^{-1}. Por outro lado, a amina secundária exibe apenas um sinal. Seria tentador explicar este fato argumentando que cada ligação N—H dá origem a um sinal e, portanto, uma amina primária dá dois sinais porque ela tem duas ligações N—H. Infelizmente, esta explicação simples não é acurada. Na verdade, ambas as ligações N—H de uma única molécula produzem juntas apenas um sinal. A razão do surgimento de dois sinais é explicada mais precisamente considerando-se as duas maneiras possíveis segundo as quais o grupo NH_2 pode vibrar como um todo. As ligações N—H podem estar sofrendo estiramento em fase, e isto é chamado de *estiramento simétrico*, ou elas podem estar sofrendo estiramento fora de fase, e a isto chamamos de *estiramento assimétrico:*

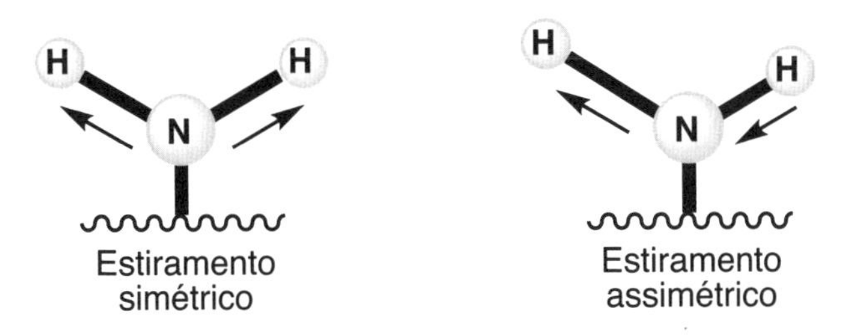

Em um dado instante, aproximadamente metade das moléculas estará vibrando simetricamente, enquanto a outra metade estará vibrando assimetricamente. As moléculas que vibram simetricamente absorverão uma frequência particular de radiação no IV promovendo uma excitação vibracional, enquanto as moléculas que vibram assimetricamente absorverão uma frequência diferente. Em outras palavras, um dos sinais é produzido por metade das moléculas e o outro sinal é produzido pela outra metade das moléculas.

Por razão semelhante, as ligações C—H de um grupo CH_3 (que aparecem logo abaixo de 3000 cm^{-1} em um espectro de IV) geralmente dão origem a uma série de sinais, em vez de apenas um sinal. Estes sinais surgem das várias maneiras pelas quais um grupo CH_3 pode ser excitado.

PROBLEMAS Para cada espectro de IV visto a seguir, determine se ele é consistente com a estrutura de uma cetona, de um álcool, de um ácido carboxílico, de uma amina primária ou de uma amina secundária.

1.15

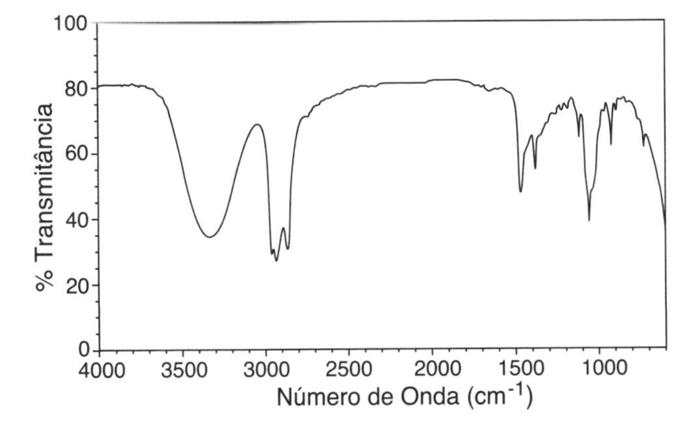

1.16

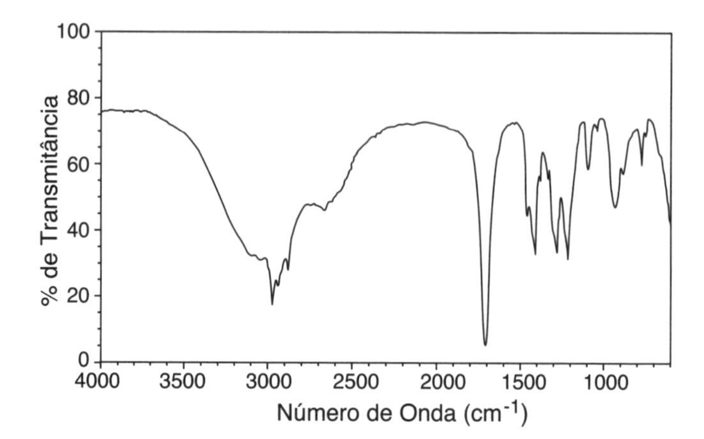
% de Transmitância
100
80
60
40
20
0
4000
3500
3000
2500
2000
1500
1000
Número de Onda (cm-1)

1.17

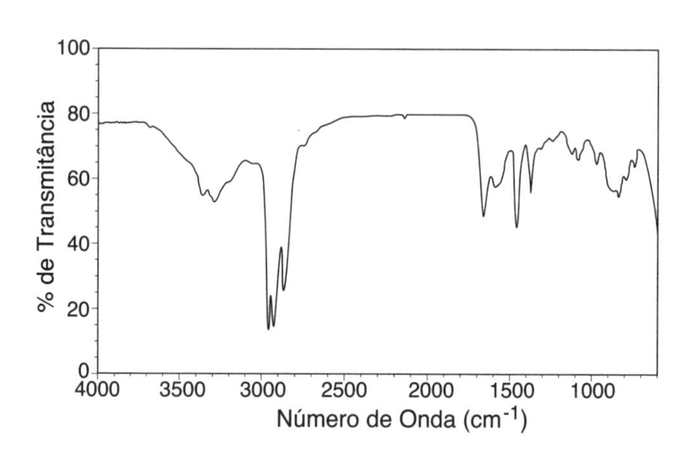
% de Transmitância
100
80
60
40
20
0
4000
3500
3000
2500
2000
1500
1000
Número de Onda (cm-1)

1.18

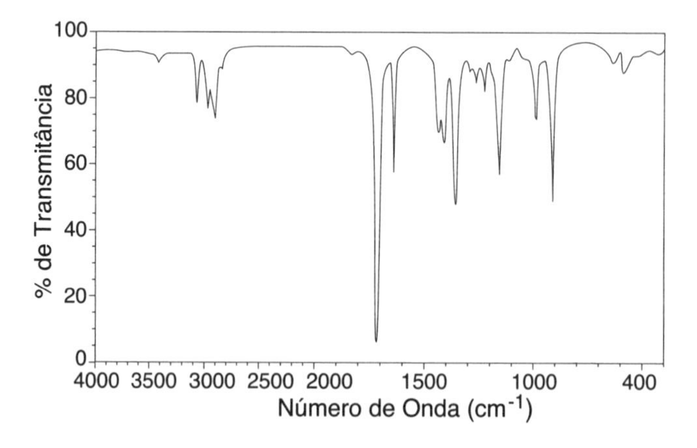
% de Transmitância
100
80
60
40
20
0
4000 3500 3000 2500 2000
1500
1000
400
Número de Onda (cm-1)

1.19

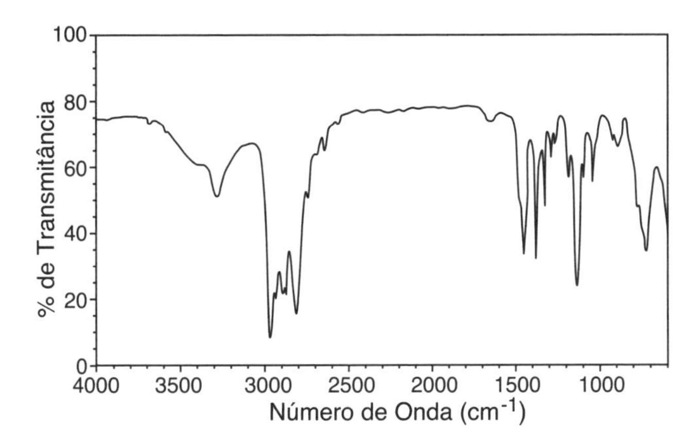
100
80
60
40
20
0
% de Transmitância
4000
3500
3000
2500
2000
1500
1000
Número de Onda (cm-1)

1.20

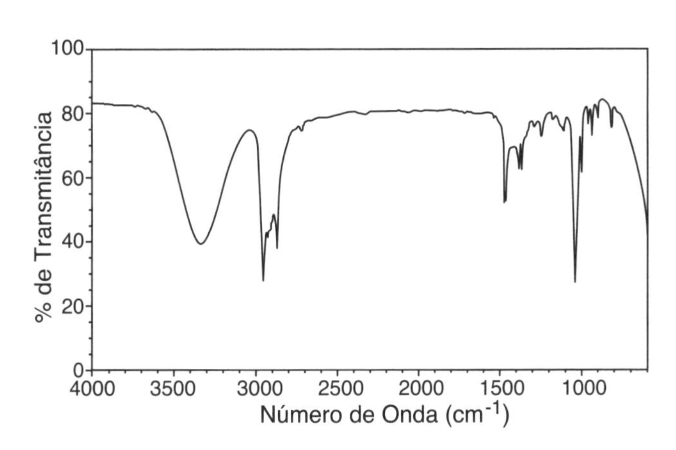
100
80
60
40
20
0
% de Transmitância
4000
3500
3000
2500
2000
1500
1000
Número de Onda (cm-1)

1.6 ANÁLISE DE UM ESPECTRO NO IV

A tabela vista a seguir é um resumo de sinais úteis na região de diagnóstico de um espectro de IV:

Sinais Úteis na Região de Diagnóstico

Unidade Estrutural	Número de Onda (cm^{-1})	Unidade Estrutural	Número de Onda (cm^{-1})
Ligações Simples (X—H)		*Ligações Duplas*	
—O—H	3200 - 3600	Cl(C=O)	1750 - 1850
O=C—O—H	2200 - 3600	RO(C=O)R	1700 - 1750
N—H	3350 - 3500	HO(C=O)R	1700 - 1750
≡C—H	~ 3300	R(C=O)R	1680 - 1750
=C—H	3000 - 3100	H_2N(C=O)R	1650 - 1700
—C—H	2850 - 3000	C=C	1600 - 1700
O=C—H	2750 - 2850	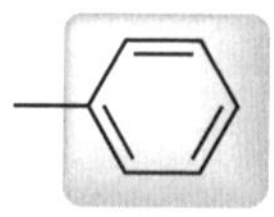 benzeno	1450 - 1600 1650 - 2000
Ligações Triplas			
—C≡C—	2100 - 2200		
—C≡N	2200 - 2300		

Ao analisar um espectro de IV, a primeira etapa é traçar uma linha em 1500 cm^{-1}. Fique atento a quaisquer sinais à esquerda desta linha (a região de diagnóstico). Ao fazer isto, será extremamente útil se você puder identificar as regiões vistas a seguir:

Ligações duplas: 1600–1850 cm^{-1}
Ligações triplas: 2100–2300 cm^{-1}
Ligações X—H: 2700–4000 cm^{-1}

Lembre-se de que cada sinal que aparece na região de diagnóstico terá três características (número de onda, intensidade e forma). Certifique-se de analisar todas as três características.

Quando procurar ligações X—H, trace uma linha em 3000 cm^{-1} e procure sinais que aparecem à esquerda da linha:

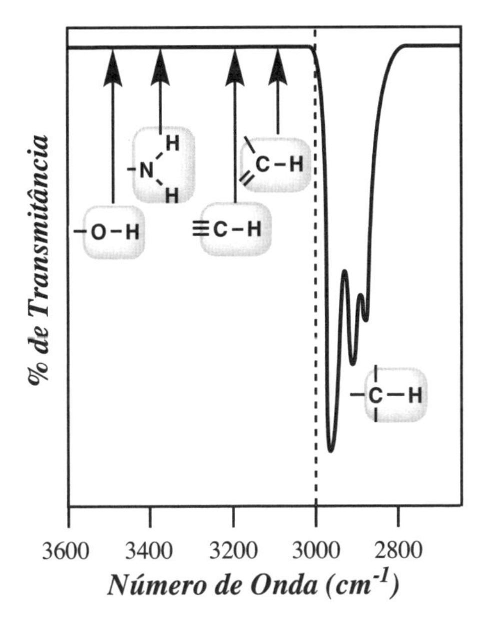

EXERCÍCIO 1.21 Um composto com fórmula molecular $C_6H_{10}O$ fornece o espectro visto a seguir:

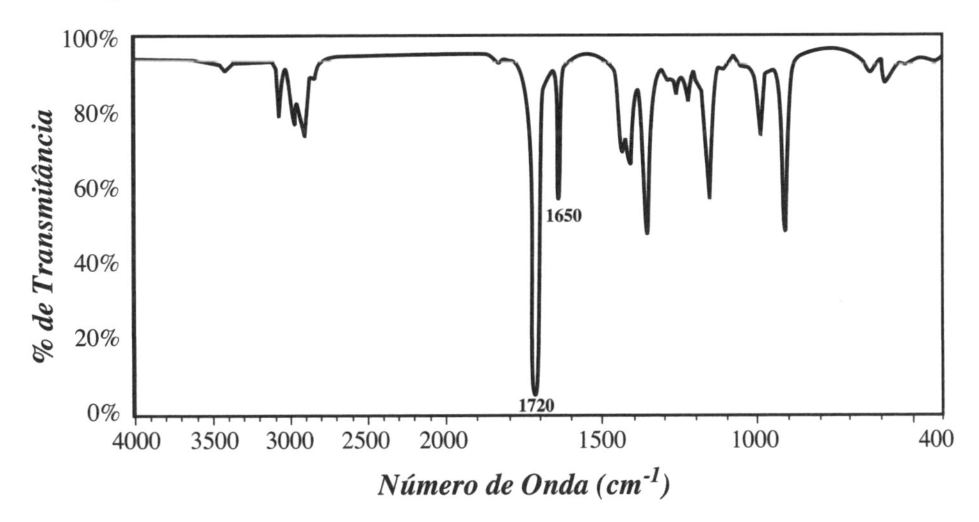

Identifique a estrutura vista a seguir que seja a mais consistente com o espectro:

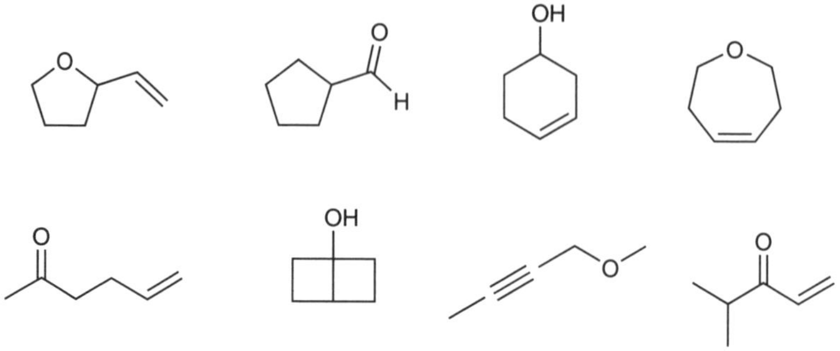

Resposta Trace uma linha em 1500 cm^{-1} e concentre-se na região de diagnóstico à esquerda da linha. Comece examinando a região de ligações duplas e a região de ligações triplas:

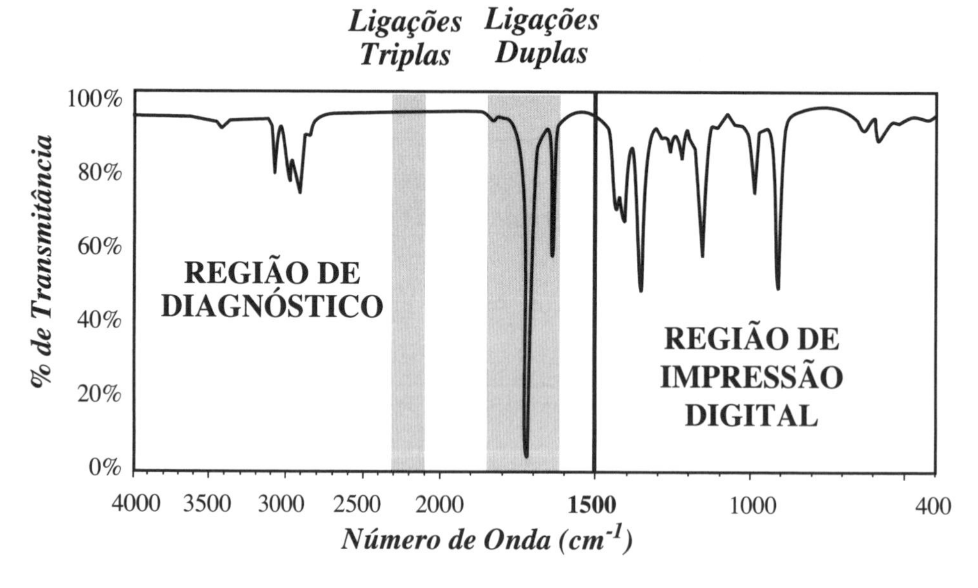

Não há sinais na região de ligações triplas, mas há dois sinais na região de ligações duplas. O sinal em 1650 cm^{-1} é estreito e fraco, consistente com uma ligação C═C. O sinal em 1720 cm^{-1} é forte, consistente com uma ligação C═O.

Em seguida procure ligações X—H. Trace uma linha em 3000 cm^{-1} e identifique se há quaisquer sinais à esquerda desta linha.

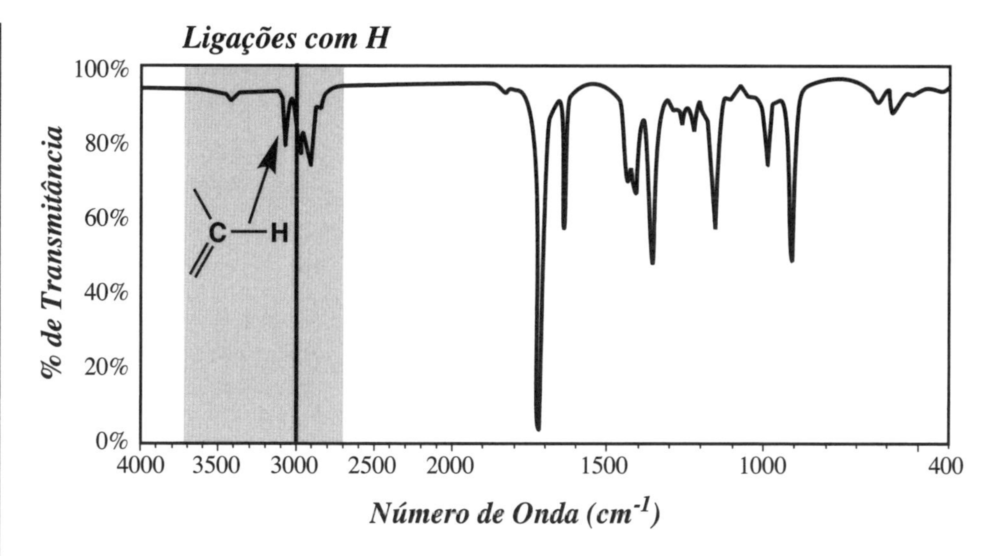

Este espectro exibe um sinal logo acima de 3000 cm^{-1}, indicando uma ligação C—H vinílica.

C—H

A identificação de uma ligação C—H vinílica é consistente com o sinal de C═C observado na região de ligações duplas (1650 cm^{-1}). Não há quaisquer outros sinais acima de 3000 cm^{-1}, assim, o composto não possui quaisquer ligações OH ou NH.

O pequeno pico entre 3400 e 3500 cm^{-1} não é suficientemente forte para ser considerado um sinal. Tais picos são frequentemente observados nos espectros de compostos que contêm uma ligação C═O. O pico ocorre em exatamente duas vezes o número de onda do sinal de C═O, sendo chamado de harmônico do sinal de C═O.

A região de diagnóstico fornece as informações necessárias para resolver o problema. Especificamente, o composto deve ter as ligações vistas a seguir: C═C, C═O e C—H vinílica. Entre as escolhas possíveis, há apenas dois compostos que têm estas características:

O O

Para distinguir entre estas duas possibilidades, observe que o segundo composto é conjugado, enquanto o primeiro composto *não* é conjugado (as ligações π estão separadas por mais de uma ligação simples). Lembre-se de que as cetonas produzem sinais em aproximadamente 1720 cm^{-1}, enquanto as cetonas conjugadas produzem sinal em aproximadamente 1680 cm^{-1}.

O O

1720 cm^{-1} **1680 cm^{-1}**

No espectro apresentado, o sinal de C═O aparece em 1720 cm^{-1}, indicando que a cetona não é conjugada. Assim, o espectro é consistente com o composto visto a seguir:

PROBLEMA 1.22 Relacione cada um dos compostos vistos a seguir com o espectro apropriado:

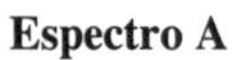

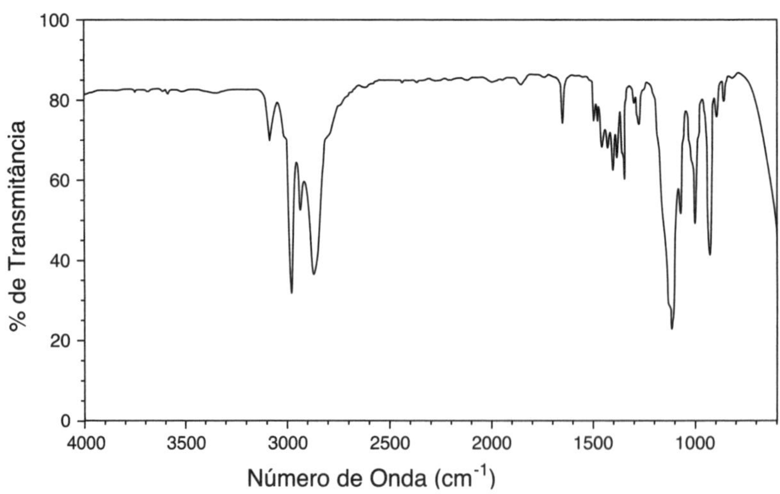

Espectro B

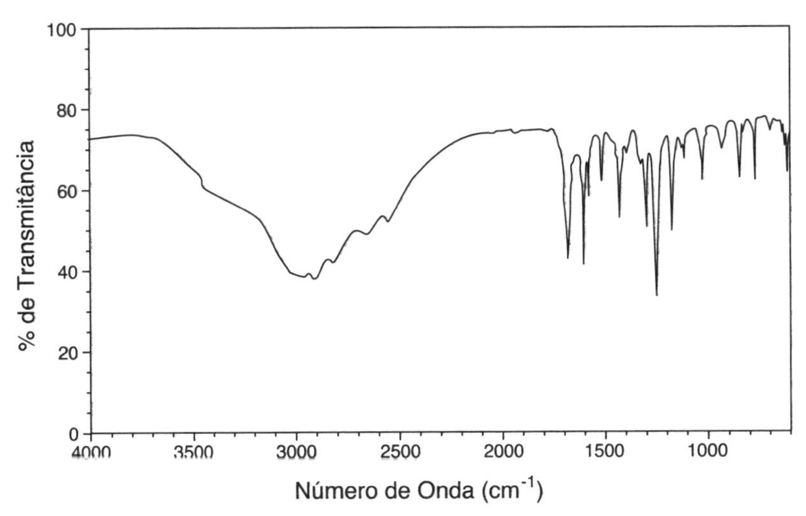

Espectro C

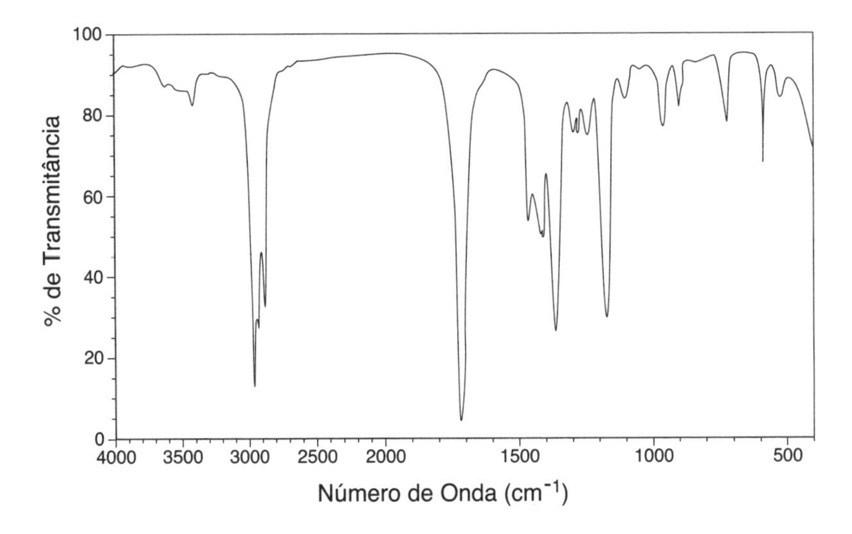

Espectro D

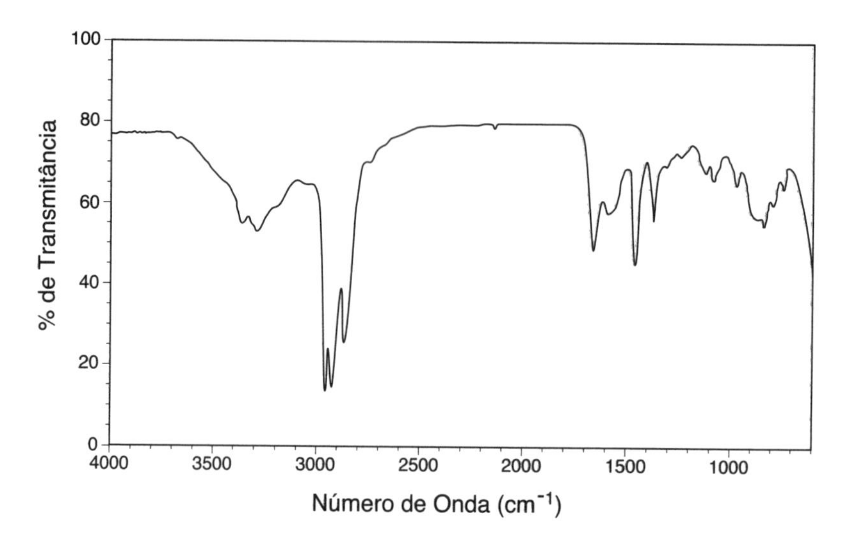

Espectro E

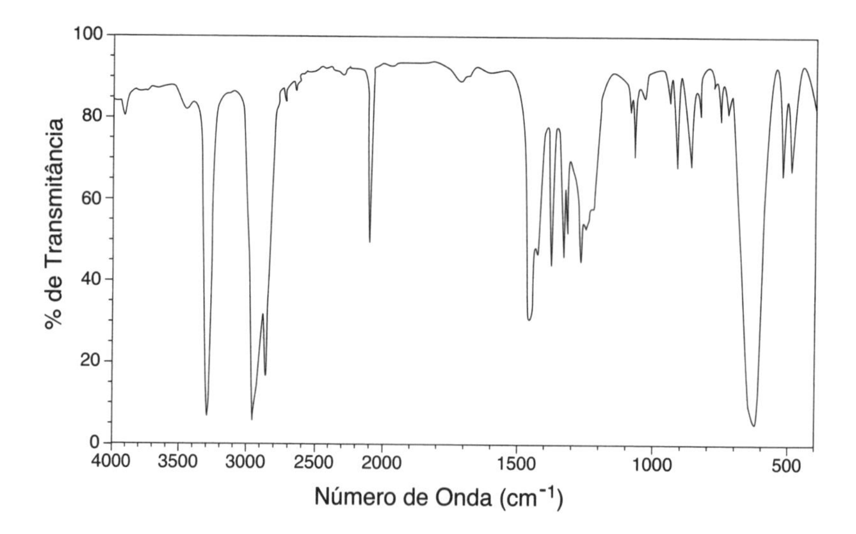

Espectro F

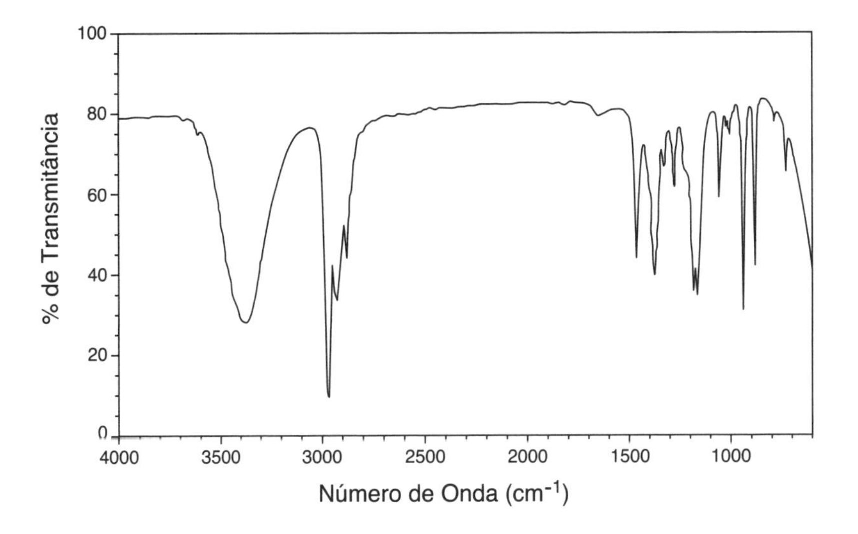
100
80
60
40
20
0
% de Transmitância
4000
3500
3000
2500
2000
1500
1000
Número de Onda (cm-1)

CAPÍTULO 2

ESPECTROSCOPIA DE RMN

A espectroscopia de *ressonância magnética nuclear* (RMN) é a mais útil das técnicas para determinação de estruturas que você vai encontrar no seu livro-texto. A análise de um espectro de RMN fornece informações a respeito de como os átomos individuais de carbono e hidrogênio estão ligados entre si em uma molécula. Tais informações nos possibilitam determinar a estrutura carbono–hidrogênio de um composto, de forma bem semelhante a peças de quebra-cabeças que podem ser montadas formando uma figura.

Seu livro-texto fornecerá uma explicação da fundamentação teórica da espectroscopia de RMN (como ela funciona). Eis um rápido resumo.

O núcleo de um átomo de hidrogênio (que é apenas um próton) possui uma propriedade chamada de *spin nuclear*. Um verdadeiro entendimento desta propriedade está além do escopo do nosso curso, então, pensaremos nela como uma esfera de carga em rotação, que gera um campo magnético, chamada de *momento magnético*. Quando o núcleo de um átomo de hidrogênio é submetido a um campo magnético externo, o momento magnético pode alinhar-se ou com o campo (chamado de estado de spin α) ou contra o campo (chamado de estado de spin β). Existe uma diferença de energia (ΔE) entre estes dois estados de spin. Se um próton que ocupa o estado de spin α é submetido à radiação eletromagnética, ocorre uma absorção SE a energia do fóton é equivalente à lacuna de energia entre os estados de spin. A absorção faz com que o núcleo *passe* para o estado de spin β, e diz-se que o núcleo está em *ressonância* com o campo magnético externo; daí, o termo *ressonância magnética nuclear*. Os espectrômetros de RMN utilizam fortes campos magnéticos, e a frequência da radiação normalmente requerida para a ressonância nuclear incide na região de ondas de rádio do espectro eletromagnético (chamada de radiação rf).

Em determinada intensidade do campo magnético, poderíamos esperar que todos os núcleos absorvessem a mesma frequência de radiação rf. Felizmente, este não é o caso, pois os núcleos são cercados por elétrons. Na presença de um campo magnético externo, a densidade eletrônica circula, estabelecendo um pequeno campo magnético local que *blinda* o próton. Nem todos os prótons ocupam ambientes eletrônicos idênticos. Alguns prótons ficam cercados por uma densidade eletrônica maior e tornam-se mais blindados, enquanto outros prótons são cercados por uma densidade eletrônica menor e ficam menos blindados ou *desblindados*. Como resultado, prótons em diferentes ambientes eletrônicos absorverão diferentes frequências de radiação rf. Isto nos permite investigar o ambiente eletrônico dos átomos de hidrogênio em um composto.

2.1 EQUIVALÊNCIA QUÍMICA

O espectro produzido pela espectroscopia de RMN de ^1H (diz-se espectroscopia de RMN de "próton") é chamado de espectro de RMN de próton. Eis um exemplo:

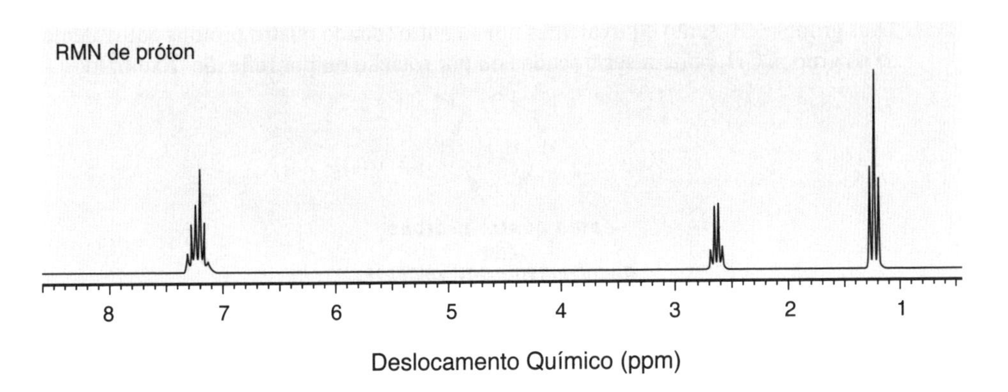

A primeira informação valiosa é o número de sinais (o espectro anterior parece ter três sinais diferentes). Além disso, cada sinal tem as características importantes vistas a seguir:

1. A *localização* de cada sinal indica o ambiente eletrônico dos prótons que dão origem ao sinal.
2. A *área* sob cada sinal indica o número de prótons que dão origem ao sinal.
3. A *forma* do sinal indica o número de prótons vizinhos.

Vamos discutir estas características nas seções a seguir. Primeiramente, vamos explorar as informações que são reveladas pela contagem do número de sinais presentes em um espectro.

O número de sinais em um espectro de RMN de próton indica o número de diferentes tipos de prótons (prótons em diferentes ambientes eletrônicos). Prótons que ocupam ambientes eletrônicos idênticos são chamados de *quimicamente equivalentes*, e eles produzirão apenas um sinal.

Dois prótons são quimicamente equivalentes se podem ser trocados por uma operação de simetria. Seu livro-texto provavelmente fornecerá uma explicação detalhada, com exemplos. Para nossa finalidade, as regras simples a seguir podem orientá-lo na maioria dos casos.

- Os dois prótons de um grupo CH_2 geralmente serão quimicamente equivalentes se o composto não tiver estereocentros. Porém, se o composto tem um estereocentro, então, os prótons de um grupo CH_2 geralmente não serão quimicamente equivalentes:

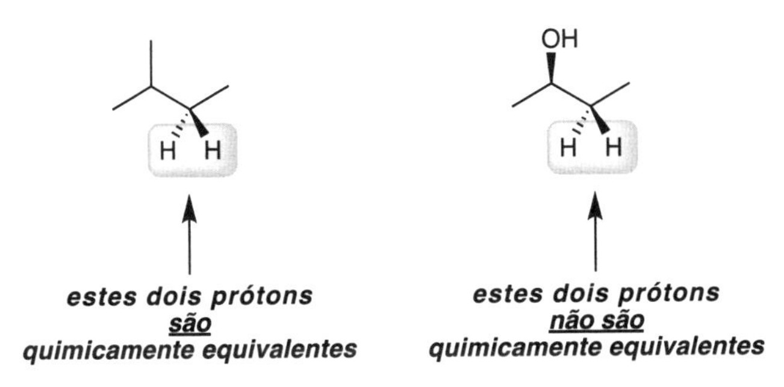

- Dois grupos CH_2 serão equivalentes um ao outro (dando quatro prótons equivalentes) se os grupos CH_2 podem ser trocados ou por rotação ou por reflexão. Exemplo:

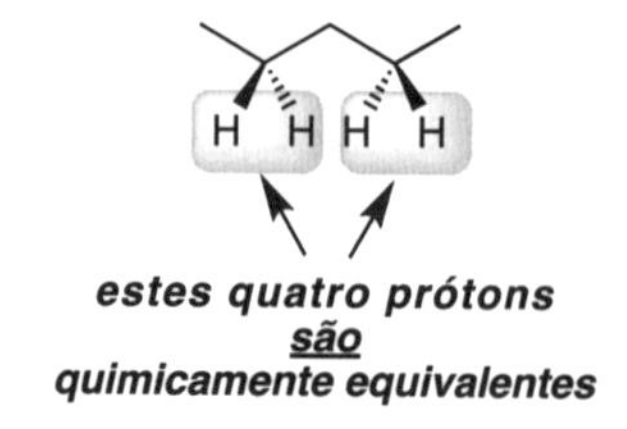

- A regra anterior também se aplica a grupos CH_3 ou grupos CH. Eis os exemplos:

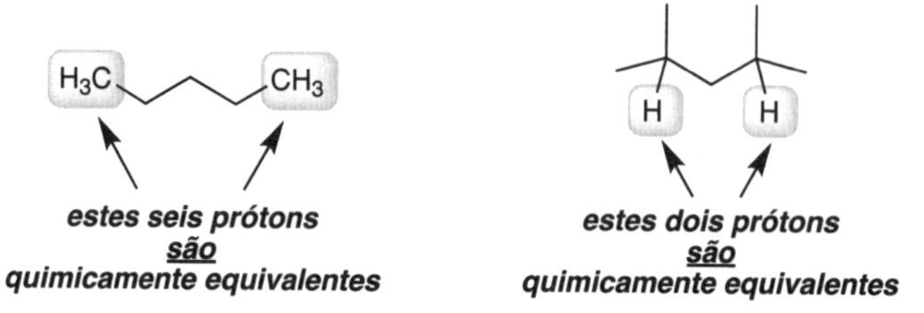

- Os três prótons de um grupo CH_3 sempre são quimicamente equivalentes, mesmo se houver estereocentros no composto:

CH_3 — OH

estes três prótons são quimicamente equivalentes

- Para os compostos aromáticos, será menos confuso se você desenhar um círculo no anel, em vez de desenhar ligações π alternadas. Por exemplo, os dois grupos metila vistos a seguir são equivalentes, o que pode ser facilmente verificado quando representados da seguinte maneira:

Cl — H_3C — CH_3

estes seis prótons são quimicamente equivalentes

EXERCÍCIO 2.1 Identifique o número de sinais esperados no espectro de RMN de ^1H do composto visto a seguir:

Resposta Comecemos com a porção *gem*-dimetil (os dois grupos metila no centro deste composto):

H_3C CH_3

Estes dois grupos metila são equivalentes entre si, porque podem ser trocados ou por rotação ou por reflexão (é necessário apenas um tipo de simetria, mas, neste caso, temos ambas, reflexão e rotação, e, então, estes seis prótons certamente são quimicamente equivalentes). Portanto, esperamos um único sinal para todos os seis prótons.

Agora, consideremos os grupos metileno (CH_2) vistos a seguir:

Para cada um destes grupos metileno, os dois prótons são quimicamente equivalentes, pois não há nenhum estereocentro. Além disso, estes dois grupos metileno serão equivalentes entre si, pois podem ser trocados por rotação ou reflexão. Portanto, esperamos um único sinal para todos os quatro prótons.

O mesmo argumento aplica-se aos dois grupos metileno vistos a seguir:

Estes quatro prótons são quimicamente equivalentes. Porém, eles são diferentes dos outros grupos metileno no composto, porque não podem ser trocados com nenhum dos outros grupos metileno por rotação ou por reflexão.

De maneira semelhante, os quatro prótons vistos a seguir são quimicamente equivalentes:

E os quatro prótons vistos a seguir também são quimicamente equivalentes:

E, finalmente, os seis prótons vistos a seguir também são quimicamente equivalentes:

Observe que estes seis prótons são diferentes dos seis prótons do grupo *gem*-dimetil no centro do composto, porque o primeiro grupo de seis prótons não pode ser trocado com o outro grupo de seis prótons por rotação ou por reflexão.

No total, há seis diferentes tipos de prótons:

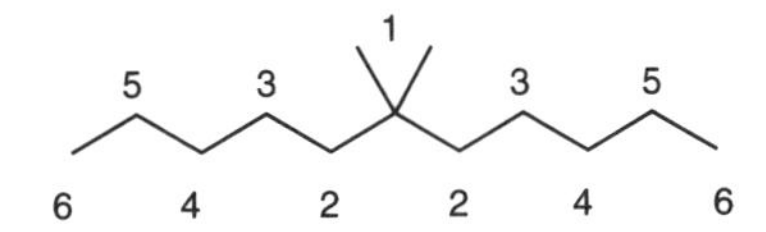

Assim, esperamos que o espectro de RMN de próton deste composto tenha seis sinais.

PROBLEMAS Identifique o número de sinais esperados no espectro de RMN de próton de cada um dos compostos vistos a seguir:

2.2 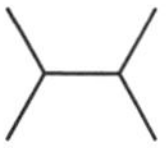 **2.3** 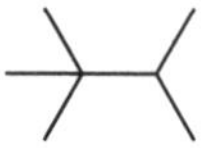 **2.4**

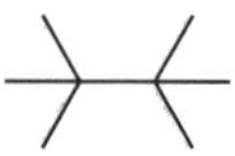

2.5 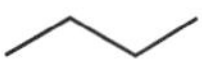 **2.6** 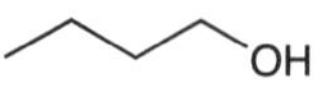 OH **2.7**  HO OH

OH
2.8 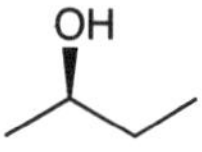 **2.9** OCH_3 **2.10**

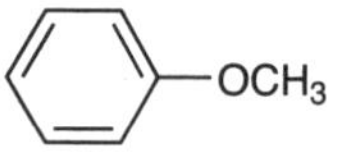

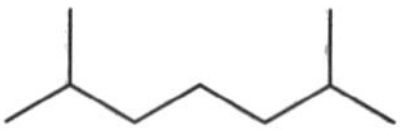

2.11 Se você examinar suas respostas aos problemas anteriores, verá que seria esperado que uma das estruturas produzisse um espectro de RMN com apenas um sinal. Nesta estrutura (problema 2.4), todos os seis grupos metila são quimicamente equivalentes. Utilizando o exemplo como guia, proponha duas estruturas possíveis de um composto com fórmula molecular C_9H_{18} que apresente um espectro de RMN com apenas um sinal.

2.2 DESLOCAMENTO QUÍMICO (VALORES DE REFERÊNCIA)

Agora vamos começar a explorar as três características de cada sinal em um espectro de RMN. A primeira característica é a localização do sinal, chamada de *deslocamento químico* (δ), definido em relação à frequência de absorção de um composto de referência, o tetrametilsilano (TMS):

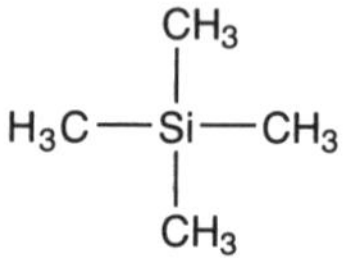

$$H_3C-\underset{CH_3}{\overset{CH_3}{Si}}-CH_3$$

Tetrametilsilano (TMS)

Seu livro-texto entrará em detalhes ao explicar o deslocamento químico e por que ele é um número sem unidades que é dado em partes por milhão (ppm). Por enquanto, vamos simplesmente destacar que, para a maioria dos compostos orgânicos, os sinais produzidos incidem em uma faixa entre 0 e 10 ppm. Em raros casos, é possível observar um sinal ocorrendo em um deslocamento químico abaixo de 0 ppm, o que resulta de um próton que absorve uma frequência inferior à dos prótons do TMS. A maioria dos prótons de compostos orgânicos absorve em uma frequência superior à do TMS, então, a maior parte dos deslocamentos químicos que encontramos é um número positivo.

O lado esquerdo do espectro de RMN é descrito como *campo baixo*, e o lado direito do espectro é definido como *campo alto*:

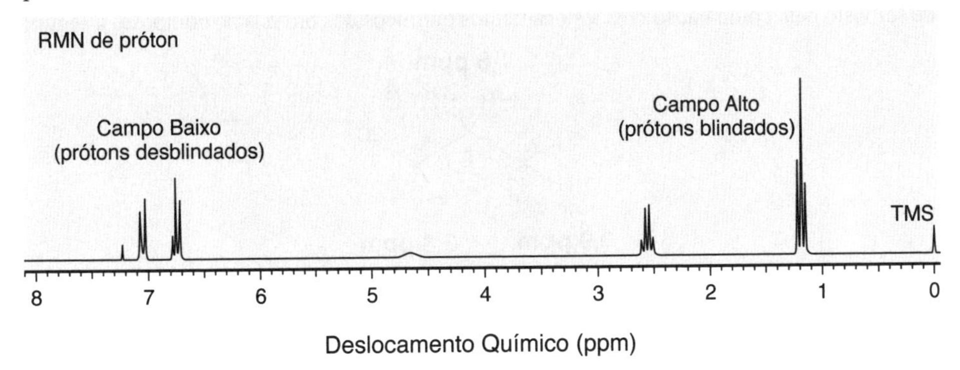

Porém, tenha em mente que estes termos são usados de modo relativo. Por exemplo, diríamos que o sinal em 2,5 ppm (no espectro anterior) é de campo baixo a partir do sinal em 1,2 ppm. De modo semelhante, o sinal em 6,8 ppm é de campo alto a partir do sinal em 7,1 ppm.

Os prótons dos alcanos normalmente produzem sinais entre 1 e 2 ppm. Agora vamos explorar alguns dos efeitos que podem empurrar um sinal de campo baixo (relativamente aos prótons de um alcano). Lembre-se de que átomos eletronegativos, como os halogênios, retiram densidade eletrônica dos átomos vizinhos:

H_3C——X

(X = F, Cl, Br, ou I)

Este efeito indutivo faz com que os prótons vizinhos fiquem desblindados (cercados por menos densidade eletrônica) e, como resultado, o sinal produzido por estes prótons é deslocado para campo baixo — isto é, o sinal aparece em um deslocamento químico mais alto do que os prótons de um alcano. A intensidade deste efeito depende da eletronegatividade do halogênio. Compare os deslocamentos químicos dos prótons dos compostos vistos a seguir:

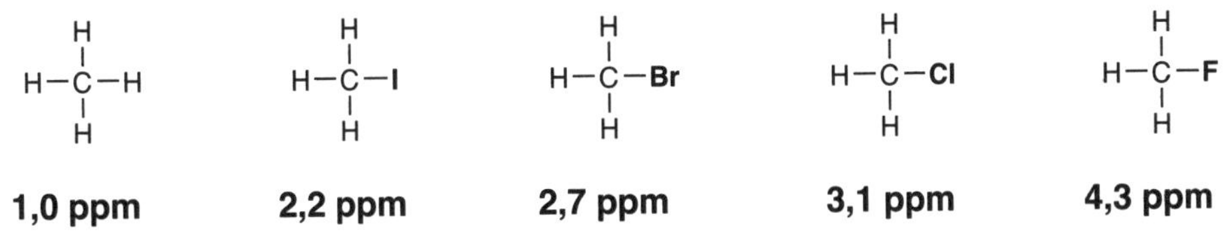

O flúor é o elemento mais eletronegativo e, portanto, produz o efeito mais intenso. Quando estão presentes diversos halogênios, o efeito geralmente é aditivo, conforme pode ser visto ao comparar os compostos vistos a seguir:

CH_4	CH_3Cl	CH_2Cl_2	$CHCl_3$
1,0 ppm	3,1 ppm	5,5 ppm	7,3 ppm

Cada átomo de cloro adiciona cerca de 2 ppm ao deslocamento químico do sinal. Um aspecto importante dos efeitos indutivos é o fato de eles diminuírem drasticamente com a distância, conforme pode ser visto pela comparação dos deslocamentos químicos dos prótons no composto a seguir:

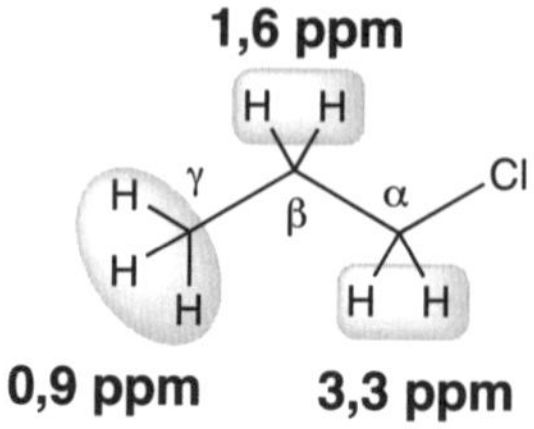

1,6 ppm

0,9 ppm 3,3 ppm

O efeito é mais significativo para os prótons na posição alfa (α). Os prótons na posição beta (β) são afetados apenas ligeiramente, e os prótons na posição gama (γ) praticamente não são afetados pela presença do átomo de cloro.

Guardando na memória alguns números, você deverá estar apto a prever os deslocamentos químicos para os prótons em uma ampla variedade de compostos, inclusive álcoois, éteres, cetonas, ésteres e ácidos carboxílicos. Os números vistos a seguir podem ser utilizados como valores de referência:

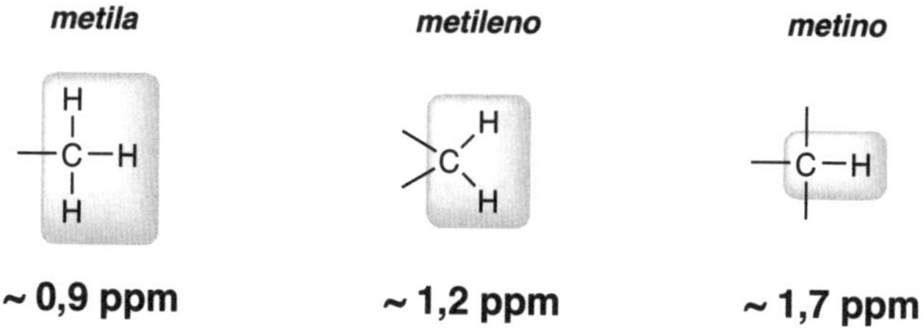

metila	*metileno*	*metino*
~ 0,9 ppm	~ 1,2 ppm	~ 1,7 ppm

Na ausência de efeitos indutivos, um grupo metila (CH_3) geralmente produzirá um sinal próximo de 0,9 ppm, um grupo metileno (CH_2) produzirá um sinal próximo de 1,2 ppm e um grupo metino (CH) produzirá um sinal próximo de 1,7 ppm. Estes valores de referência são, então, modificados pela presença de grupos funcionais vizinhos da maneira vista a seguir:

Grupo funcional	*Efeito sobre os prótons α*	*Exemplo*
Oxigênio de um álcool ou um éter	+ 2,5	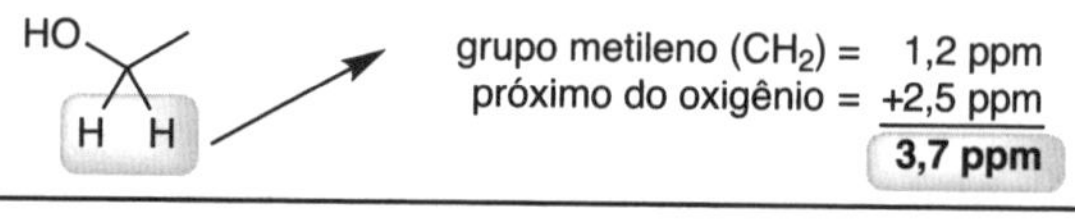 grupo metileno (CH_2) = 1,2 ppm próximo do oxigênio = +2,5 ppm 3,7 ppm
Oxigênio de um éster	+3	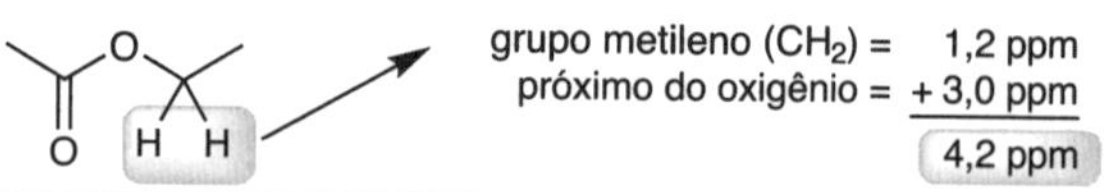 grupo metileno (CH_2) = 1,2 ppm próximo do oxigênio = + 3,0 ppm 4,2 ppm
Grupo carbonila (C=O) Todos os grupos carbonila, inclusive cetonas, aldeídos, ésteres etc.	+1	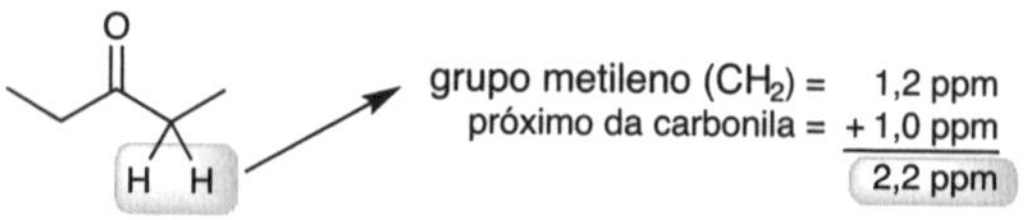 grupo metileno (CH_2) = 1,2 ppm próximo da carbonila = + 1,0 ppm 2,2 ppm

Os valores desta tabela representam o efeito de alguns grupos funcionais nos deslocamentos químicos de prótons alfa. O efeito nos prótons beta geralmente é cerca de um quinto do efeito nos prótons alfa. Por exemplo, em um álcool, a presença de um átomo de oxigênio adiciona +2,5 ppm ao deslocamento químico dos prótons alfa, mas adiciona +0,5 ppm aos prótons beta. De maneira similar, um grupo carbonila adiciona +1 ppm ao deslocamento químico dos prótons alfa, mas somente +0,2 aos prótons beta.

Os valores anteriores (juntamente com os valores de referência dos grupos metila, metileno e metino) nos possibilitam prever os deslocamentos químicos dos prótons em uma ampla variedade de compostos. Vejamos um exemplo.

EXERCÍCIO 2.12 Preveja os deslocamentos químicos dos sinais no espectro de RMN de próton do composto visto a seguir:

O

O

Resposta Primeiramente, determine o número total de sinais esperados. Neste composto, há quatro diferentes tipos de prótons, dando origem a quatro sinais distintos. Para cada tipo de sinal, identifique se ele representa grupos metila (0,9 ppm), metileno (1,2 ppm) ou metino (1,7 ppm):

metino (1,7)
metila (0,9)
H
O
H_3C
H_3C
O
CH_3
H H
metila (0,9)
metileno (1,2)

Finalmente, modifique cada um destes números com base na proximidade do oxigênio ou do grupo carbonila:

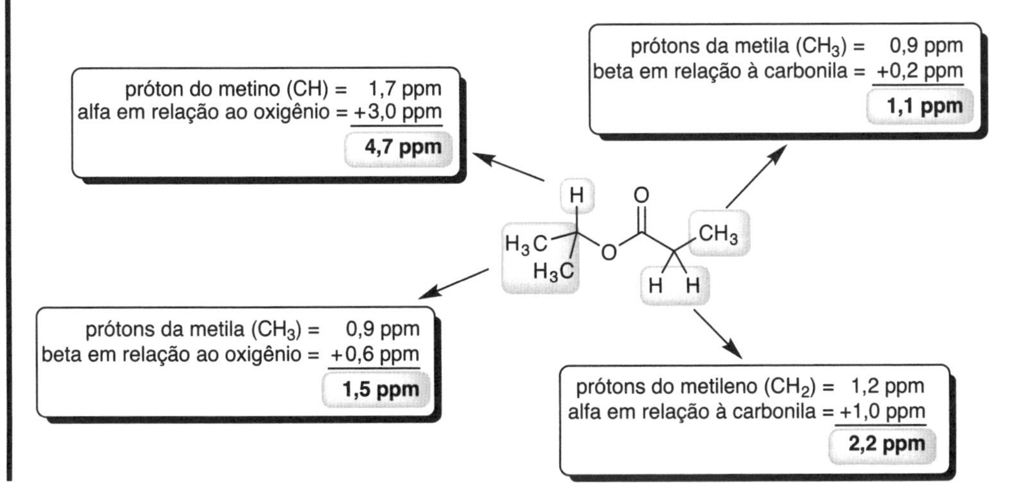

Estes valores são simples estimativas e os deslocamentos químicos reais podem diferir ligeiramente dos valores previstos. Observe que, para o próton do metino, não contamos a ligação C═O distante e adicionamos +0,2, porque a porção éster é considerada um grupo, que tem o efeito de adicionar +3,0 ao deslocamento químico do próton do metino. De forma semelhante, observe que, para os prótons do metileno, não adicionamos +0,5 para um oxigênio distante. Uma vez mais, a porção éster é considerada um grupo, o que tem o efeito de adicionar +0,1 ao deslocamento químico dos prótons do metileno.

PROBLEMAS Preveja os deslocamentos químicos dos sinais do espectro de RMN de próton de cada um dos compostos vistos a seguir:

2.13 **2.14** 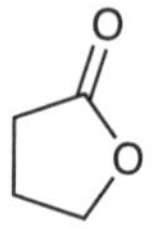 **2.15**

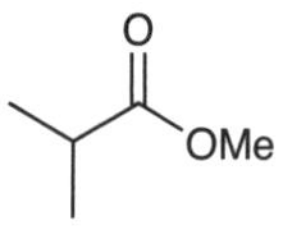

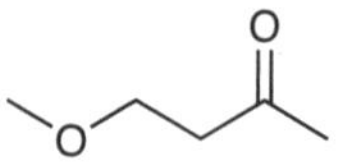

2.16 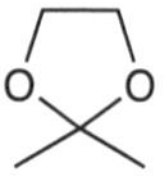 **2.17** 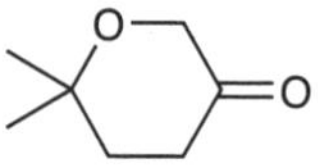 **2.18**

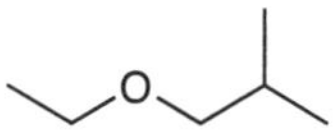

O deslocamento químico de um próton também é sensível à presença de elétrons π próximos. Este efeito é particularmente intenso para prótons aromáticos (prótons ligados diretamente a um anel aromático). No seu livro-texto você encontrará um diagrama que mostra como (e por que) os prótons aromáticos são afetados. Aqui está um rápido resumo. O campo magnético externo faz com que os elétrons π circulem e este fluxo de elétrons causa um campo magnético local induzido. Os prótons aromáticos sentem não apenas o campo magnético externo, mas também o campo magnético local induzido. Como resultado, os prótons aromáticos sentem um campo magnético líquido mais forte, o que faz com que seus sinais se desloquem para campo baixo, de modo significativo. De fato, os prótons aromáticos geralmente produzem sinais nas proximidades de 7 ppm (às vezes subindo a 8 ppm, às vezes descendo até 6,5 ppm) em um espectro de RMN. Por exemplo, considere a estrutura do etilbenzeno:

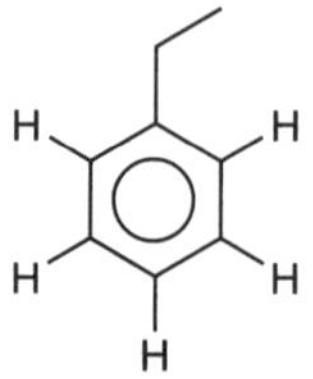

O etilbenzeno possui três diferentes tipos de prótons aromáticos (certifique-se de poder identificá-los), produzindo três sinais superpostos logo acima dos 7 ppm. Um sinal complexo em torno de 7 ppm é característico de compostos com prótons aromáticos.

O grupo metileno (CH_2) no etilbenzeno produz um sinal em 2,6 ppm, em vez do valor de referência esperado de 1,2 ppm. Estes prótons foram deslocados para campo baixo devido à sua proximidade ao anel aromático. Eles não são tão deslocados quanto os próprios prótons aromáticos, porque os prótons do metileno estão muito afastados do anel, mas ainda há um efeito observável.

Todos os elétrons π, pertençam eles a um anel aromático ou não, têm um efeito nos prótons vizinhos. Para cada tipo de ligação π, a localização precisa dos prótons vizinhos determina seu deslocamento químico. Por exemplo, os prótons aldeídicos produzem sinais característicos em aproximadamente 10 ppm. A seguir são dados alguns deslocamentos químicos importantes. Seria bom familiarizar-se com esses números, pois eles serão necessários para interpretar espectros de RMN de próton:

Tipo de próton	Deslocamento Químico (δ)	Tipo de próton	Deslocamento Químico (δ)
metila R—CH_3	~0,9	haleto de alquila 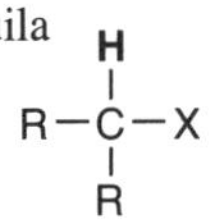 R—C(H)(R)—X	2 – 4
metileno 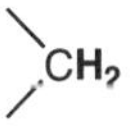 CH_2	~1,2	álcool R—O—H	2 – 5
metino 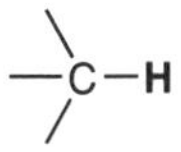 —C—H	~1,7	vinílico 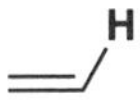	4,5 – 6,5
alílico 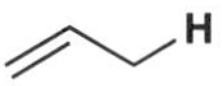	~2	arila 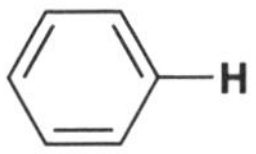	6,5 – 8
alquinila R—≡—H	~2,5	aldeído 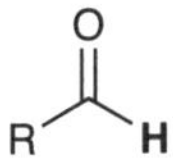	~10
metila aromático 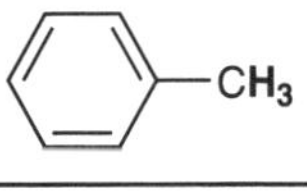	~2,5	ácido carboxílico 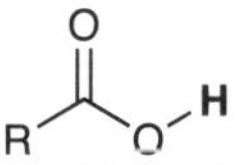	~12

PROBLEMA 2.19 Preveja o deslocamento químico esperado de cada tipo de próton presente no composto visto a seguir:

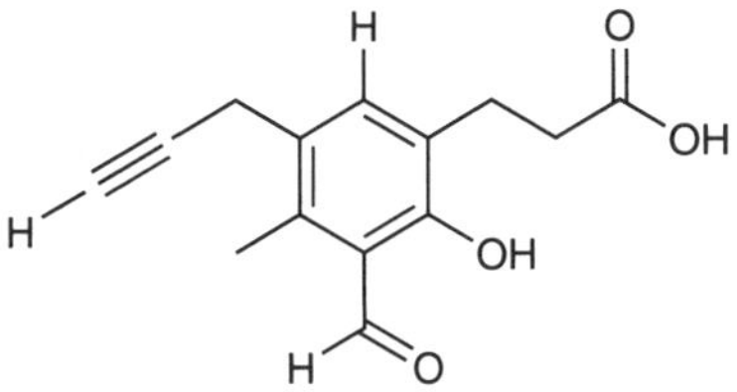

2.3 INTEGRAÇÃO

Na seção anterior, aprendemos sobre a primeira característica de cada sinal, o deslocamento químico. Nesta seção, vamos explorar a segunda característica, a *integração*, que é a área sob cada sinal. Este valor indica o número de prótons que dão origem ao sinal. Após obter o espectro, o computador calcula a área sob cada sinal e, então, mostra esta área na forma de um valor numérico localizado sob o sinal:

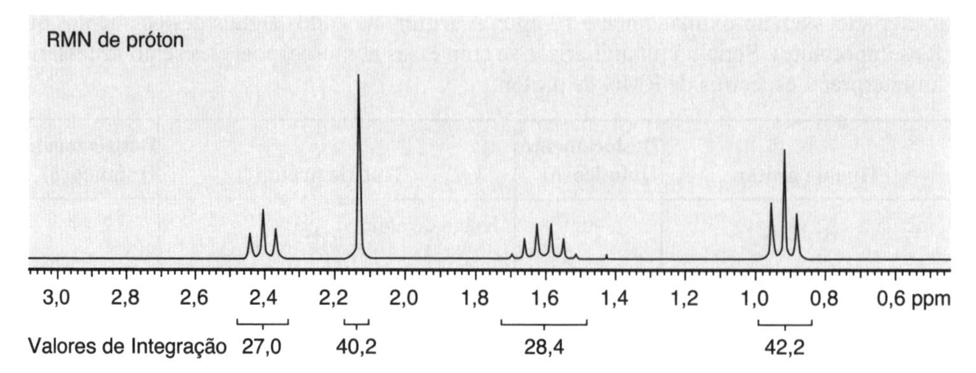

Estes números somente têm significado quando comparados uns com os outros. Para converter estes números em informações úteis, escolhe-se o número menor (27,0 neste caso) e, então, divide-se todos os valores de integração por este número:

$$\frac{27{,}0}{27{,}0} = 1 \qquad \frac{40{,}2}{27{,}0} = 1{,}49 \qquad \frac{28{,}4}{27{,}0} = 1{,}05 \qquad \frac{42{,}2}{27{,}0} = 1{,}56$$

Estes números fornecem o *número relativo*, ou a proporção, entre os prótons que dão origem a cada sinal. Isto significa que um sinal de 1,5 envolve um número de prótons que é uma vez e meia o número de prótons com um sinal que tem integração de 1. Para obter números inteiros (não existe meio próton), multiplica-se todos os números anteriores por dois, dando a mesma proporção agora expressa em números inteiros, 2 : 3 : 2 : 3. Em outras palavras, o sinal em 2,4 ppm representa 2 prótons equivalentes, e o sinal em 2,1 ppm representa 3 prótons equivalentes.

Os valores de integração são frequentemente representados por *curvas em degraus*, por exemplo:

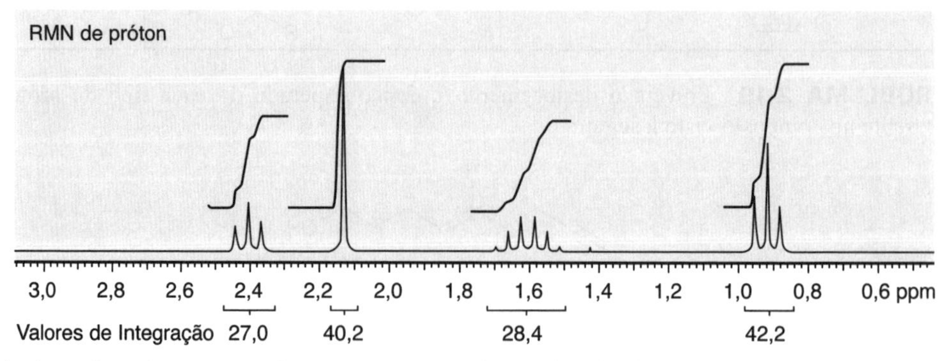

A altura de cada curva em degrau representa a área sob o sinal. Neste caso, uma comparação das alturas das quatro curvas em degrau revela uma proporção de 2 : 3 : 2 : 3.

Ao interpretar os valores de integração, não se esqueça de que os números são apenas relativos. Por exemplo, considere a estrutura do butano:

O butano tem dois tipos de prótons e, portanto, produzirá dois sinais em seu espectro de RMN de próton. Os grupos metila dão origem a um sinal e os grupos metileno dão outro sinal. Um computador analisa a área sob cada sinal e fornece números que nos permitem calcular uma proporção de 2 : 3. Esta proporção apenas indica o número relativo de prótons que dão origem a cada sinal, não o número exato de prótons. Neste caso, os números exatos são 4 (dos grupos metileno) e 6 (dos grupos metila). Ao analisar o espectro de RMN de um composto desconhecido, a fórmula molecular fornece informações extremamente úteis, pois nos permite determinar o número exato de prótons que dão origem a cada sinal. Se estivéssemos analisando o espectro do butano, a fórmula molecular (C_4H_{10}) indicaria que o composto tem um total de 10 prótons. Esta informação, então, nos permite determinar que a proporção de 2 : 3 deve corresponder a 4 prótons e 6 prótons, para dar um total de 10 prótons.

O exemplo anterior ilustrou o importante papel que a simetria pode desempenhar nos valores de integração. Eis outro exemplo:

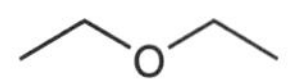

Este composto tem apenas dois tipos de prótons, porque os dois grupos metileno são equivalentes entre si, e os dois grupos metila são equivalentes entre si. Espera-se, portanto, que o espectro de RMN de próton apresente apenas dois sinais, com valores de integração relativos de 2 : 3. Porém, uma vez mais, os valores 2 e 3 são apenas números relativos. Na realidade, eles representam 4 prótons e 6 prótons. Isto pode ser determinado pela inspeção da fórmula molecular ($C_4H_{10}O$), que indica um total de 10 prótons no composto. Como a proporção de prótons é 2 : 3, esta proporção deve representar 4 e 6 prótons, para o número total de prótons ser 10. Esta análise indica que a molécula possui simetria.

EXERCÍCIO 2.20 Um composto com fórmula molecular $C_5H_{10}O_2$ tem o espectro de RMN visto a seguir. Determine o número de prótons que dão origem a cada sinal:

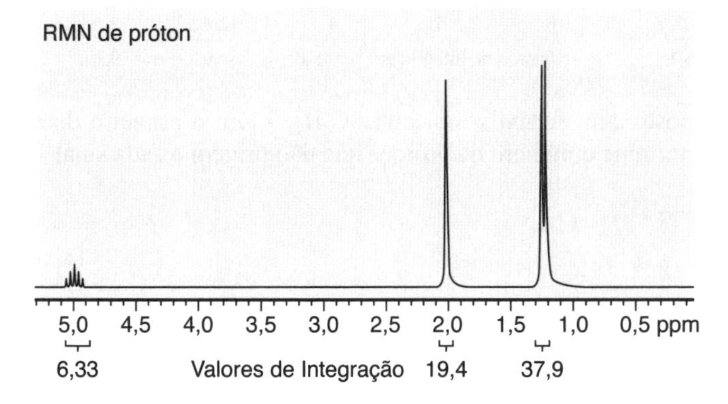

Resposta O espectro tem três sinais. Comece comparando os valores de integração relativos: 6,33, 19,4 e 37,9. Divida cada um destes três números pelo menor número (6,33):

$$\frac{6,33}{6,33} = 1 \qquad \frac{19,4}{6,33} = 3,06 \qquad \frac{37,9}{6,33} = 5,99$$

Isto dá uma proporção de 1 : 3 : 6, mas estes são apenas números relativos. Para determinar o número exato de prótons que dão origem a cada sinal, examine a fórmula molecular, que indica um total de 10 prótons no composto. Assim, os números 1 : 3 : 6 não são apenas números relativos, mas também são os valores exatos. Valores de integração exatos às vezes são expressos da seguinte maneira:

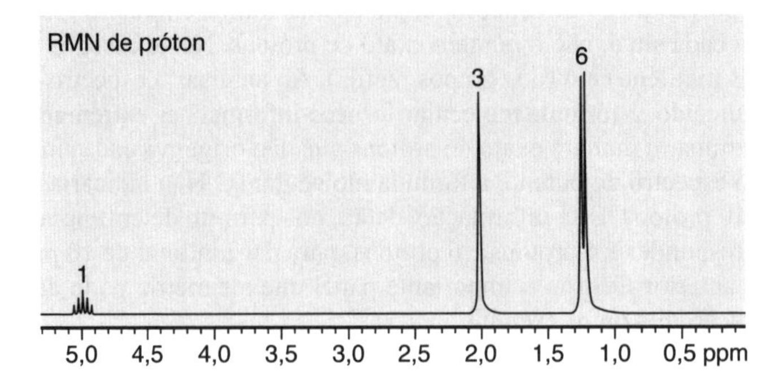

PROBLEMAS

2.21 Um composto com fórmula molecular $C_8H_{10}O$ tem o espectro de RMN de próton visto a seguir. Determine o número de prótons que dão origem a cada sinal.

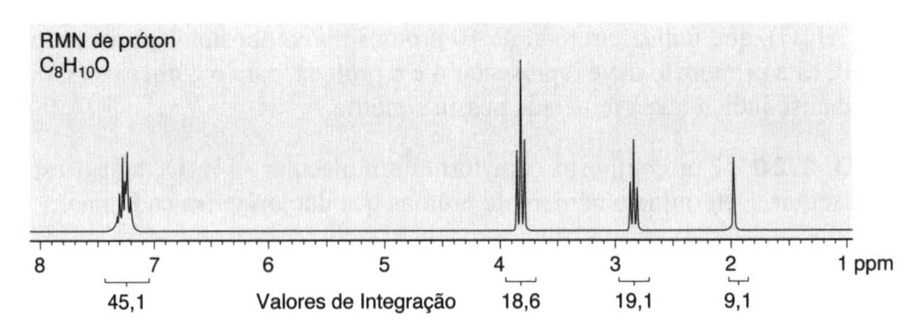

2.22 Um composto com fórmula molecular $C_7H_{14}O$ tem o espectro de RMN de próton visto a seguir. Determine o número de prótons que dão origem a cada sinal.

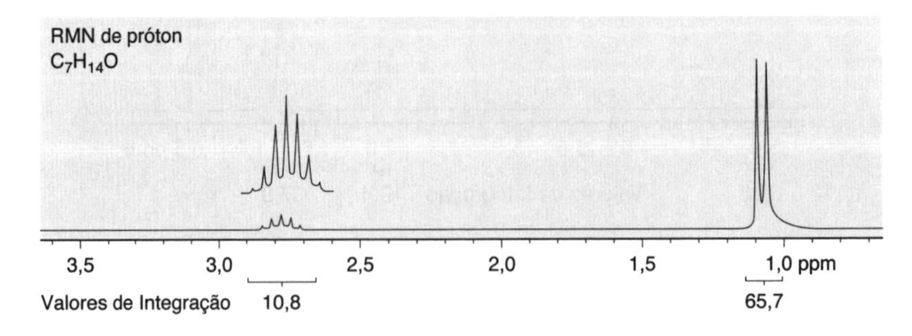

2.23 Um composto com fórmula molecular $C_4H_6O_2$ tem o espectro de RMN de próton visto a seguir. Determine o número de prótons que dão origem a cada sinal.

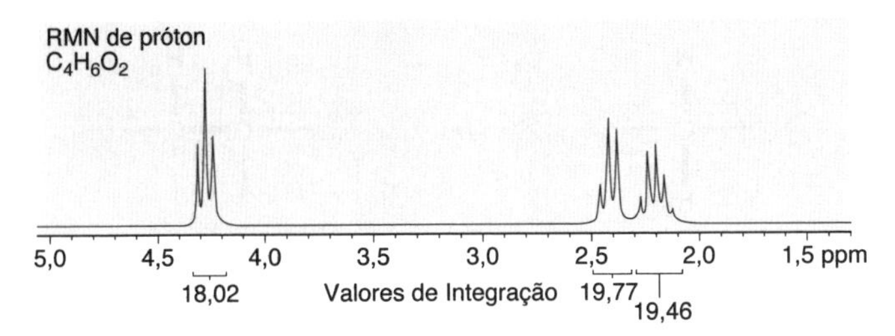

2.4 MULTIPLICIDADE

A terceira, e última, característica de cada sinal é sua *multiplicidade*, que se refere ao número de picos no sinal. Um *simpleto* tem um pico, um *dupleto* tem dois picos, um *tripleto* tem três picos, um *quarteto* (ou *quadrupleto*) tem quatro picos, um *quinteto* (ou *quintupleto*) tem cinco picos etc.

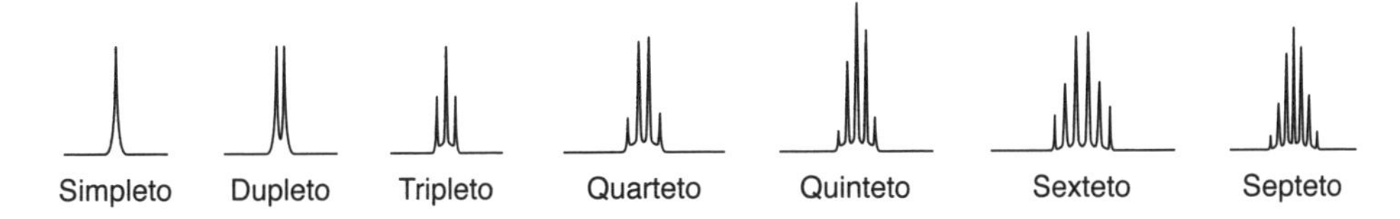

A multiplicidade de um sinal é o resultado dos efeitos magnéticos de prótons vizinhos e, portanto, indica o número de prótons vizinhos. Seu livro-texto vai explicar a causa deste efeito com detalhes. O efeito líquido pode ser resumido com a *regra* $n + 1$, que afirma o que se segue: se n é o número de prótons vizinhos, então, a multiplicidade será $n + 1$. Por exemplo, um próton com três vizinhos ($n = 3$) será desdobrado em um quarteto ($n + 1 = 3 + 1 = 4$ picos).

É importante entender que prótons vizinhos nem sempre se desdobram entre si. Há dois fatores principais que determinam se o desdobramento ocorre ou não:

1. Prótons equivalentes não se desdobram entre si. Considere os dois grupos metileno no composto visto a seguir:

H H
Cl Cl
H H

Quatro prótons equivalentes
sem desdobramento

Todos os quatro prótons são quimicamente equivalentes e, portanto, não se desdobram entre si. Em lugar disso, eles produzem um sinal que não tem prótons vizinhos ($n = 0$), então, o sinal é um simpleto ($n + 1$). Para ocorrer desdobramento, os prótons vizinhos têm que ser diferentes dos prótons que produzem o sinal.

2. O desdobramento é mais comumente observado quando os prótons são separados por duas ou três ligações sigma:

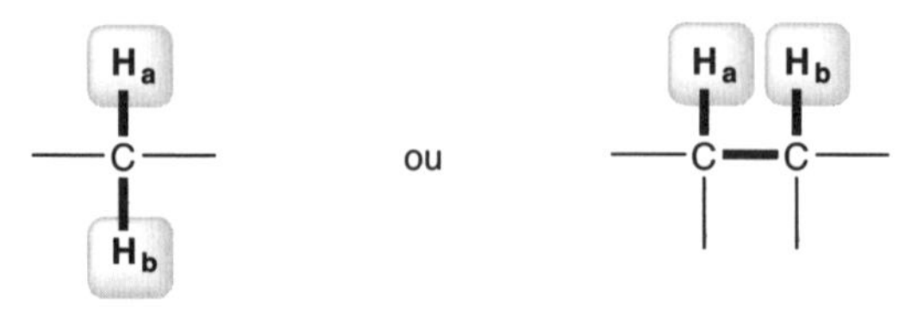

prótons não equivalentes separados por duas ligações sigma

prótons não equivalentes separados por três ligações sigma

No entanto, quando dois prótons são separados por mais de três ligações sigma, geralmente não se observa desdobramento:

Ha Hb

muito distantes

Tal desdobramento de longo alcance só é observado em moléculas rígidas, como os compostos bicíclicos, ou em moléculas que contêm partes estruturais rígidas, como os sistemas alílicos. Neste tratamento introdutório de espectroscopia de RMN, vamos evitar exemplos que mostrem substancial acoplamento de longo alcance. Certifique-se de verificar suas anotações de aula para ver se foram abordados alguns exemplos de acoplamento de longo alcance.

EXERCÍCIO 2.24 Determine a multiplicidade de cada sinal no espectro de RMN de próton esperado para o composto visto a seguir:

Resposta Comece identificando os diferentes tipos de prótons. Isto é, determine o número de sinais esperados.

três grupos metila equivalentes

grupo metila

grupo metileno

Espera-se que este composto produza três sinais em seu espectro de RMN de próton. Agora analisemos cada sinal, utilizando a regra $n + 1$:

0 vizinhos
n+1 = 1
simpleto

dois vizinhos
n+1 = 3
tripleto

três vizinhos
n+1 = 4
quarteto

Observe que o grupo *terc*-butila (no lado esquerdo da molécula) aparece como um simpleto, porque o átomo de carbono visto a seguir não possui prótons:

sem prótons

Este átomo de carbono quaternário está diretamente ligado a cada um dos grupos metila vizinhos e, como resultado, cada um dos três grupos metila não tem nenhum próton vizinho. Isto é característico dos grupos *terc*-butila.

PROBLEMAS Preveja a multiplicidade de cada sinal no espectro de RMN de próton esperado para cada um dos compostos vistos a seguir:

2.25 **2.26** **2.27**

2.28 **2.29** **2.30**

Quando ocorre o desdobramento de sinais, a distância entre os picos individuais de um sinal é chamada de *constante de acoplamento*, ou *valor de J*, e é medido em Hz. Prótons vizinhos sempre se desdobram um em outro com *valores de J* equivalentes. Por exemplo, considere os dois tipos de prótons em um grupo etila:

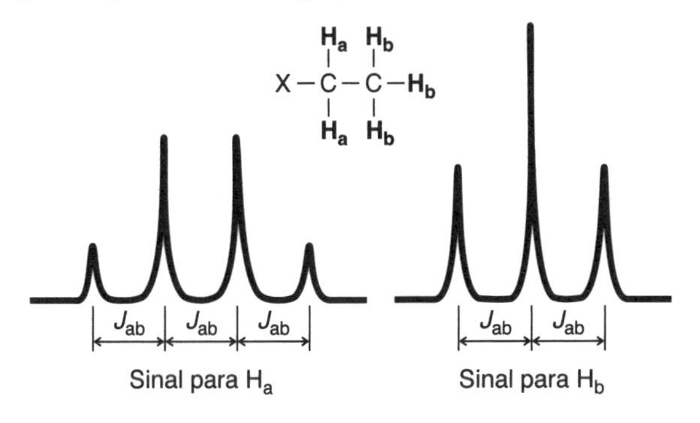

O sinal de H_a é desdobrado em um quarteto sob a influência dos seus três vizinhos, enquanto o sinal de H_b é desdobrado em um tripleto sob a influência dos seus dois vizinhos. Diz-se que H_a e H_b estão acoplados entre si. A constante de acoplamento, J_{ab}, é a mesma em ambos os sinais. Os valores de J podem variar entre 0 e 20 Hz, dependendo do tipo de prótons envolvidos.

2.5 RECONHECIMENTO DE PADRÕES

Há alguns padrões de desdobramento que são comumente observados em espectros de RMN de próton, e você não perderá tempo em um exame se puder reconhecer tais padrões:

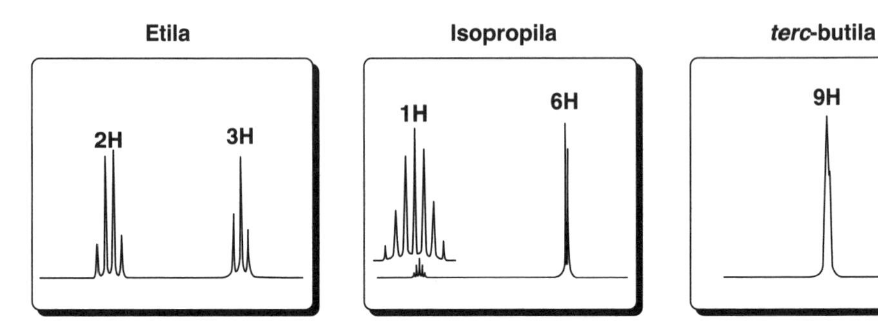

Um grupo etila é caracterizado por um tripleto com uma integração de 3 e um quarteto com uma integração de 2. Um grupo isopropila é caracterizado por um dupleto com uma integração de 6 e um quarteto com uma integração de 1. Um grupo *terc*-butila é caracterizado por um simpleto com uma integração de 9.

Vamos adquirir prática no reconhecimento destes padrões.

PROBLEMAS A seguir são apresentados espectros de RMN de diversos compostos. Identifique se é provável ou não que eles contenham grupos etila, isopropila e/ou *terc*-butila:

2.31

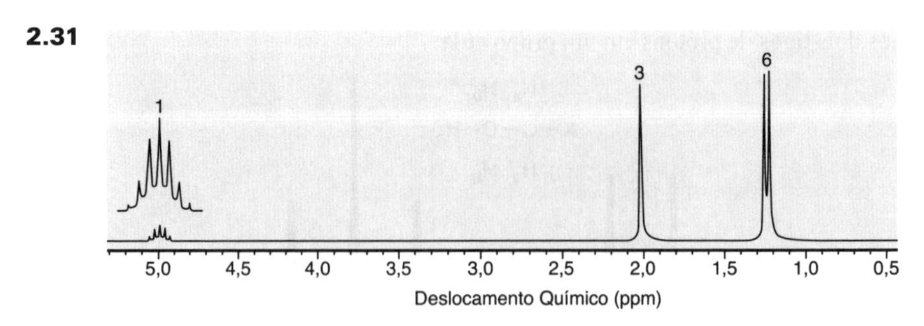

2.32

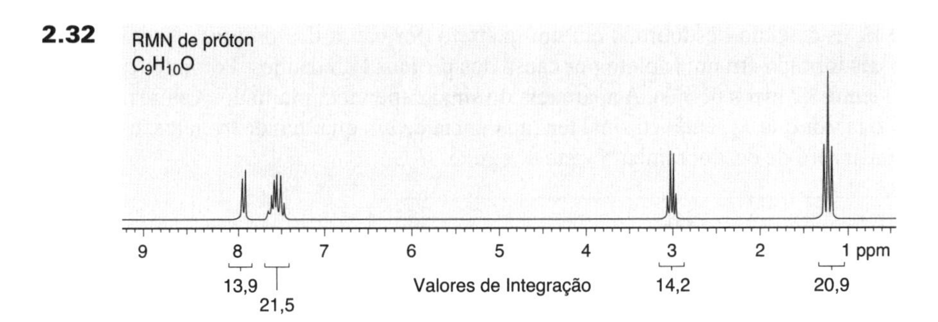

2.33

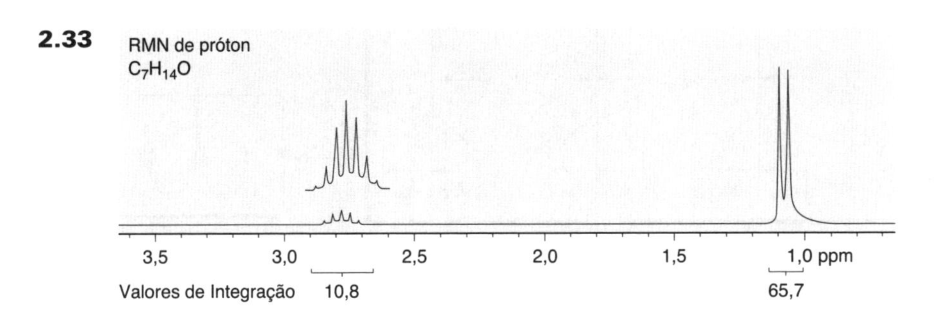

2.34

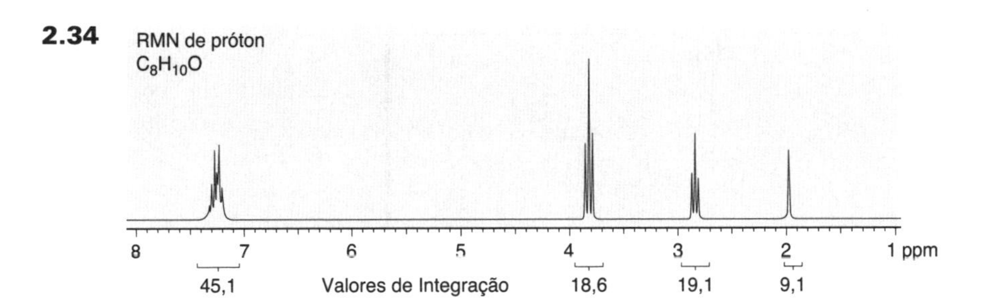

2.6 DESDOBRAMENTO COMPLEXO

O desdobramento complexo ocorre quando um próton tem dois tipos diferentes de prótons vizinhos. Por exemplo, considere o padrão de desdobramento que você poderia esperar para os prótons assinalados como H_b no composto visto a seguir:

```
       Ha    Hb    Hc
       |     |     |
  Ha — C  —  C  —  C — X
       |     |     |
       Ha    Hb    Hc
```

O sinal de H_b está sendo desdobrado em um quarteto por causa dos prótons H_a vizinhos, E está sendo desdobrado em um tripleto por causa dos prótons H_c vizinhos. Portanto, espera-se que o sinal tenha 12 picos (4 × 3). A aparência do sinal dependerá muito dos valores de J. Se J_{ab} for muito maior que J_{bc}, então, o sinal terá aparência de um quarteto de tripletos, conforme mostrado na árvore de desdobramento vista a seguir:

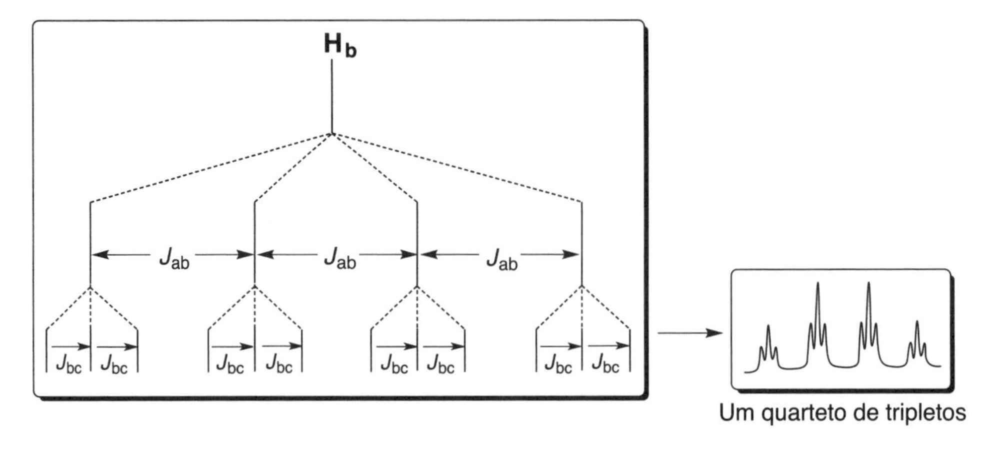

Um quarteto de tripletos

No entanto, se J_{bc} for muito maior que J_{ab}, então, o sinal terá a aparência de um tripleto de quartetos:

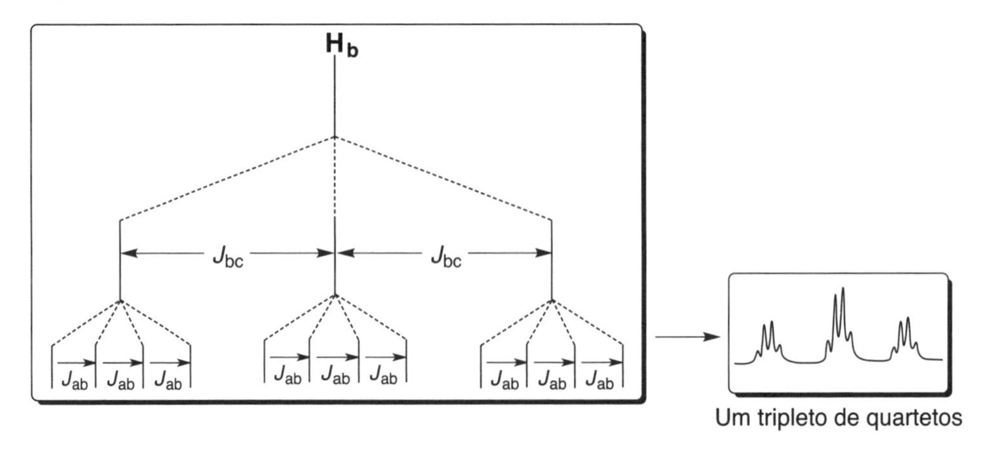

Um tripleto de quartetos

Na maioria dos casos, os valores de J serão bastante semelhantes e não vamos observar nem um nítido quarteto de tripletos nem um nítido tripleto de quartetos. Mais frequentemente, acontecerá que diversos dos picos irão se superpor, produzindo um sinal de difícil análise frequentemente chamado de *multipleto*.

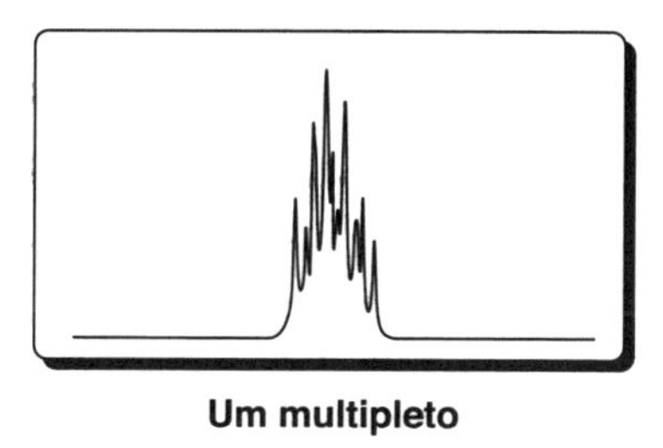

Um multipleto

Em certos casos, J_{ab} e J_{bc} serão quase idênticos. Por exemplo, considere o espectro de RMN de próton do 1-nitropropano:

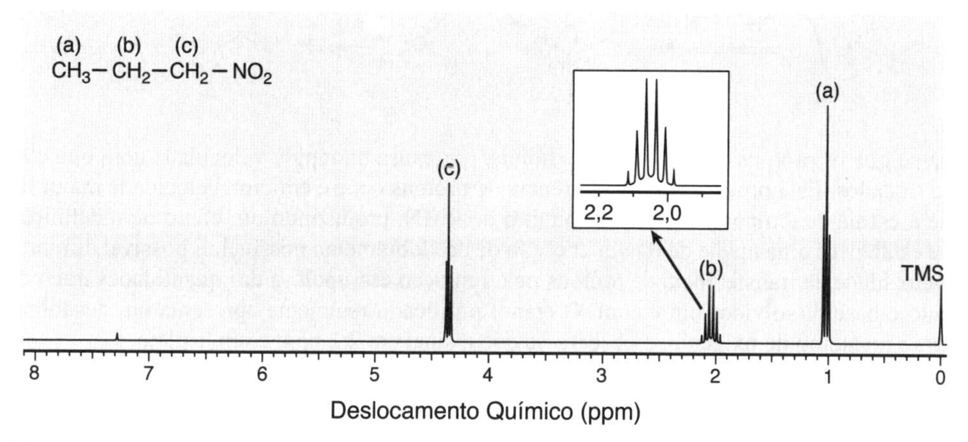

Observe cuidadosamente o padrão de desdobramento dos prótons H_b (em aproximadamente 2 ppm). Este sinal se assemelha a um sexteto, porque J_{ab} e J_{bc} estão muito próximos em valor. Neste caso, é "como se" houvesse cinco vizinhos equivalentes, ainda que nem todos os cinco prótons sejam equivalentes.

2.7 AUSÊNCIA DE DESDOBRAMENTO

Na seção anterior, vimos exemplos de desdobramento complexo. Nesta seção, vamos explorar casos em que não há nenhum desdobramento, apesar da presença de prótons vizinhos. Considere o espectro de RMN de próton do etanol:

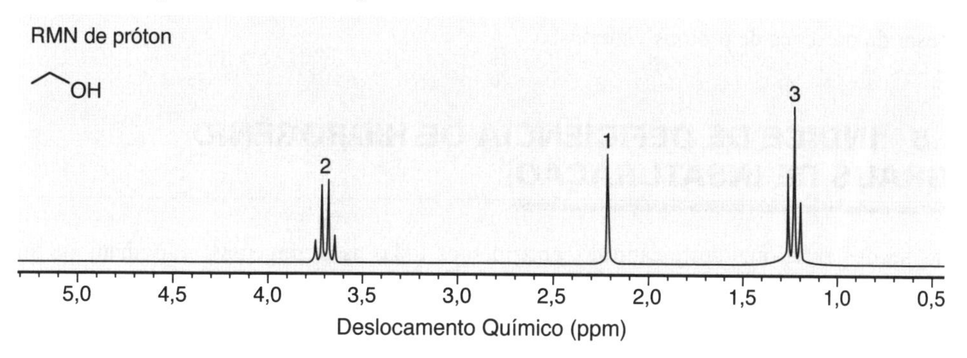

Conforme esperado, o espectro exibe os sinais característicos de um grupo etila (um quarteto com uma integração de 2 e um tripleto com uma integração de 3). Além disso, há outro sinal em 2,2 ppm, representando o próton da hidroxila (OH). Os prótons da hidroxila normalmente produzem um sinal entre 2 e 5 ppm, e frequentemente é difícil prever exatamente onde esse sinal aparece. No espectro de RMN de próton anterior, observe que o próton da hidroxila não está desdobrado em um tripleto a partir do grupo metileno vizinho. Geralmente, não é observado qualquer desdobramento no oxigênio de um álcool, porque a troca de prótons é um processo muito rápido, catalisado por quantidades traço de ácido ou base:

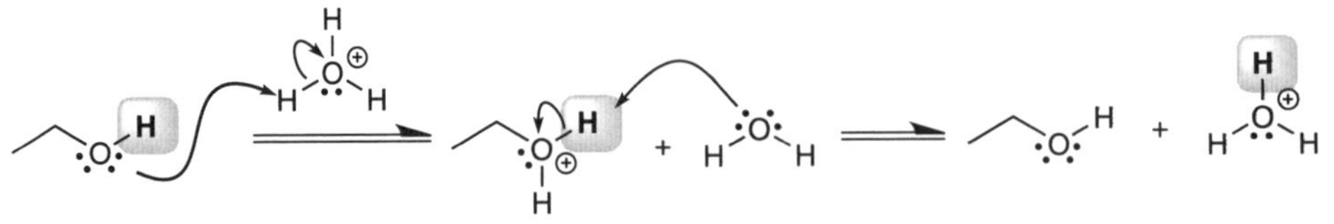

Diz-se que os prótons da hidroxila são **lábeis**, por causa da rápida velocidade com que eles são trocados. Este processo de transferência de prótons ocorre em uma velocidade maior do que a escala de tempo de um espectrômetro de RMN, produzindo um efeito de indefinição que estabelece uma média de qualquer efeito de desdobramento possível. É possível diminuir a velocidade de transferência de prótons pela remoção escrupulosa das quantidades traço de ácido e base dissolvidos em etanol. O etanol purificado realmente apresenta um desdobramento no átomo de oxigênio, e observa-se que o sinal em 2,2 ppm é um tripleto.

Há outro exemplo comum de prótons vizinhos que frequentemente não produzem desdobramento observável. Os prótons aldeídicos, os quais geralmente produzem sinais próximo de 10 ppm, frequentemente se acoplam fracamente com seus vizinhos (isto é, um valor de *J* muito pequeno):

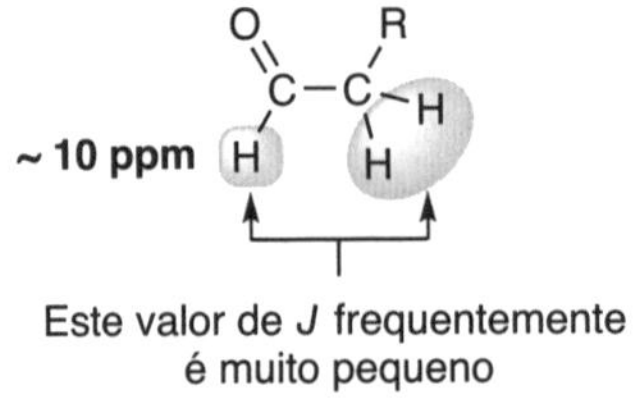

~ 10 ppm

Este valor de *J* frequentemente é muito pequeno

Dependendo do tamanho do valor de *J*, o desdobramento pode ser observado ou não. Se o valor de *J* for pequeno demais, então, o sinal próximo de 10 ppm parecerá ser um simpleto, apesar da presença de prótons vizinhos.

2.8 ÍNDICE DE DEFICIÊNCIA DE HIDROGÊNIO (GRAUS DE INSATURAÇÃO)

Nas seções anteriores deste capítulo, aprendemos todas as ferramentas individuais de que você precisa para analisar um espectro de RMN de próton (consideramos o número de sinais, a análise dos deslocamentos químicos, a avaliação dos valores de integração, a interpretação da multiplicidade de cada sinal, o reconhecimento de padrões etc.). Agora, estamos quase prontos para juntar todas as ferramentas. Porém, há mais uma ferramenta importante que você vai precisar e vamos abordá-la nesta seção.

Imagine que você tenha um composto desconhecido com uma fórmula molecular de $C_6H_{12}O$. A fórmula molecular por si só não fornece informações suficientes para representar a estrutura do composto. Há muitos isômeros constitucionais do $C_6H_{12}O$. Todavia, uma cuidadosa análise da fórmula molecular frequentemente pode fornecer pistas úteis acerca da estrutura do composto. Para ver como isto funciona, comecemos pela análise da fórmula molecular de diversos alcanos.

Compare as estruturas dos alcanos vistos a seguir, prestando atenção especial ao número de átomos de hidrogênio ligados a cada átomo de carbono.

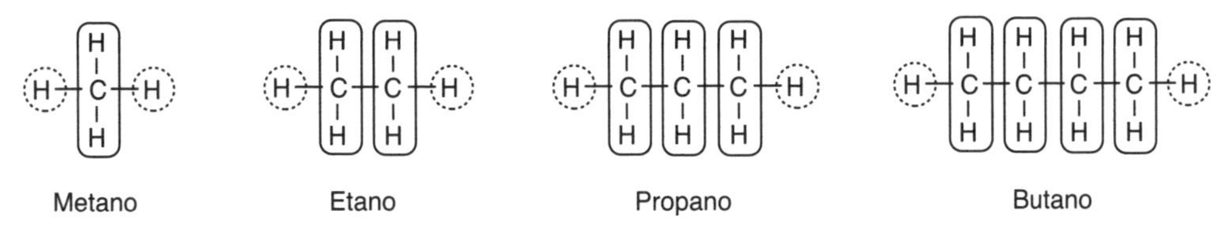

Em cada caso há dois átomos de hidrogênio nas extremidades da estrutura (envolvidos em círculos) e há dois átomos de hidrogênio em cada átomo de carbono. Isto pode ser resumido da seguinte maneira:

$$H\text{–}(CH_2)_n\text{–}H$$

em que n é o número de átomos de carbono do composto. Logo, o número de átomos de hidrogênio será $2n + 2$. Em outras palavras, todos os compostos anteriores têm uma fórmula molecular de C_nH_{2n+2}. Isto é verdade mesmo para compostos que são ramificados em vez de terem uma cadeia linear.

C_5H_{12} C_5H_{12} C_5H_{12}

Diz-se que os compostos anteriores são *saturados* — isto é, eles possuem o número máximo possível de átomos de hidrogênio em relação ao número de átomos de carbono presentes.

Um composto com uma ligação π (uma ligação dupla ou tripla) terá menos que o número máximo de átomos de hidrogênio. Diz-se que tais compostos são *insaturados*.

C_5H_{10} C_5H_8

Um composto que contém um anel também terá menos que o número máximo de átomos de hidrogênio, assim como um composto com uma ligação dupla. Por exemplo, compare as estruturas do 1-hexeno e do ciclo-hexano:

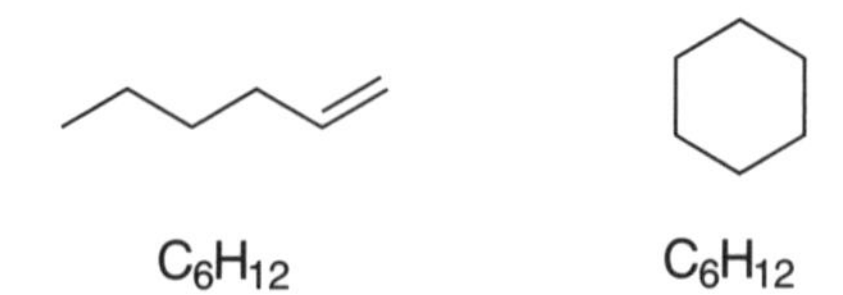

C_6H_{12} C_6H_{12}

Ambos os compostos têm a fórmula molecular (C_6H_{12}) porque ambos têm “falta” de dois átomos de hidrogênio [6 átomos de carbono podem acomodar $(2 \times 6) + 2 = 14$ átomos de hidrogênio]. Diz-se que cada um destes compostos tem um *grau de insaturação*. O *índice de deficiência de hidrogênio (IDH)* é uma medida do número de graus de insaturação. Diz-se que um composto tem um grau de insaturação para cada dois átomos de hidrogênio que estejam faltando. Por exemplo, em um composto com a fórmula molecular C_4H_6 faltam quatro átomos de hidrogênio (se fosse saturado, seria C_4H_{10}), então, ele tem dois graus de insaturação (IDH = 2). Existem diversas maneiras de um composto possuir dois graus de insaturação: duas ligações duplas ou dois anéis ou uma ligação dupla e um anel ou uma ligação tripla. Vamos explorar todas estas possibilidades para o C_4H_6:

Duas ligações duplas	Uma ligação tripla	Dois anéis	Um anel e uma ligação dupla

Estes são todos os isômeros constitucionais possíveis do C_4H_6. Com isto em mente, vamos expandir nosso conhecimento. Vamos explorar como calcular o IDH quando outros elementos estão presentes na fórmula molecular.

***Halogênios*:** Compare os dois compostos vistos a seguir:

```
    H  H                 H  H
    |  |                 |  |
 H—C—C—H              H—C—C—Cl
    |  |                 |  |
    H  H                 H  H
```

etano cloroetano

Observe que o cloro ocupa o lugar de um átomo de hidrogênio. Portanto, para fins de calcular o IDH, trate um halogênio como se ele fosse um átomo de hidrogênio. Por exemplo, o C_4H_9Cl deverá ter o mesmo IDH do C_4H_{10}.

***Oxigênio*:** Compare os dois compostos vistos a seguir:

```
    H  H                 H  H
    |  |                 |  |
 H—C—C—H              H—C—C—O—H
    |  |                 |  |
    H  H                 H  H
```

etano etanol

Observe que a presença do átomo de oxigênio não afeta o número esperado de átomos de hidrogênio. Portanto, sempre que um átomo de oxigênio aparece na fórmula molecular, ele deverá ser ignorado para fins de cálculo do IDH. Por exemplo, o C_4H_8O deverá ter o mesmo IDH do C_4H_8.

***Nitrogênio*:** Compare os dois compostos vistos a seguir:

etano   etilamina

Observe que a presença de um átomo de nitrogênio altera o número de átomos de hidrogênio esperados. Ele dá mais um átomo de hidrogênio do que seria esperado. Portanto, sempre que um átomo de nitrogênio aparece na fórmula molecular, um átomo de hidrogênio deve ser subtraído da fórmula molecular. Por exemplo, o C_4H_9N deverá ter o mesmo IDH do C_4H_8.

Em resumo:

- Halogênios: ***Adicione*** um H para cada halogênio
- Oxigênio: ***Ignore***
- Nitrogênio: ***Subtraia*** um H para cada N

Estas regras permitirão a você determinar o IDH da maioria dos compostos simples. Alternativamente, pode ser utilizada a fórmula vista a seguir:

$$\text{IDH} = (2C + 2 + N - H - X)/2$$

C é o número de átomos de carbono, N é o número de átomos de nitrogênio, H é o número de átomos de hidrogênio e X é o número de halogênios. Esta fórmula funcionará para todos os compostos que contêm C, H, N, O e X.

Calcular o IDH é particularmente útil, pois fornece pistas a respeito dos aspectos estruturais do composto. Por exemplo, um IDH igual a zero indica que o composto não pode ter anéis ou ligações π. Trata-se de uma informação extremamente útil quando se tenta determinar a estrutura de um composto, e trata-se de uma informação facilmente obtida pela simples análise da fórmula molecular. De maneira semelhante, um IDH igual a um indica que o composto deve ter ou uma ligação dupla ***ou*** um anel (mas não ambos). Se o IDH é dois, então, há poucas possibilidades: dois anéis ou duas ligações duplas ou um anel e uma ligação dupla ou uma ligação tripla. A análise do IDH de um composto desconhecido pode frequentemente ser uma ferramenta útil, mas somente quando a fórmula molecular é conhecida com certeza.

Vamos utilizar esta técnica na próxima seção. Os exercícios vistos a seguir são elaborados para desenvolver a capacidade de calcular e interpretar o IDH de um composto desconhecido cuja fórmula molecular é conhecida.

EXERCÍCIO 2.35 Calcule o IDH de um composto com fórmula molecular $C_5H_8Br_2O_2$ e identifique as informações estruturais fornecidas pelo IDH.

Resposta Utilize o cálculo visto a seguir:

Número de H:	8
Adicione 1 para cada Br:	+2
Ignore cada O:	0
Subtraia 1 para cada N:	0
Total =	10

Este composto terá o mesmo IDH de um composto com fórmula molecular C_5H_{10}. Para ser totalmente saturado, 5 átomos de carbono exigiriam $(5 \times 2) + 2 = 12$ H. De acordo com nosso cálculo, dois átomos hidrogênio estão faltando e, portanto, este composto tem um grau de insaturação. IDH = 1.

Alternativamente, pode ser utilizada a fórmula vista a seguir:

$$\text{IDH} = (2C + 2 + N - H - X)/2 = (10 + 2 + 0 - 8 - 2)/2 = 2/2 = 1$$

Com um grau de insaturação, o composto deve conter ou um anel ou uma ligação dupla, mas não ambos. O composto não pode ter uma ligação tripla, pois isto exigiria dois graus de insaturação.

PROBLEMAS Calcule o grau de insaturação para cada uma das fórmulas moleculares vistas a seguir:

2.36 $C_6H_{10}O_4$ **2.37** $C_7H_{11}N$ **2.38** $C_8H_{14}O_2$

2.39 $C_5H_{12}O_2$ **2.40** $C_6H_{15}N$ **2.41** $C_8H_{10}O$

2.9 ANÁLISE DE UM ESPECTRO DE RMN DE PRÓTON

Nesta seção, vamos praticar a análise e interpretação de espectros de RMN, um processo que envolve quatro etapas discretas:

1. Sempre comece pela inspeção da fórmula molecular (se for dada), pois ela fornece informações úteis. Especificamente, calcular o índice de deficiência de hidrogênio (IDH) pode fornecer pistas importantes a respeito da estrutura do composto. Um IDH igual a zero indica que o composto não pode possuir quaisquer anéis ou ligações π. Um IDH igual a 1 indica que o composto tem ou um anel ou uma ligação π. Um IDH igual a quatro deverá indicar a provável presença de um anel aromático:

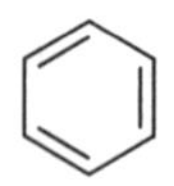

quatro graus de insaturação
(IDH = 4)

2. Considere o número de sinais e a integração de cada sinal (isto dá pistas a respeito da simetria do composto).

3. Analise cada sinal (deslocamento químico, integração e multiplicidade) e, então, represente fragmentos consistentes com cada sinal. Estes fragmentos tornam-se nossas peças do quebra-cabeça que tem que ser montado para produzir uma estrutura molecular.
4. Monte os fragmentos em uma estrutura molecular.

O exercício a seguir ilustra como isto é feito.

EXERCÍCIO 2.42

Identifique a estrutura de um composto com a fórmula molecular $C_9H_{10}O$ que exibe o espectro de RMN de próton visto a seguir:

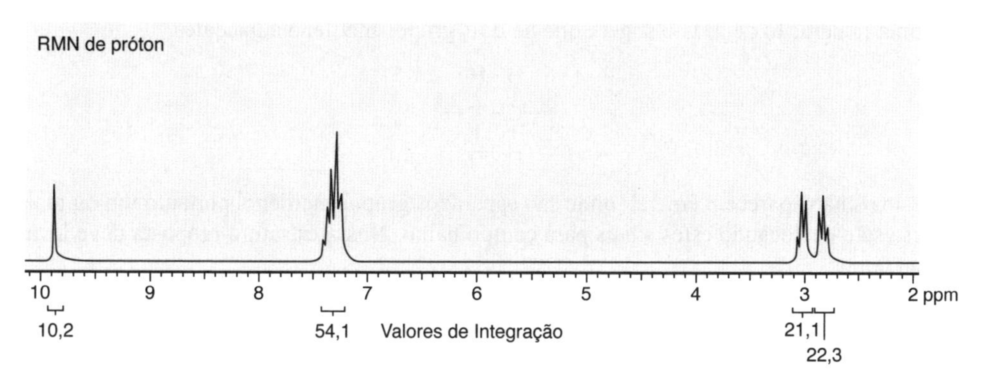

Resposta O primeiro passo é calcular o IDH. A fórmula molecular indica 9 átomos de carbono, que exigiriam 20 átomos de hidrogênio para ser totalmente saturado. Só há 10 átomos de hidrogênio, o que significa que estão faltando 10 átomos de hidrogênio e, portanto, o IDH é 5. Trata-se de um número grande, e não seria eficiente pensar em todas as maneiras possíveis de se ter cinco graus de insaturação. No entanto, toda vez que encontramos um IDH igual a 4 ou maior, deveremos estar alertas para um anel aromático. Temos que ter isto em mente quando analisamos o espectro. Deveremos esperar um anel aromático (IDH = 4) mais outro grau de insaturação (ou um anel ou uma ligação dupla).

O segundo passo é considerar o número de sinais e o valor de integração para cada sinal. Qualquer sinal com valores de integração altos sugere a presença de elementos de simetria. Por exemplo, um sinal com uma integração de 4 sugere dois grupos CH_2 equivalentes. Neste espectro, vemos quatro sinais. Para analisar a integração de cada sinal, devemos primeiramente dividir pelo menor número (10,2):

$$\frac{10{,}2}{10{,}2} = 1 \qquad \frac{54{,}1}{10{,}2} = 5{,}30 \qquad \frac{21{,}1}{10{,}2} = 2{,}07 \qquad \frac{22{,}3}{10{,}2} = 2{,}19$$

A proporção é 1 : 5 : 2 : 2. Agora examine a fórmula molecular. Há 10 prótons no composto, então, os valores de integração relativos representam o número real de prótons que dão origem a cada sinal:

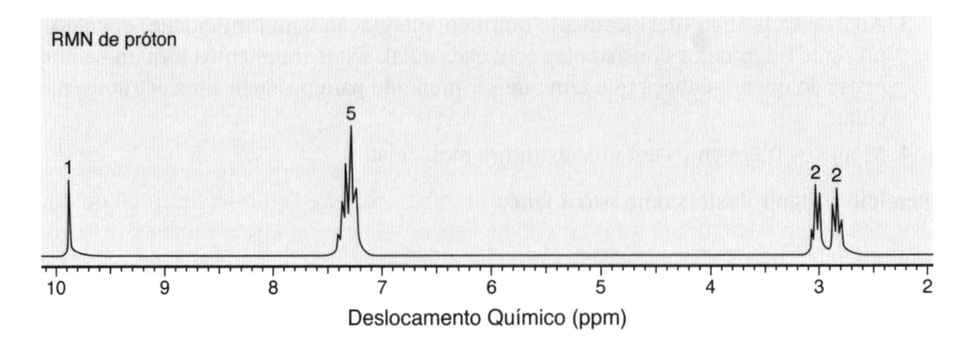

O próximo passo é analisar cada sinal. Começando em campo alto, há dois tripletos, cada um com uma integração de 2. Isto sugere que há dois grupos metileno adjacentes:

Estes sinais não aparecem em 1,2, onde são esperados grupos metileno, portanto um ou mais fatores estão deslocando estes sinais para campo baixo. Nossa estrutura proposta deve levar isto em conta.

Movendo-se para campo baixo pelo espectro, o sinal seguinte aparece logo acima de 7 ppm, característico de prótons aromáticos (exatamente como suspeitávamos após analisar o IDH). A multiplicidade de prótons aromáticos raramente fornece informações úteis. Mais frequentemente, é observado um multipleto misturado de sinais superpostos. Porém, o valor de integração dá informações importantes. Especificamente, há cinco prótons aromáticos, indicando que o anel aromático é monossubstituído.

Cinco prótons aromáticos

Movendo-se para o último sinal, vemos um simpleto em 10 ppm com uma integração de 1. Isto é sugestivo de um próton aldeídico.

Em resumo, nossa análise produziu os fragmentos vistos a seguir:

O último passo consiste em montar estes fragmentos. Felizmente, só há uma maneira de montar estas três peças do quebra-cabeça.

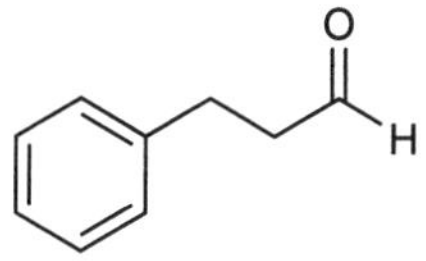

Mencionamos anteriormente que cada grupo metileno está sendo deslocado para campo baixo por um ou mais fatores. Nossa estrutura proposta explica os deslocamentos químicos observados. Em particular, um grupo metileno está deslocado significativamente pelo grupo carbonila e ligeiramente pelo anel aromático. O outro grupo metileno está sendo deslocado significativamente pelo anel aromático e ligeiramente pelo grupo carbonila.

PROBLEMAS

2.43 Proponha uma estrutura para um composto com a fórmula molecular $C_5H_{10}O$ que seja consistente com o espectro de RMN de próton visto a seguir.

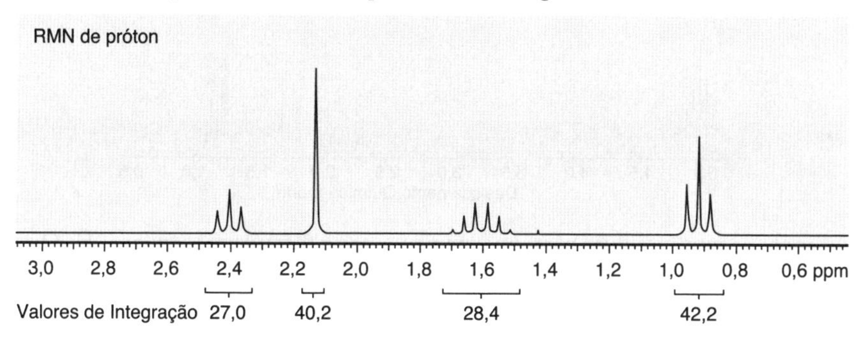

2.44 Proponha uma estrutura para um composto com a fórmula molecular $C_5H_{10}O_2$ que seja consistente com o espectro de RMN de próton visto a seguir.

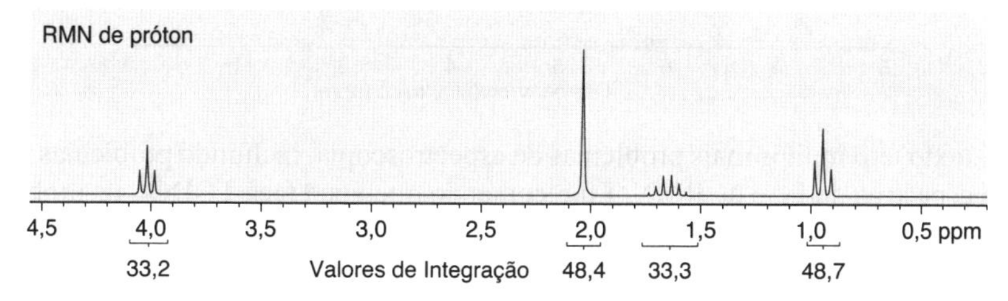

2.45 Proponha uma estrutura para um composto com a fórmula molecular $C_4H_6O_2$ que seja consistente com o espectro de RMN de próton visto a seguir.

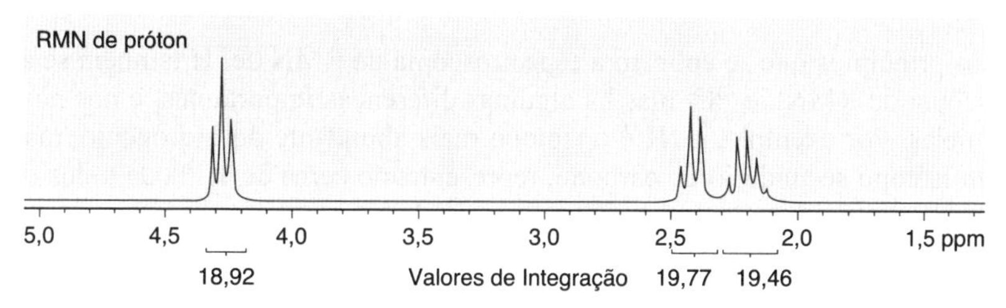

2.46 Proponha uma estrutura para um composto com a fórmula molecular C_9H_{12} que seja consistente com o espectro de RMN de próton visto a seguir.

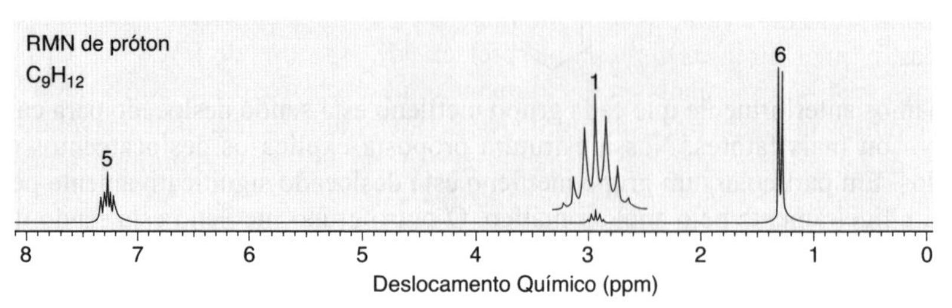

2.47 Proponha uma estrutura para um composto com a fórmula molecular $C_6H_{12}O_2$ que seja consistente com o espectro de RMN de próton visto a seguir.

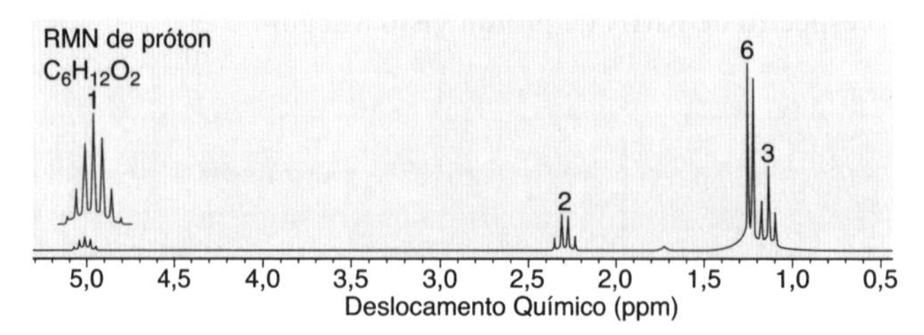

2.48 Proponha uma estrutura para um composto com a fórmula molecular $C_8H_{10}O$ que seja consistente com o espectro de RMN de próton visto a seguir.

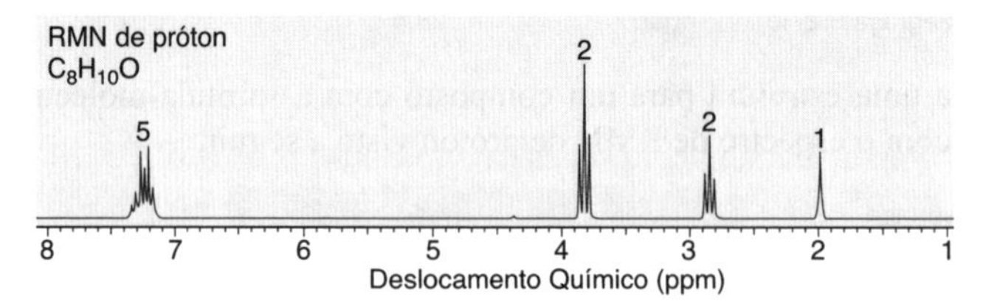

Seu livro-texto tem muitos mais problemas de espectroscopia, incluindo problemas nos quais você tem espectros de IV e de RMN. Eu recomendo que você faça TODOS os problemas. O conhecimento fornecido neste capítulo foi destinado a prepará-lo para tais problemas.

2.10 ESPECTROSCOPIA DE RMN DE ^{13}C

Muitos dos princípios que se aplicam à espectroscopia de RMN de ^{1}H também se aplicam à espectroscopia de RMN de ^{13}C, mas há algumas diferenças importantes, e nós nos concentraremos nelas. Por exemplo, o ^{1}H é o isótopo mais abundante do hidrogênio, mas o ^{13}C é apenas um isótopo secundário do carbono, representando cerca de 1,1% de todos os átomos de carbono encontrados na natureza. Como resultado, apenas um em cada cem átomos de carbono entra em ressonância, o que demanda o uso de uma bobina receptora sensível para a RMN de ^{13}C.

Na espectroscopia de RMN de ^1H, vimos que cada sinal tem três características (deslocamento químico, integração e multiplicidade). Na espectroscopia de RMN de ^{13}C, somente o deslocamento químico é importante. A integração e a multiplicidade de sinais de ^{13}C não são informadas, o que simplifica muito a interpretação de espectros de RMN de ^{13}C. Os valores de integração não são calculados rotineiramente em espectroscopia de RMN de ^{13}C porque a técnica de pulsos utilizada por espectrômetros de RMN tem o efeito indesejável de distorcer os valores de integração, tornando-os inúteis na maioria dos casos. A multiplicidade também não é uma característica comum dos sinais de RMN de ^{13}C.

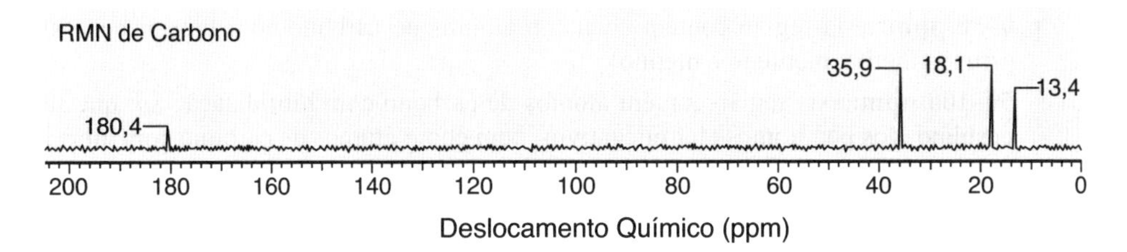

Observe que todos os sinais são registrados como simpletos. Este é um resultado de uma técnica especial, chamada de desacoplamento de banda larga, que suprime todo o desdobramento ^{13}C—^1H. Se não utilizássemos esta técnica, então, o sinal de cada núcleo de átomo de ^{13}C seria desdobrado não apenas pelos prótons diretamente ligados a ele (separados apenas por uma ligação sigma), mas também pelos prótons que estão a duas ou três ligações sigma dele. Isto levaria a padrões de desdobramento muito complexos, e haveria superposição dos sinais produzindo um espectro ilegível. O uso do desacoplamento de banda larga faz com que todos os sinais de ^{13}C coalesçam em simpletos, o que torna a interpretação do espectro muito mais fácil.

Em espectroscopia de RMN de ^{13}C, os valores de deslocamento químico normalmente variam de 0 a 220 ppm. O número de sinais em um espectro de RMN de ^{13}C representa o número de átomos de carbono em diferentes ambientes eletrônicos (que não podem ser trocados por simetria). Os átomos de carbono que podem ser trocados por simetria (seja rotação, seja reflexão) produzem apenas um sinal. Para ilustrar este ponto, considere os compostos vistos a seguir. Cada composto tem oito átomos de carbono, mas não produz oito sinais. Os átomos de carbono distintos de cada composto estão em destaque.

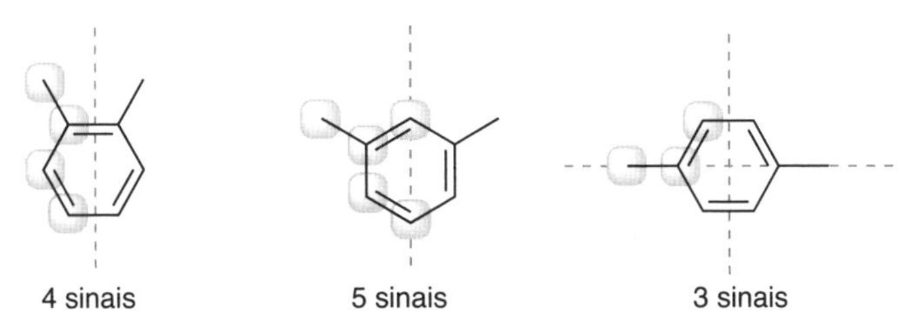

Cada átomo de carbono que não está em destaque é equivalente a um dos átomos de carbono em destaque.

A localização de cada sinal é dependente dos efeitos de blindagem e desblindagem, exatamente como observamos na espectrometria de RMN de próton. A seguir são dados os deslocamentos químicos de diversos tipos importantes de átomos de carbono.

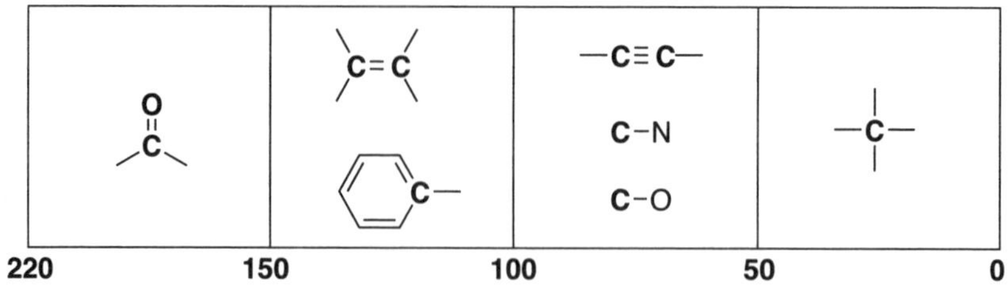

220–150	150–100	100–50	50–0
C=O	C=C, C (aromático)	C≡C, C–N, C–O	C (sp³)

220 150 100 50 0

- **0–50 ppm:** esta região contém sinais de átomos de carbono com hibridização sp^3 (grupos metila, metileno e metino).
- **50–100 ppm:** esta região contém átomos de carbono com hibridização sp^3 que são desblindados por átomos eletronegativos, bem como átomos de carbono com hibridização *sp*.
- **100–150 ppm:** esta região contém átomos de carbono com hibridização sp^2.
- **150–220 ppm:** esta região contém os átomos de carbono de grupos carbonila. Estes átomos de carbono são altamente desblindados.

Agora vamos utilizar estas informações para resolver o exercício visto a seguir.

EXERCÍCIO 2.49 Preveja o número de sinais e a localização de cada sinal no espectro de RMN de ^{13}C esperado para o composto visto a seguir:

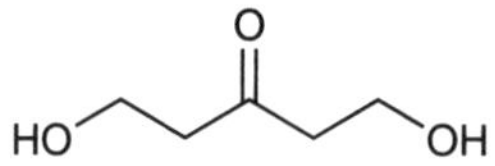

HO–CH₂–CH₂–C(=O)–CH₂–CH₂–OH

Resposta Comece determinando o número de sinais esperados. O composto tem cinco átomos de carbono, mas temos que procurar para ver se alguns destes átomos de carbono podem ser trocados por simetria. Neste caso, existe simetria e esperamos somente três sinais no espectro de RMN de ^{13}C.

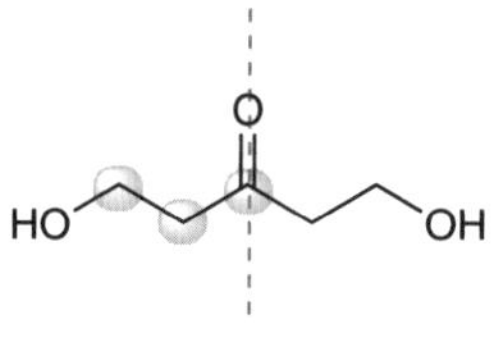

Os deslocamentos químicos esperados são apresentados a seguir, classificados de acordo com a região do espectro em que se espera que cada sinal apareça:

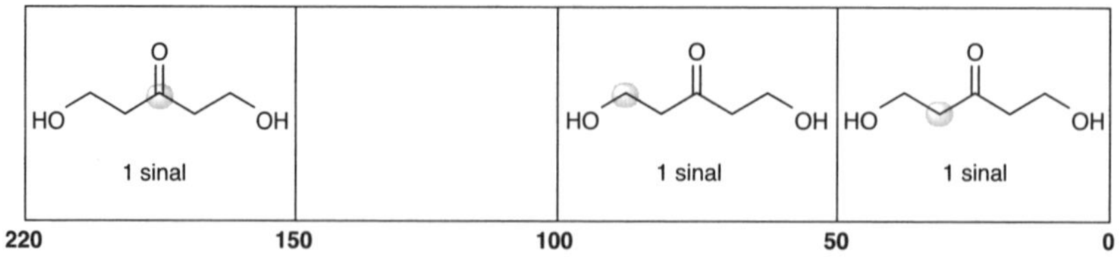

220–150	150–100	100–50	50–0
1 sinal		1 sinal	1 sinal

220 150 100 50 0

PROBLEMAS Para cada um dos compostos vistos a seguir preveja o número de sinais e a localização de cada sinal no espectro de RMN de ^{13}C esperado.

2.50

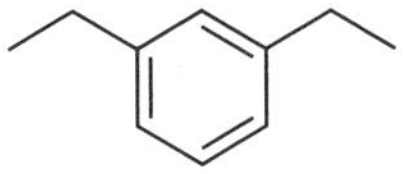

2.51

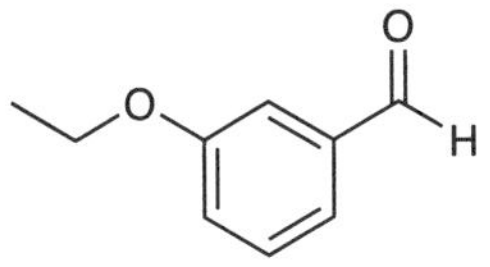

O

O

H

2.52

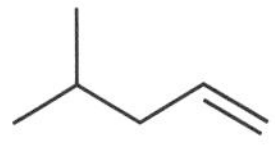

2.53

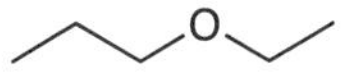

O

2.54

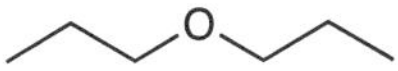

O

2.55

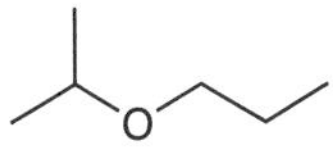

O

CAPÍTULO 3

SUBSTITUIÇÃO ELETROFÍLICA AROMÁTICA

Devemos iniciar este capítulo com uma revisão de uma reação do primeiro semestre de química orgânica. Lembre-se da adição de bromo (Br_2) a uma ligação dupla:

$\xrightarrow{Br_2}$ Br, Br + Enantiômero

Quando aprendemos esta reação no primeiro semestre, vimos que ela envolve o ataque de um nucleófilo a um eletrófilo. O nucleófilo é a ligação dupla e o eletrófilo é o Br_2. Para entender como uma ligação dupla pode funcionar como um nucleófilo, lembre-se de que uma ligação dupla resulta da superposição de dois orbitais *p* vizinhos, cada um com um elétron:

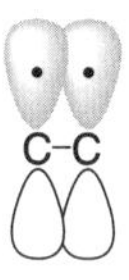

Portanto, uma ligação dupla representa uma região no espaço de alta densidade eletrônica. Ainda que não haja nenhuma carga negativa completa, a ligação dupla pode funcionar como nucleófilo, podendo atacar um eletrófilo. Porém, a questão óbvia é: por que o Br_2 é um eletrófilo? Afinal de contas, a ligação entre dois átomos de bromo é covalente e, assim, não podemos dizer que um dos átomos de bromo tenha maior densidade eletrônica do que o outro. (Não há nenhuma indução aqui porque ambos os átomos, Br e Br, têm a mesma eletronegatividade.)

Existe uma razão simples para o bromo poder agir como um eletrófilo aqui. Precisamos considerar o que acontece quando uma molécula de Br_2 se aproxima de um alqueno. Para nos ajudar a ver isto, pense no Br_2 em termos da nuvem eletrônica que o envolve:

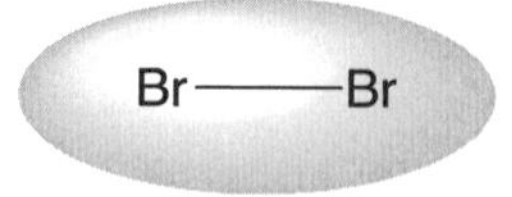

Assim que uma molécula de Br_2 se aproxima da ligação pi de um alqueno, a densidade eletrônica da ligação pi começa a repelir a nuvem eletrônica em torno do Br_2. Este efeito dá à molécula de Br_2 um momento de dipolo induzido (esta é uma interação temporária — isto é, ela só acontece enquanto a molécula de bromo está próxima do alqueno):

δ+ δ−

Br——Br

Temos, então, um alqueno rico em elétrons, que pode atacar o átomo de bromo, deficiente em elétrons, da vizinhança. Isso dá a reação que vimos no primeiro semestre de química orgânica:

:Br—Br: ⟶ Br⊕ :Br:⊖ ⟶ Br, Br + Enantiômero

Agora consideremos o que acontece se tentarmos fazer exatamente esta mesma reação com o benzeno funcionando como nosso nucleófilo. Assim, estamos tentando realizar esta reação:

Br_2 ⟶ Br, Br + Enantiômero

Porém, quando o benzeno é aquecido na presença do Br_2, não se observa nenhuma reação.

Br_2 ⟶ sem reação

Podemos entender isto porque o benzeno é um composto aromático. Ele tem uma estabilidade especial devido à sua aromaticidade. Se adicionarmos o Br_2 ao benzeno, a aromaticidade será perdida. Eis por que a reação não ocorre — isto provocaria uma "elevação" em termos de energia. Mas é possível tentar "forçar" a reação a acontecer?

Isto nos leva a um conceito simples e importante em química orgânica. Uma das forças motrizes de qualquer reação entre um nucleófilo e um eletrófilo é a diferença de densidade eletrônica entre os dois compostos. O nucleófilo é rico em elétrons e o eletrófilo é deficiente em elétrons. Portanto, eles se atraem no espaço (cargas opostas se atraem). Desse modo, se a reação não está avançando, podemos tentar forçá-la tornando a atração ainda mais forte entre o nucleófilo e o eletrófilo. Podemos conseguir isto de uma das duas seguintes maneiras vistas. Podemos ou tornar o nucleófilo ainda mais rico em elétrons (mais nucleofílico) ou tornar o eletrófilo ainda mais deficiente em elétrons (mais eletrofílico).

Neste capítulo, exploraremos ambos os cenários. Por enquanto, vamos iniciar tentando tornar um eletrófilo um eletrófilo melhor. Como tornamos o Br_2 um eletrófilo melhor? Lembremo-nos inicialmente por que o Br_2 é um eletrófilo. Há apenas alguns momentos atrás, vimos que um momento de dipolo induzido é formado quando o Br_2 se aproxima de um alqueno. Isto cria uma carga positiva parcial em um dos átomos de bromo. Claramente, se tivéssemos o Br^+ em lugar do Br_2, então, ele seria um eletrófilo melhor ainda. Não teríamos que esperar que o Br_2 ficasse ligeiramente polarizado.

Todavia, como formamos o Br^+? É aqui que os ácidos de Lewis entram em ação.

3.1 HALOGENAÇÃO E A FUNÇÃO DOS ÁCIDOS DE LEWIS

Considere o composto $AlBr_3$. O átomo central desta estrutura é o alumínio. O alumínio fica na Coluna 3A da tabela periódica e, assim, tem três elétrons de valência. Ele utiliza cada um dos elétrons para formar uma ligação, que é o que explica por que vemos três ligações com o átomo de alumínio no $AlBr_3$:

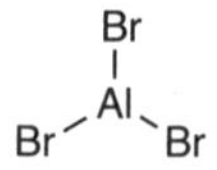

Porém, você deverá observar que o átomo de alumínio não tem um octeto. Se você contar os elétrons em torno do átomo de alumínio, há apenas seis elétrons. Isto quer dizer que o alumínio tem um orbital vazio. Este orbital vazio está apto a aceitar elétrons. De fato, ele mostrará uma tendência a aceitar elétrons porque isto daria ao alumínio um octeto de elétrons:

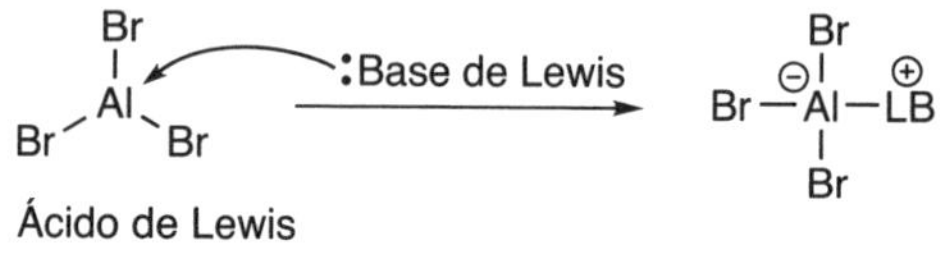

:Base de Lewis

Ácido de Lewis

Portanto, chamamos o $AlBr_3$ de *ácido de Lewis*. Para simplificar, os ácidos de Lewis são apenas compostos que podem *aceitar elétrons*. Outro ácido de Lewis comum é o $FeBr_3$:

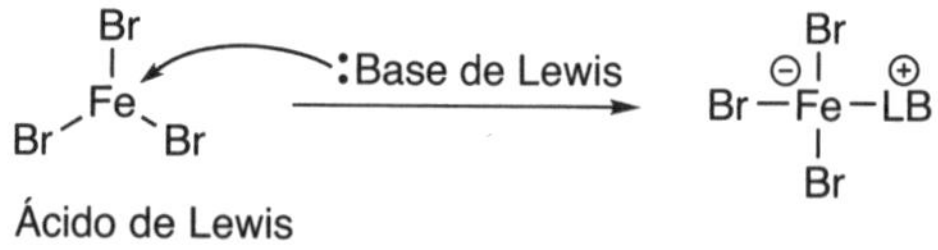

:Base de Lewis

Ácido de Lewis

Agora consideremos o que acontece quando o Br_2 é tratado com um ácido de Lewis. O ácido de Lewis pode aceitar elétrons do Br_2:

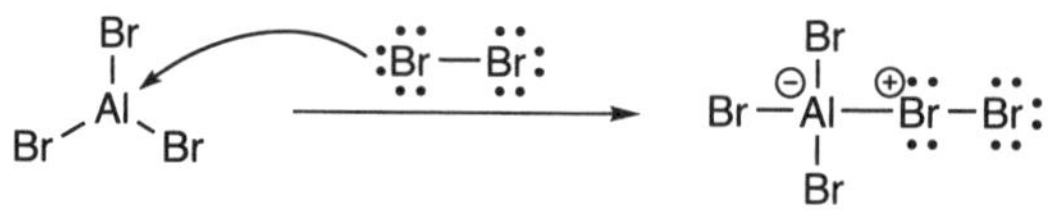

O complexo resultante pode, então, servir de fonte de Br^+, como é visto a seguir:

Provavelmente, não é exato pensar nisto como um Br^+ livre que pode existir em solução por si só. Em vez disso, o complexo pode *transferir* Br^+ para um nucleófilo atacante:

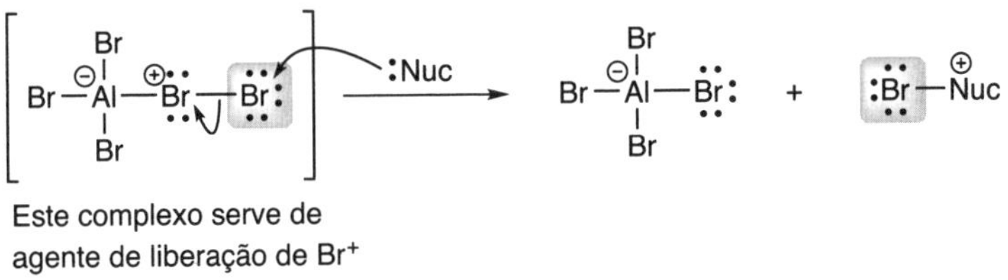

Este complexo serve de agente de liberação de Br^+

O ponto importante é que este complexo pode funcionar como agente de liberação de Br^+, que é o que precisávamos para forçar uma reação entre o benzeno e o bromo. Assim, agora tentemos nossa reação novamente. Quando tratamos o benzeno com bromo na presença de um ácido de Lewis, como o $AlBr_3$, realmente observa-se uma reação. PORÉM, não é a reação que esperávamos. Examine atentamente o produto:

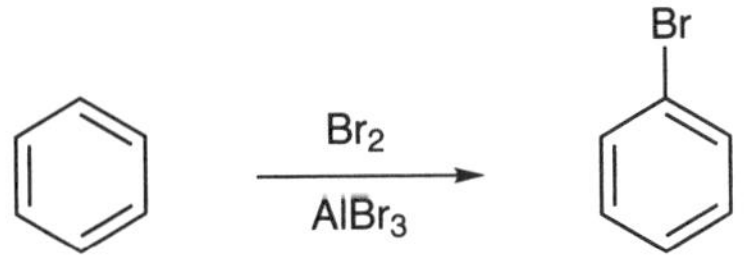

Esta NÃO é uma reação de adição. Pelo contrário, trata-se de uma reação de *substituição*. Um dos prótons aromáticos foi substituído pelo bromo. Como o anel está sendo tratado com um eletrófilo (Br^+), chamamos esta reação de *substituição eletrofílica aromática.*

Para vermos como esta reação ocorre, examinemos mais atentamente o mecanismo aceito. É absolutamente crucial que você entenda completamente o mecanismo, porque logo veremos que TODAS as reações de substituição eletrofílica aromática seguem um mecanismo semelhante. A primeira etapa mostra o anel agindo como um nucleófilo atacando o complexo, transferindo, daí, o Br^+ para o anel aromático:

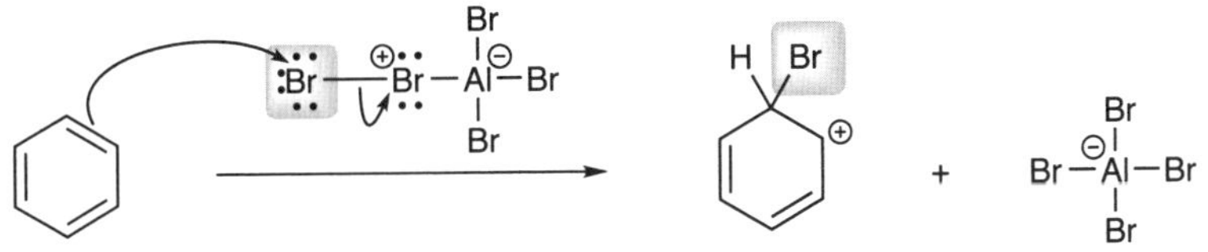

Esta etapa gera um intermediário que não é aromático. É verdade que a aromaticidade foi *temporariamente* destruída, mas logo será restabelecida na segunda etapa (etapa final) do mecanismo. Nesta primeira etapa do mecanismo (apresentada anteriormente), o anel ataca o Br^+ formando um intermediário que tem três importantes estruturas de ressonância:

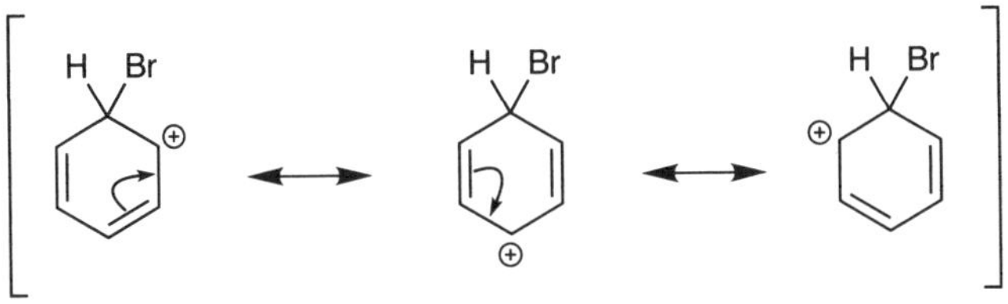

É importante lembrar o que representam as estruturas de ressonância. Lembre-se do livro do primeiro semestre que ressonância NÃO é uma molécula oscilando entre diferentes estados.

A ressonância é a maneira com que lidamos com a inadequação de nossas representações. Não há uma representação única que capture adequadamente a essência do intermediário, então, fazemos três representações e as mesclamos todas juntas em nossa mente para chegar a um melhor entendimento do intermediário.

Já se tentou fazer uma única representação deste intermediário:

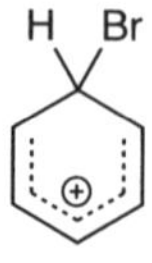

H Br

Você até poderá encontrá-la no seu livro-texto. Eu geralmente tento evitar usar esta representação porque ela poderia facilmente levá-lo a pensar, erroneamente, que a carga positiva está distribuída sobre cinco átomos no anel. Não é este o caso. Na verdade, a maior parte da carga positiva está distribuída somente sobre três átomos do anel (o que podemos ver claramente quando examinamos todas as três estruturas de ressonância anteriores).

Este intermediário tem alguns nomes especiais. Ele é frequentemente chamado de complexo sigma ou, às vezes, de íon de Arrhenius. Estes são apenas dois nomes diferentes do mesmo intermediário. De agora em diante, neste livro, vamos chamá-lo de complexo sigma:

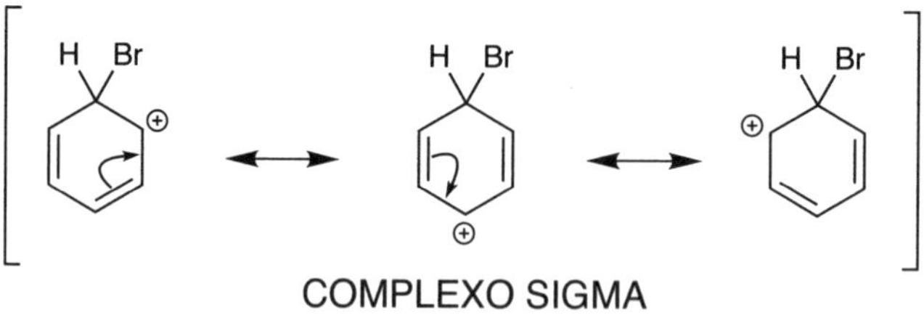

H Br H Br H Br

COMPLEXO SIGMA

A segunda (e última) etapa do mecanismo envolve a transferência de um próton para refazer a aromaticidade:

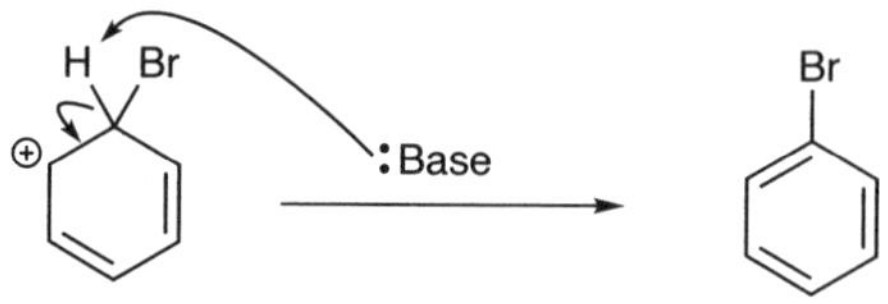

H Br :Base Br

Observe que estamos utilizando uma base para remover o próton. Tecnicamente, não é correto simplesmente deixar um próton cair no espaço por si mesmo, como é visto a seguir:

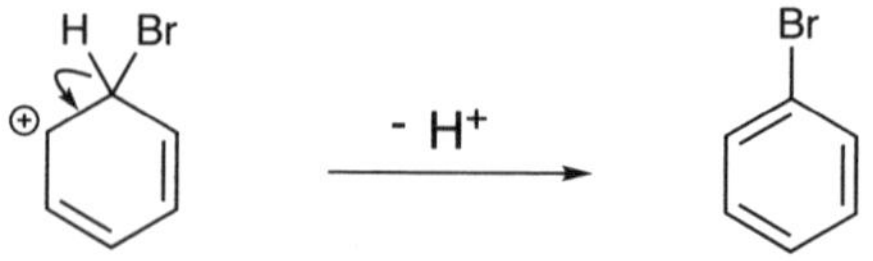

H Br - H^+ Br

Sempre que você estiver representando uma transferência de próton, deverá mostrar a base que está removendo o próton. Neste caso particular, poderia ser tentador utilizar o Br^- para remover o próton. Porém, o Br^- não é uma boa base. (No livro do primeiro semestre, aprendemos as diferenças entre basicidade e nucleofilicidade e vimos que o Br^- é um nucleófilo muito bom, mas uma base muito fraca.) Em lugar dele, o tetrabrometo de alumínio funciona como a base que remove o próton. Observe que o tetrabrometo de alumínio funciona como um "agente de liberação" de Br^-.

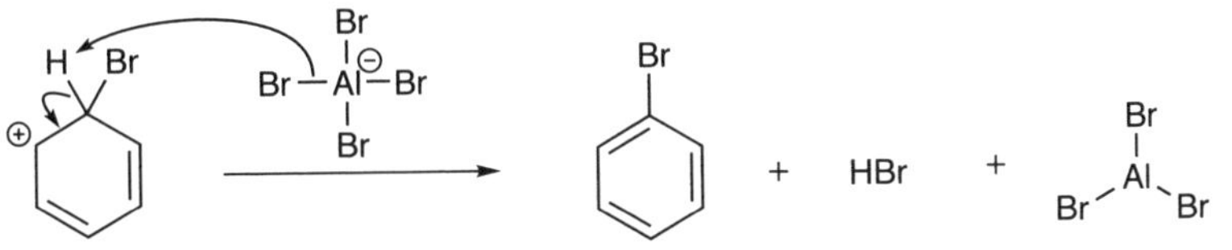

Observe que, no final, o ácido de Lewis ($AlBr_3$) é regenerado. Então, o ácido de Lewis na realidade não é consumido pela reação. Está aí apenas para ajudar a reação a ocorrer, razão pela qual o chamamos, neste caso, de *catalisador*. Eis por que mesmo a presença de uma pequena quantidade do ácido de Lewis será suficiente.

Agora que vimos ambas as etapas do mecanismo, examinemos mais atentamente o mecanismo completo:

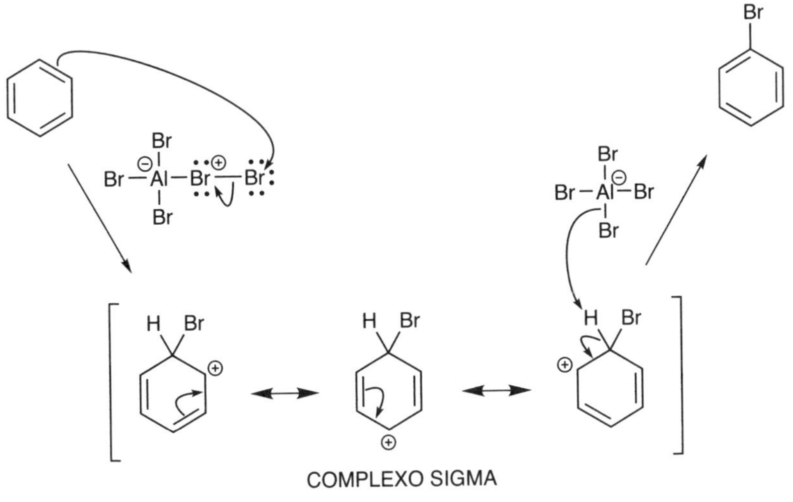

COMPLEXO SIGMA

Aparentemente, ele parece ter muitas etapas. No entanto, lembre-se de que as estruturas de ressonância não são realmente etapas. As três estruturas de ressonância (no centro do mecanismo) são necessárias para que possamos entender a natureza do único intermediário (o complexo sigma). Na realidade, o mecanismo só tem duas etapas. Na primeira etapa, o benzeno age como nucleófilo que ataca o Br^+ formando o complexo sigma e, na segunda etapa, um próton é removido do anel restabelecendo a aromaticidade. Em suma, as duas etapas são: ataque e, então, desprotonação. Colocando em outros termos, o Br^+ entra e, então, o H^+ sai. Tudo se resume a isto.

PROBLEMA 3.1 Sem examinar o mecanismo anterior, tente reescrever todo o mecanismo em uma folha de papel separado. Não olhe o mecanismo — você pode imaginar. Simplesmente lembre-se de que há duas etapas: E^+ entra e, então, H^+ sai. Não se esqueça de representar todas as três estruturas de ressonância do complexo sigma intermediário.

PROBLEMA 3.2 Considere a reação vista a seguir, na qual um anel aromático sofre cloração, ao invés de bromação:

Cl_2 / $AlCl_3$ → Cl

O mecanismo é muito semelhante ao mecanismo da bromação. Primeiramente, o Cl_2 reage com o $AlCl_3$ gerando um complexo que pode servir de fonte de Cl^+. Represente o mecanismo para a formação deste complexo.

PROBLEMA 3.3 Represente o mecanismo da reação de substituição eletrofílica aromática que ocorre quando o benzeno é tratado com o complexo formado no problema 3.2. O mecanismo é exatamente o mesmo que o mecanismo para inserir um Br no anel. Porém, POR FAVOR, não consulte o mecanismo para copiá-lo. Tente fazer tudo ***sem*** consultar. Então, quando você tiver terminado, compare sua resposta com a resposta na parte final do livro (e compare cada seta para se certificar de que todas as suas setas foram desenhadas corretamente).

PROBLEMA 3.4 Os anéis aromáticos também sofrerão iodação quando tratados com uma fonte adequada de I^+. São muitas as maneiras de formar o I^+; você deverá examinar seu livro-texto e suas anotações de aula para ver se você sabe como fazer a iodação do benzeno. Se assim for, tenha ciência de que o mecanismo é exatamente o mesmo que já vimos. A única diferença será no mecanismo de como o I^+ é formado. Represente o mecanismo da reação entre o benzeno e o I^+ formando o iodobenzeno. Na primeira etapa do seu mecanismo, simplesmente represente o I^+ como o eletrófilo (em vez de um complexo que libera I^+), e certifique-se de representar todas as estruturas de ressonância do complexo sigma resultante. Então, na última etapa do seu mecanismo, utilize a H_2O como a base que remove o próton restaurando a aromaticidade (a H_2O estará presente em muitos dos métodos que são usados para preparar uma fonte de I^+).

3.2 NITRAÇÃO

Na seção anterior, vimos o mecanismo de uma reação de substituição eletrofílica aromática. Vimos que o mecanismo é o mesmo, esteja você inserindo o Br^+, o Cl^+ ou o I^+ no anel. Vimos também que este mesmo mecanismo explica como qualquer eletrófilo (E^+) pode ser inserido em um anel aromático. Por exemplo, digamos que quiséssemos converter o benzeno em nitrobenzeno:

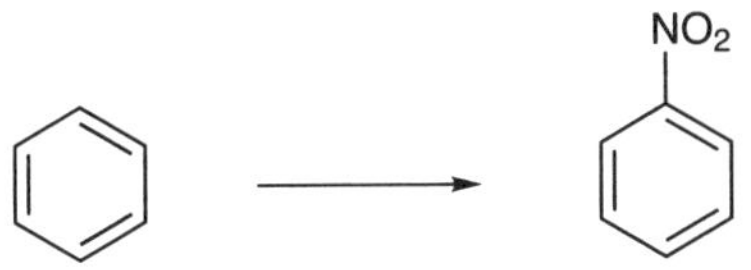

Para formar o nitrobenzeno, vamos precisar de NO_2^+ como nosso eletrófilo. Porém, como produzir o NO_2^+? Ao examinarmos como o Br^+ ou o Cl^+ foi formado, poderíamos ficar tentados a usar NO_2Br e $AlBr_3$ para obter o complexo visto a seguir:

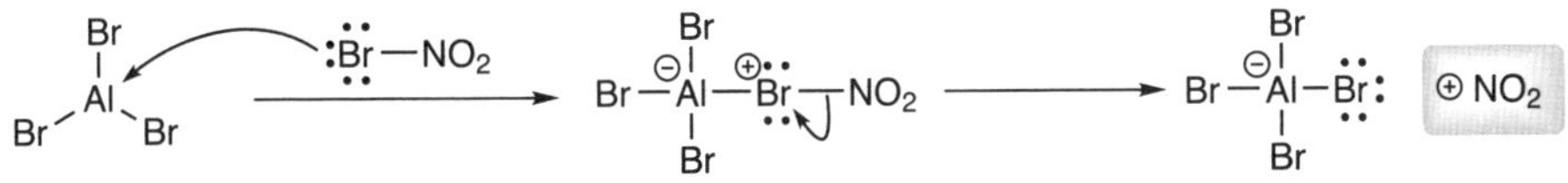

Este complexo poderia, então, servir de fonte de NO_2^+. O problema é que o NO_2Br é uma substância desagradável, e você provavelmente não gostaria de trabalhar com ele no laboratório, principalmente se há uma maneira muito mais simples de produzir NO_2^+. Podemos formar NO_2^+ pela mistura de ácido sulfúrico com ácido nítrico:

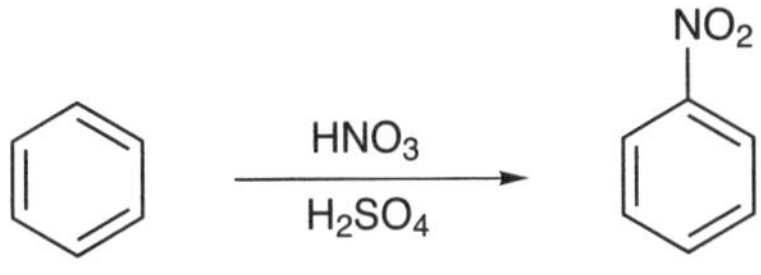

Precisamos examinar atentamente como o NO_2^+ é formado nestas condições. Comecemos representando as estruturas do ácido sulfúrico e do ácido nítrico:

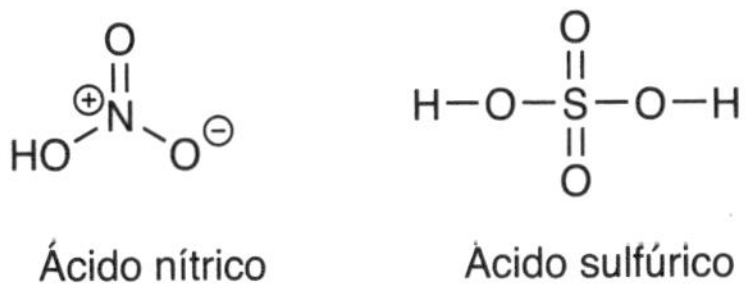

Ácido nítrico   Ácido sulfúrico

Observe que o ácido nítrico mostra separação de carga. Seria tentador remover as cargas e representá-lo como é visto a seguir:

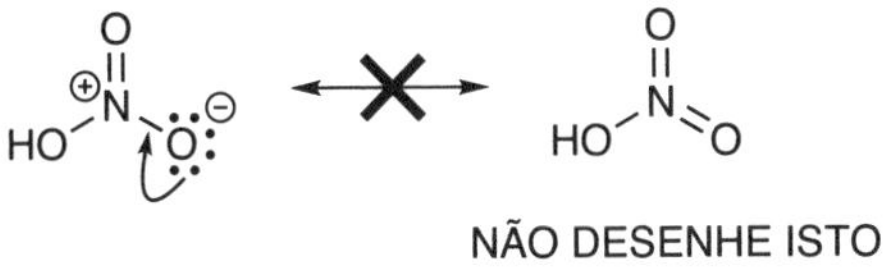

NÃO DESENHE ISTO

Mas você não pode fazer isto porque daria cinco ligações ao átomo de nitrogênio central. O nitrogênio NUNCA pode ter cinco ligações porque ele só tem quatro orbitais que podem ser empregados para formar ligações. Assim, o ácido nítrico deve ser representado com separação de carga.

Agora que vimos as estruturas do ácido nítrico é do ácido sulfúrico, temos que nos lembrar de que o termo *ácido* é um termo relativo. É verdade que o ácido nítrico é ácido, e também é verdade que o ácido sulfúrico é ácido. Porém, entre os dois, o ácido sulfúrico é um ácido *mais forte*. De fato, é tão mais forte como ácido que pode dar um próton para o ácido nítrico:

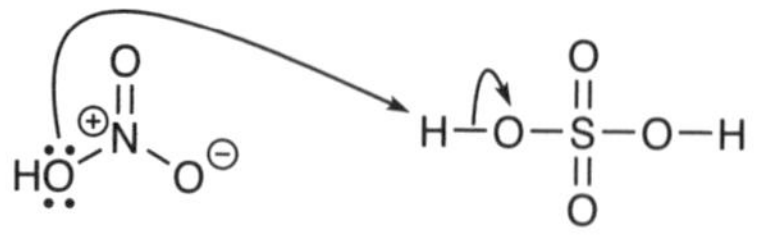

Muito bem — poderia parecer estranho porque o ácido nítrico está funcionando essencialmente *como base* para remover um próton do ácido sulfúrico. E poderia nos parecer incômodo usar o ácido nítrico como uma base, mas é exatamente o que está acontecendo. Por quê? Porque, *relativamente* ao ácido sulfúrico, o ácido nítrico é uma base. É tudo relativo.

Muito bem, então, o ácido nítrico remove um próton do ácido sulfúrico. Mas a questão óbvia é: por que o oxigênio sem carga remove o próton? Não faria mais sentido que o oxigênio negativamente carregado removesse o próton? Veja a seguir:

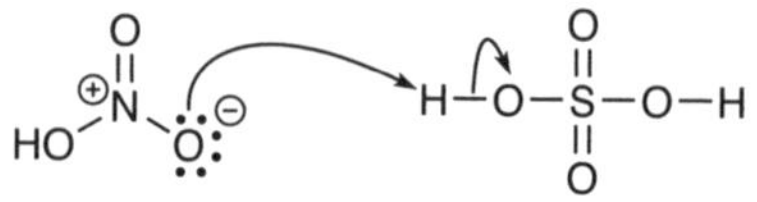

A resposta é: sim, isto provavelmente faria mais sentido. E provavelmente isso ocorre com muito mais frequência. O oxigênio com a carga negativa provavelmente remove o próton com muito mais facilidade do que o faz o átomo de oxigênio sem carga. No entanto, as transferências de prótons são reversíveis. Os prótons estão sendo transferidos em ambos os sentidos o tempo todo. E tudo isto ocorre muito rapidamente. Assim, é verdade que o átomo de oxigênio negativamente carregado remove o próton com mais frequência — porém, quando isto acontece, a única coisa que pode ocorrer em seguida é o próton retornar produzindo novamente o ácido nítrico.

No entanto, às vezes o átomo de oxigênio sem carga pode remover o próton. E quando isto ocorre, alguma coisa nova pode acontecer em seguida: a água pode sair:

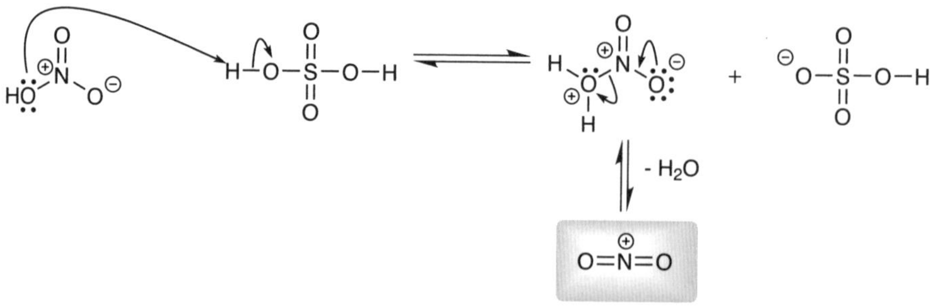

E quando isto ocorre, o NO_2^+ é formado. Então, quando misturamos ácido sulfúrico e ácido nítrico, obtemos um pouco de NO_2^+ na mistura em equilíbrio, e o NO_2^+ funciona como o eletrófilo que necessitamos para inserir um grupo nitro em um anel de benzeno.

Uma vez mais, o mecanismo visto a seguir é essencialmente o mesmo mecanismo que vimos na seção anterior: o NO_2^+ entra e, então, o H^+ sai.

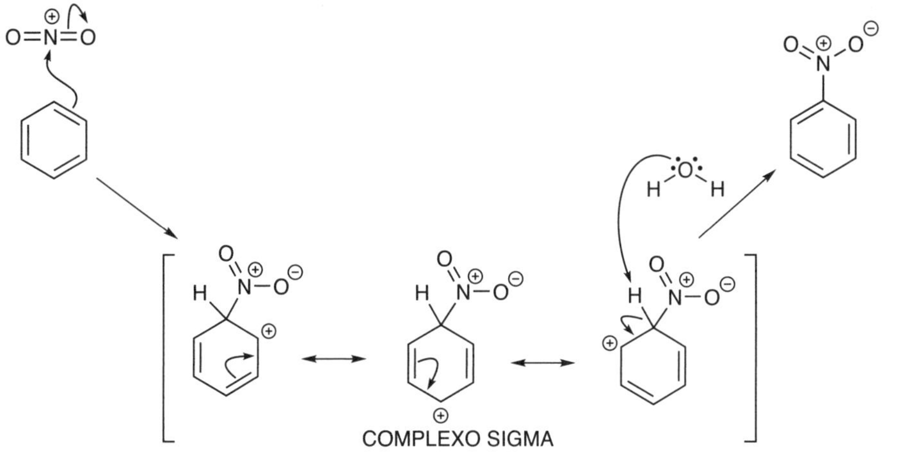

COMPLEXO SIGMA

Neste caso, estamos utilizando água para remover o próton (em lugar do $AlBr_4^-$), o que deverá fazer sentido porque não temos nenhuma $AlBr_4^-$ na reação. Há bastante água, porque os ácidos nítrico e sulfúrico são soluções aquosas. Observe que o mecanismo é muito similar ao que já vimos nas seções anteriores.

Até este ponto, vimos como inserir um halogênio (Cl, Br ou I) em um anel aromático e como inserir um grupo nitro. Antes de passarmos adiante, simplesmente certifiquemo-nos de que você se familiarizou com os reagentes necessários para realizar tais reações. Em cada um dos casos vistos a seguir, identifique os reagentes que você usaria para chegar à transformação desejada.

3.5

Br

3.6

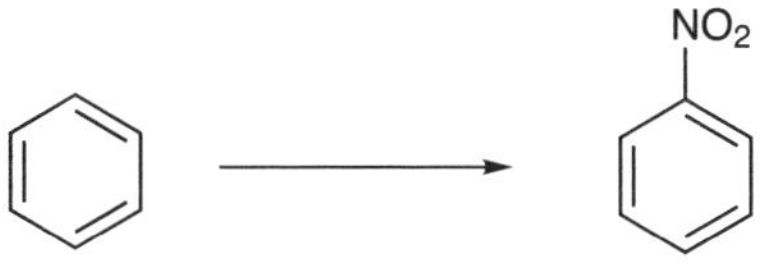

NO_2

3.7

Cl

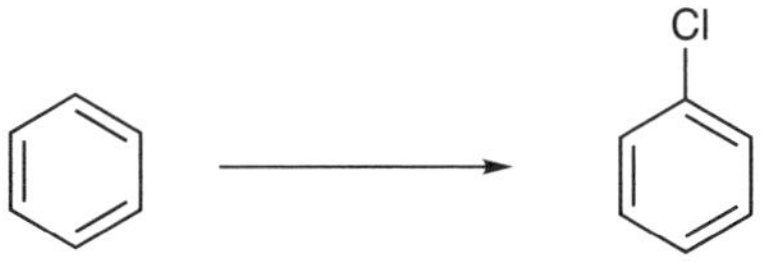

3.8 ***Sem consultar*** a seção anterior, tente representar o mecanismo da nitração do benzeno. Você vai precisar de um pedaço de papel separado para escrever sua resposta. Certifique-se de iniciar representando o mecanismo da formação do NO_2^+ e, então, mostre a reação do benzeno com o NO_2^+.

3.3 ALQUILAÇÃO E ACILAÇÃO DE FRIEDEL–CRAFTS

Nas seções anteriores, vimos como inserir diversos grupos diferentes (Br, Cl, I ou NO_2) em um anel de benzeno com o uso de uma substituição eletrofílica aromática. Em cada caso, o mecanismo foi o mesmo: E^+ ***no*** anel e, então, H^+ ***fora*** do anel. Nesta seção, aprenderemos como inserir um grupo alquila.

Comecemos com o mais simples de todos os grupos alquila: um grupo metila. Assim, a questão é: que reagentes precisaríamos utilizar para obter a transformação vista a seguir:

CH_3

Utilizando a lógica que desenvolvemos neste capítulo, usaríamos o CH_3^+ como nosso eletrófilo. Porém, você provavelmente irá se assustar ao ver o CH_3^+. Afinal, você provavelmente se lembra da tendência da estabilidade dos carbocátions — que carbocátions terciários são mais estáveis do que carbocátions secundários e assim por diante. Certamente um carbocátion metila não seria estável de modo algum. De fato, evitamos deliberadamente utilizar carbocátions metila ou primários ao representarmos mecanismos. Porém, aqui estamos tentando produzir um carbocátion metila. Será possível? A resposta é: sim. De fato, vamos produzi-lo utilizando o mesmo método que usamos nas seções anteriores.

Se usarmos o cloreto de metila e o misturarmos com um pouco de $AlCl_3$, teremos uma fonte de CH_3^+:

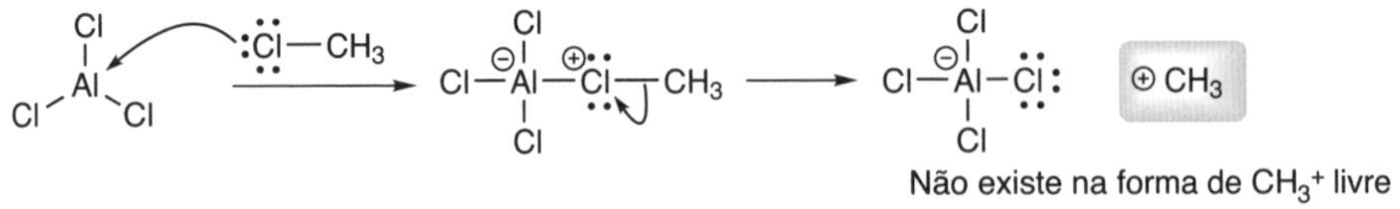

Cl, Al, Cl, Cl, :Cl—CH3 → Cl—Al—Cl—CH3 → Cl—Al—Cl: ⊕CH3

Não existe na forma de CH_3^+ livre

A verdade é que NÃO estamos formando um carbocátion metila livre que possa estar em solução. Um CH_3^+ livre seria muito instável para se formar. Assim, em lugar disso, devemos pensar no processo anterior como o da formação de um complexo que pode servir de "fonte" de CH_3^+.

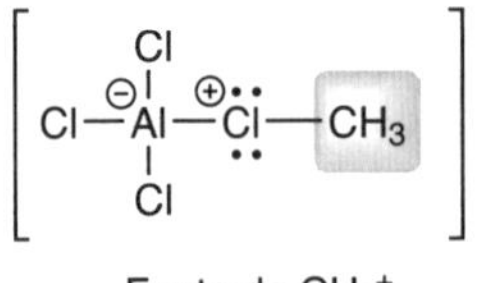

[Cl—Al(Cl)(Cl)—Cl—CH3]

Fonte de CH_3^+

Isto nos oferece um método para a metilação de um anel de benzeno:

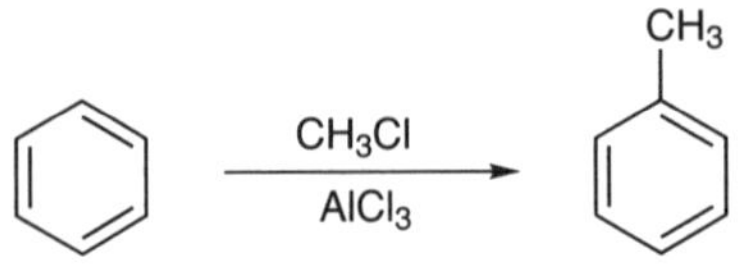

CH_3Cl / $AlCl_3$ → CH_3

E o mecanismo, uma vez mais, é o mesmo que vimos tantas e tantas vezes. Trata-se de uma substituição eletrofílica aromática: CH_3^+ ***no*** anel e, então, H^+ ***fora*** do anel:

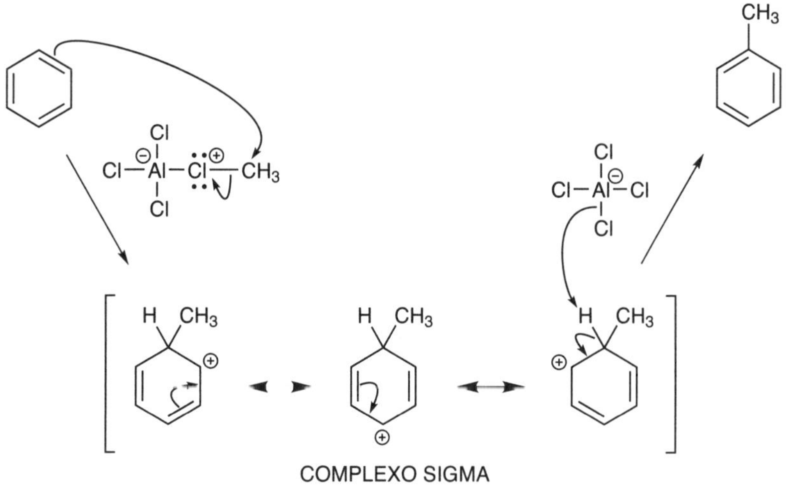

COMPLEXO SIGMA

Podemos utilizar exatamente o mesmo processo para inserir um grupo etila em um anel aromático:

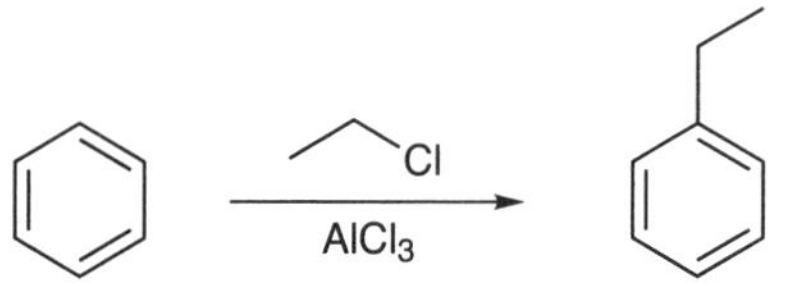

Este processo (inserção de um grupo alquila em um anel aromático) é chamado de alquilação de Friedel–Crafts. Ele funciona muito bem para inserir um grupo metila ou um grupo etila no anel. PORÉM, temos um problema quando tentamos inserir um grupo propila no anel, porque se obtém uma mistura de produtos:

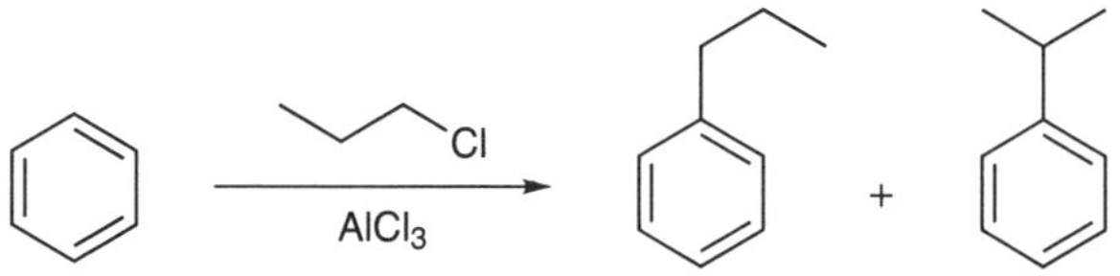

A razão disto é simples. Como estamos formando um complexo com caráter carbocatiônico, é possível que ocorra um rearranjo de carbocátion. Não é possível para um carbocátion metila se rearranjar. De maneira semelhante, um carbocátion etila não pode se rearranjar para ficar mais estável. Porém, um carbocátion propila PODE se rearranjar (via deslocamento de hidreto):

E como estamos formando um carbocátion propila, podemos esperar que, às vezes, ele se rearranje antes de reagir com o benzeno (enquanto, outras vezes, ele não terá chance de se rearranjar antes de reagir com o benzeno). E é por isso que observamos uma mistura de produtos. Então, você precisa ser cuidadoso quando utilizar uma alquilação de Friedel–Crafts para ficar atento a rearranjos de carbocátion indesejáveis.

Agora, se quiséssemos produzir isopropilbenzeno poderíamos evitar todo esse problema pelo simples uso de cloreto de isopropila como nosso reagente:

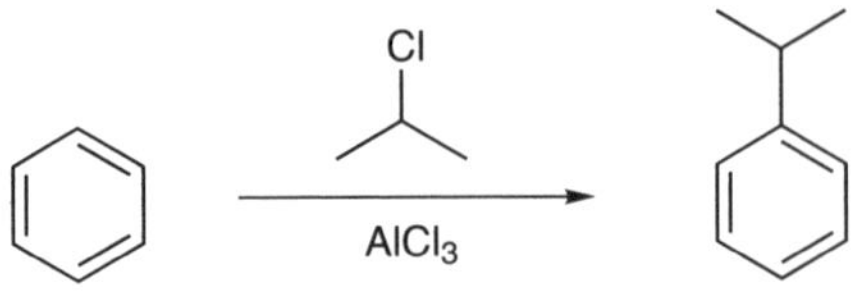

Cl

$AlCl_3$

Porém, e se quisermos produzir propilbenzeno?

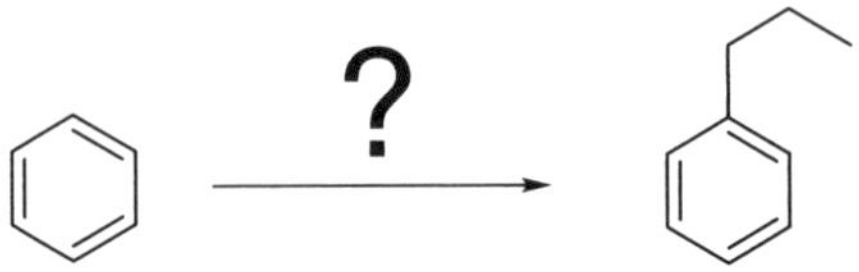

?

Como faríamos isto? Se usarmos o cloreto de propila, já vimos que obteremos um rearranjo, e não um bom rendimento do produto desejado. De fato, podemos generalizar a questão como se segue: como inserimos *qualquer* grupo alquila e evitamos um potencial rearranjo de carbocátion? Por exemplo, como poderíamos realizar a transformação vista a seguir ***sem*** um rearranjo de carbocátion?

?

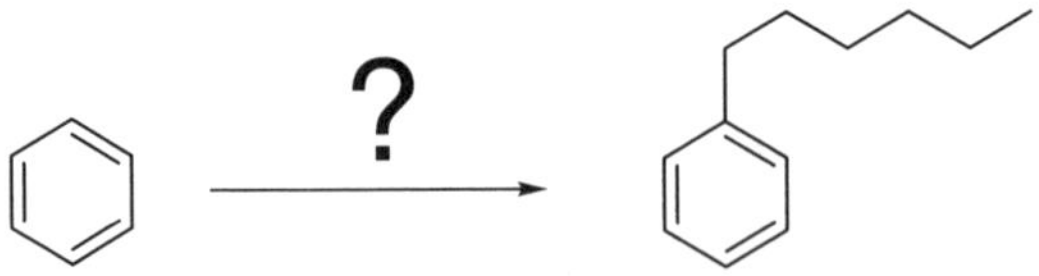

Se simplesmente utilizarmos cloro-hexano (e $AlCl_3$), provavelmente obteremos uma mistura de produtos.

É claro que precisamos de um artifício. E ele existe. Para ver como ele funciona, precisamos examinar atentamente uma reação similar que também leva o nome de Friedel–Crafts. Mas esta reação não é uma ***alquil***ação. Ela é mais apropriadamente chamada de ***acil***ação. Para ver a diferença, comparemos rapidamente um grupo alquila com um grupo acila.

Grupo ***alquila***

Grupo ***acila***

Podemos inserir um grupo ***acila*** em um anel de benzeno exatamente da mesma maneira que inserimos um grupo alquila no anel. Simplesmente utilizamos os reagentes vistos a seguir:

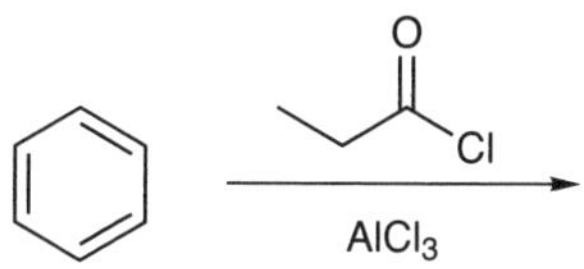

O primeiro reagente é chamado de cloreto de acila (ou cloreto ácido) e já estamos familiarizados com a função do $AlCl_3$ (o ácido de Lewis). O ácido de Lewis interage com o átomo de Cl do cloreto de acila, gerando um íon acílio estabilizado por ressonância:

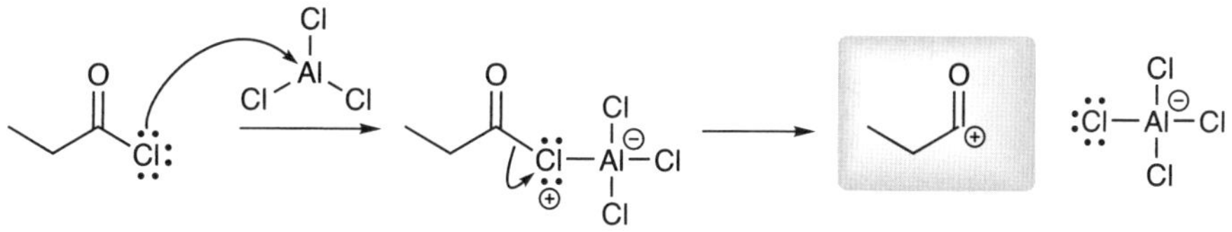

O termo íon ***acílio*** deverá fazer sentido — "*acil*" porque podemos ver que este eletrófilo tem um grupo acila; e "*io*" porque existe uma carga positiva. Este eletrófilo realmente tem uma importante estrutura de ressonância:

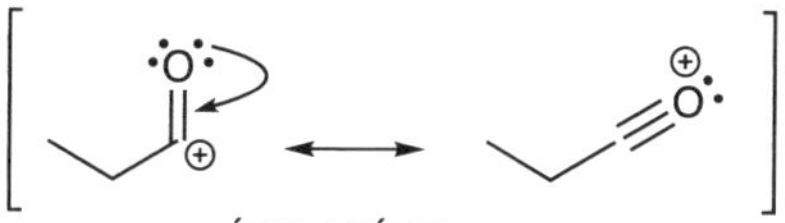

ÍON ACÍLIO

Estas estruturas de ressonância são importantes porque indicam que um íon acílio é *estabilizado* por ressonância, e, portanto, ele NÃO sofrerá um rearranjo de carbocátion. (Se sofresse, perderia esta estabilização por ressonância.) Compare os dois casos vistos a seguir:

PODE REARRANJAR-SE 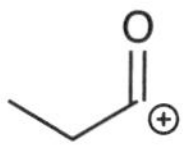 | NÃO PODE REARRANJAR-SE

Utilizando uma ***acil***ação de Friedel–Crafts, podemos nitidamente inserir um grupo acila em um anel de benzeno (sem nenhum rearranjo):

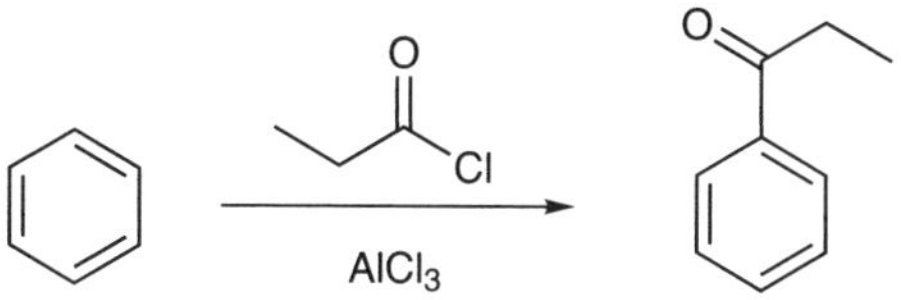

Não observamos nenhum produto secundário que resultaria de um rearranjo de carbocátion. Uma vez mais, compare uma ***alquil***ação de Friedel–Crafts com uma ***acil***ação de Friedel–Crafts:

ALQUILAÇÃO

Cl

$AlCl_3$

+

Mistura de Produtos

ACILAÇÃO

O

Cl

$AlCl_3$

O

Um Produto

Agora examine atentamente a acilação anterior e destaquemos um aspecto muito importante. Observe que inserimos uma cadeia de três carbonos no anel, com a cadeia estando ligada pelo *primeiro* carbono da cadeia, em oposição ao carbono do meio da cadeia:

O 1 2 3

O 1 2 3

Obtemos isto

Não obtemos isto

Uma vez mais, ela está ligada pelo primeiro carbono porque não ocorre rearranjo (o íon acílio é estabilizado por ressonância e não se rearranja). Agora, tudo que precisamos é uma maneira de remover o oxigênio e, então, teremos uma síntese de duas etapas para inserir um grupo propila em um anel de benzeno:

O

Cl

$AlCl_3$

O

?

E, felizmente, há uma maneira simples de remover o oxigênio; de fato, há *três* maneiras muito comuns de remover o oxigênio. Vamos simplesmente nos concentrar agora em um método (o que utiliza condições ácidas), mas ter em mente que veremos outros dois métodos de fazer isto nos próximos capítulos (um dos métodos utiliza condições básicas e o outro método emprega condições neutras). Quando reduzimos uma cetona em condições ácidas, chamamos a reação de redução de Clemmensen:

Zn [Hg]
HCl
aquecimento

Na presença de um amálgama de zinco e HCl, a ligação C═O é completamente reduzida e substituída por duas ligações C═H. Desta maneira, uma redução de Clemmensen pode ser usada como a segunda etapa de uma síntese de duas etapas que insere um grupo alquila em um anel aromático *sem* ocorrer nenhum rearranjo:

1) $AlCl_3$,
2) Zn [Hg] , HCl, aquecimento

Antes de passarmos adiante, existe um ponto sutil a mencionar a respeito de uma acilação de Friedel–Crafts (etapa 1 da síntese anterior). Lembre-se de que esta reação ocorre na presença de um ácido de Lewis ($AlCl_3$), que está constantemente à procura de elétrons com os quais possa interagir. Bem, o produto da etapa de acilação é uma cetona. E uma cetona tem os elétrons que o ácido de Lewis está buscando:

Portanto, sempre que realizamos uma reação de acilação, ao final precisamos remover o ácido de Lewis do nosso produto. E há uma maneira simples de se fazer isto. Simplesmente fornecemos ao ácido de Lewis alguma outra fonte de elétrons para interagir com ele. O mais fácil de se usar é a água (H_2O). Então, sempre que você utiliza uma acilação de Friedel–Crafts em um problema de síntese, é apropriado incluir a água na sua lista de reagentes (imediatamente após a acilação):

1) $AlCl_3$,
2) H_2O
3) Zn [Hg] , HCl, aquecimento

Em resumo, vimos que uma acilação de Friedel–Crafts pode ser seguida de uma redução de Clemmensen como um modo inteligente de inserir um grupo alquila em um anel aromático (sem rearranjos). Porém, realmente há vezes em que você vai querer inserir um grupo acila no anel, e não vai querer realizar uma redução de Clemmensen em seguida. Por exemplo:

Para realizar esta transformação, você simplesmente utilizaria uma acilação de Friedel–Crafts e só. Não há necessidade de uma redução de Clemmensen, porque, neste caso, não queremos reduzir a ligação C═O.

EXERCÍCIO 3.9 Mostre os reagentes que você usaria para conseguir realizar a síntese vista a seguir:

Resposta Neste problema, precisamos inserir um grupo alquila em um anel de benzeno. Assim, primeiramente, verificamos se podemos realizar esta etapa única utilizando uma alquilação de Friedel–Crafts. Neste caso, não podemos realizar este processo em uma única etapa porque temos que nos preocupar com um rearranjo de carbocátion. Ao pensarmos sobre o eletrófilo que precisamos obter, vemos que ele pode sofrer rearranjo:

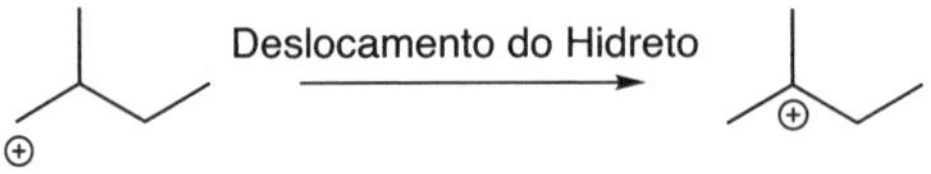

Deslocamento do Hidreto

E isto nos daria uma mistura de produtos:

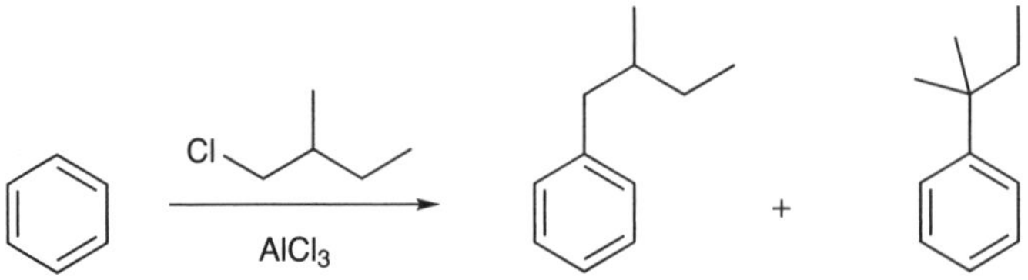

Cl

$AlCl_3$

+

Assim, em vez disso, usaremos uma acilação de Friedel–Crafts seguida de uma redução de Clemmensen:

Cl

O

1) $AlCl_3$,

2) H_2O

3) Zn [Hg] , HCl, aquecimento

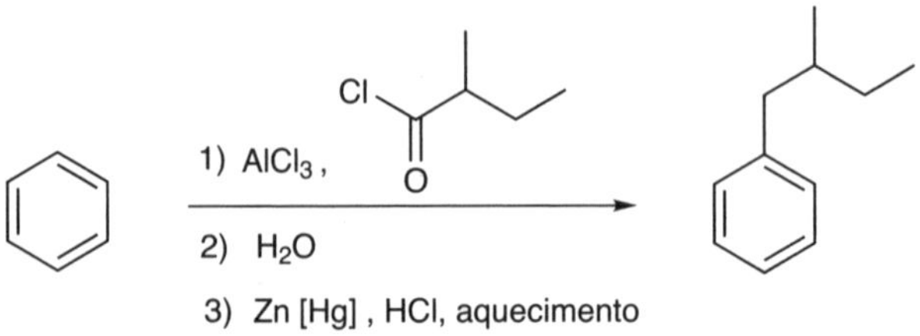

Para cada um dos problemas vistos a seguir, mostre que reagentes você usaria para realizar a transformação. Em certas situações, você vai querer utilizar uma alquilação de Friedel–Crafts, enquanto, em outras situações, você vai querer usar uma acilação de Friedel–Crafts.

3.10

3.11

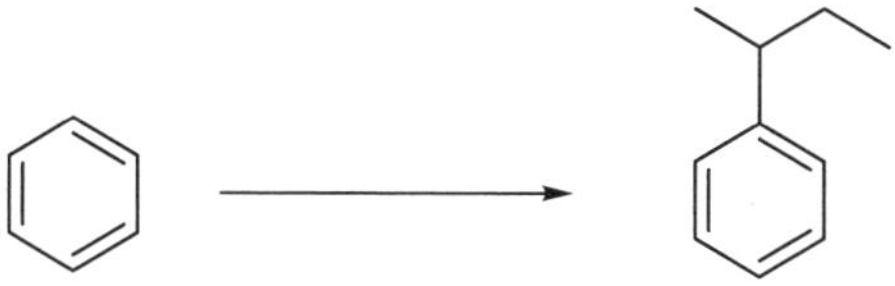

3.12

3.13

3.14

3.15 Preveja os produtos da reação vista a seguir.

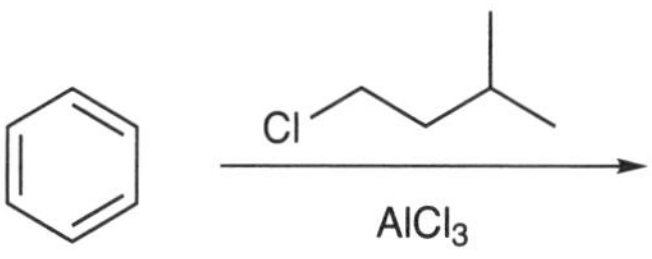

Cl

$AlCl_3$

(*Sugestão*: deverá haver uma mistura de *múltiplos* produtos neste caso. Tenha certeza de considerar todos os rearranjos possíveis que podem ocorrer. Se você não é muito versado em rearranjos de carbocátion, então, deverá voltar e revê-los agora.)

3.16 Em uma folha de papel separada, represente o mecanismo da formação de cada um dos três produtos do problema anterior.

3.17 Em uma folha de papel separada, represente o mecanismo da transformação vista a seguir. Certifique-se de mostrar o mecanismo da formação do íon acílio que reage com o anel:

$$\text{Benzeno} \xrightarrow{\text{AlCl}_3,\ \text{ClC(=O)CH(CH}_3\text{)CH}_2\text{CH}_3} \text{C}_6\text{H}_5\text{C(=O)CH(CH}_3\text{)CH}_2\text{CH}_3$$

As reações de Friedel–Crafts têm algumas limitações. Você deverá reservar um tempo para ler sobre elas em seu livro-texto. As duas limitações mais importantes são:

1. Quando realizar uma ***alquilação*** de Friedel–Crafts, frequentemente é muito difícil inserir apenas um grupo alquila. Cada grupo alquila torna o anel *mais* reativo frente a um subsequente ataque no mesmo anel.
2. Quando realizar uma ***acilação*** de Friedel–Crafts, geralmente não é possível inserir mais de um grupo acila. A presença de um grupo acila torna o anel *menos* reativo frente a uma segunda acilação.

Precisamos entender POR QUE um grupo alquila torna o anel mais reativo e POR QUE um grupo acila torna o anel menos reativo. Vamos explicar isto detalhadamente durante as seções que serão vistas a seguir. Porém, primeiramente, temos mais um eletrófilo para discutir.

3.4 SULFONAÇÃO

A reação que discutiremos agora é provavelmente uma das reações mais importantes para você ter ao seu alcance. Esta reação será utilizada extensivamente em problemas de síntese mais adiante neste capítulo. Se você não tiver esta reação em mente, enquanto estiver resolvendo problemas de síntese, então, estará em apuros. Vamos explicar por que esta reação é importante nas seções vistas a seguir. Por enquanto, apenas aceite meu conselho e vamos simplesmente dominar a reação.

O eletrófilo é o SO_3. Vamos examinar a estrutura mais atentamente:

$$\text{O=S(=O)=O}$$

Observe que há três ligações duplas S═O aqui. Porém, estas ligações duplas não são ligações duplas tão grandes. Lembre-se de que uma ligação dupla é formada a partir da superposição de dois orbitais *p*:

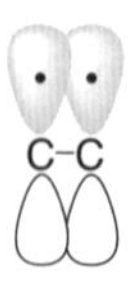

Quando estamos falando de ligação dupla carbono–carbono, a superposição dos orbitais *p* é eficiente porque os orbitais *p* têm o mesmo tamanho. Porém, o que acontece quando você tenta superpor o orbital *p* de um átomo de oxigênio ao orbital *p* de um átomo de enxofre? Os orbitais *p* são de tamanhos diferentes (o oxigênio está na segunda linha da tabela periódica, o que quer dizer que ele está utilizando um orbital *p* do segundo nível de energia; porém, o enxofre está na terceira linha da tabela periódica, então, ele está utilizando um orbital *p* do terceiro nível de energia):

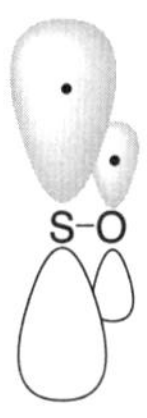

Portanto, a superposição não é tão eficiente, e é um equívoco pensar na S═O como uma ligação dupla. Provavelmente, sua natureza seja mais próxima de ser como o que é visto a seguir:

$$\overset{\oplus}{S}\quad\overset{\ominus}{O}\qquad \text{em vez de} \qquad S{=}O$$

Quando realizamos esta análise para cada uma das três ligações duplas do SO_3, começamos a notar que o átomo de enxofre é MUITO deficiente em elétrons:

De fato, o átomo de enxofre é tão deficiente em elétrons que ele é um *excelente* eletrófilo, ainda que o composto seja globalmente neutro (sem nenhuma carga líquida). Agora vamos ver uma reação que utiliza o SO_3 como eletrófilo. Mas, primeiro, vejamos de onde vem o SO_3.

O ácido sulfúrico está constantemente em equilíbrio com o SO_3 e a água:

$$H_2SO_4 \rightleftharpoons SO_3 + H_2O$$

Isto significa que qualquer frasco de ácido sulfúrico conterá algum SO_3. À temperatura ambiente, o SO_3 é um gás e é possível adicionar gás SO_3 extra ao ácido sulfúrico (o que desloca o equilíbrio). Quando fazemos isto, chamamos a mistura de ácido sulfúrico ***fumegante***. Então, de agora em diante, sempre que você encontrar ácido sulfúrico fumegante concentrado, deverá entender que estamos falando do SO_3 como reagente.

E aqui está a reação:

$$\xrightarrow[\text{fumegante conc.}]{H_2SO_4}\quad SO_3H$$

Observe que, ao final, inserimos o grupo SO_3H no anel. A questão óbvia é: por que o H é ligado ao SO_3 ao final? Para entender por que, vamos examinar mais atentamente o mecanismo.

Lembre-se das nossas duas etapas para qualquer substituição eletrofílica aromática: E^+ entra no anel e, então, H^+ sai do anel. Mas espere um pouco... Neste caso, não estamos utilizando um eletrófilo com uma carga positiva líquida. O eletrófilo, neste caso, não tem qualquer carga líquida. Em todas as reações que vimos até este ponto, colocamos algo positivamente carregado no anel e, então, retiramos algo positivamente carregado do anel. Assim, ao final, nosso anel nunca ganhou ou perdeu nenhuma carga. Mas, neste caso, estamos colocando algo neutro (SO_3) no anel e, então, estamos removendo algo carregado positivamente (H^+). Isto deverá deixar nosso produto com uma carga negativa global, que é exatamente o que ocorre:

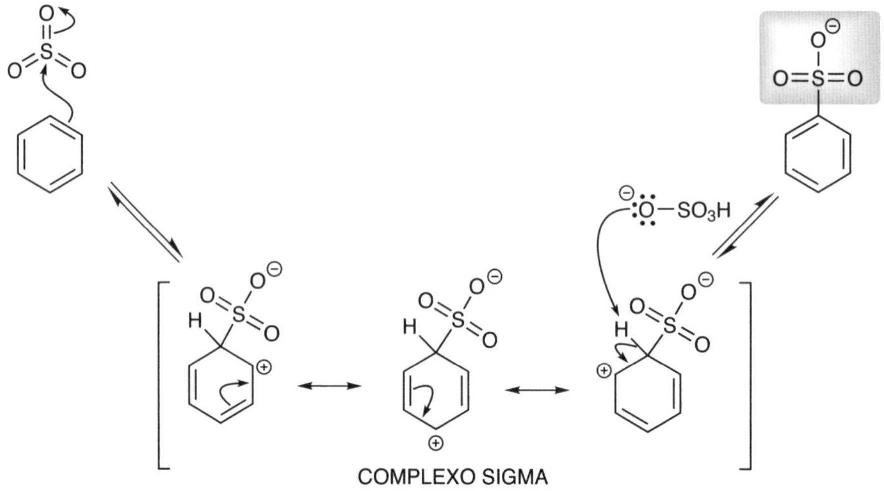

COMPLEXO SIGMA

Assim, precisamos adicionar mais uma etapa ao nosso mecanismo. O átomo de oxigênio negativamente carregado remove um próton do ácido sulfúrico:

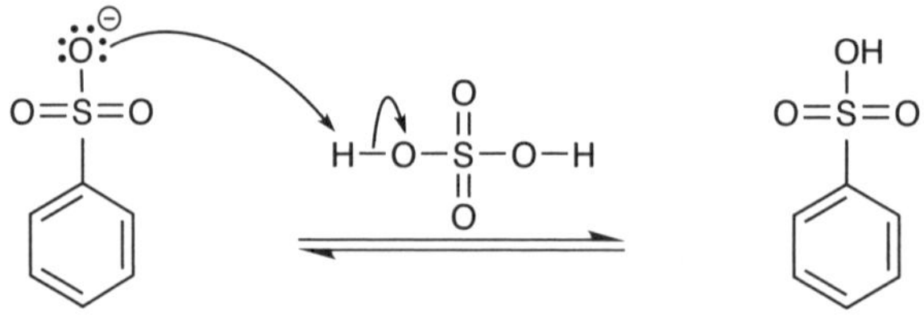

Embora esta reação tenha esta etapa extra ao final do mecanismo, tenha em mente que esta etapa extra é apenas uma transferência de próton. A reação principal ainda é a mesma que vimos em todas as reações anteriores: o eletrófilo entra no anel e, então, o H^+ sai do anel.

Uma característica importante desta reação (e esta é a característica que tornará esta reação tão importante para problemas de síntese) é a facilidade com que a reação pode ser invertida. A quantidade de produto é controlada pelo equilíbrio, e é muito sensível às condições. Então, se você utiliza ácido sulfúrico diluído, o equilíbrio tende para o caminho inverso:

H_2SO_4 fumegante conc.

SO_3H

H_2SO_4 diluído

Isto pode ser utilizado em nosso favor, pois nos fornece uma maneira de remover o grupo SO_3H sempre que quisermos. Apenas utilizaríamos ácido sulfúrico diluído para removê-lo:

SO_3H

H_2SO_4 diluído

Então, temos agora a capacidade de inserir o grupo SO_3H no anel sempre que quisermos, E podemos removê-lo também sempre que quisermos. Você poderia se perguntar por que desejaria inserir um grupo simplesmente para removê-lo depois. Aparentemente, isto parece ser uma perda de tempo. Mas, nas seções adiante, veremos que isto será muito importante em problemas de síntese.

Por enquanto, certifiquemo-nos de que estamos confortáveis com os reagentes.

EXERCÍCIO 3.18 Identifique os reagentes que você usaria para obter a transformação vista a seguir:

Br

SO_3H

Br

Resposta Sabemos que o ácido sulfúrico fumegante insere um grupo SO_3H em um anel aromático e que o ácido sulfúrico diluído remove o grupo. Neste caso, estamos removendo o grupo, então, precisamos usar o ácido sulfúrico diluído:

Br

SO_3H

H_2SO_4 diluído

Br

Identifique os reagentes que você usaria para obter cada uma das transformações vistas a seguir:

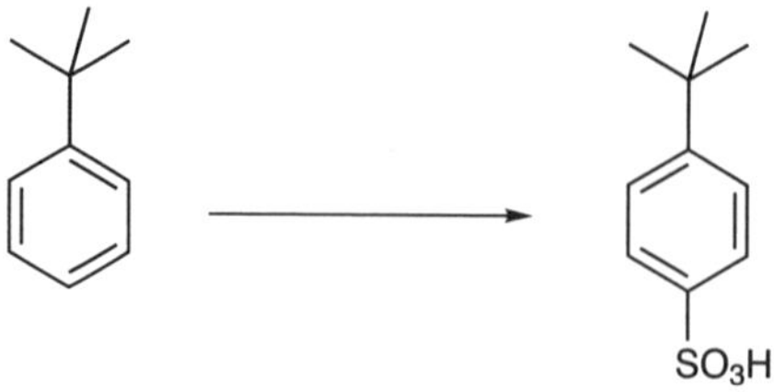

3.19

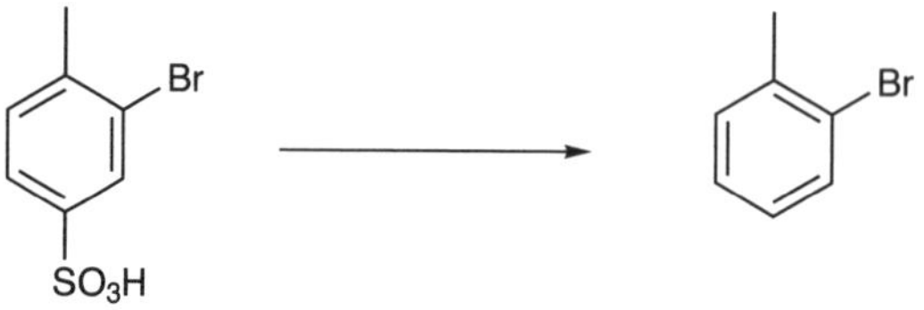

SO_3H

3.20 SO_3H

Br

Br

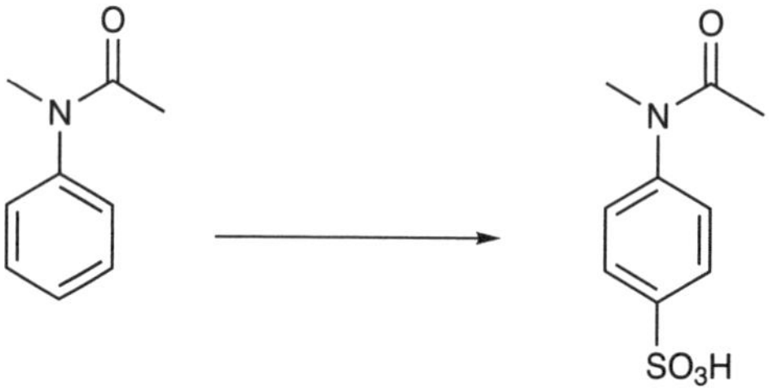

3.21

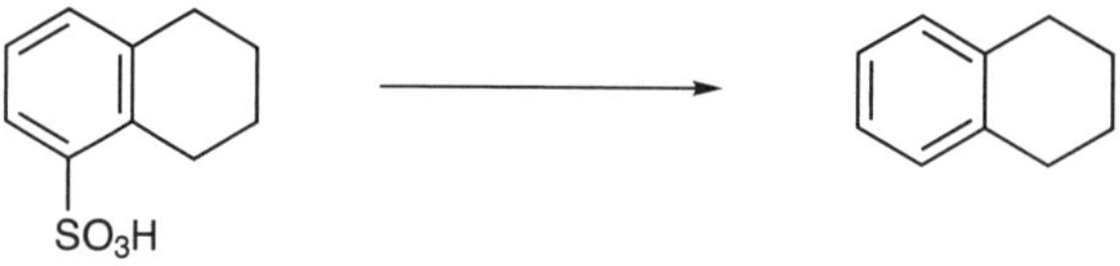

O

N

O

N

SO_3H

3.22 SO_3H

E, para termos certeza de que você não se esqueceu das outras reações que aprendemos neste capítulo até este ponto, preencha com os reagentes que você utilizaria para as transformações vistas a seguir:

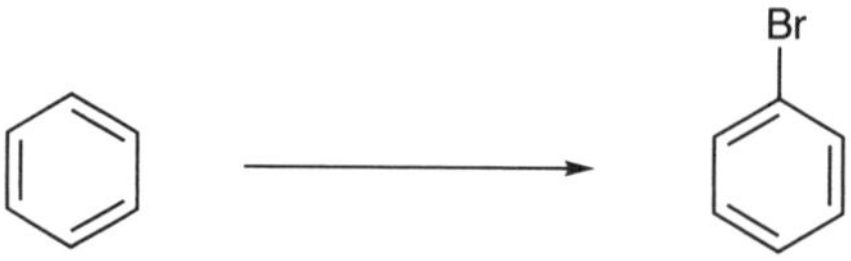

3.23

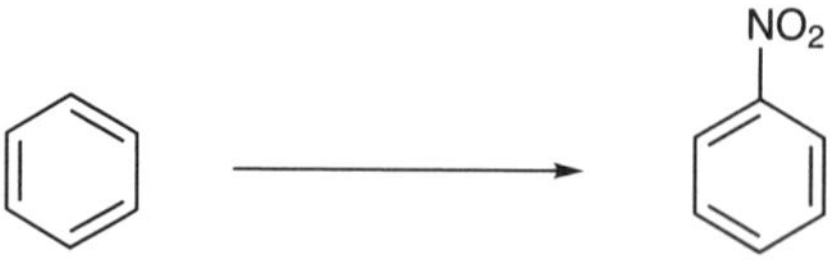

Br

3.24

NO_2

3.25

Cl

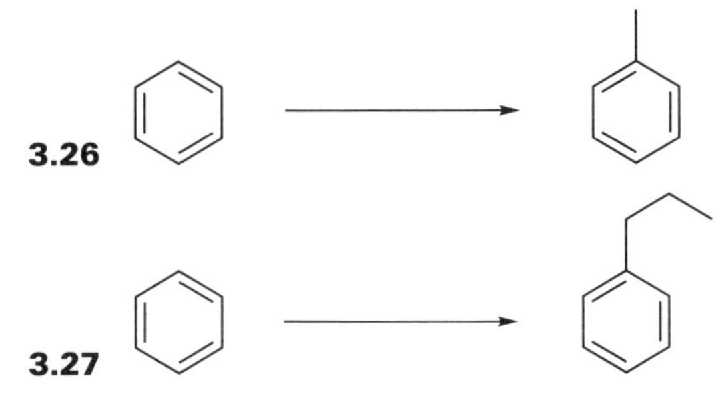

3.28 Agora vamos ter certeza de que você pode representar o mecanismo de uma reação de sulfonação. (É justamente o nome que damos à reação na qual um grupo SO_3H é inserido em um anel aromático.) Em um pedaço de papel separado, tente representar o mecanismo da sulfonação do benzeno. Lembre-se de que serão três etapas: 1) o eletrófilo entra no anel, 2) o H^+ sai e, então, 3) ocorre a transferência de próton para remover a carga negativa. Não se esqueça de representar as estruturas de ressonância do complexo sigma intermediário. Tente representar o mecanismo sem consultar onde ele é apresentado nesta seção.

3.29 E agora, para um problema de desafio, tente representar o mecanismo de uma reação de dessulfonação (uma reação onde tiramos o grupo SO_3H do anel). O processo será exatamente o inverso do que você acabou de representar no problema anterior. Serão três etapas: 1) o próton do grupo SO_3H é removido, 2) o H^+ entra no anel e, então, 3) o SO_3 sai do anel. A verdade é que só há duas etapas principais aqui: H^+ entra no anel e, então, SO_3 sai do anel. Na verdade, você pode retirar o próton do grupo SO_3H ao mesmo tempo em que o SO_3 sai do anel. Tente fazer isto sozinho e, caso sinta dificuldade, consulte a resposta no livro. Certifique-se de que seu mecanismo envolve um complexo sigma intermediário (com uma carga positiva estabilizada por ressonância).

3.5 ATIVAÇÃO E DESATIVAÇÃO

Na primeira página deste capítulo, vimos que o benzeno é não reativo frente ao bromo:

Br_2 → não há reação

Para forçar a ocorrência de uma reação, introduzimos um ácido de Lewis na mistura de reação, produzindo um eletrófilo melhor (o Br^+ é um eletrófilo melhor do que o Br_2). De fato, todas as reações que exploramos até este momento foram exemplos do benzeno reagindo com eletrófilos potentes (Cl^+, NO_2^+, alquila$^+$, acila$^+$ e SO_3). Agora, vamos voltar nossa atenção para o nucleófilo — como podemos modificar a reatividade do anel aromático?

Para responder a esta questão, vamos explorar os anéis de benzeno substituídos e consideraremos o efeito que um substituinte tem na reatividade do anel. O benzeno em si (C_6H_6) não tem substituintes. Mas considere a estrutura do fenol:

OH

Neste composto, o anel aromático tem um substituinte: um grupo OH. Que efeito este substituinte tem na nucleofilicidade do anel aromático? Este composto é um nucleófilo melhor do que o benzeno?

Para responder a esta questão, devemos explorar o efeito de um grupo OH na densidade eletrônica do anel aromático. Há dois fatores a considerar: *indução* e *ressonância*. Comecemos com a indução. Lembre-se do livro do primeiro semestre que os efeitos indutivos podem ser avaliados comparando-se a eletronegatividade relativa do átomo. No nosso exemplo, estamos examinando especificamente a ligação C—O ligando o grupo OH ao anel. O oxigênio é mais eletronegativo do que o carbono, então, há um efeito indutivo, indicado pela seta vista a seguir:

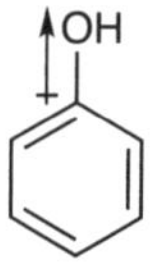

OH

O átomo de oxigênio está removendo densidade eletrônica do anel. Lembre-se de que o anel aromático é apenas um nucleófilo em primeiro lugar, pois é rico em elétrons (a partir de todos os elétrons π); assim, a remoção de densidade eletrônica do anel (via indução) deve tornar o anel *menos* nucleofílico. Porém, ainda não terminamos. Precisamos considerar outro fator: a ressonância.

A seguir estão apresentadas as estruturas de ressonância do fenol:

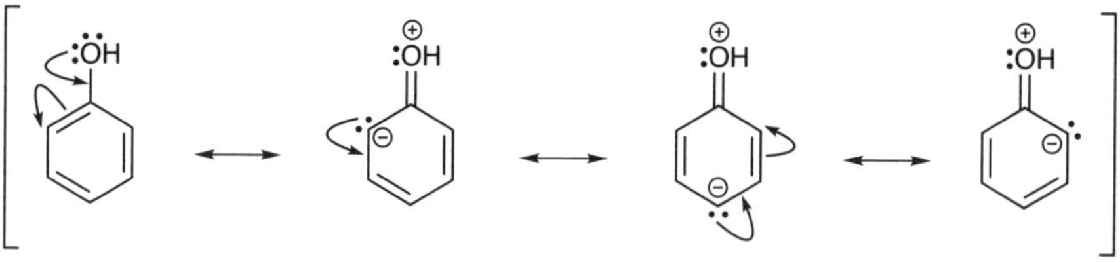

:ÖH ⟷ :OH ⟷ :OH ⟷ :OH

Observe que há uma carga negativa dispersa em todo o anel. Quando mesclamos todas estas estruturas de ressonância em nossa mente, obtemos as informações vistas a seguir:

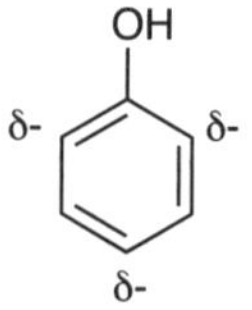

OH

δ- δ- δ-

O δ – mostra que há uma carga negativa parcial dispersa em todo o anel. Portanto, o efeito da ressonância é *doar* densidade eletrônica para o anel. Assim, temos agora uma competição. Por indução, o grupo OH é *removedor de elétrons*, o que torna o anel *menos* nucleofílico. Porém, por ressonância, o grupo OH é *doador de elétrons*, o que torna o anel *mais* nucleofílico. Qual efeito é mais forte? Ressonância ou indução? Este é um cenário comum em química orgânica (em que indução e ressonância estão em competição), e a regra geral é: ***a ressonância geralmente é um fator mais forte do que a indução***. Há algumas exceções importantes. De fato, logo veremos uma delas, mas, em geral, a ressonância predomina.

Agora, vamos aplicar esta regra geral ao nosso caso do fenol. Se afirmamos que a ressonância é mais forte do que a indução, então, o efeito líquido do grupo OH é *doar* densidade eletrônica para o anel. E, assim, o efeito líquido do grupo OH é tornar o anel *mais nucleofílico* (quando comparado com o benzeno).

Na verdade, experimentos revelam que o fenol é significativamente mais nucleofílico do que o benzeno. O efeito do grupo OH na nucleofilicidade do anel aromático é chamado de "ativação". Diz-se que o grupo OH está ativando o anel (tornando-o mais nucleofílico). Desse modo, o grupo OH é chamado de *ativador*. Os grupos alquila (como a metila ou a etila) também são ativadores (lembre-se do livro do primeiro semestre que os grupos alquila são doadores de elétrons devido a um efeito denominado hiperconjugação). No entanto, há alguns grupos que realmente *retiram* densidade eletrônica do anel e nós chamamos tais grupos de *desativadores*, porque eles desativam o anel (tornam o anel *menos* nucleofílico). Um exemplo excelente é o grupo nitro. Considere a estrutura do nitrobenzeno:

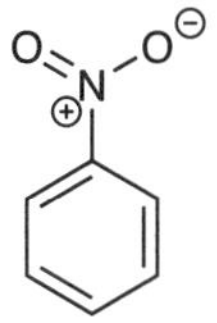

Uma vez mais, o efeito do grupo nitro pode ser avaliado explorando-se dois fatores: indução e ressonância. A indução é simples. O átomo de nitrogênio é mais eletronegativo do que o átomo de carbono ao qual está ligado (especialmente porque o átomo de nitrogênio contém uma carga positiva). Dessa maneira, o grupo nitro remove densidade eletrônica do anel via indução, o que torna o anel menos nucleofílico. Mas, ainda não terminamos. Ainda temos que considerar a ressonância. A seguir vemos as estruturas de ressonância do nitrobenzeno:

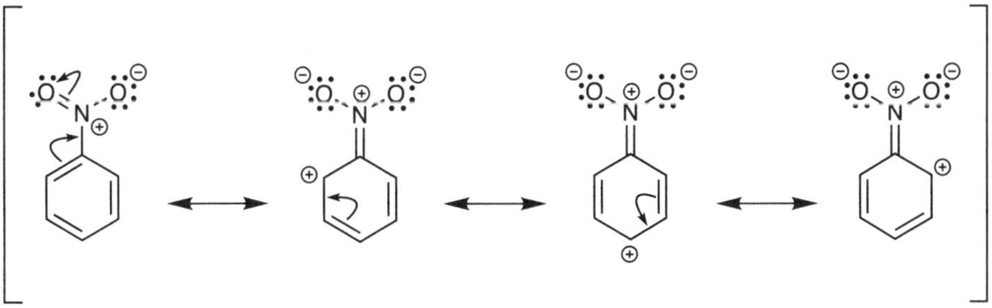

Observe que agora há uma carga positiva dispersa em todo o anel (em vez de uma carga negativa, conforme vimos no caso do fenol). Quando mesclamos todas estas estruturas de ressonância em nossa mente, obtemos as informações vistas a seguir:

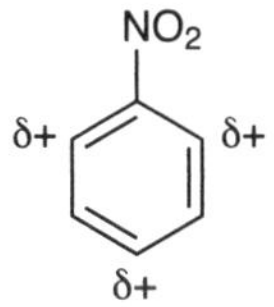

O δ+ mostra que existe uma carga positiva parcial dispersa em todo o anel. Portanto, o efeito de ressonância é *retirar* densidade eletrônica do anel.

Resumindo, o grupo nitro é retirador de elétrons via ressonância *e* via indução. Em outras palavras, não há competição entre ressonância e indução. Ambos os fatores ditam que um grupo nitro deve *desativar* o anel. É o que realmente observamos no laboratório.

3.6 EFEITOS DIRECIONADORES

Agora, consideremos reações de substituição eletrofílica aromática com anéis de benzeno substituído. Para explorarmos este tópico, devemos primeiramente rever uma importante terminologia que utilizaremos frequentemente em todo o restante deste capítulo. As várias posições em um anel de benzeno monossubstituído são referidas da maneira vista a seguir:

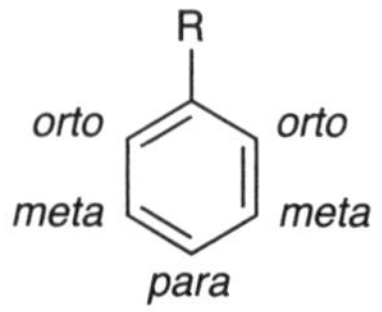

R
orto *orto*
meta *meta*
para

As duas posições mais próximas do substituinte (R) são chamadas de posições *orto*. Então, temos as posições *meta*. E, finalmente, a posição mais distante do substituinte é chamada de posição *para*. Com esta terminologia em mente, consideremos os produtos obtidos quando o tolueno ou o nitrobenzeno sofre bromação. Ambas as reações são apresentadas a seguir:

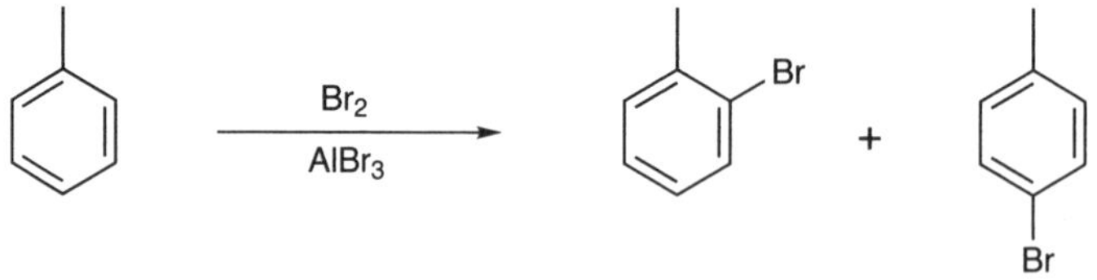

Br_2 / $AlBr_3$ → Br + Br

NO_2 — Br_2 / $AlBr_3$ → NO_2, Br

A primeira reação (com o tolueno) certamente é mais rápida, porque o grupo metila ativa o anel no sentido da substituição eletrofílica aromática, enquanto o grupo nitro desativa o anel aromático. Porém, considere a diferença de resultado regioquímico. Especificamente, observe que o grupo metila direciona a reação para ocorrer nas posições *orto* e *para*, enquanto o grupo nitro direciona a reação para ocorrer na posição *meta*. Seu livro-texto dará uma explicação para esta observação e você deverá ler essa explicação, mas aqui está a conclusão:

- Os ativadores são direcionadores *orto-para*.
- Os desativadores são direcionadores *meta*.

Não encontraremos nenhuma exceção a esta primeira regra (todos os ativadores que encontramos são direcionadores *orto-para*). Mas existe uma exceção importante à segunda regra. Os halogênios (F, Br, Cl ou I) são desativadores, então, poderíamos esperar que eles fossem direcionadores *meta*. Mas, em vez disso, eles são direcionadores *orto-para*. Tentemos entender por que os halogênios são a exceção.

Na seção anterior, analisamos o efeito de um grupo OH em um anel aromático e vimos que havia dois efeitos em competição: indução e ressonância. Vimos que a indução *retira* densidade eletrônica do anel, mas a ressonância *doa* densidade eletrônica ao anel. Para saber qual dos fatores domina, demos uma regra geral: ***a ressonância geralmente é um fator mais forte do que a indução***. Também dissemos que havia uma exceção importante a esta regra geral, que veríamos posteriormente. Este é o momento. Os halogênios são a exceção. Vamos examinar mais atentamente. Como exemplo, consideremos a estrutura do clorobenzeno:

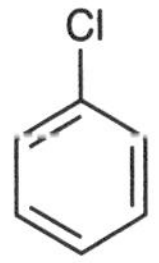

Cl

Neste caso, o substituinte (Cl) é um direcionador *orto-para* pela mesma razão que um grupo OH é um direcionador *orto-para* (a explicação para este efeito direcionador pode ser encontrada no seu livro-texto). Porém, diferentemente do OH (que é um ativador), o Cl é um desativador. Para explicar por que, temos que explorar o efeito de um halogênio (como o Cl) na densidade eletrônica do anel aromático. Conforme vimos na seção anterior, nossa análise tem que se concentrar em dois fatores: indução e ressonância. Comecemos com a indução. Justamente como um grupo OH, um halogênio também é retirador de elétrons por indução:

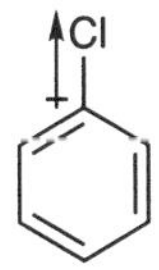

Cl

No entanto, também precisamos considerar os efeitos de ressonância. Assim, representamos as estruturas de ressonância:

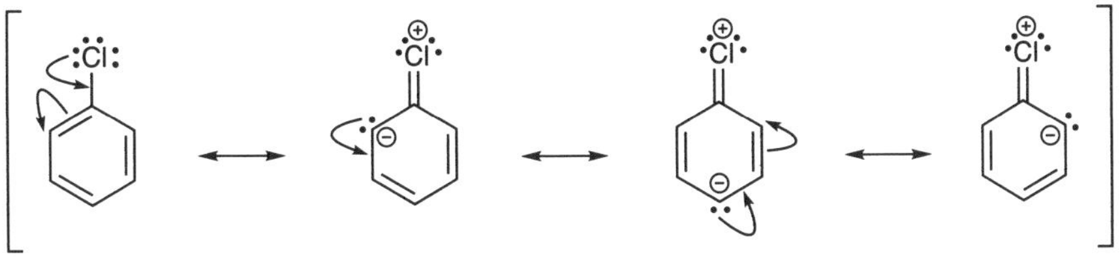

:Cl: ⟷ Cl⊕ ⊖ ⟷ Cl⊕ ⊖ ⟷ Cl⊕ ⊖

E, uma vez mais, vemos que um halogênio é muito semelhante a um grupo OH. Ele é doador de densidade eletrônica por ressonância:

Agora consideremos o efeito líquido de um halogênio. Assim como vimos com o grupo OH, há uma competição entre ressonância e indução. E assim como vimos com o grupo OH, um halogênio *retirará* densidade eletrônica por indução, e *doará* densidade eletrônica por ressonância. Contudo, no caso do grupo OH, utilizamos o argumento de que a ressonância vence a indução (dissemos se tratar de uma regra geral que se mantém verdadeira a maior parte do tempo). Portanto, o efeito líquido do grupo OH foi doar densidade eletrônica ao anel (desse modo, o grupo OH é um ativador). Mas, com um halogênio, a ressonância NÃO vence a indução. Este é um dos raros casos em que a indução realmente vence a ressonância. Por que a ressonância não é o fator predominante neste caso? Para responder a esta pergunta, observe que as estruturas de ressonância do clorobenzeno apresentam uma carga positiva no Cl. Os halogênios não contêm facilmente cargas positivas. Então, estas estruturas de ressonância não contribuem com muito caráter para a estrutura global do composto. A ressonância é um efeito fraco neste caso, então, a indução realmente vence a ressonância. Portanto, o efeito líquido de um substituinte halogênio é *retirar* densidade eletrônica do anel aromático, tornando o anel menos nucleofílico (desativação).

Agora estamos prontos para modificar as regras que apresentamos anteriormente quando dissemos que todos os ativadores são direcionadores *orto-para* e todos os desativadores são direcionadores *meta*. Aqui está nossa fórmula nova e aperfeiçoada:

- Todos os ativadores são direcionadores *orto-para*.
- Todos os desativadores são direcionadores meta, ***exceto os halogênios (que são desativadores, mas, ainda assim, são direcionadores <u>orto-para</u>).***

Com isto em mente, tentemos prever alguns efeitos de direcionamento.

EXERCÍCIO 3.30 Examine atentamente o anel benzênico monossubstituído visto a seguir.

Se este composto tivesse que sofrer uma reação de substituição eletrofílica aromática, preveja onde o novo substituinte seria inserido.

Resposta O Br é um halogênio (lembre-se de que os halogênios são F, Cl, Br e I). Vimos que os halogênios são a única exceção às regras gerais. Isto é, eles são desativadores, mas não são direcionadores *meta*, como a maioria dos outros desativadores. Ao contrário, eles são direcionadores *orto-para*. Portanto, se usarmos este composto em uma substituição eletrofílica aromática, esperamos que a substituição ocorra nas posições *orto* e *para*:

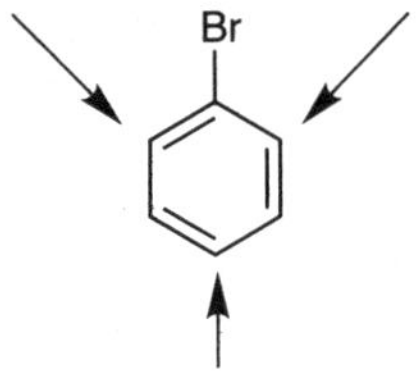

Br

Identifique os efeitos direcionadores esperados que seriam observados, caso cada um dos compostos vistos a seguir tivesse que sofrer uma reação de substituição eletrofílica aromática.

3.31 Cl

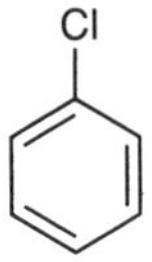

3.32 OH

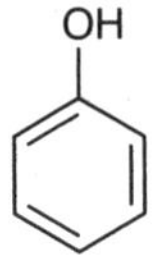

3.33 NO_2

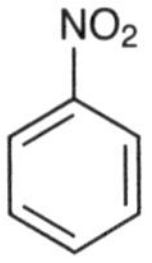

3.34 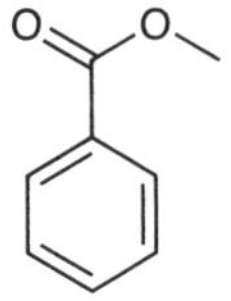 Este grupo é desativador.

3.35 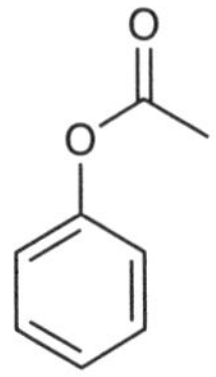 Este grupo é ativador.

3.36 CCl_3 Este grupo é desativador.

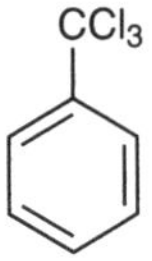

3.37 NH_2 Este grupo é ativador.

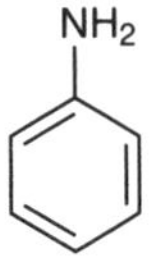

Claramente, você só pode prever onde a substituição ocorrerá se souber se o grupo é ativador ou desativador. Na seção vista a seguir, aprenderemos como prever se um grupo é ativador ou desativador. Porém, por enquanto, vamos praticar a previsão de produtos.

EXERCÍCIO 3.38 Preveja os produtos da reação vista a seguir:

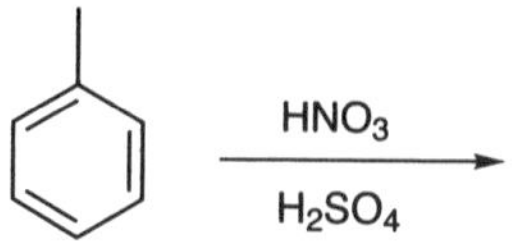

HNO_3 / H_2SO_4

Resposta Começamos examinando os reagentes, de modo a podermos determinar que tipo de reação está ocorrendo. Os reagentes são o ácido nítrico e o ácido sulfúrico. Vimos que estes reagentes geram NO_2^+ como eletrófilo, o qual pode reagir com um anel aromático em uma reação de substituição eletrofílica aromática. O resultado final é a inserção de um grupo nitro em um anel aromático. Então, agora a questão é: onde o grupo nitro é inserido?

Para responder a esta questão, devemos prever os efeitos direcionadores do grupo já presente no anel (antes da reação ocorrer). Há um grupo metila no anel e vimos que os grupos metila são ativadores. Portanto, prevemos que a reação terá lugar nas posições *orto* e *para* em relação ao grupo metila:

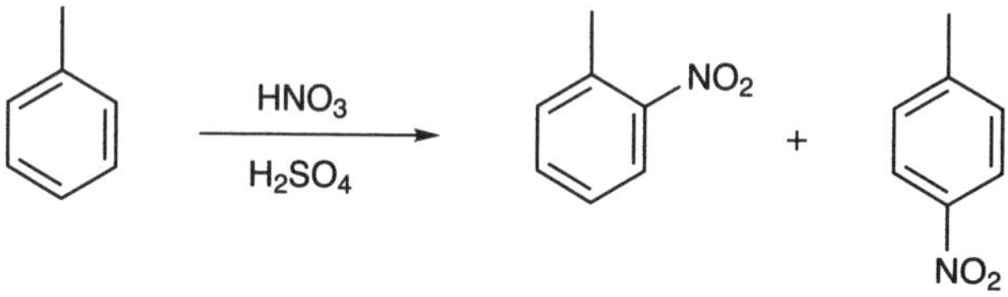

HNO_3 / H_2SO_4 ; NO_2 + NO_2

Observe que, neste caso, não representamos uma substituição em ambas as posições *orto* porque obtemos o mesmo produto de qualquer maneira:

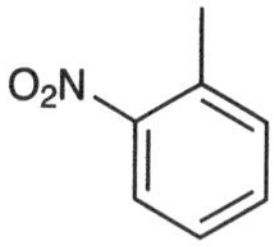

O_2N é o mesmo que NO_2

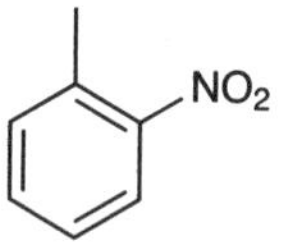

Preveja os produtos de cada uma das reações vistas a seguir:

3.39 Br; HNO_3 / H_2SO_4

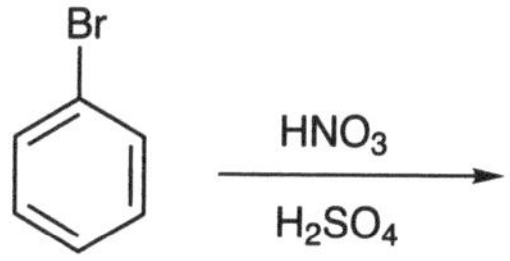

3.40 CH_3Cl / $AlCl_3$

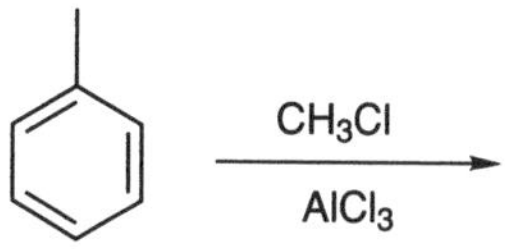

3.41 Br; O, Cl / $AlCl_3$

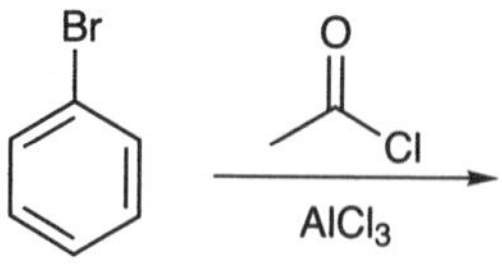

3.42

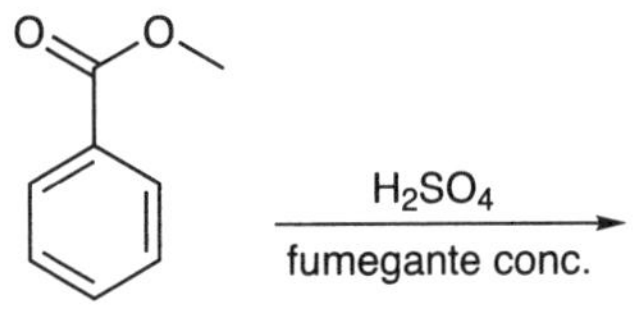

H_2SO_4 fumegante conc.

Sugestão: o grupo no anel é desativador.

3.43

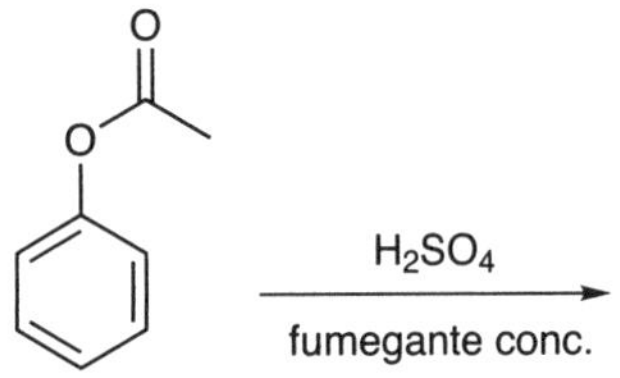

H_2SO_4 fumegante conc.

Sugestão: o grupo no anel é ativador.

3.44

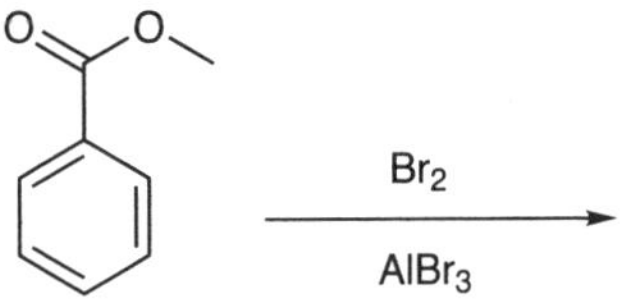

Br_2 / $AlBr_3$

Sugestão: o grupo no anel é desativador.

3.45

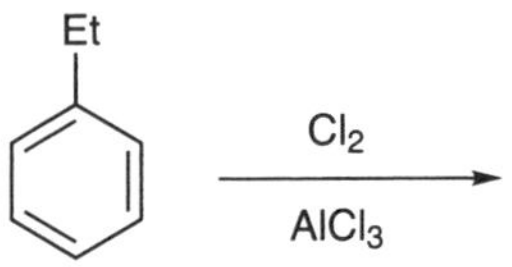

Et

Cl_2 / $AlCl_3$

Sugestão: o grupo no anel é ativador.

Até agora, concentramo-nos nos efeitos direcionadores quando você tem *apenas um grupo* em um anel. E vimos que ativadores direcionam para as posições orto e para, enquanto desativadores direcionam para as posições meta.

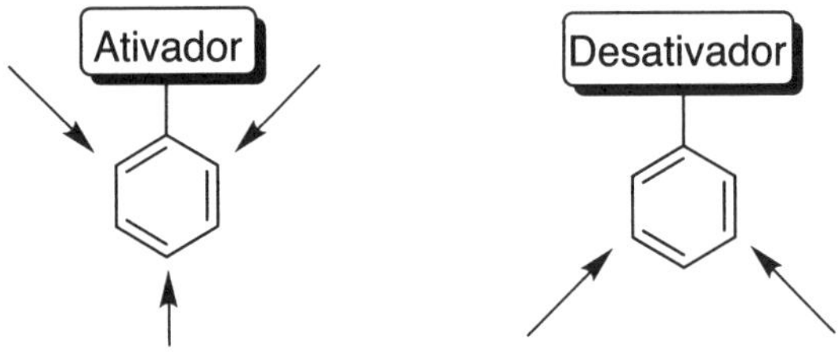

Ativador

Desativador

e vimos apenas uma exceção (os halogênios).

Porém, como você prevê os efeitos direcionadores quando você tem *mais de um grupo* em um anel? Por exemplo, considere o composto visto a seguir:

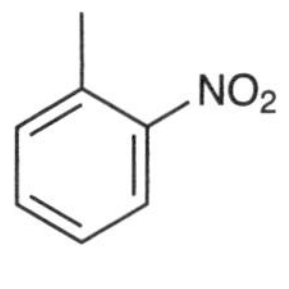

NO_2

E se usássemos este composto em uma reação de substituição eletrofílica aromática? Por exemplo, digamos que tentamos bromar este composto. Para onde iria o bromo?

Primeiramente, vamos considerar o efeito do grupo metila. Mencionamos anteriormente que um grupo metila é ativador, então, prevemos que ele direcionará no sentido das posições *orto* e *para*:

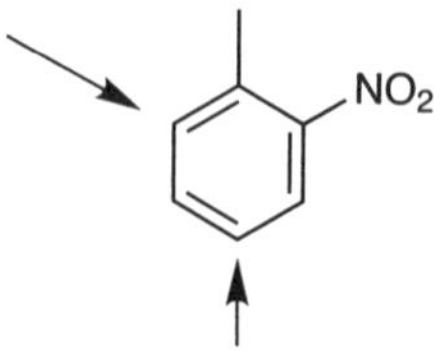

NO_2

Observe que ***não*** apontamos para a posição *orto* que tem o grupo nitro (examinamos somente onde atualmente não há qualquer grupo — lembre-se de que, em uma substituição eletrofílica aromática, E+ entra no anel e ***H+*** sai do anel). Assim, o grupo metila está direcionando no sentido de *dois* pontos, conforme mostrado na figura anterior.

Agora consideremos o efeito do grupo nitro. Mencionamos anteriormente que o grupo nitro é um desativador potente. Assim, prevemos que ele deverá direcionar para as posições que são *meta* ***em relação ao grupo nitro***:

meta em relação ao grupo nitro

NO_2

meta em relação ao grupo nitro

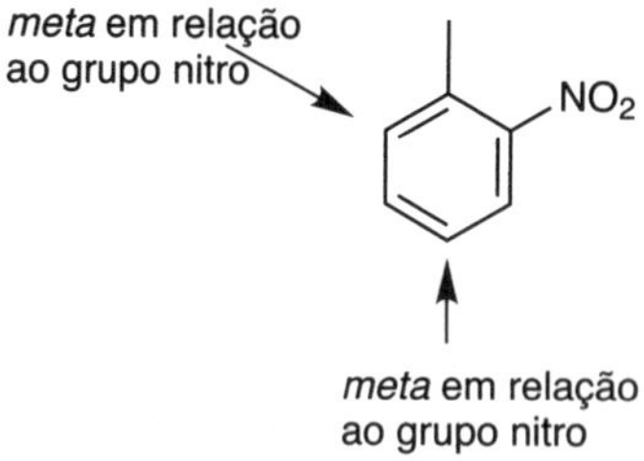

Então, vemos que o grupo nitro e o grupo metila estão direcionando para os mesmos dois pontos. Desse modo, neste caso, não há conflito entre os efeitos direcionadores do grupo nitro e do grupo metila.

Mas considere este caso:

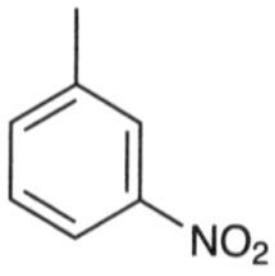

NO_2

O grupo metila e o grupo nitro estão agora direcionando para posições diferentes:

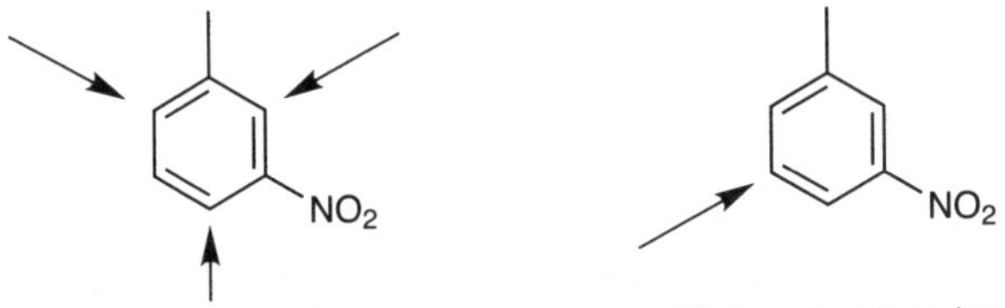

NO_2 NO_2

Efeitos direcionadores do grupo metila (direcionador *orto-para*)

Efeitos direcionadores do grupo nitro (direcionador *meta*)

Então, a grande questão é: que grupo predomina? Acontece que os efeitos direcionadores do grupo metila excedem os efeitos direcionadores do grupo nitro. Portanto, se bromarmos este anel, obteremos os produtos vistos a seguir (em que o Br entra em *orto* ou *para* em relação ao grupo metila):

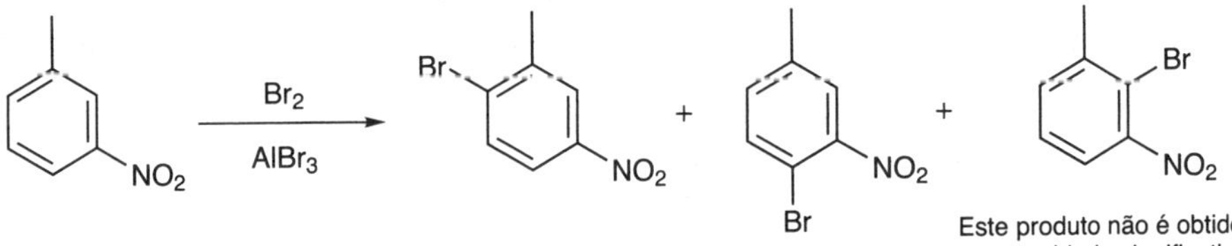

NO_2 $\xrightarrow[AlBr_3]{Br_2}$ Br NO_2 + NO_2 Br + Br NO_2

Este produto não é obtido em quantidade significativa, por motivos que veremos em breve

É comum ver uma situação na qual os efeitos direcionadores de dois grupos estão competindo entre si (como os grupos metila e nitro no exemplo anterior). Assim, claramente necessitamos de regras para determinar que grupo predomina. Acontece que você precisa saber apenas duas regras simples para determinar que grupo predominará nos efeitos direcionadores:

1. *Os direcionadores orto-para sempre predominam sobre os direcionadores meta.* O exemplo que acabamos de ver é uma ilustração perfeita desta regra. O grupo metila é ativador (um direcionador *orto-para*) e o grupo nitro é desativador (um direcionador *meta*), então, o grupo metila vence.
2. *Os ativadores **fortes** sempre predominam sobre os ativadores **fracos**.* Por exemplo, considere o caso visto a seguir:

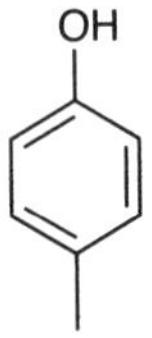

OH

O grupo OH é um ativador *forte* e o grupo metila é um ativador *fraco*. (Vamos aprender na próxima seção como prever quais grupos são fortes e quais são fracos — por ora, apenas acredite em mim.) Desse modo, o grupo OH predominará e os efeitos direcionadores são os vistos a seguir:

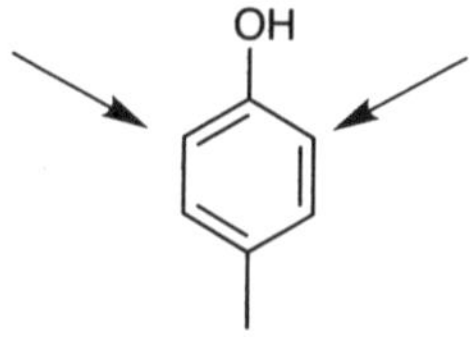

OH

Assim, temos duas regras:

- *Direcionadores orto-para sempre predominam sobre direcionadores meta.*
- *Ativadores **fortes** sempre predominam sobre ativadores **fracos**.*

Tenha em mente que a primeira regra sempre excede a segunda. Então, se você tem um ativador fraco contra um desativador forte, o ativador fraco vence. Mesmo que o ativador seja fraco, ele ainda vence um desativador forte porque os ativadores (direcionadores *orto-para*) sempre vencem os desativadores (direcionadores *meta*). Esta regra já foi vista em um dos nossos exemplos anteriores:

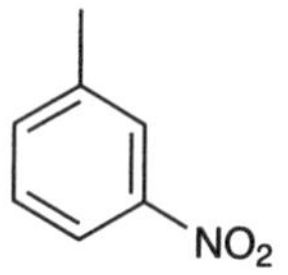

NO_2

O grupo metila é um ativador fraco e o grupo nitro é um desativador forte. Então, neste caso, o grupo metila vence (e os efeitos direcionadores são *orto* e *para* em relação ao grupo metila; e ***não** meta* em relação ao grupo nitro):

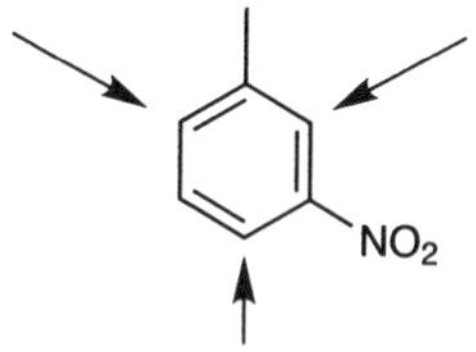

NO_2

EXERCÍCIO 3.46 Preveja os efeitos direcionadores no cenário visto a seguir.

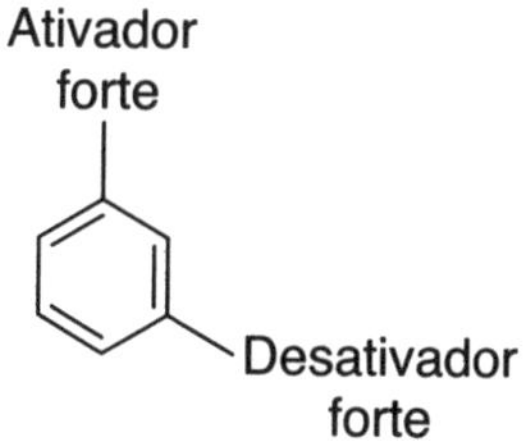

Ativador forte

Desativador forte

Para este problema, você deverá supor que o desativador *não* seja um halogênio.

Resposta Temos dois grupos. O ativador vai direcionar para as posições que são *orto* ou *para* em relação a ele mesmo, e o desativador vai direcionar para as posições que são *meta* em relação a ele mesmo:

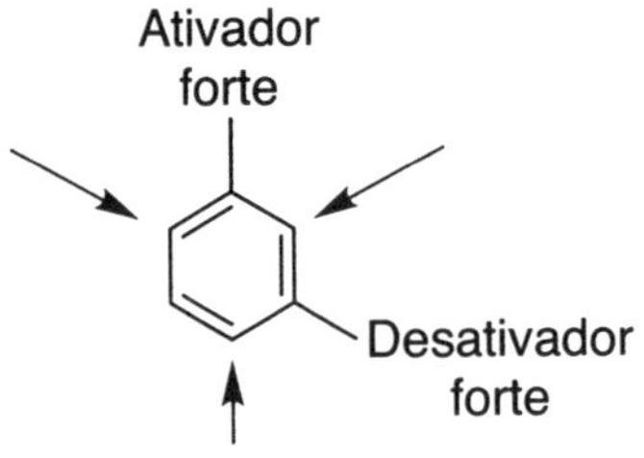

Ativador forte
Desativador forte

Efeitos direcionadores do ativador

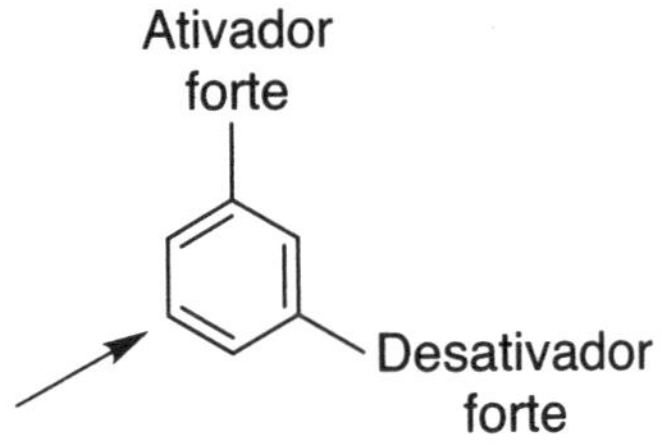

Ativador forte
Desativador forte

Efeitos direcionadores do desativador

Assim, há uma competição entre os efeitos direcionadores. Entre os dois grupos, o ativador forte vence o desativador forte porque o ativador forte é um direcionador *orto-para*. Assim, os efeitos direcionadores são:

Ativador forte
Desativador forte

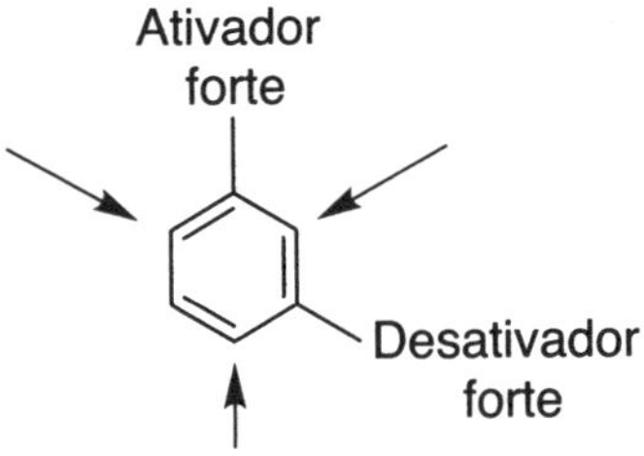

Se realizássemos uma substituição eletrofílica aromática em um composto deste tipo, poderíamos esperar três produtos (porque os efeitos direcionadores são para três posições, mostradas na figura anterior). Aqui está um exemplo específico de uma reação deste tipo.

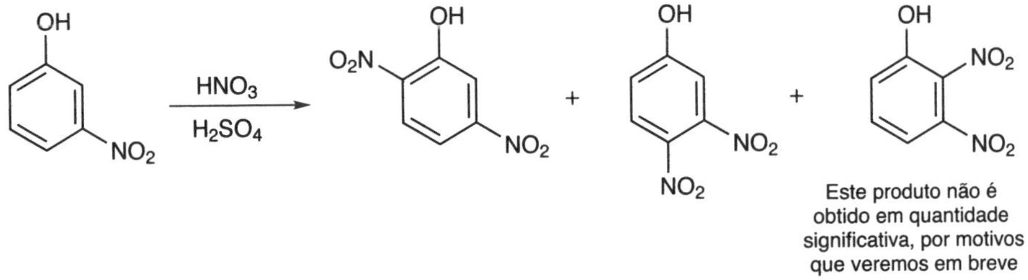

OH, NO_2 — HNO_3 / H_2SO_4 → OH, O_2N, NO_2 + OH, NO_2, NO_2 + OH, NO_2, NO_2

Este produto não é obtido em quantidade significativa, por motivos que veremos em breve

O anel aromático inicial tem dois substituintes. O grupo OH é um ativador forte e o grupo nitro é um desativador forte.

Preveja os efeitos direcionadores em cada um dos cenários vistos a seguir. A menos que indicado em contrário, suponha que tudo que for marcado como desativador não é um halogênio (a menos que esteja especificamente indicado como halogênio).

3.47 Ativador forte / Desativador forte (meta)

3.48 Ativador fraco / Desativador forte (meta)

3.49 Ativador forte / Ativador fraco (para)

3.50 Ativador forte / Desativador forte (para)

3.51 Ativador forte / Desativador forte (orto)

3.52 Ativador forte / Ativador fraco (orto)

3.53 Ativador fraco / Desativador forte (orto)

3.54 Ativador forte / Ativador fraco (para)

3.55 Desativador forte / Me (meta)

3.56 Ativador forte / Br (orto)

3.7 IDENTIFICAÇÃO DE ATIVADORES E DESATIVADORES

Na seção anterior, aprendemos como prever os efeitos direcionadores em uma situação na qual você tem mais de um grupo no anel. Mas, em todos os casos da seção anterior, tivemos que informar se cada grupo era ativador ou desativador e se era forte ou fraco. Nesta seção, aprenderemos como prever isto, de modo que você não tenha que memorizar as características de cada grupo possível. De fato, muito pouca memorização será necessária para isso. Veremos alguns conceitos que deverão fazer sentido. E com tais conceitos, você deverá estar apto a identificar a natureza de qualquer grupo, mesmo se nunca o tiver visto antes.

Vamos abordar metodicamente este assunto começando com os ativadores fortes.

Ativadores fortes são grupos que têm um par isolado próximo do anel aromático. Já vimos um exemplo disto. Quando um grupo OH é ligado ao anel, existe um par isolado próximo ao anel, que dá origem às estruturas de ressonância vistas a seguir:

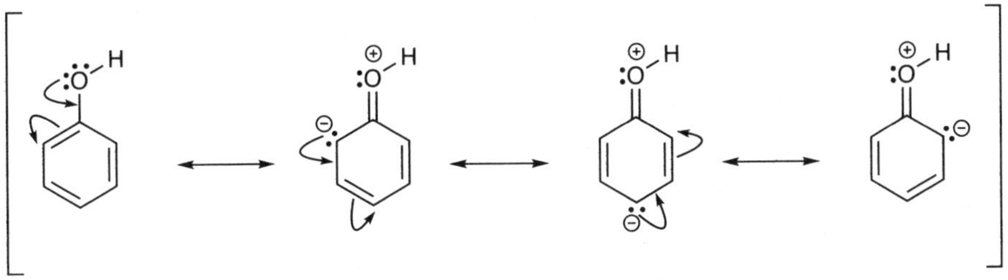

Concluímos na seção anterior que este efeito de ressonância é muito forte e que o grupo OH, portanto, está doando muita densidade eletrônica para o anel:

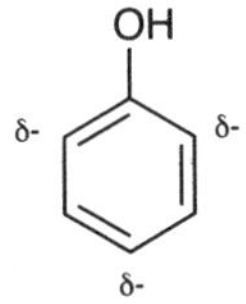

Isto é verdade, não apenas para o grupo OH, mas também para outros grupos que têm um par isolado próximo ao anel. O mesmo tipo de estruturas de ressonância pode ser representado para um grupo amino ligado a um anel:

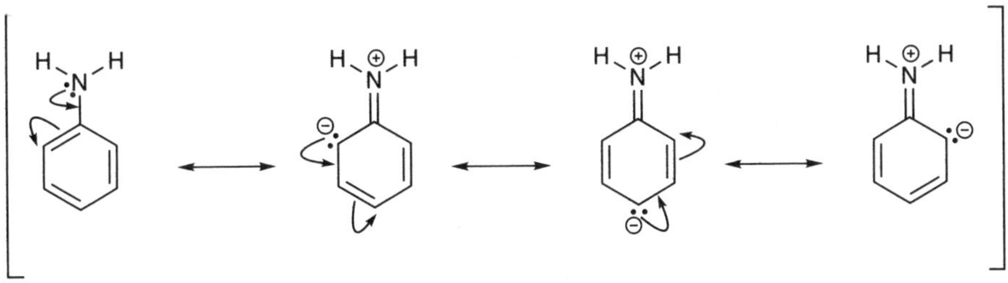

A seguir estão diversos exemplos de ativadores fortes. Certifique-se de poder observar facilmente a característica comum (o par isolado próximo ao anel):

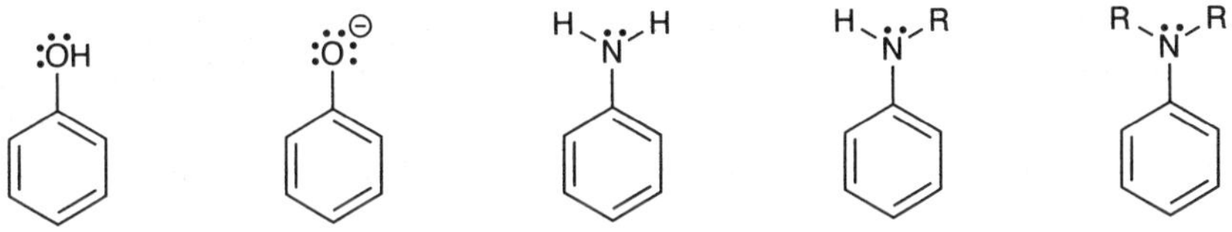

Em seguida, passamos para os ativadores *moderados*. Ativadores moderados são grupos que têm um par isolado próximo ao anel, MAS esse par isolado participa na ressonância fora do anel. Por exemplo, considere o grupo visto a seguir:

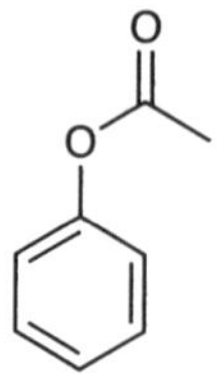

Este composto tem todas as estruturas de ressonância que colocam densidade eletrônica dentro do anel (exatamente como faz o grupo OH):

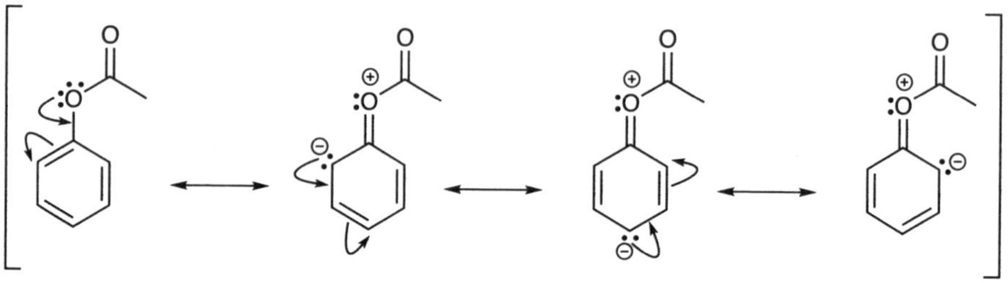

PORÉM, há uma estrutura de ressonância adicional, que tem a densidade eletrônica *do lado de fora* do anel:

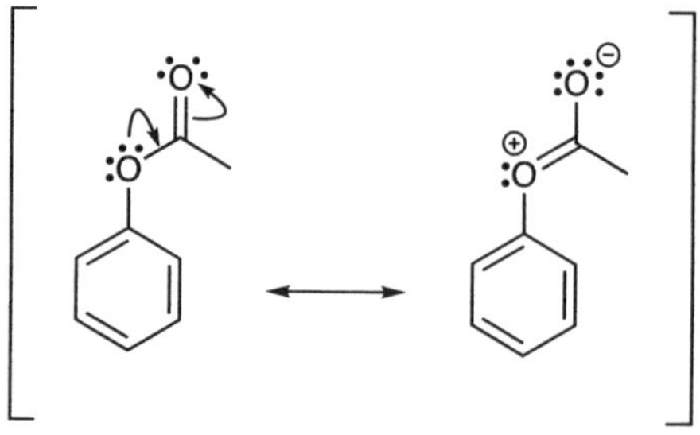

Portanto, a densidade eletrônica é mais dispersa (com parte no anel e parte fora do anel). Dessa forma, este grupo não é um ativador *forte*. Pelo contrário, nós o chamamos de ativador *moderado*. (Alguns livros-texto não destacam esta distinção sutil entre ativadores fortes e ativadores moderados.) A seguir estão diversos exemplos de ativadores moderados:

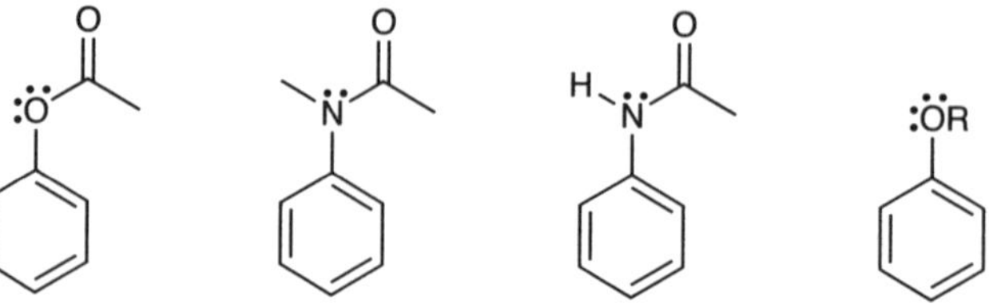

Examine atentamente esses exemplos. Todos têm um par isolado que participa na ressonância do lado de fora do anel. MAS, ESPERE UM POUCO. E o último grupo desta lista (o grupo OR)? Este grupo possui um par isolado que NÃO está participando na ressonância do lado de fora do anel. Deveríamos prever que este grupo devia pertencer à primeira categoria (ativadores *fortes*), mas, por alguma razão, ele não está nesta categoria. Na realidade, ele é apenas um ativador *moderado*. Trata-se de um dos raros exemplos que se desvia da explicação lógica que demos até agora. Eu passei bastante tempo tentando descobrir por que o grupo OR é um ativador moderado (ao invés de um ativador forte). Cheguei a diversas respostas ao longo dos anos, mas não vou gastar muitas páginas dedicadas a um tópico esotérico que você certamente não precisa para seu exame (talvez você possa pensar nisto como um desafio para o cérebro — algo para refletir...). Por ora, você simplesmente terá que lembrar que o grupo OR não segue as tendências que vimos. Ele é um ativador moderado.

Agora voltemos nossa atenção para os ativadores *fracos*. Ativadores fracos doam densidade eletrônica para o anel por meio de um efeito fraco, chamado de *hiperconjugação*.

No livro do primeiro semestre, vimos que os ***grupos alquila são doadores de elétrons***. Isto foi importante quando aprendemos sobre a estabilidade de carbocátions (vimos que carbocátions terciários são mais estáveis do que carbocátions secundários, os quais são mais estáveis do que carbocátions primários — porque os ***grupos alquila são doadores de elétrons***, o que estabiliza um carbocátion). Há uma razão simples pela qual os grupos alquila são doadores de elétrons. É devido a um fenômeno chamado de hiperconjugação. Se você não se lembra deste termo estudado no livro do primeiro semestre, pode voltar e revê-lo caso queira. Voltando ou não, certifique-se de se lembrar que os ***grupos alquila são doadores de elétrons***. É importante enfatizar isto porque há muitos conceitos em química orgânica que você pode entender apenas se souber que os ***grupos alquila são doadores de elétrons***.

Então, todos os grupos alquila são ativadores fracos (metila, etila, propila etc.).

Vimos, então, todas as diferentes categorias de ativadores (fortes, moderados e fracos). Para rever, eis o que observamos:

Ativadores Fortes	Par isolado próximo ao anel
Ativadores Moderados	Par isolado próximo ao anel, mas participando na ressonância do lado de fora do anel
Ativadores Fracos	Grupos alquila

Agora, vamos voltar nossa atenção para as diferentes categorias de ***des***ativadores. Desta vez, vamos começar com os desativadores *fracos* e fazer nosso caminho rumo aos desativadores *fortes* (em vez de começar com os fortes). Há uma razão para utilizar esta ordem e tal razão logo se tornará clara.

Os desativadores fracos são os halogênios. Já vimos que os halogênios são o único caso em que a indução predomina sobre a ressonância (e, dessa maneira, argumentamos que o efeito líquido de um halogênio é *retirar* densidade eletrônica do anel). A seguir, vimos que os halogênios são desativadores. Porém, você deve saber que a competição entre indução e ressonância (no caso dos halogênios) é uma competição muito forte, de modo que os halogênios estão apenas desativando fracamente.

Resumiremos todas estas informações em um diagrama completo, mas, por enquanto, vamos passar aos desativadores moderados.

Grupos que removem densidade eletrônica do anel via ressonância são ativadores moderados. Por exemplo, considere o grupo visto a seguir:

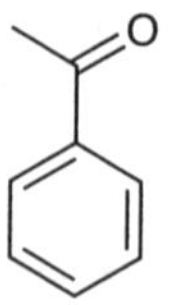

Este grupo *não* tem um par isolado próximo ao anel (então ele *não* é ativador). Mas ele tem uma ligação pi próxima do anel, dando origem às estruturas de ressonância vistas a seguir:

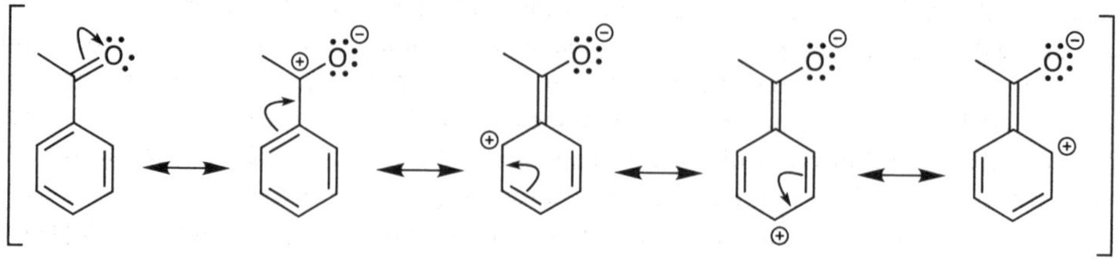

Quando examinamos atentamente estas estruturas de ressonância, podemos ver que o substituinte está *retirando* densidade eletrônica do anel:

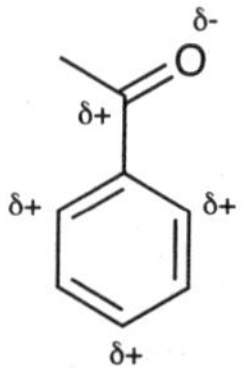

Portanto, este grupo é um *desativador moderado*. Inúmeros outros grupos semelhantes também podem retirar densidade eletrônica do anel. Eis uma lista de alguns exemplos:

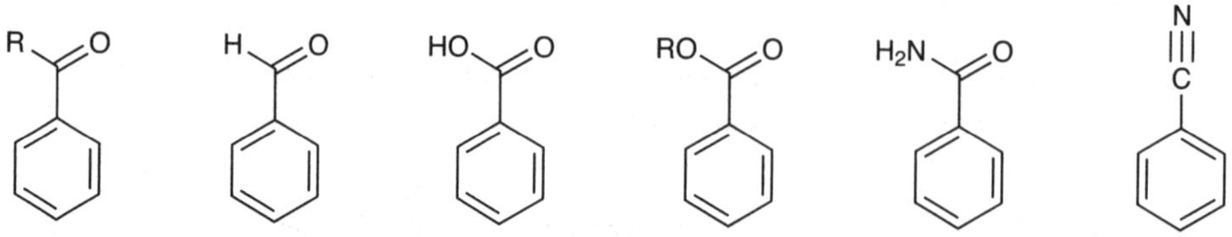

Todos estes substituintes estão retirando densidade eletrônica do anel via ressonância. Todos eles têm uma característica em comum: uma ligação pi com um átomo eletronegativo. Examine atentamente o último exemplo. Um grupo ciano é uma ligação pi (uma ligação tripla) com um átomo eletronegativo (nitrogênio). Assim, vemos que uma ligação tripla também pode ser incluída nesta categoria.

E agora vamos para a última categoria: desativadores *fortes*. Há alguns grupos funcionais comuns que são classificados nesta categoria:

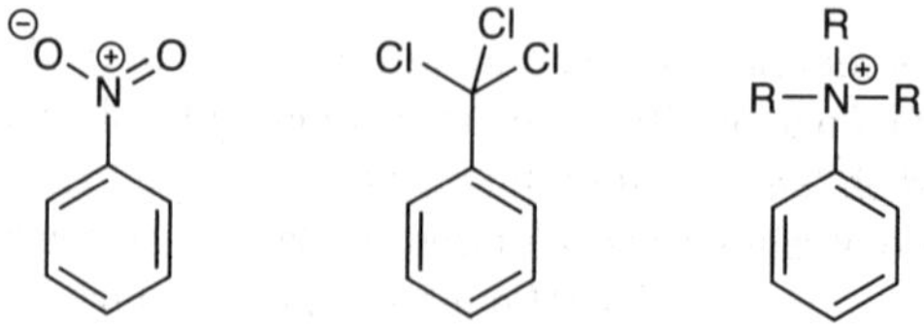

Já explicamos por que o grupo nitro é um retirador de elétrons tão potente. O grupo nitro é retirador de elétrons por ressonância *e* indução.

Para entender por que o segundo grupo visto na figura anterior (o grupo triclorometila) é um desativador forte, precisamos nos concentrar nos efeitos indutivos coletivos de todos os átomos de cloro:

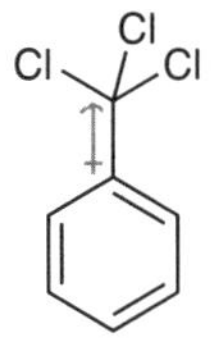

Cl Cl Cl

Os efeitos indutivos de cada átomo de cloro somam-se dando um grupo desativador muito potente. Seja cuidadoso para não confundir este grupo com um halogênio em um anel:

Cl Cl Cl

Cl

Quando um halogênio está ligado diretamente ao anel (figura anterior, à direita), então, há pares isolados próximos ao anel, então, há efeitos de ressonância a considerar. (Gastamos bastante tempo falando sobre competição entre ressonância e indução no caso dos halogênios.) O grupo sobre o qual estamos discorrendo agora (figura anterior, à esquerda) não tem quaisquer efeitos de ressonância a considerar porque os pares isolados *não* estão diretamente próximos ao anel. Assim, só há um efeito indutivo a considerar, e este efeito indutivo é muito significativo neste caso (porque há três efeitos indutivos se somando).

Ao considerarmos nosso exemplo final de um *desativador forte*, temos um átomo de nitrogênio com uma carga positiva próxima ao anel:

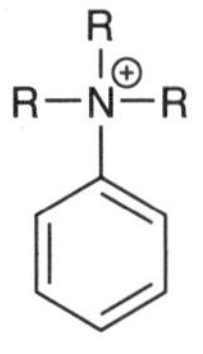

R
R—N⊕—R

O átomo de nitrogênio é tão deficiente em densidade eletrônica que está praticamente sugando densidade eletrônica do anel como um aspirador de pó:

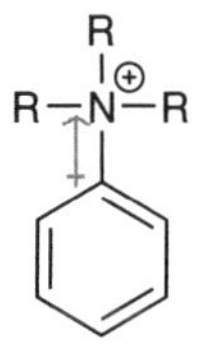

R
R—N⊕—R

Agora estamos prontos para resumir tudo que vimos em um diagrama:

	Característica Comum	*Alguns Exemplos*		
ATIVADORES				
Fortes	Par isolado próximo ao anel	:ÖH	:Ö:⊖	H–N̈–H
Moderados	Par isolado próximo ao anel. Mas participando na ressonância do lado de fora do anel	:Ö–C(=O)–	–N̈–C(=O)–	:ÖR Não se ajusta ao padrão
Fracos	Grupos alquila	Me	Et	Pr
DESATIVADORES				
Fracos	Halogênios	Cl	Br	I
Moderados	Ligação pi com um átomo eletronegativo (próximo ao anel)	–C(=O)–	–O–C(=O)–	C≡N
Fortes	Retirador de elétrons muito potente	⊖O–N⊕=O	CCl₃ (Cl, Cl, Cl)	R–N⊕(R)–R

Examine atentamente este diagrama e certifique-se de que todas as categorias fazem sentido para você. Quando olhar o diagrama, deverá estar apto a se lembrar dos argumentos que demos para cada categoria. Se você tiver problemas com isto, poderá desejar rever as últimas páginas de explicação.

E agora podemos entender por que examinamos os desativadores fracos primeiro (antes dos desativadores fortes). Ao organizarmos dessa forma, podemos organizar claramente em nossa mente os efeitos direcionadores:

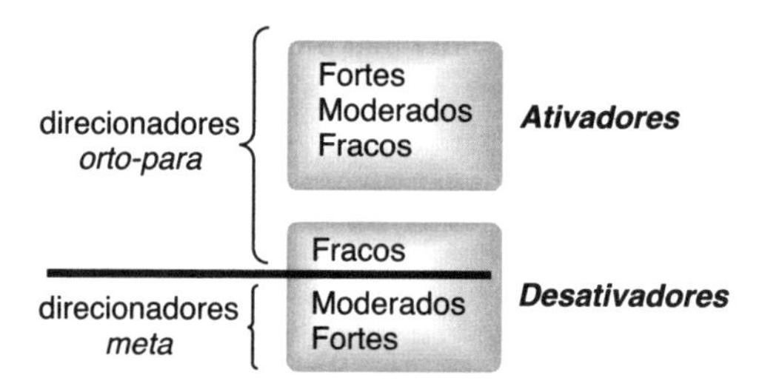

Este diagrama mostra que todos os ativadores são direcionadores *orto-para* e todos os desativadores são direcionadores *meta*, com exceção dos desativadores fracos (halogênios).

EXERCÍCIO 3.57 Examine atentamente o substituinte visto a seguir:

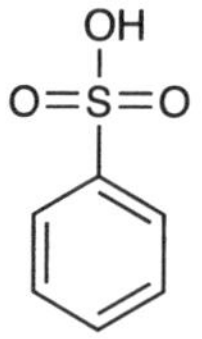

Tente prever que tipo de grupo ele é (um ativador forte, um ativador moderado, um ativador fraco, um desativador fraco, um desativador moderado ou um desativador forte).

Utilize estas informações para prever os efeitos direcionadores.

Resposta Este grupo não tem um par isolado próximo ao anel e não é um grupo alquila. Portanto, não é ativador. Este grupo tem uma ligação pi com um átomo de oxigênio (próximo ao anel) e, assim, é um desativador moderado.

Como todos os desativadores são direcionadores *meta* (exceto os desativadores fracos — halogênios), prevemos os efeitos direcionadores vistos a seguir:

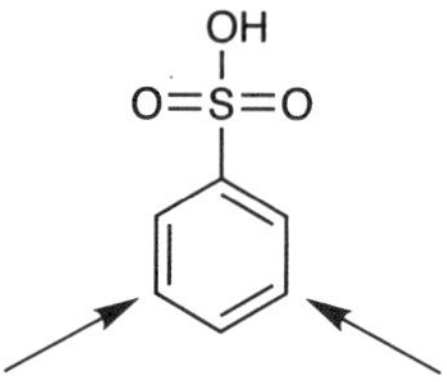

Para cada um dos substituintes vistos a seguir, determine que tipo ele é (um ativador forte, um ativador moderado, um ativador fraco, um desativador fraco, um desativador moderado ou um desativador forte). Coloque sua resposta no espaço em branco. Tente fazer isto ***sem*** consultar o diagrama que construímos. Você não terá acesso a este diagrama durante um exame. Tente lembrar e aplicar as explicações que utilizamos.

Em seguida, utilize as informações para prever os efeitos direcionadores. Indique os efeitos direcionadores usando setas para apontar para as posições onde você esperaria ocorrer uma substituição eletrofílica aromática:

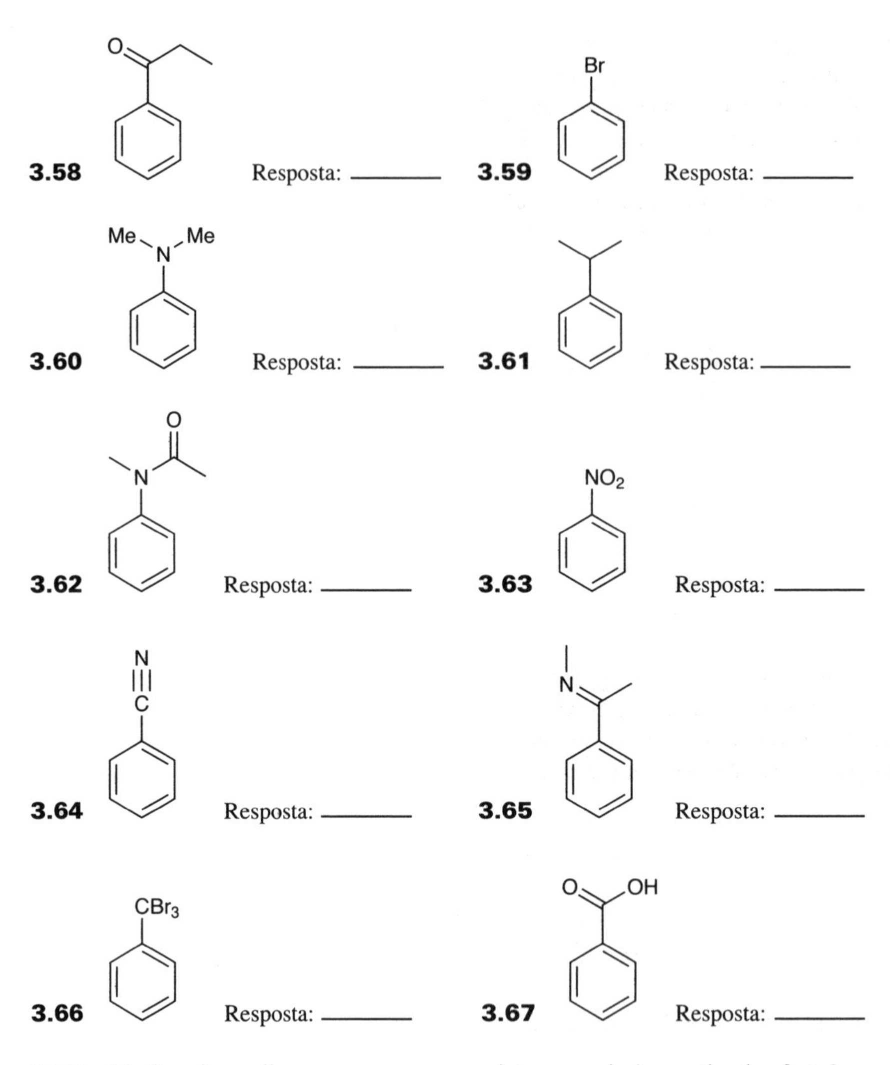

3.68 Você pode explicar por que o grupo visto a seguir é um ativador forte?

(*Sugestão*: pense no que os ativadores fortes têm em comum.)

Agora podemos utilizar o conhecimento que desenvolvemos nesta seção para prever os produtos de uma reação. Vejamos um exemplo:

EXERCÍCIO 3.69 Preveja o produto da reação vista a seguir:

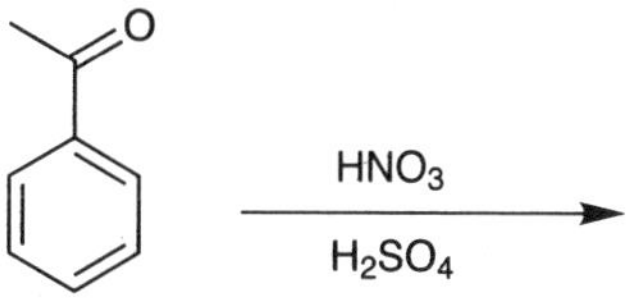

HNO_3 / H_2SO_4

Resposta Examinamos os reagentes para ver que tipo de reação esperamos. Os reagentes são o ácido nítrico e o ácido sulfúrico. Estes reagentes geram o NO_2^+, que é um excelente eletrófilo. Assim, sabemos que a reação vai inserir um grupo nitro no anel. Mas a questão é, onde?

Para responder a esta questão, devemos prever os efeitos direcionadores do grupo que atualmente está no anel. Reconhecemos que este grupo é um desativador moderado, o que significa que ele deve ser um direcionador *meta*. Assim, prevemos o produto visto a seguir:

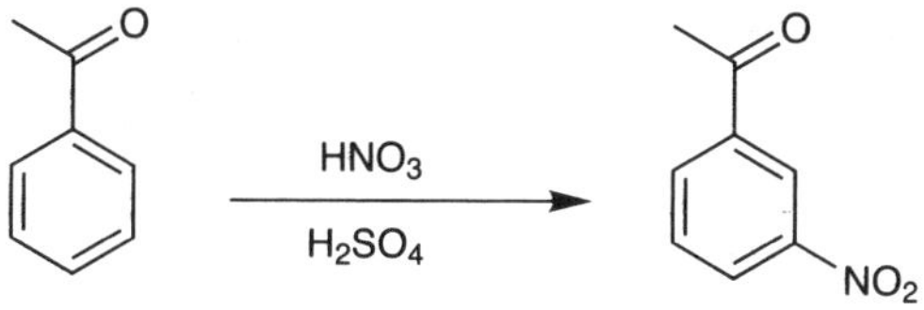

HNO_3 / H_2SO_4 — NO_2

Preveja os produtos das reações vistas a seguir:

3.70 Br_2 / $AlBr_3$

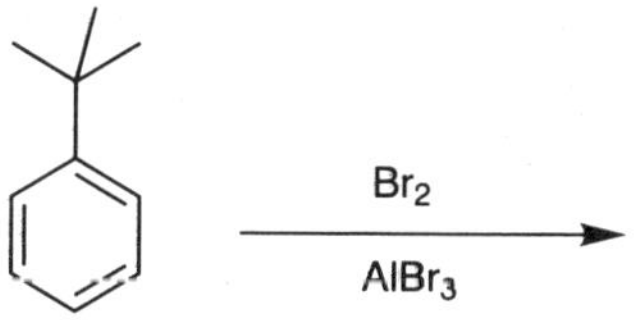

3.71 Br — CH_3Cl / $AlCl_3$

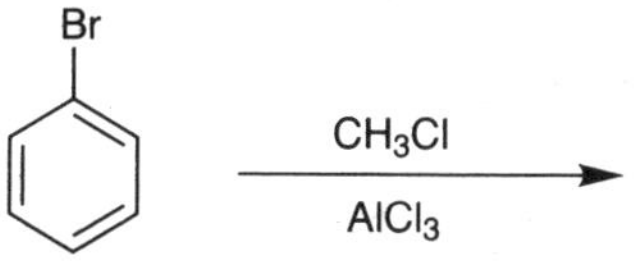

3.72 O — O — Br_2

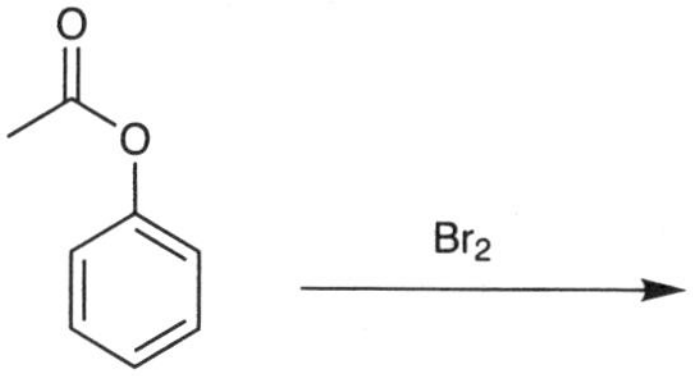

Observe que nesta reação não precisamos de um ácido de Lewis. Você pode explicar por quê?

3.73 1) $AlCl_3$, Cl; 2) H_2O

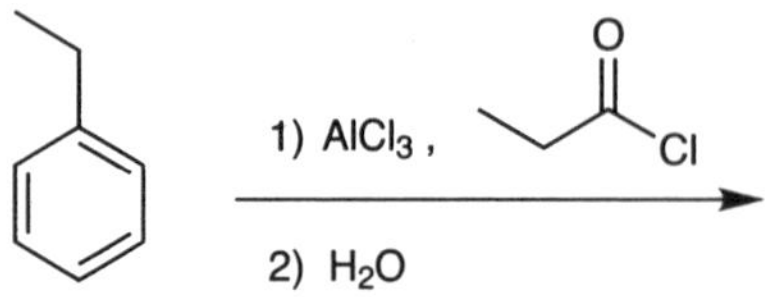

3.74 NO_2 — HNO_3 / H_2SO_4

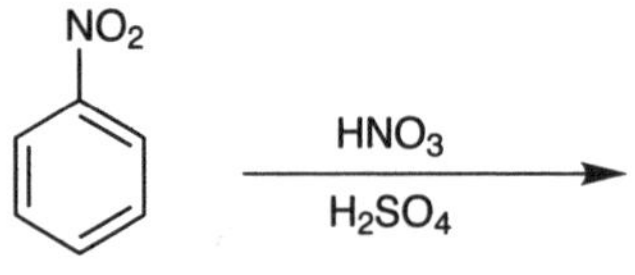

Agora vamos combinar o que foi dito na seção anterior com o material desta seção. Lembre-se da seção anterior que aprendemos como prever os efeitos direcionadores quando você tem mais de um grupo no anel. Quando os dois grupos estão competindo entre si, vimos que você pode determinar os efeitos direcionadores utilizando as duas regras vistas a seguir:

- *Direcionadores orto-para sempre predominam sobre direcionadores meta.*
- *Ativadores **fortes** sempre predominam sobre ativadores **fracos**.*

Agora que aprendemos como classificar os vários tipos de grupos, vamos praticar o uso de nossos conhecimentos para prever produtos:

EXERCÍCIO 3.75 Preveja o produto da reação vista a seguir:

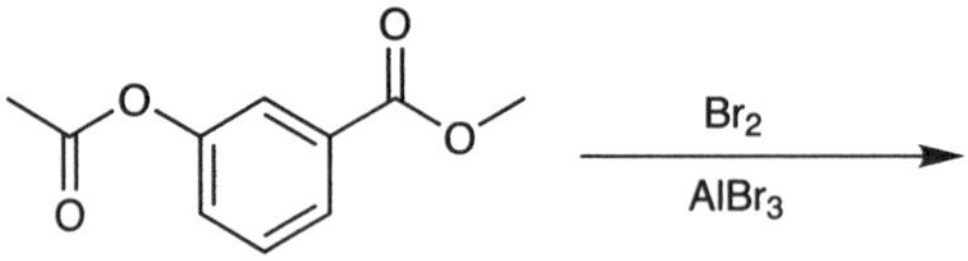

Br_2 / $AlBr_3$

Resposta Examinamos os reagentes para ver que tipo de reação esperamos. Os reagentes são o bromo e o tribrometo de alumínio. Estes reagentes geram o Br^+, um excelente eletrófilo. Então, sabemos que estaremos inserindo um Br no anel. Mas a questão é: onde?

Para responder a esta questão, temos que prever os efeitos direcionadores dos dois grupos que atualmente estão no anel. O grupo à esquerda é um ativador moderado (certifique-se de que você sabe por quê) e, portanto, ele direciona *orto-para* em relação a si próprio:

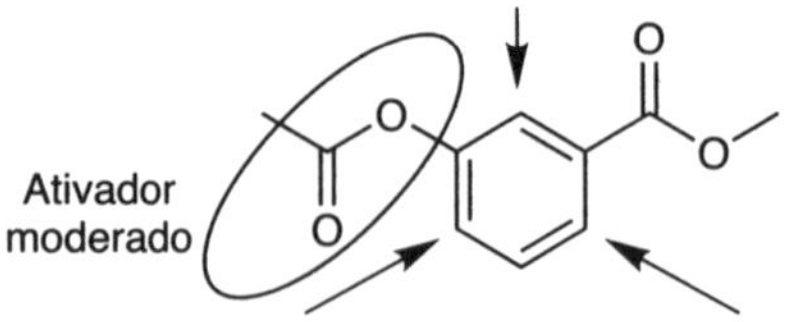

Ativador moderado

O grupo à direita é um desativador moderado (certifique-se de saber por quê), então, ele direciona *meta* em relação a si mesmo:

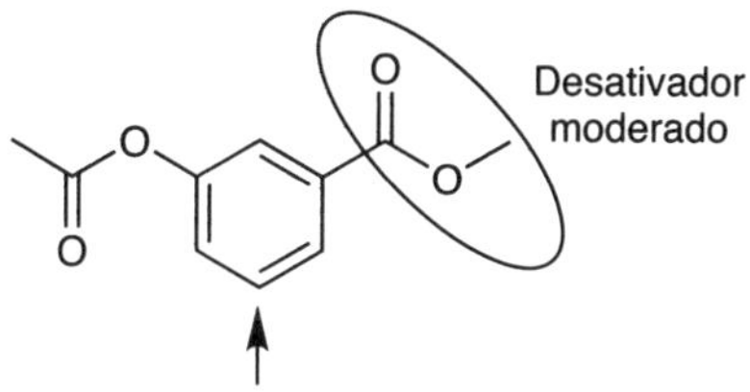

Desativador moderado

Há uma competição entre estes dois grupos. Lembre-se da nossa primeira regra para determinar qual grupo predomina: os direcionadores *orto-para* predominam sobre os direcionadores *meta*. Assim, esperamos os produtos vistos a seguir:

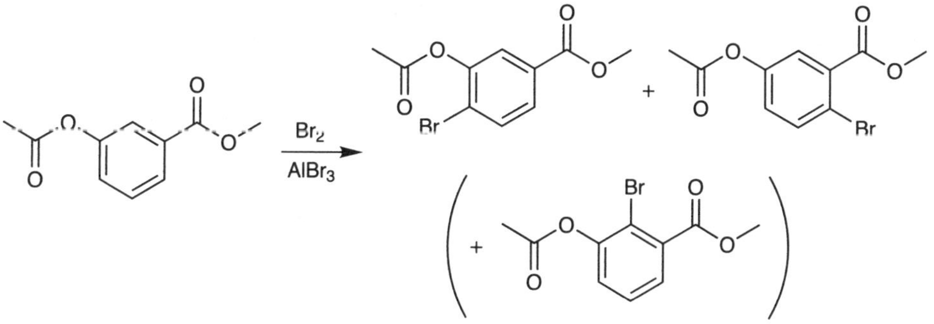

Br_2 / $AlBr_3$

Observe que coloquei o último produto entre parênteses. Este produto na verdade é um produto muito secundário. Veremos por que na próxima seção. Por ora, vamos escrever simplesmente que esperamos três produtos. Então, refinaremos esta previsão na seção vista a seguir.

PROBLEMAS Preveja os produtos das reações vistas a seguir:

3.76 HNO_3 / H_2SO_4

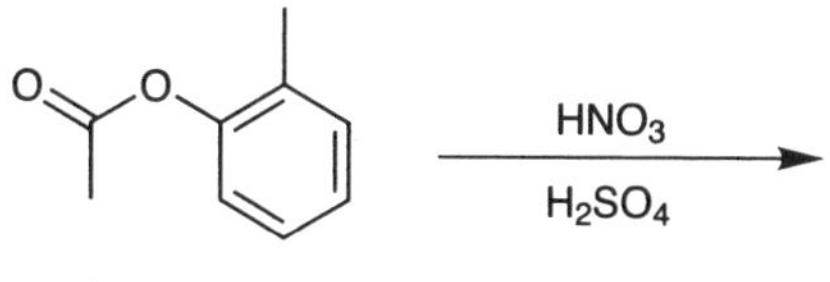

3.77 NO_2 — Cl_2 / $AlCl_3$

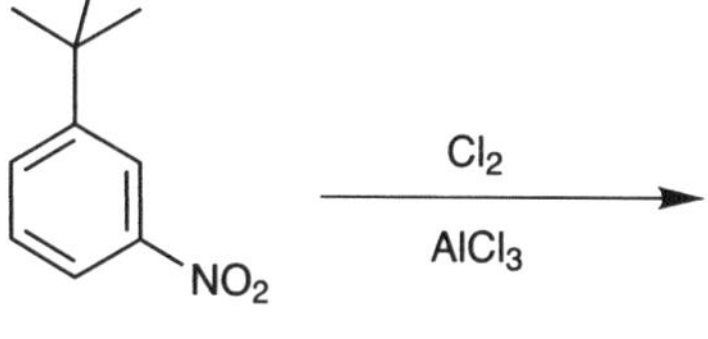

3.78 OMe, Cl — CH_3Cl / $AlCl_3$

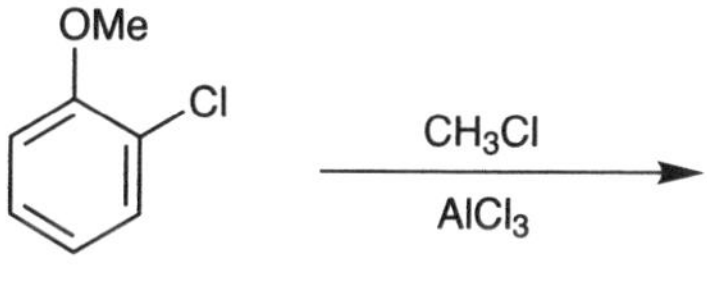

3.79

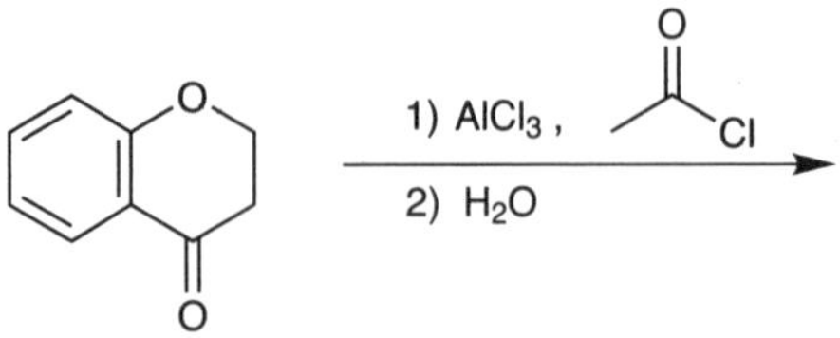

1) $AlCl_3$, 2) H_2O

(*Sugestão*: considere este anel aromático como tendo dois substituintes separados e analise cada um separadamente.)

3.8 PREVISÃO E UTILIZAÇÃO DOS EFEITOS ESTÉRICOS

Nas seções anteriores, desenvolvemos o aprendizado que precisamos para prever os produtos de uma substituição eletrofílica aromática. Vimos muitos casos em que há ***mais*** de um produto. Por exemplo, se o anel é ativado, então, esperamos produtos *orto **e** para*. Nesta seção, veremos que é possível prever qual produto será o principal produto e qual será o produto secundário (*orto vs. para*). É possível até *controlar* a proporção entre os produtos (*orto vs. para*). Isto é MUITO importante para problemas de síntese, que serão a próxima (e última) seção deste capítulo.

Considere uma substituição eletrofílica aromática com propilbenzeno. O grupo propila é um ativador fraco e, portanto, esperamos que os efeitos direcionadores sejam *orto-para*:

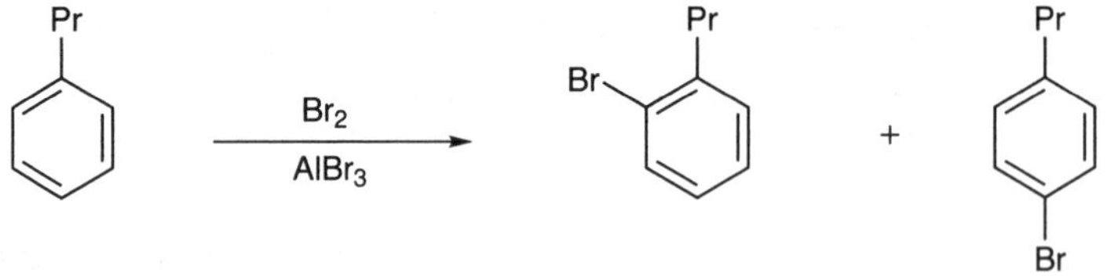

Pr — Br_2 / $AlBr_3$ → Br, Pr + Pr, Br

Há dois produtos neste caso. Mas tentemos descobrir: qual deles é o produto principal? *Orto* ou *para*? À primeira vista, poderíamos ficar tentados a dizer que o produto *orto* deve ser o principal. Vejamos por quê. O grupo propila é um direcionador *orto-para*, então, deve haver um total de três posições que podem ser atacadas (duas posições *orto* e uma posição *para*):

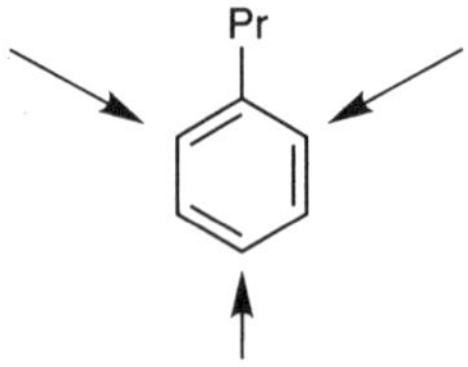

Pr

Dessa maneira, a chance de atacar uma posição *orto* deve ser de dois terços (ou 67%), enquanto a chance de atacar a posição *para* deverá ser de um terço (33%). Do ponto de vista puramente estatístico, devemos, portanto, esperar que nossa distribuição de produtos seja 67% *orto* e 33% *para*. Mas a proporção entre os produtos é diferente do que poderíamos esperar, devido a considerações estéricas. Especificamente, o grupo propila é bastante grande e "bloqueia" parcialmente as posições *orto*. Na verdade, ainda observamos produtos *orto*, mas menos que 67%. De fato, o produto *para* é o produto principal neste caso:

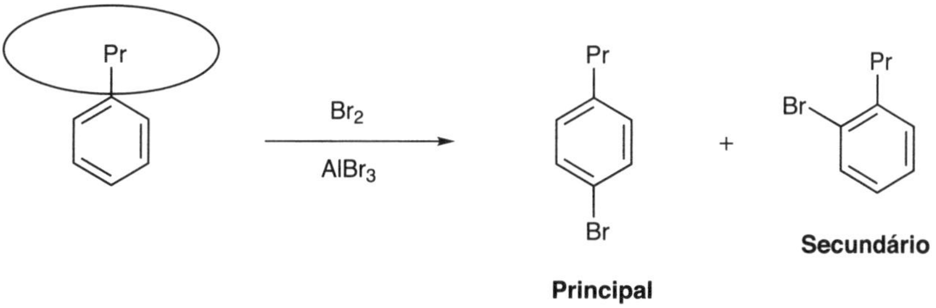

Br_2 / $AlBr_3$

Principal + **Secundário**

Normalmente é este o caso (o produto principal é *para*). Uma exceção notável é o tolueno (metilbenzeno), para o qual a proporção entre os produtos *orto* e *para* é sensível às condições empregadas, como a escolha do solvente. Em certos casos, o produto *para* é favorecido; em outros, o produto *orto* é favorecido. Portanto, geralmente não é sensato utilizar os efeitos direcionadores de um grupo metila para favorecer uma reação na posição *para* em detrimento da posição *orto*.

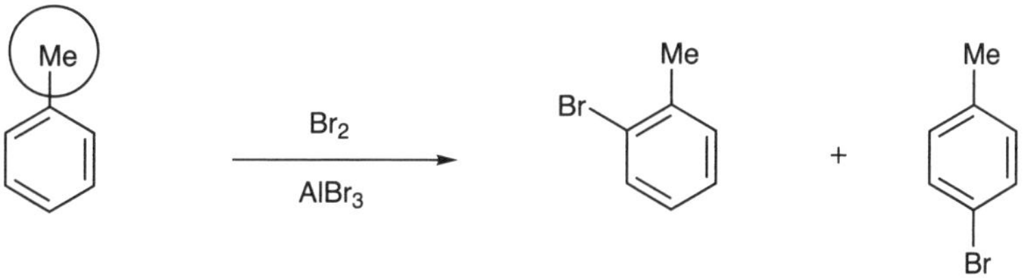

Br_2 / $AlBr_3$

Porém, este caso com um grupo metila é único. Com quase qualquer outro grupo, devemos esperar que o produto *para* seja o produto principal. Tenha isto em mente por que é muito importante — *para* normalmente é o produto principal.

Agora, imagine que eu peça que você proponha uma síntese eficiente para a transformação vista a seguir:

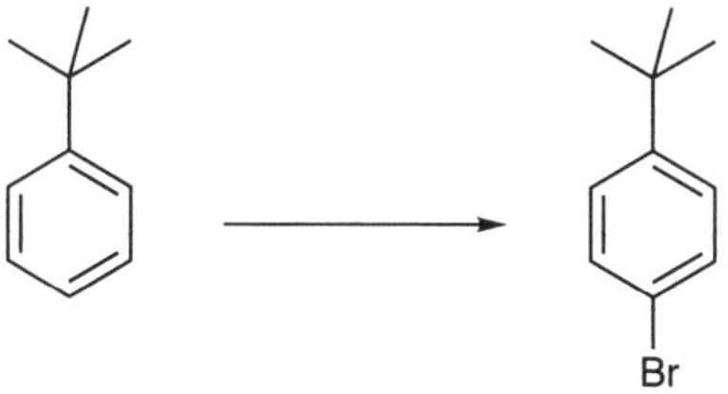

Isto é muito simples de fazer. O grupo *terc*-butila é tão grande que esperamos que o produto *para* seja o produto principal. Assim, apenas utilizamos o Br_2 e o $AlBr_3$ e deveremos obter o produto desejado.

Mas suponha que quiséssemos que ocorresse substituição na posição *orto*:

Br

Como faríamos isto? Quando confrontados com este problema, os alunos frequentemente sugerem o uso da mesma reação de antes, com o entendimento de que o produto *orto* será um produto secundário (então, *algum* produto *orto* certamente será formado). Porém, você não pode fazer isto. Sempre que tiver um problema de síntese, você deve escolher reagentes que lhe deem o composto desejado como o produto PRINCIPAL. Se você propõe uma síntese que produziria o produto desejado como um produto SECUNDÁRIO, então, sua síntese não é eficiente. Assim, temos um problema aqui. Como realizarmos a reação de modo que o produto *orto* seja o produto principal?

A resposta é: não podemos fazer isto em uma etapa. Não há como "desativar" os efeitos estéricos. No entanto, há uma maneira de tirar partido deles. No início deste capítulo, aprendemos sobre sulfonação (utilizando ácido sulfúrico fumegante para inserir um grupo SO_3H no anel). Vimos que este grupo pode ser inserido no anel ***e*** ele pode ser removido do anel muito facilmente. Dissemos que esta característica (reversibilidade) seria MUITO importante em problemas de síntese. Agora estamos prontos para ver por quê.

Se realizarmos uma reação de sulfonação primeiro, esperamos que o grupo SO_3H vá predominantemente para a posição *para* (o produto principal virá da substituição *para*):

H_2SO_4
fumegante conc.

Produto Principal

SO_3H

Pense no que fizemos. "Bloqueamos" a posição *para*. Agora se bromarmos, o Br que entra será inserido na posição *orto* (porque a posição *para* já está ocupada). Dessa maneira, a reação coloca o Br na posição desejada:

Br_2
$AlBr_3$

SO_3H | Br, SO_3H

Finalmente, podemos realizar uma dessulfonação para remover o grupo SO_3H. Para fazer isto, lembre-se de que precisamos usar ácido sulfúrico diluído:

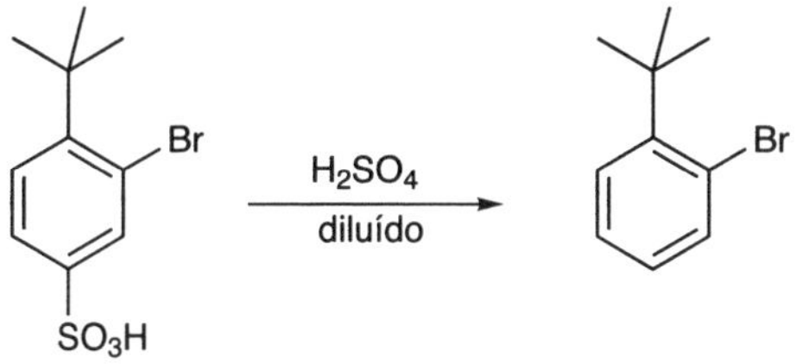

H_2SO_4 diluído

E este é o produto desejado. Resumindo, aqui está nossa síntese completa:

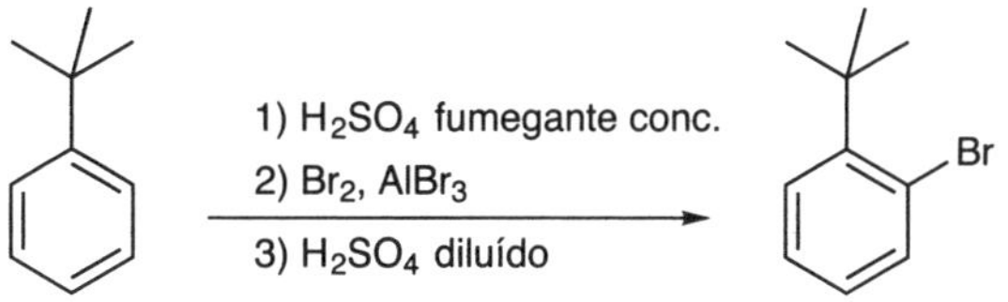

1) H_2SO_4 fumegante conc.
2) Br_2, $AlBr_3$
3) H_2SO_4 diluído

Observe que foram necessárias três etapas (em que a primeira etapa foi usada para bloquear a posição *para* e a terceira para desbloquear a posição *para*). Três etapas podem parecer ineficientes, MAS não precisamos depender do isolamento de produtos secundários. Em cada etapa estávamos utilizando o produto principal para passarmos para a etapa seguinte.

Se você pensar sobre o que fizemos, deverá compreender que este artifício é realmente muito inteligente. Reconhecemos que não podemos simplesmente "desligar" os efeitos estéricos. Então, pelo contrário, desenvolvemos uma estratégia que *usa* os efeitos estéricos. Observe que o grupo SO_3H não aparece em nosso produto final de maneira alguma. Ele apenas foi utilizado temporariamente, como um "grupo bloqueador". Este tipo de conceito é muito importante em química orgânica. À medida que você avança no curso, você verá outros exemplos de grupos bloqueadores (em reações que nada têm a ver com substituição eletrofílica aromática). A estratégia básica é aplicável em qualquer lugar. Bloqueando-se temporariamente a posição na qual a reação ocorreria predominantemente (e, então, desbloqueando depois de realizar a reação desejada), é possível formar um produto que, de outra maneira, seria o produto secundário.

Agora, vamos nos certificar de que você sabe como utilizar esta técnica:

EXERCÍCIO 3.80 Proponha uma síntese eficiente para a transformação vista a seguir:

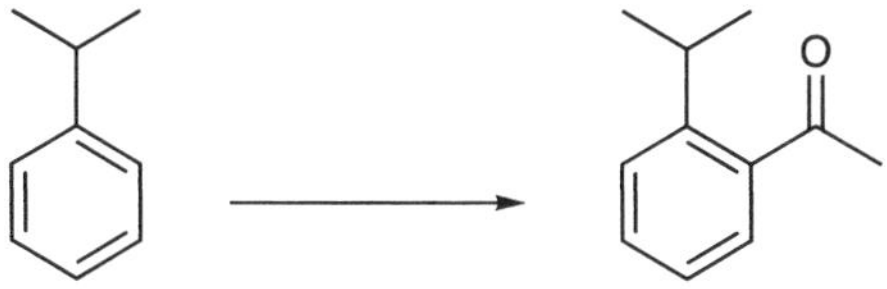

Resposta Vemos que precisamos inserir um grupo acila na posição *orto*. Se simplesmente realizamos uma acilação de Friedel–Crafts, esperamos que o produto *para* seja o produto principal (por causa de efeitos estéricos). Assim, devemos realizar uma reação de sulfonação para bloquear a posição *para*. Nossa resposta é:

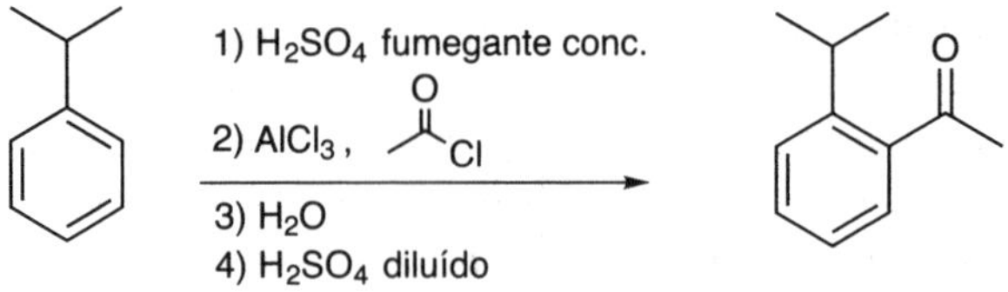

1) H_2SO_4 fumegante conc.
2) $AlCl_3$,
3) H_2O
4) H_2SO_4 diluído

Proponha uma síntese eficiente para cada uma das transformações vistas a seguir. Certifique-se de que a sulfonação é necessária (eu propositalmente estou dando a você pelo menos um problema que não requer sulfonação — certifique-se de que você entende *quando* utilizar esta técnica de bloqueio):

3.81

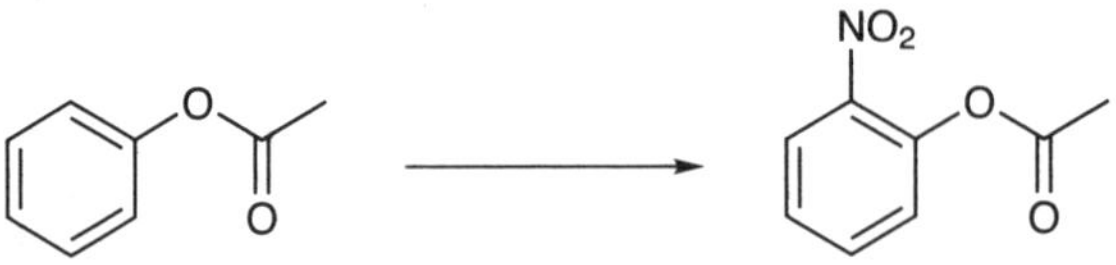

3.82

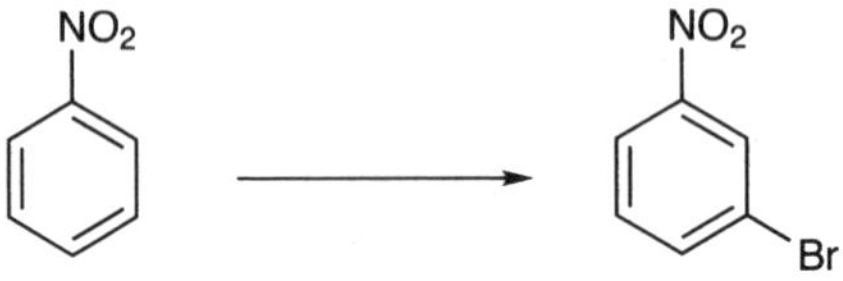

3.83

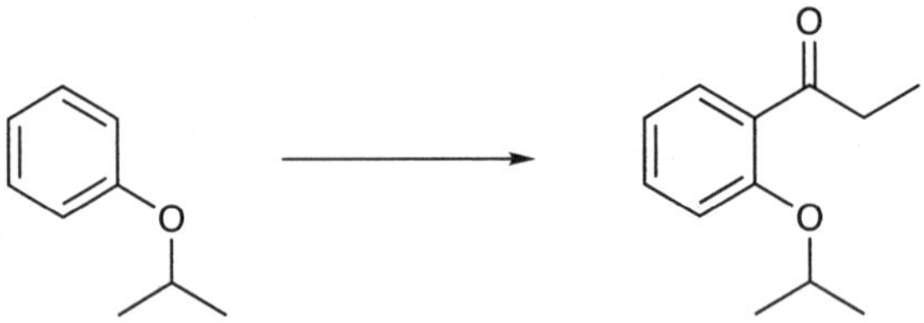

3.84

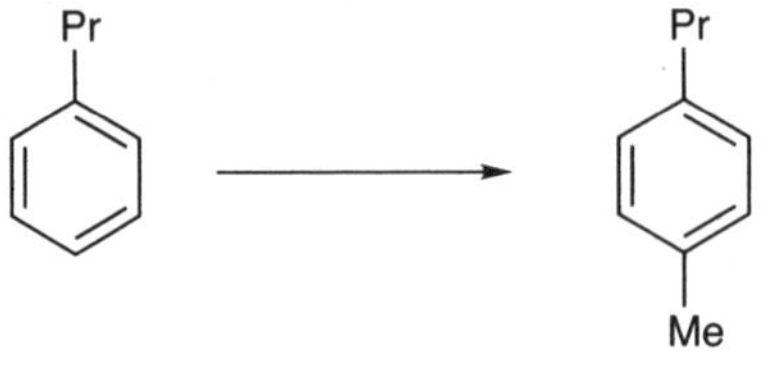

3.85

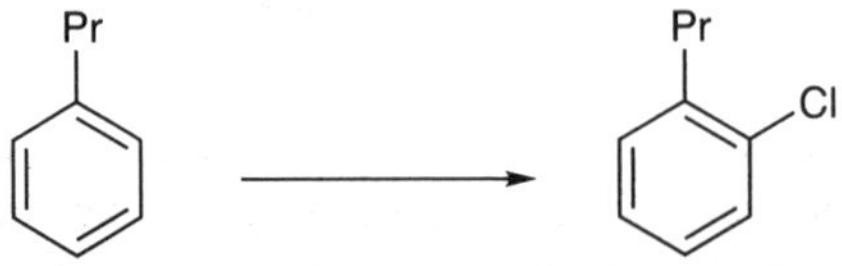

Antes de passarmos à seção final deste capítulo, você deverá estar familiarizado com outros efeitos estéricos. Até este ponto, vimos os efeitos estéricos de UM grupo em um anel. Mas o que acontece quando temos dois grupos em um anel? Por exemplo, considere os efeitos direcionadores do *meta*-xileno:

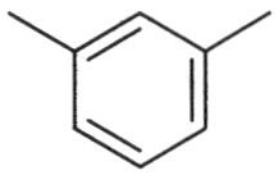

Este composto tem *dois* grupos metila no anel. Ambos os grupos metila estão direcionando para as mesmas três posições:

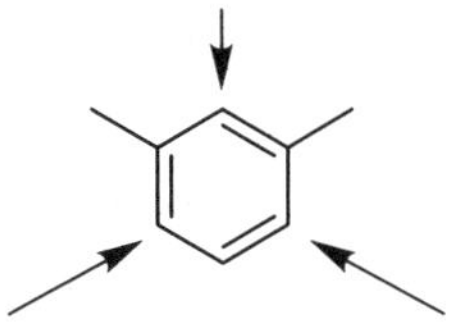

Duas destas posições são essencialmente as mesmas por causa da simetria:

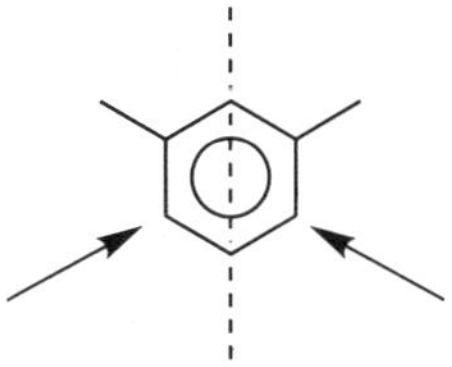

Atacar qualquer uma destas duas posições geraria o mesmo produto

Assim, se bromarmos o composto, esperamos obter apenas dois produtos (em vez de três):

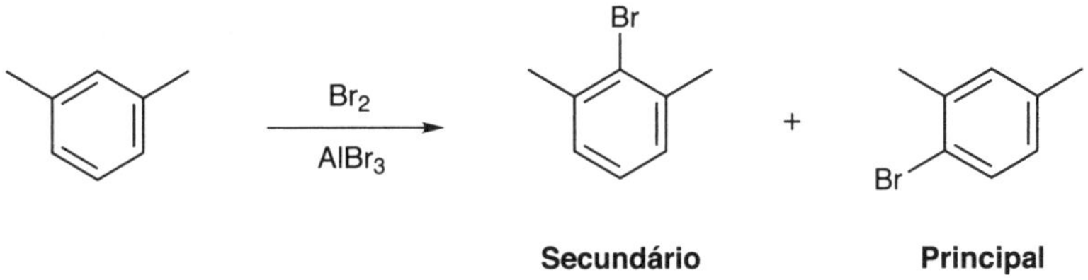

Br_2 / $AlBr_3$

Br

Br

Secundário **Principal**

Observe que indicamos que um dos produtos é o principal. Para entender por quê, devemos considerar os efeitos estéricos. A posição entre os dois grupos metila é mais estericamente impedida do que as outras posições. Portanto, obtemos predominantemente apenas um produto.

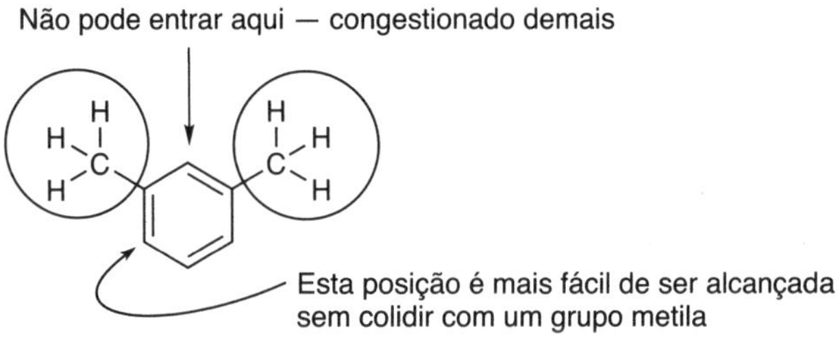

Não pode entrar aqui — congestionado demais

Esta posição é mais fácil de ser alcançada sem colidir com um grupo metila

Este tipo de argumento pode ser usado em uma variedade de situações semelhantes. Por exemplo, você poderia lembrar que vimos anteriormente a seguinte reação neste capítulo:

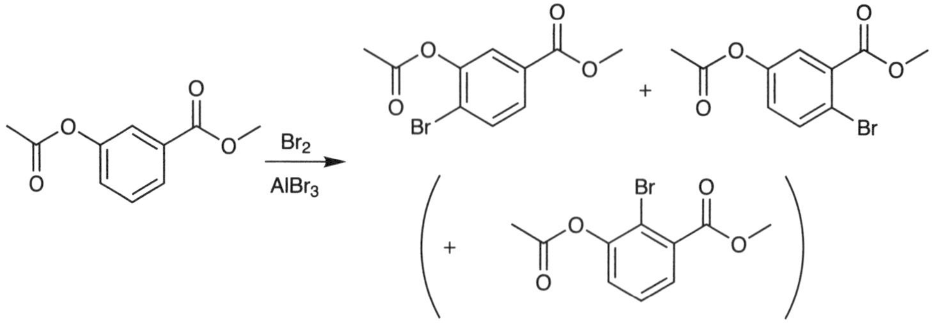

Br_2
$AlBr_3$

Br
+
Br
Br
(+)

Na época, dissemos que um dos três produtos seria apenas um produto secundário (aquele mostrado entre parênteses). Agora podemos entender que se trata de um produto secundário devido a considerações estéricas. O composto inicial tem dois grupos que são *meta* um em relação ao outro, então, o ponto intermediário entre os dois grupos é estericamente impedido.

Mas suponha que você tenha um benzeno dissubstituído em que os dois grupos são *para* um em relação ao outro. Por exemplo, considere os efeitos direcionadores para o composto visto a seguir:

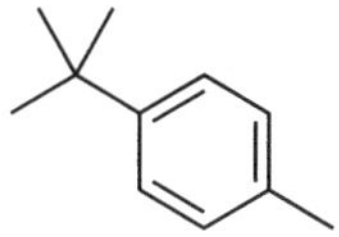

Neste caso, temos dois grupos que são *para* um em relação ao outro. Aqui está um resumo dos efeitos direcionadores de cada grupo:

Efeitos direcionadores do grupo *t*-butila

Efeitos direcionadores do grupo metila

Assim, estes dois grupos estão direcionando para todas as posições potenciais. Ambos os grupos são ativadores fracos (grupos alquila). Assim, quando consideramos os fatores eletrônicos, realmente não vemos qualquer preferência entre as posições possíveis. No entanto, quando consideramos os fatores estéricos, observamos que o grupo *terc*-butila é muito grande quando comparado ao grupo metila. Assim, temos os resultados vistos a seguir:

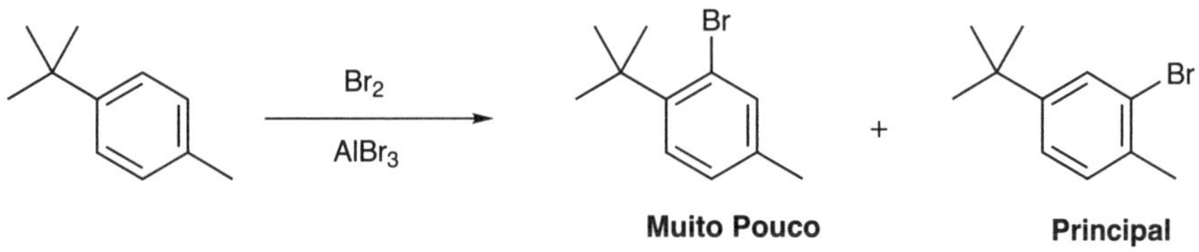

Br_2 / $AlBr_3$

Br

Muito Pouco

Br

Principal

De fato, o grupo *terc*-butila é tão grande que você verá que alguns livros-texto nem mesmo mostram o produto secundário anterior. Forma-se tão pouco dele que quase nem vale a pena mencionar.

Nesta seção, vimos muitos exemplos nos quais os efeitos estéricos desempenham um papel significativo na determinação da distribuição de produtos. Agora vamos adquirir prática no uso destes princípios.

EXERCÍCIO 3.86 Preveja o produto principal da reação vista a seguir:

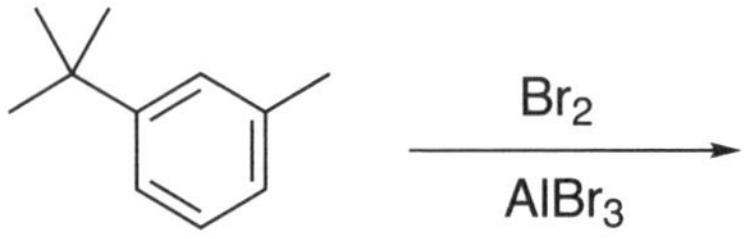

Br_2 / $AlBr_3$

Resposta Este exemplo tem dois grupos no anel: um grupo *terc*-butila e um grupo metila. Ambos são ativadores fracos (direcionadores *orto-para*) e ambos os grupos estão direcionando para as mesmas posições:

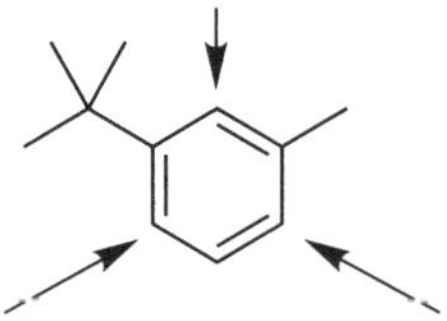

Destas três posições, aquela entre os dois grupos é a mais estericamente impedida. Não esperamos que a reação ocorra naquela posição muito frequentemente. Além disso, a posição próxima ao grupo *terc*-butila é bastante impedida, então, não vamos também esperar que a reação ocorra lá. Dessa forma, esperamos que a reação ocorra mais frequentemente na posição próxima ao grupo metila:

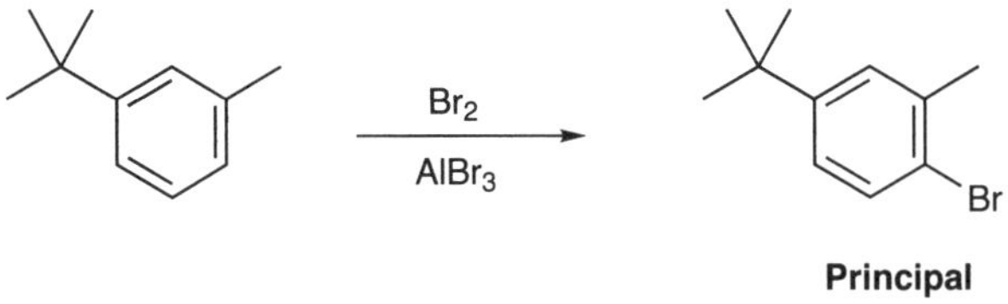

Br_2 / $AlBr_3$

Br

Principal

Preveja o produto PRINCIPAL de cada uma das reações vistas a seguir (você NÃO precisa mostrar os produtos secundários nestes problemas):

3.87 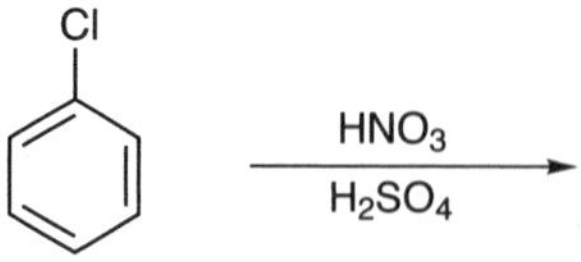 Cl-benzeno $\xrightarrow[H_2SO_4]{HNO_3}$

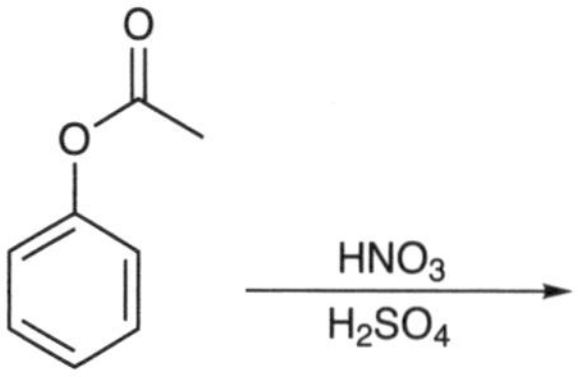

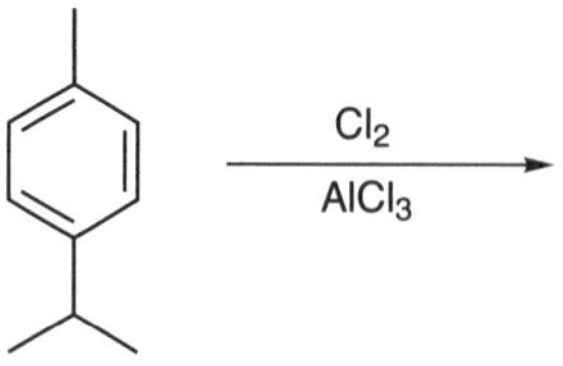

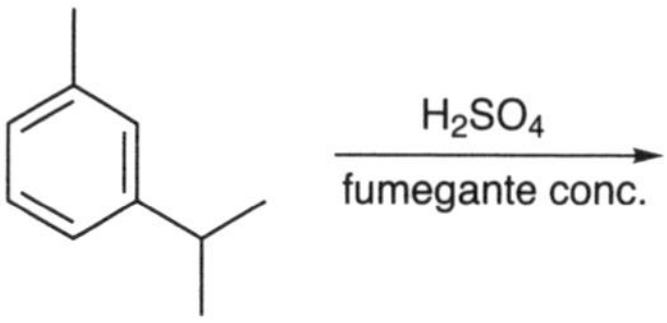

3.88 $\xrightarrow[H_2SO_4]{HNO_3}$

3.89 $\xrightarrow[AlCl_3]{Cl_2}$

3.90 $\xrightarrow[\text{fumegante conc.}]{H_2SO_4}$

3.91 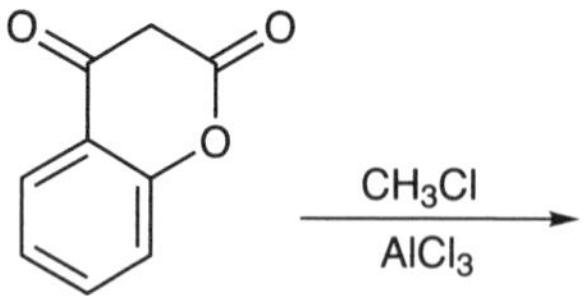 O O O $\xrightarrow[AlCl_3]{CH_3Cl}$

3.92 $\xrightarrow[AlBr_3]{Br_2}$

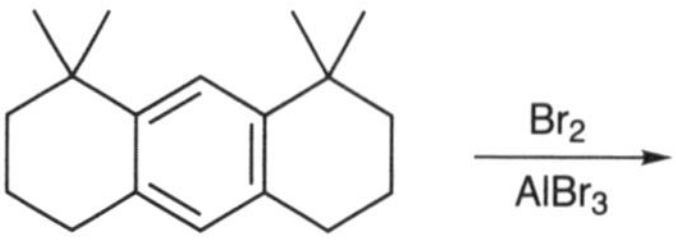

3.9 ESTRATÉGIAS DE SÍNTESE

Nesta seção, discutiremos algumas estratégias para os problemas mais difíceis que você pode esperar ver — problemas de síntese. Vamos começar com uma rápida revisão das reações que vimos anteriormente neste capítulo. Vimos como inserir muitos grupos diferentes em um anel benzênico:

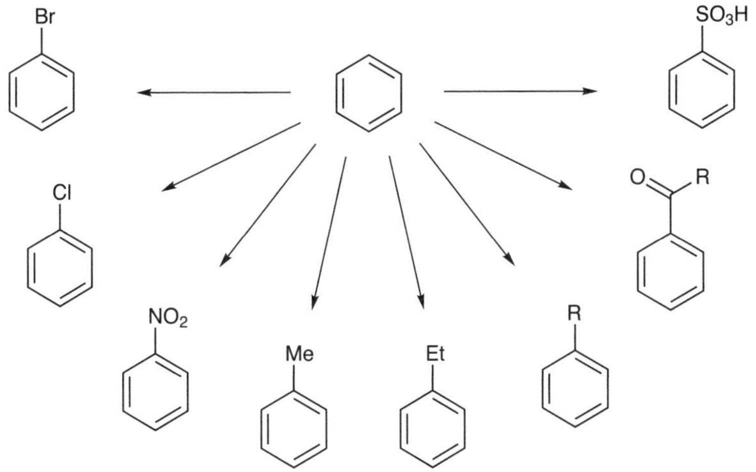

Examine cuidadosamente o diagrama na figura anterior e certifique-se de que conhece os reagentes que você utilizaria para chegar a cada uma destas transformações. Se você não estiver familiarizado com os reagentes, então, ficará totalmente sem poder resolver problemas de síntese.

Seria bom se todos os problemas de síntese fossem problemas de uma única etapa, como o que é visto a seguir:

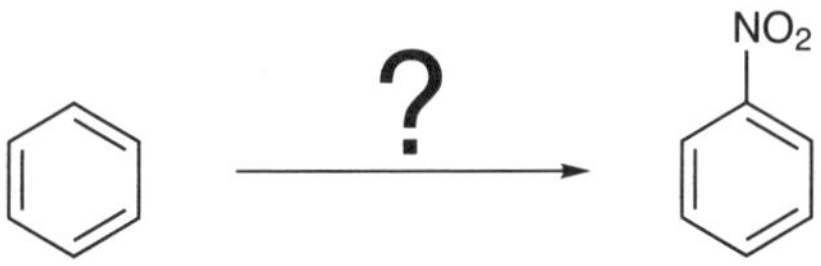

No entanto, normalmente os problemas de síntese requerem algumas etapas, em que você deverá inserir dois ou mais grupos em um anel, como o exemplo visto a seguir:

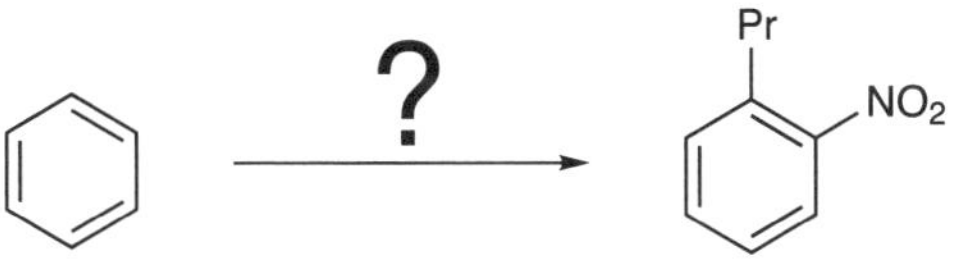

Quando lidar com tais problemas, há muitas considerações a ter em mente:

- Examine atentamente os grupos no anel e certifique-se de que sabe como inserir cada grupo individualmente.
- Considere a ordem de eventos. Em outras palavras, que grupo você inserirá primeiro? Depois que inserir o primeiro grupo, os efeitos direcionadores deste grupo determinarão onde o próximo grupo será inserido. Esta é uma consideração importante, pois afetará a posição relativa dos dois grupos do produto. No exemplo anterior, os dois grupos são *orto* um em relação ao outro. Assim, temos que escolher uma estratégia que insira os dois grupos *orto* um em relação ao outro.

- Leve em conta os efeitos estéricos (e determine quando você precisa utilizar a sulfonação como grupo bloqueador).

Certamente existem outras considerações, mas estas ajudarão a começar a dominar problemas de síntese. A primeira consideração anterior é apenas um simples conhecimento dos reagentes necessários para inserir qualquer grupo em um anel. As duas últimas considerações podem ser resumidas assim: eletrônica e estérica (felizmente, isto facilitará para você se lembrar destas considerações). Sempre que você estiver resolvendo qualquer problema, tem sempre que considerar os efeitos eletrônicos e os efeitos estéricos. À medida que avançar neste curso, verá o mesmo tema em todo capítulo. Você vai descobrir que sempre deverá considerar os efeitos estéricos e os efeitos eletrônicos.

Tentemos utilizar estas considerações para resolver o problema que acabamos de ver:

?

Pr

NO_2

Comecemos nos certificando que sabemos inserir ambos os grupos individualmente. Há dois grupos que precisamos inserir no anel: um grupo propila e um grupo nitro. O grupo nitro é fácil — simplesmente realizamos uma nitração (usando ácido sulfúrico e ácido nítrico). O grupo propila é um pouco mais complicado porque *não* podemos usar uma alquilação de Friedel–Crafts (lembre-se do rearranjo de carbocátions). Em lugar disto, devemos utilizar uma acilação de Friedel–Crafts seguida de uma redução para remover a ligação dupla C═O. Em suma, temos um total de três etapas: uma etapa para inserir o grupo nitro e duas etapas para inserir o grupo propila.

Agora, concentremo-nos nas considerações eletrônicas. Neste caso, podemos começar a apreciar a importância da "ordem dos eventos". Imagine que inserimos o grupo nitro primeiro. O grupo nitro é um direcionador *meta*, então, o grupo seguinte terminará sendo inserido na posição *meta* em relação ao grupo nitro. Isto não funciona para nós porque queremos que os grupos sejam *orto* um em relação ao outro no produto final. Dessa forma, decidimos que não podemos inserir o grupo nitro primeiro. Pelo contrário, tentemos inserir o grupo propila primeiro. Isto deverá funcionar porque o grupo propila é um direcionador *orto-para*. Então, o grupo propila direcionará o novo grupo nitro para a posição correta (*orto*). PORÉM, o grupo propila também direcionará para a posição *para*. E é onde entram os efeitos estéricos.

Quando examinamos os efeitos estéricos, encontramos uma dificuldade. Os efeitos estéricos não estão a nosso favor aqui. Devemos esperar os resultados vistos a seguir:

Pr

HNO_3

H_2SO_4

Pr

NO_2

Principal

+

Pr

NO_2

Secundário

Observe que o composto que queremos produzir é o produto *secundário*. Todavia, precisamos de uma maneira para obter o produto *orto* como nosso produto principal. E vimos exatamente como fazer isto. Simplesmente usamos a sulfonação para bloquear a posição *para*. Então, nossa síntese global será como a que é vista a seguir:

1) $AlCl_3$, (cloreto de propanoíla)
2) H_2O
3) Zn [Hg] , HCl, aquecimento

Pr

H_2SO_4
fumegante conc.

Pr
SO_3H

HNO_3
H_2SO_4

Pr
NO_2
SO_3H

H_2SO_4
diluído

Pr
NO_2

A resposta que acabamos de desenvolver pode ser resumida da forma vista a seguir:

1) $AlCl_3$, (cloreto de propanoíla)
2) H_2O
3) Zn [Hg] , HCl, aquecimento
4) H_2SO_4 fumegante conc.
5) HNO_3 , H_2SO_4
6) H_2SO_4 diluído

Pr
NO_2

Agora consideremos outro exemplo no qual a ordem dos eventos é particularmente relevante. Considere como você poderia chegar à transformação vista a seguir:

?

O
NO_2

Neste caso, devemos inserir um grupo acila e um grupo nitro, e os dois grupos devem ser *meta* um em relação ao outro. Ambos os grupos são direcionadores *meta*, então, poderia parecer que podemos inseri-los em qualquer ordem (primeiro a acilação e, então, a nitração ou vice-versa). No entanto, há uma séria limitação em relação as reações de Friedel–Crafts que não mencionamos até agora. E esta limitação ditará a ordem dos eventos que devemos seguir neste caso. Acontece que uma reação de Friedel–Crafts não pode ser realizada em um anel que esteja ou moderadamente desativado ou fortemente desativado. Você *pode* realizar uma reação de Friedel–Crafts em um anel fracamente desativado (e, certamente, em um anel ativado). Mas não em um anel significativamente desativado — a reação simplesmente não funciona (você pode realizar outras reações com anéis desativados, como a bromação, mas não reações de Friedel–Crafts). Com isto em mente, o grupo nitro não pode ser inserido primeiro.

1) $AlCl_3$, Cl
2) H_2O
HNO_3
H_2SO_4
NO_2
HNO_3
H_2SO_4
NO_2

Esta síntese nos ensina a importância da "ordem dos eventos". Sempre que você estiver tentando resolver um problema de síntese, considere a ordem dos eventos.

EXERCÍCIO 3.93 Proponha uma síntese eficiente para a transformação vista a seguir:

Et Br

Resposta Temos que inserir dois grupos no anel: um grupo etila e um bromo. Primeiramente, certifiquemo-nos de saber que reagentes empregaríamos para inserir cada grupo individualmente. Para inserir o bromo, usaríamos o Br_2 e um ácido de Lewis. Para inserir o grupo etila, usaríamos uma alquilação de Friedel–Crafts (ou acilação seguida de uma redução). Sempre que inserimos um grupo etila em um anel, não precisamos nos preocupar com arranjos de carbocátion, então, podemos utilizar uma alquilação simples (em vez de acilação seguida de redução).

Porém, vemos imediatamente um problema sério quando consideramos os efeitos direcionadores de cada grupo. O bromo é direcionador *orto-para*, então não podemos primeiro inserir o bromo no anel (se fizéssemos isto, não obteríamos os grupos *meta* um em relação ao outro). E o grupo etila também é direcionador *orto-para*. Então, para qualquer grupo que colocarmos primeiro, não pareceria haver maneira de fazer com que estes dois grupos ficassem *meta* um em relação ao outro.

A MENOS que seja realizada uma acilação (em lugar de uma alquilação). Se fizermos isto, inseriremos primeiro um grupo acila no anel. *E os grupos acila são direcionadores meta.* Isto nos permitiria inserir o bromo na posição correta. Assim, nossa estratégia seria como a que é vista a seguir:

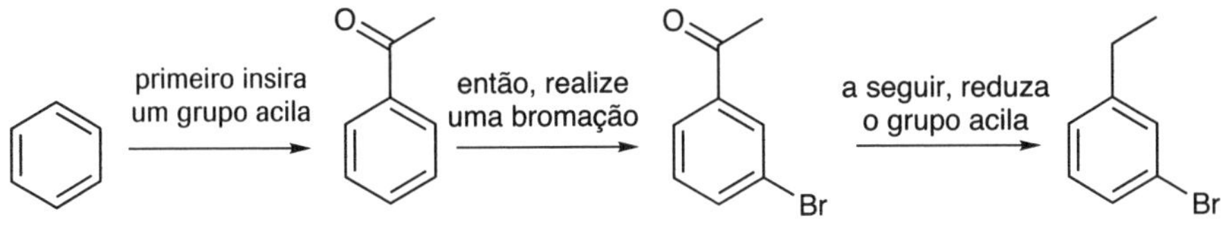

primeiro insira um grupo acila → então, realize uma bromação → a seguir, reduza o grupo acila

Br Br

Os reagentes para nossa síntese proposta são os que se seguem:

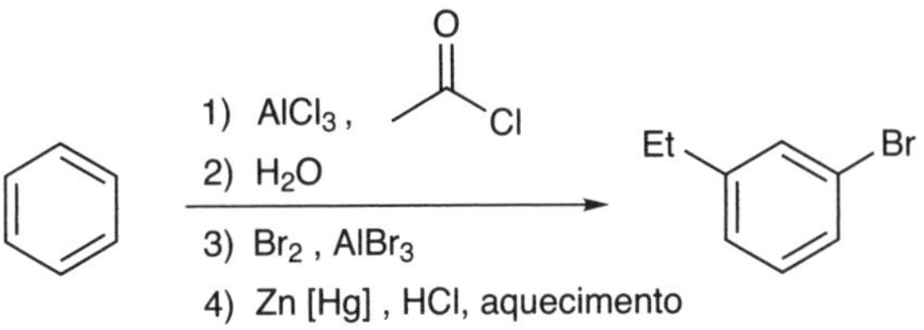

1) $AlCl_3$, cloreto de acetila
2) H_2O
3) Br_2, $AlBr_3$
4) Zn [Hg] , HCl, aquecimento

Et Br

Para cada um dos problemas vistos a seguir, proponha uma síntese eficiente. Em cada problema, você ***não*** precisa escrever os produtos de cada etapa de sua síntese. Simplesmente faça uma lista dos reagentes que usaria e coloque a lista na seta (exatamente como fizemos nos exemplos anteriores quando resumimos nossa solução). Você pode querer usar um pedaço de papel separado para ajudar a resolver cada um destes problemas.

3.94  Cl

3.95 NO_2 Br

3.96

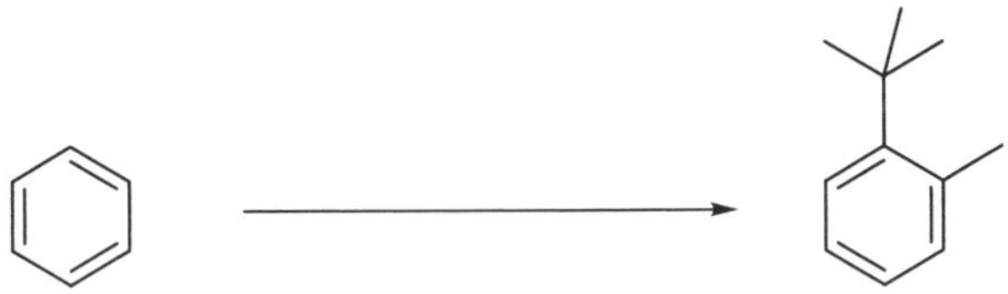

3.97 Pr NO_2

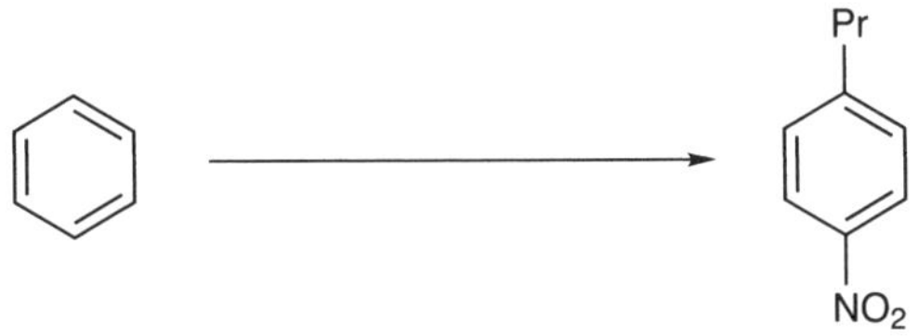

3.98

3.99

3.100

3.101

3.102

Antes de finalizar este capítulo, é importante que você entenda o que abordamos aqui e, mais importante, o que ***não*** abordamos. Não abordamos tudo o que o capítulo do seu livro-texto trata sobre substituição eletrofílica aromática. À medida que repassar suas anotações de aula e o capítulo do seu livro-texto, encontrará algumas reações que não tratamos aqui. Você vai precisar repassar seu livro-texto e suas anotações cuidadosamente para se certificar de que aprendeu tais reações. Você deverá verificar que abordamos 80%, ou até 90%, do que você pode ler em seu livro-texto.

A finalidade deste capítulo não foi abordar tudo, mas, em vez disso, servir como alicerce para seu domínio de substituição eletrofílica aromática. Se você passou por este capítulo, então, deverá se sentir confortável com as etapas envolvidas na proposta de mecanismos, na previsão de produtos e na proposta de uma síntese. Você deverá saber como os efeitos direcionadores funcionam e como utilizá-los quando propuser sínteses. Você também deverá saber sobre efeitos estéricos e como utilizá-los quando propuser sínteses.

Com tudo isto como seu alicerce, você deverá agora estar pronto para repassar seu livro-texto e anotações de aula, e refinar o restante do material que você tem que conhecer para seu exame. A partir deste alicerce que desenvolvemos neste capítulo, você deverá ver (assim espero) que o conteúdo do seu livro-texto parecerá fácil.

Resolva os problemas do seu livro-texto. Resolva todos. Boa sorte.

CAPÍTULO 4

SUBSTITUIÇÃO NUCLEOFÍLICA AROMÁTICA

4.1 CRITÉRIOS PARA SUBSTITUIÇÃO NUCLEOFÍLICA AROMÁTICA

No capítulo anterior, aprendemos tudo a respeito das reações de substituição *eletrofílica* aromática.

Neste pequeno capítulo, vamos examinar o outro lado da moeda: é possível para um anel aromático funcionar como um eletrófilo e reagir com um nucleófilo? Em outras palavras, é possível que um anel aromático seja tão deficiente em elétrons que se submeta ao ataque de um nucleófilo? A resposta é: sim.

Porém, para observar este tipo de reação, chamada de substituição nucleofílica aromática, é necessário satisfazer a três critérios muito específicos. Vamos examinar atentamente cada um deles.

1. O anel tem que ter um grupo retirador de elétrons muito potente. O exemplo mais comum é o grupo nitro:

NO_2

Vimos no capítulo anterior que o grupo nitro é um desativador forte frente à substituição eletrofílica aromática porque o grupo nitro retira fortemente a densidade eletrônica do anel (por ressonância). Isto faz com que a densidade eletrônica do anel fique muito deficiente:

NO_2

δ+ δ+

δ+

Naquele momento, queríamos que o anel aromático funcionasse como um nucleófilo. E vimos que o efeito de um grupo nitro é ***desativar*** o anel. Porém agora, neste capítulo, queremos que o anel funcione como um *eletrófilo*. Assim, o efeito do grupo nitro é algo muito desejável. De fato, é ***necessário*** ter um grupo retirador de elétrons potente se você deseja que o anel funcione como eletrófilo. A presença do grupo retirador de elétrons é o primeiro critério que tem que ser satisfeito para o anel se comportar como um eletrófilo. Agora, examinemos o segundo critério:

2. Tem que haver um grupo de saída que possa ser liberado.

GS—(anel)—NO_2 reativo em relação à substituição nucleofílica aromática

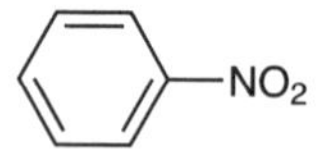

(anel)—NO_2 NÃO reativo em relação à substituição nucleofílica aromática

Para entender isto, pensemos no que aconteceu no capítulo anterior, quando o anel sempre funcionava como um nucleófilo. Vimos que todas as reações do capítulo anterior poderiam ser resumidas assim: E^+ entra no anel e, então, H^+ sai do anel (ou, em outras palavras: ataque e, então, desprotonação). Mas agora, neste capítulo, queremos que o anel funcione como eletrófilo. Então, estamos tentando ver se podemos obter um nucleófilo (Nuc^-) para atacar o anel. Se pudermos fazer isto acontecer, e um nucleófilo (com uma carga negativa) normalmente ataca o anel, então, algo com uma carga negativa terá que sair do anel. Podemos resumir da seguinte maneira: Nuc^- entra no anel e X^- sai do anel.

Há uma diferença fundamental entre o mecanismo apresentado aqui e o que vimos no Capítulo 3. A diferença está no tipo de cargas com que estamos lidando. No capítulo anterior, lidamos com algo positivamente carregado entrando no anel formando um complexo sigma positivamente carregado e, então, o H^+ saía do anel restaurando a aromaticidade. Naqueles mecanismos, tudo era carregado positivamente. Mas agora, estamos lidando com cargas negativas. Um nucleófilo com uma carga negativa atacará o anel formando algum tipo de intermediário negativamente carregado. Tal intermediário tem, então, que expelir algo carregado negativamente. E isto explica o segundo critério para esta reação ocorrer: precisamos que o anel tenha algum grupo de saída que possa ser liberado com uma carga negativa.

Caso não haja qualquer grupo de saída que possa ser liberado com uma carga negativa, então, o anel não terá como restaurar a aromaticidade. E não podemos simplesmente eliminar o H^- porque o H^- é um grupo de saída muito ruim. NUNCA elimine o H^-. Se você tem dúvidas sobre grupos de saída, deve retornar ao material do livro do primeiro semestre e fazer uma rápida revisão de quais grupos são bons grupos de saída.

3. O critério final é: o grupo de saída tem que ser *orto* ou *para* em relação ao grupo removedor de elétrons:

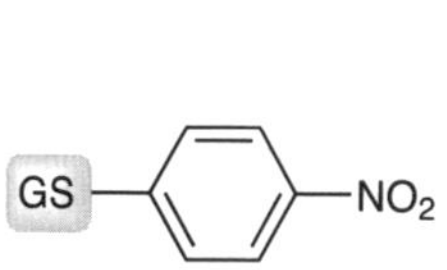

GS—(anel)—NO_2 reativo em relação à substituição nucleofílica aromática

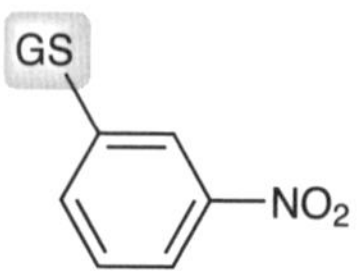

GS (meta)—(anel)—NO_2 NÃO reativo em relação à substituição nucleofílica aromática

Para entender por que, vamos precisar examinar mais atentamente o mecanismo aceito. Na seção a seguir, vamos explorar o mecanismo desta reação de modo a entendermos este último critério. Por enquanto, vamos apenas nos certificar de que podemos identificar quando todos os três critérios foram satisfeitos. Uma vez mais, os três critérios são:

1. Tem que haver um grupo retirador de elétrons no anel.

2. Tem que haver um grupo de saída no anel.
3. O grupo de saída tem que ser *orto* ou *para* em relação ao grupo retirador de elétrons.

Agora vamos praticar um pouco procurando por todos os três critérios:

EXERCÍCIO 4.1 Preveja se o composto visto a seguir pode se comportar como um eletrófilo adequado em uma reação de substituição nucleofílica aromática.

NO_2

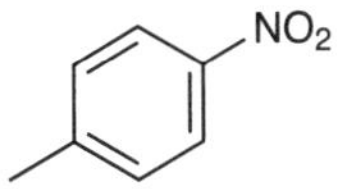

Resposta Para ter uma substituição nucleofílica aromática, todos os três critérios têm que ser atendidos.

Examinamos o anel e vemos que ele realmente tem um grupo nitro. Portanto, o primeiro critério foi satisfeito.

Então, procuramos por um grupo de saída. Não há NENHUM grupo de saída. A metila NÃO é um grupo de saída. Por que não? Porque um carbono com uma carga negativa é um grupo de saída *muito ruim*. Nunca elimine um C^-. Assim, o critério 2 não foi atendido.

Portanto, concluímos que este composto não se comportará como um eletrófilo em uma reação de substituição nucleofílica aromática.

Determine se cada um dos compostos vistos a seguir pode se comportar como um eletrófilo apropriado em uma reação de substituição nucleofílica aromática. Se você determinar que nem todos os três critérios são atendidos, então, simplesmente escreva "não há reação".

4.2 NO_2 Br

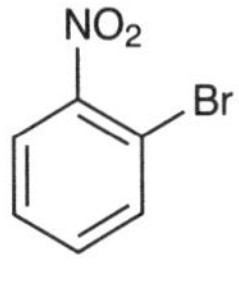

4.3 NO_2 Cl

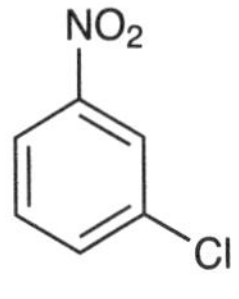

4.4 NO_2 O–S(=O)(=O)–CH_3

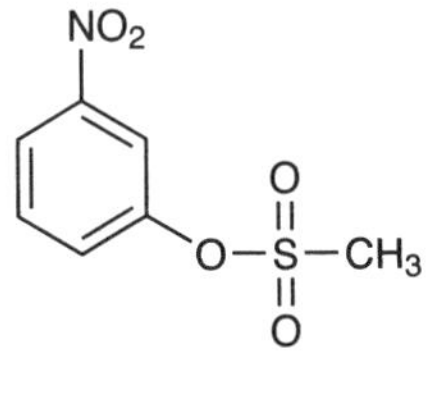

4.5 H_3C–S(=O)(=O)–O NO_2

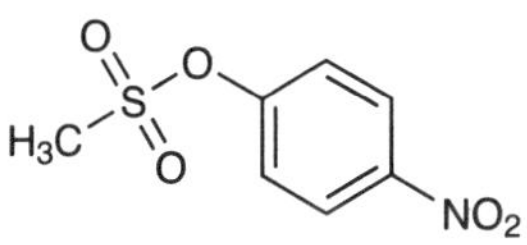

NO_2

4.6

NO_2

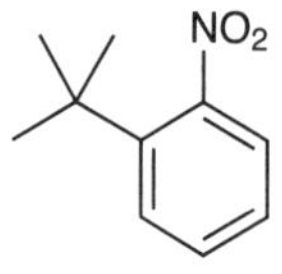

4.7

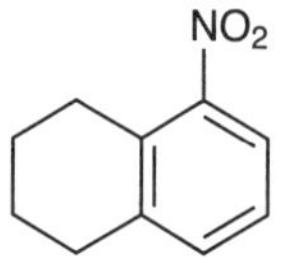

4.2 MECANISMO S_NAr

Na seção anterior, vimos os três critérios necessários para um anel aromático sofrer uma reação de substituição nucleofílica aromática. A transformação a seguir é um exemplo:

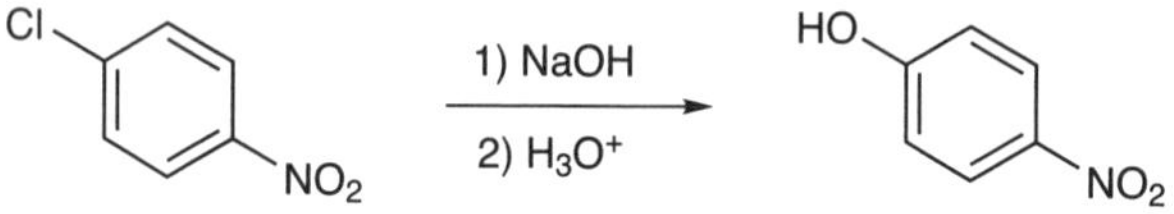

Cl … NO_2 — 1) NaOH, 2) H_3O^+ → HO … NO_2

Vamos explorar possíveis mecanismos para este processo. Ele não pode ser um processo S_N2 porque os processos S_N2 não ocorrem facilmente em um centro com hibridização sp^2:

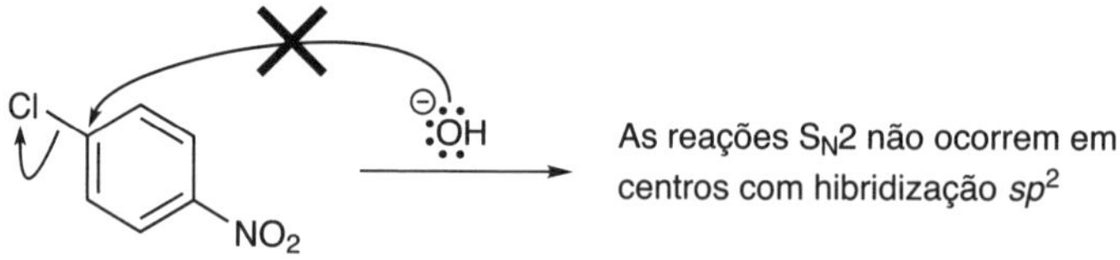

Cl … NO_2 — $:\ddot{O}H^{\ominus}$ → As reações S_N2 não ocorrem em centros com hibridização sp^2

Os processos S_N2 só são efetivos em centros com hibridização sp^3. Assim, nossa reação não pode ser um mecanismo S_N2. E S_N1? Isto exigiria a perda de um grupo de saída em *primeiro lugar*, formando um carbocátion:

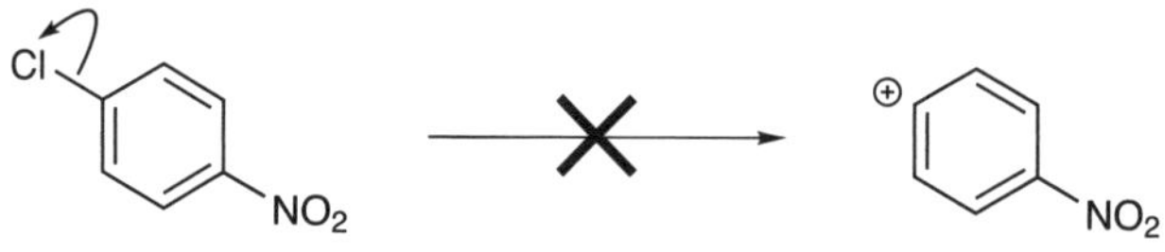

Cl … NO_2 ✕→ ⊕ … NO_2

Muito instável

Este tipo de carbocátion não é estabilizado por ressonância. Como é instável, é, portanto, um intermediário de energia muito alta. Então, não esperamos que o grupo de saída saia se isto implicar a criação de um intermediário instável. Portanto, não esperamos que o mecanismo seja um mecanismo S_N1.

Se não é S_N2 e não é S_N1, então, o que é? E a resposta é: trata-se de um mecanismo novo, chamado de S_NAr. Em muitos livros-texto, ele é chamado de mecanismo de ***adição-eliminação***. Na primeira etapa do mecanismo, o anel é atacado por um nucleófilo, gerando um intermediário estabilizado por ressonância, chamado de complexo de Meisenheimer:

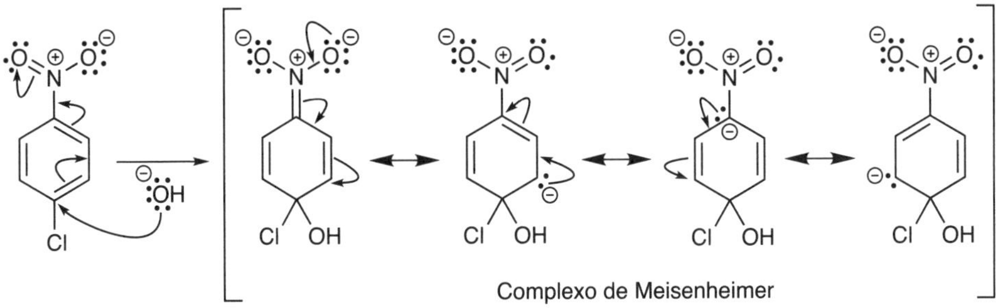

Complexo de Meisenheimer

Este intermediário deve nos lembrar o intermediário em uma reação de substituição eletrofílica aromática (o complexo sigma), mas a principal diferença é que um complexo de Meisenheimer é *negativamente* carregado (um complexo sigma é positivamente carregado). Examinemos atentamente o complexo de Meisenheimer e concentremos nossa atenção em uma estrutura de ressonância em particular:

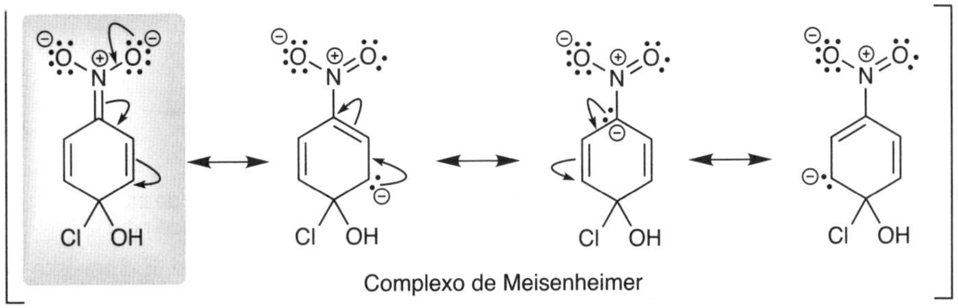

Complexo de Meisenheimer

A estrutura de ressonância em destaque é especial porque ela coloca a carga negativa em um átomo de *oxigênio*. Como a carga negativa fica dispersa sobre três átomos de carbono *e um átomo de oxigênio*, a carga negativa é bastante estabilizada por ressonância. Você deve pensar na reação da maneira a seguir: um nucleófilo ataca o anel, jogando a carga negativa para dentro de um reservatório:

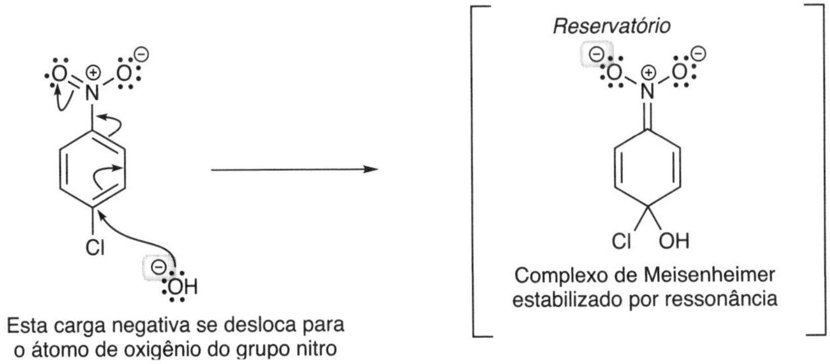

Reservatório

Esta carga negativa se desloca para o átomo de oxigênio do grupo nitro

Complexo de Meisenheimer estabilizado por ressonância

Então, na segunda etapa do mecanismo, o reservatório libera sua carga empurrando a densidade eletrônica de volta para um grupo de saída, restaurando, daí, a aromaticidade ao anel:

A carga negativa deixa o reservatório para ser expelida com o grupo de saída

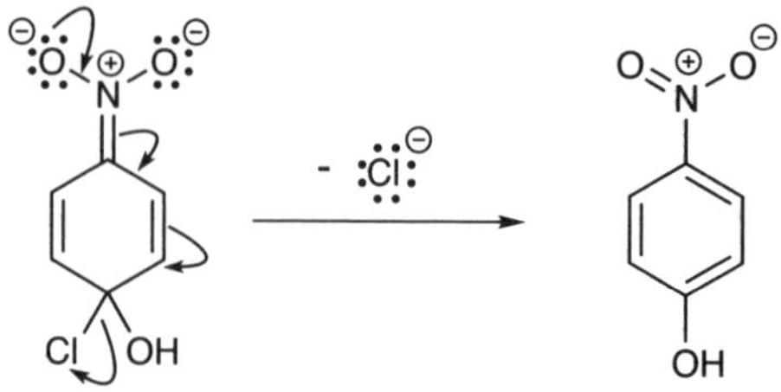

$- :Cl:^{\ominus}$

E agora estamos prontos para entender a razão para o terceiro critério (que o grupo de saída tem que ser *orto* ou *para* em relação ao grupo retirador de elétrons). Agora podemos entender que o reservatório fica disponível somente se o nucleófilo ataca na posição *orto* ou *para*. Se o ataque ocorre na posição *meta*, não há nenhuma forma de colocar a carga negativa dentro do reservatório:

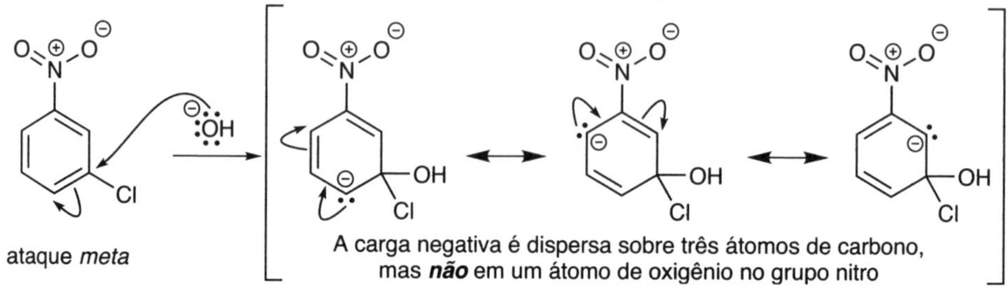

ataque *meta*

A carga negativa é dispersa sobre três átomos de carbono, mas ***não*** em um átomo de oxigênio no grupo nitro

Portanto, o intermediário não é estabilizado. Assim, a reação não acontece. E é por isso que o grupo de saída tem que ser *orto* ou *para* em relação ao grupo retirador de elétrons.

Antes de adquirir prática na representação do mecanismo completo de um processo S_NAr, há um ponto sutil que merece atenção. Primeiramente, vamos resumir o que vimos até este momento:

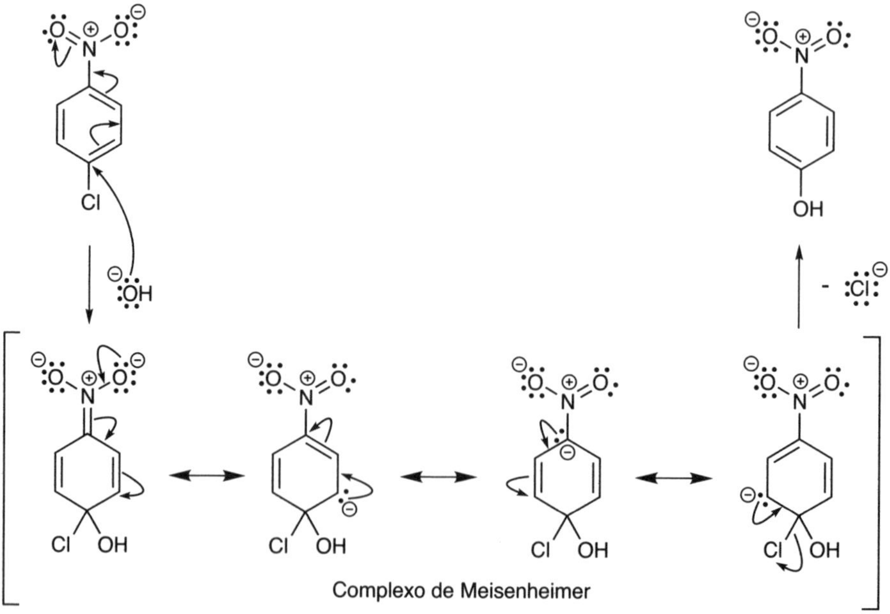

$- :Cl:^{\ominus}$

Complexo de Meisenheimer

São duas as etapas: 1) um nucleófilo ataca o anel gerando um complexo de Meisenheimer, seguido de 2) perda de um grupo de saída restaurando a aromaticidade. Todavia, inspecione o produto com muito cuidado. Ele contém um próton fenólico, destacado a seguir:

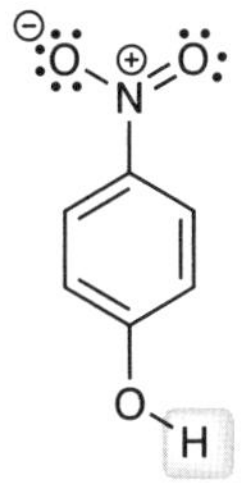

Este próton é levemente ácido e não pode sobreviver nas condições fortemente básicas que estão sendo utilizadas (o hidróxido é uma base forte, e o hidróxido está presente no balão de reação). Dessa maneira, nestas condições de reação, o produto é desprotonado (gostemos ou não), dando o que é visto a seguir:

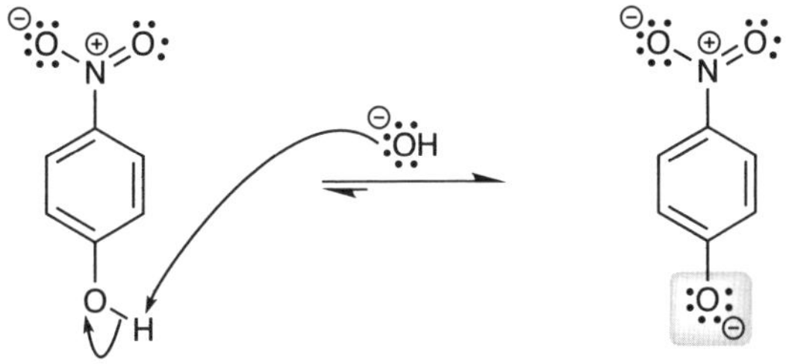

Portanto, para regenerar o produto desejado, tem que ser introduzida uma fonte de prótons no balão de reação (depois de a reação ser concluída), o que é mostrado a seguir:

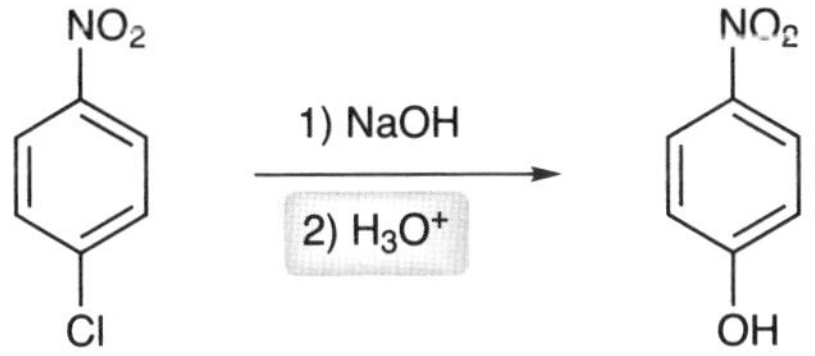

O ácido (H_3O^+) é usado para se realizar a transferência de próton vista a seguir:

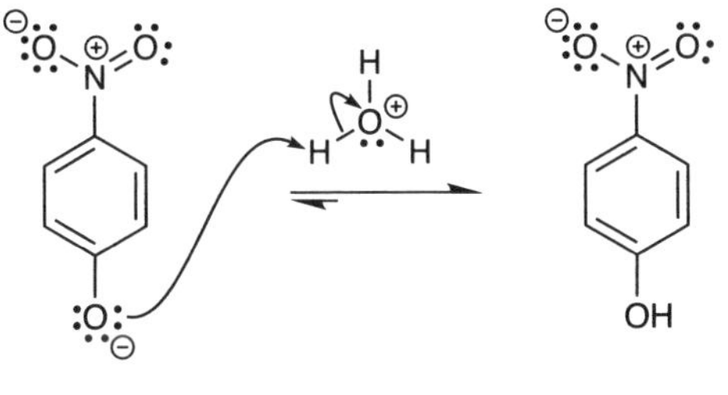

Se você representar o mecanismo completo do processo, ele terá que ser como o que é visto a seguir:

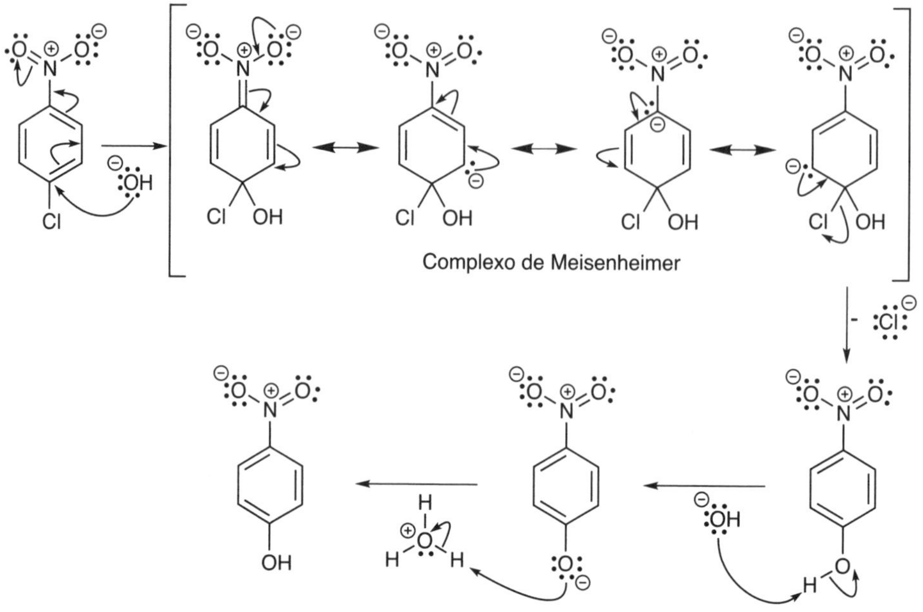

Complexo de Meisenheimer

Quando você observa este mecanismo, pode ficar surpreso pelas duas últimas etapas (desprotonação seguida de protonação). Especificamente, você poderia se perguntar por que o mecanismo precisa mostrar estas duas últimas etapas. Afinal, se retiramos do mecanismo estas duas últimas etapas, o produto ainda não estaria correto? Sim, isto é verdade, mas estas duas últimas etapas são necessárias. Por quê? Porque, nas condições de reação utilizadas (condições fortemente básicas), o próton fenólico não sobrevive. Ocorre desprotonação, gostemos ou não. O mecanismo, conforme está representado, indica que entendemos o tal ponto sutil. Ao representar as duas últimas etapas do mecanismo, você está demonstrando que entendeu por que uma fonte de próton (como o H_3O^+) tem que ser adicionada ao balão de reação depois da reação estar completa.

Agora estamos prontos para adquirir prática na representação de um mecanismo S_NAr.

EXERCÍCIO 4.8 Preveja o produto da reação vista a seguir e represente um mecanismo plausível para essa transformação:

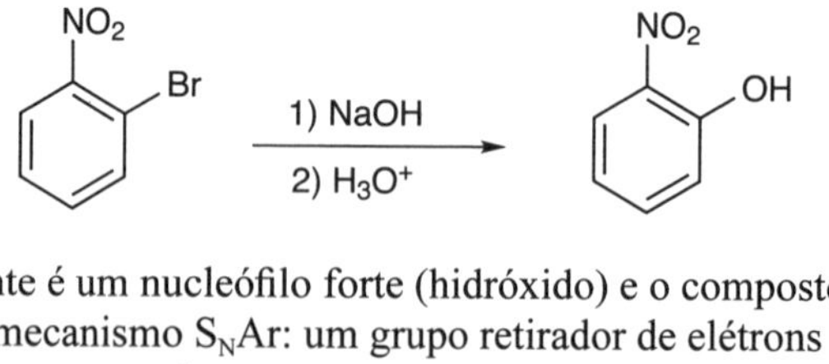

1) NaOH
2) H_3O^+

Resposta O reagente é um nucleófilo forte (hidróxido) e o composto inicial tem todos os três critérios para um mecanismo S_NAr: um grupo retirador de elétrons (NO_2) e um grupo de saída (Cl) que são *orto* um em relação ao outro.

Em uma reação de substituição nucleofílica aromática, o nucleófilo (hidróxido) ataca na posição que contém o grupo de saída e os elétrons são empurrados para dentro do reservatório:

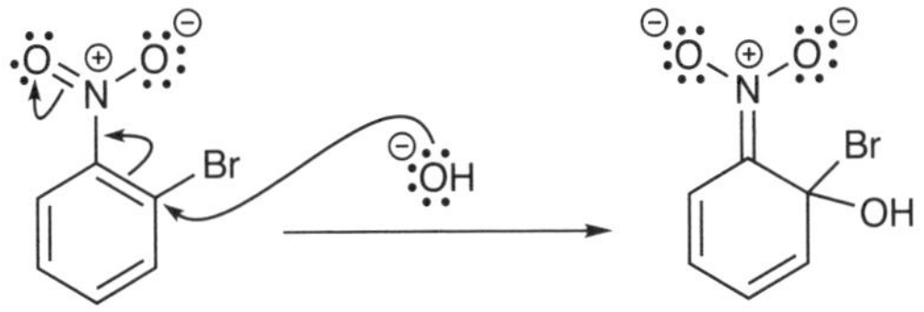

O intermediário resultante é um complexo de Meisenheimer e tem estruturas de ressonância que deverão ser representadas:

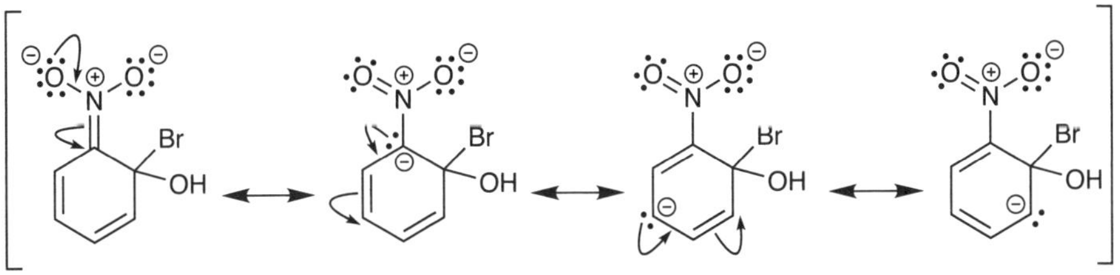

Assim, na segunda etapa do mecanismo, o grupo de saída é expelido dando o produto:

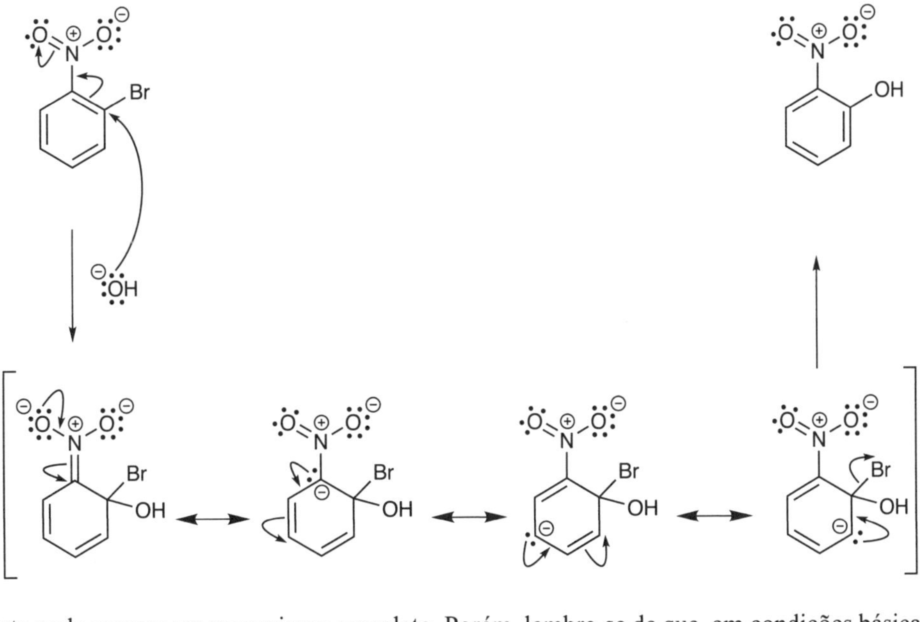

Este pode parecer um mecanismo completo. Porém, lembre-se de que, em condições básicas, o produto é desprotonado:

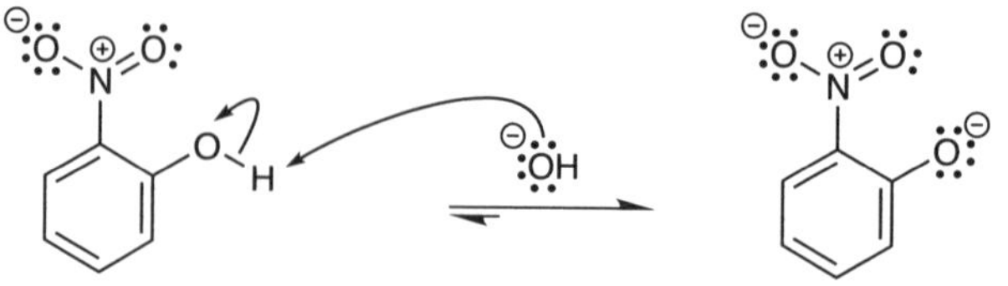

E é por isso que uma fonte de ácido é necessária depois de a reação ser concluída:

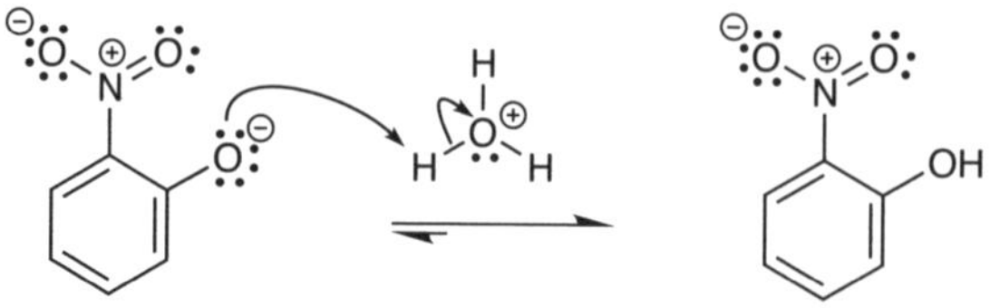

Proponha um mecanismo para cada uma das transformações vistas a seguir:

4.9 1) NaOH 2) H_3O^+

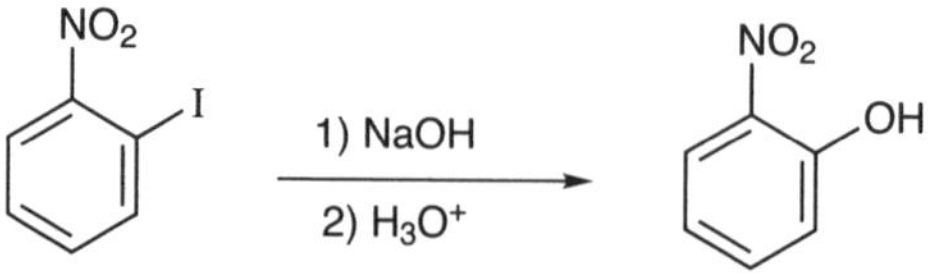

4.10 1) NaOH 2) H_3O^+

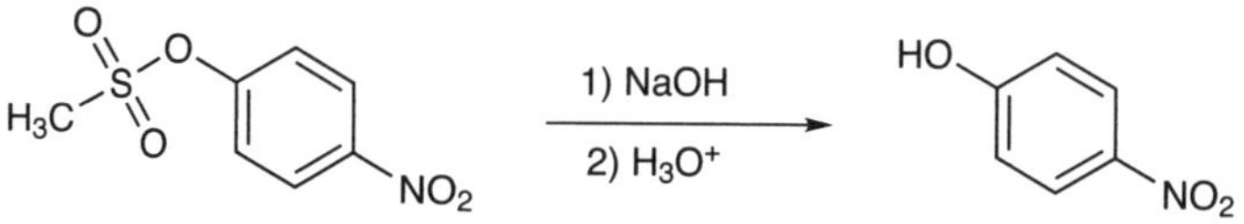

4.11 1) NaOH 2) H_3O^+

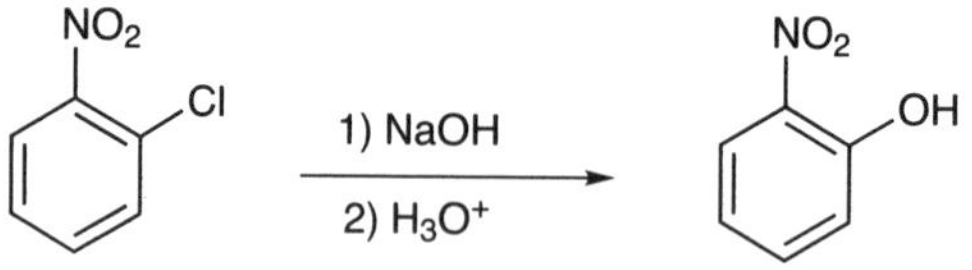

4.3 ELIMINAÇÃO-ADIÇÃO

Na seção anterior, discutimos os três critérios que você precisa para ter um mecanismo S_NAr. A questão óbvia é: ele pode ocorrer sem todos os três critérios? Por exemplo, e se não houver nenhum grupo retirador de elétrons?

Se tratamos o clorobenzeno com hidróxido, não é observada reação:

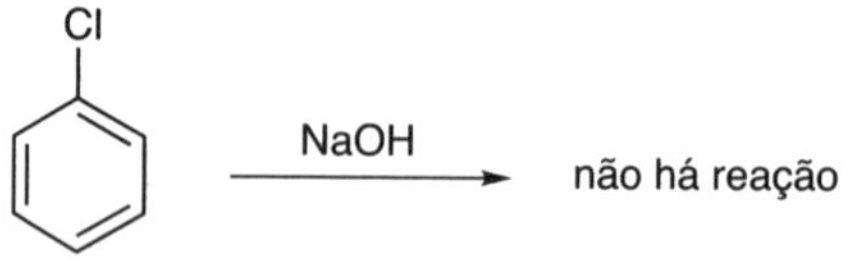

NaOH → não há reação

O íon hidróxido não ataca eliminando o grupo de saída porque não há nenhum "reservatório" que retenha temporariamente a densidade eletrônica. De fato, mesmo sob aquecimento, não ocorre nenhuma reação.

No entanto, em temperaturas muito mais elevadas, como 350 °C, uma reação é de fato observada:

Cl → 1) NaOH, 350 °C; 2) H_3O^+ → OH

Esta reação, frequentemente chamada de processo Dow, é comercialmente importante porque é uma excelente forma de produzir fenol.

Podemos usar este mesmo processo para produzir ***anilina*** (que é o nome comum do aminobenzeno):

Cl → 1) $NaNH_2$, NH_3 (*líq*); 2) H_3O^+ → NH_2

anilina

Nem mesmo são necessárias altas temperaturas para produzir anilina. Apenas utilizamos H_2N^- em amônia líquida. Assim, temos uma questão séria: se não há nenhum "reservatório" para reter temporariamente a densidade eletrônica, então, como esta reação ocorre? Qual é o mecanismo?

Para entender o mecanismo, os químicos utilizaram uma técnica importante chamada de marcação isotópica. Todos os elementos possuem isótopos (por exemplo, o deutério é um isótopo do hidrogênio porque o deutério tem um nêutron extra no núcleo). O carbono também possui alguns isótopos importantes. O ^{13}C é um isótopo importante porque podemos determinar facilmente a posição de um átomo de ^{13}C utilizando a espectroscopia de RMN. Assim, se enriquecemos uma posição específica com ^{13}C, então, podemos acompanhar o trajeto do átomo de carbono durante a reação. Por exemplo, digamos que escolhemos o clorobenzeno e enriquecemos um sítio particular com ^{13}C:

Cl *

O sítio com o asterisco é o local onde colocamos o ^{13}C. Quando dizemos que enriquecemos aquela posição com ^{13}C, queremos dizer que a maioria das moléculas no balão tem um átomo de ^{13}C naquela posição.

Agora vejamos o que acontece com o carbono marcado isotopicamente à medida que a reação avança. Após realizar a reação, eis os resultados observados:

Cl * → 1) $NaNH_2$, NH_3 (*líq*); 2) H_3O^+ → NH_2 * + NH_2 *

50 % 50 %

Isto parece bastante estranho: como a marcação isotópica "se desloca" de sua posição? Não poderemos explicar isto com uma simples substituição nucleofílica aromática. Mesmo se pudéssemos de alguma forma ignorar o problema de não ter um reservatório para a densidade eletrônica durante a reação, ainda não poderíamos explicar os resultados da marcação isotópica.

Então, aqui está uma proposta que explica os experimentos de marcação isotópica. Imagine que, na primeira etapa, o íon hidróxido funcione como uma base (em vez de um nucleófilo), dando uma reação de eliminação:

Cl H :ÖH Cl Benzino

Isto gera um intermediário de aparência muito estranha (e muito reativo), que chamaremos de benzino. Então, outro íon hidróxido está envolvido, desta vez agindo como nucleófilo para atacar o benzino. Porém, há duas posições que podem ser atacadas:

O hidróxido pode atacar deste modo :ÖH OH

ou deste :ÖH OH

E não há nenhuma razão para preferir um sítio a outro, então, temos de supor que estes dois caminhos ocorrem com igual probabilidade. Isto daria uma mistura 50–50 dos dois ânions vistos na figura anterior, que sofreriam transferências de prótons gerando o fenol, com as marcações isotópicas nas posições apropriadas:

OH H O H OH

OH H O H OH

Assim como vimos na seção anterior, o fenol tem um próton ácido e, portanto, sofrerá desprotonação como resultado da condição básica da reação (hidróxido). Então, justamente como vimos na seção anterior, uma fonte de prótons (como o H_3O^+) tem que ser introduzida no balão de reação após a conclusão da reação.

Este mecanismo proposto é essencialmente uma eliminação seguida de uma adição. Dessa maneira, faz sentido chamarmos este processo de uma reação de ***eliminação-adição*** (quando comparado com o mecanismo S_NAr, que era chamado de *adição-eliminação*). Este mecanismo certamente parece ser um tanto incomum quando você pensa nele. Benzino? Parece ser um intermediário terrível. Porém, os químicos puderam mostrar (com outros experimentos) que o benzino de fato é o intermediário desta reação. É mais que provável que seu livro-texto ou professor vá fornecer evidência adicional para a curta existência do benzino (utilizamos uma técnica de captura envolvendo uma reação de Diels–Alder). Se você estiver curioso a respeito da evidência, pode procurar no seu livro-texto. Por enquanto, vamos nos certificar que podemos prever os produtos de reações de eliminação–adição.

EXERCÍCIO 4.12 Preveja os produtos da reação vista a seguir:

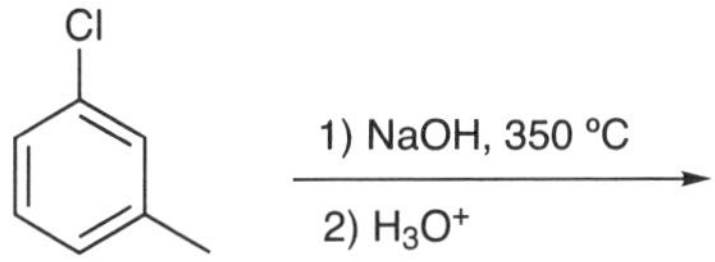

Cl

1) NaOH, 350 °C

2) H_3O^+

Resposta O anel *não* tem um grupo retirador de elétrons, então, não se trata de um mecanismo S_NAr. Em vez disso, ele tem que ser um mecanismo de eliminação-adição.

A primeira etapa é realizar a eliminação, que pode ocorrer em qualquer dos lados do átomo de cloro:

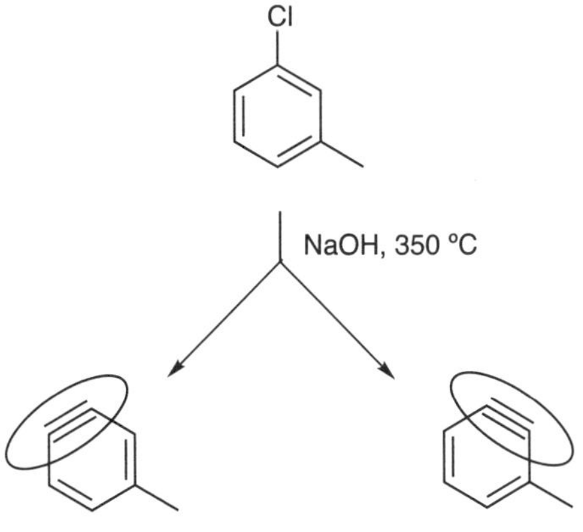

Cl

NaOH, 350 °C

A seguir, podemos fazer a adição a qualquer ligação tripla anterior, obtendo os produtos vistos a seguir:

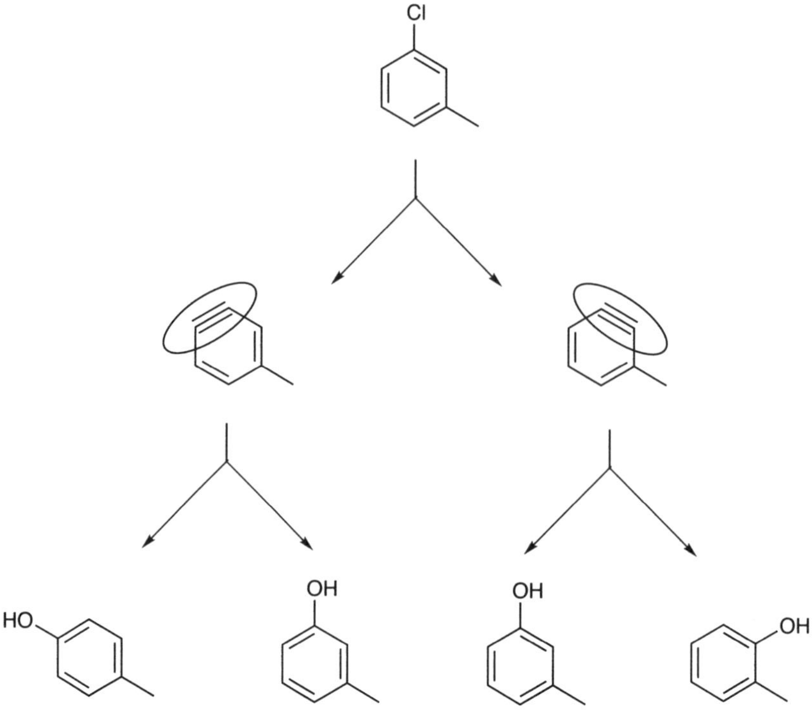

Cl

HO OH OH OH

Se você examinar atentamente estes produtos, verá que os dois do meio são os mesmos. Assim, esperamos os três produtos vistos a seguir a partir desta reação:

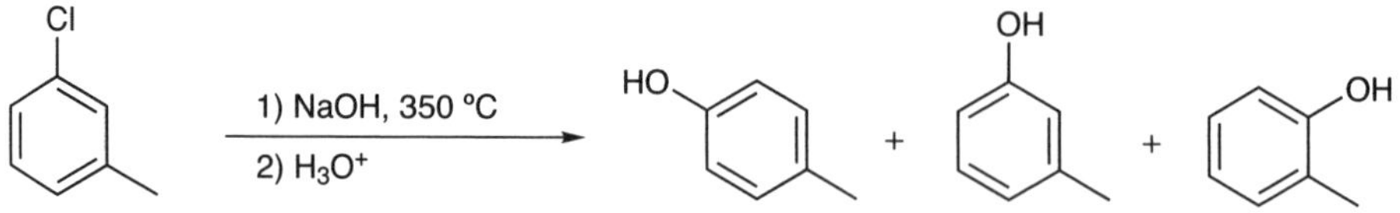

Cl 1) NaOH, 350 °C 2) H_3O^+ HO OH OH

Preveja os produtos de cada uma das reações vistas a seguir. Para mantê-lo alerta, vou apresentar alguns problemas que seguem um mecanismo de adição-eliminação (S_NAr), em lugar de uma eliminação-adição. Em cada caso, você terá que decidir qual é o mecanismo responsável pela reação (com base no fato de você ter ou não todos os três critérios para um mecanismo S_NAr). Seus produtos serão baseados na sua decisão.

4.13 Cl 1) NaOH, 350 °C 2) H_3O^+

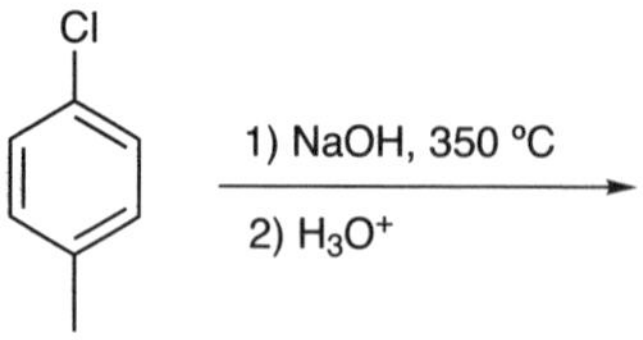

4.14 Cl, NO_2 — 1) NaOH, 350 °C; 2) H_3O^+ →

4.15 Cl, NO_2 — 1) NaOH, 80 °C; 2) H_3O^+ →

4.16 Cl — 1) NaOH, 350 °C; 2) H_3O^+ →

4.17 H_3C–SO_2–O — 1) NaOH, 350 °C; 2) H_3O^+ →

4.18 Br, NO_2 — 1) NaOH, 80 °C; 2) H_3O^+ →

Nesta seção, vimos como inserir um grupo OH ou um grupo NH_2 em um anel aromático. Isto é importante porque não vimos como obter uma destas duas transformações no capítulo anterior. Aqui está um resumo de como inserir um grupo OH ou um grupo NH_2 em um anel aromático. Em cada caso, ocorre um processo em duas etapas que começa com a inserção de um Cl no anel:

Cl_2 / $AlCl_3$ → Cl

1) NaOH, 350 °C; 2) H_3O^+ → OH — fenol

1) $NaNH_2$, NH_3 (*líq*); 2) H_3O^+ → NH_2 — anilina

Começamos com a cloração do benzeno (justamente uma reação de substituição eletrofílica aromática), seguida de uma reação de eliminação-adição. Quando realizamos o processo de eliminação-adição, devemos escolher cuidadosamente os reagentes. Se usarmos o NaOH seguido do H_3O^+, o produto será o fenol. Se usarmos o $NaNH_2$ seguido do H_3O^+, o produto será a anilina (mostrados no esquema anterior).

A síntese da anilina, apresentada na figura anterior, aparecerá novamente neste curso. Quando aprendermos a química das aminas (no Capítulo 8), veremos muitas reações que utilizam a anilina como material inicial. Quando chegarmos a esta parte do curso, será muito útil (para resolver problemas de síntese) se você souber como produzir anilina a partir do benzeno. Então, certifique-se de se lembrar desta reação. Você definitivamente verá esta reação posteriormente.

4.4 ESTRATÉGIAS DE MECANISMO

Até este ponto, vimos três mecanismos diferentes envolvendo anéis aromáticos:

1. Substituição eletrofílica aromática.
2. S_NAr (às vezes, chamado de adição-eliminação).
3. Eliminação-adição.

Quando você se deparar com um problema, terá que estar apto para examinar todas as informações e determinar qual dos três mecanismos está operando. Isto não é difícil fazer. Aqui está um diagrama simples que mostra os processos de raciocínio envolvidos:

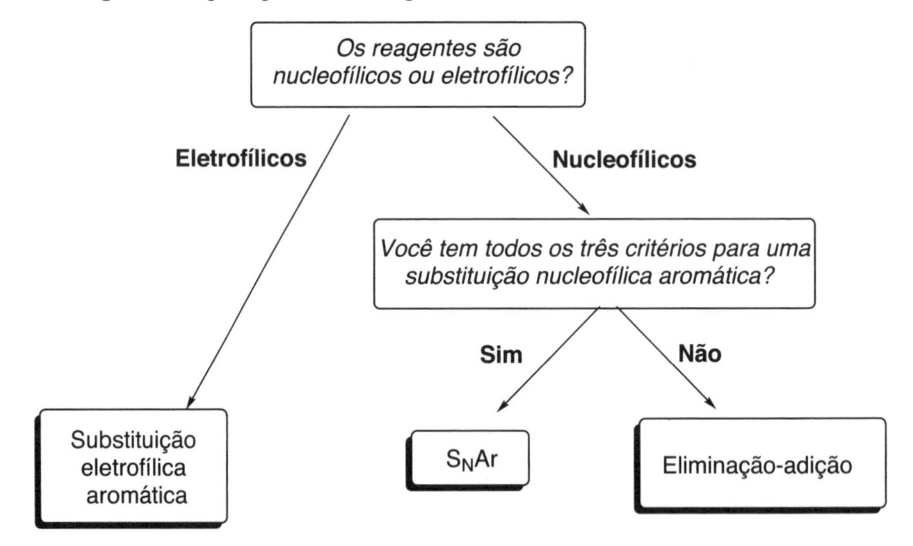

Primeiramente, você examina os reagentes que estão reagindo com o anel aromático. Se os reagentes forem eletrofílicos (como todos os reagentes que vimos no capítulo anterior), então, espere uma substituição eletrofílica aromática. Mas se os reagentes forem nucleofílicos, então, você terá que decidir entre uma reação S_NAr e uma reação de eliminação-adição. Para fazer isto, procure pelos três critérios necessários para uma reação S_NAr.

Vejamos um exemplo:

EXERCÍCIO 4.19 Proponha um mecanismo para a reação vista a seguir:

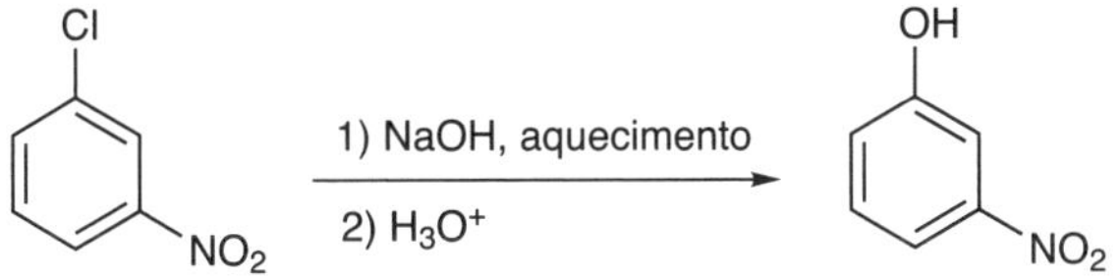

Resposta Começamos pelo exame dos reagentes. O hidróxido é nucleófilo, então NÃO teremos uma substituição eletrofílica aromática. Devemos decidir entre um mecanismo S_NAr e um mecanismo de eliminação-adição. Procuramos pelos três critérios que precisamos para uma reação S_NAr. 1) Temos um grupo retirador de elétrons e 2) temos um grupo de saída, MAS 3) o grupo retirador de elétrons e o grupo de saída NÃO estão *orto* ou *para* um em relação ao outro. Isto significa que não pode ocorrer um mecanismo S_NAr. (Quando o grupo retirador de elétrons e o grupo de saída são *meta* um em relação ao outro, não temos o "reservatório" para usar.) Portanto, o mecanismo tem que ser uma eliminação-adição:

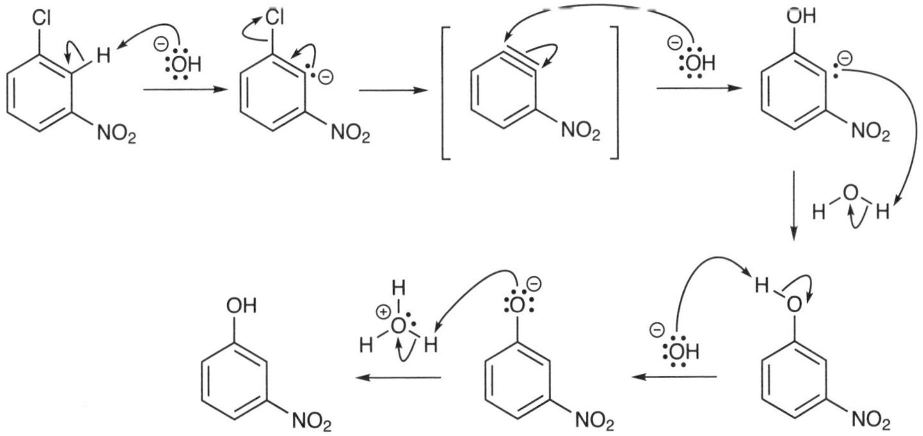

Neste exemplo em particular, é verdade que esperaríamos um total de três produtos de um mecanismo de eliminação-adição:

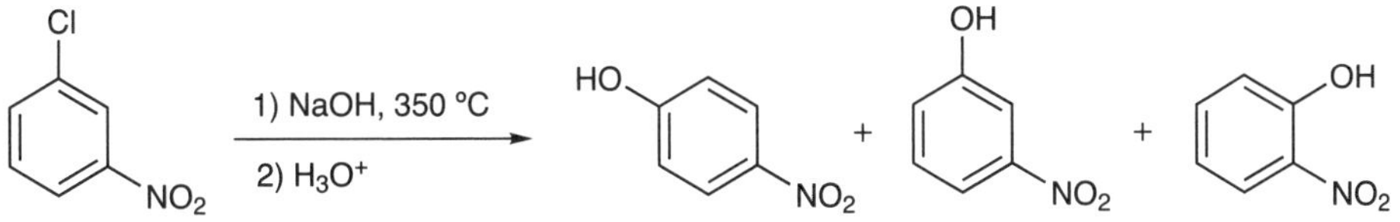

Porém, tenha em mente que os problemas de mecanismo nem sempre mostram todos os produtos. O problema normalmente mostrará a você apenas um produto e você terá que mostrar o mecanismo para formação daquele produto (e apenas daquele produto). Em alguns casos, poderia até ser um produto secundário. Mas o problema não está fazendo nenhumas reivindicações de que o produto é principal ou secundário. Um problema de mecanismo está simplesmente pedindo a você para justificar "como" o produto foi formado, independentemente de quanto dele foi realmente obtido na reação.

Proponha um mecanismo para cada uma das reações vistas a seguir:

4.20 o-cloronitrobenzeno (Cl, NO_2) → 1) NaOH, 350 °C; 2) H_3O^+ → o-nitrofenol (OH, NO_2)

4.21 bromobenzeno (Br) → 1) NaOH, 350 °C; 2) H_3O^+ → fenol (OH)

4.22 p-cloronitrobenzeno (Cl, NO_2) → 1) NaOH, 80 °C; 2) H_3O^+ → p-nitrofenol (HO, NO_2)

4.23 clorobenzeno (Cl) → 1) $NaNH_2$, NH_3 (*líq*); 2) H_3O^+ → anilina (NH_2)

CAPÍTULO 5

CETONAS E ALDEÍDOS

5.1 PREPARAÇÃO DE CETONAS E ALDEÍDOS

Antes de podermos explorar as reações das cetonas e aldeídos, temos que primeiramente nos certificar de que sabemos como *produzir* cetonas e aldeídos. Tais informações serão vitais para resolvermos problemas de síntese.

As cetonas e os aldeídos podem ser produzidos de muitas maneiras, conforme você pode ver no seu livro texto. Neste livro, estudaremos apenas alguns desses métodos. Essas poucas reações deverão ser suficientes para ajudá-lo a resolver muitos problemas de síntese nos quais tem que ser preparada uma cetona ou um aldeído.

O tipo de transformação mais útil é a formação de uma ligação C═O a partir de um álcool. Os álcoois *primários* podem ser oxidados formando aldeídos:

E os álcoois *secundários* podem ser oxidados formando cetonas:

Os álcoois terciários não podem ser oxidados, porque o carbono não pode formar cinco ligações:

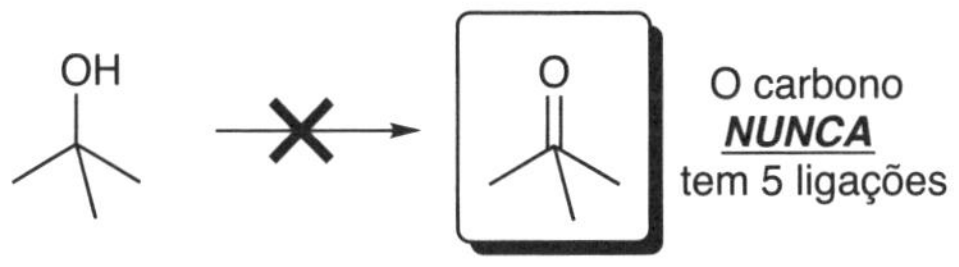

O carbono **NUNCA** tem 5 ligações

Assim, precisamos nos familiarizar com os reagentes que oxidam os álcoois primários e secundários formando aldeídos ou cetonas, respectivamente. Vamos iniciar com os álcoois secundários.

Um álcool secundário pode ser convertido em uma cetona mediante tratamento com dicromato de sódio e ácido sulfúrico:

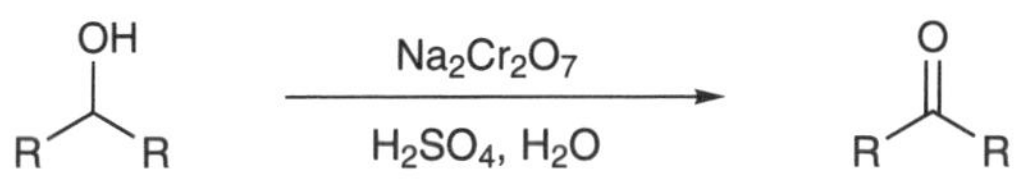

$Na_2Cr_2O_7$

H_2SO_4, H_2O

De forma alternativa, pode ser usado o reagente de Jones, formado a partir do CrO_3 em acetona aquosa:

OH R R → CrO_3 / acetona aquosa / aquecimento → O R R

Usando o dicromato de sódio ou o reagente de Jones, você está essencialmente realizando uma oxidação que envolve um agente oxidante de cromo (o álcool está sendo oxidado e o reagente de cromo está sendo reduzido). Você deverá procurar em suas anotações de aula e no seu livro-texto para ver se tem que saber os mecanismos destas reações de oxidação. Seja qual for o caso, você definitivamente deverá ter estes reagentes à mão, pois vai encontrar muitos problemas de síntese que exigem a conversão de um álcool em uma cetona ou em um aldeído.

As oxidações a partir do cromo funcionam bem para álcoois secundários, mas vamos ter problemas quando tentarmos realizar uma oxidação a partir do cromo em um álcool primário. O produto inicial é de fato um aldeído:

R OH → oxidação → O R H

Porém, nestas condições oxidantes fortes, o aldeído não sobrevive. O aldeído é oxidado adicionalmente produzindo um ácido carboxílico:

O R H → oxidação → O R OH

Assim, é claro que precisamos de uma maneira de oxidar um álcool primário a um aldeído em condições que ***não*** oxidem mais o aldeído. Isto pode ser obtido com um reagente chamado clorocromato de piridínio (ou PCC):

⊕N H ⊖CrO_3Cl

clorocromato de piridínio
(PCC)

Este reagente oferece condições oxidantes mais brandas e, portanto, a reação para no aldeído. Isto é, o PCC oxida um álcool primário dando um aldeído:

R OH → PCC → O R H

Existe outra maneira comum de formar uma ligação C═O (além da oxidação de um álcool). Você pode lembrar-se da reação vista no volume 1 deste livro que é mostrada a seguir:

Esta reação é chamada de ozonólise. Essencialmente, ela ataca cada ligação C═C do composto quebrando-a em duas ligações C═O:

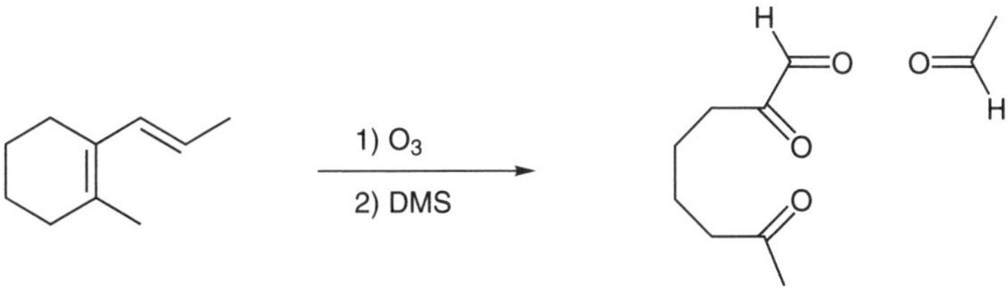

Há muitos reagentes que podem ser usados para a segunda etapa deste processo (além do DMS). Você deverá verificar suas anotações de aula para ver que reagentes seu professor (ou seu livro-texto) utilizou para a etapa 2 de uma ozonólise.

Até aqui, esta seção tratou apenas de algumas maneiras de formar uma ligação C═O. Vimos que as cetonas podem ser produzidas a partir do tratamento de um álcool secundário com o dicromato de sódio (ou o reagente de Jones), e os aldeídos podem ser produzidos por meio do tratamento de um álcool primário com o PCC. Também vimos que as cetonas e os aldeídos podem ser produzidos via ozonólise. Vamos adquirir um pouco de prática com estas reações.

EXERCÍCIO 5.1 Preveja o produto principal da reação vista a seguir:

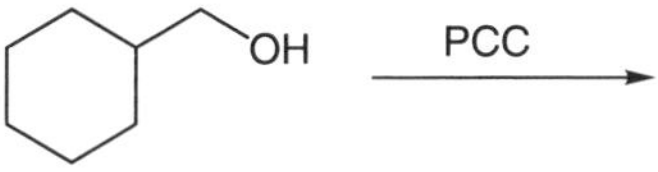

Resposta O agente oxidante neste caso é o PCC, e vimos que o PCC converte um álcool primário em um aldeído:

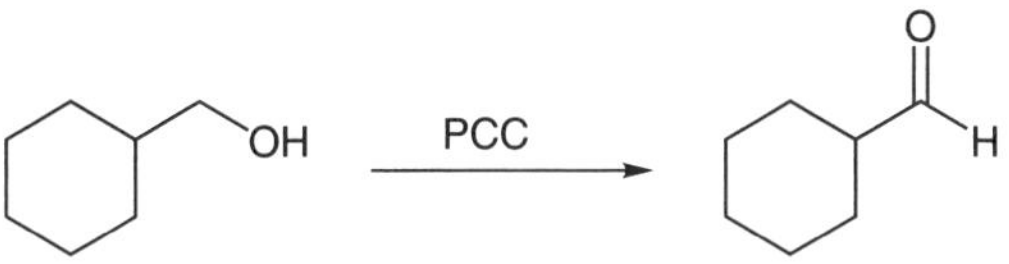

PROBLEMAS Preveja o produto principal em cada uma das reações vistas a seguir:

5.2

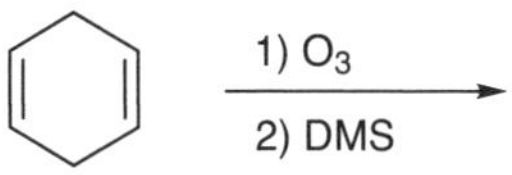

5.3

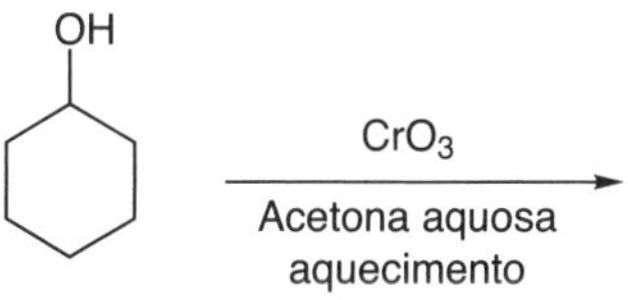

5.4 (reagentes: $Na_2Cr_2O_7$ / H_2SO_4, H_2O)

OH

$Na_2Cr_2O_7$

H_2SO_4, H_2O

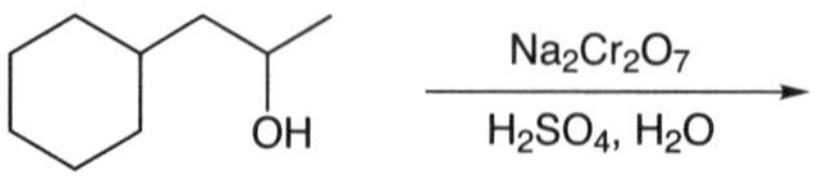

5.5

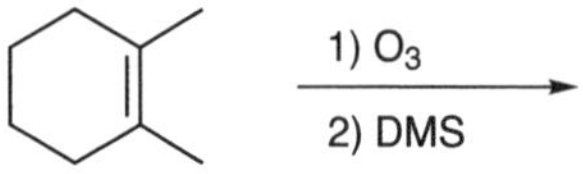

1) O_3

2) DMS

5.6

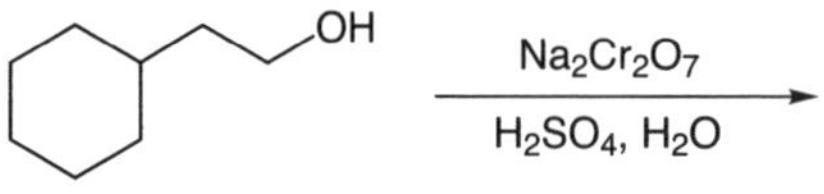

OH

$Na_2Cr_2O_7$

H_2SO_4, H_2O

5.7

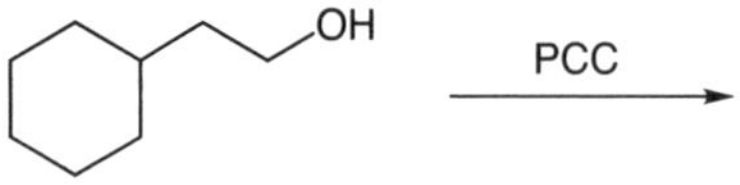

OH

PCC

Não é suficiente apenas "reconhecer" os reagentes quando você os vê (conforme fizemos nos problemas anteriores). Na realidade, você precisa conhecer os reagentes suficientemente bem para escrever seus nomes quando não estiverem à sua frente. Vamos praticar um pouco:

EXERCÍCIO 5.8 Identifique os reagentes que você utilizaria para obter a transformação vista a seguir:

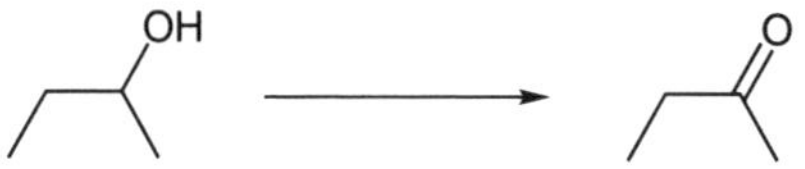

OH → O

Resposta Neste caso, um álcool secundário tem que ser convertido em uma cetona. Então, não precisamos utilizar o PCC. Apenas precisaríamos do PCC se tentássemos converter um álcool primário em um aldeído. Neste caso, o PCC é desnecessário. No lugar dele, utilizaríamos ou dicromato de sódio e ácido sulfúrico ou o reagente de Jones:

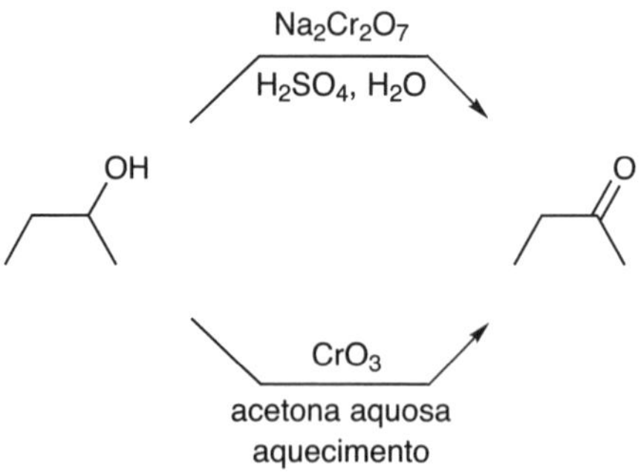

$Na_2Cr_2O_7$

H_2SO_4, H_2O

OH

O

CrO_3

acetona aquosa

aquecimento

PROBLEMAS Identifique os reagentes que você utilizaria para obter cada uma das transformações vistas a seguir. Tente não olhar os problemas anteriores enquanto estiver resolvendo estes problemas.

5.9

5.10

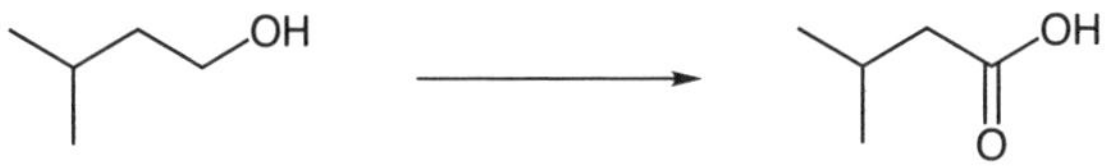

5.11

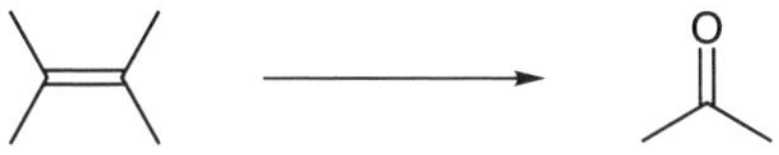

5.12

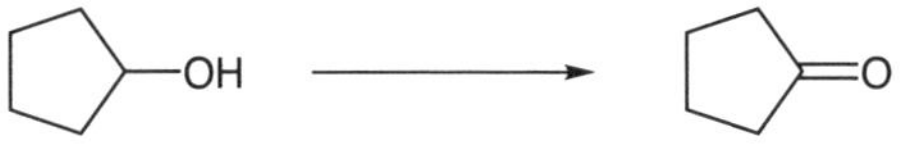

5.2 ESTABILIDADE E REATIVIDADE DAS LIGAÇÕES C=O

As cetonas e os aldeídos são muito semelhantes entre si em termos de estrutura:

cetona aldeído

Portanto, eles são muito semelhantes entre si em termos de reatividade. A maioria das reações que veremos neste capítulo pode ser utilizada tanto com cetonas quanto com aldeídos. Dessa maneira, faz sentido aprender simultaneamente a respeito das cetonas e dos aldeídos.

Porém, antes de iniciarmos, precisamos saber algumas informações básicas sobre as ligações C═O. Comecemos com um pouco da terminologia que vamos utilizar em todo o capítulo. Em vez de usar a expressão "ligação dupla C═O", vamos chamá-la de *grupo carbonila*. Este termo NÃO é utilizado em nomenclatura. Você nunca verá o termo "carbonila" constando do nome IUPAC de um composto. Na verdade, é apenas um termo que utilizamos ao falar de mecanismos, de modo a podermos nos referir rapidamente à ligação C═O sem termos que dizer "ligação dupla C═O" o tempo todo.

Não confunda o termo "carbonila" com o termo "acila". O termo "acila" é usado para se referir a um grupo carbonila *juntamente com* um grupo alquila:

carbonila acila

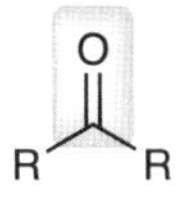

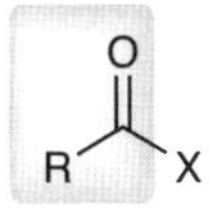

Utilizaremos o termo "acila" no próximo capítulo. Porém, aqui, vamos nos concentrar no grupo carbonila.

Se quisermos saber como reage um grupo carbonila, devemos primeiramente considerar os efeitos eletrônicos (as posições δ+ e δ–). Sempre são dois fatores a explorar: indução e ressonância. Se começamos pela indução, observamos que o oxigênio é mais eletronegativo do que o carbono e, portanto, o átomo de oxigênio retira densidade eletrônica:

Como resultado, o átomo de carbono do grupo carbonila é δ+ e o átomo de oxigênio é δ–.

Em seguida, abordamos a ressonância:

E, uma vez mais, vemos que o átomo de carbono é δ+ e o átomo de oxigênio é δ–, desta vez devido à ressonância. Desse modo, indução e ressonância fornecem a mesma imagem:

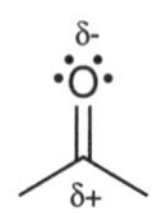

Isto quer dizer que o átomo de carbono é muito eletrofílico e o átomo de oxigênio é muito nucleofílico. Apesar de existirem muitas reações envolvendo o átomo de oxigênio funcionando como nucleófilo, você provavelmente não verá nenhuma dessas reações no seu curso de química orgânica. Assim, vamos concentrar toda a nossa atenção neste capítulo no átomo de carbono de um grupo carbonila. Veremos *como* o átomo de carbono se comporta como eletrófilo, *quando* ele se comporta como eletrófilo e *o que acontece após* ele se comportar como eletrófilo.

A geometria de um grupo carbonila facilita o comportamento do átomo de carbono como eletrófilo. Vimos no volume 1 deste livro que os átomos de carbono com hibridização sp^2 possuem geometria triangular plana:

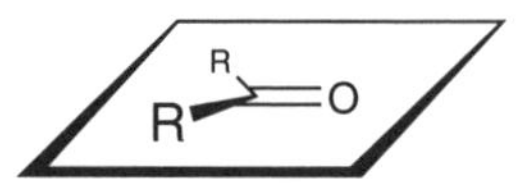

Isto facilita o ataque do nucleófilo sobre o grupo carbonila, porque não há impedimento estérico que bloqueie a entrada do nucleófilo:

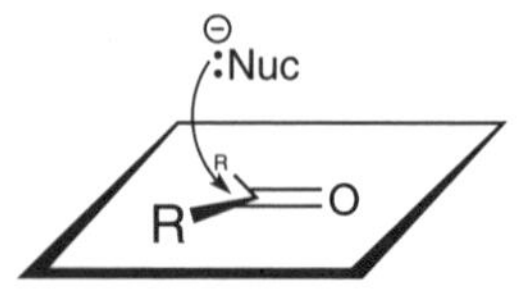

Neste capítulo, veremos muitos tipos diferentes de nucleófilos que podem atacar um grupo carbonila. De fato, todo este capítulo será organizado com base nos tipos de nucleófilos que podem atacar. Vamos começar com os nucleófilos de hidrogênio e continuaremos com nucleófilos de oxigênio, nucleófilos de enxofre, nucleófilos de nitrogênio e, finalmente, nucleófilos de carbono. Esta abordagem (dividindo o capítulo com base nos tipos de nucleófilos) pode ser algo diferente do seu livro-texto. Porém, felizmente, a ordem que utilizamos aqui vai ajudá-lo a visualizar a similaridade entre as reações.

Há mais um aspecto dos grupos carbonila que temos de mencionar antes de iniciarmos. Os grupos carbonila são termodinamicamente muito estáveis. Em outras palavras, a formação de um grupo carbonila é geralmente um processo que ocorre com diminuição de energia. Por outro lado, a conversão de uma ligação C═O em uma ligação C—O é geralmente um processo que ocorre com aumento de energia. Como resultado, a formação de um grupo carbonila frequentemente é a força motriz de uma reação. Vamos usar este argumento muitas vezes neste capítulo, então, certifique-se de estar preparado para isso. Os mecanismos discutidos neste capítulo serão explicados em termos da estabilidade dos grupos carbonila.

Agora vamos apenas resumir rapidamente as características importantes que vimos até este momento. O átomo de carbono (de um grupo carbonila) é eletrofílico, e é facilmente atacado por um nucleófilo (há MUITOS tipos diferentes de nucleófilos que podem atacá-lo). Também vimos que um grupo carbonila é muito estável. Assim, a formação de um grupo carbonila pode servir de força motriz.

Estes princípios nos guiarão em todo o restante do capítulo e eles podem ser resumidos da seguinte forma:

- Um grupo carbonila pode ser atacado por um nucleófilo e
- Depois que um grupo carbonila for atacado, ele tentará se reformar, caso possível.

5.3 NUCLEÓFILOS DE H

Vamos agora explorar os vários nucleófilos que podem atacar cetonas e aldeídos. Nesta seção, vamos dividir todos os nucleófilos em categorias e, então, nos concentrar nos nucleófilos de hidrogênio. Eu os chamo de nucleófilos "de hidrogênio" porque são fontes de um átomo de hidrogênio negativamente carregado (que chamaremos de íon "hidreto") que pode atacar uma cetona ou um aldeído. A maneira mais simples de obter um íon hidreto é a partir do hidreto de sódio (NaH). Este composto é iônico e, portanto, constituído de íons Na^+ e H^- (da mesma forma que o NaCl é constituído de íons Na^+ e Cl^-). Assim, o NaH certamente é uma boa fonte de íons hidreto.

No entanto, você não verá nenhuma reação em que utilizamos o NaH como fonte de *nucleófilos* de hidreto. Como se sabe, o NaH é uma base muito forte, mas não é um nucleófilo forte. Trata-se de um excelente exemplo de como basicidade e nucleofilicidade NÃO são paralelas uma à outra. A razão disto nos remete ao volume 1 deste livro. Tente lembrar-se da diferença entre basicidade e nucleofilicidade. Vamos rever este ponto bem rapidamente.

A força de uma base é determinada pela *estabilidade* da carga negativa. Uma carga negativa instável corresponde a uma base forte, enquanto uma carga negativa estabilizada corresponde a uma base fraca. Contudo, a nucleofilicidade NÃO é baseada na estabilidade. A nucleofilicidade é baseada na *polarizabilidade*. A polarizabilidade descreve a capacidade de um átomo ou uma molécula distribuir sua densidade eletrônica desigualmente em resposta a influências externas. Átomos maiores são mais polarizáveis e, dessa maneira, são nucleófilos fortes, enquanto átomos menores são menos polarizáveis e, assim, são nucleófilos fracos.

Com isto em mente, podemos entender por que o H^- é uma base forte, mas não um nucleófilo forte. Ele é uma base forte, porque o hidrogênio não estabiliza bem a carga. Mas, quando consideramos a nucleofilicidade do H^-, temos que observar a polarizabilidade do átomo de hidrogênio. O hidrogênio é o menor dos átomos e, portanto, o menos polarizável. Assim, não se observa geralmente o H^- se comportando como nucleófilo.

Agora podemos entender por que não utilizamos o NaH como uma fonte de um nucleófilo de hidrogênio. É verdade que ele é uma base excelente, e você verá o NaH ser utilizado diversas vezes neste livro. Mas ele sempre será usado como uma *base* forte; nunca como um *nucleófilo*. Assim, como formamos um nucleófilo de hidrogênio?

Embora o H^- em si não possa ser utilizado como nucleófilo, há muitos reagentes que podem servir de "agente de liberação" de H^-. Por exemplo, considere a estrutura do boroidreto de sódio ($NaBH_4$):

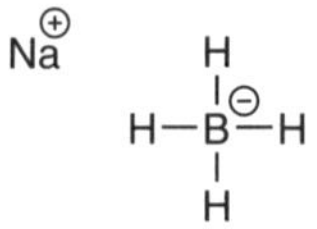

Se observarmos a tabela periódica, veremos que o boro está na Coluna 3A e, portanto, tem três elétrons de valência. Dessa maneira, ele pode formar três ligações. Mas no boroidreto de sódio (visto na figura anterior), o átomo de boro central tem *quatro* ligações. Então, ele tem que estar usando um elétron extra e, dessa forma, tem uma carga negativa formal (você pode ignorar o íon sódio, Na^+, porque ele é apenas o contraíon). Este reagente pode servir de agente de liberação de H^-, conforme pode ser visto no exemplo a seguir:

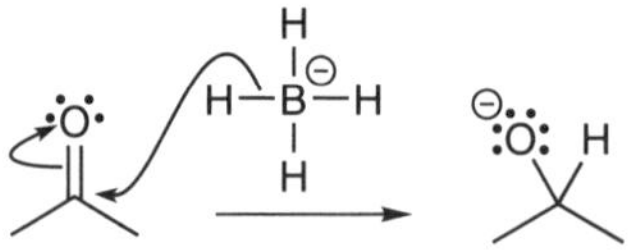

Observe que, na realidade, o H^- nunca existe por si só nesta reação. Ao contrário, o H^- é "liberado" de um lugar para outro. Trata-se de uma boa coisa, pois o H^- por si só não serviria de nucleófilo (conforme vimos anteriormente). Porém, o boroidreto de sódio pode servir como fonte de um nucleófilo de hidrogênio, porque o átomo de boro central é algo polarizável. A polarizabilidade do átomo de boro permite que todo o composto sirva como um nucleófilo e *libere* um íon hidreto para atacar a cetona. Agora, é verdade que o boro não é tão grande e, portanto, não é muito polarizável. Como resultado, o $NaBH_4$ é um nucleófilo um tanto fraco. De fato, logo veremos que o $NaBH_4$ é seletivo com quem ele vai reagir. Ele não reage com todos os grupos carbonila (por exemplo, ele não reage com um éster). Mas ele reage com cetonas ***e*** com aldeídos (e eis o nosso foco neste capítulo).

Há outro reagente comum muito semelhante ao boroidreto de sódio, mas muito mais reativo. Este reagente é chamado de hidreto de alumínio e lítio ($LiAlH_4$ ou simplesmente HAL):

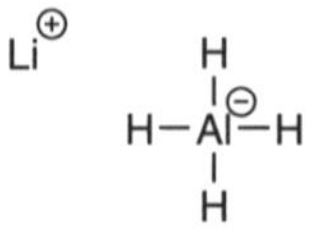

Este reagente é muito semelhante ao $NaBH_4$, porque o alumínio também está na Coluna 3A da tabela periódica (diretamente abaixo do boro). Então, ele também tem três elétrons de valência. Na estrutura vista na figura anterior, o átomo de alumínio tem quatro ligações, razão pela qual ele tem uma carga negativa. Exatamente como vimos com o $NaBH_4$, o HAL também é uma fonte de nucleófilo de H^-. Mas compare estes dois reagentes — o alumínio é maior que o boro. Isto significa que ele é mais polarizável e, dessa forma, o HAL é um nucleófilo muito melhor que o $NaBH_4$. O HAL reagirá com quase todo grupo carbonila (não apenas com cetonas e aldeídos).

Mais adiante será muito importante que o HAL seja mais reativo que o $NaBH_4$. Mas, por ora, estamos falando sobre o ataque nucleofílico a cetonas e aldeídos; e tanto o $NaBH_4$ quanto o HAL reagem com cetonas e aldeídos.

Além do $NaBH_4$ e do HAL, existem outras fontes de nucleófilos de hidrogênio, mas estes dois são os reagentes mais comuns. Você deverá procurar em seu livro-texto e anotações de aula para ver se tem que se familiarizar com quaisquer outros nucleófilos de hidrogênio.

Agora vamos examinar mais atentamente o que pode acontecer depois que um nucleófilo de hidrogênio atacar um grupo carbonila. Conforme vimos, o reagente ($NaBH_4$ ou HAL) pode liberar um íon hidreto para o grupo carbonila da seguinte maneira:

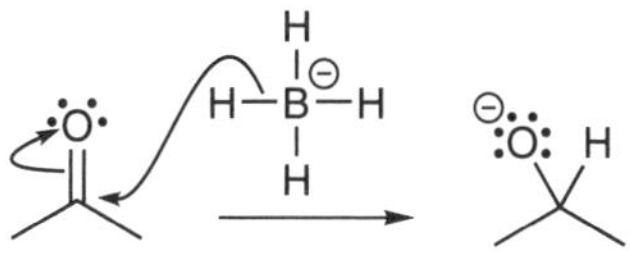

No início deste capítulo, consideramos duas regras importantes que regem o comportamento de um grupo carbonila:

- ele é facilmente atacado por nucleófilos (conforme vimos na etapa anterior) e
- depois de um grupo carbonila ser atacado, ele tentará se reformar, se possível. Agora, precisamos entender o que significa quando dizemos "se possível".

Na tentativa de reformar o grupo carbonila, entendemos que o átomo de carbono central não pode formar uma quinta ligação:

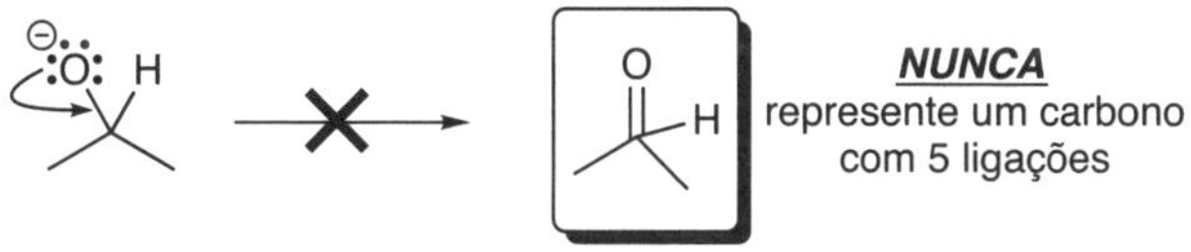

NUNCA
represente um carbono com 5 ligações

Isto seria impossível, porque o carbono só tem quatro orbitais para usar. Desse modo, para o grupo carbonila se reformar, tem que ser expulso de um grupo de saída, como é visto a seguir:

Assim, apenas precisamos saber que grupos podem se comportar como grupos de saída. Felizmente, há uma regra simples que pode guiar você: NUNCA expulse o H^- ou o C^- (há algumas exceções a esta regra, que veremos mais tarde, mas, a menos que você reconheça que está lidando com uma das raras exceções, NÃO expulse o H^- ou o C^-). Por exemplo, nunca faça o que é visto a seguir:

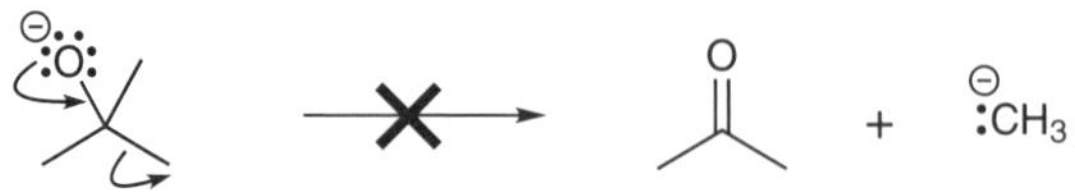

E nunca faça isto:

Acabamos de aprender uma regra geral simples. Agora tentemos aplicar esta regra para determinar o resultado que se espera quando uma cetona ou um aldeído é tratado com um nucleófilo de hidrogênio. Uma vez mais, a primeira etapa foi para o nucleófilo de hidrogênio atacar o grupo carbonila:

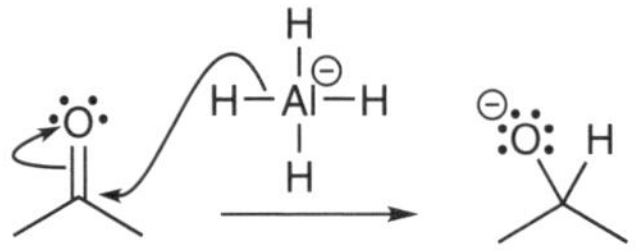

Agora consideremos o que possivelmente pode acontecer em seguida. Para o grupo carbonila ser refeito, tem que ser expulso um grupo de saída. Mas não há grupos de saída neste caso. A carbonila não pode ser refeita expulsando o C^-:

E ela não pode ser refeita expulsando o H^-:

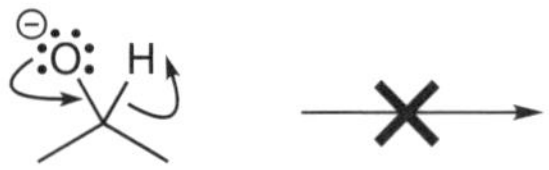

E ela não pode ser refeita expulsando o C^-:

Assim, ficamos presos. Uma vez que o nucleófilo de hidrogênio libera o H^- para o grupo carbonila, então, não será possível o grupo carbonila ser refeito. Logo, a reação está completa, e ela apenas aguarda que introduzamos uma fonte de prótons para extinguir a reação (para protonar o íon alcóxido). Para realizar essa protonação, podemos introduzir água ou H_3O^+ como fonte de prótons:

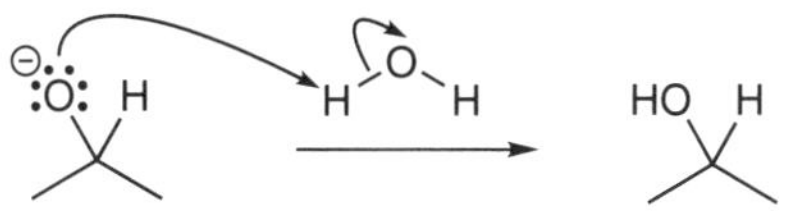

Independentemente da natureza da fonte de prótons que adicionarmos ao balão de reação depois de a reação ser concluída, o produto desta reação será um álcool.

Sempre que você estiver utilizando esta transformação em uma síntese, tem que mostrar claramente que a fonte de prótons é adicionada DEPOIS de a reação ter ocorrido:

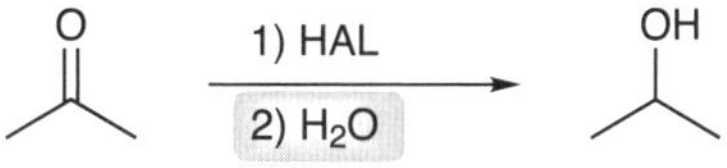

Em outras palavras, é importante mostrar que o HAL e a água são ***duas etapas separadas***. ***Não*** mostre da maneira vista a seguir:

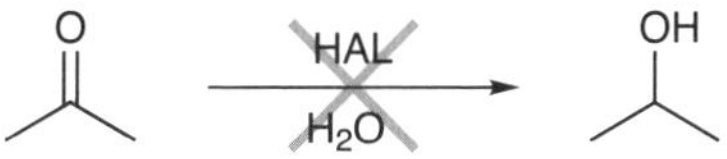

Isto significaria que o HAL e a H_2O estão presentes ao mesmo tempo, e isto não é possível. O HAL reagiria violentamente com a água formando H_2 gasoso (porque o H^+ e o H^- reagiriam entre si).

Como se sabe, o $NaBH_4$ é uma fonte mais suave de hidreto e, portanto, o $NaBH_4$ pode estar presente ao mesmo tempo que a fonte de prótons:

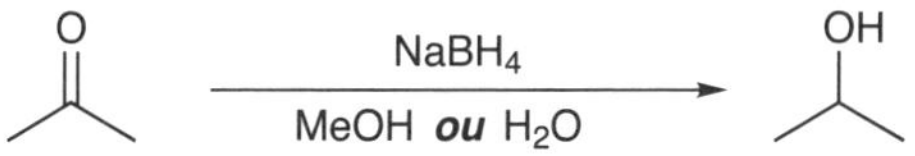

Fontes comuns de prótons incluem o MeOH e a água (às vezes, você pode ver o EtOH). Observe que não mostramos o processo como duas etapas separadas. Quando você está lidando com o HAL, tem que mostrar duas etapas (uma etapa para o HAL e outra etapa para a fonte de prótons), mas, quando você está lidando com o $NaBH_4$, deverá mostrar a fonte de prótons na mesma etapa do $NaBH_4$.

HAL e $NaBH_4$ são reagentes muito úteis. Eles permitem que *reduzamos* uma cetona ou um aldeído, o que é importante quando você entende que já aprendemos o processo inverso:

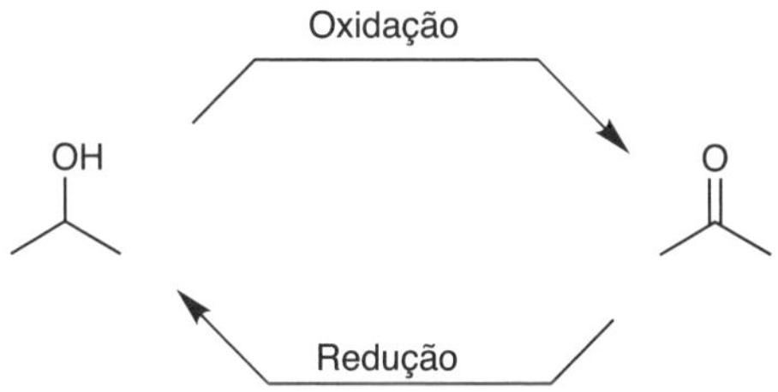

Estas duas transformações serão *tremendamente* úteis quando você estiver tentando resolver problemas de síntese posteriormente. Você ficaria surpreso com o número de problemas de síntese que envolvem a conversão entre álcoois e cetonas. Você precisa ter estas duas transformações na palma da mão.

EXERCÍCIO 5.13 Preveja o produto principal da reação vista a seguir:

O H NaBH$_4$ MeOH

Resposta O composto de partida é um aldeído e está sendo tratado com boroidreto de sódio. Este nucleófilo de hidrogênio *libera* H$^-$ para o aldeído, e o grupo carbonila não pode ser refeito, porque não existe um grupo de saída. Neste caso, o metanol serve de fonte de prótons, e será obtido um álcool:

O H NaBH$_4$ MeOH OH

PROBLEMAS Preveja o produto principal de cada uma das reações vistas a seguir:

5.14 O 1) HAL 2) H_2O

5.15 O H NaBH$_4$ MeOH

5.16 OH PCC

5.17 O H NaBH$_4$ MeOH

5.18 1) O_3 2) DMS 3) HAL 4) H_2O

EXERCÍCIO 5.19 Represente o mecanismo da transformação vista a seguir:

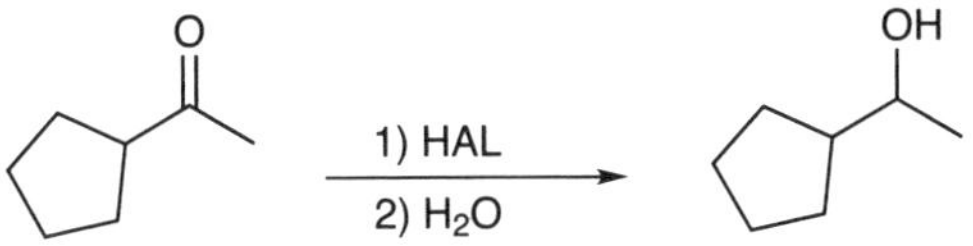

1) HAL
2) H_2O

Resposta Primeiramente, o HAL libera um íon hidreto para a cetona. Em seguida, o grupo carbonila não pode ser refeito, de modo que o intermediário aguarda um próton da água, na etapa seguinte:

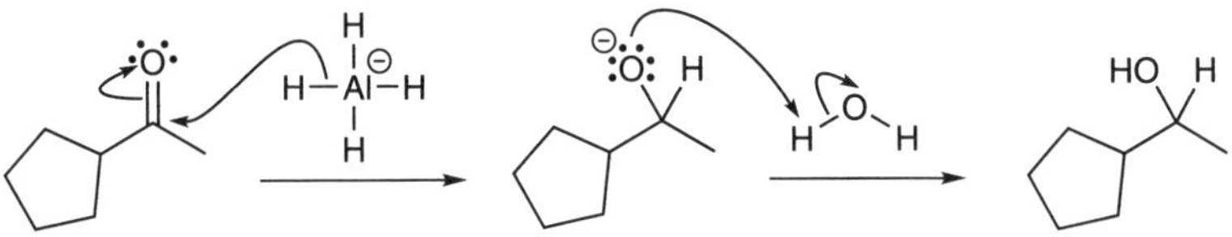

PROBLEMAS Proponha um mecanismo para cada uma das seguintes transformações. Os problemas vistos a seguir provavelmente parecerão muito fáceis — mas faça-os assim mesmo. Essas setas básicas precisam tornar-se *rotina* para você, porque vamos aumentar a complexidade na seção seguinte, e você vai querer ter este conhecimento básico dominado:

5.20 1) HAL; 2) H_2O → CH_3OH

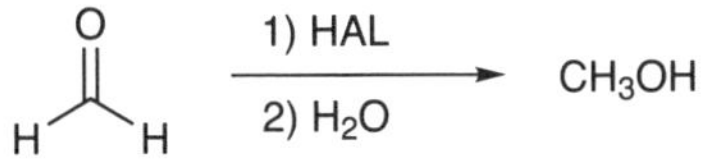

5.21 $NaBH_4$; MeOH

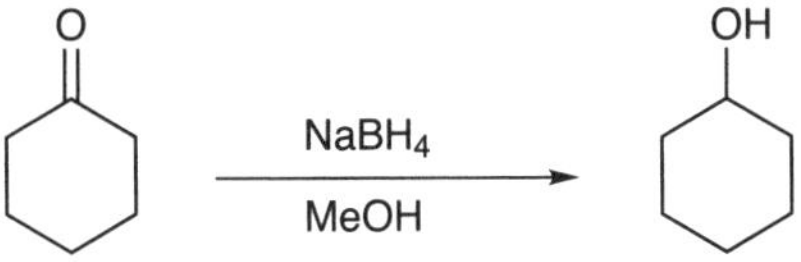

5.22 1) excesso de HAL; 2) excesso de H_2O

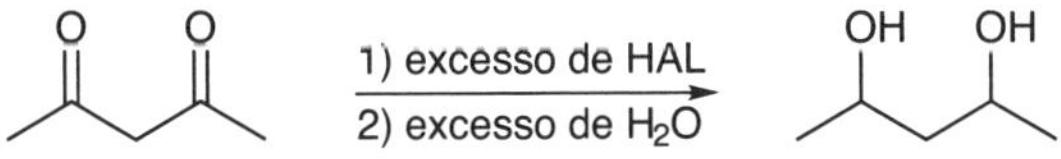

5.4 NUCLEÓFILOS DE O

Nesta seção, vamos concentrar nossa atenção nos nucleófilos de oxigênio. Comecemos explorando o que acontece quando um álcool funciona como nucleófilo e ataca uma cetona ou um aldeído.

Atenção: o mecanismo que vamos examinar é um dos mecanismos mais longos que você encontrará neste curso. Porém, é incrivelmente importante, pois ele é a base de muitos outros mecanismos. Se você puder dominar este mecanismo, então, estará realmente em boa forma para passar adiante. E para ser honesto, não existe outra opção: você TEM DE dominar este mecanismo. Assim, prepare-se para ler todas as páginas a seguir lentamente e, então, para reler todas as páginas quantas vezes forem necessárias até conhecer profundamente este mecanismo.

Os álcoois são nucleófilos porque o átomo de oxigênio tem pares isolados que podem atacar um eletrófilo:

Quando um álcool ataca um grupo carbonila, é gerado um intermediário que deve nos lembrar do intermediário que foi formado na seção anterior:

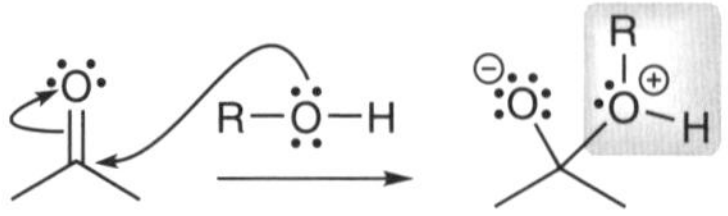

Observe a semelhança com o ataque do hidreto que exploramos na seção anterior:

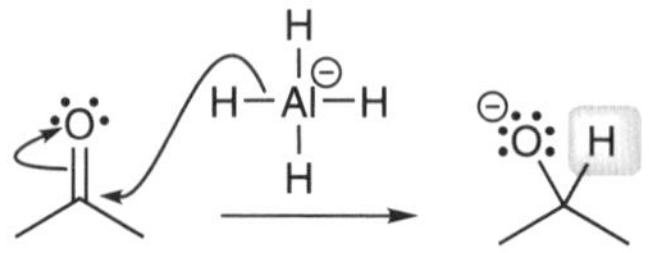

Porém, há uma grande diferença neste caso. Quando investigamos o ataque de um nucleófilo de hidrogênio na seção anterior, argumentamos que o grupo carbonila não poderia ser refeito depois do ataque porque não havia um grupo de saída. Porém, agora, nesta seção (com um álcool se comportando como nucleófilo), existe um grupo de saída. Assim, *é* possível que o grupo carbonila seja refeito:

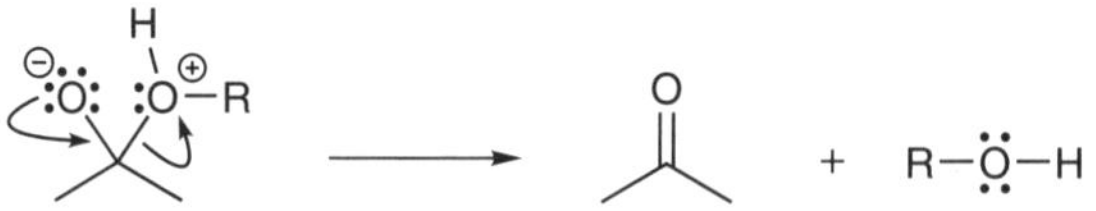

O nucleófilo que ataca (ROH) pode se comportar como grupo de saída. Porém, é claro que isto nos leva de volta ao ponto onde começamos. Logo que uma molécula de álcool ataca o grupo carbonila, ela é imediatamente expulsa e não há nenhuma reação líquida.

Assim, vamos explorar outras vias possíveis para verificar se há uma reação que possa ocorrer. Antes de mais nada, temos que entender que o ataque de um álcool é muito mais lento do que o ataque de um nucleófilo de hidrogênio, porque os álcoois não têm uma carga negativa e não são nucleófilos fortes. Então, se queremos acelerar a reação, seria conveniente tornar o nucleófilo mais nucleofílico (por exemplo, usando RO^- em vez de ROH):

Teoricamente, isto aceleraria a reação, mas, nestas condições, teríamos o mesmo problema que tivemos há alguns instantes. Não podemos evitar que o grupo carbonila seja refeito. O intermediário inicial apenas ejetaria o nucleófilo, e estaríamos exatamente de volta ao ponto em que iniciamos:

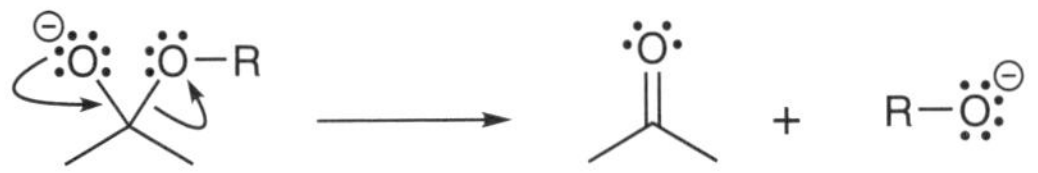

Assim, vamos fazer uma abordagem ligeiramente diferente. Em vez de tornar o nucleófilo mais nucleofílico, vamos nos concentrar em tornar o eletrófilo mais eletrofílico. Portanto, vamos nos concentrar no eletrófilo da nossa reação:

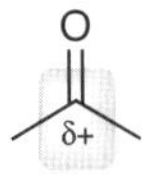

Como tornar um grupo carbonila ainda mais eletrofílico? Introduzindo uma pequena quantidade de um catalisador ácido no balão de reação:

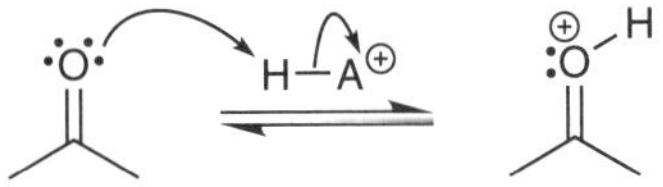

A cetona protonada resultante é significativamente mais eletrofílica (esta espécie contém uma carga positiva, tornando o grupo carbonila mais deficiente em elétrons). Isto é MUITO IMPORTANTE, pois veremos isto muitas vezes em todo este capítulo. Muitos ácidos podem ser utilizados para este fim, inclusive o H_2SO_4. Ao representarmos o mecanismo da protonação de uma cetona na presença de um catalisador ácido, deveremos reconhecer que a natureza do ácido (H—A$^+$) é mais provavelmente a de um álcool protonado, que recebeu seu próton extra do H_2SO_4.

Assim, a protonação da cetona muito provavelmente ocorre da maneira vista a seguir:

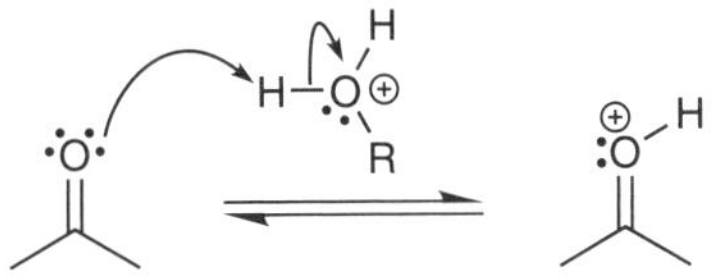

À medida que continuarmos a discutir este mecanismo, mostraremos somente o H—A$^+$ como fonte de prótons, e espera-se que você entenda que a natureza do H—A$^+$ é provavelmente a de um álcool protonado.

Agora que a cetona foi protonada tornando-a mais eletrofílica, consideremos o que acontece se uma molécula de álcool funciona como nucleófilo e ataca a cetona protonada:

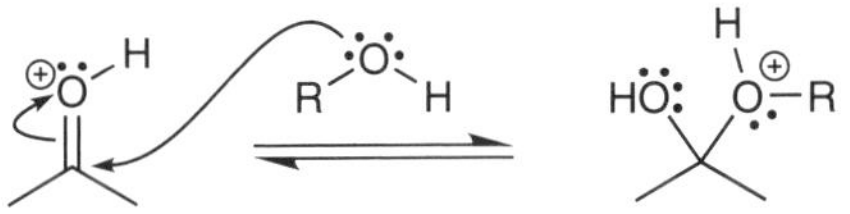

Isto dá um intermediário que tem uma geometria tetraédrica (a cetona inicial tinha hibridização sp^2 e, portanto, era plana triangular, mas este intermediário agora tem hibridização sp^3 e, dessa maneira, é tetraédrico). Então, vamos nos referir a este intermediário como um "intermediário tetraédrico".

Este intermediário tetraédrico não nos dá o mesmo problema? Ele simplesmente não expele um grupo de saída para formar novamente a cetona protonada?

Sim, isto ***pode*** acontecer. De fato, ***acontece*** — na maioria das vezes. Esta é de fato a razão pela qual estamos utilizando setas de equilíbrio, destacadas a seguir:

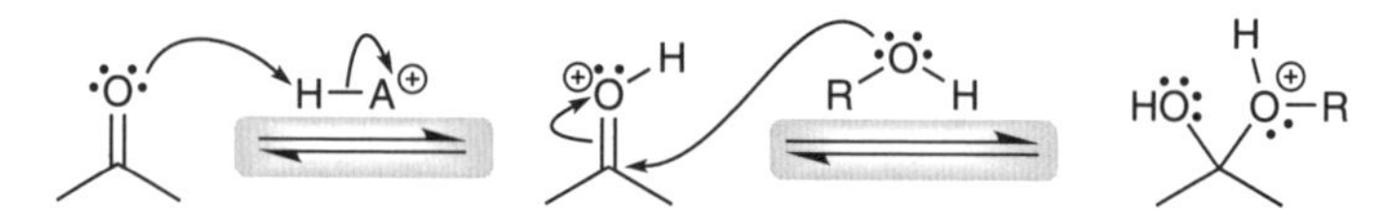

Então, é verdade que há um equilíbrio entre os processos direto e inverso. Mas, de vez em quando, algo mais pode acontecer com o intermediário tetraédrico. Existe uma maneira diferente pela qual o grupo carbonila pode ser refeito:

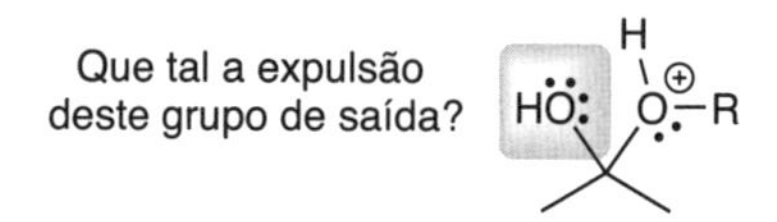

Em outras palavras, estamos explorando se o HO^- pode ser expulso ou não como um grupo de saída, o que teoricamente deverá funcionar porque dissemos antes que qualquer coisa pode ser expulsa exceto H^- e C^-. Ademais, *não podemos expulsar o HO^- em condições ácidas*. Em vez disso, ele terá que ser protonado antes, o que o converte em um grupo de saída melhor (isto é MUITO IMPORTANTE — tenha certeza de que esta regra faz parte de sua maneira de pensar — NUNCA expulse o HO^- em condições ácidas — sempre protone-o primeiro). A seguir, representamos as etapas de transferência de prótons:

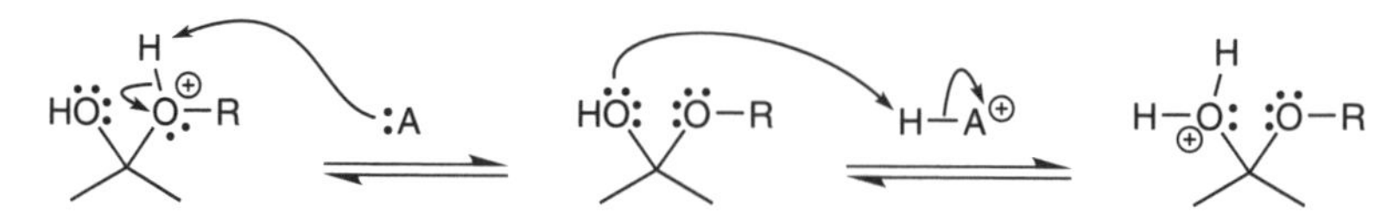

Observe que, primeiramente, desprotonamos para formar um intermediário sem nenhuma carga e, somente então, protonamos. Nós escolhemos especificamente esta ordem (primeiro, protonar, então, desprotonar) para evitar termos um intermediário com duas cargas positivas. Esta é outra regra importante que você deverá incluir em sua maneira de pensar de agora em diante. Evite intermediários com duas cargas semelhantes. Agora, há sempre alguns alunos espertos que tentam combinar as duas etapas anteriores em uma só, transferindo um próton intramolecularmente, como é visto a seguir:

Embora isto possa fazer sentido, na realidade não ocorre dessa maneira porque o átomo de oxigênio e o próton simplesmente estão muito separados para transferir um próton intramolecularmente. Portanto, você deve, primeiramente, remover um próton e, só então, protonar (e é provavel que ele não seja exatamente o mesmo próton removido).

O resultado das nossas duas etapas de transferência de prótons separadas é o intermediário visto a seguir:

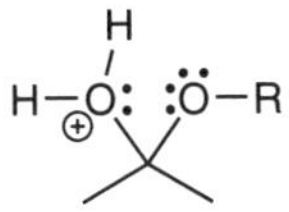

E agora estamos prontos para expulsar o grupo de saída (que agora é o H_2O, em lugar do HO^-) de modo a formar novamente o grupo carbonila, como é visto a seguir:

Este novo intermediário ***realmente*** tem um grupo carbonila, ***mas*** não há uma maneira fácil de remover a carga. Você simplesmente não pode perder R^+ da maneira que pode perder um próton:

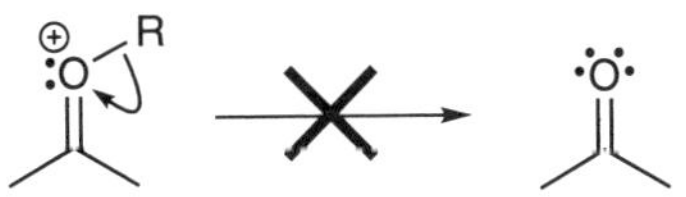

Porém, existe outra maneira de removermos a carga. Este intermediário pode ser atacado por *outra* molécula de álcool, exatamente como a cetona protonada foi atacada no início do mecanismo:

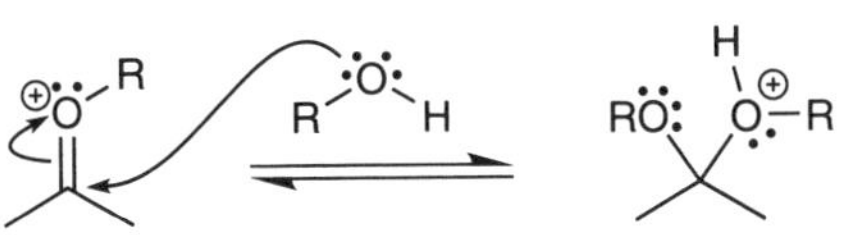

E, finalmente, a remoção de um próton nos dá o produto:

Todo o processo pode ser resumido como é visto a seguir:

Para certificarmos que entendemos alguns dos aspectos fundamentais deste mecanismo, vamos examinar atentamente todo o processo de uma só vez. São sete etapas:

Primeiro, concentremos nossa atenção em todas as transferências de prótons em todo o mecanismo. Quatro das etapas anteriores são etapas de transferência de prótons. Duas delas envolvem protonação e duas envolvem desprotonação. Assim, ao final, o ácido não é consumido pela reação. Aqui ele é um *catalisador*. De agora em diante, colocaremos colchetes em torno do ácido para indicar que sua função é catalítica:

É interessante compreender que *a maioria* das etapas do mecanismo anterior são apenas etapas de transferência de prótons. Há apenas três etapas que são diferentes da transferência de prótons, quais sejam: ataque nucleofílico (com o ROH como nucleófilo), perda de um grupo de saída (H_2O) e outro ataque nucleofílico (novamente com o ROH como o nucleófilo). Todas as transferências de prótons são usadas somente para facilitar estas três etapas (utilizamos transferências de prótons para tornar o grupo carbonila mais eletrofílico, para produzir água como grupo de saída em vez de hidróxido, e para evitar cargas múltiplas). É importante que você veja a reação desta maneira. Vai simplificar muito todo o mecanismo na sua mente.

O esquema visto a seguir NÃO é um mecanismo — as setas nesta representação estão sendo usadas somente para ajudá-lo a rever todas as três etapas críticas de uma única vez:

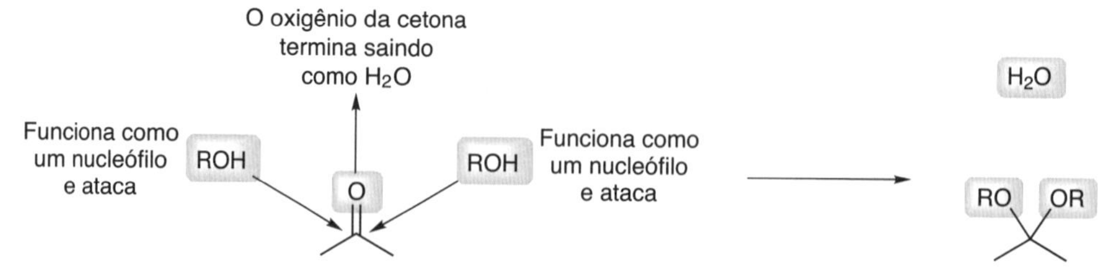

O produto desta reação é chamado de *acetal*. Quando formamos um acetal a partir de uma cetona, há um intermediário que recebe um nome especial, pois é o único intermediário que não tem carga. É chamado de *hemiacetal*, e você pode pensar nele como um "meio caminho" na produção de um acetal:

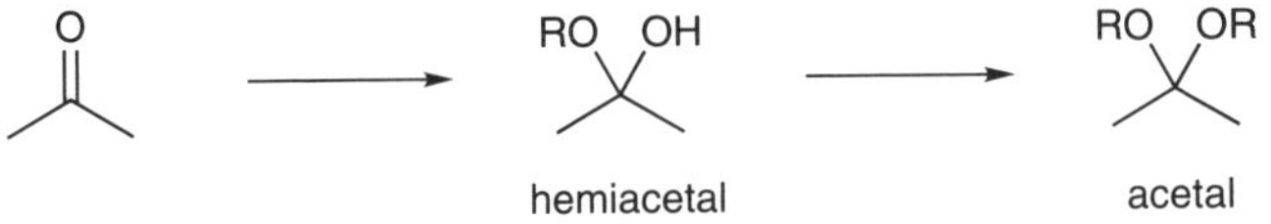

hemiacetal acetal

Damos a ele um nome especial porque teoricamente é possível isolá-lo e armazená-lo em um frasco (embora, em muitos casos, de fato isto seja muito difícil de ser feito) e porque este tipo de intermediário será importante se/quando você aprender bioquímica.

Observe que um acetal não tem um grupo carbonila. Isto quer dizer que o equilíbrio tenderá na direção dos materiais de partida, em vez dos produtos:

+ 2 ROH [H+]

Em outras palavras, se tentarmos realizar esta reação em laboratório, obteremos pouquíssimo produto (se algum). Assim, a questão é: como podemos forçar a reação para formar o acetal? Existe uma forma inteligente para realizar isto e envolve a remoção da água da reação à medida que a reação se processa. Se removermos a água assim que ela é formada, essencialmente vamos interromper o caminho inverso em uma etapa particular (em destaque no mecanismo visto a seguir). É como colocar uma parede que evita a ocorrência da reação inversa:

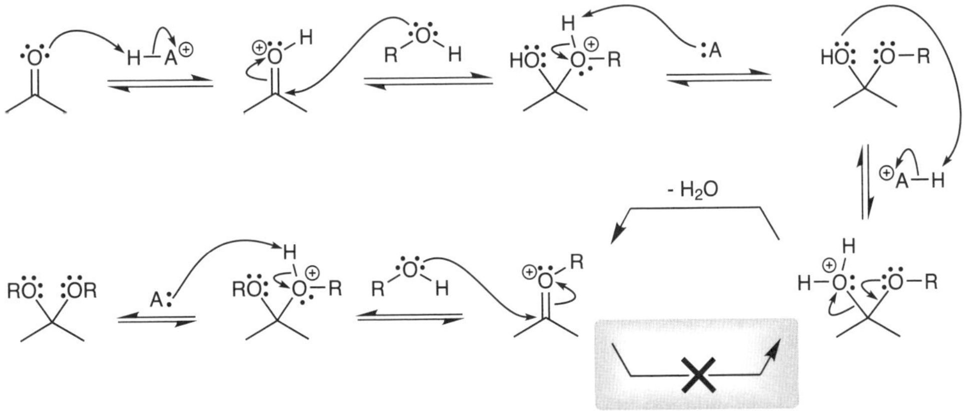

- H_2O

Removendo a água à medida que ela é formada, forçamos a reação até certo ponto. Agora concentremo-nos em todas as etapas (em destaque a seguir) que ocorrem depois da etapa de remoção da água:

Na área em destaque, vemos três estruturas em equilíbrio entre si. Duas delas são de carga positiva e uma delas (o produto) não tem carga. Este equilíbrio agora favorece a formação do produto sem carga.

Em suma, a formação do acetal pode ser favorecida privando o sistema da água. A formação novamente do grupo carbonila exige água, mas não há nenhuma água presente porque ela foi removida. Esta maneira muito inteligente nos permite forçar o equilíbrio a favorecer os produtos ainda que eles sejam menos estáveis do que os reagentes.

No seu livro-texto e anotações de aula, você provavelmente vai explorar a maneira pela qual os químicos removem água da reação à medida que esta se processa. Trata-se da destilação azeotrópica, e há uma vidraria especial que é empregada (chamada de separador de Dean-Stark). Não vou entrar em detalhes sobre a destilação azeotrópica aqui, mas quis apenas fazer uma rápida menção, porque você deverá saber como indicar a remoção da água. Há duas maneiras de mostrar isto:

[H^+]
2 ROH
- H_2O

ou como a seguir:

[H^+]
2 ROH
Dean-Stark

Apenas escrevendo as palavras "Dean-Stark", você está indicando que entende que será necessário remover a água para formar o acetal.

Agora podemos também ver como você inverteria esta reação. Suponha que tenha um acetal e que você deseje convertê-lo de volta a uma cetona. Você simplesmente adiciona água com uma quantidade catalítica de ácido, e o acetal é convertido de volta a uma cetona:

RO OR $\xrightarrow[H_2O]{[H^+]}$ O

Nestas condições, o equilíbrio favorece a formação da cetona. Assim, agora sabemos como converter uma cetona em um acetal e sabemos como converter o acetal de volta a uma cetona:

[H^+]
2 ROH
Dean-Stark

O RO OR

[H^+]
H_2O

É muito importante que estejamos aptos a controlar as condições para levar a reação em uma das direções. Logo veremos por que isto é tão importante. Porém, primeiro, certifiquemo-nos de que estamos confortáveis com o mecanismo da formação do acetal:

EXERCÍCIO 5.23 Proponha um mecanismo para a reação vista a seguir:

HO O OH $\xrightarrow[\text{Dean-Stark}]{[H^+]}$ O O

Resposta Observe que estamos começando com uma cetona e terminando com um acetal. É um pouco complicado de ver, porque tudo está acontecendo de uma forma intermolecular. Em outras palavras, os dois grupos OH alcoólicos estão *ligados* à cetona:

álcool álcool acetal
HO O OH $\xrightarrow[\text{Dean-Stark}]{[H^+]}$ O O
cetona

Assim, o mecanismo deverá seguir a mesma ordem de etapas que o mecanismo que já vimos. A saber, há três etapas críticas (ataque nucleofílico, perda de água e outro ataque nucleofílico) cercadas de muitas etapas de transferência de prótons. As etapas de transferência de prótons são apenas para facilitar estas três etapas. Utilizamos uma transferência de prótons na primeira etapa para tornar o grupo carbonila mais eletrofílico. Então, utilizamos transferências de prótons para formar água (de modo que ela possa sair). E, finalmente, utilizamos uma transferência de prótons para remover a carga e gerar o produto.

Você deve tentar representar o mecanismo desta reação em outro pedaço de papel. Então, quando tiver terminado, poderá comparar seu trabalho com a resposta vista a seguir:

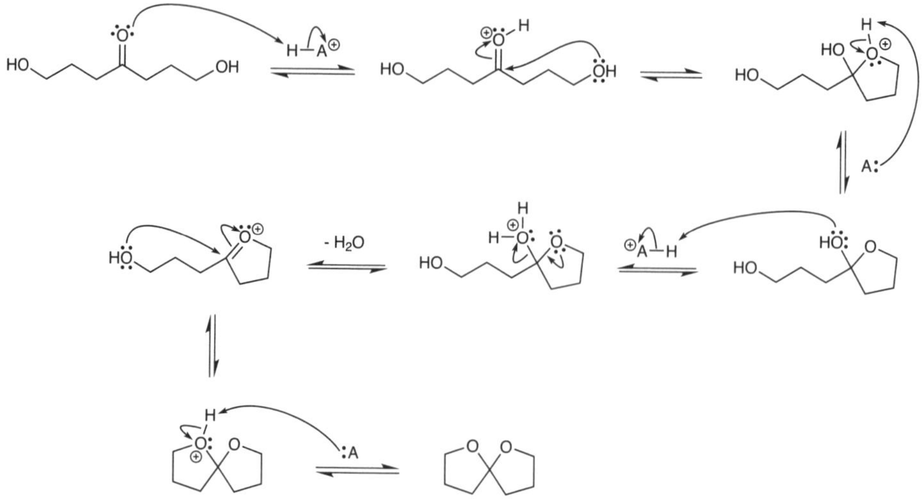

Dissemos antes que este tipo de mecanismo é tão incrivelmente importante porque haverá muito mais reações que são baseadas nos conceitos que desenvolvemos neste mecanismo. Para adquirir prática, você deve resolver os problemas vistos a seguir lenta e metodicamente.

PROBLEMAS Proponha um mecanismo plausível para cada uma das transformações vistas a seguir. Você precisará de uma folha de papel separada para cada mecanismo.

5.24 [H⁺] excesso de EtOH, Dean-Stark → EtO OEt

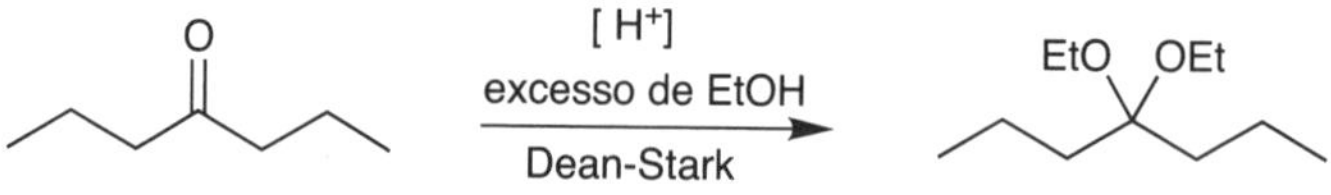

5.25 [H⁺] excesso de MeOH, Dean-Stark → MeO OMe

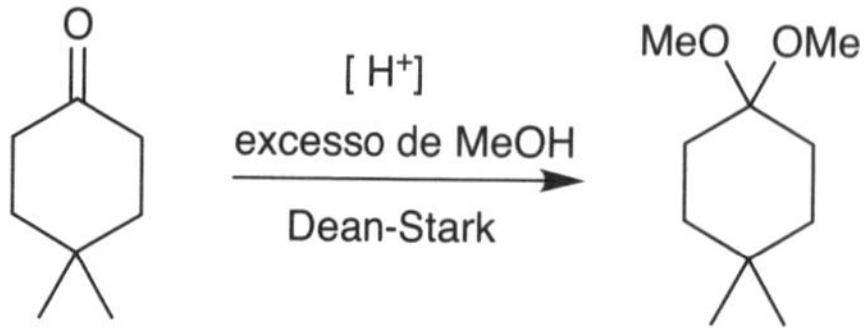

5.26 HO … [H⁺] EtOH, Dean-Stark → O OEt

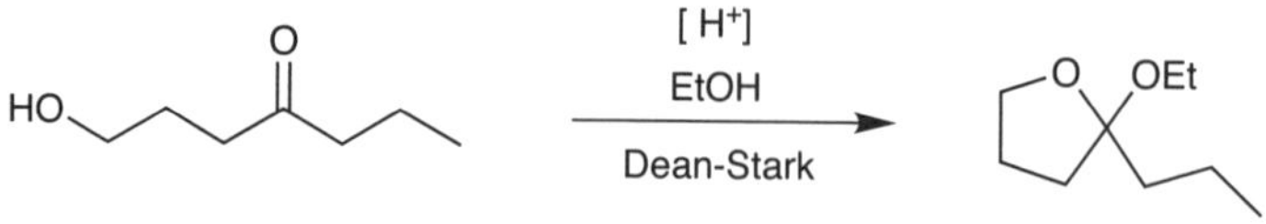

5.27 Existe apenas uma maneira certa de saber se você dominou ou não um mecanismo direto e inverso — você deverá tentar representar o mecanismo ao contrário. É isso mesmo, ao contrário. Por exemplo, represente um mecanismo para a transformação vista a seguir. Certifique-se de primeiro ler meu conselho a seguir antes de tentar representar o mecanismo.

EtO OEt

[H+] / H_2O

O

Meu conselho para este mecanismo é começar no final do mecanismo (com a cetona) e, então, representar o intermediário que você obteria caso estivesse convertendo a cetona a um acetal, como se segue:

EtO OEt

[H+] / H_2O

O

H / O⊕

Continue representando apenas o intermediário, fazendo o caminho ao contrário, até chegar ao acetal. Porém, ***não*** desenhe quaisquer setas curvas ainda. Represente apenas o intermediário, indo de volta da cetona até o acetal. Então, assim que tiver representado todos os intermediários, volte e tente colocar as setas, começando desde o início, com o acetal. Use uma folha de papel separada para desenhar seu mecanismo. Quando tiver terminado, pode comparar sua resposta com a resposta que está no final do livro.

Nesta seção, vimos a reação que ocorre entre uma cetona e ***duas*** moléculas de ROH, na presença de um catalisador ácido e sob as condições de Dean-Stark:

O

[H+] / 2 ROH / - H_2O

RO OR

Vimos um mecanismo no qual a cetona é atacada duas vezes. Esta mesma reação pode ocorrer quando ambos os grupos OH alcoólicos estão na mesma molécula. Isto produz um acetal *cíclico*:

O

HO OH

[H+] / - H_2O

O O

Este tipo de reação pode aparecer diversas vezes nas suas aulas e no livro-texto, então, seria bom se familiarizar com este processo. O diol da reação anterior é chamado de etilenoglicol e a transformação pode ser extremamente útil. Vejamos por quê.

Vimos anteriormente que podemos manipular as condições desta reação para controlar se a cetona é favorecida ou se o acetal é favorecido. O mesmo é válido quando utilizamos etilenoglicol formando um acetal cíclico:

HO OH
[H+]
Dean-Stark
[H+]
H_2O

Isto é importante porque nos permite *proteger* uma cetona de uma reação indesejada. Vejamos um exemplo específico disto (vamos ter que usar algumas páginas para desenvolver este exemplo concreto, então, por favor seja paciente à medida que lê tudo).

Considere o exemplo visto a seguir:

Quando o composto é tratado com excesso de HAL seguido de água, são reduzidos ambos os grupos carbonila:

1) excesso de HAL
2) excesso de H_2O

O HAL ataca a cetona ***e*** o éster. Pode ser difícil ver por que o éster é convertido em um álcool — vamos nos concentrar neste ponto no próximo capítulo. Mas, se você está curioso para testar seu aprendizado, realmente já aprendeu tudo de que precisa para imaginar como um éster é convertido em um álcool na presença de excesso de HAL (lembre-se de sempre formar novamente um grupo carbonila se puder, mas nunca expulse o H^- ou o C^-).

Então, vemos que o HAL vai reduzir ambos os grupos carbonila no composto anterior. Se, em lugar disso, tratamos o composto de partida com excesso de $NaBH_4$, observamos que apenas a cetona é reduzida:

$NaBH_4$
MeOH

O éster ***não*** é reduzido porque o $NaBH_4$ é uma fonte mais branda de hidreto (conforme explicamos anteriormente). Veremos no próximo capítulo que o $NaBH_4$ não reage com ésteres (apenas com cetonas e aldeídos) porque o grupo carbonila de um éster é menos reativo do que o grupo carbonila de uma cetona.

Agora suponha que se queira obter a transformação vista a seguir:

?

Essencialmente, você deseja reduzir o éster, ***mas não*** a cetona. Isto pode parecer impossível, porque os ésteres são menos reativos que as cetonas. Qualquer reagente que reduz um éster deverá também reduzir uma cetona.

Porém, há uma maneira de realizar o objetivo desejado. Suponha que "protegemos" a cetona convertendo-a em um acetal:

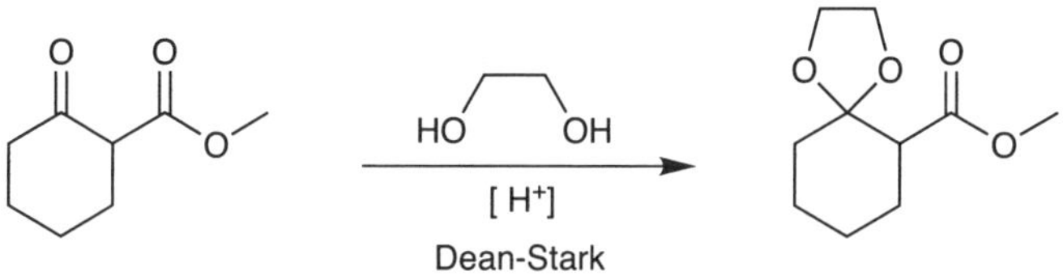

HO OH
[H^+]
Dean-Stark

Apenas a cetona é convertida em um acetal. O grupo carbonila do éster ***não*** é convertido em um acetal (porque os ésteres são menos reativos que as cetonas). Então, estamos utilizando a reatividade da cetona a nosso favor, "protegendo" seletivamente a cetona. Agora, podemos tratar este composto com excesso de HAL, seguido de água, e o acetal não será afetado (os acetais não reagem com bases ou nucleófilos em condições básicas):

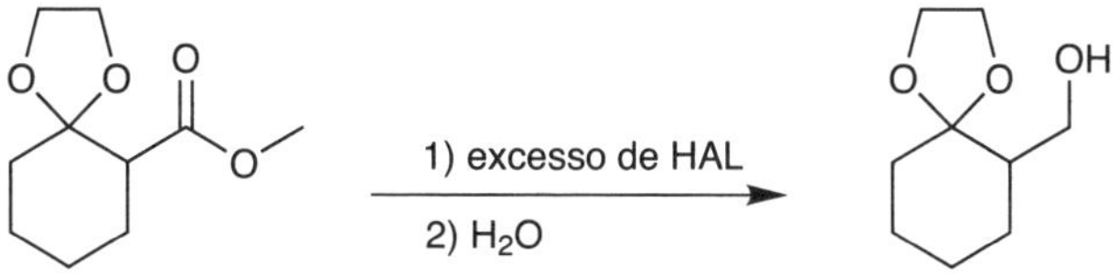

1) excesso de HAL
2) H_2O

Observe que utilizamos água anteriormente na segunda etapa (conforme fizemos quando utilizamos o HAL). Na presença de água, o acetal é removido, mas apenas se as condições são ácidas. Assim, para remover o acetal neste caso, utilizaríamos ácido aquoso, em vez de H_2O, após a redução:

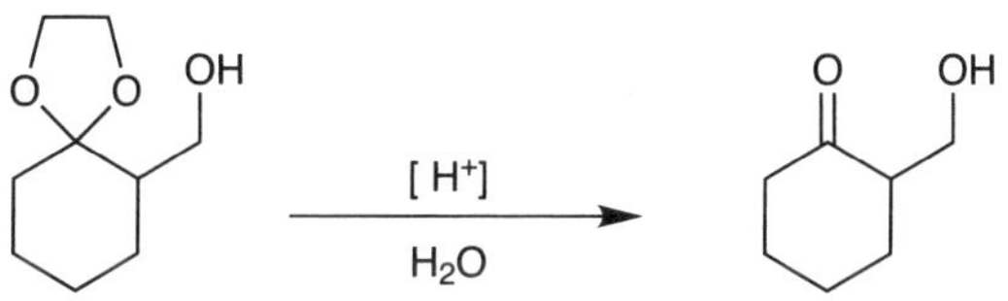

[H^+]
H_2O

Ao final, temos um processo de três etapas para a redução da fração éster, ***sem afetar*** a parte cetona:

HO OH
1) [H^+], Dean-Stark
2) HAL
3) [H^+], H_2O

Vamos discutir mais esta estratégia no próximo capítulo. Por ora, vamos nos concentrar apenas em conhecer bem as reações para prevermos os produtos.

EXERCÍCIO 5.28 Preveja o produto principal da reação vista a seguir:

HO OH
[H^+]
Dean-Stark

Resposta Esta reação utiliza etilenoglicol, então, esperamos um acetal cíclico. Nosso composto de partida tem dois grupos carbonila. Um é uma cetona e o outro é um grupo éster. Vimos que somente as cetonas (não os ésteres) são convertidas em acetais. Então, o produto principal deverá ser o que é visto a seguir:

HO OH
[H^+]
Dean-Stark

PROBLEMAS Preveja o produto principal de cada uma das reações vistas a seguir:

5.29

HO OH
[H^+]
Dean-Stark

5.30

excesso de EtOH
[H^+]
Dean-Stark

5.31

HO OH
[H^+]
Dean-Stark

5.32

excesso de EtOH
[H^+]
Dean-Stark

5.5 NUCLEÓFILOS DE S

O enxofre fica diretamente abaixo do oxigênio na tabela periódica (na Coluna 6A). Portanto, a química dos compostos que contêm enxofre é muito semelhante à química dos compostos que contêm oxigênio. Na seção anterior, vimos um método para converter uma cetona em um acetal:

HO OH
[H^+]
- H_2O
acetal

Da mesma maneira, uma cetona também pode ser convertida em um ***tio***acetal (tio significa enxofre, em vez de oxigênio):

HS SH
BF_3
tioacetal

A principal diferença é que utilizamos o BF_3 no lugar do H^+ para tornar o grupo carbonila mais eletrofílico:

Além desta pequena diferença, produzir um ***tio***acetal é muito semelhante a produzir um acetal. Afinal, eles têm estrutura muito semelhante:

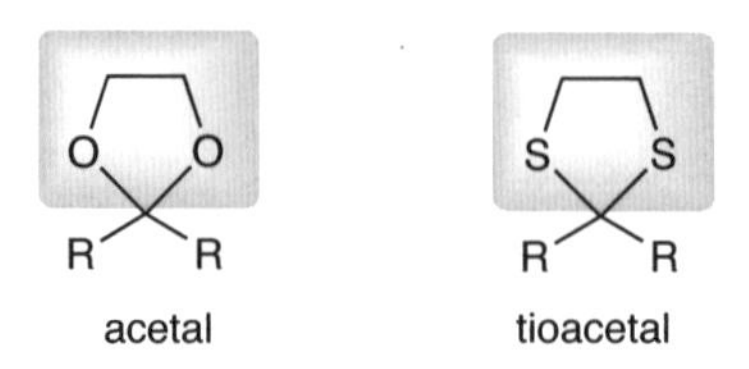

Porém, os tioacetais sofrem uma transformação não observada nos acetais. Especificamente, os tioacetais são reduzidos quando tratados com níquel de Raney:

O níquel de Raney é um níquel finamente dividido sobre o qual existem átomos de hidrogênio adsorvidos. O mecanismo para este processo de redução está além do escopo deste curso. Porém, trata-se de uma transformação sintética MUITO útil. Então, vale a pena lembrar, mesmo se você não conhece o mecanismo. Ela oferece uma maneira de reduzir completamente uma cetona a um alcano:

1) BF_3, HS–CH₂CH₂–SH
2) níquel de Raney

Na realidade, já vimos uma maneira de obter este tipo de transformação. Foi chamada de redução de Clemmensen, que exploramos no Capítulo 3 (substituição aromática eletrofílica). Também veremos mais uma maneira de obter esta transformação na seção a seguir.

Por que utilizamos três maneiras diferentes para fazer a mesma coisa? Porque cada um dos métodos envolve um conjunto de condições diferente. A redução de Clemmensen utiliza condições ***ácidas***. O método que acabamos de aprender (dessulfuração com níquel de Raney) utiliza condições ***neutras***. E o método da seção a seguir utilizará condições ***básicas***. À medida que avançamos no curso, por vezes não será bom submeter um composto como um todo a condições ácidas e em outras não será bom submeter um composto como um todo a condições básicas. Quando estiver em dúvida se é ruim ou não utilizar condições ácidas ou condições básicas, você sempre pode simplesmente utilizar uma dessulfuração com níquel de Raney, que usa condições neutras.

PROBLEMAS Preveja o produto principal que é esperado quando cada um dos compostos vistos a seguir é tratado com etilenotioglicol ($HSCH_2CH_2SH$) e BF_3.

5.33 **5.34** **5.35**

PROBLEMAS Preveja o produto principal que é esperado quando cada um dos compostos vistos a seguir é tratado com etilenotioglicol ($HSCH_2CH_2SH$) e BF_3, seguido de níquel de Raney.

5.36 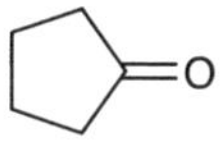 **5.37** 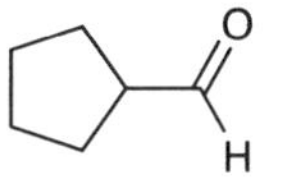 **5.38**

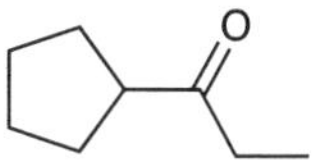

PROBLEMAS Identifique os reagentes que você utilizaria para obter cada uma das transformações vistas a seguir:

5.39 HS SH → S S

5.40

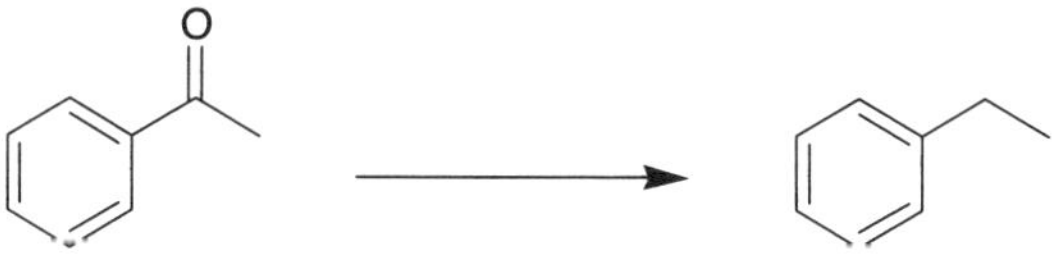

5.41

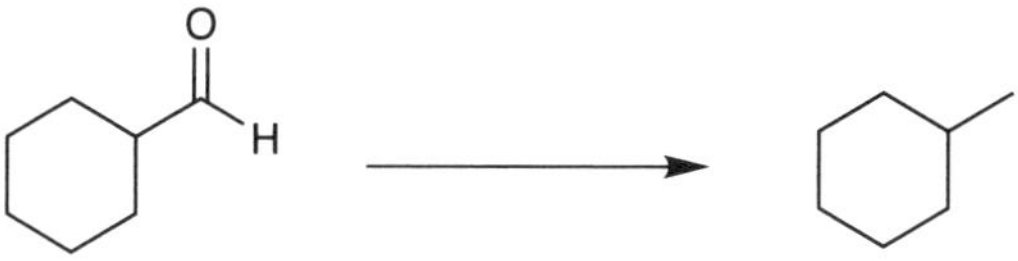

5.42

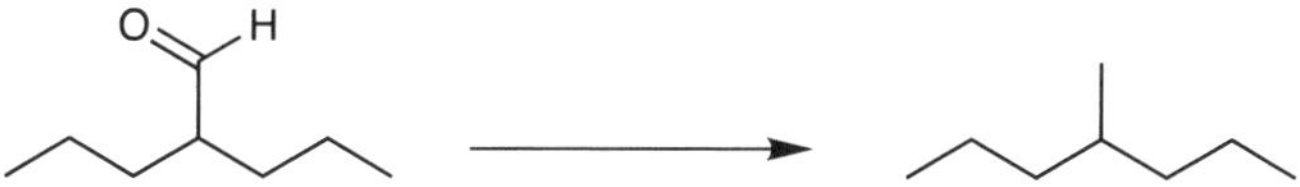

5.43

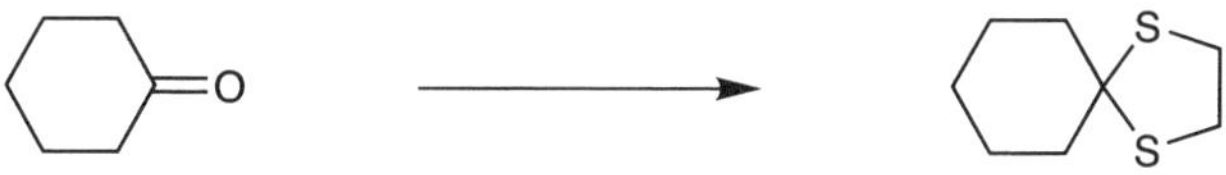

5.44

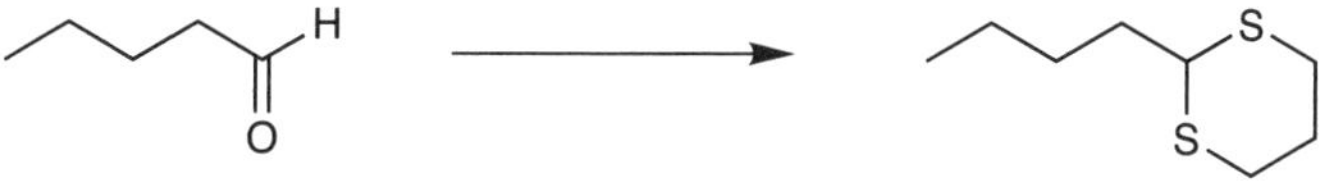

5.45

5.46

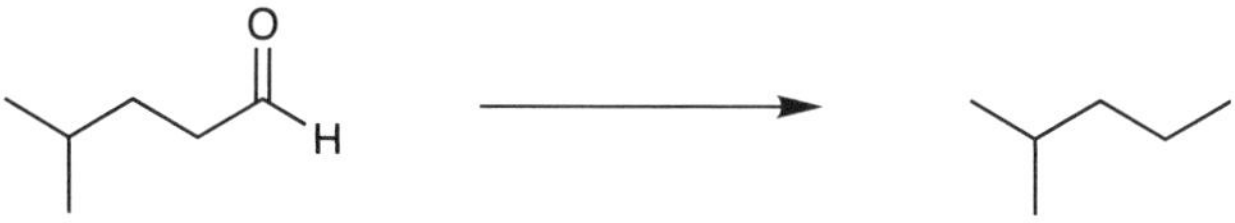

5.6 NUCLEÓFILOS DE N

Quando aprendemos pela primeira vez a formação de acetal, dissemos que o mecanismo serviria de base para outras reações neste capítulo. Agora, veremos o poder dos mecanismos para nos ajudar a entender as semelhanças entre reações.

Compare os produtos das três reações vistas a seguir:

Nucleófilo	Reação
R–O–H	O; [H^+], ROH; Dean-Stark; RO OR; acetal
H; R–N–H	O; [H^+], RNH_2; Dean-Stark; N–R; imina
R; R–N–H	O; [H^+], R_2NH; Dean-Stark; R–N–R; enamina

Os produtos não são semelhantes. Quando se utiliza o ROH como nucleófilo, obtém-se um acetal. Quando se utiliza uma amina primária como nucleófilo, obtém-se uma imina. Quando se usa uma amina secundária como nucleófilo, obtém-se uma enamina. Os produtos destas reações parecem muito diferentes, mas, quando analisarmos os mecanismos, veremos que elas todas são muito semelhantes até o final do mecanismo. É a última etapa de cada mecanismo que os torna diferentes uns dos outros. Examinemos mais atentamente. Vamos começar com as aminas primárias.

Quando uma cetona é tratada com uma amina em condições catalisadas por ácido, o mecanismo começa exatamente como o mecanismo da formação do acetal. Apresentamos a seguir um mecanismo incompleto (apenas os primeiros dois terços do mecanismo) mostrando o que acontece quando o ROH ataca uma cetona. E diretamente abaixo dele, você verá um mecanismo incompleto de RNH_2 atacando uma cetona. Compare ambos os mecanismos etapa por etapa:

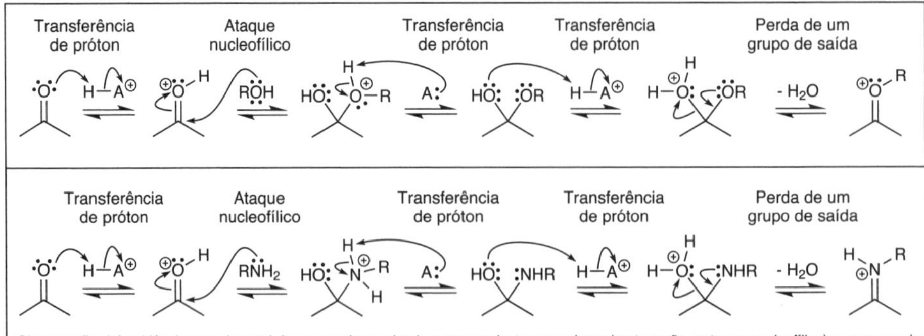

Observação: há evidência experimental de que as duas primeiras etapas deste mecanismo (protonação e ataque nucleofílico) ocorrem mais provavelmente ao mesmo tempo ou na ordem inversa do que é apresentado aqui. A maior parte dos nucleófilos de nitrogênio é suficientemente nucleofílica para atacar um grupo carbonila diretamente, antes de ocorrer protonação. Ainda assim, as primeiras duas etapas do mecanismo foram representadas na ordem apresentada (o que apenas raramente ocorre), porque esta sequência possibilita uma comparação mais efetiva de todos os mecanismos catalisados por ácido no capítulo. Certifique-se de procurar suas anotações de aula para ver a ordem de eventos que seu professor usou para as duas primeiras etapas do mecanismo.

No primeiro processo do mecanismo, a natureza do HA^+ (a fonte de prótons) é mais provável que seja um álcool protonado, que recebeu seu próton do catalisador ácido. De maneira semelhante, no segundo processo, a natureza do HA^+ é mais provável que seja uma amina protonada (chamada de íon amônio), que recebeu seu próton do catalisador ácido. Além desta pequena diferença (e da diferença descrita na observação abaixo do segundo processo), ambos os mecanismos são os mesmos. Ambos envolvem uma transferência de próton e um ataque nucleofílico, seguidos de mais etapas de transferência de próton e, então, de perda de água. Porém, as conclusões destes mecanismos afastam-se verdadeiramente uma da outra. Tentemos entender por quê.

No primeiro mecanismo (formação de acetal), outra molécula de ROH ataca, porque não há nenhuma outra maneira de remover a carga positiva:

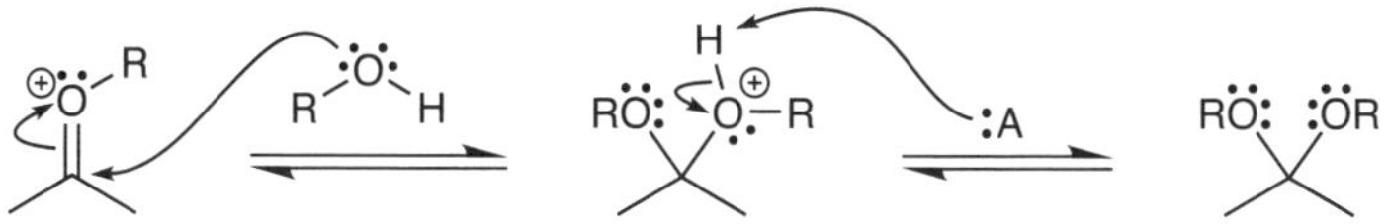

Porém, na reação com uma amina primária, a carga positiva é facilmente removida. Não é necessário o ataque por outra molécula de amina, porque a carga pode ser removida com uma etapa de transferência de próton:

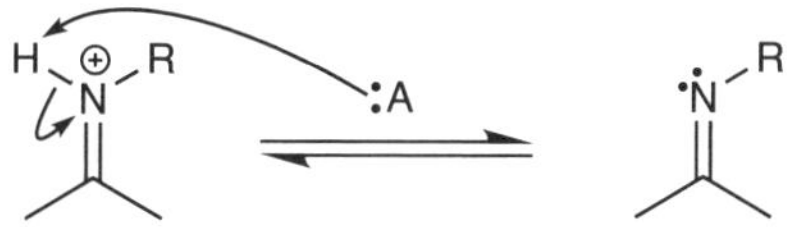

E este é o nosso produto. Chama-se *imina*, porque possui uma ligação C═N. Assim, o mecanismo desta reação é quase idêntico ao mecanismo da formação do acetal, exceto pelo final. E a diferença ao final faz sentido quando você realmente pensa sobre ela.

Ao realizar esta reação, precisamos apenas ter atenção especial quanto a se a cetona de partida é simétrica ou não:

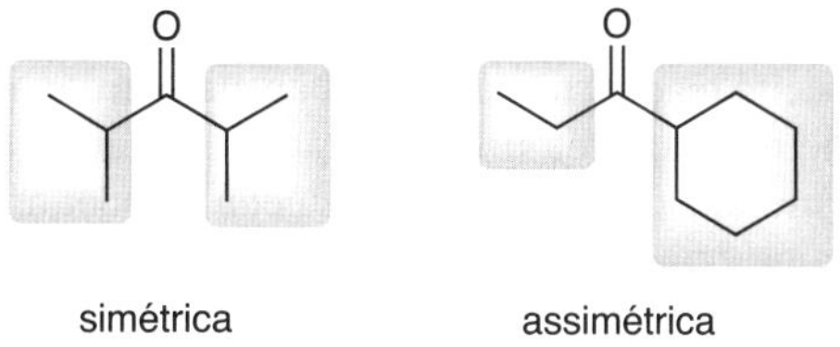

simétrica

assimétrica

Se a cetona de partida é ***as***simética, então, deveremos esperar duas iminas diastereoméricas:

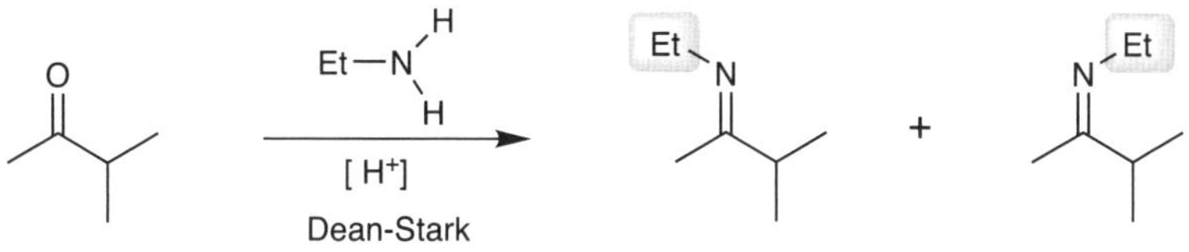

[H⁺]
Dean-Stark

Até este ponto, vimos o que acontece quando uma amina *primária* ataca uma cetona. Agora, vejamos o que acontece quando uma cetona é tratada com uma amina *secundária* em condições catalisadas por ácido. Vamos comparar este tratamento com os mecanismos que vimos até aqui:

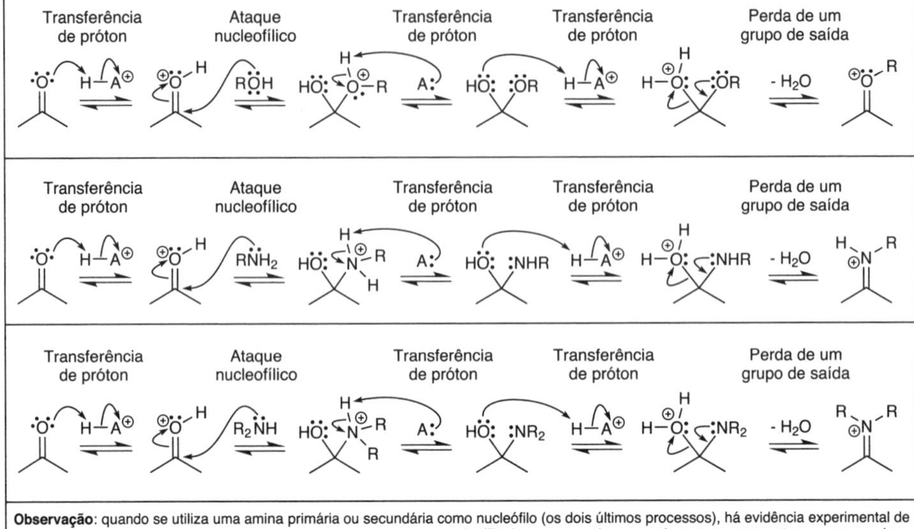

Observação: quando se utiliza uma amina primária ou secundária como nucleófilo (os dois últimos processos), há evidência experimental de que as duas primeiras etapas do mecanismo (protonação e ataque nucleofílico) ocorrem mais provavelmente ao mesmo tempo ou na ordem inversa do que é apresentado aqui. A maior parte dos nucleófilos de nitrogênio é suficientemente nucleofílica para atacar um grupo carbonila diretamente, antes de ocorrer protonação. Ainda assim, as duas primeiras etapas do mecanismo foram representadas na ordem apresentada (o que apenas raramente ocorre), porque esta sequência possibilita uma comparação mais efetiva de todos os mecanismos catalisados por ácido deste capítulo. Certifique-se de procurar em suas anotações de aula para ver a ordem de eventos que seu professor usou para as duas primeiras etapas do mecanismo.

Nenhum destes mecanismos é completo. Em todos os três faltam as etapas finais. Porém, compare as etapas apresentadas anteriormente. Observe que, outra vez, estes mecanismos são idênticos até o final de cada mecanismo. E é justamente ao final onde vemos diferenças nos produtos finais. No primeiro mecanismo (o ROH como nucleófilo), vimos que outra molécula de ROH ataca. No segundo mecanismo, vimos que a desprotonação levou à formação de uma imina. Porém, na terceira reação, não podemos apenas perder um próton da maneira que fizemos no mecanismo de formação da imina. Então, poderíamos ficar tentados a repetir o que fizemos no primeiro mecanismo (formação de acetal). Poderíamos ficar tentados a dizer que outra molécula de amina deveria atacar. Mas, em vez disso, algo acontece:

Outra molécula da amina secundária funciona como uma base, e não como um nucleófilo, de modo que, de fato, é removido um próton. Isto dá um produto chamado de *enamina* ("en" porque existe uma ligação dupla, e "amina" porque há um grupo NH_2).

Uma vez mais, precisamos ter cuidado para verificar se a cetona é assimétrica. Se ela for, então, serão duas as maneiras de formar a ligação dupla na última etapa do mecanismo. Isto dará dois produtos enamina diferentes. A seguir vem um exemplo:

[H⁺] Dean-Stark

principal secundário

Em uma situação como esta (em que começamos com uma cetona assimétrica), o produto principal geralmente será a enamina com a ligação dupla *menos* substituída.

Até este momento vimos duas novas reações (com aminas primárias e com aminas secundárias), e vimos as semelhanças nos mecanismos. Agora, vamos voltar à primeira reação (a reação entre uma cetona e uma amina *primária*):

[H⁺], Dean-Stark

imina

Normalmente, pensamos em R (no RNH_2) como um grupo alquila (é o que R geralmente significa). Mas podemos também pensar em R como algo *diferente de um grupo alquila*. Por exemplo, digamos que definimos R como OH. Em outras palavras, estamos iniciando com a amina vista a seguir:

Este composto é chamado de hidroxilamina, e o produto que ele forma (quando reage com uma cetona) não causa nenhuma surpresa:

[H⁺], (- H_2O)

uma oxima

É a mesma reação como se fosse uma amina primária reagindo com a cetona. Porém, em lugar de obtermos uma imina, obtemos algo que chamamos de oxima. Lembre-se de sempre verificar se a cetona de partida é assimétrica. Se for, deveremos esperar formar duas oximas diastereoméricas:

[H⁺], (- H_2O)

Quando você encontra este tipo de reação, há várias maneiras de se indicar a presença de hidroxilamina:

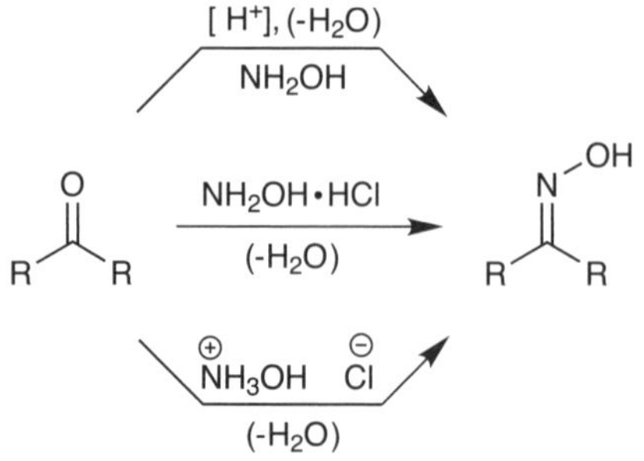

$[H^+]$, $(-H_2O)$

NH_2OH

O

R R

$NH_2OH \cdot HCl$

$(-H_2O)$

N OH

R R

$\overset{\oplus}{N}H_3OH$ $\overset{\ominus}{Cl}$

$(-H_2O)$

Todas estas representações são somente formas diferentes de mostrar o mesmo reagente.

Agora que vimos um nucleófilo de N especial (RNH_2, em que R é OH), vamos examinar atentamente mais um nucleófilo de N especial. Vejamos um caso em que R é NH_2. Em outras palavras, estamos utilizando o nucleófilo visto a seguir:

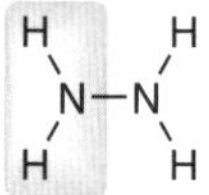

H H

N—N

H H

Este composto é chamado de hidrazina, e o produto que ele forma (quando reage com uma cetona) não causa nenhuma surpresa:

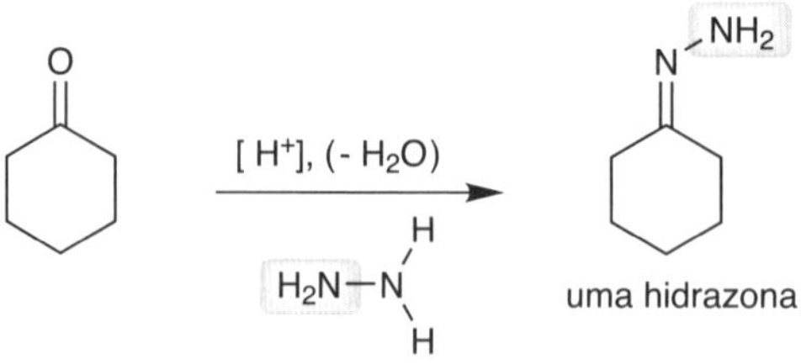

O

$[H^+]$, $(- H_2O)$

H

H_2N—N

H

N NH_2

uma hidrazona

Trata-se da mesma reação como se fosse uma amina primária reagindo com a cetona. Porém, em vez de obtermos uma imina ou uma oxima, obtemos um produto chamado de hidrazona.

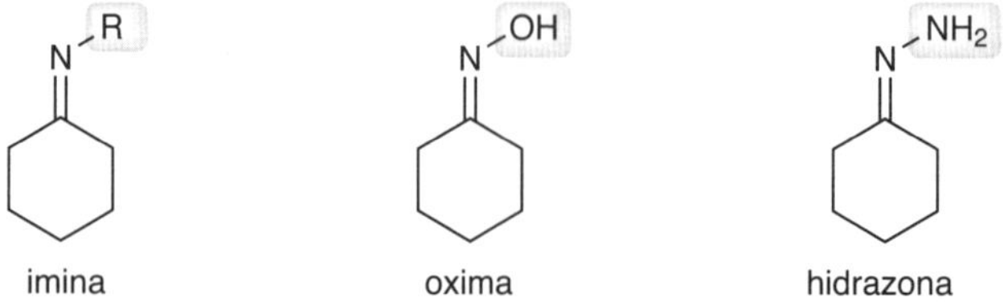

N R

imina

N OH

oxima

N NH_2

hidrazona

Tal como com todas as outras reações que vimos nesta seção, precisamos ter atenção especial se a cetona de partida é simétrica. Se a cetona de partida for assimétrica, então, deveremos esperar formar duas hidrazonas diastereoméricas:

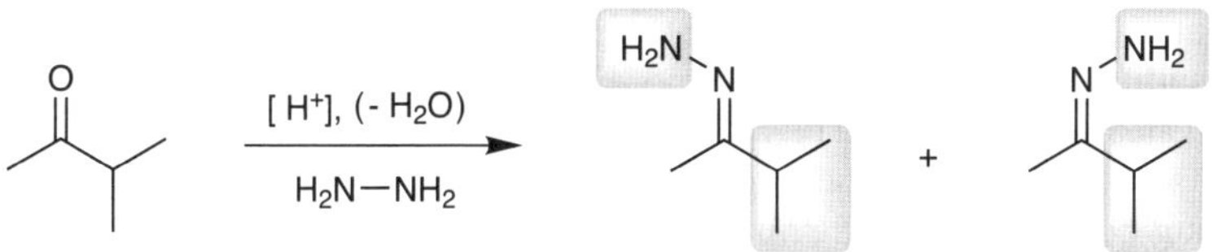

As hidrazonas são úteis por muitas razões. No passado, os químicos formavam as hdirazonas como uma maneira de identificar as cetonas, mas, hoje em dia, com o advento das técnicas de RMN, ninguém usa as hidrazonas desta maneira. Porém, ainda existe um uso prático na química orgânica dos dias modernos. Uma hidrazona pode ser reduzida a um alcano em condições básicas:

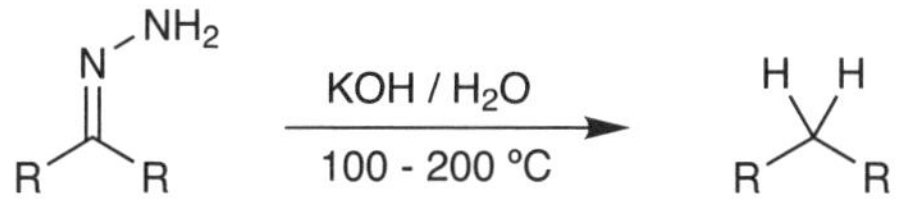

O que é visto a seguir é um mecanismo para este processo:

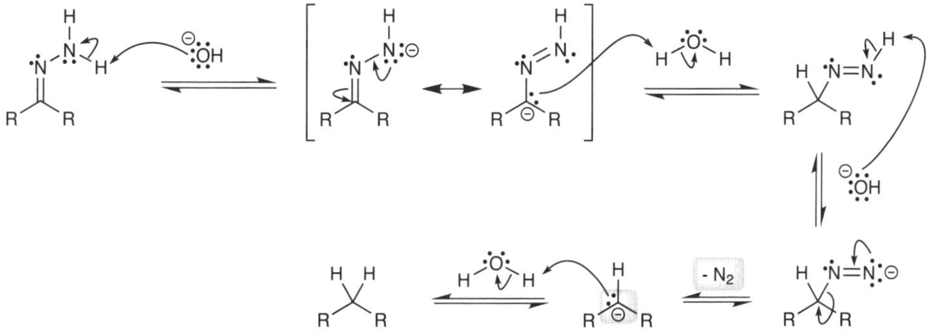

A formação de um carbânion (em destaque da segunda à última etapa) é bastante difícil (em termos de energia), então, poderíamos esperar que se forme muito produto. No entanto, observe que a formação do carbânion é acompanhada de perda de N_2 gasoso (também em destaque no mecanismo anterior). Isto explica por que a reação chega ao término. A pequena quantidade de nitrogênio gasoso (produzido pelo equilíbrio) borbulhará para fora da solução e escapará na atmosfera. Isto força o equilíbrio a produzir um pouco mais de nitrogênio gasoso, que, então, também escapa para a atmosfera. E o processo continua até a reação terminar. Essencialmente, um reagente está sendo removido à medida que é formado e isto é o que desloca o equilíbrio por cima da barreira de alta energia criada pela instabilidade do carbânion. Se você pensar nisso, este conceito não é tão diferente das seções anteriores, nas quais removemos água de uma reação à medida que era formada (como maneira de forçar o equilíbrio na direção da formação do acetal).

Agora temos um método de duas etapas para reduzir uma cetona a um alcano:

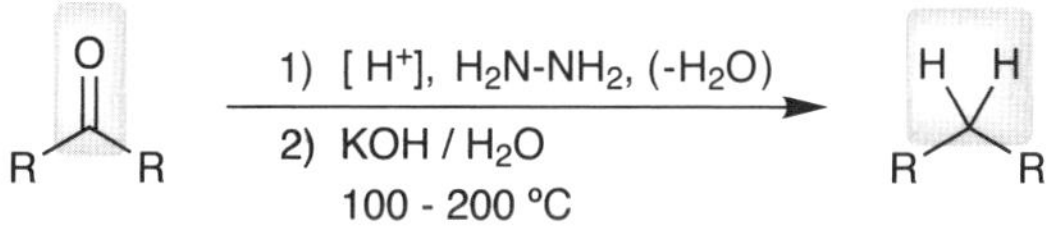

Já vimos outras duas maneiras de fazer este tipo de transformação (a redução de Clemmensen e a dessulfuração com níquel de Raney). Esta é a nossa terceira maneira de reduzir uma cetona a um alcano, e é chamada de redução de Wolff-Kishner.

Nesta seção, vimos somente algumas reações envolvendo nucleófilos de nitrogênio. Aqui está um pequeno resumo. Primeiro, vimos como uma cetona pode reagir com uma *amina primária* formando uma *imina* (e percebemos que o mecanismo era muito similar à formação de acetal, exceto pelo final). Em seguida, vimos como uma cetona pode reagir com uma *amina secundária* formando uma *enamina* (uma vez mais, o mecanismo era muito similar até o final). Também vimos dois nucleófilos de N especiais (NH_2OH e NH_2NH_2), ambos dando os produtos que teríamos esperado. A reação com NH_2NH_2 foi de especial interesse, pois ofereceu um novo método de reduzir cetonas a alcanos.

Agora vamos resolver alguns problemas para certificar que você se familiarizou com os reagentes e os mecanismos das reações que vimos nesta seção. Iniciemos com mecanismos.

EXERCÍCIO 5.47 Proponha um mecanismo plausível para a transformação vista a seguir:

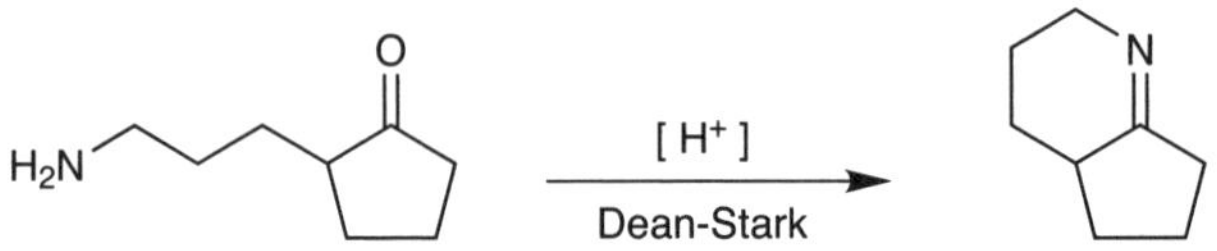

H_2N O [H^+] Dean-Stark N

Resposta Começamos observando o material de partida. Ele tem dois grupos funcionais. Este composto é uma amina primária ***e*** é uma cetona. Isto quer dizer que teoricamente ele poderia atacar a si mesmo, em uma reação *intramolecular*. Em seguida observamos os reagentes (catalisadores ácidos e condições de Dean-Stark), e notamos que nos falta um nucleófilo. Isto apoia ainda mais a ideia de que ocorrerá uma reação intramolecular. O material de partida pode funcionar como nucleófilo e eletrófilo. Finalmente, observamos o produto e vemos que se trata de uma imina, que é o tipo de produto que é obtido na reação entre uma amina primária e uma cetona. Com todas as informações, concluímos que, de fato, é um processo intramolecular.

O mecanismo terá a mesma ordem de etapas que qualquer outro mecanismo envolvendo uma amina primária atacando uma cetona (protonação, ataque, desprotonação, protonação, perda de água e, então, desprotonação):

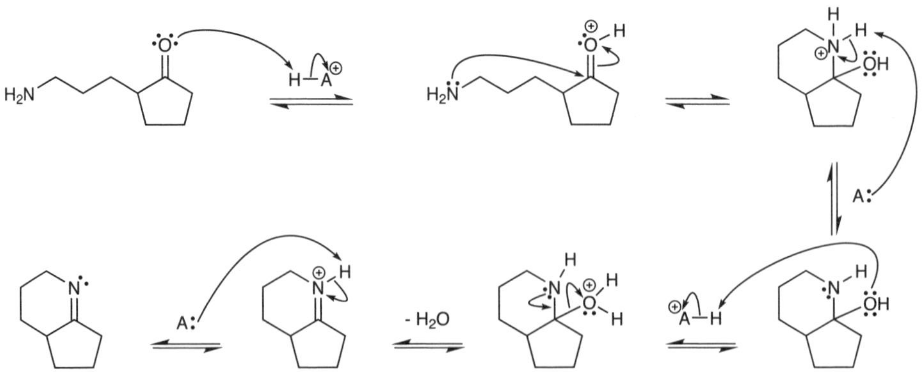

H_2N O H–A⊕ H_2N ⊕O–H H ⊕N H OH A: N H OH ⊕A–H N H ⊕O H H - H_2O ⊕N H A: N

PROBLEMAS Proponha um mecanismo plausível para cada uma das reações vistas a seguir. Você vai precisar de uma folha de papel separada para registrar sua resposta em cada caso:

5.48

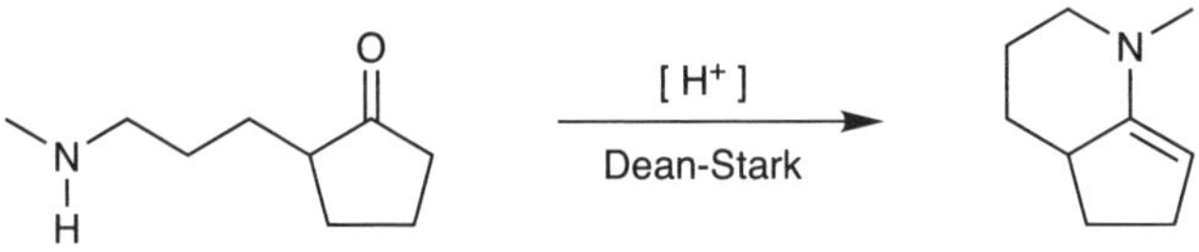
O
N
H
[H+]
Dean-Stark
N

5.49

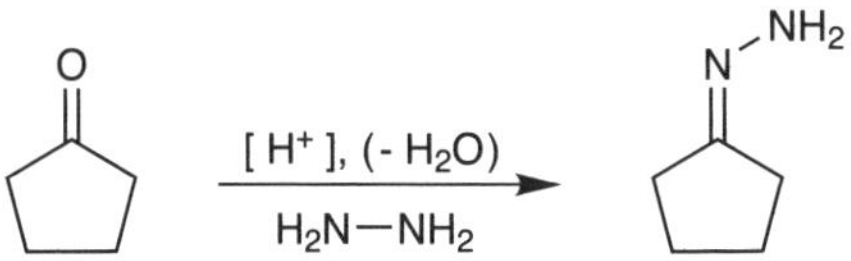
O
[H+], (- H2O)
H2N—NH2
N
NH2

5.50

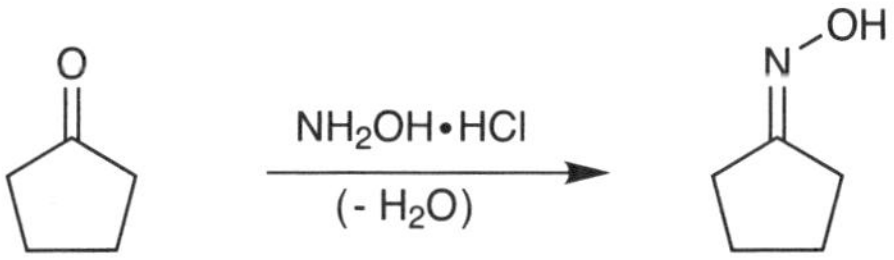
O
NH2OH•HCl
(- H2O)
N
OH

5.51

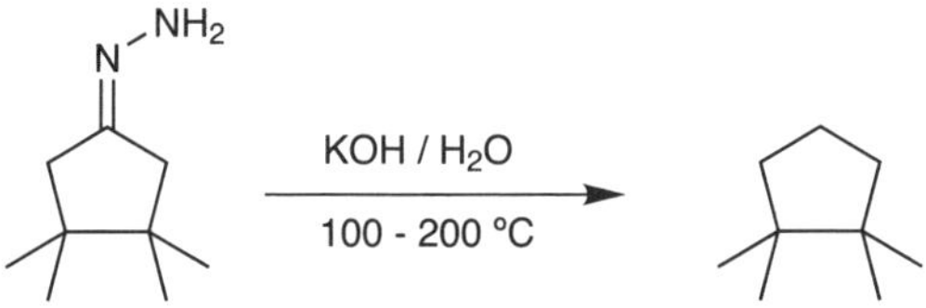
N
NH2
KOH / H2O
100 - 200 °C

5.52

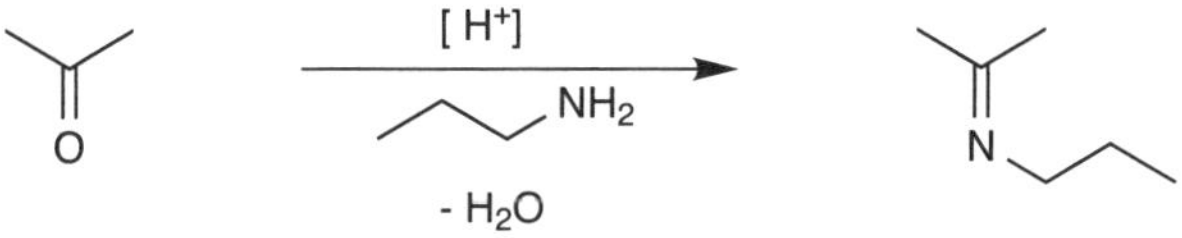
O
[H+]
NH2
- H2O
N

5.53

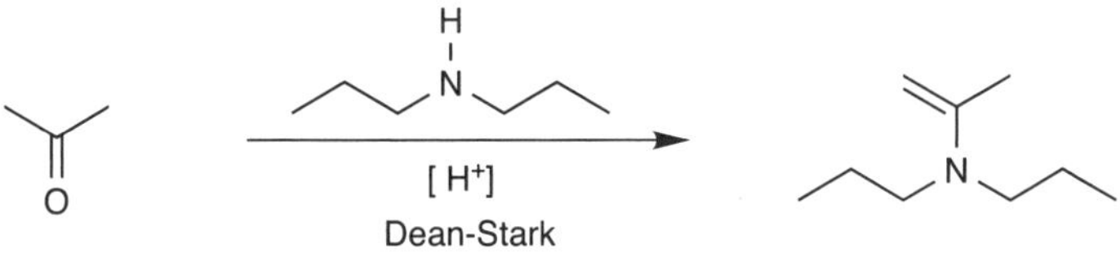
O
H
N
[H+]
Dean-Stark
N

Agora, vamos adquirir um pouco de prática em prever produtos.

EXERCÍCIO 5.54 Preveja os produtos da reação vista a seguir:

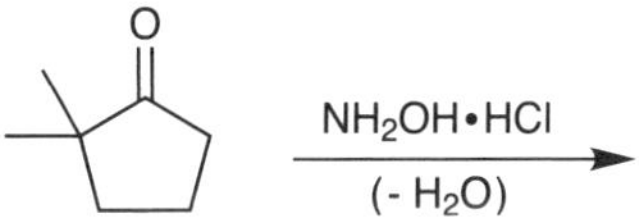
O
NH2OH•HCl
(- H2O)

Resposta O material de partida é uma cetona e o reagente é a hidroxilamina. Assim, conforme vimos nesta seção, o produto desta reação deve ser uma oxima. Como a cetona de partida é assimétrica, esperamos duas oximas diastereoméricas:

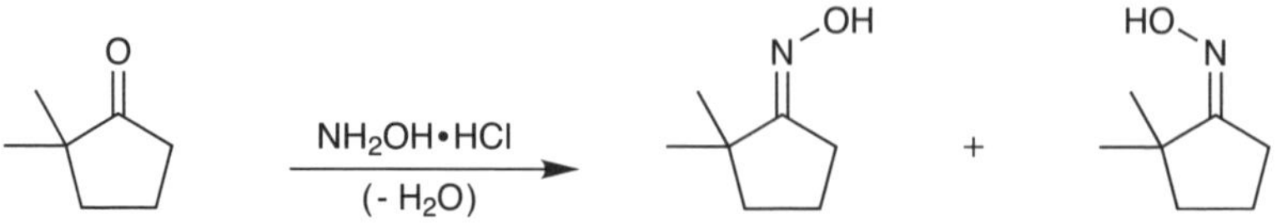

$NH_2OH \cdot HCl$, $(- H_2O)$

Vimos diversas reações neste capítulo. Você deve ser capaz de reconhecer os reagentes para estas reações, de modo a poder prever os produtos. Se você não conseguiu reconhecer que o reagente em questão é a hidroxilamina, então, não teria condições de prever os produtos neste caso.

PROBLEMAS Preveja os produtos de cada uma das transformações vistas a seguir:

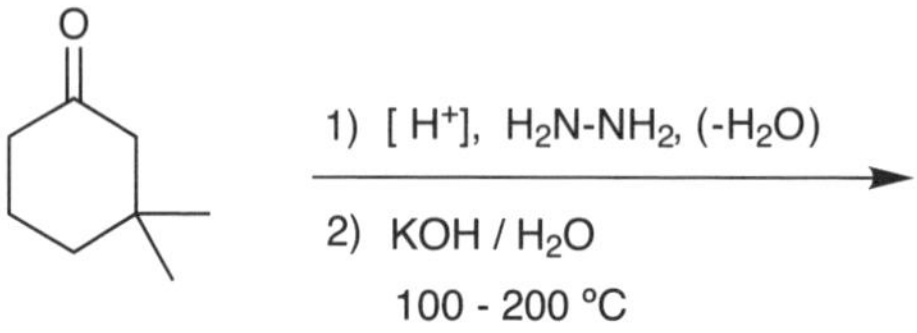

5.55 1) $[H^+]$, $H_2N\text{-}NH_2$, $(-H_2O)$; 2) KOH / H_2O, 100 - 200 °C

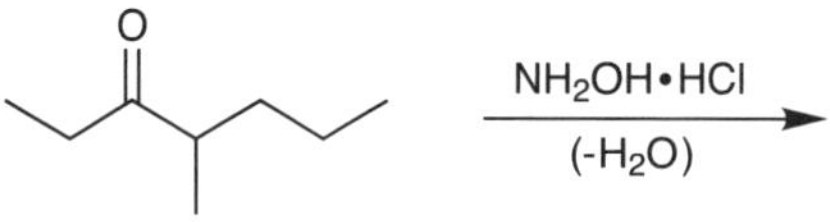

5.56 $NH_2OH \cdot HCl$, $(-H_2O)$

5.57 N—H (pirrolidina), $[H^+]$, Dean-Stark

5.58 NH_2 (ciclopentilamina), $[H^+]$, Dean-Stark

5.59 $[H^+]$, Dean-Stark

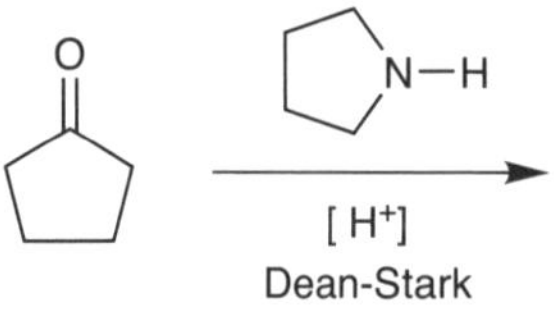

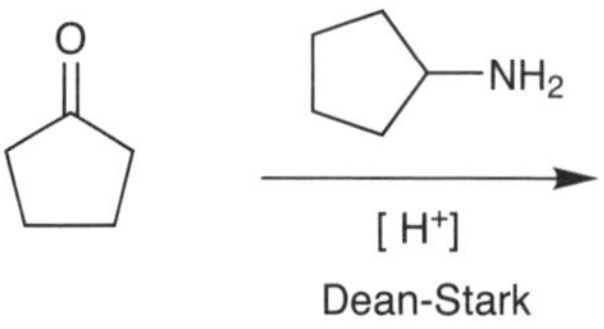

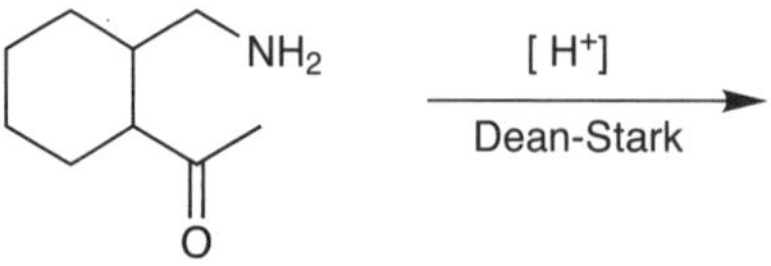

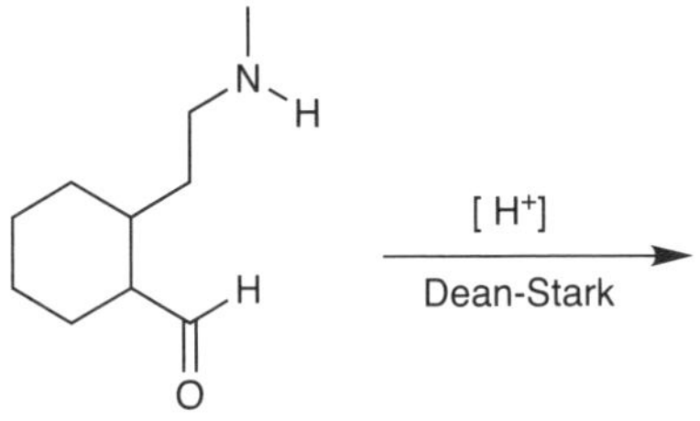

[H⁺]
Dean-Stark

5.60

5.7 NUCLEÓFILOS DE C

Neste capítulo, vimos muitos tipos diferentes de nucleófilos que podem atacar cetonas e aldeídos. Começamos com os nucleófilos de hidrogênio. Em seguida, passamos para os nucleófilos de oxigênio e nucleófilos de enxofre. Na seção anterior, tratamos dos nucleófilos de nitrogênio. Aqui, discutiremos os nucleófilos de carbono. Veremos três tipos de nucleófilos de carbono.

Nosso primeiro nucleófilo de carbono é o reagente de Grignard. Você já pode ter sido exposto a este reagente no volume 1 deste livro. Se não o foi, vamos fazer uma revisão rápida:

Os haletos de alquila reagem com o magnésio da maneira vista a seguir:

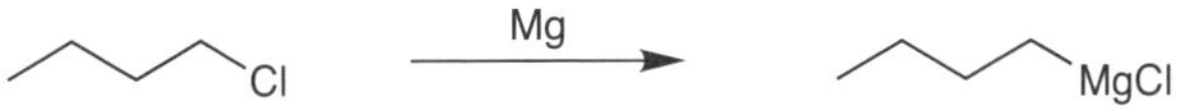

Cl —Mg→ MgCl

Essencialmente, um átomo de magnésio insere-se entre a ligação C—Cl (esta reação funciona com outros haletos também, como o Br ou o I). Este átomo de magnésio tem um efeito eletrônico significativo no átomo de carbono ao qual está ligado. Para entender esse efeito, considere o haleto de alquila (antes de o Mg entrar em ação):

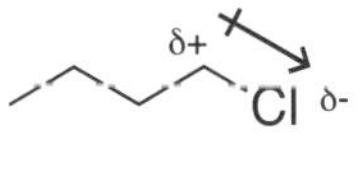

δ+ Cl δ-

O átomo de carbono (ligado ao halogênio) é deficiente em densidade eletrônica, ou δ+, devido aos efeitos indutivos do halogênio. Porém, depois que o magnésio é inserido entre C e Cl, a história muda drasticamente:

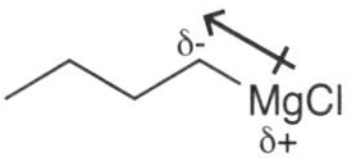

δ- MgCl δ+

O carbono é muito mais eletronegativo do que o magnésio. Portanto, o efeito indutivo é agora invertido, colocando muita densidade eletrônica no átomo de carbono, tornando-o muito δ–. A ligação C—Mg tem caráter iônico significativo, assim, para simplificar, vamos tratá-la apenas como uma ligação iônica:

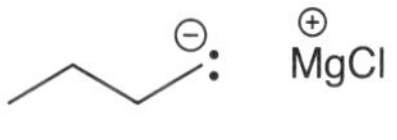

⊖ ⊕ MgCl

O carbono não é muito bom para estabilizar uma carga negativa, então, este reagente (chamado de reagente de Grignard) é altamente reativo. Trata-se de um nucleófilo muito forte e uma base muito forte. Agora, vejamos o que acontece quando um reagente de Grignard ataca uma cetona ou um aldeído.

Na seção anterior, sempre começamos cada mecanismo pela protonação da cetona (tornando-a um nucleófilo melhor). Aqui não é necessário, porque o reagente de Grignard é um nucleófilo tão forte que ele não tem nenhum problema em atacar um grupo carbonila diretamente. De fato, ***não*** poderíamos usar a catálise com ácido aqui (mesmo que quiséssemos), porque os prótons destroem os reagentes de Grignard. Por exemplo, considere o que acontece quando um reagente de Grignard é exposto a um ácido, mesmo que seja muito brando como a água:

MgCl H H + OH

O reagente de Grignard age como base e remove um próton da água formando um íon hidróxido mais estável. A carga negativa é MUITO mais estável em um átomo eletronegativo (oxigênio) e, como resultado, a reação essencialmente chega à conclusão. Isto quer dizer que você nunca pode utilizar um reagente de Grignard para atacar um composto que tenha prótons ácidos. Por exemplo, a reação a seguir não funciona:

O O H MgCl

porque ocorre o que é visto a seguir:

O O H MgCl O O MgCl +

Em geral, as transferências de próton são mais rápidas do que o ataque nucleofílico. E, quando o reagente de Grignard remove um próton, ele destrói irreversivelmente o reagente de Grignard. De modo semelhante, você nunca poderia preparar os tipos de reagentes de Grignard vistos a seguir:

H O MgCl H O O MgCl

Estes reagentes não podem ser formados, pois cada um deles pode reagir consigo mesmo removendo a carga negativa no átomo de carbono, por exemplo:

O H O MgCl O H O MgCl

Tudo isto foi uma rápida revisão dos reagentes de Grignard. Agora vejamos como os reagentes de Grignard podem atacar uma cetona ou um aldeído. Na primeira etapa, o reagente de Grignard ataca o átomo de carbono do grupo carbonila:

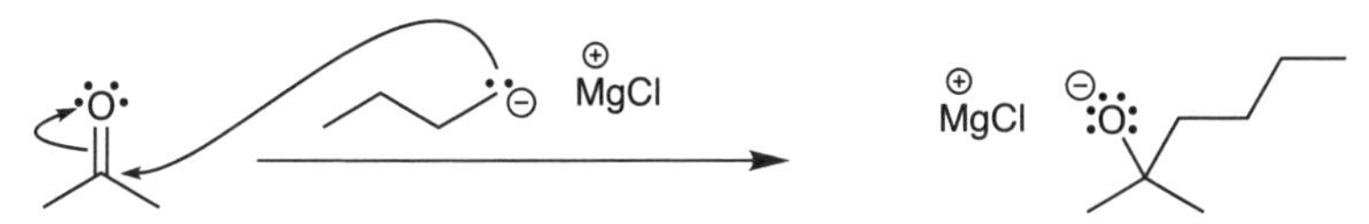

Este intermediário, então, tentará, se puder, formar novamente o grupo carbonila. Porém, vejamos se ele pode. Lembre-se de nossas regras do início deste capítulo: forme novamente a carbonila, se puder, mas nunca expulse H^- ou C^-. Este intermediário NÃO pode formar novamente o grupo carbonila, porque não há grupos de saída para expulsar. Isto é verdade se o reagente ataca uma cetona ou um aldeído:

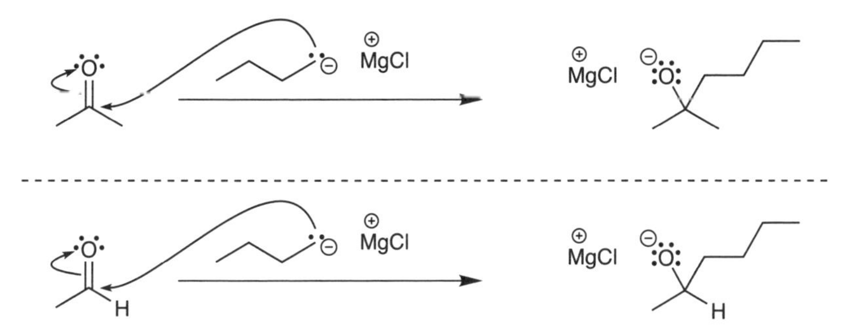

Assim, em qualquer dos casos, a reação é completa, e devemos agora dar ao intermediário um próton para obtermos o produto final, que é um álcool:

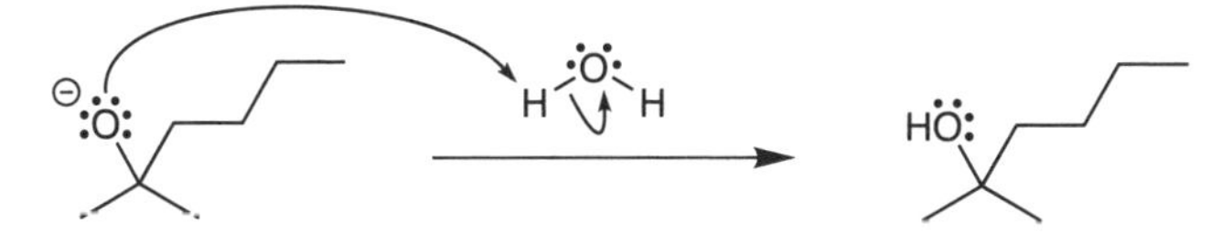

Esta reação não é tão diferente das reações que vimos anteriormente neste capítulo, quando exploramos os nucleófilos de hidrogênio ($NaBH_4$ e HAL). Vimos lá um cenário semelhante: o nucleófilo atacou e, então, o grupo carbonila NÃO pôde se formar novamente porque não havia nenhum grupo de saída. Compare uma daquelas reações com a que é vista a seguir:

Observe que os mecanismos são idênticos. E vale a pena um minuto para pensar por que estas reações são tão semelhantes (enquanto as outras reações neste capítulo eram diferentes destas duas reações). O que há de especial com estas duas reações que as tornam tão semelhantes? Lembre-se da nossa regra de ouro: nunca expulse H^- ou C^-. Dessa forma, se nós atacarmos uma cetona (ou um aldeído) com H^- ou C^-, então, o grupo carbonila será incapaz de se formar novamente. E isto é o que estas duas reações têm em comum.

Quando você escreve os reagentes de uma reação de Grignard (em um problema de síntese), tenha certeza de mostrar a fonte de prótons ***como uma etapa separada***:

O | 1) RMgCl | 2) H_2O | HO R

Vimos esta importante sutileza quando aprendemos sobre o HAL, em que também tínhamos que mostrar a fonte de prótons em uma etapa separada. A mesma sutileza existe aqui porque (conforme vimos muito recentemente) um reagente de Grignard não sobrevive *na presença* de uma fonte de prótons. A fonte de prótons tem que vir APÓS a reação se completar (depois que o reagente de Grignard tiver sido consumido pela reação).

Para adicionar esta reação à sua caixa de ferramentas de transformações sintéticas, vamos compará-la mais uma vez à reação com o HAL. Porém, desta vez, vamos nos concentrar na comparação dos produtos, em vez da comparação dos mecanismos:

O | 1) HAL | 2) H_2O | HO H

O | 1) RMgCl | 2) H_2O | HO R

Observe que, em ambas as reações, estamos reduzindo a cetona a um álcool. Porém, no caso de uma reação de Grignard, a redução é acompanhada da inserção de um grupo alquila:

O | 1) RMgCl | 2) H_2O | HO R

Isto será útil quando explorarmos problemas de síntese ao final deste capítulo.

EXERCÍCIO 5.61 Preveja o produto principal da reação vista a seguir:

O, H | 1) EtMgCl | 2) H_2O

Resposta O material de partida é um aldeído e ele vai reagir com um reagente de Grignard. Primeiramente, o Grignard ataca:

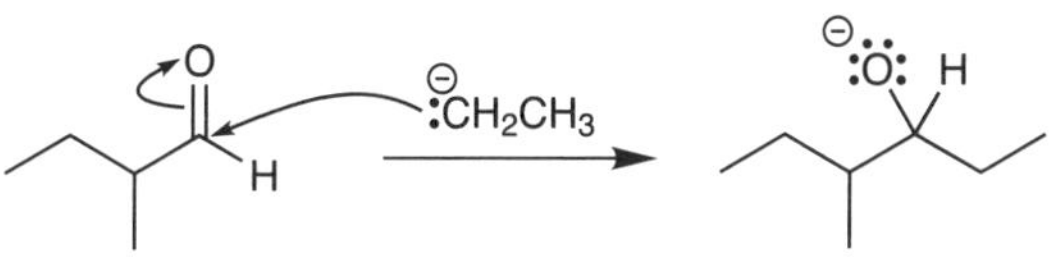

Não podemos formar novamente o grupo carbonila porque não podemos expulsar H^- ou C^-, e não há nada mais para expulsar neste caso. Nosso produto (um álcool) é obtido quando é introduzida uma fonte de prótons, como H_2O:

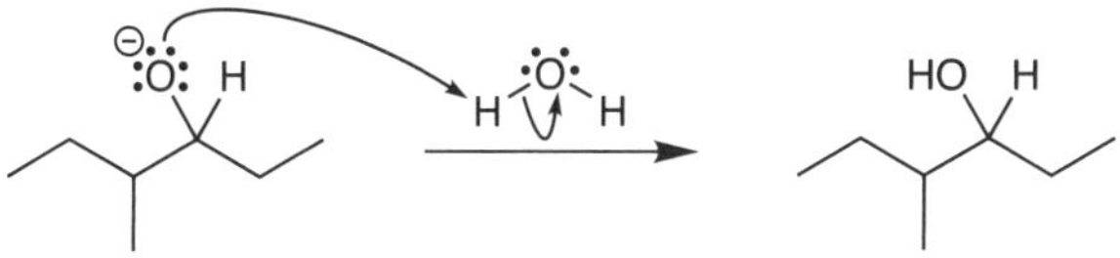

Lembre-se de que as representações de estruturas em bastão não têm que mostrar os átomos de hidrogênio, então, podemos redesenhar o produto:

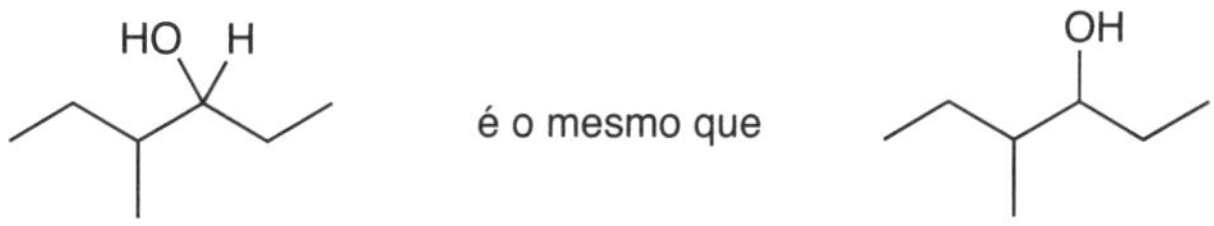

é o mesmo que

PROBLEMAS Preveja os produtos de cada uma das reações vistas a seguir:

5.62 1) PhMgBr 2) H_2O

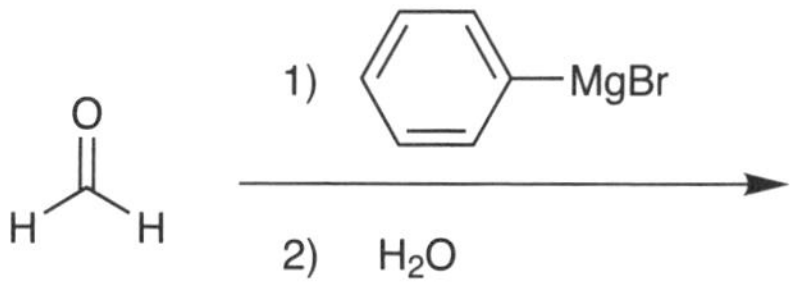

5.63 1) HAL 2) H_2O

5.64 1) (ciclo-hexil)MgBr 2) H_2O

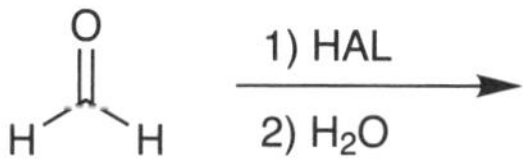

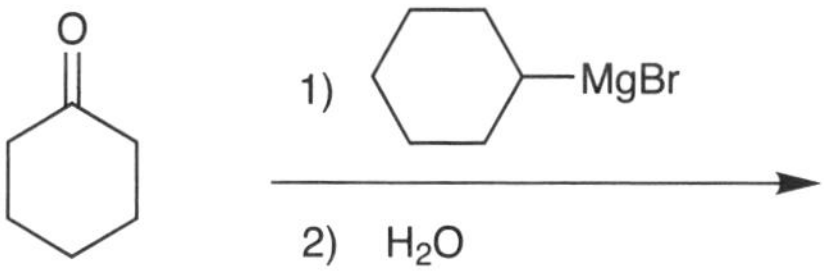

5.65 1) PhMgBr 2) H_2O

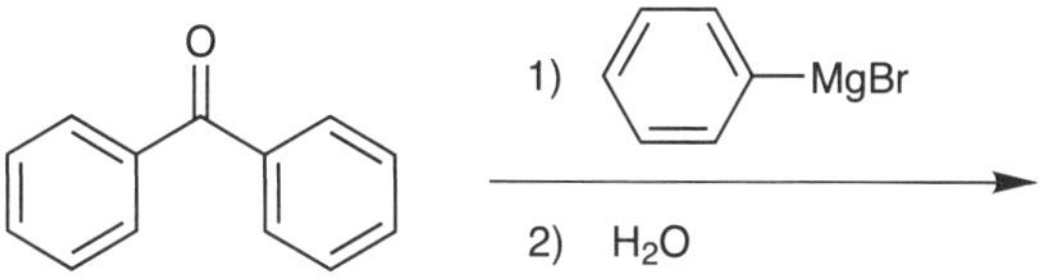

Há mais dois nucleófilos de carbono que temos que explorar. Ambos são diferentes do reagente de Grignard. E certamente vamos ter que adicionar estas duas novas reações à sua caixa de ferramentas. Ambas as reações envolvem "ilídios". Examinemos atentamente o primeiro ilídio, explorando como ele é preparado.

Começamos com um composto chamado trifenilfosfina:

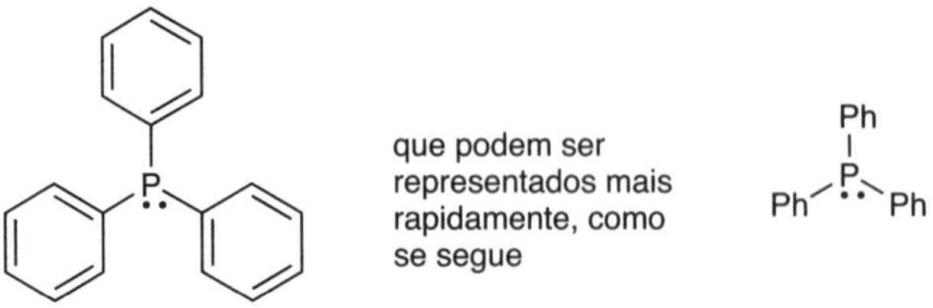

que podem ser representados mais rapidamente, como se segue

e o tratamos com um haleto de alquila (resultando em uma reação S_N2):

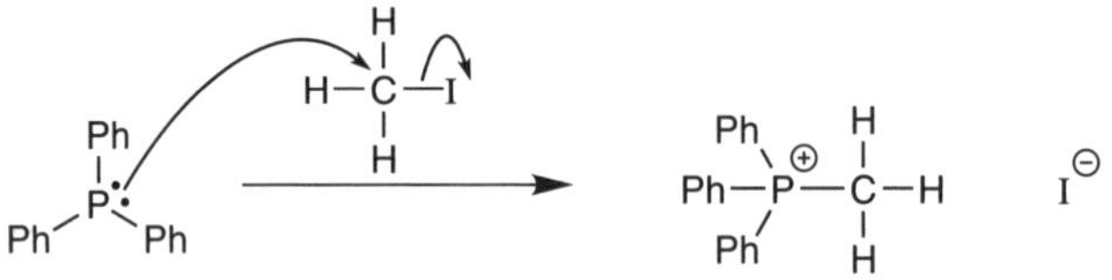

Em seguida, empregamos uma base muito forte, como o butil lítio (BuLi) para remover um próton e formar o ilídio:

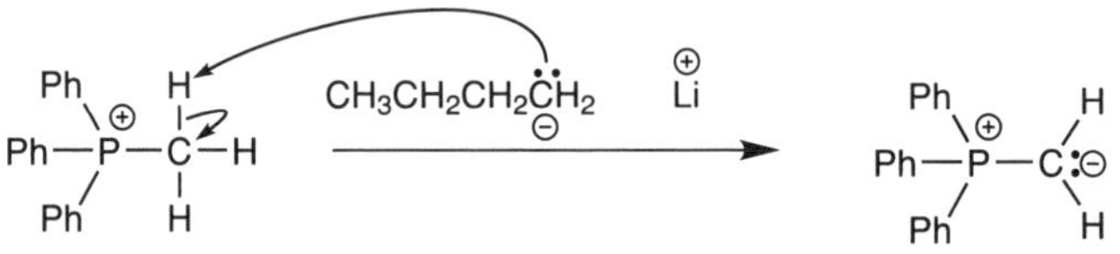

Um ilídio

Um ilídio é um composto com dois átomos adjacentes de carga oposta (neste caso, P^+ e C^-). Observe que este ilídio tem uma região de alta densidade eletrônica em um átomo de carbono. Como resultado, este ilídio pode se comportar como um nucleófilo de carbono. Brevemente, veremos outro tipo de ilídio (que utiliza enxofre em lugar do fósforo). O ilídio anterior (baseado no fósforo) tem um nome especial. Ele é chamado de reagente de Wittig. E quando uma cetona ou um aldeído é tratado com um reagente de Wittig, a reação observada é chamada de reação de Wittig. Assim, observemos atentamente o mecanismo da reação de Wittig.

O reagente de Wittig ataca o grupo carbonila de maneira muito semelhante à que qualquer nucleófilo atacaria um grupo carbonila:

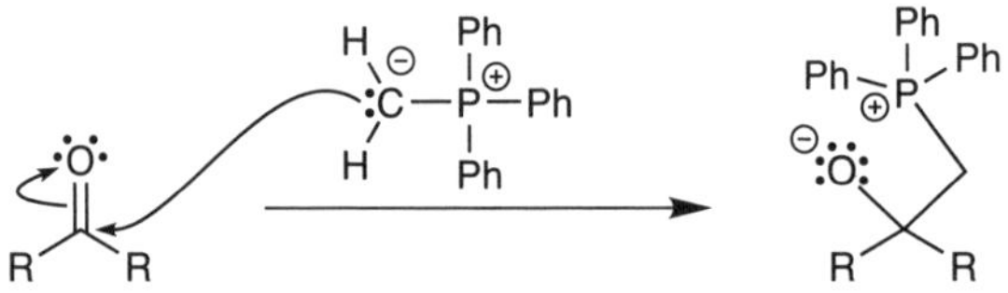

Já discutimos sobre como as ligações C═O são termodinamicamente muito estáveis e, portanto, a formação de um grupo carbonila é uma força motriz. Bem, nesta reação, o grupo carbonila não pode ser formado novamente, pois H^- ou C^- não pode ser expulso. Porém, algo pode acontecer.

Existe outro tipo de ligação que também é muito estável e sua formação também pode servir de força motriz. Especificamente, as ligações P—O e P═O são muito fortes. Os químicos normalmente dizem que "o fósforo é oxofílico", querendo dizer que o fósforo demonstra tendência a formar ligações com o oxigênio, se puder. E nosso intermediário agora está perfeitamente ajustado para isso ocorrer:

De fato, uma ligação P═O agora pode se formar, como é visto a seguir:

um alqueno

E o produto obtido é um alqueno.

Esta reação é incrivelmente útil em sínteses. Já vimos como converter um *alqueno* em uma *cetona*, usando uma reação de ozonólise. Agora, com uma reação de Wittig, podemos ir por outro caminho:

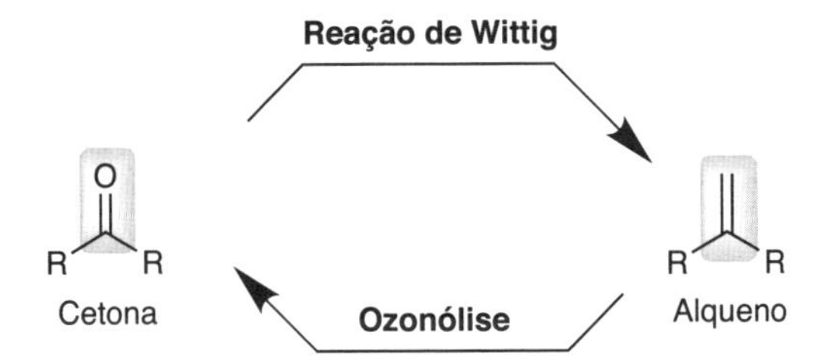

Você deve ter atenção especial sempre que aprender como interconverter dois grupos funcionais (indo em qualquer direção), como anteriormente. Até este momento vimos diversos casos semelhantes a este.

EXERCÍCIO 5.66 Preveja o produto da reação vista a seguir:

Resposta Reconhecemos que o reagente é um reagente de Wittig. Mas este reagente é ligeiramente diferente daquele que vimos antes. Compare este reagente com aquele que vimos. Este reagente tem um grupo metila extra:

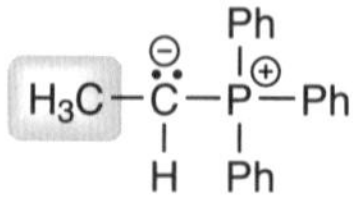

A maneira de formar um reagente semelhante a este é utilizar o Et-I em vez do Me-I quando você estiver preparando o reagente de Wittig, como se segue.

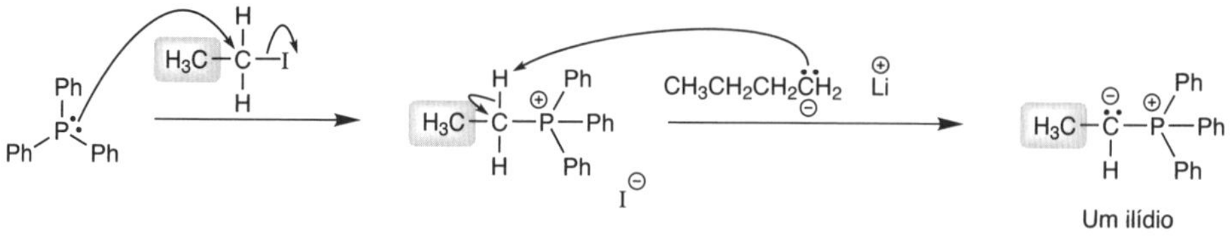

Um ilídio

O grupo metila extra (em destaque na figura anterior) junta-se ao processo e o produto final é semelhante ao que é visto a seguir:

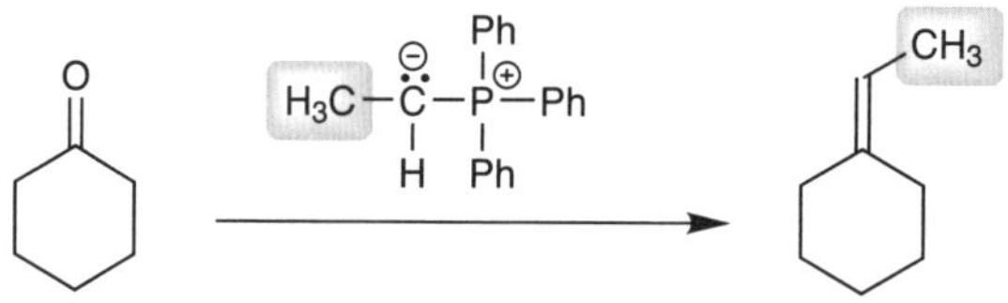

Você deve tentar representar um mecanismo para esta reação para se certificar de que pode "ver" o átomo de carbono extra ser incluído no processo.

PROBLEMAS Preveja o produto principal para cada uma das reações de Wittig vistas a seguir:

5.67

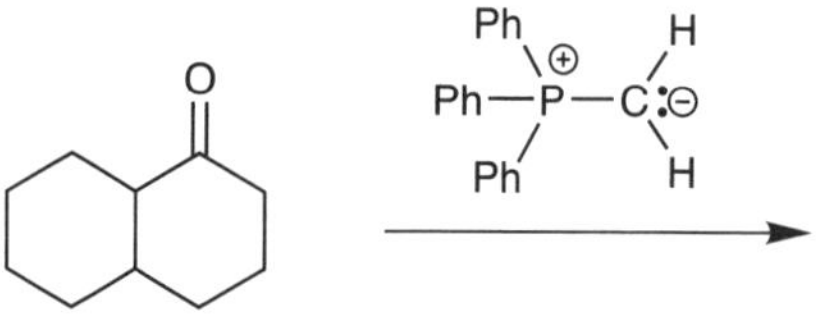

5.68

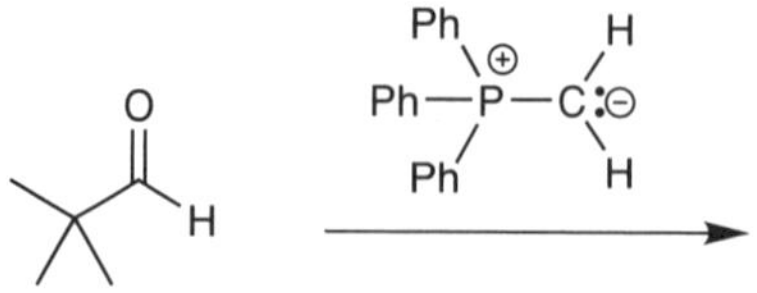

5.69

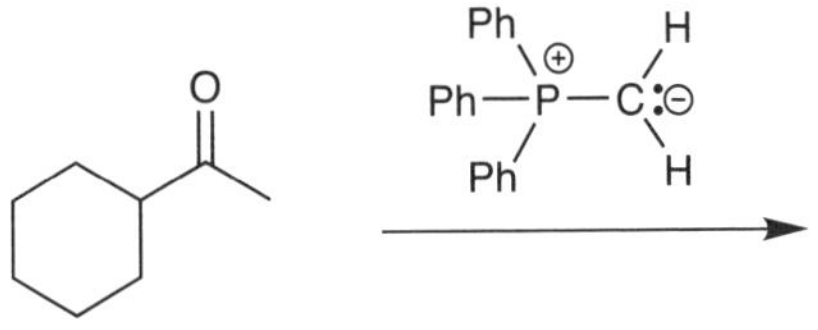

Agora exploraremos outro tipo de ilídio. Desta vez é um ilídio de *enxofre*, em lugar de um ilídio de *fósforo*. Muitos professores (e livros-texto) não abordam ilídios de enxofre, assim, você pode desejar rever suas anotações de aula e livro-texto para descobrir se você precisa saber a reação vista a seguir.

O mecanismo da formação de um ilídio de *enxofre* é muito semelhante ao mecanismo da formação de um ilídio de *fósforo*. Vamos compará-los:

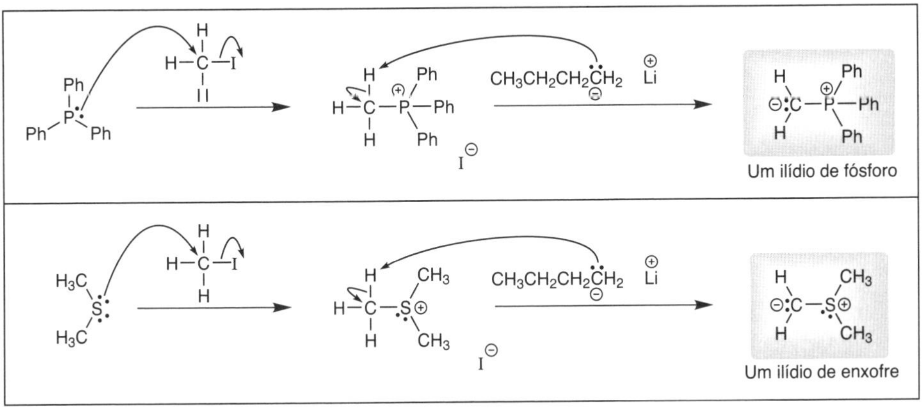

Um ilídio de fósforo

Um ilídio de enxofre

Para formar um ilídio de fósforo, começamos com o dimetil sulfeto (DMS). Deste ponto em diante, tudo é igual: atacamos um haleto de alquila e, em seguida, desprotonamos com uma base muito forte formando o ilídio.

Porém, quando um ilídio de enxofre ataca uma cetona (ou um aldeído), observamos um produto muito diferente. ***Não*** obtemos um alqueno como produto (conforme obtivemos na reação de Wittig). Em vez disso, obtemos um epóxido:

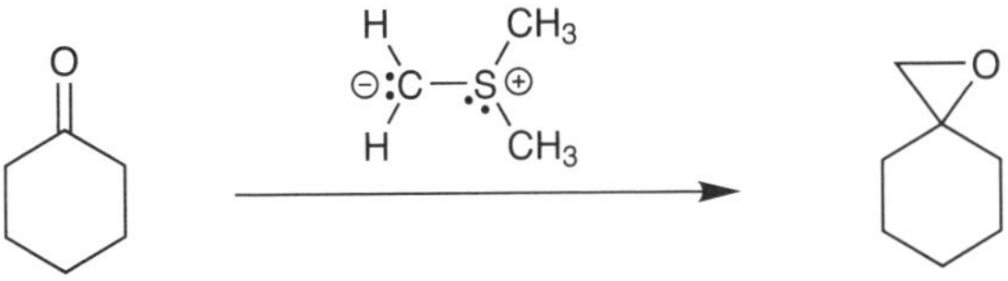

Vejamos como este produto é formado. O ilídio de enxofre ataca o grupo carbonila, exatamente como qualquer outro nucleófilo ataca um grupo carbonila:

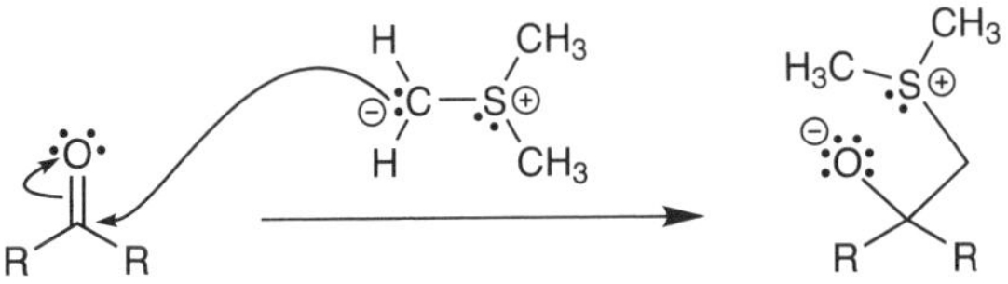

Porém, é neste ponto que a reação é diferente de uma reação de Wittig, porque o enxofre e o oxigênio não formam uma ligação da maneira que o fósforo e o oxigênio formaram. Em vez disso, o átomo de oxigênio ataca em uma reação intramolecular S_N2, expulsando o DMS como grupo de saída:

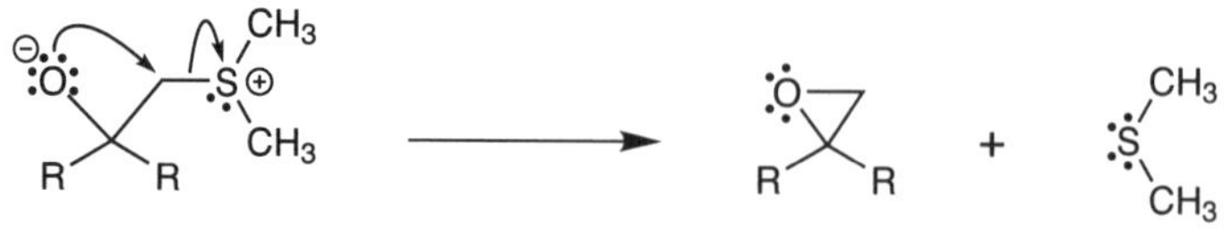

Esta reação é muito útil, porque oferece um método para produzir epóxidos a partir de cetonas. Você deve lembrar-se do volume 1 deste livro no qual aprendeu como converter um *alqueno* em um epóxido. Porém, agora, vemos que também podemos produzir um epóxido a partir de uma cetona:

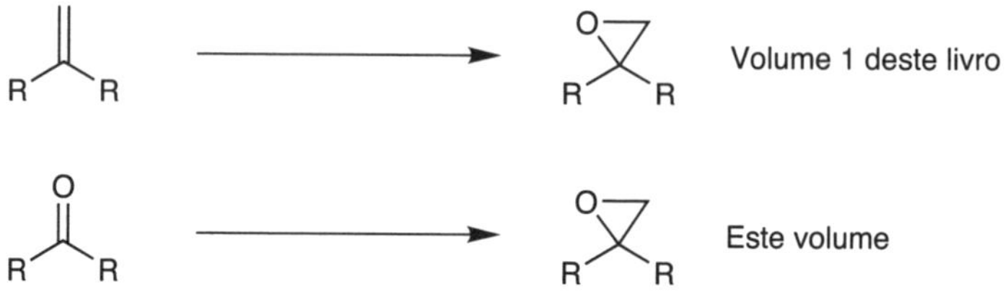

Volume 1 deste livro

Este volume

Em resumo, exploramos três nucleófilos de carbono nesta seção. Começamos com reagentes de Grignard e, em seguida, passamos para os ilídios (ilídios de fósforo e ilídios de enxofre). Vimos que os ilídios de fósforo e os ilídios de enxofre formam produtos muito diferentes:

Ilídio de fósforo

Ilídio de enxofre

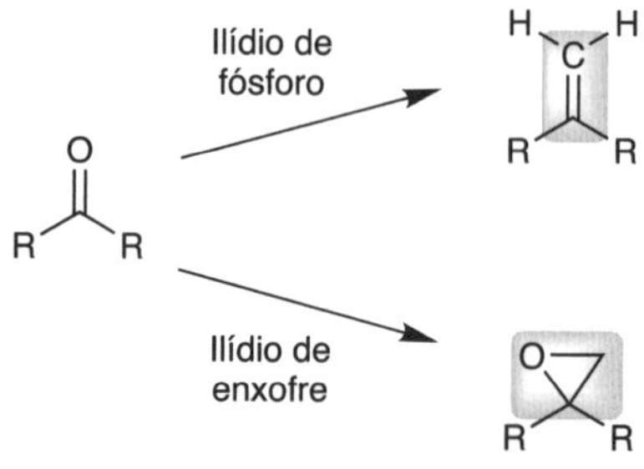

Os produtos são muito diferentes um do outro. Porém, os mecanismos são realmente idênticos até a última etapa. Se você não vir isto, então, volte aos mecanismos de cada uma destas reações e compare-as. Somente a última etapa é diferente.

Observamos então a mesma ideia comum diversas vezes neste capítulo. Vimos que você frequentemente pode ter duas reações que geram produtos muito diferentes, mas, quando examina cuidadosamente os mecanismos, percebe que, na verdade, eles são muito semelhantes.

EXERCÍCIO 5.70 Preveja o produto principal da reação vista a seguir:

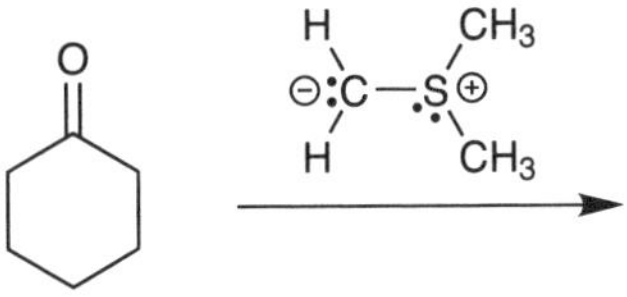

Resposta Este reagente é apenas um ilídio de enxofre, usado para converter cetonas em epóxidos. Assim, nosso produto é:

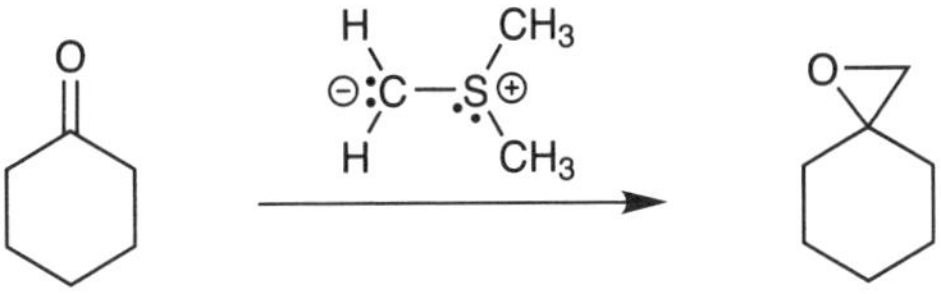

PROBLEMAS Preveja o produto principal de cada uma das reações vistas a seguir:

5.71

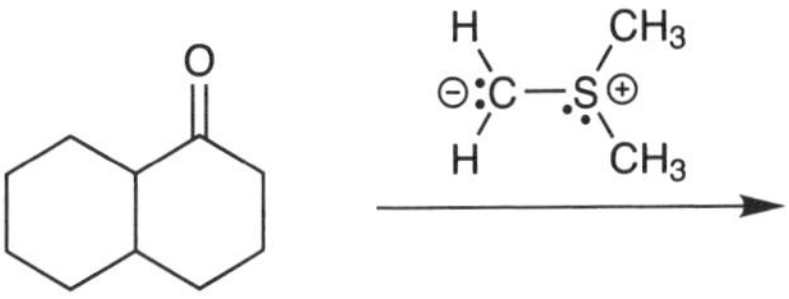

5.72

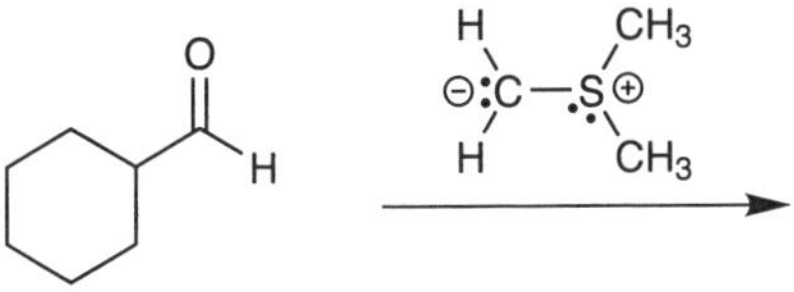

5.73

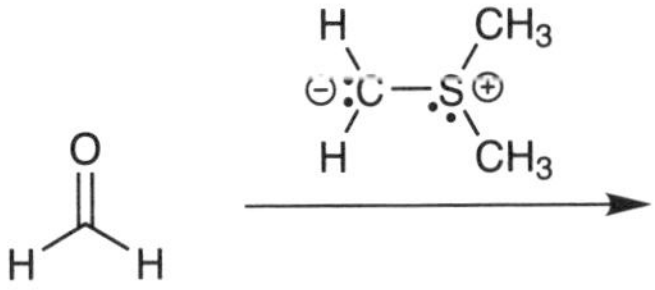

5.8 ALGUMAS IMPORTANTES EXCEÇÕES À REGRA

No início deste capítulo, vimos uma regra de ouro que nos ajudou a entender a maior parte da química que exploramos. A regra é: sempre que puder, forme novamente a carbonila, mas nunca expulse H^- ou C^-.

A verdade é que há poucas, e raras, exceções a esta regra. Nesta seção, vamos examinar duas das exceções.

Na reação de Cannizzaro, "parece" que estamos expulsando o H^- para formar novamente uma carbonila. Não vou entrar em muitos detalhes da reação de Cannizzaro, porque esta reação tem muito pouca utilidade em síntese. É improvável que você utilize esta reação mais de uma vez, se tanto. Então, apenas a mencionarei de passagem. Procure a reação no seu livro-texto e nas suas anotações de aula. Se você não precisar conhecer esta reação, então, poderá ignorá-la. Porém, se precisa conhecer a reação, então, deverá examinar cuidadosamente o mecanismo no seu livro-texto. Se se concentrar na etapa em que H^- é expulso, vai ver que H^- realmente não é expulso por si mesmo. Em lugar disso, ele é transferido de um lugar para outro. E, neste sentido, podemos entendê-lo um pouco melhor. É verdade que o H^- é muito instável para ser eliminado como grupo de saída. É por isto que nunca expulsamos o H^- para a solução. Porém, na reação de Cannizzaro, ele realmente nunca é eliminado como grupo de saída.

Agora vamos explorar outra exceção à regra de ouro. Há uma reação em que parece que estamos formando novamente um grupo carbonila expulsando o C^-. Esta reação, chamada de reação de Baeyer-Villiger, é extremamente útil. Se você souber como usá-la de modo adequado, verá que pode utilizá-la muitas vezes para resolver problemas de síntese neste curso. Dessa forma, passaremos algum tempo discutindo esta reação agora.

A reação de Baeyer-Villiger utiliza um peroxiácido como reagente:

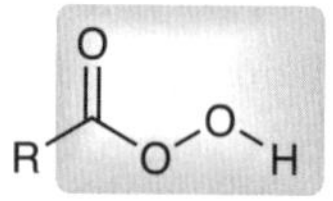

O
R O O H

Um peroxiácido tem um átomo de oxigênio a mais que um ácido carboxílico

O R pode ser qualquer coisa. Ele pode ser um grupo metila ou um grupo muito maior. Há muitos peroxiácidos comuns. O peroxiácido mais comum é o MCPBA (**á**cido ***m***eta-**c**loro-**p**eroxi**b**enzoico), assim, quando você encontrar as letras MCPBA, deverá reconhecer que estamos falando de um peroxiácido:

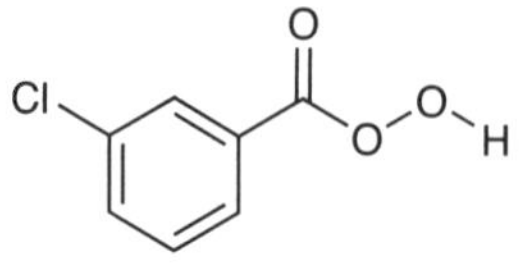

Cl O O O H

MCPBA

Este reagente (ou qualquer outro peroxiácido) pode ser usado para inserir um átomo de oxigênio próximo ao grupo carbonila de uma cetona, produzindo um éster:

O R R —MCPBA→ O R O R

Você ainda pode usar a mesma reação para converter um aldeído em um ácido carboxílico:

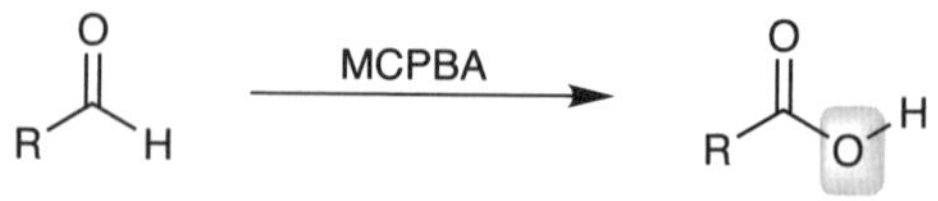

O R H —MCPBA→ O R O H

Uma vez mais, o resultado desta reação é "inserir" um átomo de oxigênio próximo ao grupo carbonila. Trata-se de uma ferramenta sintética muito útil; então, vejamos o mecanismo no qual ele funciona. Em primeiro lugar, o peroxiácido funciona como nucleófilo e ataca o grupo carbonila, exatamente como qualquer outro nucleófilo:

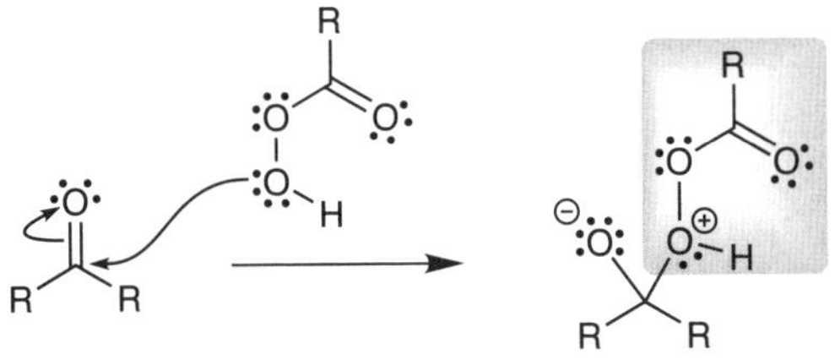

O intermediário resultante, então, pode sofrer uma transferência de próton intramolecular, como a que é vista a seguir:

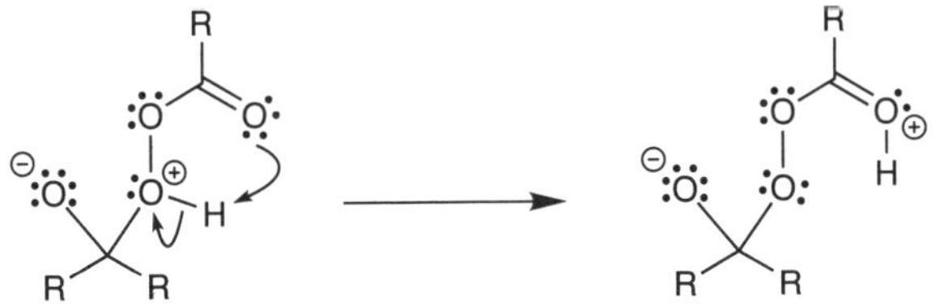

Esta etapa pode ocorrer de modo intramolecular (em vez de necessitar de duas etapas de transferência de próton separadas) porque envolve um estado de transição de cinco membros (e não um estado de transição de quatro membros, que seria muito tensionado). E a força motriz desta etapa de transferência de próton intramolecular pode ser explicada em termos da estabilidade da carga positiva. Especificamente, uma carga positiva localizada foi substituída por uma carga positiva estabilizada por ressonância.

Se nos concentrarmos no intermediário gerado pela etapa de transferência de próton intramolecular apresentada antes, concluímos que a única maneira de formar mais uma vez o grupo carbonila é expulsar o grupo que foi inserido recentemente:

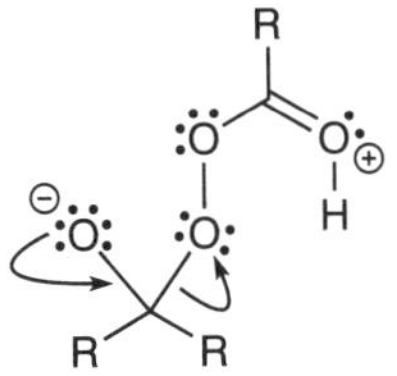

É verdade que isto provavelmente acontece, mas não leva à formação de um novo produto. Ela apenas regenera a cetona de partida. Assim, aplicamos nossa regra de ouro para ver se alguma coisa a mais pode acontecer. Em outras palavras, examinamos para verificar se podemos expulsar qualquer outro grupo de saída. Nossa regra de ouro nos diz que nunca se expulsa H^- ou C^-. E nós não vemos quaisquer outros grupos para expulsar. PORÉM, esta é a exceção à regra de ouro. Quando um grupo carbonila é atacado por um peroxiácido, realmente há alguma coisa a mais que pode acontecer. É única nesta situação, e você não verá isto em qualquer outro mecanismo (então, não se preocupe em tentar aplicar esta próxima etapa a qualquer outro mecanismo). Ocorre um rearranjo no qual diz-se que um grupo alquila *migra*:

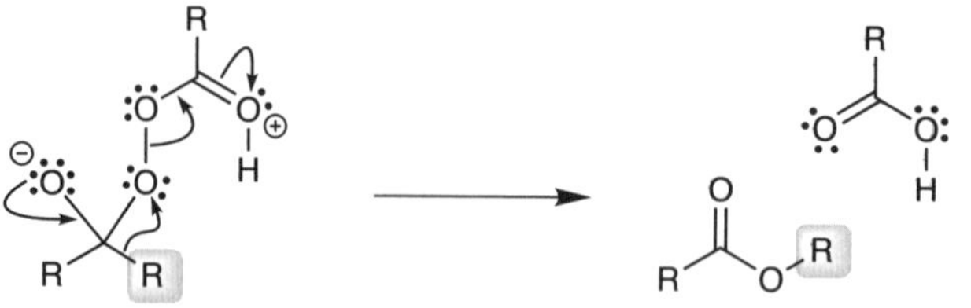

Examine com cuidado o destino do grupo alquila que migra (em destaque na figura anterior). Observe que o grupo carbonila está sendo formado novamente para expulsar este grupo R, o qual migra para o átomo de oxigênio vizinho. Em outras palavras, parece que estamos expulsando o C^{-}. Mas a verdade é que não estamos *realmente* expulsando o C^{-} para a solução por si só. Afinal, o C^{-} é por demais instável. Ao contrário, ele está simplesmente ***migrando*** de um lugar para outro (ele está migrando para atacar o átomo de oxigênio vizinho). Na verdade, ele nunca se torna C^{-} em nenhum instante. E isto explica como podemos ter uma exceção aqui.

Este mecanismo é de fato bizarro, e você não deve se preocupar se sentir que não poderia prever quando isto possa acontecer em outras situações. Esta provavelmente é a primeira vez que você estará vendo um rearranjo que não envolve um carbocátion. Então, é mesmo diferente. Você não precisará aplicar este mecanismo a nenhuma outra situação. Então, por ora, não se concentre demais neste mecanismo. Em vez disso, concentremo-nos em como usar esta reação quando você estiver resolvendo problemas de síntese, porque ela será muito útil se for conhecida.

Para usar esta reação adequadamente, você precisará saber como prever onde o átomo de oxigênio é inserido. Por exemplo, considere a cetona vista a seguir:

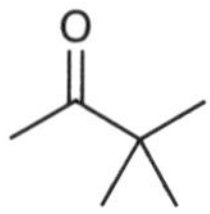

Esta cetona é assimétrica, de modo que devemos decidir onde o átomo de oxigênio será inserido durante uma reação de Baeyer-Villiger. Qual dos dois produtos vistos a seguir é o esperado?

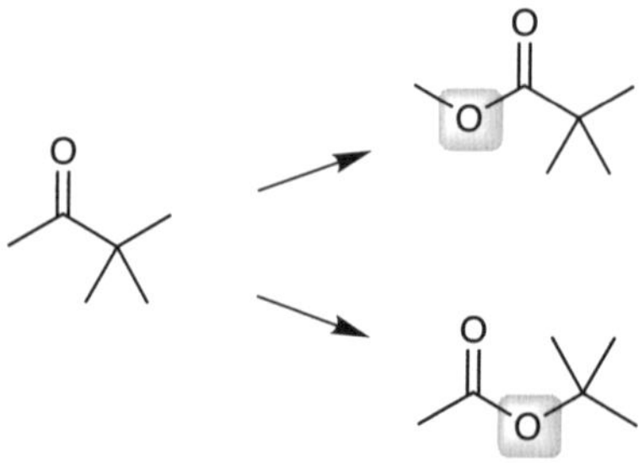

Para responder a esta questão, precisamos saber qual grupo alquila tem maior probabilidade de migrar. Se você voltar ao mecanismo anterior, verá que o grupo R que migra é o que termina ligado ao átomo de oxigênio no produto. Assim, temos apenas que decidir que grupo alquila pode migrar mais rapidamente.

Há uma ordem de quão rápido os grupos alquila podem migrar nesta reação, e chamamos isto de "aptidão migratória":

H > 3° > 2° ou Ph > 1° > metila

Observe que os grupos fenila têm aptidão migratória semelhante à dos grupos alquila secundários. Observe também que H é o mais rápido para migrar. Isto explica como podemos usar esta reação para converter aldeídos em ácidos carboxílicos:

MCPBA

H migra mais rápido do que qualquer outro grupo, então, não importa qual é o grupo R.

Se não houver um H no composto (em outras palavras, se você está começando com uma cetona em lugar de um aldeído), então, deverá procurar o grupo alquila mais substituído. Por exemplo:

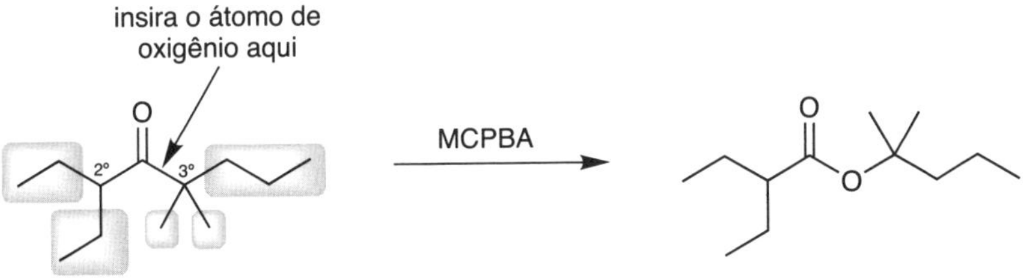

insira o átomo de oxigênio aqui

2° 3°

MCPBA

Observe que o átomo de oxigênio está inserido no lado que é mais substituído.

Para utilizar esta reação em síntese, você deve certificar-se de que pode prever onde o átomo de oxigênio será inserido. Resolvamos alguns problemas para nos certificar de que você entendeu.

EXERCÍCIO 5.74 Preveja o produto principal da reação vista a seguir:

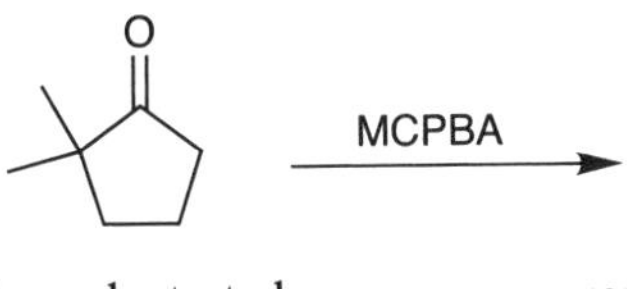

MCPBA

Resposta Uma cetona está sendo tratada com um peroxiácido, então, esperamos que ocorra uma reação de Baeyer-Villiger. Examinamos atentamente nossa cetona de partida e vemos que ela é assimétrica. Então, precisamos prever onde o átomo de oxigênio se inserirá. Examinamos ambos os lados e vemos que o lado esquerdo é mais substituído. O grupo R mais substituído migrará mais rápido e é onde o átomo de oxigênio será inserido.

Este caso específico é um exemplo interessante, pois a inserção de um átomo de oxigênio causa uma expansão do anel:

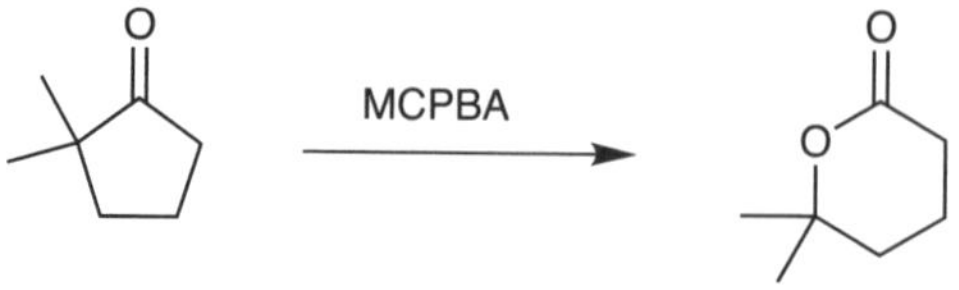

MCPBA

O produto não é apenas um éster, mas é um éster *cíclico*. Os ésteres cíclicos são chamados de *lactonas*.

PROBLEMAS Preveja o produto principal de cada uma das reações vistas a seguir:

5.75 MCPBA

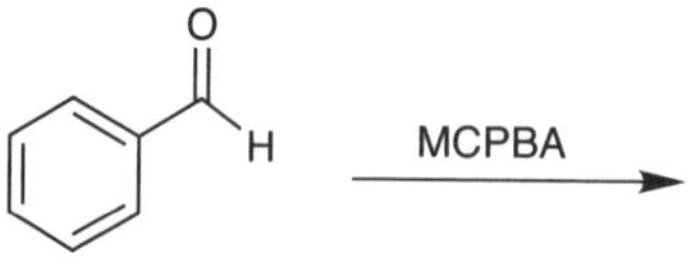

5.76 MCPBA

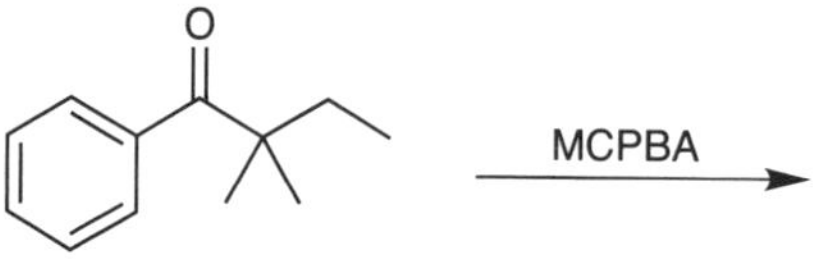

5.77

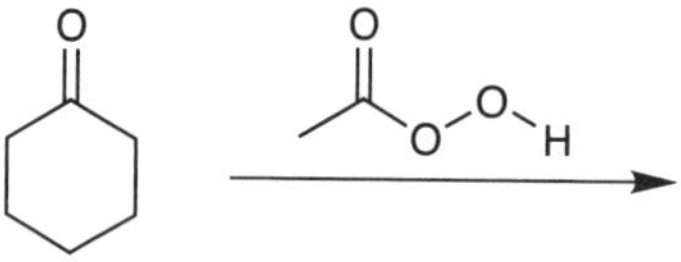

5.78 RCO_3H

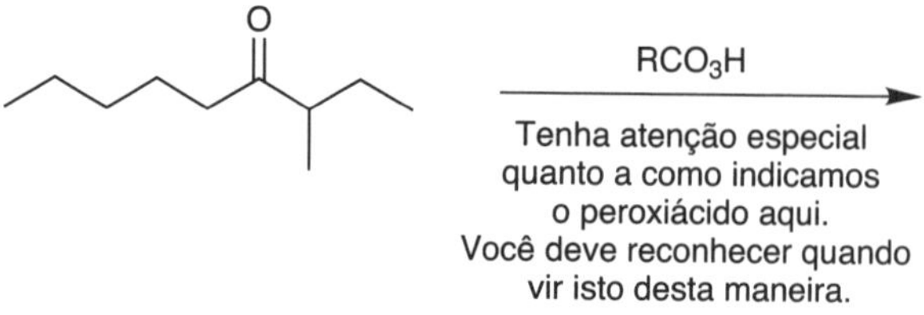

Tenha atenção especial quanto a como indicamos o peroxiácido aqui. Você deve reconhecer quando vir isto desta maneira.

5.79 CH_3CO_3H

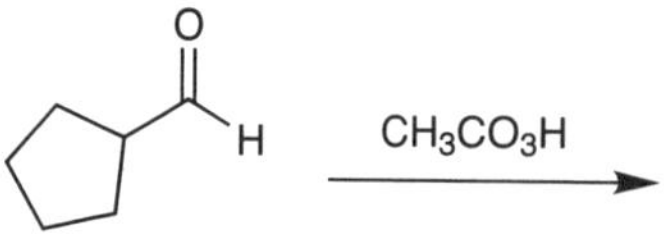

5.9 COMO ABORDAR PROBLEMAS DE SÍNTESE

Neste capítulo vimos muitas reações. Para resolver problemas de síntese, você vai precisar ter todas as reações ao seu alcance. No início deste capítulo, vimos algumas maneiras de produzir aldeídos e cetonas. Você se lembra das reações? Se não se lembrar, então, está com um problema. É por isto que, às vezes, a química orgânica pode ficar complicada. Não é suficiente ser um mestre em mecanismos. É um excelente começo, e constrói um excelente alicerce para entender a matéria. Mas, ao final, você tem que poder resolver problemas de síntese. E para fazer isto, deve ter todas as reações organizadas na sua cabeça.

Vamos começar com uma pequena revisão de tudo que vimos:

Começamos com algumas maneiras de produzir cetonas e aldeídos (duas maneiras de oxidar e, então, uma ozonólise). A seguir, exploramos nucleófilos de hidrogênio ($NaBH_4$ e HAL) e nucleófilos de oxigênio (produzindo acetais) e vimos que os acetais podem ser usados para proteger as cetonas. Prosseguindo, exploramos nucleófilos de enxofre (para formar tioacetais) e vimos como eles podem ser usados para *reduzir* cetonas e aldeídos. Em seguida, exploramos nucleófilos de nitrogênio (aminas primárias e aminas secundárias), examinamos aminas primárias especiais (hidroxilamina e hidrazina) e vimos como as hidrazonas podem ser utilizadas para reduzir cetonas a alcanos. Depois, passamos para três tipos de nucleófilos de carbono — reagentes de Grignard, ilídios de fósforo e ilídios de enxofre. Finalmente, examinamos a oxidação de Baeyer-Villiger, centrando nossa atenção na sua utilidade para síntese. É tudo o que vimos neste capítulo.

Nesta última seção do capítulo, juntaremos tudo para resolver problemas de síntese. O primeiro passo é certificar-se de que você conhece estas reações suficientemente bem para tê-las à mão. Para garantir que você realize tal objetivo, tente fazer o que se segue. Separe uma folha de papel e tente escrever todas as reações listadas no parágrafo anterior (sem consultar o capítulo, se possível). Certifique-se de que pode representar todos os reagentes e todos os produtos. Caso não possa fazer isto, então, você simplesmente não está pronto para COMEÇAR a pensar em problemas de síntese. Os alunos com frequência se queixam de que simplesmente não sabem como abordar problemas de síntese. Mas a dificuldade geralmente NÃO se deve ao pouco conhecimento do aluno, mas, em vez disso, a dificuldade surge dos maus hábitos de estudo do aluno. Você PODE resolver problemas de síntese. Você poderia até gostar deles, acredite se quiser. Porém, tem que andar antes de poder correr. Se tentar correr antes de aprender a andar, vai tropeçar e se frustrará. Muitos alunos cometem este erro com problemas de síntese.

Assim, aceite meu conselho e concentre-se desde já no domínio das reações individuais. Tente preencher a folha em branco com tudo que fizemos neste capítulo. Se você achar que terá que consultar o capítulo para obter os reagentes exatos (ou para ver quais são os produtos exatos), então, tudo bem. Faz parte do processo do estudo — PORÉM, não se engane pensando que você está pronto para problemas de síntese uma vez que tenha preenchido a folha de papel. Você não está pronto até poder preencher toda a folha de papel, do início ao fim, sem consultar nem uma vez o capítulo para ver os pormenores. Continue preenchendo uma nova folha, de novo e de novo, até poder fazer tudo sem ter que consultar alguma coisa. Idealmente, você deverá chegar ao ponto em que não precisa nem mesmo olhar o pequeno resumo que acabamos de fornecer. Você deverá chegar ao ponto em que pode reconstruir o resumo na sua cabeça e, então, com base no resumo, deverá poder fazer uma lista de todas as reações.

Parece muito trabalho. E é. Leva um tempo. Porém, quando você termina, estará em ótima condição para começar a lidar com problemas de síntese. Se tiver preguiça e resolver não seguir meu conselho, então, não reclame depois se ficar frustrado com problemas de síntese. É sua própria culpa tentar correr antes de ter dominado a caminhada.

Assim que você chegar ao ponto em que tem todas as reações na ponta da língua, então, pode voltar até aqui e tentar provar isto fazendo alguns problemas simples. Esses problemas são desenvolvidos para testar você na sua capacidade de listar os reagentes de que precisa para realizar transformações simples de etapa única. Uma vez que tenha as reações dominadas, então, poderemos passar adiante e conquistar alguns problemas de síntese de etapas múltiplas.

EXERCÍCIO 5.80 Que reagentes você usaria para realizar a transformação vista a seguir?

Resposta Inspecionando o produto, podemos determinar imediatamente que precisamos de um nucleófilo de nitrogênio. Precisamos somente decidir que tipo de nucleófilo de nitrogênio. Como nosso produto é uma enamina, vamos precisar de uma amina secundária. Quando examinamos o produto, podemos determinar que precisamos utilizar a amina secundária vista a seguir:

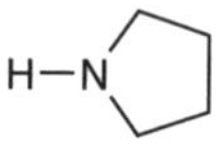

H—N

Finalmente, apenas precisamos decidir se há alguma condição especial que deveria ser mencionada. E aprendemos que há condições especiais para a reação entre uma cetona e uma amina secundária. Especificamente, precisamos ter catálise ácida e condições de Dean-Stark. Desse modo, nossa resposta é:

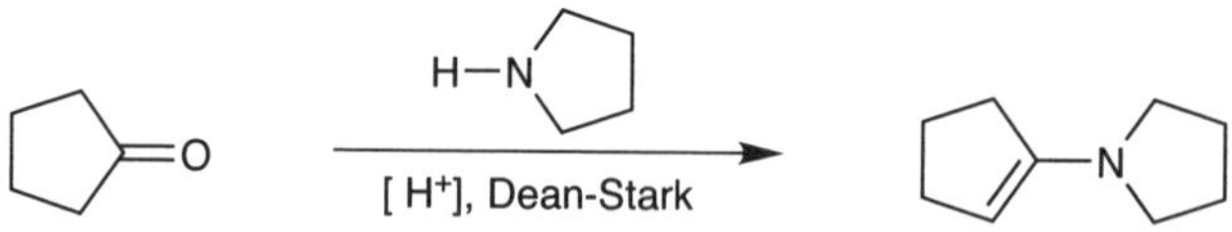

H—N

[H^+], Dean-Stark

PROBLEMAS Os problemas vistos a seguir foram desenvolvidos para ser simples, de modo que você possa provar a si mesmo que conhece bem estas reações. Eu recomendo muito que tire uma fotocópia dos problemas a seguir, ***antes*** de os preencher. Você poderia achar que vai emperrar em alguns problemas e poderia ser útil voltar a eles no futuro próximo para preenchê-los novamente. Os problemas a seguir não estão listados na ordem em que aparecem neste capítulo:

5.81 O → CH_2

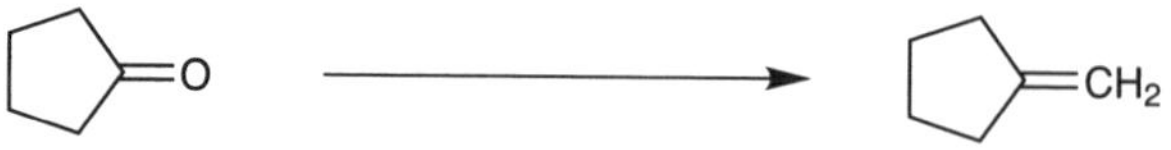

5.82 O → O, O

5.83 OH → O

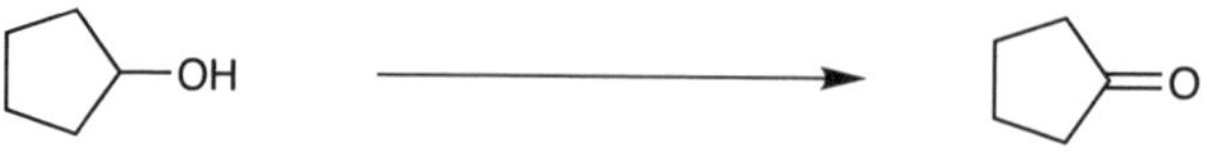

5.84

5.85

SCH_3

SCH_3

5.86

5.87

5.88

5.89

OH

CH_3

5.90

5.91

5.92

5.93

5.94

5.95

NH_2

5.96

5.97

5.98

5.99

5.100

Se você se sentir confortável com estes problemas, então, deve estar pronto para seguir adiante para resolver alguns problemas de síntese de etapas múltiplas. Vejamos um exemplo:

EXERCÍCIO 5.101 Proponha uma síntese eficiente para a transformação vista a seguir:

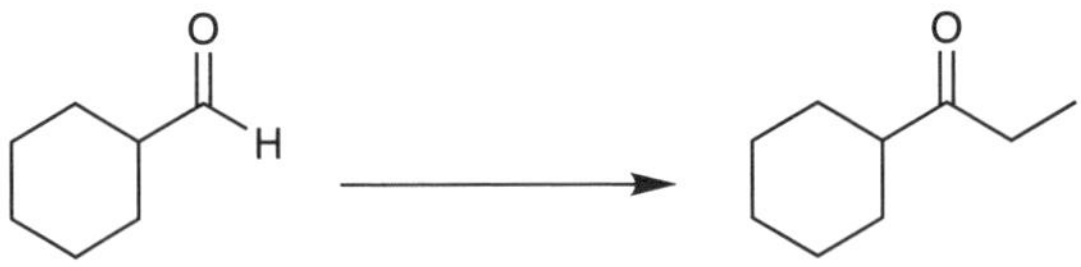

Resposta Esta transformação é um pouco mais complicada do que os problemas anteriores, porque não pode ser realizada em uma etapa única. Precisamos inserir um grupo etila, enquanto mantemos a presença do grupo carbonila. Se utilizarmos um reagente de Grignard, poderemos inserir o grupo etila, mas reduziremos a cetona a um álcool no processo:

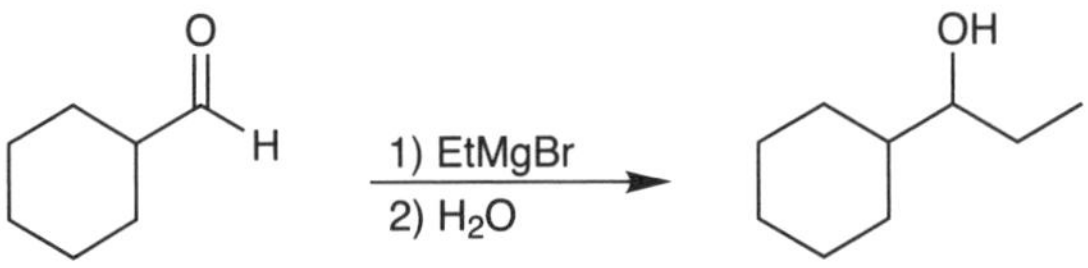

1) EtMgBr
2) H_2O

Porém, este problema pode ser contornado facilmente, pois podemos oxidar o álcool de volta a uma cetona:

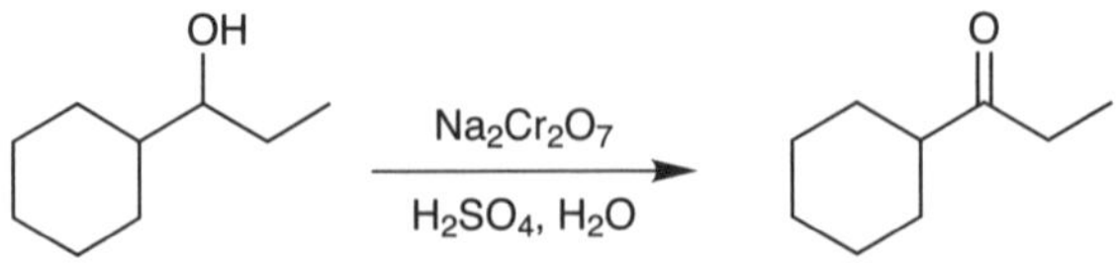

$Na_2Cr_2O_7$
H_2SO_4, H_2O

Então, temos uma síntese de duas etapas para realizar esta transformação.

Antes de você tentar resolver alguns problemas por si só, há mais um ponto importante a respeito de problemas de síntese. Muito frequentemente, é útil trabalhar "de trás para a frente". Chamamos isto de *análise retrossintética*. Vejamos um exemplo:

EXERCÍCIO 5.102 Proponha uma síntese eficiente para a transformação vista a seguir:

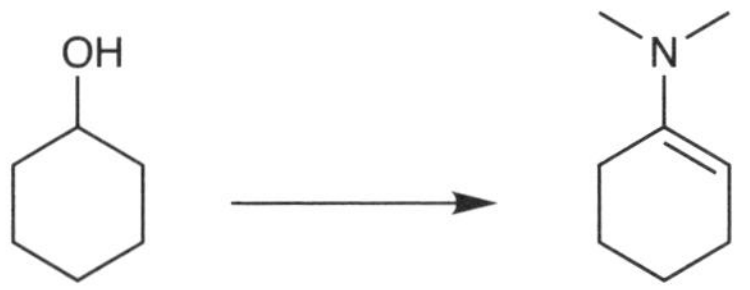

OH

N

Resposta Se nos concentrarmos no produto, observamos que se trata de uma enamina. Vimos apenas uma maneira de produzir uma enamina — a partir da reação entre uma cetona e uma amina secundária. Dessa maneira, podemos trabalhar de trás para a frente:

OH ? N

O

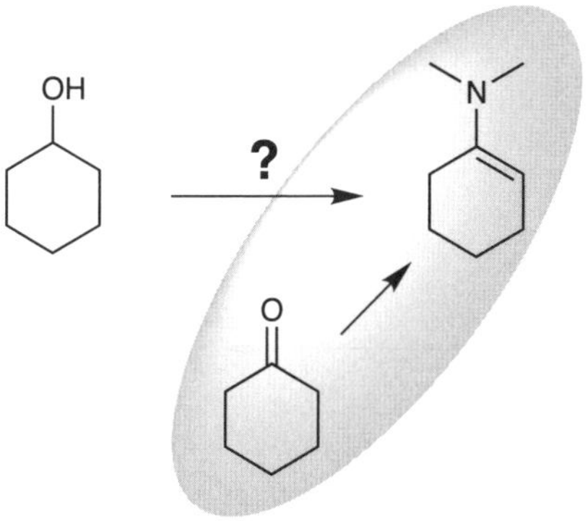

Tudo que precisamos fazer é encontrar uma maneira de converter o composto de partida em uma cetona. E vimos como fazê-lo. Podemos converter um álcool em uma cetona utilizando uma reação de oxidação. Então, nossa síntese é:

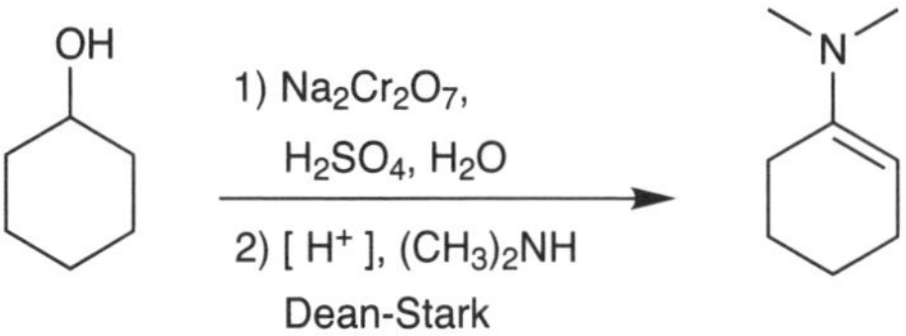

OH

1) $Na_2Cr_2O_7$, H_2SO_4, H_2O

2) [H^+], $(CH_3)_2NH$ Dean-Stark

N

É claro que este último problema não foi muito difícil, porque teve uma solução em duas etapas. À medida que você resolver problemas que requerem mais etapas, esta abordagem (análise retrossintética) ficará cada vez mais importante. Mas não se preocupe. Você não terá que resolver problemas que exijam dez etapas. Isto está além do escopo deste curso. Em geral, você não terá que lidar com sínteses que exigem mais do que três a cinco etapas. Então, com bastante prática, é um fato real que você se tornará um mestre na solução de problemas de síntese. Uma vez mais, tudo depende de quão bem você conhecer todas as reações.

Ao resolver os problemas vistos a seguir, tenha em mente que raramente há apenas uma resposta para um problema de síntese. À medida que aprendemos mais e mais reações, você verá que frequentemente há múltiplas maneiras corretas de chegar a uma transformação. Não fique parado pensando que tem que encontrar A resposta. Você poderá mesmo encontrar uma resposta perfeitamente aceitável que ninguém mais na sala pensou. São os momentos mais excitantes. Na realidade, há espaço para você expressar alguma criatividade quando resolver problemas de síntese. Agora vamos adquirir certa prática.

PROBLEMAS Para cada um dos problemas vistos a seguir, sugira uma síntese eficiente. Lembre-se de que pode haver mais de uma resposta correta para cada um destes problemas. Se você propõe uma resposta e ela não se encaixa na resposta dada ao final do livro, não desanime. Analise cuidadosamente sua resposta, pois ela também pode estar correta.

5.103

5.104

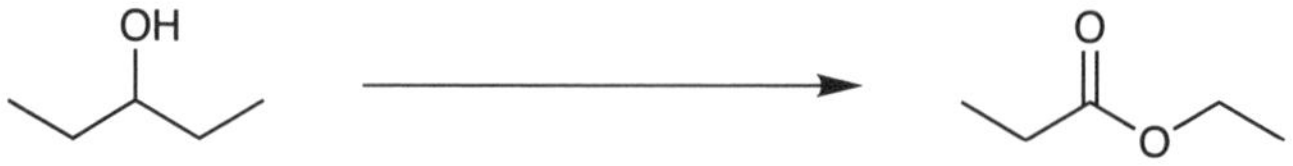

5.105

5.106

5.107

5.108

5.109

5.110

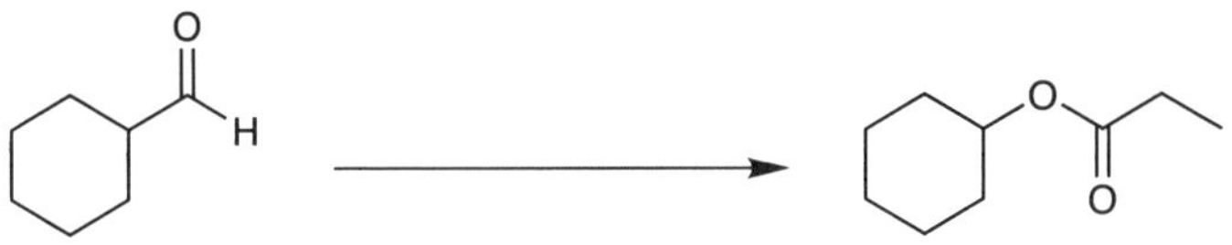

5.111

5.112

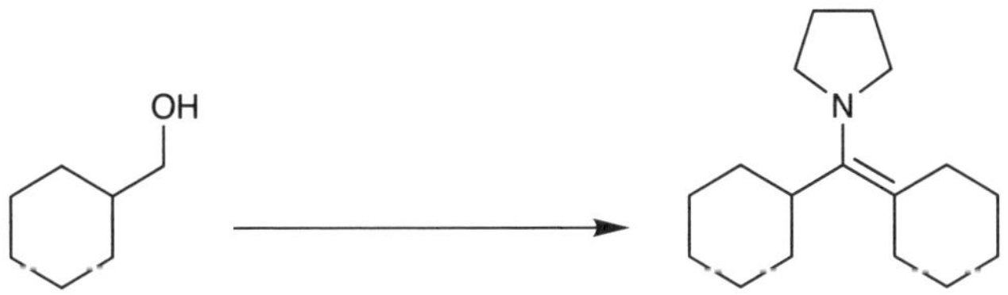

Neste capítulo, ***não*** vimos TODAS as reações que estão em seu livro-texto ou anotações de aula. Abordamos as reações principais (provavelmente 90% ou 95% das reações que você precisa conhecer). A meta deste capítulo NÃO é abranger todas as reações. Ao contrário, nossa meta é lançar os fundamentos para você, quando estiver lendo seu livro-texto e anotações de aula. Vimos as semelhanças entre os mecanismos e vimos uma maneira simples de classificar todos os nucleóflos (nucleófilos de hidrogênio, nucleófilos de oxigênio, nucleófilos de enxofre etc.).

Agora você pode voltar ao seu livro-texto e anotações de aula e procurar as reações que não abordamos neste capítulo. Com a base que construímos neste capítulo, você deverá estar em boa forma para preencher as lacunas e estudar com mais eficiência.

E certifique-se de fazer TODOS os problemas do seu livro-texto. Você encontrará mais problemas de síntese nele. Quanto mais você praticar, melhor ficará. Boa sorte.

CAPÍTULO 6

DERIVADOS DE ÁCIDOS CARBOXÍLICOS

6.1 REATIVIDADE DE DERIVADOS DE ÁCIDOS CARBOXÍLICOS

Os derivados de ácidos carboxílicos são semelhantes aos ácidos carboxílicos, mas o grupo OH foi substituído por um grupo diferente (Z),

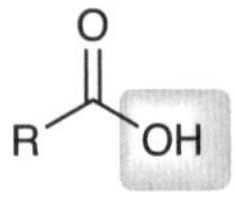

Ácido carboxílico

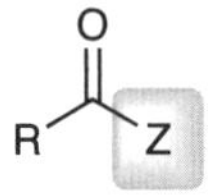

Derivado de ácido carboxílico

em que Z é um heteroátomo (um átomo diferente de C ou H, como Cl, O, N etc.). Os quatro tipos mais comuns de derivados de ácidos carboxílicos são apresentados a seguir:

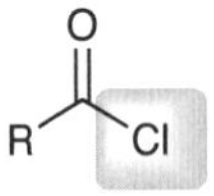

haleto de ácido 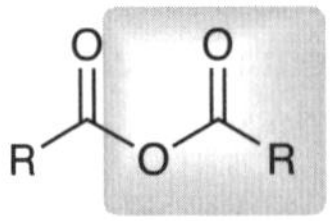 | anidreto de ácido 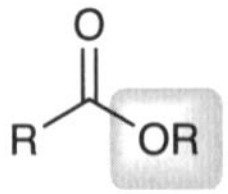 | éster 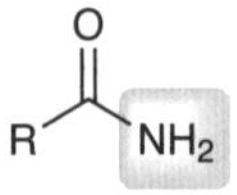 | amida

A química dos derivados de ácidos carboxílicos é diferente da química das cetonas e dos aldeídos, porque os derivados de ácidos carboxílicos possuem um grupo de saída presente, o que permite ao grupo carbonila ser refeito após ser atacado:

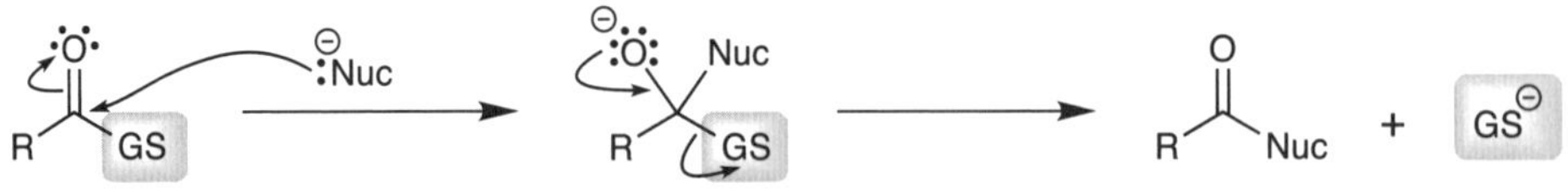

A natureza do grupo de saída determina quão reativo é o composto. Por exemplo, os cloretos de ácido são extremamente reativos porque o grupo de saída incorporado (cloreto) é muito estável:

cloreto de ácido

carga estabilizada

O cloreto é um bom grupo de saída porque é uma base fraca. Por esta razão, os haletos de ácido (também chamados de haletos de acila) são os mais reativos dos derivados de ácidos carboxílicos. Isto é muito útil, porque significa que podemos utilizar haletos de ácido para formar qualquer dos outros derivados de ácidos carboxílicos.

Os derivados de ácidos carboxílicos podem ser encarados como tendo um "coringa" próximo ao grupo carbonila. Estou chamando-o de "coringa", porque ele pode ser facilmente trocado por um grupo diferente:

coringa

Neste capítulo aprenderemos como trocar os grupos de modo a podermos converter um derivado de ácido carboxílico em outro. Para tanto, teremos que saber algo sobre a ordem de reatividade dos derivados de ácidos carboxílicos:

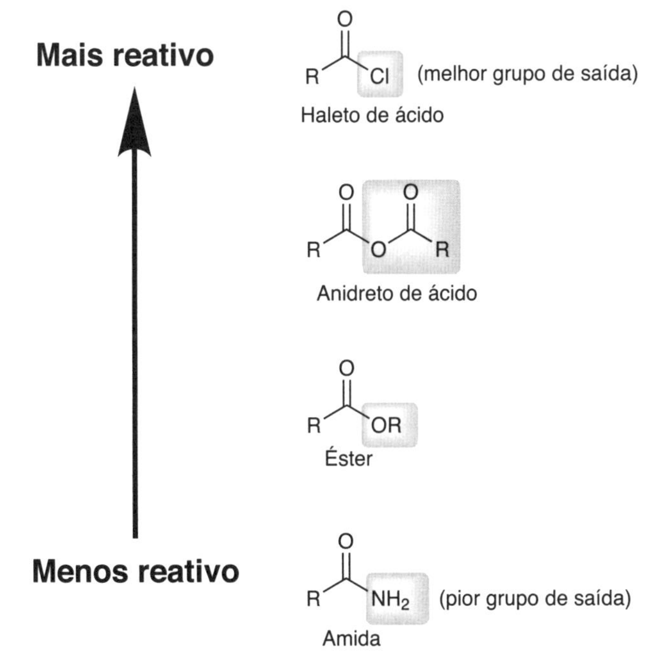

À medida que aprendermos a trocar o "coringa", veremos que existem apenas regras simples que determinarão tudo. Veremos muitas reações, mas todas elas são completamente previsíveis e inteligíveis, se você souber aplicar algumas regras simples, discutidas na próxima seção.

NÃO vamos tratar de todas as reações do seu livro-texto ou anotações de aula. Em vez disso, vamos nos concentrar nas principais informações que você precisa. Quando você tiver terminado este capítulo, deverá certificar-se de rever seu livro-texto e anotações de aula para aprender quaisquer reações que não abordarmos neste capítulo. Este capítulo vai fornecer a você os conhecimentos de que necessita para dominar o material no seu livro-texto.

6.2 REGRAS GERAIS

A regra mais importante já foi abordada no capítulo anterior. Nós a chamamos de "regra de ouro", qual seja: após o ataque a um grupo carbonila, tente formar novamente o grupo carbonila, se puder, mas nunca expulse H^- ou C^-.

Com esta regra podemos agora compreender que um derivado de ácido carboxílico reagirá de forma diferente com H^- ou C^- do que o fará com qualquer outro tipo de nucleófilo. Quando utilizamos um nucleófilo de hidrogênio ou um nucleófilo de carbono, vemos que o derivado de ácido carboxílico é atacado *duas vezes*. Vejamos por quê.

Considere, por exemplo, a reação que ocorre quando um haleto de ácido é tratado com excesso de um reagente de Grignard. Em primeiro lugar, o reagente de Grignard ataca o grupo carbonila, conforme esperamos:

R–C(=O)–Cl + :CH3⁻ MgBr⁺ → R–C(O⁻)(CH3)–Cl

A seguir, aplicamos nossa regra de ouro: caso seja possível, formamos novamente o grupo carbonila, mas não expulsamos H^- ou C^-. Neste caso, o Cl^- pode ser expulso, então, esperamos que o grupo carbonila seja formado novamente:

R–C(O⁻)(CH3)–Cl —(- Cl⁻)→ R–C(=O)–CH3

Esta etapa gera uma cetona e, nestas condições, a cetona pode ser atacada uma *segunda vez*, gerando um íon alcóxido:

R–C(=O)–CH3 + :CH3⁻ MgBr⁺ → R–C(O⁻)(CH3)–CH3

um íon alcóxido

O íon alcóxido resultante é agora incapaz de formar novamente o grupo carbonila, pois não há nenhum grupo de saída. Já dissemos muitas vezes que o H^- ou o C^- não pode ser expulso para formar novamente o grupo carbonila. Assim, a reação está completa. Para protonar o íon alcóxido, tem que ser introduzida uma fonte de prótons no balão de reação (observe que a fonte de prótons tem que ser introduzida no balão de reação DEPOIS de a reação terminar):

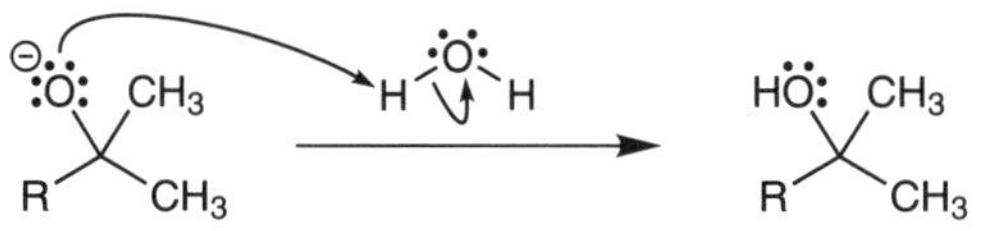

Ao final, o produto é um álcool, porque o nucleófilo atacou *duas vezes*.

Espera-se um resultado semelhante quando um haleto de ácido é atacado por um nucleófilo de hidrogênio. Uma vez mais, o grupo cabonila pode ser atacado duas vezes gerando um álcool:

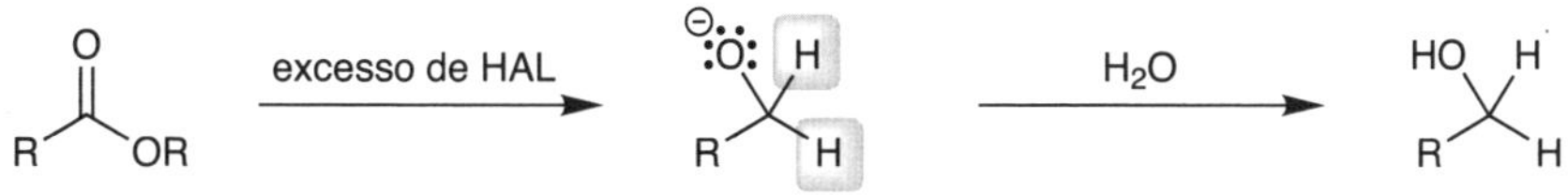

A situação é muito diferente quando utilizamos qualquer outro nucleófilo (não H^- ou C^-). Suponha, por exemplo, um haleto de ácido sendo tratado com RO^-:

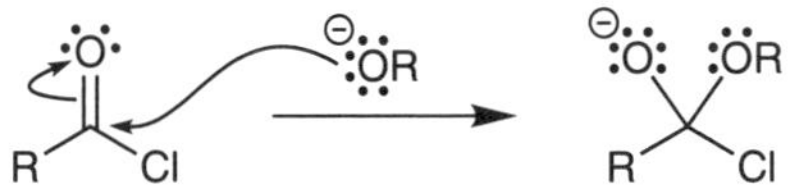

Conforme poderíamos esperar, o intermediário tetraédrico resultante é capaz de formar novamente o grupo carbonila expulsando um íon cloreto, gerando um éster:

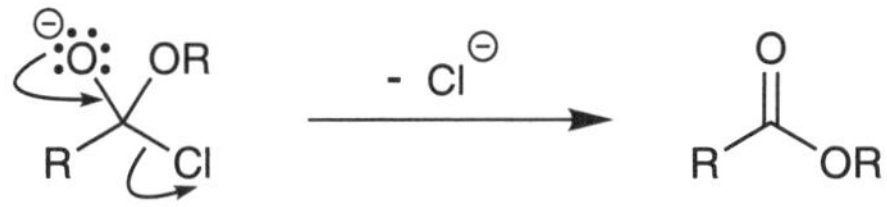

Agora, poderia ser verdade que o grupo carbonila resultante (do éster) PODE ser atacado uma segunda vez:

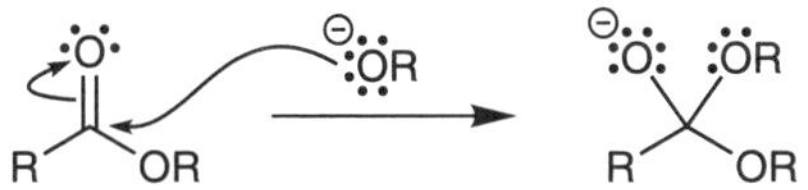

Porém, o intermediário tetraédrico gerado simplesmente formará de novo o grupo carbonila, expulsando o segundo RO^- que acabou de atacar. Isto nos leva diretamente ao éster:

O segundo ataque só é permanente quando o nucleófilo é H^- ou C^-. E isto deverá fazer sentido com base na nossa regra de ouro. Se o segundo ataque é feito pelo H^- ou C^-, então, o grupo carbonila poderá se formar novamente após a ocorrência do segundo ataque.

Desse modo, vimos que há uma diferença nos tipos de produtos que obtemos quando utilizamos H^- ou C^- se compararmos com os obtidos quando utilizamos qualquer outro nucleófilo. Tenha em mente: H^- ou C^- atacará duas vezes, mas todos os outros nucleófilos só atacarão uma vez:

R–C(=O)–GS —Nucleófilo de **Hidrogênio** (excesso)→ R–C(OH)(H)(H) — Atacado duas vezes

R–C(=O)–GS —Nucleófilo de **Carbono** (excesso)→ R–C(OH)(R)(R) — Atacado duas vezes

R–C(=O)–GS —**Outro** Nucleófilo→ R–C(=O)–Nuc — Atacado uma vez

Agora concentremos nossa atenção no último caso anterior (nucleófilos diferentes do H^- ou do C^-), no qual o nucleófilo ataca apenas uma vez. Nestas reações, o resultado será a troca de um tipo de derivado de ácido carboxílico por outro. Por exemplo:

R–C(=O)–Cl —ROH→ R–C(=O)–OR + HCl

O mecanismo deste processo (e de todos os outros semelhantes a ele) envolve duas etapas principais: ataque ao grupo carbonila e, então, formação novamente do grupo carbonila. É isso. Apenas duas etapas fundamentais. Porém, com muita frequência, as etapas de transferência de próton são necessárias na representação de um mecanismo. As transferências de próton só podem ocorrer em três momentos diferentes: início, meio e fim:

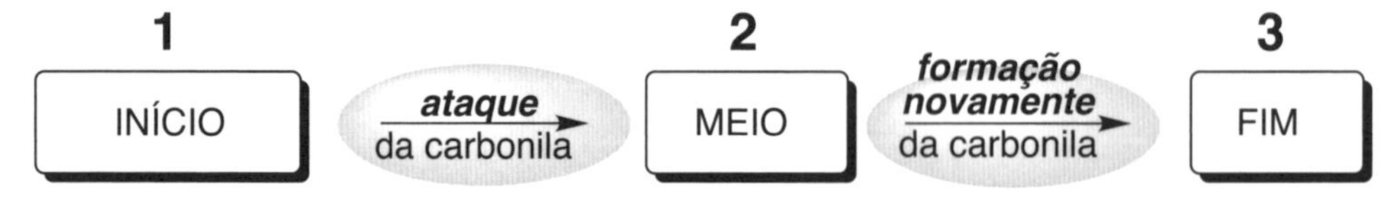

1. Uma etapa de transferência de próton pode ou não ser exigida no *início* do mecanismo, antes de o nucleófilo ter atacado o grupo carbonila.
2. As etapas de transferência de próton podem ou não ser exigidas no *meio* do mecanismo, depois de o grupo carbonila ter sido atacado, porém, antes de o grupo carbonila ter se formado novamente.
3. Uma etapa de transferência de próton pode ou não ser exigida ao *fim* do mecanismo, após o grupo carbonila ter se formado novamente.

Às vezes, um mecanismo não envolve nenhuma transferência de próton. Por exemplo, quando um haleto de ácido é tratado com íon alcóxido, não ocorre nenhuma transferência de próton:

ATAQUE DA CARBONILA — **FORMAÇÃO NOVAMENTE DA CARBONILA**

- $Cl^{\ominus}$

E, às vezes, um mecanismo exigirá apenas uma transferência de próton. Por exemplo, quando um haleto de ácido é tratado com água, é necessária uma transferência de próton no fim do mecanismo:

ATAQUE DA CARBONILA — **FORMAÇÃO NOVAMENTE DA CARBONILA** — **TRANSFERÊNCIA DE PRÓTON**

- $Cl^{\ominus}$

Porém, às vezes, as transferências de próton são necessárias em todos os três momentos no mecanismo (início, meio e fim). Por exemplo, considere o mecanismo visto a seguir para a reação na qual um éster é tratado com ácido aquoso, gerando um ácido carboxílico:

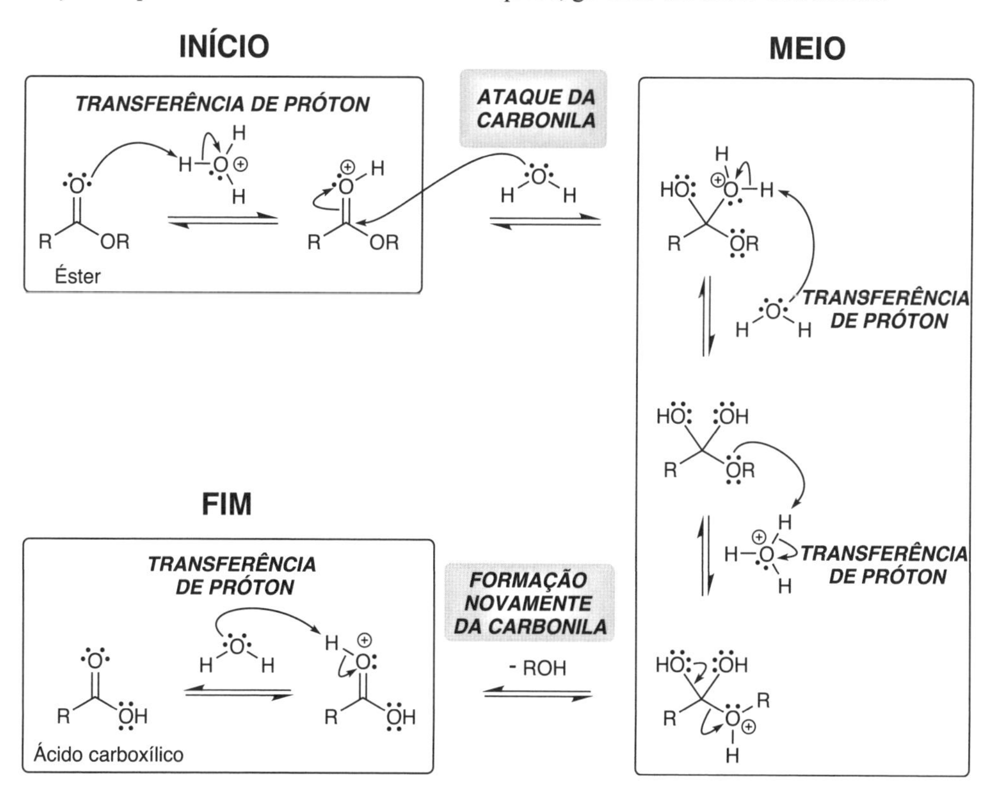

Trata-se de um mecanismo longo, com seis etapas. As duas etapas fundamentais (ataque da carbonila e, a seguir, formação novamente da cabonila) estão destacadas em cinza. Observe que as etapas de transferência de próton são necessárias em todos os três momentos possíveis ao longo do mecanismo (início, meio e fim). Posteriormente neste capítulo, vamos estudar esta reação com mais detalhes e explicaremos o raciocínio por trás de cada etapa de transferência de próton neste mecanismo.

6.3 HALETOS DE ÁCIDO

Conforme mencionamos, os haletos de ácido são os mais reativos dos derivados de ácidos carboxílicos, porque produzem os grupos de saída mais estáveis. Portanto, podemos preparar qualquer um dos outros derivados de ácido carboxílico a partir de haletos de ácido. Então, é crítico que você saiba como produzir um haleto de ácido. É muito comum encontrar um problema de síntese em que você precisa produzir um haleto de ácido em algum ponto da síntese.

Para produzir um haleto de ácido, seria bom se o Cl^- atacasse um ácido carboxílico diretamente, expulsando o HO^- como grupo de saída:

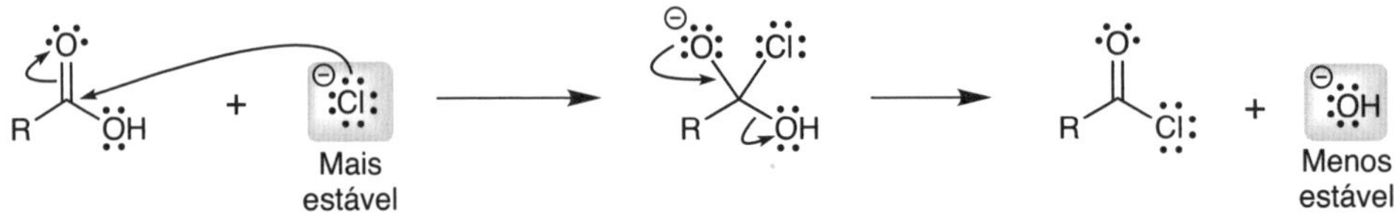

Mais estável

Menos estável

Porém, isto não funciona, porque o HO^- é menos estável do que o Cl^-. Cl^- não vai expulsar HO^-, então, primeiramente devemos converter o grupo OH em um grupo diferente que POSSA ser expulso pelo Cl^-. Assim, eis nossa estratégia:

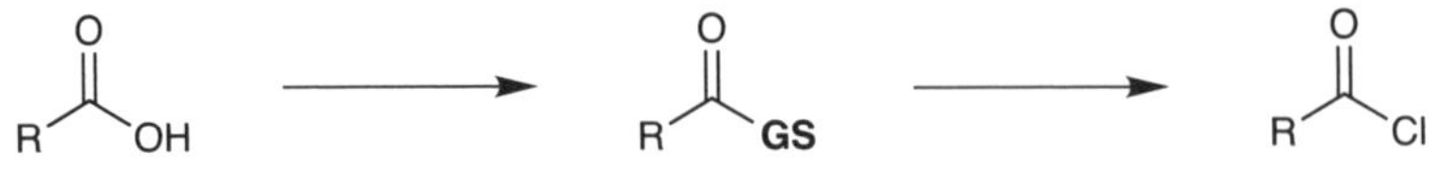

O cloreto de tionila, $SOCl_2$, é um reagente comum utilizado para executar ambas as etapas desta estratégia:

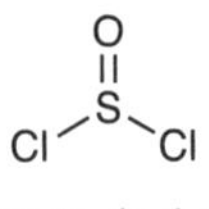

Cloreto de tionila
($SOCl_2$)

Um haleto de ácido geralmente pode ser obtido em boa quantidade por meio do tratamento de um ácido carboxílico com cloreto de tionila. Este reagente serve a dois objetivos em um balão de reação: 1) ele converte o grupo OH em um grupo de saída melhor e 2) ele serve como fonte de íons cloreto que atacarão o grupo carbonila e expulsarão o grupo de saída recém-formado. O primeiro objetivo (conversão do OH em um grupo de saída melhor) é atingido a partir do mecanismo visto a seguir:

EXCELENTE GRUPO DE SAÍDA

+ HCl

O ácido carboxílico funciona como nucleófilo e ataca a ligação S═O. A ligação S═O é, então, formada (pela expulsão de um íon cloreto) seguida de uma etapa de transferência de próton. O resultado líquido destas três etapas é a conversão de um grupo OH em um grupo de saída melhor, atingindo, dessa forma, o primeiro objetivo.

O segundo objetivo é, então, realizado quando o íon cloreto (gerado durante as etapas anteriores) ataca o grupo carbonila, expulsando o grupo de saída:

+ SO_2 + $Cl^{\ominus}$

Observe que SO_2 é formado como subproduto. Isto é importante porque o SO_2 é um gás, que borbulha para fora da solução, forçando, daí, a reação chegar à conclusão.

Agora que discutimos a preparação de haletos de ácido, estamos prontos para explorar reações dos haletos de ácido. Veremos muitas reações. PORÉM, não tente memorizá-las. Pelo contrário, tente entender que todas elas seguem as mesmas regras gerais. Vimos na seção anterior que há duas etapas fundamentais (ataque e formação novamente da carbonila). Então, precisamos apenas ter cuidado com transferências de próton nos três momentos possíveis em que elas podem ser necessárias:

1 INÍCIO → *ataque* da carbonila → 2 MEIO → *formação novamente* da carbonila → 3 FIM

Com os haletos de ácido fica muito mais fácil, pois as transferências de próton geralmente ocorrem somente no fim do mecanismo (você pode pular "1" e "2" no diagrama anterior). Considere o exemplo visto a seguir, no qual um haleto de ácido é tratado com água gerando um ácido carboxílico:

ATAQUE DA CARBONILA — *FORMAÇÃO NOVAMENTE DA CARBONILA* (- $Cl^{\ominus}$) — *DESPROTONAÇÃO*

Considere cuidadosamente as três etapas deste mecanismo: ataque, formação novamente, desprotonação. Repita várias vezes bem rápido (ataque, formação novamente, desprotonação). Você vai verificar que esta ordem de eventos se mantém, repetindo-se em todas as reações que estamos prestes a ver.

Observe que os subprodutos da reação são Cl^- e H_3O^+ que, juntos, representam uma solução aquosa de HCl. O acúmulo de ácido frequentemente pode produzir reações indesejadas (dependendo de quais outros grupos funcionais possam estar presentes no composto), então, é usada piridina para remover o ácido assim que ele é produzido:

piridina + H—Cl → cloreto de piridínio

A piridina é a base que reage com o HCl formando o cloreto de piridínio. Este processo prende o HCl efetivamente de modo que ele fique indisponível para quaisquer outras reações paralelas.

RCOCl → (H_2O, piridina) → RCOOH

Quando um haleto de ácido é tratado com um álcool, na presença de piridina, o produto é um éster:

RCOCl → (ROH, piridina) → RCOOR

O mecanismo deste processo tem as três etapas familiares: ataque, formação novamente e desprotonação:

ATAQUE DA CARBONILA — **FORMAÇÃO NOVAMENTE DA CARBONILA** ($- Cl^-$) — **DESPROTONAÇÃO**

Quando um haleto de ácido é tratado com uma amina, o produto é uma amida:

RCOCl → (NH_3, (dois equivalentes)) → $RCONH_2$

Observe que a piridina não é usada neste caso. Em lugar dela, utilizamos dois equivalentes de amônia (duas vezes a quantidade de amônia na forma de cloreto de ácido). Um equivalente serve de nucleófilo na primeira etapa do mecanismo, e o outro equivalente serve de base na última etapa do mecanismo:

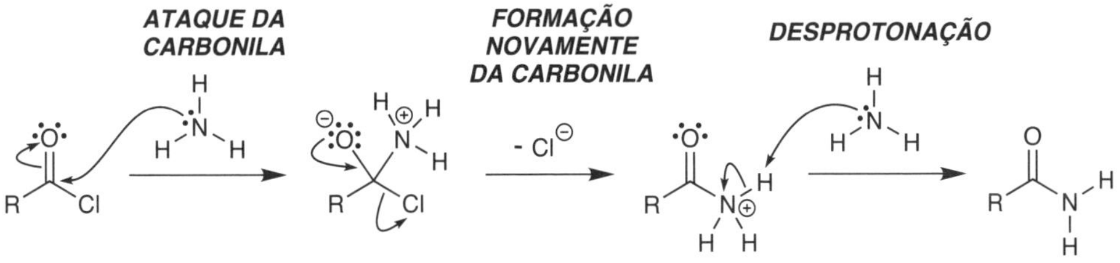

ATAQUE DA CARBONILA — *FORMAÇÃO NOVAMENTE DA CARBONILA* ($- Cl^{\ominus}$) — *DESPROTONAÇÃO*

Uma vez mais, observe que este processo tem as três etapas familiares: ataque, formação novamente e desprotonação.

Agora consideremos o que acontece quando um haleto de ácido é tratado com H^- ou C^-. Já vimos que H^- e C^- são especiais, porque eles atacam duas vezes:

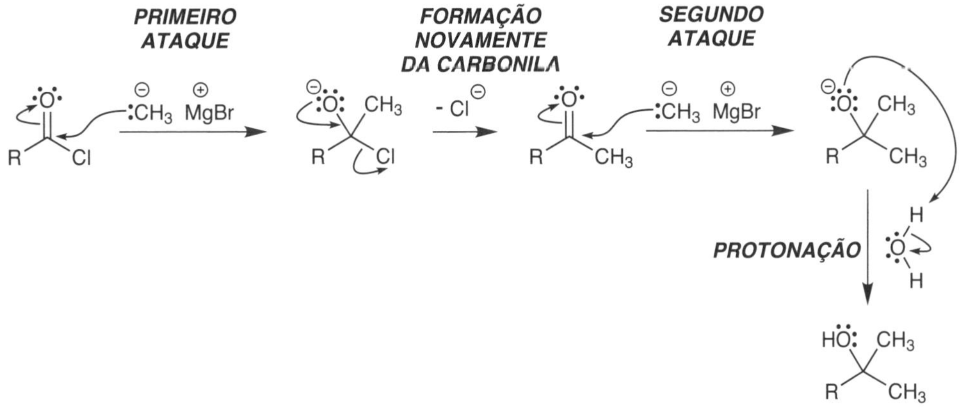

PRIMEIRO ATAQUE ($:CH_3^{\ominus}$ $MgBr^{\oplus}$) — *FORMAÇÃO NOVAMENTE DA CARBONILA* ($- Cl^{\ominus}$) — *SEGUNDO ATAQUE* ($:CH_3^{\ominus}$ $MgBr^{\oplus}$) — *PROTONAÇÃO* (H_2O)

Isto nos deixa com uma questão óbvia. E se quiséssemos atacar com C^- apenas uma vez? Em outras palavras, suponha que desejássemos o resultado visto a seguir:

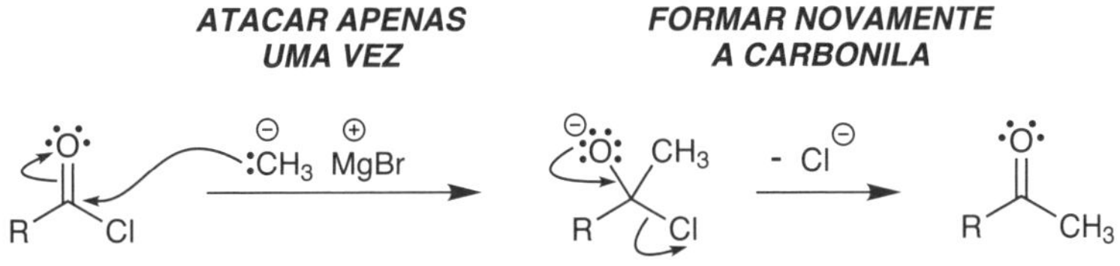

ATACAR APENAS UMA VEZ ($:CH_3^{\ominus}$ $MgBr^{\oplus}$) — *FORMAR NOVAMENTE A CARBONILA* ($- Cl^{\ominus}$)

E se a cetona fosse o produto desejado? Temos um problema aqui, porque o reagente de Grignard atacará duas vezes. Não podemos impedir o ataque duplo. Se tentarmos usar exatamente um equivalente do reagente de Grignard, observaremos uma confusão de produtos (algumas moléculas do haleto de ácido serão atacadas duas vezes e outras não serão atacadas). Para preparar a cetona, precisamos de um nucleófilo de carbono que reaja somente com um haleto de ácido, mas que ***não*** reaja com uma cetona. E estamos com sorte, porque há uma classe de compostos que farão exatamente o que queremos. Eles são chamados de dialquilcupratos de lítio (R_2CuLi).

Você pode já ter conhecido estes compostos no volume 1 deste livro. Os dialquilcupratos de lítio são nucleófilos de carbono, mas são menos reativos do que os reagentes de Grignard. Os dialquilcupratos de lítio reagem com os haletos de ácido, mas não com as cetonas. E, dessa maneira, podemos usar estes reagentes para converter haletos de ácidos em cetonas:

ATACAR APENAS UMA VEZ

$$RCOCl \xrightarrow{Me_2CuLi} RCOCH_3$$

Até este momento, vimos muitas reações, então, façamos uma rápida revisão delas:

$$RCOCl \xrightarrow[\text{piridina}]{H_2O} RCOOH$$

$$RCOCl \xrightarrow[\text{piridina}]{ROH} RCOOR$$

$$RCOCl \xrightarrow[\text{(excesso)}]{R_2NH} RCONR_2$$

$$RCOCl \xrightarrow[\text{2) } H_2O]{\text{1) excesso de HAL}} RCH_2OH$$

$$RCOCl \xrightarrow[\text{2) } H_2O]{\text{1) excesso de RMgX}} R_3COH$$

$$RCOCl \xrightarrow{R_2CuLi} RCOR$$

EXERCÍCIO 6.1 Proponha um mecanismo para a reação vista a seguir:

$$C_6H_{11}COCl \xrightarrow[\text{2) } H_2O]{\text{1) excesso de HAL}} C_6H_{11}CH_2OH$$

Resposta O material de partida é um cloreto de ácido, de modo que consideramos cuidadosamente os reagentes. O HAL é um nucleófilo de hidrogênio (fonte de H^-), e espera-se que ele ataque o grupo carbonila duas vezes:

PRIMEIRO ATAQUE

FORMAÇÃO NOVAMENTE DA CARBONILA

$- Cl^{\ominus}$

SEGUNDO ATAQUE

Finalmente, será exigida uma transferência de próton no fim do mecanismo:

Esta é, de fato, a razão pela qual a H_2O está listada como reagente (em uma etapa separada):

1) excesso de HAL
2) H_2O

PROBLEMAS Proponha um mecanismo plausível para cada uma das reações vistas a seguir. Foi deixado espaço para você registrar sua resposta diretamente abaixo de cada reação:

6.2

1) excesso de EtMgBr
2) H_2O

6.3

propanol
piridina

6.4

H_2N (propilamina)
(excesso)

6.5

$SOCl_2$

6.6 Cl (cloreto de ácido) — 1) excesso de HAL; 2) H_2O → OH

EXERCÍCIO 6.7 Preveja o produto principal da reação vista a seguir:

Cl (cloreto de ácido) — Me_2CuLi →

Resposta Estamos começando com um haleto de ácido. Então, para prever o produto principal desta reação, teremos que determinar se o nucleófilo ataca uma ou duas vezes. O reagente é um dialquilcuprato de lítio. Este reagente é um nucleófilo de carbono, mas não como um reagente de Grignard — ele não ataca duas vezes. Em vez disso, ele só ataca uma vez, pois é um nucleófilo de carbono muito *brando*, conforme vimos anteriormente nesta seção. E espera-se que o produto seja uma cetona:

Cl (cloreto de ácido) — Me_2CuLi → Me (cetona)

PROBLEMAS Preveja o produto principal em cada um dos casos vistos a seguir:

6.8 OH (ácido carboxílico) — 1) $SOCl_2$; 2) excesso de EtMgBr; 3) H_2O →

6.9 OH (ácido benzoico) — 1) $SOCl_2$; 2) Et_2CuLi →

6.10 Cl (cloreto de ácido) — excesso de NH_3 →

6.11 [cloreto de pentanoíla] $\xrightarrow[\text{MeOH}]{\text{excesso de NaBH}_4}$

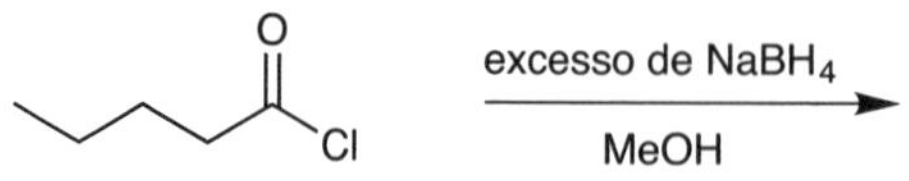

6.12 [cloreto de cicloexanocarbonila] $\xrightarrow[\text{piridina}]{\text{EtOH}}$

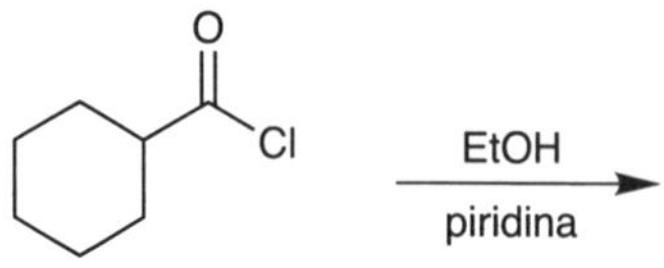

EXERCÍCIO 6.13 Identifique os reagentes que você utilizaria para obter a transformação vista a seguir:

Resposta Estamos começando com um ácido carboxílico e o produto final é um álcool. Também observamos que há dois grupos metila no produto:

Portanto, precisamos inserir ***dois*** grupos metila, o que significa que precisamos atacar o grupo carbonila ***duas vezes***. E, no processo, o grupo carbonila tem que ser reduzido a um álcool. Isto parece ser uma reação de Grignard.

Porém, temos que ser cuidadosos. Não podemos realizar uma reação de Grignard com um ácido carboxílico. Lembre-se de que um reagente de Grignard é sensível às suas condições — se houver quaisquer prótons ácidos disponíveis, o reagente de Grignard será destruído. Como nosso composto de partida (um ácido carboxílico) tem um próton ácido, temos que, primeiramente, converter o ácido carboxílico em um haleto de ácido. Então, nossa estratégia será como a que é vista a seguir:

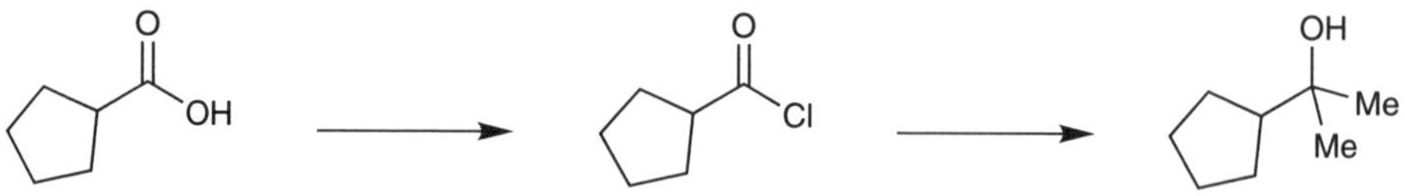

E, para obter isto, utilizamos os seguintes reagentes:

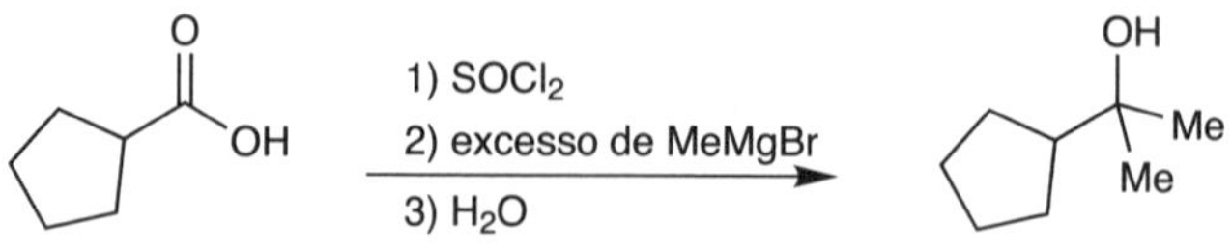

1) $SOCl_2$
2) excesso de MeMgBr
3) H_2O

PROBLEMAS Identifique os reagentes que você utilizaria para obter cada uma das transformações vistas a seguir:

6.14

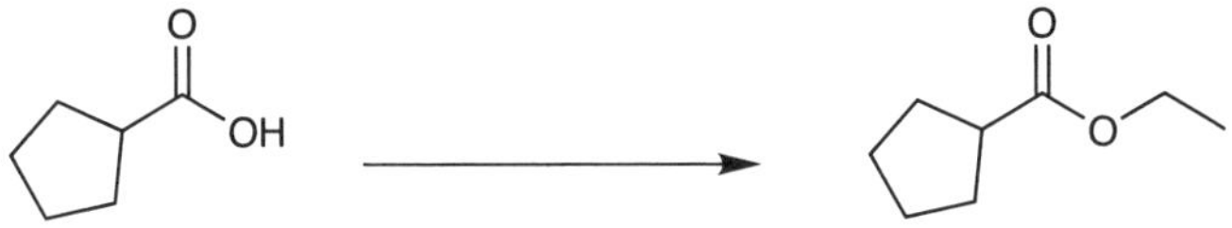

6.15

6.16

6.17

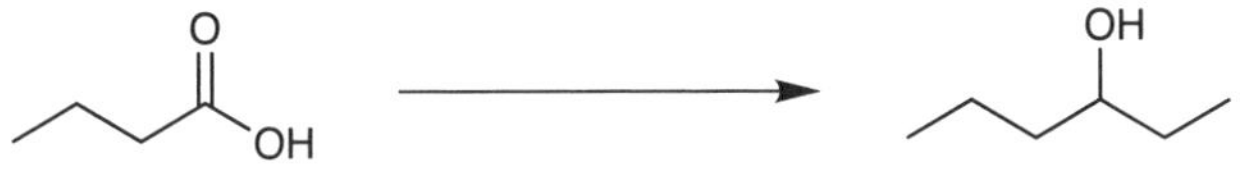

6.18

6.4 ANIDRIDOS DE ÁCIDO

Os anidridos podem ser preparados pela reação entre um ácido carboxílico e um haleto de ácido:

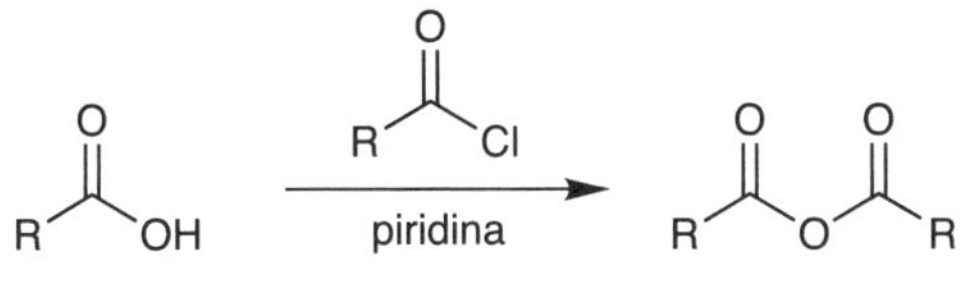

piridina

Observe que é usada piridina, uma vez mais, para remover o HCl formado como subproduto. Podemos evitar o uso da piridina utilizando um íon carboxilato (um ácido carboxílico desprotonado) em lugar de um ácido carboxílico:

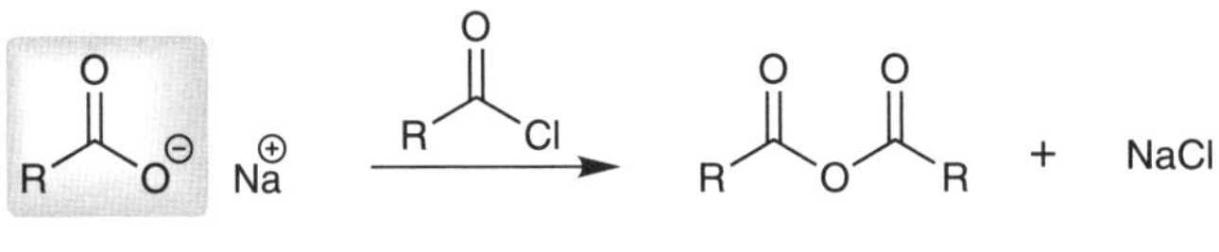

+ NaCl

Observe que o subproduto é o NaCl em vez do HCl, então a piridina não é mais necessária.

Os anidridos de ácido são quase tão reativos quanto os haletos de ácido. Assim, as reações dos anidridos de ácido são muito semelhantes às reações dos haletos de ácido. Você simplesmente tem que treinar seus olhos para ver qual é o grupo de saída:

Grupo de saída

Grupo de saída

Quando um nucleófilo ataca um anidrido de ácido, o grupo carbonila pode formar-se novamente expulsando um grupo de saída que é estabilizado por ressonância:

Estabilizado por ressonância

Então, um anidrido de ácido pode ser tratado com qualquer dos nucleófilos que vimos na seção anterior dando os mesmos produtos que vimos previamente:

H_2O

ROH

R_2NH

1) excesso de HAL

2) H_2O

1) excesso de RMgX

2) H_2O

R_2CuLi

Observe que a piridina não é necessária em nenhuma destas reações, porque o HCl não é um subproduto.

EXERCÍCIO 6.19 Preveja os produtos principais da reação vista a seguir:

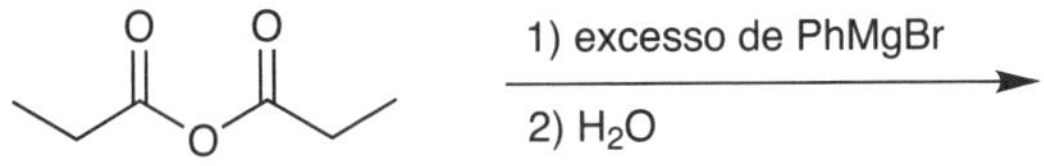

1) excesso de PhMgBr
2) H_2O

Resposta Para prever os produtos principais desta reação, temos que determinar se o nucleófilo ataca uma ou duas vezes. O reagente é um reagente de Grignard, um nucleófilo de carbono forte. Então, esperamos que ele ataque duas vezes, o que produzirá um álcool:

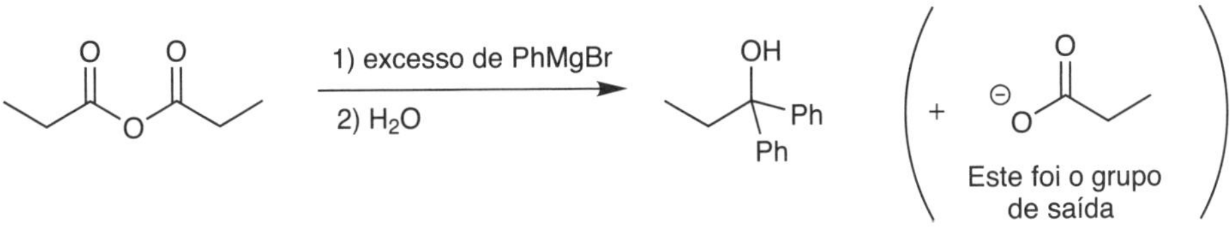

1) excesso de PhMgBr
2) H_2O

OH Ph Ph

Este foi o grupo de saída

PROBLEMAS Preveja os produtos principais de cada uma das reações vistas a seguir:

6.20 excesso de NH_3

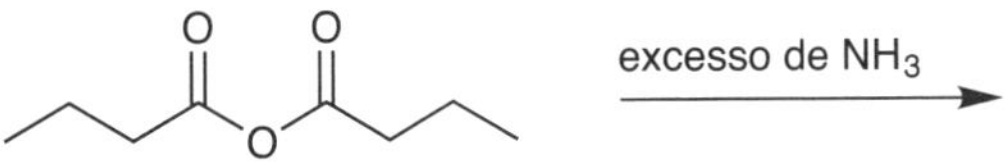

6.21 1) HAL 2) H_2O

6.22 H_3O^+

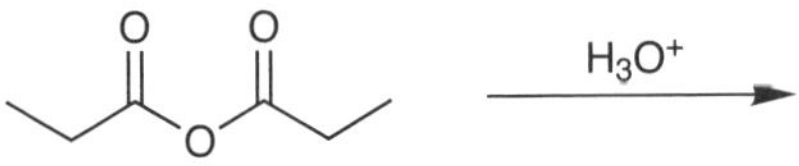

6.5 ÉSTERES

Os ésteres podem ser produzidos a partir de derivados de ácidos carboxílicos que são mais reativos do que os ésteres. Em outras palavras, podemos produzir um éster a partir de um haleto de ácido ou a partir de um anidrido:

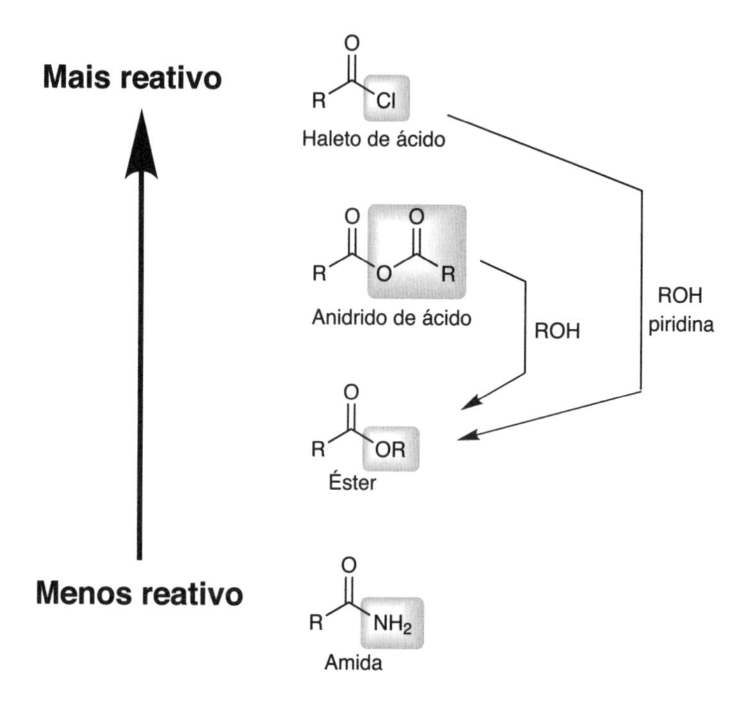

E já vimos como produzir haletos de ácidos — podemos produzi-los a partir de ácidos carboxílicos (utilizando o cloreto de tionila). Assim, temos um método em duas etapas para produzir um éster a partir de um ácido carboxílico:

$$\mathrm{RCOOH} \xrightarrow{\mathrm{SOCl_2}} \mathrm{RCOCl} \xrightarrow[\text{piridina}]{\mathrm{ROH}} \mathrm{RCOOR}$$

Primeiramente, o ácido carboxílico é convertido em um haleto de ácido, que é, então, convertido em um éster. Porém, isto coloca a questão: podemos obter a transformação desejada *em uma única etapa*? Isto é, podemos converter um ácido carboxílico em um éster em apenas uma etapa, evitando ter de preparar um haleto de ácido? Se simplesmente tentarmos misturar um álcool e um ácido carboxílico, ***não*** observaremos uma reação:

$$\mathrm{RCOOH} \xrightarrow{\mathrm{ROH}} \text{sem reação}$$

Então, vejamos o que podemos fazer para forçar esta reação. Consideremos o que acontece se tentarmos tornar o nucleófilo mais nucleofílico. Em outras palavras, suponha que tentemos usar RO^- em lugar de ROH:

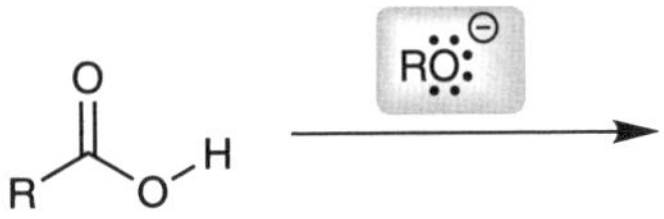

Lembre-se de que os ácidos carboxílicos têm um próton levemente ácido, e os íons alcóxido (RO^-) são bases fortes. Assim, o íon alcóxido simplesmente funcionaria como uma base e desprotonaria o ácido carboxílico:

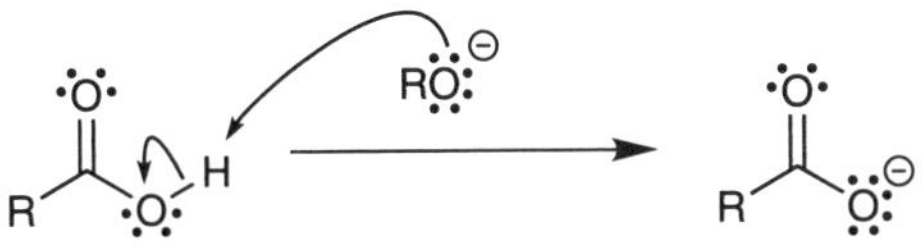

Assim, uma vez mais, NÃO seria produzido um éster.

Porém, há mais uma coisa que podemos tentar. Em vez de tornar o nucleófilo mais nucleofílico, podemos tentar tornar o eletrófilo mais eletrofílico. Você se lembra de como fazer isto? Vimos no capítulo anterior (Seção 5.4) que um grupo carbonila fica mais eletrofílico quando ele é protonado:

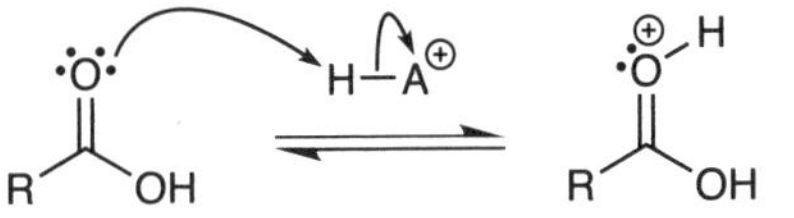

mais eletrofílico

Conforme veremos mais adiante, o ácido não é consumido durante a reação, então, sua função é catalítica (de acordo com o que vimos na Seção 5.4). E, nestas condições (condições ácidas), ***realmente*** observamos a reação desejada (uma síntese em uma única etapa de um éster a partir de um ácido carboxílico):

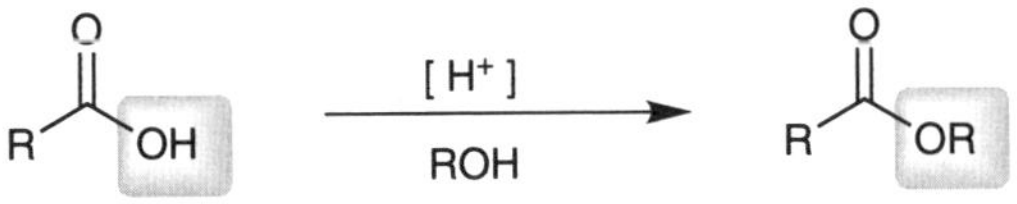

Esta reação é incrivelmente útil e importante (considerada de primeira necessidade em qualquer curso de química orgânica), então, exploremos o mecanismo aceito, passo a passo.

O mecanismo possui seis etapas, mas você deve notar que há apenas duas etapas fundamentais aqui: ataque e, então, formação novamente. Todas as outras etapas são apenas transferências de próton:

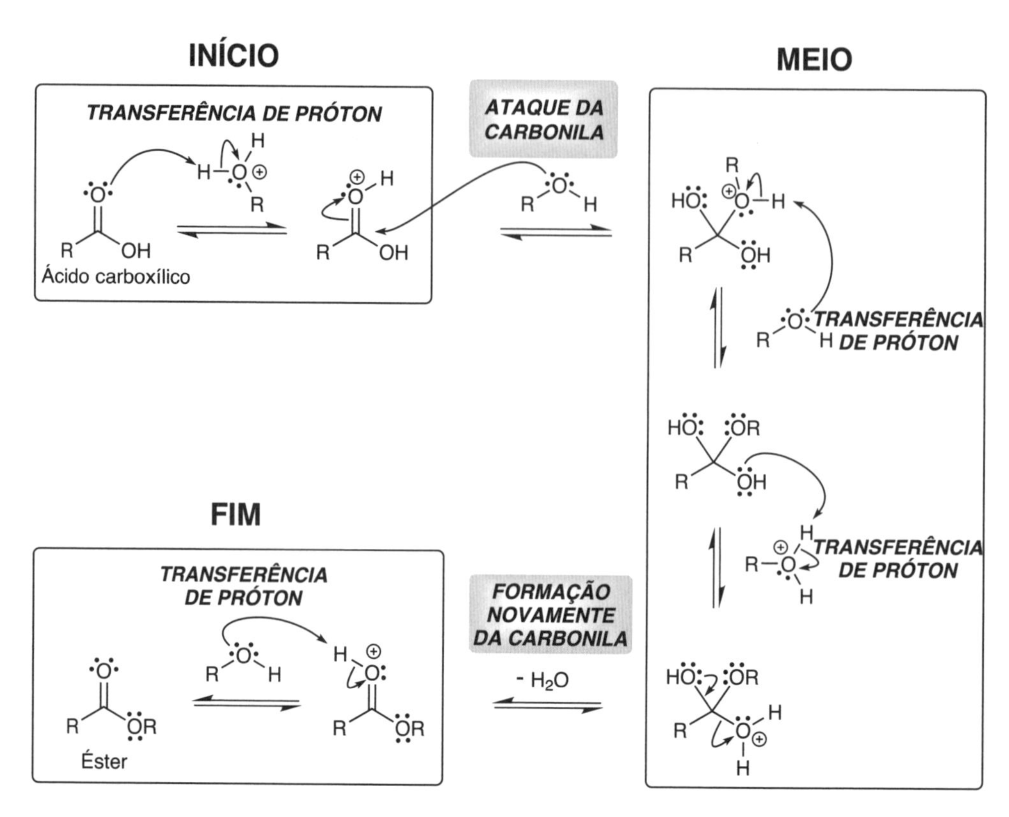

Considere cuidadosamente o mecanismo anterior e você verá que há três momentos nos quais se acredita que ocorrem as etapas de transferência de próton. Isto segue exatamente o padrão que descrevemos no início deste capítulo:

1. *No início do mecanismo*, é necessária uma etapa de transferência de próton para protonar o grupo carbonila, tornando-o mais eletrofílico.
2. *No meio do mecanismo* (após o ataque da carbonila, mas antes da formação novamente da carbonila), são necessárias duas etapas de transferência de próton para protonar o grupo de saída (HO^- não pode ser expulso em condições ácidas). Observe que são necessários dois prótons. Não seria bom apenas protonar o grupo OH, porque isto produziria um intermediário com duas cargas positivas. Assim, primeiramente, desprotonamos para remover a carga positiva e, em seguida, protonamos o grupo OH.
3. *No fim do mecanismo*, é necessária uma transferência de próton para remover a carga positiva e gerar o produto.

Esta reação é chamada de esterificação de Fischer. A posição de equilíbrio é muito sensível às concentrações dos materiais de partida e dos produtos. O excesso de ROH favorece a formação do éster, enquanto o excesso de água favorece o ácido carboxílico:

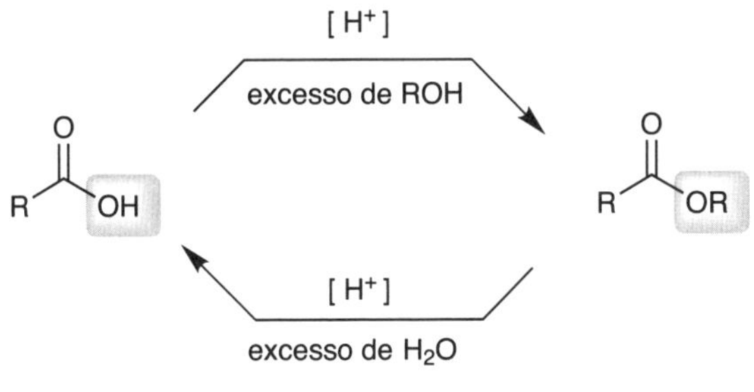

$[H^+]$
excesso de ROH

$[H^+]$
excesso de H_2O

Isto é muito útil, pois oferece uma maneira de converter um ácido em um éster ***ou*** um éster em um ácido.

Por ora, vamos nos concentrar na conversão de um ácido em um éster:

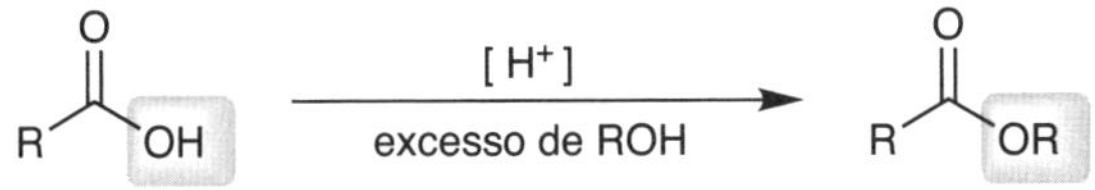

$[H^+]$
excesso de ROH

Vamos passar algum tempo no processo inverso muito em breve.

Vimos que uma esterificação de Fischer é a reação entre um ácido carboxílico e um álcool (com catálise por ácido). Se um único composto contém ambos os grupos funcionais (COOH e OH), é possível observar uma esterificação de Fischer intramolecular. Por exemplo, considere o composto visto a seguir:

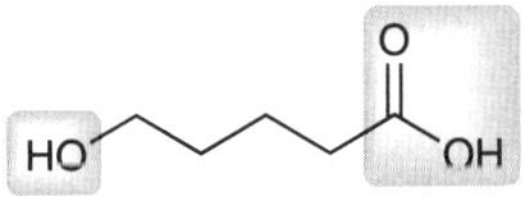

Este composto tem um grupo COOH e um grupo OH. E, neste caso, é observada uma reação intramolecular:

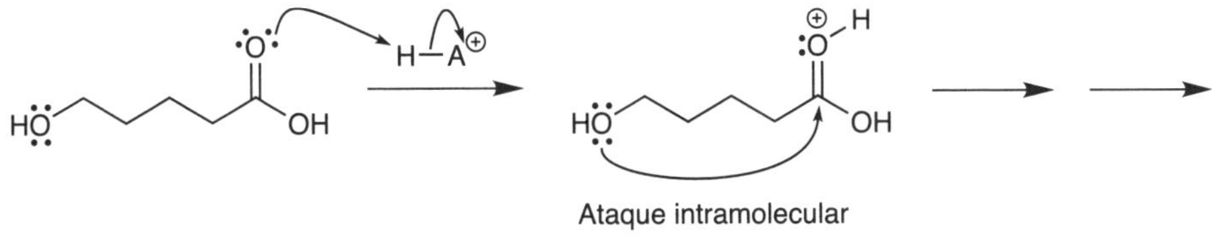

Ataque intramolecular

O restante do mecanismo é diretamente análogo ao que já vimos (veja o problema 6.23). O mecanismo possui duas etapas fundamentais (ataque e formação novamente) com etapas de transferência de próton no início, meio e fim.

PROBLEMA 6.23 No espaço fornecido logo a seguir, represente o mecanismo para a transformação vista a seguir:

Lembre-se de que as etapas gerais são:

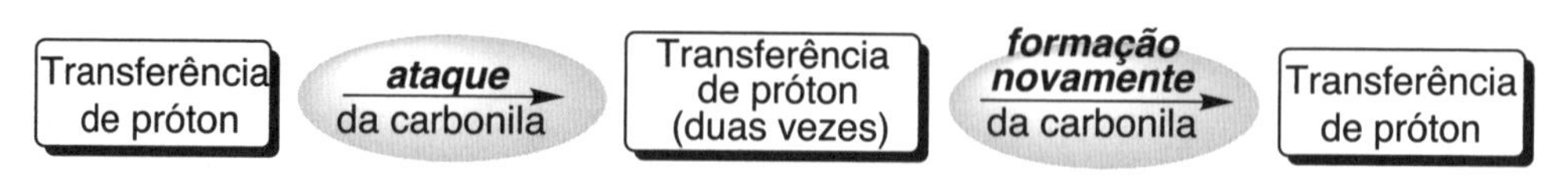

EXERCÍCIO 6.24 Identifique os reagentes que você utilizaria para produzir o composto visto a seguir via esterificação de Fischer:

Resposta Para produzir um éster utilizando uma esterificação de Fischer, precisamos iniciar com um ácido carboxílico e um álcool. A questão é: como decidimos que ácido carboxílico e que álcool usar? Para fazer isto, devemos identificar a ligação que será formada durante a reação:

Portanto, precisaremos dos reagentes vistos a seguir:

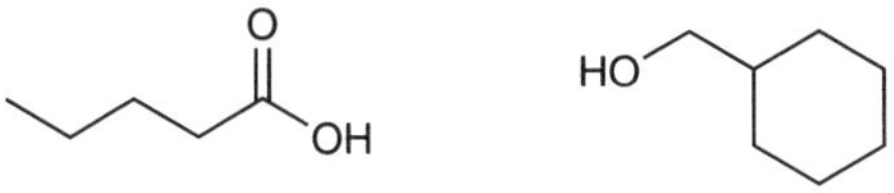

E não se esqueça de que precisamos da catálise ácida. Então, nossa síntese seria como a que é vista a seguir:

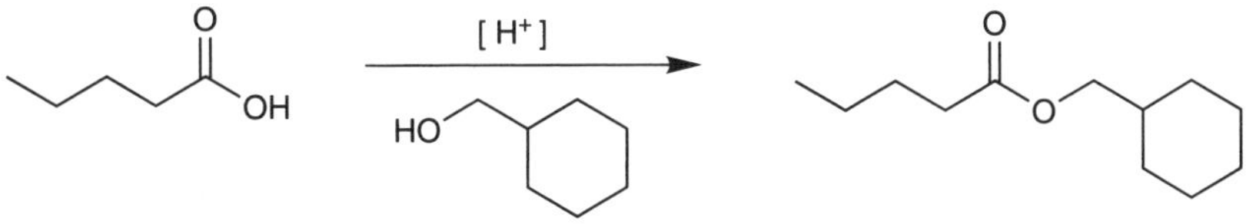

$[H^+]$

PROBLEMAS Identifique os reagentes que você usaria para produzir cada um dos ésteres vistos a seguir:

6.25

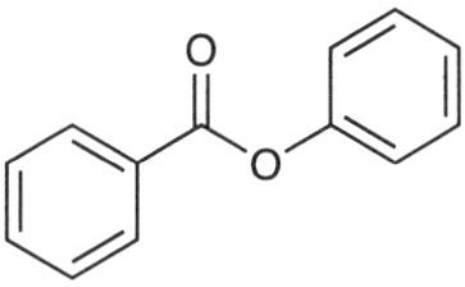

6.26

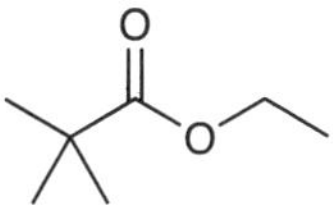

6.27

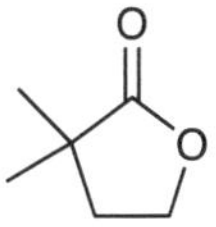

6.28

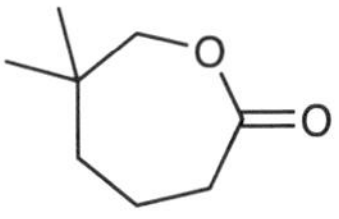

Agora que vimos como produzir ésteres, concentremos nossa atenção nas reações dos ésteres. Vamos centralizar nossa atenção em duas reações em particular. Os ésteres podem ser hidrolisados, dando ácidos carboxílicos, em dois conjuntos diferentes de condições:

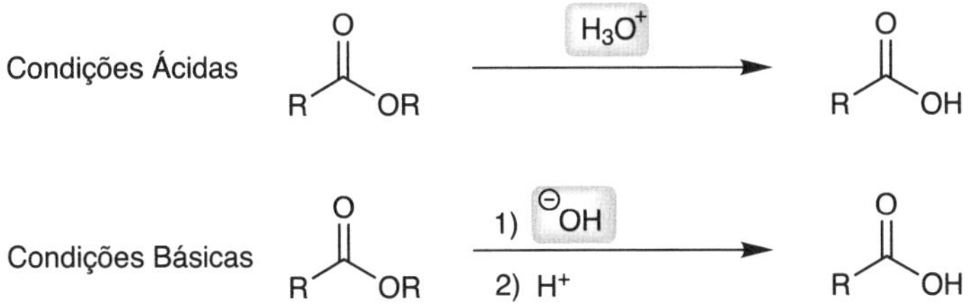

Condições Ácidas — H_3O^+

Condições Básicas — 1) $^{\ominus}OH$ 2) H^+

O primeiro conjunto de condições anteriores (condições ácidas) deve parecer familiar a você. Esta reação é simplesmente o inverso de uma esterificação de Fischer. Exploremos o mecanismo aceito deste processo:

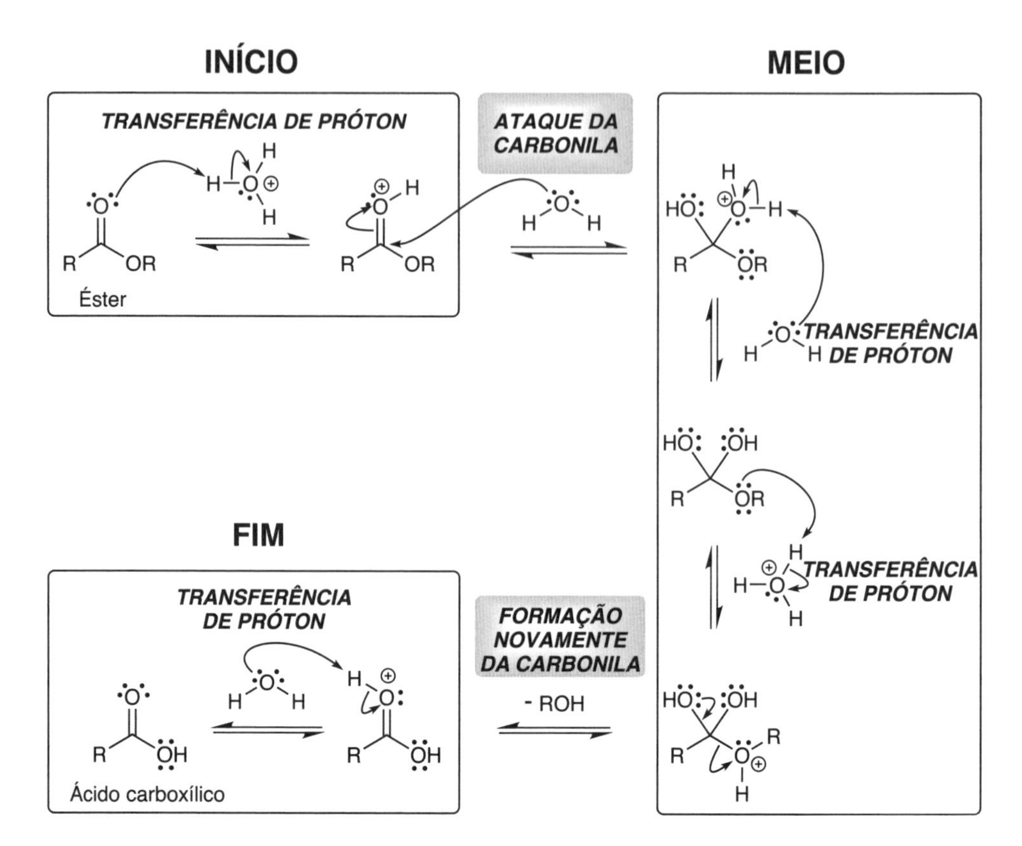

Uma vez mais, vemos o mesmo padrão novamente. Examinemos com atenção este mecanismo. Há duas etapas fundamentais: ataque e formação novamente. Todas as outras etapas do mecanismo são apenas transferências de próton que facilitam a reação. Uma das transferências é necessária no início (para protonar o grupo carbonila), duas transferências de próton são necessárias no meio (de modo que o grupo de saída possa ser eliminado como uma espécie neutra) e uma transferência de próton é necessária no fim (para desprotonar).

O processo anterior ocorre em condições ácidas. Porém, também é possível reidrolisar um éster em condições básicas. O que se segue é o mecanismo do processo:

ATAQUE DA CARBONILA — FORMAÇÃO NOVAMENTE DA CARBONILA ($-\mathrm{RO}^{\ominus}$) — TRANSFERÊNCIA DE PRÓTON

Uma vez mais, temos duas etapas fundamentais (ataque e formação novamente) seguidas de uma desprotonação. Esta transferência de próton no fim é inevitável nestas condições. Em condições básicas, um ácido carboxílico será desprotonado. De fato, a formação de um ânion mais estável é a força motriz desta reação:

Este ânion estabilizado por ressonância é chamado de íon carboxilato e sua formação serve de força motriz. Para protonar o íon carboxilato, tem que ser introduzida uma fonte de prótons no balão de reação (observe que a fonte de prótons é introduzida no balão de reação DEPOIS de a reação ser concluída, e tem que ser indicada como um reagente separado):

Observe que precisamos usar o H^+ em lugar da H_2O, porque um íon carboxilato não remove um próton da água:

Este processo (hidrólise de um éster em condições básicas) tem um nome especial: *saponificação*.

EXERCÍCIO 6.29 Proponha um mecanismo para a transformação vista a seguir:

Resposta Esta reação utiliza condições básicas para hidrolisar um éster (um processo chamado de saponificação). A única diferença neste caso é que a reação é intramolecular, mas isso não altera a sequência das etapas necessárias para representar o mecanismo. Começamos atacando o grupo carbonila e, então, formando-o novamente:

Observe que o composto é ao mesmo tempo um alcóxido (base forte) e um ácido carboxílico (ácido brando). Portanto, a desprotonação do ácido carboxílico ocorre de modo intramolecular:

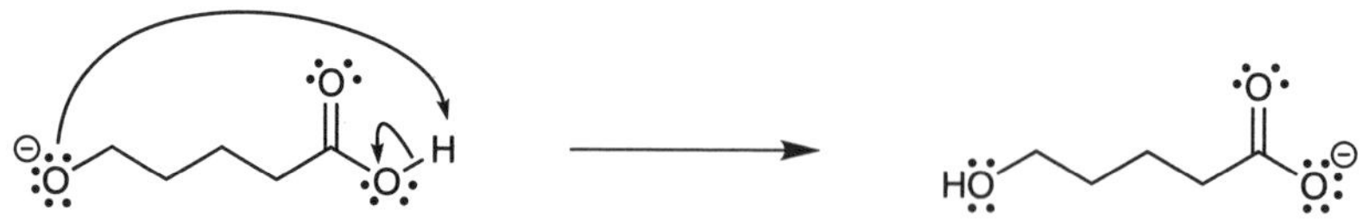

O íon carboxilato resultante é apenas protonado quando um ácido é introduzido no balão de reação:

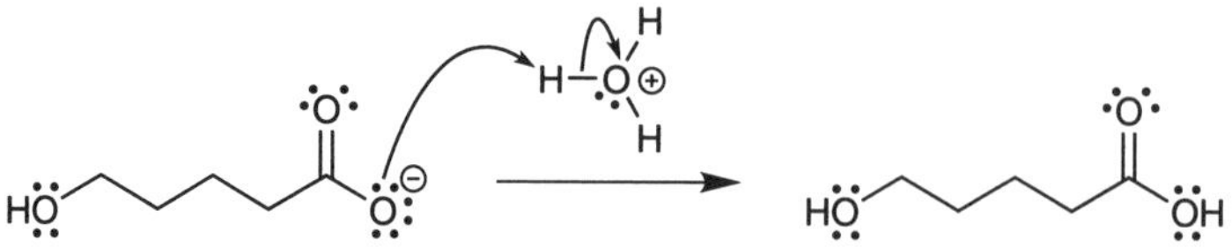

PROBLEMAS No espaço fornecido, represente um mecanismo para cada uma das transformações vistas a seguir:

6.30

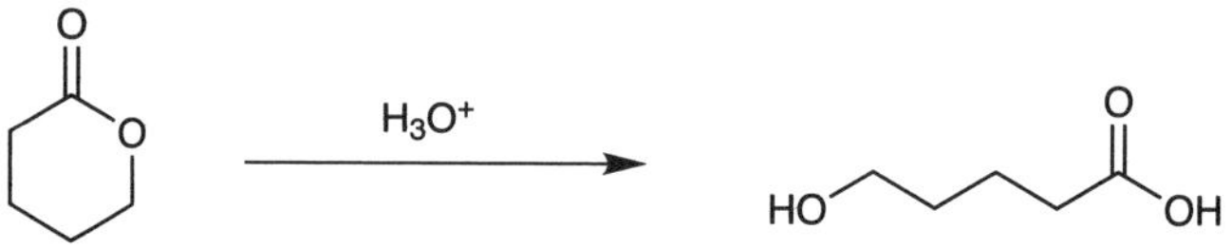

H_3O^+

HO OH

6.31

$$\text{PhCO}_2\text{CH}_2\text{CH}_3 \xrightarrow{H_3O^+} \text{PhCOOH} + \text{HOCH}_2\text{CH}_3$$

EXERCÍCIO 6.32 Preveja os produtos da reação vista a seguir:

$$\text{PhCO}_2\text{Ph} \xrightarrow{H_3O^+}$$

Resposta Estamos começando com um éster e estamos submetendo-o a condições aquosas ácidas. Isto converterá o éster em um ácido carboxílico e um álcool (o inverso de uma esterificação de Fischer). Esperamos os produtos vistos a seguir:

$$\text{PhCO}_2\text{Ph} \xrightarrow{H_3O^+} \text{PhCOOH} + \text{HO–Ph}$$

PROBLEMAS Preveja os produtos de cada uma das reações vistas a seguir:

6.33 $\xrightarrow{H_3O^+}$

6.34 1) NaOH; 2) H^+

6.35 $\xrightarrow{[H^+]}$ OH

6.36 1) NaOH; 2) H^+

6.6 AMIDAS E NITRILAS

Dissemos anteriormente que um derivado de ácido carboxílico pode ser preparado a partir de qualquer derivado de ácido carboxílico que seja mais reativo. Vamos voltar ao nosso mapa de reatividade para ver o que isto significa em termos práticos:

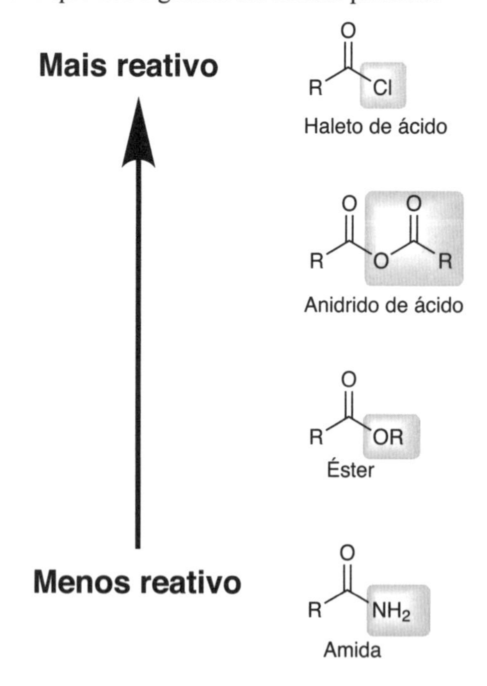

Como as amidas são as menos reativas dos derivados de ácidos carboxílicos (mostrado no mapa anterior), podemos, portanto, produzir amidas a partir de quaisquer derivados de ácidos carboxílicos que estejam mais altos no mapa. Em outras palavras, podemos produzir amidas a partir de haletos de ácido, a partir de anidridos ou a partir de ésteres.

Anteriormente neste capítulo, vimos como produzir amidas a partir de haletos de ácido ou de anidridos de ácido:

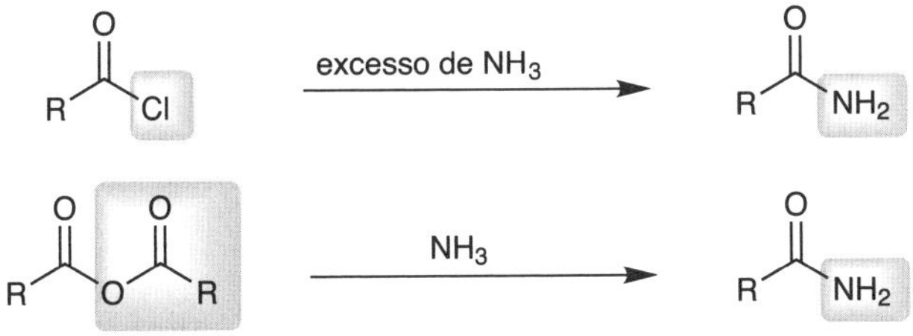

excesso de NH_3

NH_3

Porém, agora a questão é: como produzimos amidas a partir de ésteres? Os ésteres são menos reativos do que os haletos de ácido ou os anidridos de ácido. Assim, temos que usar algum tipo de artifício para levar a reação adiante. Não podemos utilizar ácido ou base (um ácido simplesmente protonaria a amina responsável pelo ataque, tornando-a inútil, e uma base causaria outras reações secundárias que aprenderemos no próximo capítulo). Em vez disso, usamos força bruta e paciência. Apenas aquecemos a reação por um longo tempo, e é observada uma reação, que pode ocorrer a partir do mecanismo visto a seguir:

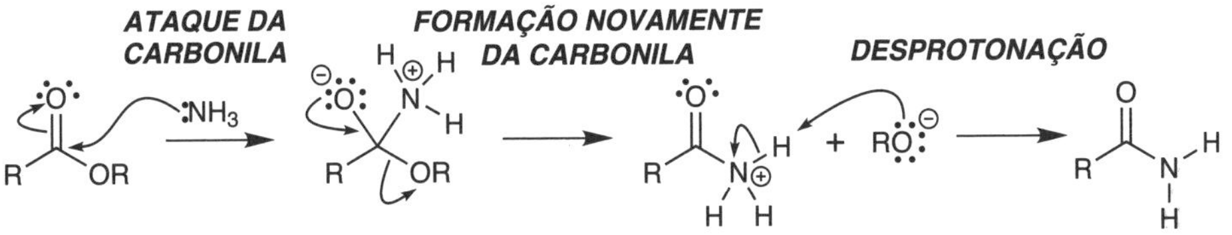

ATAQUE DA CARBONILA — *FORMAÇÃO NOVAMENTE DA CARBONILA* — *DESPROTONAÇÃO*

Observe que o RO^- é expulso formando novamente o grupo carbonila. Isso pode parecer estranho, porque há um grupo de saída muito melhor disponível para ser retirado:

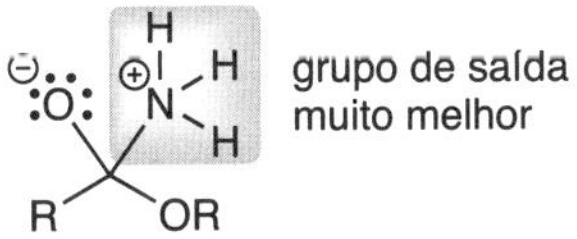

grupo de saída muito melhor

Porém, isto nos traz de volta a algo que dissemos muitas vezes antes. É claro que é possível que a amina saia. De fato, isso ocorre o tempo todo. A amina ataca e, então, é expulsa. Ela ataca e, então, é expulsa novamente. Toda vez que isto acontece, não há nenhuma mudança a ser observada. Porém, vez por outra, alguma coisa a mais pode acontecer. O RO^- pode ser expulso e, então, é imediatamente protonado, conforme mostra o mecanismo anterior. Podemos expulsar o RO^- quando reformamos um grupo carbonila, pois o intermediário tetraédrico tem uma energia muito elevada (carga negativa em um átomo de oxigênio).

O equilíbrio deste processo favorece os produtos (amida + álcool) em detrimento dos reagentes (éster + amina):

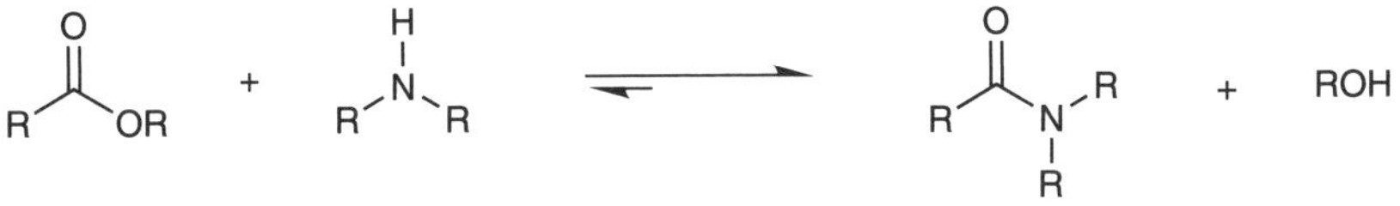

+ ROH

Então, este é outro método para produzir amidas (e quando utilizamos este método, é formado um álcool como um subproduto).

Até este ponto, nesta seção, vimos que podemos produzir amidas a partir de haletos de ácido, a partir de anidridos de ácido ou a partir de ésteres. Agora que sabemos como produzir amida, exploremos algumas reações importantes das amidas. Especificamente, vamos explorar a hidrólise de amidas (em condições ácidas ou básicas). Vale a pena mencionar que muito da bioquímica é dependente de como, quando e por que as amidas sofrem hidrólise. Então, se você planeja aprender bioquímica, deverá certamente se familiarizar com a hidrólise de amidas, que pode ocorrer em condições básicas ou ácidas:

Condições básicas

O R NH2 → O R OH

Condições ácidas

Vamos começar com as condições de catálise ácida. Esta reação realmente não é diferente das outras reações catalisadas por ácido que já vimos. Examine com atenção o mecanismo visto a seguir:

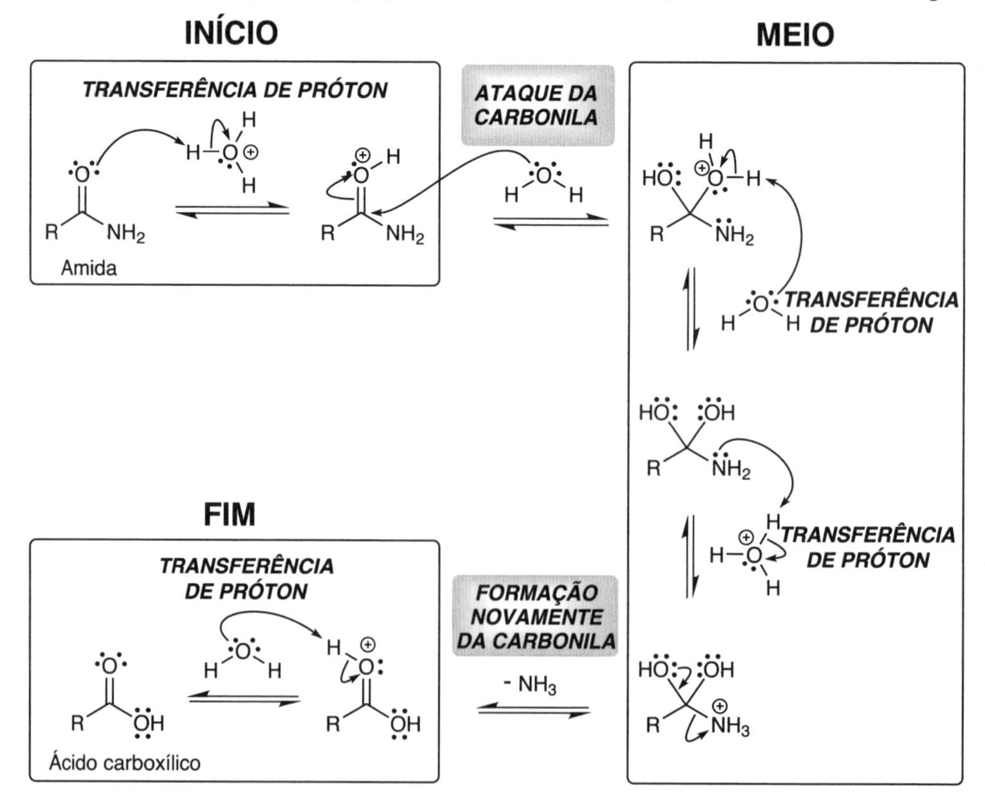

Observe que ele segue exatamente o mesmo padrão que vimos tantas vezes:

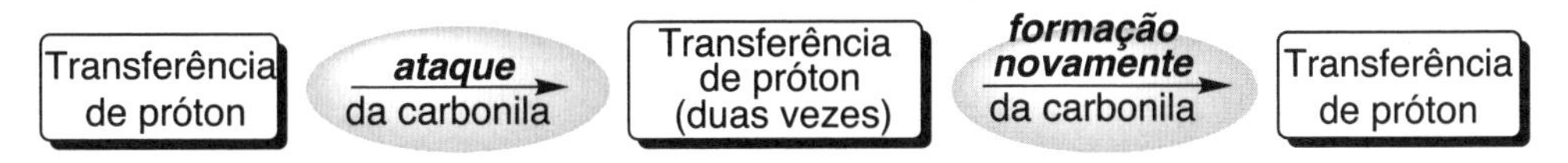

Este padrão é comum entre as reações catalisadas por ácido que vimos até este ponto deste capítulo.

Agora vamos explorar condições catalisadas por base para a hidrólise de uma amida:

$$\mathrm{RC(O)NH_2} \xrightarrow[\text{2) } H_3O^+]{\text{1) NaOH}} \mathrm{RC(O)OH}$$

Esta transformação pode ocorrer por meio do mecanismo visto a seguir:

ATAQUE DA CARBONILA — FORMAÇÃO NOVAMENTE DA CARBONILA — DESPROTONAÇÃO

$$\mathrm{RC(O)NH_2} + {}^{\ominus}\mathrm{OH} \longrightarrow \mathrm{R\,C(O^{\ominus})(OH)NH_2} \longrightarrow \mathrm{RC(O)OH} + {}^{\ominus}\mathrm{NH_2} \longrightarrow \mathrm{RC(O)O^{\ominus}} + \mathrm{:NH_3}$$

íon carboxilato

Em condições básicas, o produto é um íon carboxilato (em destaque na figura anterior), e é a razão pela qual um ácido está listado como reagente (em etapa separada):

$$\mathrm{RC(O)NH_2} \xrightarrow[\text{2) } H_3O^+]{\text{1) NaOH}} \mathrm{RC(O)OH}$$

Na presença de prótons ácidos, o íon carboxilato é protonado gerando o ácido carboxílico:

$$\mathrm{RC(O)O^{\ominus}} \xrightarrow{H_3O^{\oplus}} \mathrm{RC(O)OH}$$

íon carboxilato — ácido carboxílico

Antes de resolvermos alguns problemas, vamos examinar um último derivado de ácido carboxílico que ainda não vimos. Os compostos que contêm um grupo ciano são chamados de nitrilas:

$$\mathrm{R{-}C{\equiv}N}$$

grupo ciano

Você pode estar imaginando por que as nitrilas são consideradas derivados de ácidos carboxílicos. Afinal de contas, uma nitrila é muito diferente dos outros derivados de ácidos carboxílicos. Para isto fazer sentido, precisamos considerar estados de oxidação. Cada um dos derivados de ácidos carboxílicos tem três ligações a átomos eletronegativos:

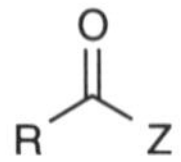

O átomo de carbono do grupo carbonila tem duas ligações com o oxigênio e também tem mais uma ligação com algum heteroátomo, Z (O, N, Cl etc.). Isto perfaz um total de três ligações aos heteroátomos. O átomo de carbono de um grupo ciano também tem três ligações a um heteroátomo. Então, as nitrilas estão no mesmo nível de oxidação dos outros derivados de ácidos carboxílicos.

As nitrilas podem ser preparadas utilizando cianeto como nucleófilo para atacar um haleto de alquila:

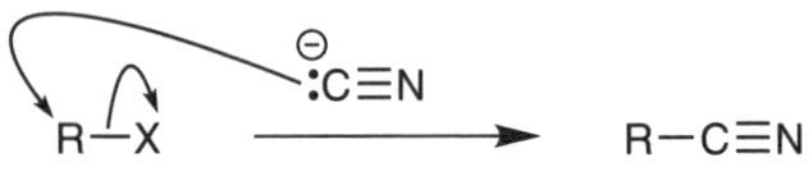

$$R{-}X \xrightarrow{:\overset{\ominus}{C}{\equiv}N} R{-}C{\equiv}N$$

Trata-se de um processo S_N2, então, você só pode usar este método com haletos de alquila primários ou secundários (os haletos primários são muito melhores). Não utilize este método com haletos de alquila terciários. Há outras maneiras de produzir nitrilas. Alguns livros-texto tratam de outros métodos para preparar nitrilas. Você deverá pesquisar seu livro-texto (e suas anotações de aula) para ver se você precisa saber algumas outras maneiras de produzir nitrilas.

Você pode ver facilmente que as nitrilas de fato estão no mesmo nível de oxidação que os outros derivados de ácidos carboxílicos, porque a hidratação (que ***não*** é uma reação de oxidação-redução) produz uma amida:

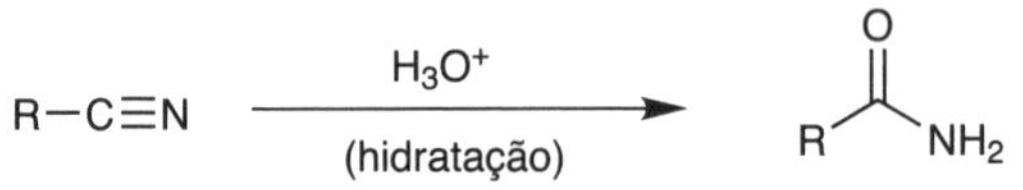

$$R{-}C{\equiv}N \xrightarrow[\text{(hidratação)}]{H_3O^+} RC(=O)NH_2$$

A hidratação pode ocorrer em condições ácidas ou em condições básicas.

Seja uma hidratação catalisada por ácido ou uma hidratação catalisada por base, as etapas fundamentais são ligeiramente diferentes das etapas fundamentais dos mecanismos que vimos neste capítulo. Até aqui, os mecanismos de todas as reações tinham pelo menos ***duas*** etapas fundamentais (ataque da carbonila e, então, expulsão de um grupo de saída para formar novamente a carbonila), com todas as outras etapas sendo transferências de próton. Porém, agora, veremos um mecanismo que tem apenas ***uma*** etapa fundamental (ataque da carbonila). Quando tratamos de hidratação de nitrilas, não é necessário expulsar um grupo de saída. Podemos formar mais uma vez o grupo carbonila simplesmente com transferências de próton

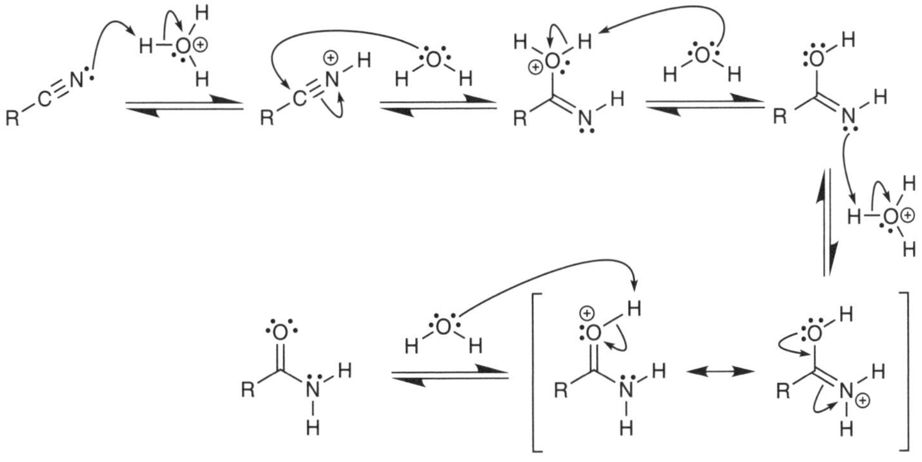

Este é o mecanismo da hidratação de uma nitrila em condições ***ácidas***. Observe que a segunda etapa do mecanismo mostra um nucleófilo (H_2O) atacando um grupo ciano protonado (muito semelhante à maneira pela qual um grupo carbonila protonado pode ser facilmente atacado). Todas as outras etapas do mecanismo são apenas transferências de próton. Quando você pensa desta maneira, simplifica muito o mecanismo. As muitas transferências de próton são necessárias para evitar a formação de intermediários com cargas negativas. Observe que, em condições ácidas, todos os intermediários são ou positivamente carregados ou neutros.

Agora vamos considerar a hidratação de nitrilas em condições ***básicas***. O mecanismo na realidade é MUITO semelhante ao mecanismo anterior. Há apenas ***uma*** etapa fundamental (ataque do grupo ciano) e todas as outras etapas são apenas transferências de próton. Porém, é aí onde temos nossa diferença entre condições ácidas e condições básicas. Por exemplo, em condições básicas, o grupo ciano *não* é protonado primeiro. Em lugar disso, ele é primeiramente atacado pelo hidróxido:

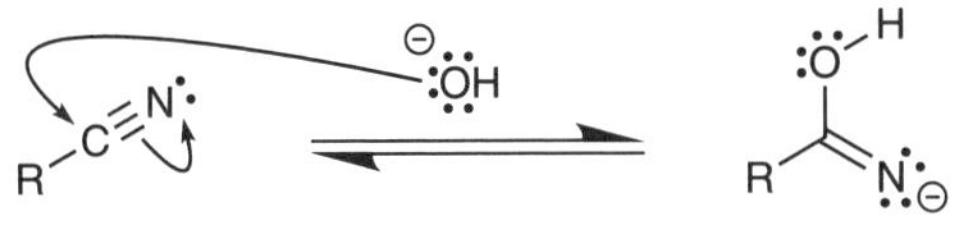

O restante do mecanismo é somente de etapas de transferências de próton. Para representar as transferências de próton adequadamente, você precisa ter o seguinte fato em mente: mantenha-se consistente com as condições. Em condições ácidas, todos os intermediários deverão ser ou positivamente carregados ou neutros. Em condições básicas, todos os intermediários deverão ser ou negativamente carregados ou neutros.

Com isto em mente, complete o exercício visto a seguir (problema 6.37) para ver se pode representar um mecanismo plausível para a hidratação de uma nitrila em condições básicas.

PROBLEMA 6.37 Com base em tudo que acabamos de ver, proponha um mecanismo para a hidratação de uma nitrila em condições básicas:

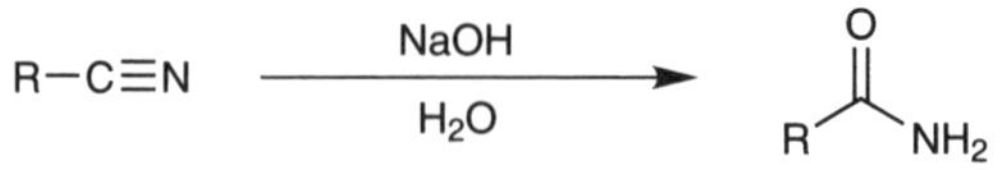

$$R-C\equiv N \xrightarrow[H_2O]{NaOH} RC(=O)NH_2$$

Lembre-se, só existe uma etapa fundamental (ataque do grupo ciano com o hidróxido). Depois, todas as outras etapas são apenas transferências de próton. Utilize o espaço a seguir para escrever sua resposta. Quando você tiver terminado, pode olhar na parte posterior do livro (ou no seu livro-texto) para ver se respondeu corretamente.

EXERCÍCIO 6.38 Represente um mecanismo plausível para a transformação vista a seguir:

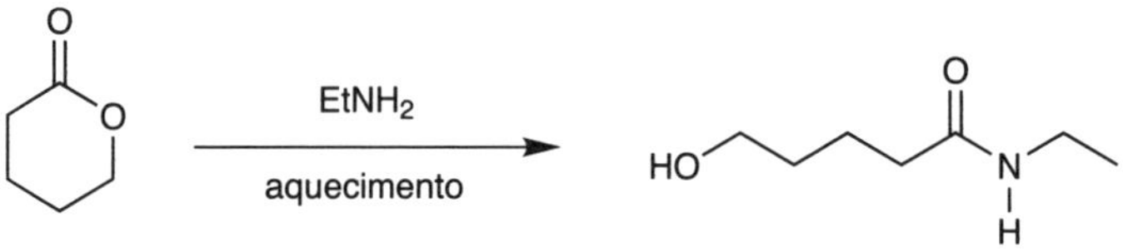

EtNH$_2$

aquecimento

HO, O, N, H

Resposta Nesta reação, um éster está sendo tratado com uma amina em condições de aquecimento. Vimos estas condições anteriormente. Uma fonte de prótons (um ácido) não foi indicada entre os reagentes, então, o grupo carbonila não está protonado. A primeira etapa do mecanismo envolverá a amina atacando diretamente o grupo carbonila do éster:

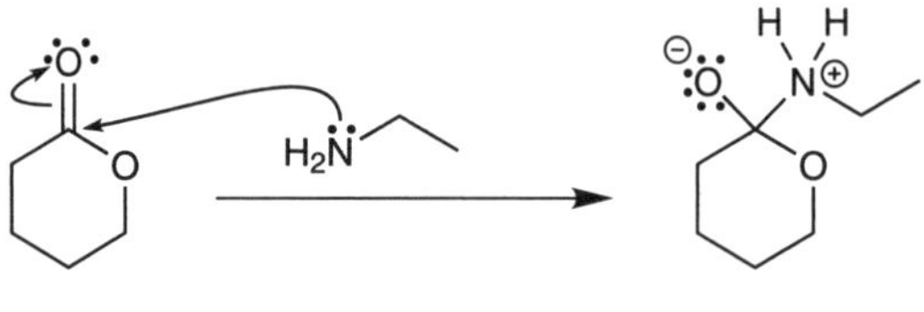

H$_2$N

Em seguida, o grupo carbonila é formado novamente via expulsão de um íon alcóxido (RO$^-$) como grupo de saída:

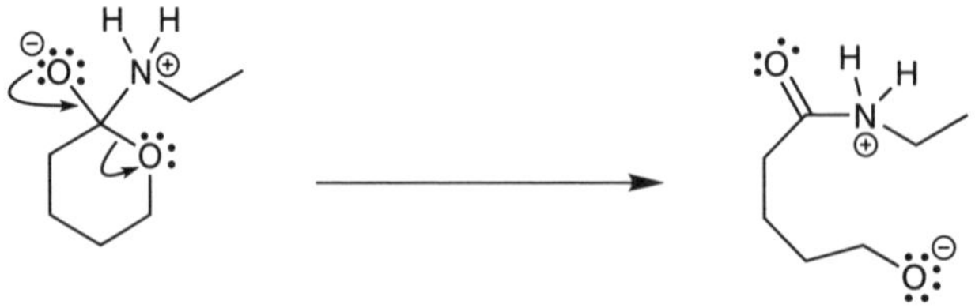

Então, uma transferência de próton forma o produto:

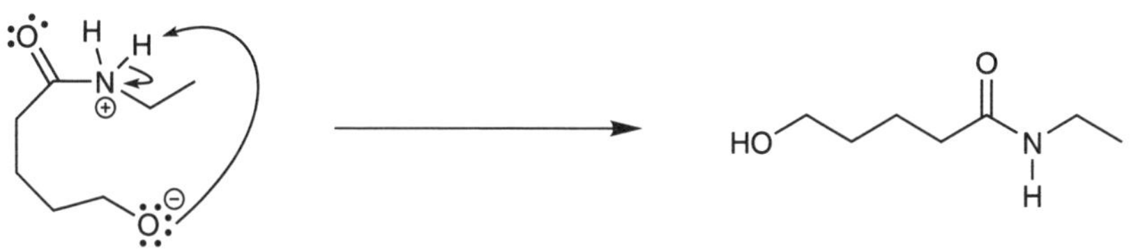

:O: H H N ⊕ :O:⊖ → HO O N H

PROBLEMAS Proponha um mecanismo plausível para cada uma das transformações vistas a seguir:

6.39 O N $-CH_3$ $\xrightarrow{H_3O^+}$ H N H_3C O OH

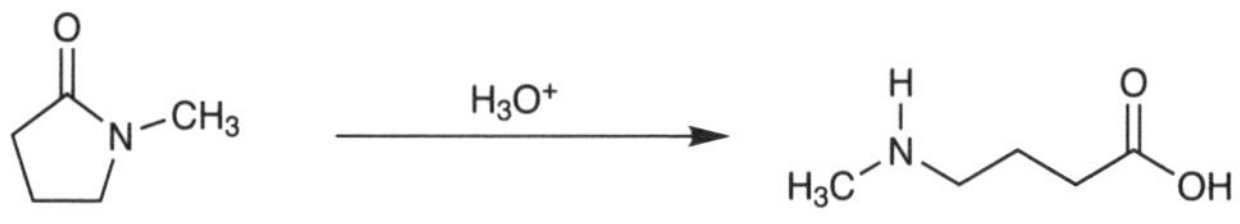

6.40 N C $\xrightarrow[H_2O]{NaOH}$ O NH_2

6.41 O N $\xrightarrow[H_2O]{NaOH}$ H N O O⊖

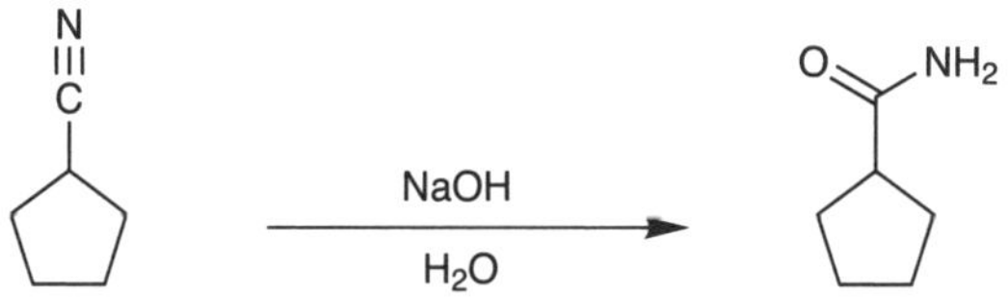

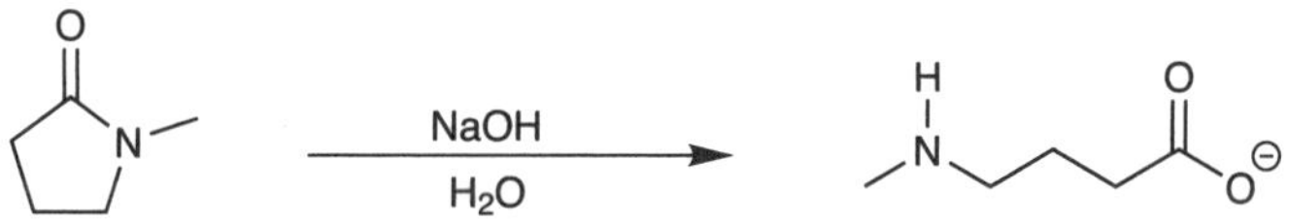

E agora, vamos trabalhar mais um mecanismo desafiador. Eu digo "desafiador" não porque seja difícil, mas porque você não viu este mecanismo anteriormente. Em vez disso, você deverá poder encontrar o caminho para esse mecanismo utilizando todos os conhecimentos que desenvolvemos neste capítulo.

PROBLEMA 6.42 Proponha um mecanismo para a reação vista a seguir:

$\xrightarrow{H_3O^+}$ + CO_2

EXERCÍCIO 6.43 Preveja os produtos da reação vista a seguir:

H_2N ... $\xrightarrow{\text{aquecimento}}$

Resposta Não fornecemos nenhum reagente aqui (apenas condições de aquecimento), então, vamos examinar cuidadosamente o material de partida para ver se podemos ter uma reação intermediária. Observamos que há dois grupos funcionais no nosso composto de partida (um éster e uma amina). E vimos que um éster pode reagir com uma amina em condições de aquecimento. Os produtos deverão ser uma amida e um álcool:

OCH_3, NH_2 $\xrightarrow{\text{aquecimento}}$ + CH_3OH

PROBLEMAS Preveja os produtos de cada uma das reações vistas a seguir:

6.44 $\xrightarrow{H_3O^+}$

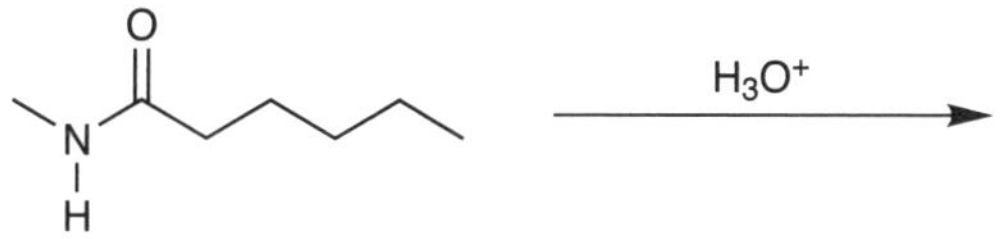

6.45 1) NaCN; 2) NaOH

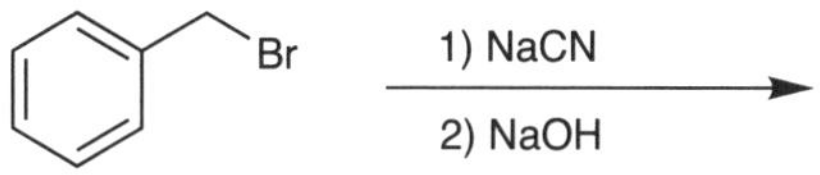

6.46 $\xrightarrow{H_3O^+}$

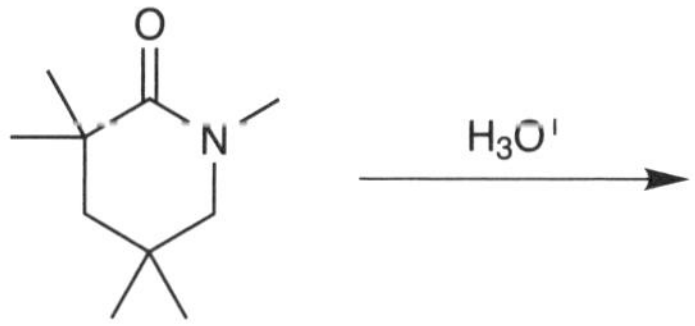

6.7 PROBLEMAS DE SÍNTESE

Vimos muitas reações neste capítulo. Quase todas elas envolvem a conversão de um derivado de ácido carboxílico em outro. Vimos que você pode produzir um derivado de ácido carboxílico a partir de qualquer outro derivado que seja mais reativo. Em outras palavras, você sempre pode ***ir passo a passo*** no diagrama visto a seguir:

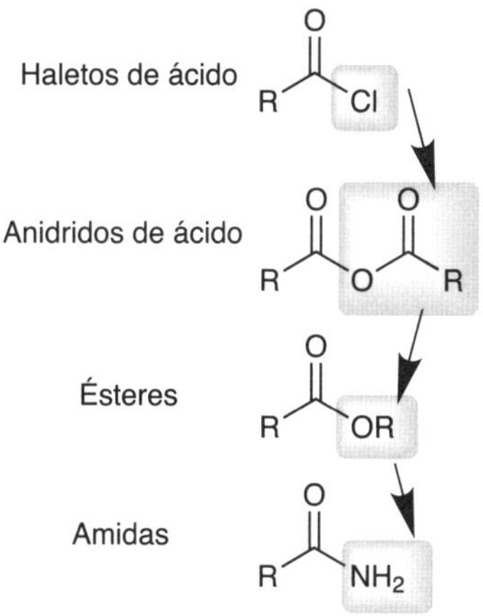

Haletos de ácido

Anidridos de ácido

Ésteres

Amidas

Você pode até pular etapas no diagrama se quiser:

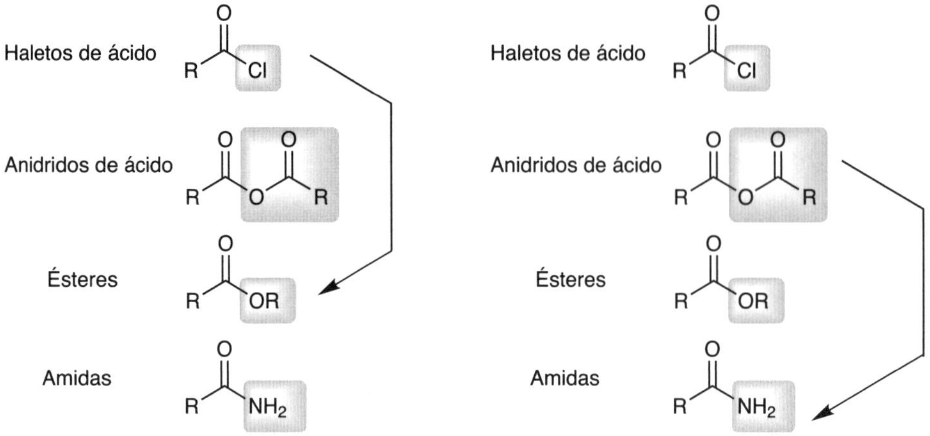

Haletos de ácido
Anidridos de ácido
Ésteres
Amidas

Haletos de ácido
Anidridos de ácido
Ésteres
Amidas

Contudo, mover-se ***para cima*** no diagrama é mais difícil:

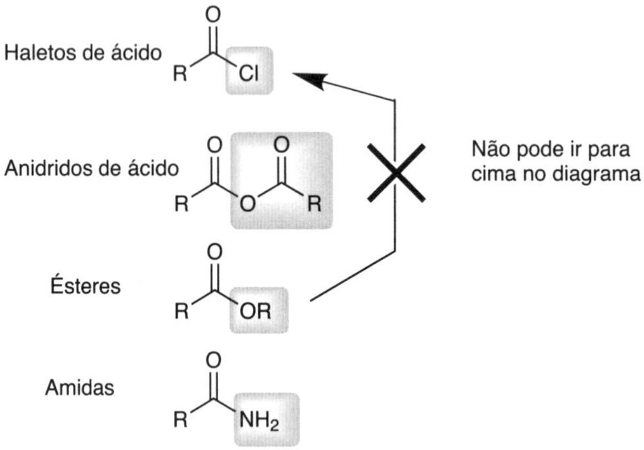

Haletos de ácido
Anidridos de ácido
Ésteres
Amidas
Não pode ir para cima no diagrama

Então, como mover-se ***para cima*** no diagrama, se precisar? Eis aqui a maneira para fazer isto. Você pode sair deste diagrama pela conversão a um ácido carboxílico e, então, voltar ao diagrama, como é visto a seguir:

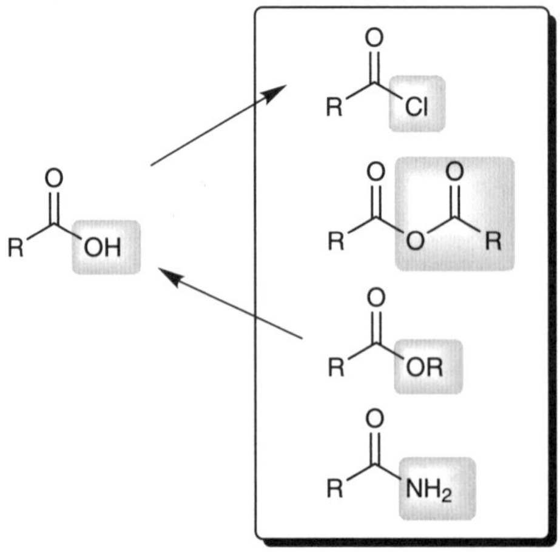

Vamos praticar!

EXERCÍCIO 6.47 Proponha uma síntese eficiente para a transformação vista a seguir:

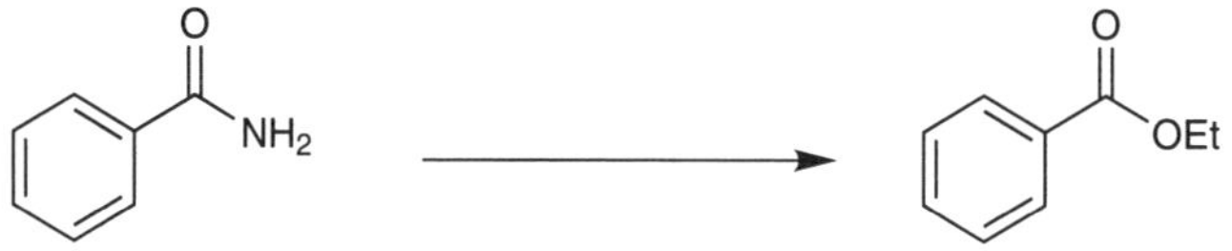

O NH$_2$ → O OEt

Resposta Temos que converter uma amida em um éster, mas não aprendemos uma maneira de fazê-lo diretamente em uma única etapa (porque isto envolveria mover-se ***para cima*** no diagrama). As amidas são menos reativas do que os ésteres; logo, não podemos ir diretamente de uma amida para um éster. Em vez disso, podemos, em primeiro lugar, converter a amida em um ácido carboxílico e, em seguida, converter o ácido carboxílico em um éster:

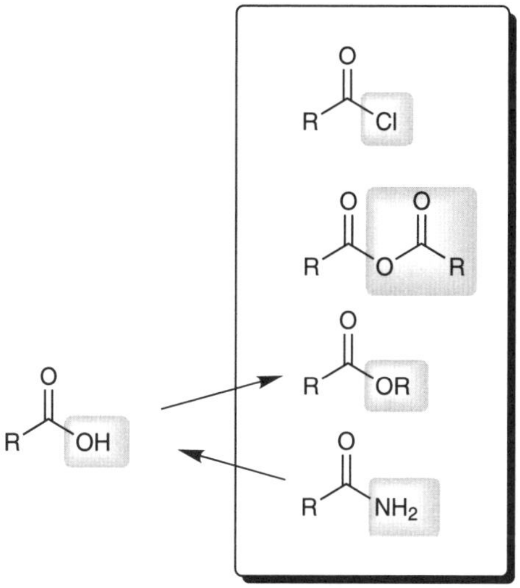

O R Cl
O O R O R
O R OR
O R OH
O R NH$_2$

Para obter esta transformação, utilizamos os reagentes vistos a seguir:

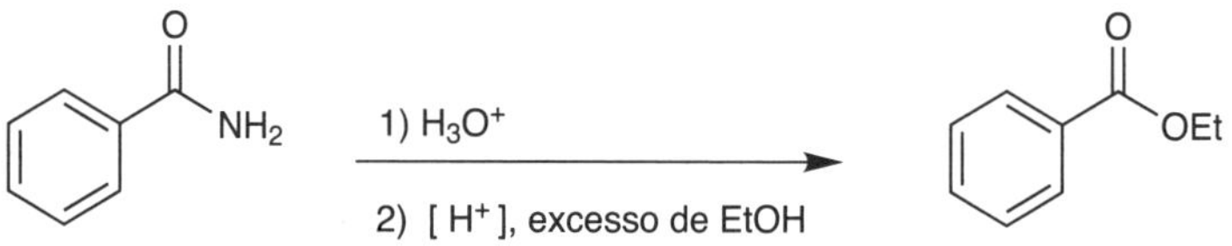

O NH$_2$ → O OEt
1) H_3O^+
2) [H^+], excesso de EtOH

PROBLEMAS Proponha uma síntese eficiente para cada uma das transformações vistas a seguir:

6.48 O OMe → O Cl

6.49

6.50

6.51

6.52

6.53

Há outra estratégia importante para ter em mente quando estiver propondo uma síntese. Neste capítulo, exploramos a química dos derivados de ácidos carboxílicos e, no capítulo anterior, exploramos a química de cetonas/aldeídos. Estes dois capítulos representam dois campos diferentes:

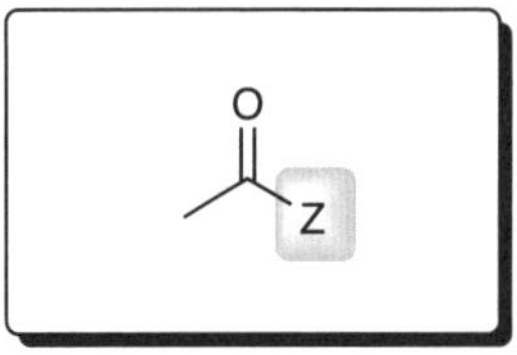

Campo dos derivados de ácidos carboxílicos

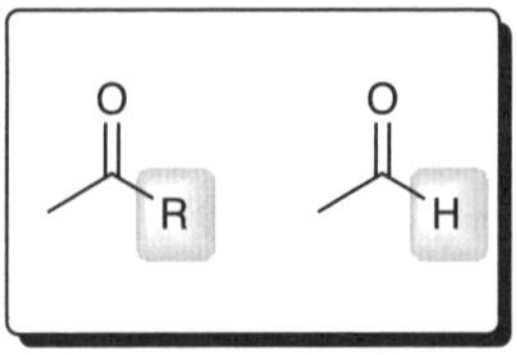

Campo das cetonas e aldeídos

Porém, estes campos não estão completamente isolados um do outro, pois vimos maneiras de converter de um campo a outro. Neste capítulo, vimos como converter um haleto de ácido em uma cetona:

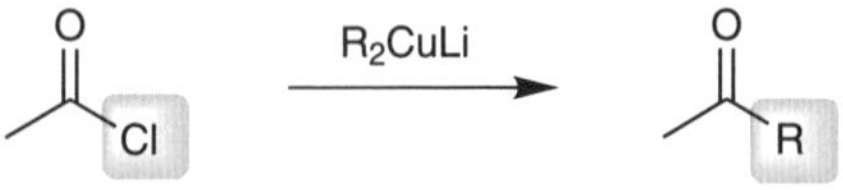

R_2CuLi

Existe ainda outra maneira de passar do campo dos ácidos carboxílicos ao campo das cetonas e aldeídos. No lugar de produzir uma cetona (conforme visto anteriormente), podemos produzir um aldeído utilizando as duas etapas vistas a seguir:

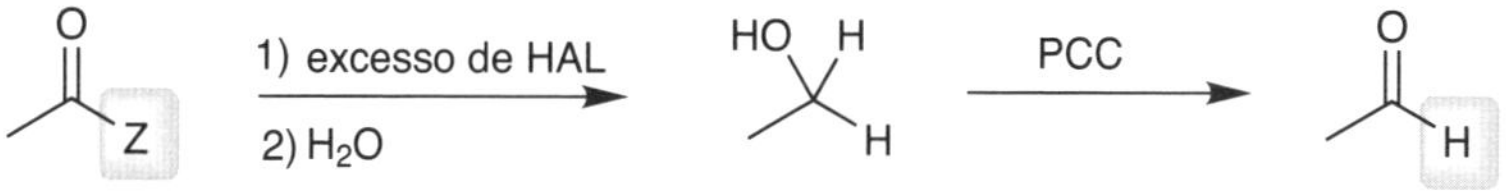

1) excesso de HAL
2) H_2O
PCC

Alguns livros-texto e professores ensinam um reagente que pode realizar esta transformação global em uma única etapa (convertendo de um haleto de ácido a um aldeído). Na realidade, há muitos reagentes de hidreto que são suficientemente seletivos para converter um haleto de ácido em um aldeído (muito semelhante à forma pela qual os dialquilcupratos de lítio são seletivos o suficiente para converter um haleto de ácido em uma cetona, sem atacar o grupo carboxílico uma segunda vez). Você deverá procurar no seu livro-texto e anotações de aula para ver se aprendeu sobre um nucleófilo de hidreto seletivo. Se não tiver aprendido, você sempre pode utilizar o método de duas etapas (apresentado anteriormente) para converter um haleto de ácido em um aldeído.

Com as reações anteriores, vimos como "passar" de um campo de derivados de ácidos carboxílicos para o campo das cetonas e aldeídos:

Campo dos derivados de ácidos carboxílicos

Campo das cetonas e aldeídos

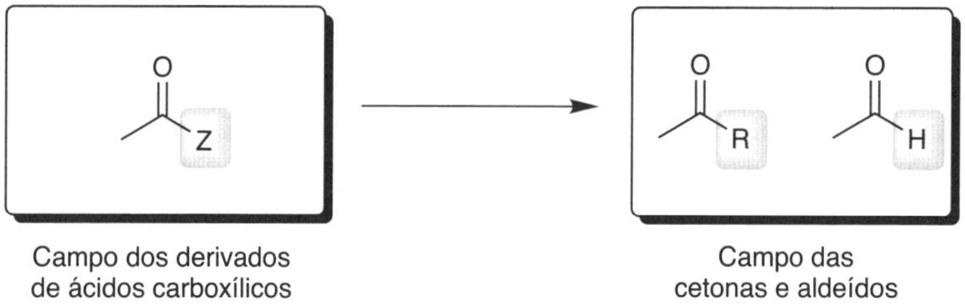

Porém, e o sentido inverso? Você tem uma maneira de "passar" do campo das cetonas e aldeídos para o campo dos derivados de ácidos carboxílicos?

Campo dos derivados de ácidos carboxílicos

Campo das cetonas e aldeídos

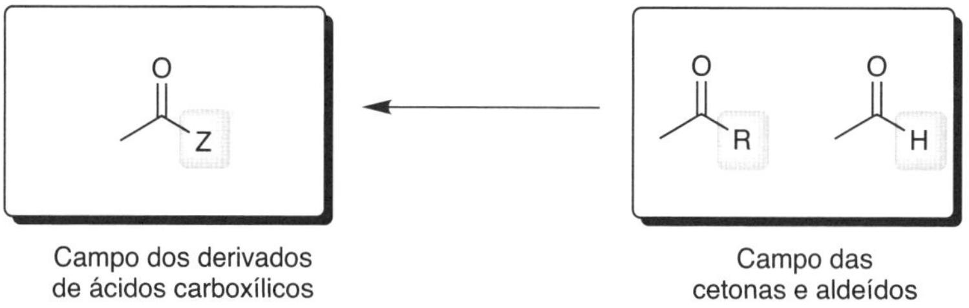

Você viu uma maneira de fazer isto também. Lembre-se (do capítulo anterior) que uma oxidação de Baeyer-Villiger converte uma cetona em um éster:

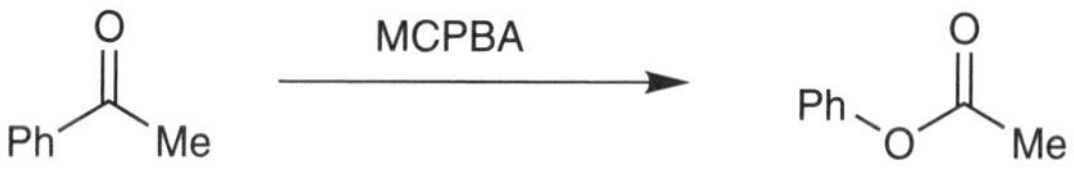

MCPBA

Você também utiliza uma oxidação de Baeyer-Villiger para converter um aldeído em um ácido carboxílico (lembra-se da aptidão migratória?):

MCPBA

Assim, agora temos reações que nos permitem "passar" de um campo para outro (em qualquer sentido). Vejamos um exemplo concreto de como utilizar isto.

EXERCÍCIO 6.54 Proponha uma síntese eficiente para a transformação vista a seguir:

Resposta O produto final é um álcool e, no processo de converter o ácido carboxílico em um álcool, tem que ser inserido um grupo etila. Pode ser difícil de perceber, à primeira vista, como esta transformação pode ser realizada. Porém, não desanime. Não se espera que você saiba como resolver problemas como este instantaneamente. Os problemas de síntese requerem ponderação e estratégia. Lembre-se de que você sempre pode tentar fazer o caminho de volta tanto quanto possível (análise retrossintética). Então, vamos fazer nosso caminho de volta.

Nós aprendemos algumas maneiras simples de produzir um álcool? No capítulo anterior aprendemos como produzir um álcool a partir de uma cetona, usando o HAL:

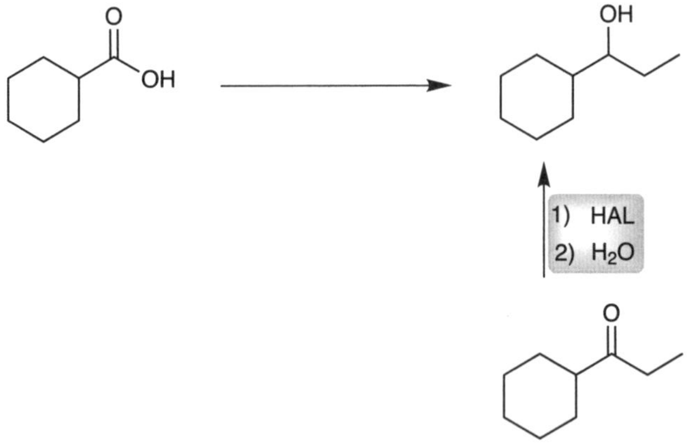

1) HAL
2) H_2O

Com esta importante etapa, agora estamos em posição de entender que este problema pode ser visto como um problema "cruzado". O material de partida é um ácido carboxílico e precisamos transformá-lo em uma cetona:

O OH → OH

? 1) HAL 2) H_2O

O

Em outras palavras, precisamos passar do domínio dos ácidos carboxílicos para o domínio das cetonas. E vimos uma reação que nos permite fazer isto. Podemos produzir uma cetona a partir de um haleto de ácido, usando um dialquilcuprato de lítio. Então, agora, fizemos nosso caminho de volta novamente:

O OH → OH

1) HAL 2) H_2O

O Cl —Et_2CuLi→ O

Finalmente, precisamos apenas converter o ácido carboxílico em um haleto de ácido e podemos fazê-lo em uma única etapa com o cloreto de tionila.

Assim, nossa resposta é:

O OH —1) $SOCl_2$ 2) Et_2CuLi 3) HAL 4) H_2O→ OH

Agora vamos ganhar um pouco de prática com mais alguns problemas "cruzados". Para resolver esses problemas, você vai precisar rever este capítulo *e* o capítulo anterior (cetonas e aldeídos) — e vai precisar ter todas as reações de ambos os capítulos na ponta da língua.

Em primeiro lugar, você pode achar difícil identificar os problemas vistos a seguir como problemas cruzados, mas, felizmente, começará a ver algumas tendências à medida que resolver esses problemas. A esperança é de que você treine seus olhos para localizar problemas que envolvem reações "cruzadas".

Ao resolver estes problemas, tenha certeza de que se familiarizou com as maneiras que vimos para fazer o cruzamento. Vimos quatro destas reações até este ponto; todas estão resumidas a seguir:

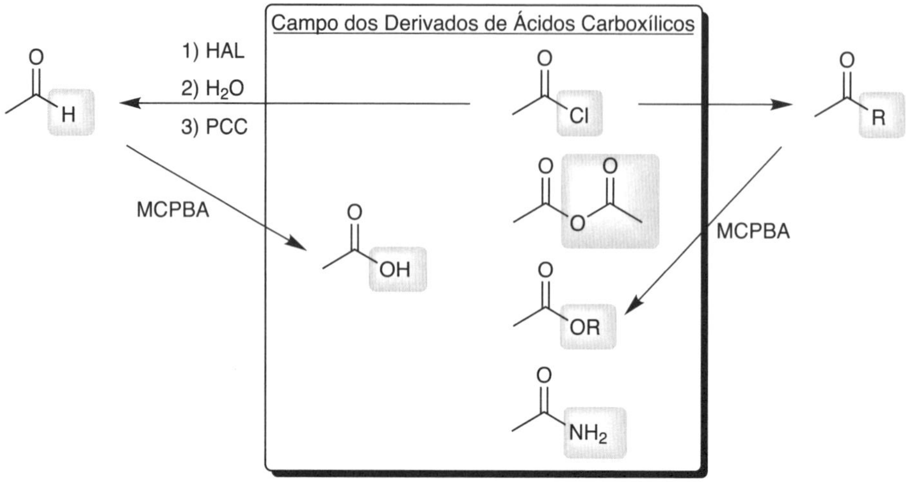

Campo dos Derivados de Ácidos Carboxílicos

1) HAL
2) H_2O
3) PCC

MCPBA

MCPBA

Estude este diagrama com cuidado. Para ajudá-lo a relembrar as reações, você deverá notar uma coisa que todas as quatro reações têm em comum. Elas são todas reações de redução-oxidação. Isto deve fazer sentido porque os derivados de ácidos carboxílicos estão em um estado de oxidação diferente das cetonas e aldeídos.

Você vai precisar de algum tempo para resolver os problemas vistos a seguir, então, não se sente para resolver estes problemas quando você tiver apenas cinco minutos para estudar. Isto deixaria você frustrado. Certifique-se de que tem algum tempo para gastar quando se sentar para resolver estes problemas.

PROBLEMAS Proponha uma síntese eficiente para cada uma das transformações vistas a seguir. Em cada caso, lembre-se de fazer o caminho de volta (análise retrossintética) e tente determinar que reação cruzada tem que utilizar. Quando você comparar suas respostas com as que são dadas neste livro, tenha em mente que com frequência há mais de uma maneira de resolver um problema de síntese. Se sua resposta for diferente daquela do livro, não deverá necessariamente concluir que sua resposta está errada.

6.55

6.56

6.57

6.58

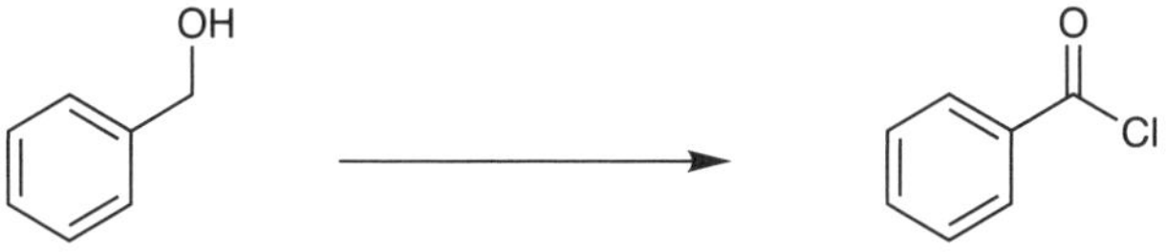

6.59

6.60

6.61

6.62

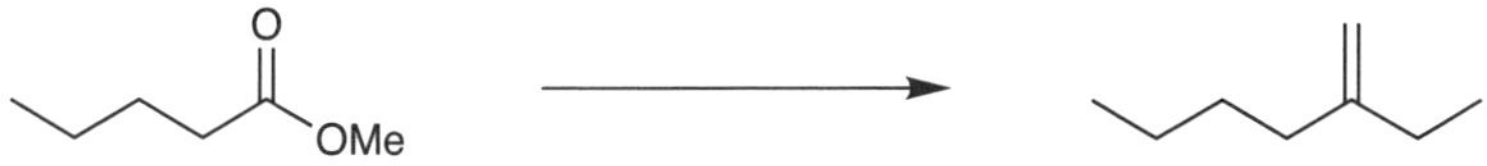

6.63

6.64

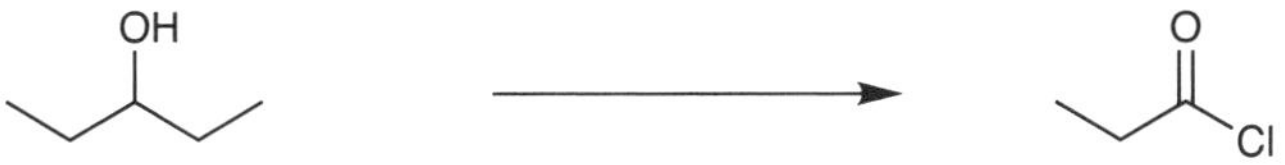

6.65

O objetivo deste capítulo é alcançar uma base que o possibilite a estudar seu livro-texto e anotações de aula de forma mais eficiente. Vimos algumas regras simples que regem os mecanismos deste capítulo e aprendemos diversas estratégias de síntese.

Agora você pode voltar ao seu livro-texto e anotações de aula e procurar as reações que não tratamos aqui neste capítulo. Com o alicerce que construímos neste capítulo, você deverá estar em boa forma para preencher as lacunas e estudar mais eficientemente.

E certifique-se de que resolverá TODOS os problemas do seu livro-texto. Lá você encontrará mais problemas de síntese. Quanto mais você praticar, melhor ficará. Boa sorte.

CAPÍTULO 7

ENÓIS E ENOLATOS

7.1 PRÓTONS ALFA

Nos capítulos anteriores, concentramo-nos nas reações que podem ocorrer quando um nucleófilo ataca um grupo carbonila:

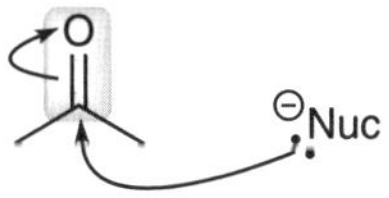

O
Nuc

Primeiramente, aprendemos sobre o ataque nucleofílico em cetonas e aldeídos (no Capítulo 5). Em seguida, no Capítulo 6, exploramos reações de derivados de ácidos carboxílicos. Agora, estamos prontos para nos afastar do grupo carbonila e explorar a química que ocorre no carbono alfa (α):

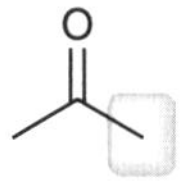

O

Ele é chamado de carbono alfa porque é o átomo de carbono diretamente ligado ao grupo carbonila. Utilizamos o alfabeto grego para marcar os átomos de carbono quando nos afastamos do grupo carbonila em qualquer direção:

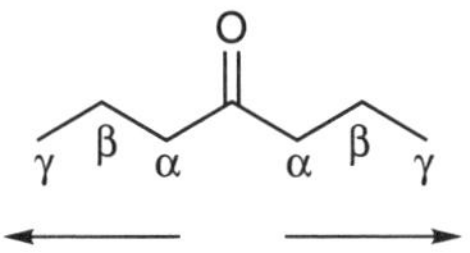

O
γ β α α β γ

Observe que, neste composto, há duas posições alfa. Neste capítulo, vamos nos concentrar na química que ocorre nas posições alfa.

Antes de iniciarmos, devemos discutir um pouco mais da terminologia. Quaisquer prótons ligados a um carbono alfa são chamados de prótons alfa:

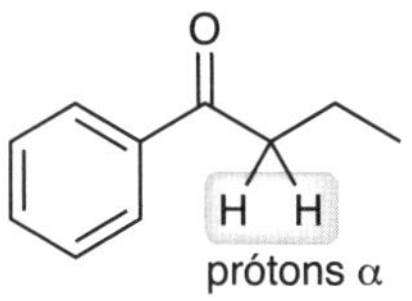

O
H H
prótons α

Nem todos os átomos de carbono alfa terão prótons alfa. Por exemplo, considere o composto visto a seguir:

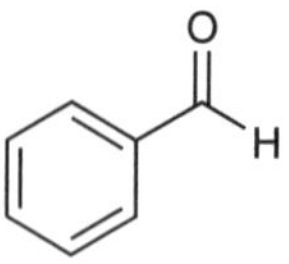

O composto não possui prótons alfa. Se você examinar à direita do grupo carbonila, verá que não há nenhum carbono alfa (ele é um aldeído). E que o H aldeídico NÃO é um próton alfa porque não está ligado a um carbono alfa. E, se você examinar à esquerda do grupo carbonila, verá que HÁ um carbono alfa, mas este carbono não tem prótons.

É importante reconhecer a presença ou a ausência de prótons alfa. Veremos muitas reações neste capítulo e a maioria delas será baseada na presença de prótons alfa. Os prótons alfa são ácidos em alguma extensão, e a remoção de um próton alfa produz um ânion bastante reativo. Vamos examinar esta situação em detalhes brevemente. Por ora, cabe apenas nos certificar de que podemos identificar prótons alfa quando os virmos.

EXERCÍCIO 7.1 Identifique todos os prótons alfa no composto visto a seguir:

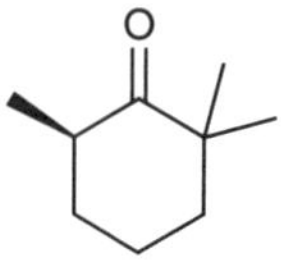

Resposta Para ver se há algum próton alfa, devemos, primeiramente, identificar os átomos de carbono alfa:

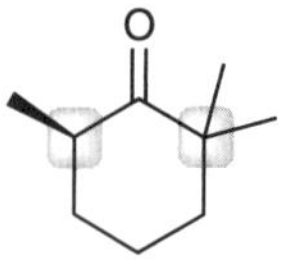

O carbono alfa à direita ***não*** tem nenhum próton. O carbono alfa à esquerda ***tem*** um próton:

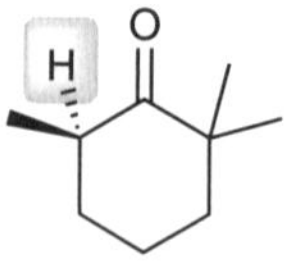

Então, há apenas um próton alfa neste composto.

PROBLEMAS Para cada um dos compostos vistos a seguir, identifique todos os prótons alfa (alguns compostos podem não ter nenhum próton alfa).

7.2

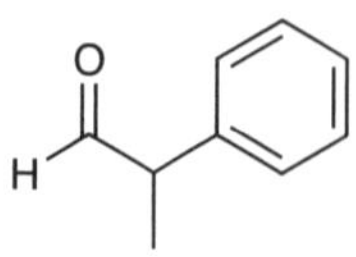

7.3

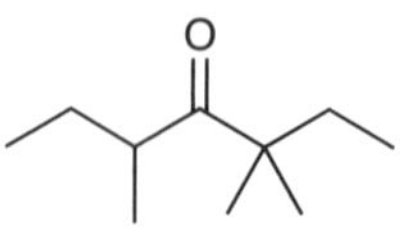

7.4

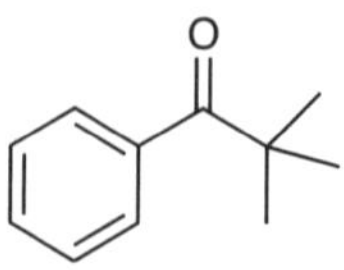

7.5 7.6 7.7

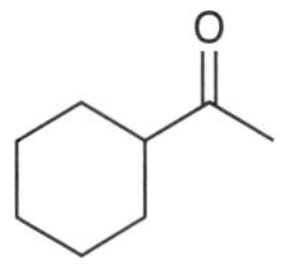

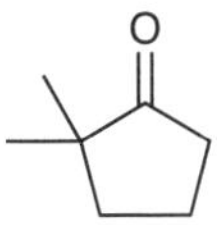

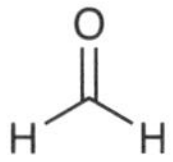

7.2 TAUTOMERISMO CETO-ENÓLICO

Quando uma cetona possui um próton alfa, há uma coisa interessante que pode acontecer. Na presença ou de um ácido ou de uma base, a cetona existe em equilíbrio com outro composto:

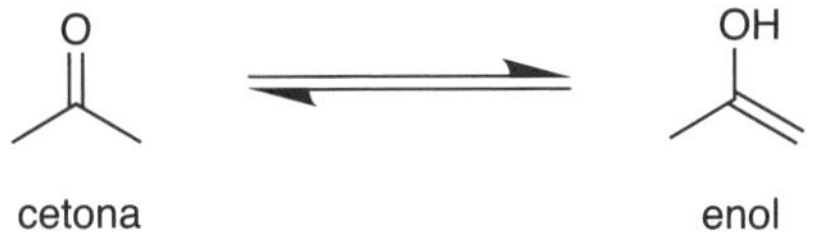

Este outro composto é chamado de ***enol***, porque tem uma ligação C═C ("en") e um grupo OH ("ol"). O equilíbrio apresentado na figura anterior é, na realidade, muito importante, pois você o verá em muitos mecanismos. Então, vamos examiná-lo mais atentamente.

Se nos concentrarmos nas ligações entre os átomos, veremos que os dois compostos diferem um do outro na posição de um próton. A cetona possui o próton ligado a um carbono alfa e o enol possui o próton ligado ao oxigênio:

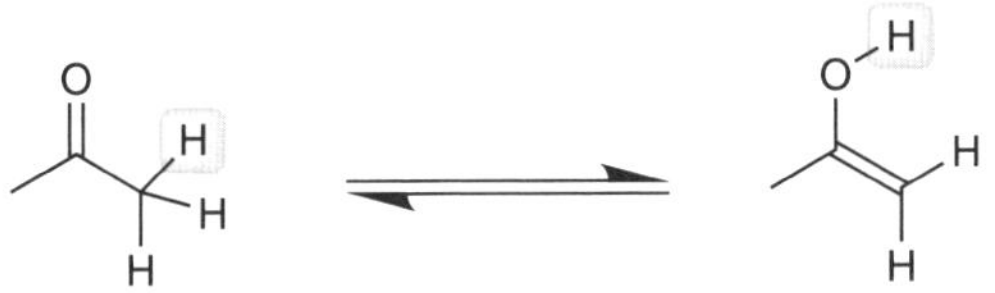

É verdade que a ligação π também está em uma posição diferente. Porém, quando apenas nos concentramos nos átomos (que átomos estão ligados a quais outros átomos), vemos que a diferença está na posição de somente um próton. Temos um nome especial para descrever a relação entre compostos que diferem entre si na posição de somente um próton. Nós chamamos esses compostos de *tautômeros*. Então, diz-se que o enol anteriormente representado é o *tautômero* da cetona e, de modo semelhante, a cetona é o *tautômero* do enol. O equilíbrio apresentado na figura anterior é chamado de *tautomerismo ceto-enol*.

Tautomerismo ceto-enol ***NÃO*** é ressonância. Os dois compostos apresentados anteriormente NÃO são duas representações do mesmo composto. De fato, eles são compostos diferentes. Estes dois compostos estão em equilíbrio um com o outro.

Na maioria dos casos, o equilíbrio favorece muito a cetona:

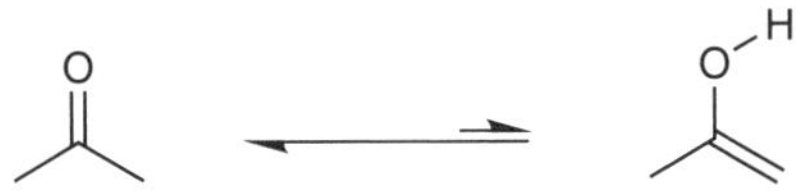

Isto deve fazer sentido, porque os dois últimos capítulos se concentraram na formação de ligações C═O como a força motriz de reações. Uma cetona tem uma ligação C═O, mas um enol não. Assim, não deveremos nos surpreender com o equilíbrio favorecendo a cetona.

Há certas situações em que o equilíbrio pode favorecer o enol. Por exemplo:

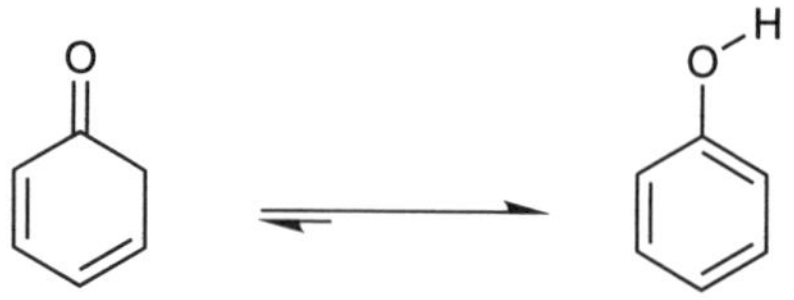

Nesse caso, o enol é um composto aromático e é muito mais estável do que a cetona (que não é aromática). Há muitas outras situações em que um enol pode ser mais estável do que seu tautômero. Você provavelmente encontrará alguns destes exemplos no seu livro-texto (tal como as 1,3-dicetonas). Porém, na maioria dos casos (além destes poucos casos excepcionais), o equilíbrio favorecerá uma cetona em lugar do enol.

É muito difícil (quase impossível) evitar que o equilíbrio seja estabelecido. Imagine que você esteja realizando uma reação que forme um enol como produto, e você faz enormes esforços para remover todos os traços de ácido ou base. Sua esperança é que você possa evitar que se estabeleça o equilíbrio, de modo a impedir a conversão do enol a uma cetona. Porém, você verá que seus esforços provavelmente serão malsucedidos. Até mesmo quantidades traço de ácido ou de base adsorvidos na vidraria (que você não pode remover) permitirão que o equilíbrio se estabeleça.

Agora exploraremos o mecanismo do tautomerismo ceto-enol. Dissemos que os compostos tautomerizarão na presença de ácido ou de base, então, vamos precisar investigar dois mecanismos: um em condições *ácidas* e um em condições *básicas*.

Vimos que, por definição, os tautômeros diferem na posição de um próton. Assim, a conversão de uma cetona a um enol requer duas etapas: 1) introdução de um próton e 2) remoção de um próton:

introduza um próton aqui

remova um próton daqui

De forma semelhante, a conversão de um enol a uma cetona também exigirá as mesmas duas etapas: 1) introdução de um próton e 2) remoção de um próton:

remova um próton daqui

introduza um próton aqui

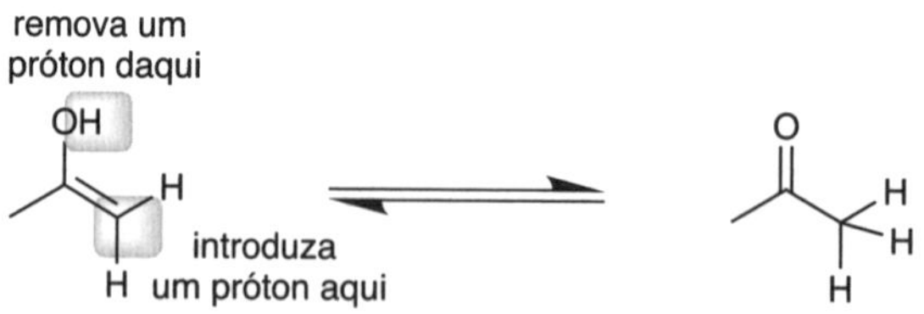

Você pode imaginar por que são necessárias duas etapas separadas. Por que o próton não pode simplesmente trocar de posição em uma única etapa (em uma reação de transferência de próton intramolecular), tal como é visto a seguir?

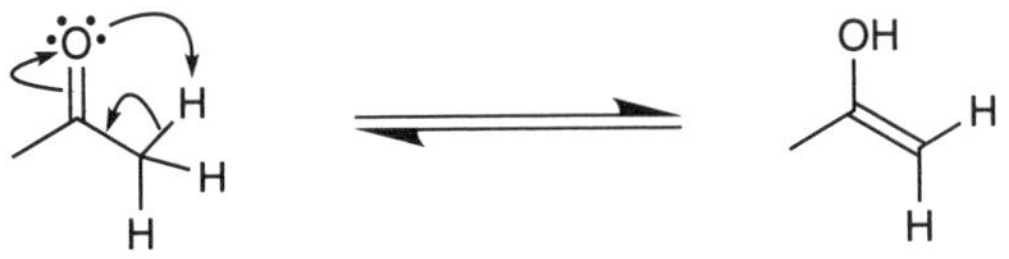

Isto não funciona simplesmente porque o átomo de oxigênio está muito distante (espacialmente) do próton que ele está tentando remover:

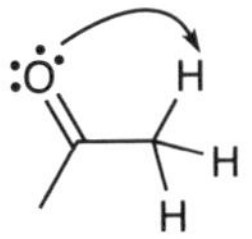

muito distante para ser alcançado

O mecanismo requer duas etapas separadas. Porém, estas duas etapas podem ser em qualquer ordem: podemos ou protonar primeiro (condições ácidas) ou podemos desprotonar primeiro (condições básicas). A seguir é dado o mecanismo em condições básicas:

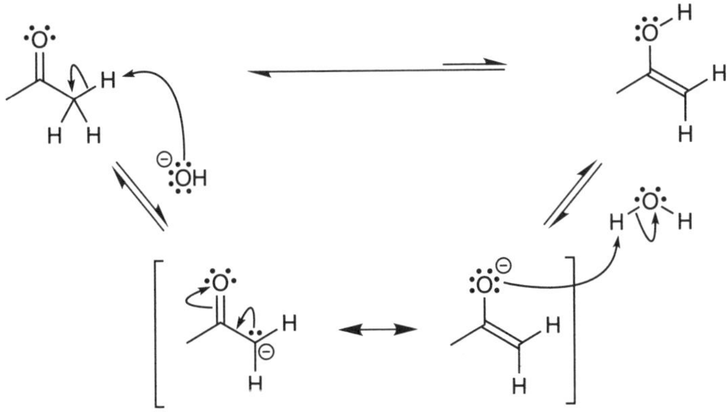

Observe que existe um intermediário (para o qual devemos representar estruturas de ressonância) e este intermediário está negativamente carregado. Se você examinar a segunda estrutura de ressonância, vai notar que ela parece um enol ao qual falta um próton. Portanto, chamamos este intermediário de ***enolato***. Não se deixe enganar pensando que o mecanismo anterior tem mais de duas etapas. A ressonância (do intermediário) NÃO é uma etapa. Nosso mecanismo tem somente duas etapas, como é visto a seguir:

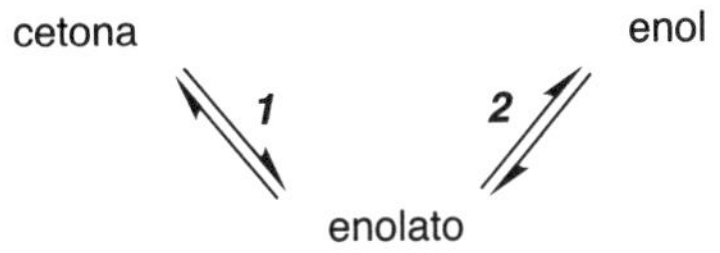

cetona ⇌(1) enolato ⇌(2) enol

O enolato é muito importante para o restante deste capítulo, pois ele pode funcionar como nucleófilo. Veremos muitos exemplos nas seções a seguir. Por ora, vamos terminar nossa discussão de tautomerismo ceto-enólico.

No mecanismo anterior, primeiro desprotonamos (condições básicas). Em condições ácidas, a primeira etapa é a protonação:

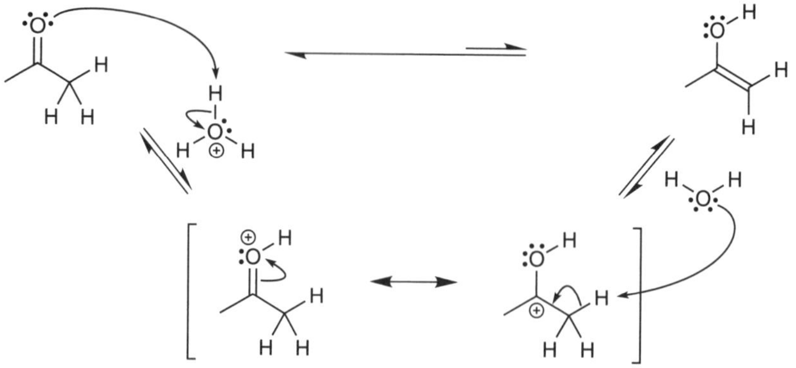

Uma vez mais, há apenas duas etapas aqui. Não se deixe enganar pela ressonância do intermediário. A ressonância não é uma etapa. A ressonância é apenas nosso modo de lidar com o fato de não podermos representar o intermediário de uma única maneira. Precisamos de duas representações para capturar o caráter. E, se você examinar estas estruturas de ressonância, verá que este intermediário é carregado positivamente.

Observe a diferença entre estes dois mecanismos (condições ácidas *versus* básicas). O primeiro mecanismo (condições básicas) tem um intermediário negativamente carregado e o segundo mecanismo (condições ácidas) tem um intermediário positivamente carregado. Além desta, a diferença entre estes dois mecanismos é muito pequena. Cada mecanismo só tem duas etapas. E ambas as etapas são apenas transferências de próton. A única questão é a sequência de eventos. Ela é: desprotonação e, em seguida, protonação? Ou é: protonação e, em seguida, desprotonação?

Quando representamos o mecanismo de uma tautomerização ceto-enólica, devemos examinar cuidadosamente as condições. Em condições ácidas, devemos protonar primeiro e, então, desprotonar. Isto dá um intermediário de carga positiva, o que é consistente com condições ácidas (não formar um intermediário negativamente carregado em condições ácidas). Porém, em condições básicas, devemos desprotonar primeiro e, então, protonar. Isto dá um intermediário de carga negativa, o que é consistente com condições básicas (não formar um intermediário positivamente carregado em condições básicas).

EXERCÍCIO 7.8 Não é possível isolar e purificar o composto visto a seguir porque, na formação, ele tautomerizará imediatamente formando uma cetona. Represente o mecanismo da formação da cetona em condições ácidas.

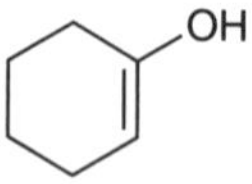

Resposta Este composto é um enol e seu tautômero será a cetona vista a seguir:

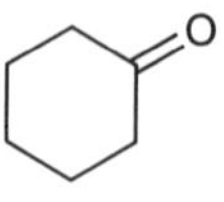

Para converter o enol em uma cetona, nosso mecanismo terá duas etapas: protonação e desprotonação. Porém, devemos decidir qual ordem usar. Primeiro protonamos? Ou primeiro desprotonamos? Para responder a esta questão, examinamos as condições. Como estamos em condições ácidas, devemos primeiro protonar (formando um intermediário positivamente carregado) e, só então, removemos o outro próton.

Agora que determinamos a ordem dos eventos, temos também que decidir ***onde*** protonar e ***onde*** desprotonar. Para decidir isto, examinamos a reação global:

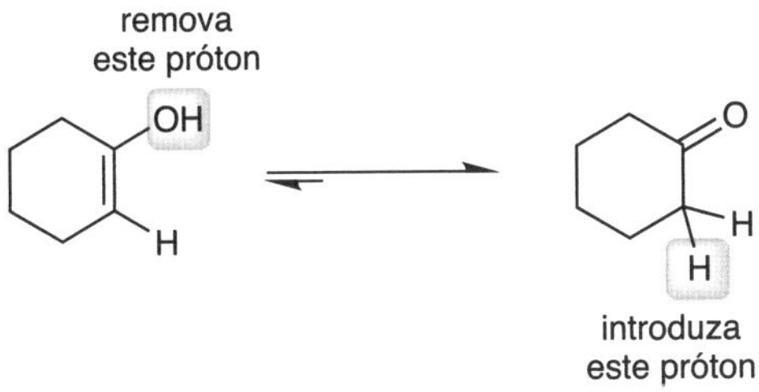

remova
este próton

introduza
este próton

Quando analisamos a reação dessa maneira, fica fácil ver ***onde*** introduzir um próton e ***de onde*** remover um próton. Isto pode parecer trivial, mas é extremamente importante porque nos foi mostrado que devemos protonar a ligação dupla (em vez de protonar o átomo de oxigênio), como é visto a seguir:

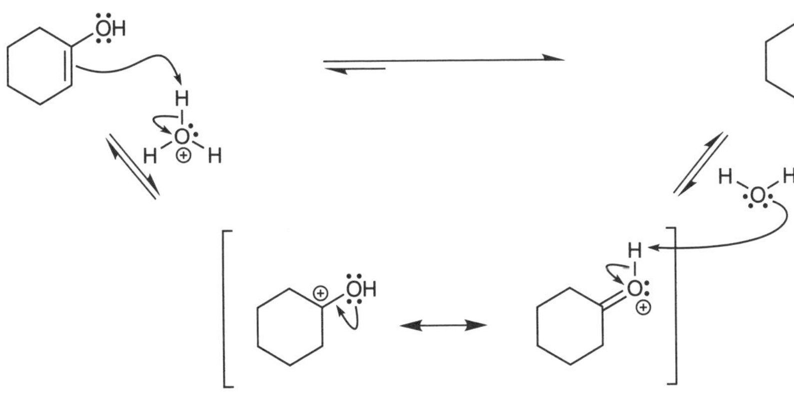

Muito frequentemente, os alunos começam o problema protonando o grupo OH. Embora possa fazer sentido à primeira vista, veremos que esta etapa NÃO levará à formação da cetona. A primeira etapa é protonar a ligação dupla; ***não*** o grupo OH.

Quando representar um mecanismo, certifique-se de nunca utilizar HO^- e H_3O^+ no mesmo mecanismo. Quando são indicadas condições ácidas, utilize o H_3O^+ para protonar e a $\boldsymbol{H_2O}$ para desprotonar. Não utilize hidróxido para remover um próton, pois não há muitos íons hidróxido presentes em condições ácidas.

De modo semelhante, quando são indicadas condições básicas, utilize o HO^- para remover o próton e a $\boldsymbol{H_2O}$ para protonar. Não utilize H_3O^+ para protonar, porque estamos em condições básicas. Eis aqui a mensagem final: sempre se mantenha consistente com suas condições.

Então, recapitulando, há três coisas a considerar para representar corretamente o mecanismo de uma tautomerização ceto-enólica: 1) que ***ordem*** usar (protonar primeiro ou desprotonar primeiro), 2) ***onde*** protonar e onde desprotonar e 3) ***que reagentes*** usar quando representar as etapas de transferência de próton (mantenha-se consistente com as condições).

PROBLEMAS Para cada uma das transformações vistas a seguir, proponha um mecanismo que seja consistente com as condições indicadas (você precisará de uma folha de papel separada para escrever suas respostas):

7.9 [$^{\ominus}OH$]

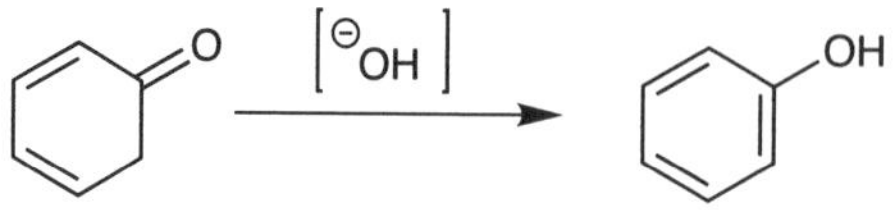

7.10 [H_3O^+]

7.11 [$^{\ominus}OH$]

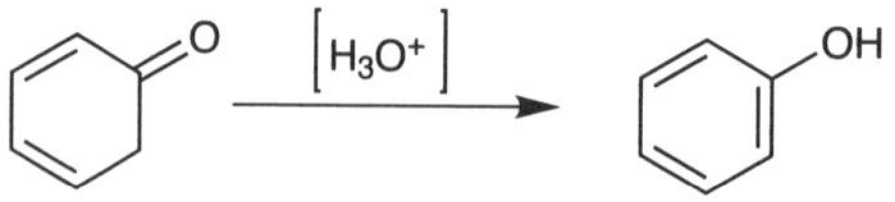

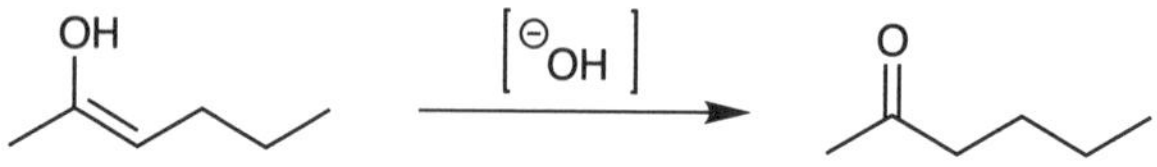

7.12 [H_3O^+]

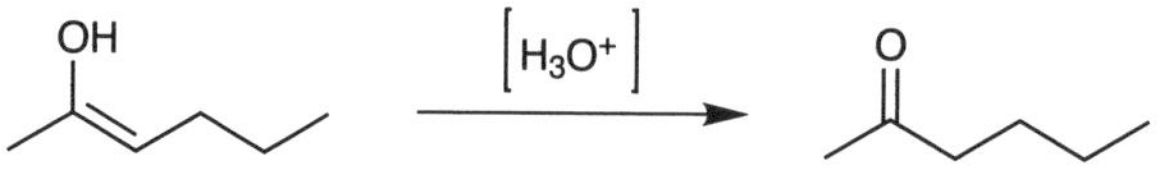

7.13 Proponha um mecanismo plausível para a tautomerização ceto-enólica vista a seguir, Lembre-se de fazer três perguntas importantes: 1) que ***ordem*** usar (protonar primeiro ou desprotonar primeiro), 2) ***onde*** protonar e desprotonar e 3) ***que reagentes*** usar. Você vai precisar de uma folha de papel separada para escrever suas respostas.

[H_3O^+]

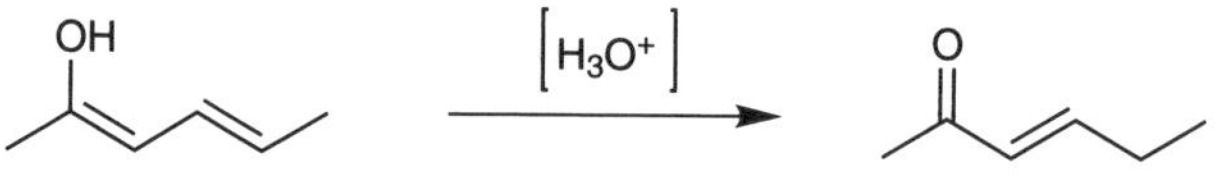

7.3 REAÇÕES ENVOLVENDO ENÓIS

É difícil ver como o carbono alfa de uma cetona pode ser nucleofílico:

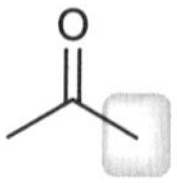

O carbono alfa ***não*** tem um par isolado e uma ligação π que possam se comportar como centro nucleofílico. No entanto, quando examinamos a estrutura do enol (que está em equilíbrio com a cetona), temos uma visão diferente:

O enol tem uma ligação π no carbono alfa, que o torna nucleofílico. Além disso, considere a estrutura de ressonância do enol:

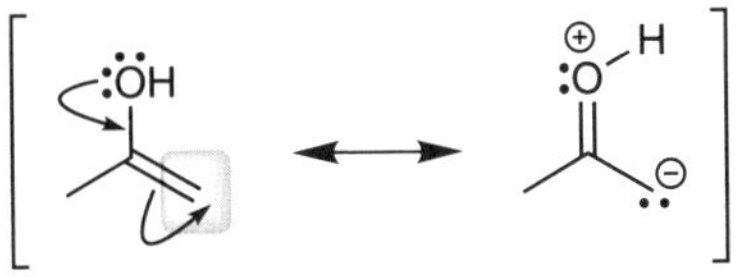

Observe que há uma carga negativa na posição alfa e, portanto, o carbono alfa pode se comportar como nucleófilo para atacar um eletrófilo:

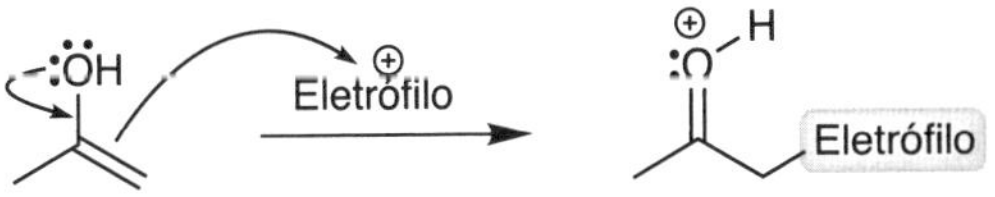

Eletrófilo

Eletrófilo

Para ocorrer o ataque, estamos dependendo da capacidade de uma cetona tautomerizar. Porém, nem toda cetona existirá em equilíbrio com um enol. Uma cetona à qual faltam prótons alfa ***não*** tautomeriza para formar um enol:

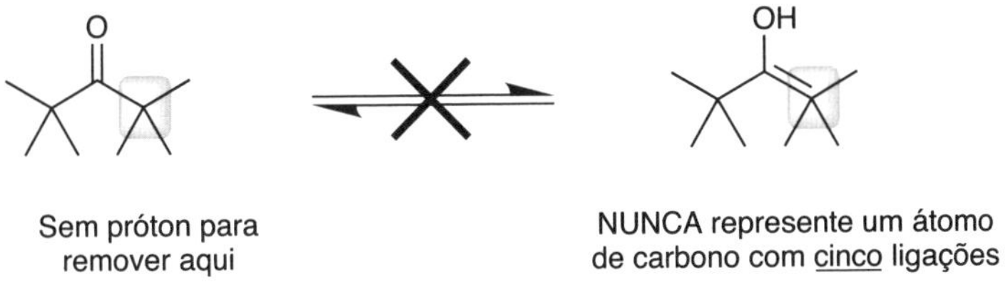

Sem próton para remover aqui

NUNCA represente um átomo de carbono com cinco ligações

A maioria das cetonas tem, de fato, prótons alfa e, assim, uma cetona típica existirá em equilíbrio com um enol. Na seção anterior, vimos alguns casos raros em que o equilíbrio de fato pode favorecer o enol, mas, em geral, o equilíbrio favorece a cetona. Portanto, geralmente você só terá quantidades traço do enol presente em equilíbrio com a cetona.

Esta pequena quantidade de enol é capaz de reagir como nucleófilo e atacar um eletrófilo. Após o enol atacar o eletrófilo, o equilíbrio ceto-enólico é restabelecido produzindo mais enol (para justificar o enol que "desapareceu" como resultado da reação). Lentamente, porém, com certeza, a maioria das moléculas da cetona termina convertendo-se a enóis e reagindo com o eletrófilo. O exemplo mais comum é a halogenação alfa, que pode ocorrer quando uma cetona é tratada com Br_2 em ácido aquoso (H_3O^+) gerando uma halocetona α:

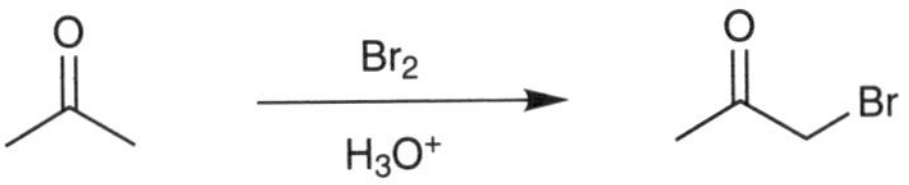

Br_2

H_3O^+

Br

Exploremos como este processo ocorre. A cetona tautomeriza gerando uma pequena quantidade de enol. Então, vem a etapa crítica: o enol se comporta como nucleófilo atacando o Br_2 (o eletrófilo):

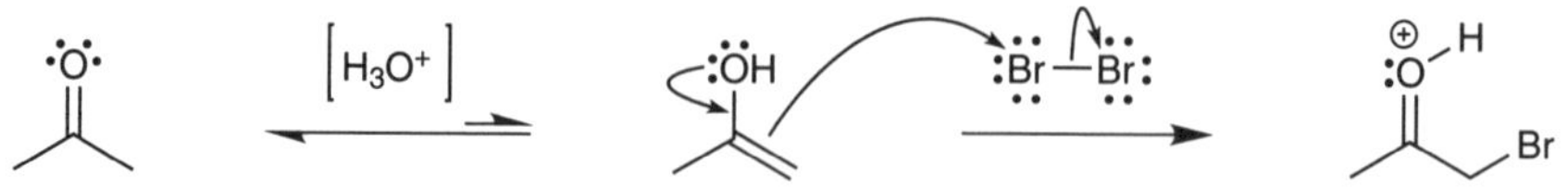

A desprotonação, então, forma o produto:

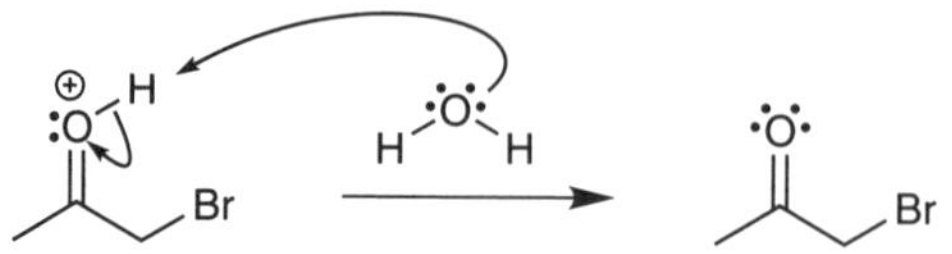

Observe que a maioria das etapas deste mecanismo é de apenas transferências de próton. Nosso mecanismo representa o padrão a seguir: tautomerização, ataque, desprotonação. Porém, "tautomerização" é apenas um novo nome para uma combinação especial de duas etapas de transferência de próton. Na realidade, há somente uma etapa na qual ocorre um ataque (quando o enol ataca o eletrófilo).

Por fim, é fornecido um método para inserir um halogênio na posição alfa de uma cetona:

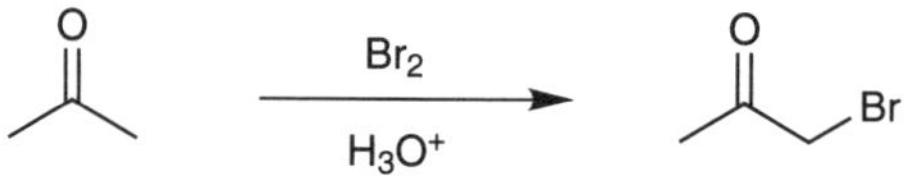

De modo alternativo, podemos encontrar um reagente diferente do H_3O^+, por exemplo:

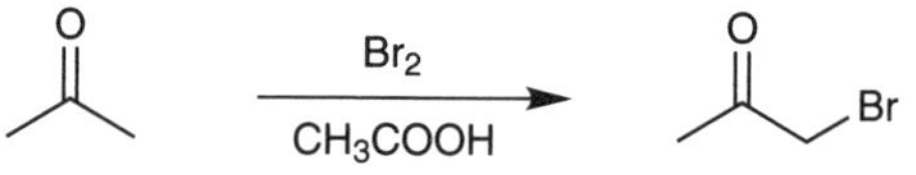

O ácido acético, CH_3COOH, pode ser utilizado como um ácido brando para facilitar a tautomerizacão. Não temos que nos preocupar com este ácido sofrendo halogenação por si só (na sua posição alfa), como é visto a seguir:

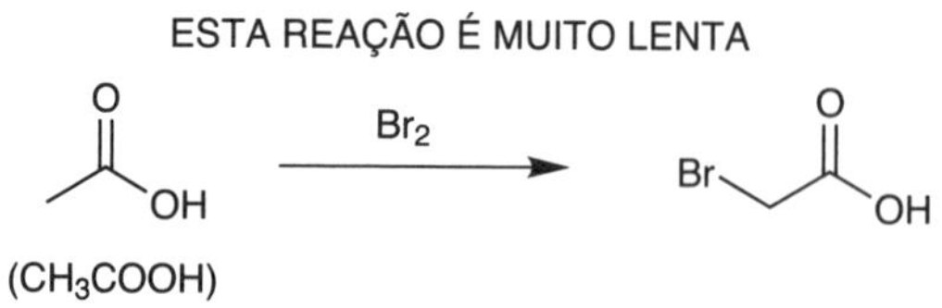

ESTA REAÇÃO É MUITO LENTA

Não temos que nos preocupar com isto, porque os ácidos carboxílicos são muito mais lentos para reagir neste tipo de reação.

Se ***quisermos*** halogenar a posição alfa *de um ácido carboxílico*, isto é possível, mas exigirá algumas etapas extras. Primeiramente, temos que converter o ácido carboxílico em um haleto de ácido. Fazemos isto porque o enol de um haleto de ácido atacará rapidamente um halogênio. Em seguida, no final, simplesmente convertemos o haleto de ácido de volta a um ácido carboxílico:

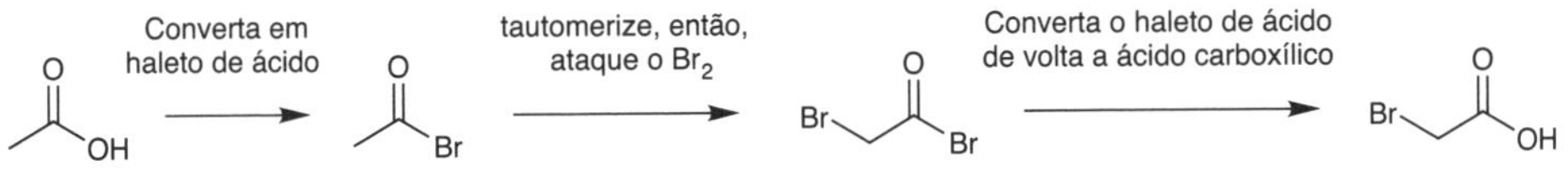

Converta em haleto de ácido → tautomerize, então, ataque o Br_2 → Converta o haleto de ácido de volta a ácido carboxílico

Esta estratégia (para halogenação de ácidos carboxílicos) é chamada de reação de Hell-Volhard-Zelinsky.

Aqui está a conclusão: nesta seção, vimos duas reações que exploram a natureza nucleofílica dos enóis. Essas reações podem ser usadas para inserir um halogênio na posição alfa de uma cetona,

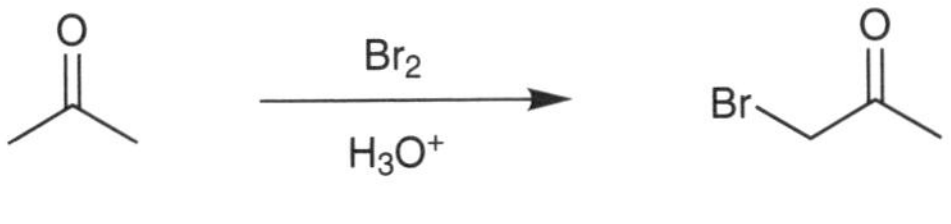

Br_2 / H_3O^+

ou para inserir um halogênio na posição alfa de um ácido carboxílico:

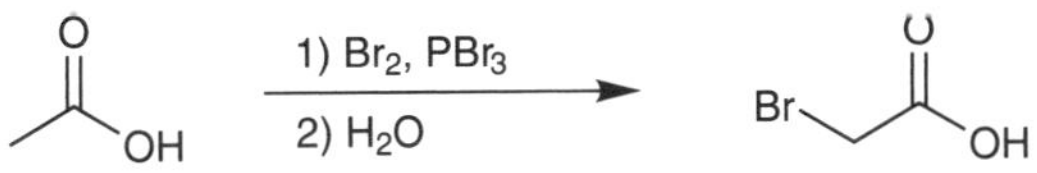

1) Br_2, PBr_3
2) H_2O

Observe os reagentes que utilizamos. Vimos o reagente na primeira reação (Br_2 e um ácido brando — para halogenar uma cetona). Porém, para halogenar um ácido carboxílico, utilizamos um conjunto diferente de reagentes. Utilizamos Br_2 e PBr_3, seguido de H_2O. A função do Br_2 e do PBr_3 é produzir o haleto de ácido, formar o enol e, então, fazer com que o enol ataque o Br_2. A seguir, a água é utilizada na última etapa para converter o haleto de ácido de volta a um ácido carboxílico.

EXERCÍCIO 7.14 Preveja o produto da reação vista a seguir:

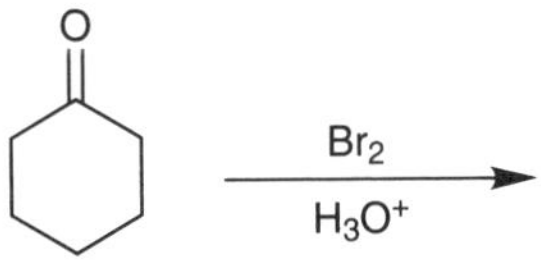

Br_2 / H_3O^+

Resposta Estamos iniciando com uma cetona e a estamos submetendo ao Br_2 na presença de um ácido brando. O ácido promove a tautomerização a enol, que, então, ataca o Br_2 em uma halogenação alfa. Assim, ao final, nosso produto terá um Br em uma das posições alfa. Qualquer lado dá no mesmo, então, podemos simplesmente escolher um dos lados:

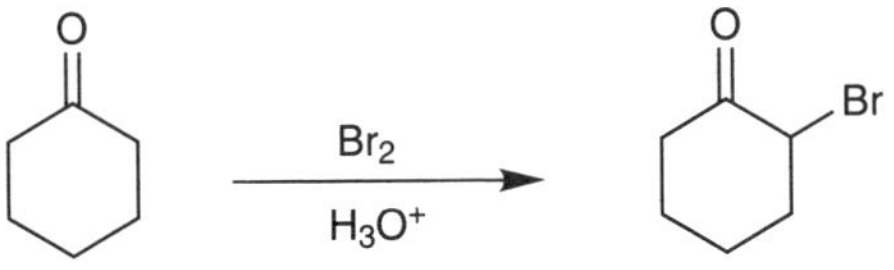

Br_2 / H_3O^+

PROBLEMAS Preveja os produtos de cada uma das reações vistas a seguir. Lembre-se de que você pode apenas halogenar uma posição alfa que tenha prótons.

7.15 $\xrightarrow[CH_3COOH]{Br_2}$

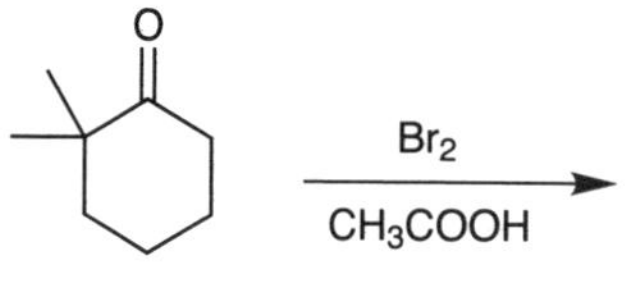

7.16 $\xrightarrow[2)\ H_2O]{1)\ Br_2,\ PBr_3}$

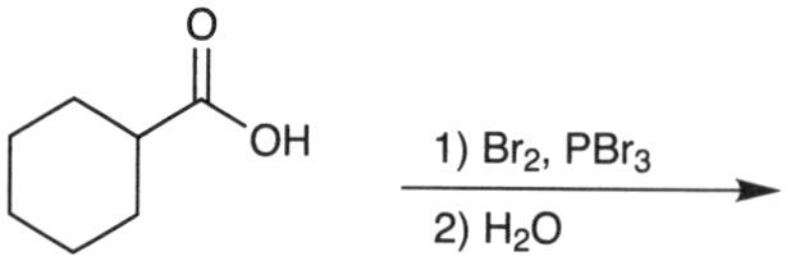

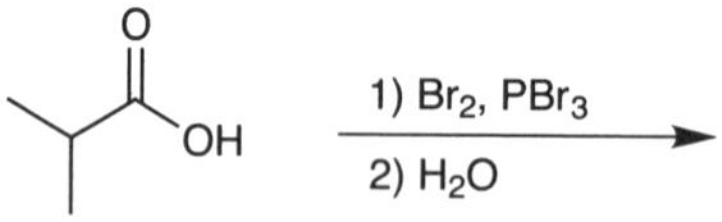

7.17 $\xrightarrow[2)\ H_2O]{1)\ Br_2,\ PBr_3}$

7.18 $\xrightarrow[H_3O^+]{Br_2}$

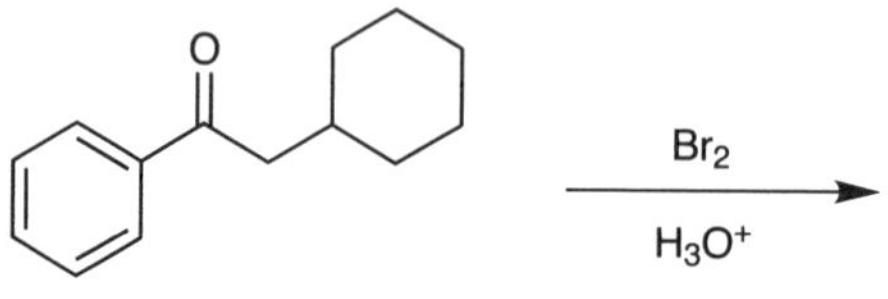

7.4 FORMAÇÃO DE ENOLATOS

Na seção anterior, vimos que os enóis podem ser nucleofílicos. Porém, os enóis são apenas nucleófilos brandos. Assim, a questão é: como podemos tornar a posição alfa ainda mais nucleofílica (de modo a podermos ter uma gama mais ampla de reações possíveis)? Há uma maneira de fazer isto. Precisamos apenas dar à posição alfa uma carga negativa. Para ver como isto pode ser realizado, vamos revisar rapidamente o mecanismo que vimos para tautomerização em condições básicas e, então, nos concentrar no intermediário (em destaque a seguir):

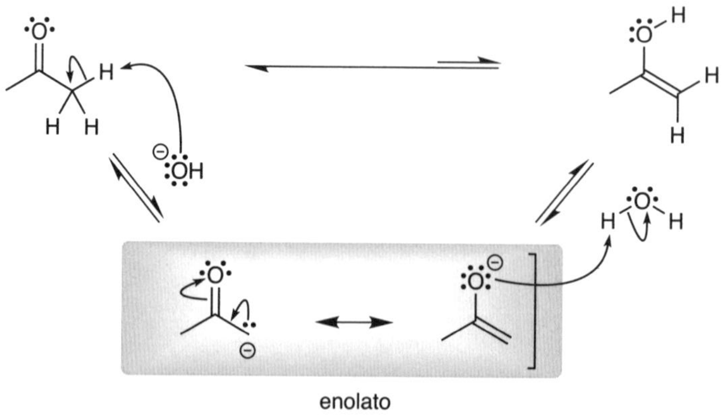

enolato

O intermediário está negativamente carregado e mencionamos antes que ele se chama enolato. Para capturar a essência do enolato, devemos representar estruturas de ressonância. Lembre-se do que as estruturas de ressonância representam. Não podemos representar este ***único*** intermediário com uma única estrutura, então, fazemos duas representações e sobrepomos estas duas imagens em nossa mente para obter uma imagem melhor deste intermediário. E essa imagem mostra o enolato como rico em elétrons em duas posições: o carbono alfa ***e*** o átomo de oxigênio:

enolato

Assim, esperamos que ***ambas*** as posições sejam muito nucleofílicas. Mesmo assim, não exploraremos quaisquer reações nas quais o átomo de oxigênio se comporte como nucleófilo (chamado ataque do O). A maioria dos livros-texto e professores não ensina as condições para o ataque do O porque ele geralmente é considerado um tópico mais avançado. Então, de agora em diante, vamos explorar exemplos de ataque do C (em que o carbono alfa age como nucleófilo, atacando um eletrófilo):

Eletrófilo

Eletróf

Observe que, ao mostrar o ataque, representamos somente uma estrutura de ressonância do enolato. Se tivéssemos usado a outra estrutura de ressonância, o ataque seria semelhante ao que é visto a seguir:

Eletrófilo

Eletróf

Trata-se apenas de outra maneira de apresentar a mesma etapa. Muitos livros-texto apresentarão a segunda maneira (começando com a forma de ressonância que tem a carga negativa no oxigênio). Talvez esta seja mais apropriada, porque esta forma de ressonância está contribuindo mais para o caráter global do enolato. No entanto, neste livro, utilizaremos a estrutura de ressonância em que a carga negativa está no carbono:

Eletrófilo

Eletróf

Faremos desta maneira porque tornará os mecanismos mais fáceis de acompanhar. Para sermos absolutamente corretos, deveríamos realmente representar *ambas* as formas de ressonância, como é visto a seguir:

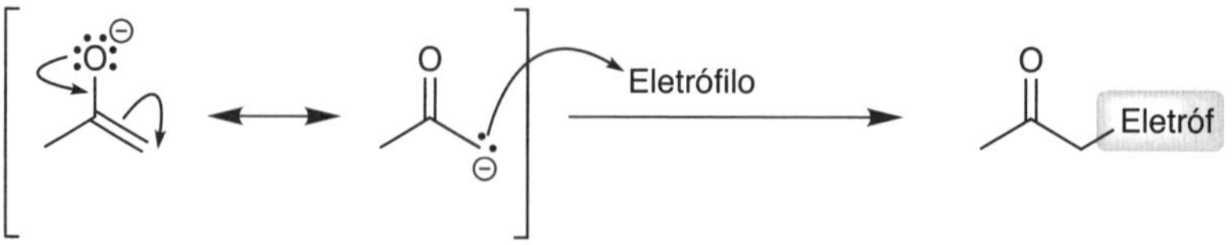

Eletrófilo

Eletróf

Porém, para simplificar, apresentaremos apenas uma estrutura de ressonância do enolato (na maioria dos mecanismos que veremos neste capítulo).

Agora, consideremos o tipo de base que precisamos para ***produzir*** um enolato. Se utilizarmos bases como HO^- ou RO^- (bases com uma carga negativa no oxigênio), vemos que estas bases *não* são fortes o suficiente para converter completamente a cetona a um enolato. Em vez disso, é estabelecido um equilíbrio entre a cetona, o enolato e o enol. Este equilíbrio produz apenas quantidades muito pequenas do enolato, mas isto não importa. Assim que o enolato reage com um eletrófilo, o equilíbrio produz mais enolato para repor o estoque. Com o tempo, toda a cetona pode converter-se ao enolato e, então, reagir com algum eletrófilo. Isto é muito semelhante à situação que vimos com os enóis. Uma vez mais, estamos dependendo do equilíbrio para produzir continuamente mais enolato. A principal diferença neste caso é que os enolatos são muito mais reativos do que os enóis. Portanto, a química dos enolatos é mais robusta do que a química dos enóis.

Como exemplo da riqueza da química dos enolatos, considere este fato: alguns enolatos são muito mais estabilizados do que outros. Estes enolatos "superestabilizados" são nucleofílicos mais "brandos" (mais seletivos com o que eles reagem). Por exemplo, um composto com dois grupos carbonila (separados por um carbono) pode ser desprotonado formando um intermediário que é do tipo enolato *duplo*:

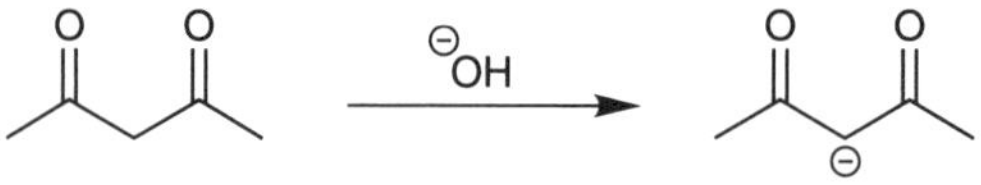

$\ominus$OH

A carga negativa neste intermediário é deslocalizada sobre ambos os grupos carbonila:

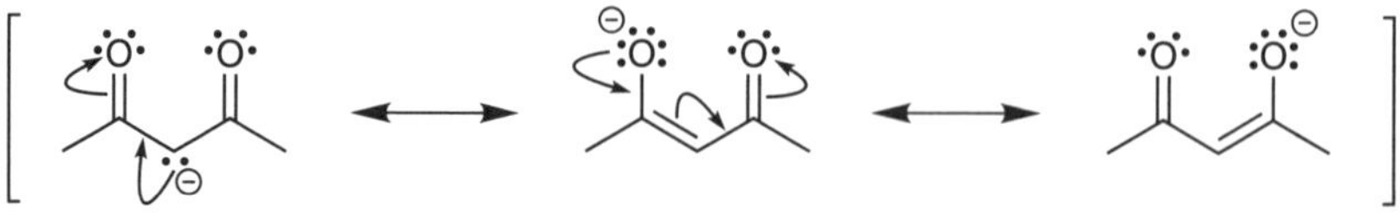

E, portanto, ele é extremamente estável. De fato, ele é ainda mais estável do que HO^- ou RO^-. Então, quando utilizamos bases como HO^- ou RO^-, o equilíbrio favorece muito o enolato:

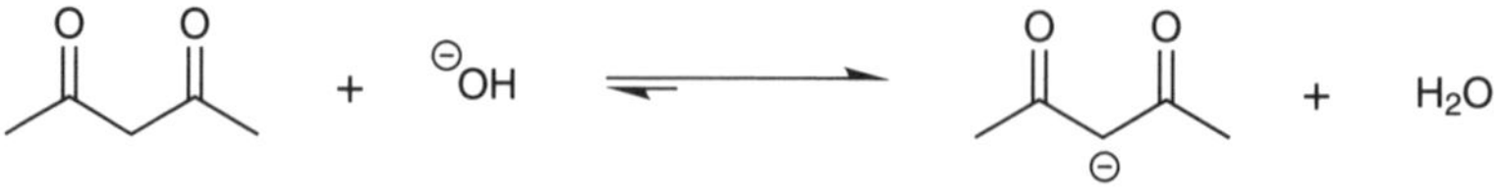

$\ominus$OH + H_2O

Logo veremos que a posição deste equilíbrio será a força motriz na condensação de Claisen (posteriormente neste capítulo).

EXERCÍCIO 7.19 Considere o composto visto a seguir:

Represente o enolato formado quando o composto é desprotonado. Certifique-se de representar todas as estruturas de ressonância.

Resposta Precisamos simplesmente identificar o próton alfa e, então, removê-lo:

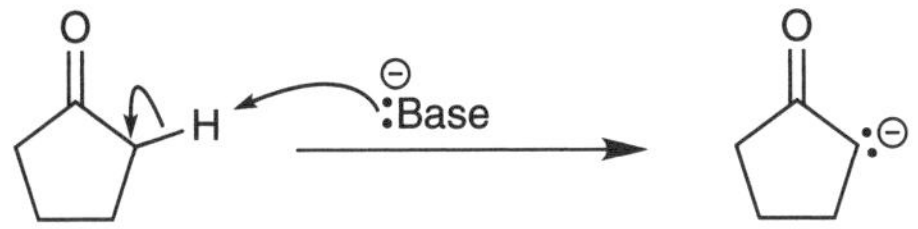

H :Base

E, em seguida, representamos as estruturas de ressonância:

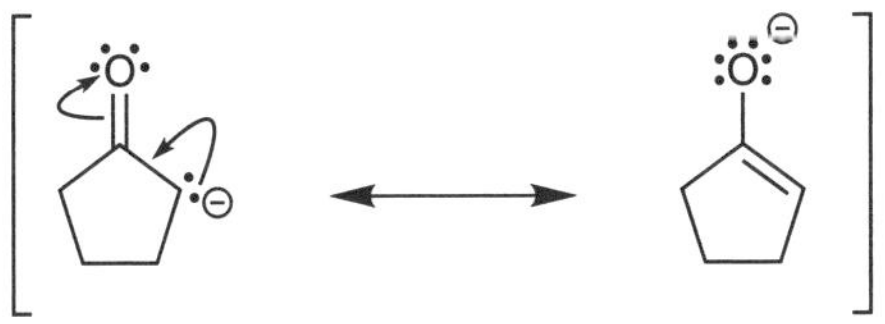

PROBLEMAS Represente o enolato que seria produzido quando cada um dos compostos vistos a seguir é criado com hidróxido. Certifique-se de representar todas as estruturas de ressonância significativas.

7.20

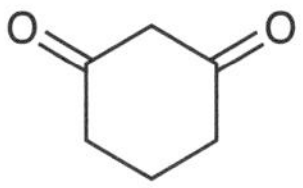

7.21

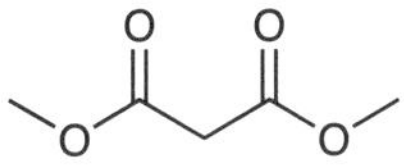

7.22

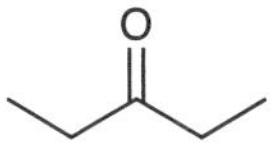

7.23

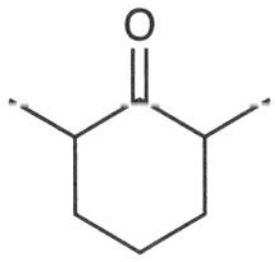

7.5 REAÇÃO DO HALOFÓRMIO

Na seção anterior, aprendemos como produzir enolatos. Agora, vamos começar a ver o que um enolato pode atacar. Nesta seção, vamos explorar a reação entre um enolato e um halogênio (como Br, Cl ou I). Nas seções vistas a seguir, exploraremos as reações entre um enolato e outros eletrófilos.

Considere o que pode acontecer nas seguintes condições:

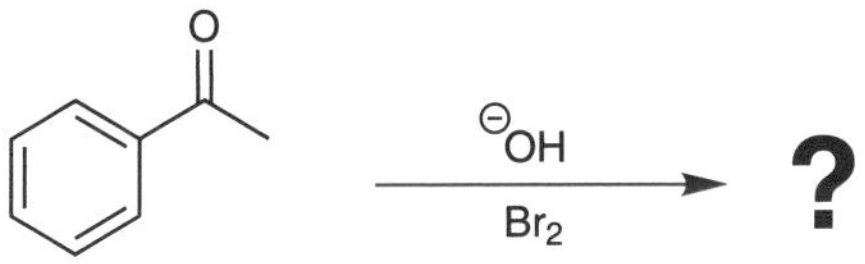

$\xrightarrow[Br_2]{^{\ominus}OH}$ **?**

Temos uma cetona e um hidróxido, o que significa que o equilíbrio envolve uma pequena quantidade de enolato:

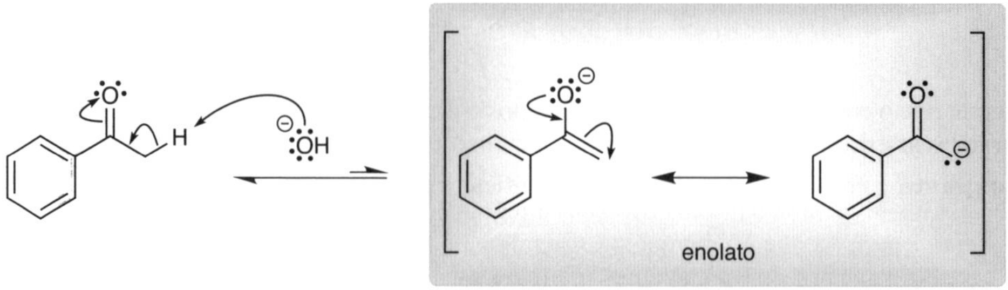

enolato

Este enolato é formado na presença de Br_2, que pode se comportar como um eletrófilo. O produto inicial não surpreende:

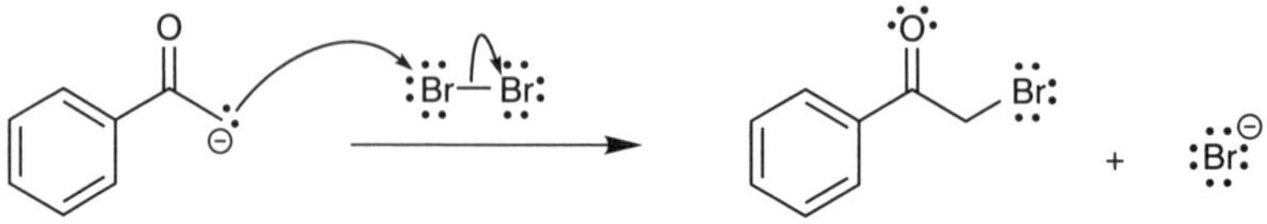

O enolato ataca o Br_2 e expulsa o Br^- como grupo de saída. O resultado é que inserimos o Br na posição alfa:

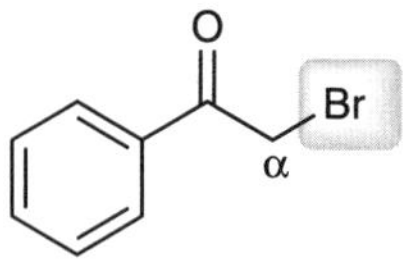

Porém, a reação não para aqui. Lembre-se de que a base (hidróxido) ainda está presente na solução. Então, o hidróxido pode remover outro próton alfa. De fato, é ainda mais fácil remover este próton, porque o efeito indutivo do átomo de bromo serve para estabilizar ainda mais o enolato resultante, que, então, pode atacar o Br_2 novamente:

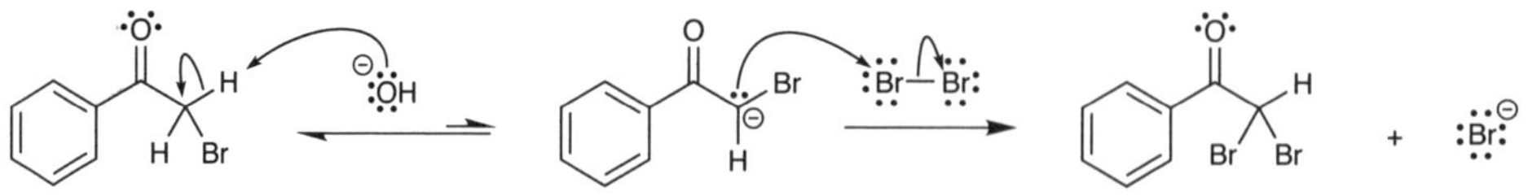

Agora temos ***dois*** átomos de Br em nosso composto. E, então, acontece novamente:

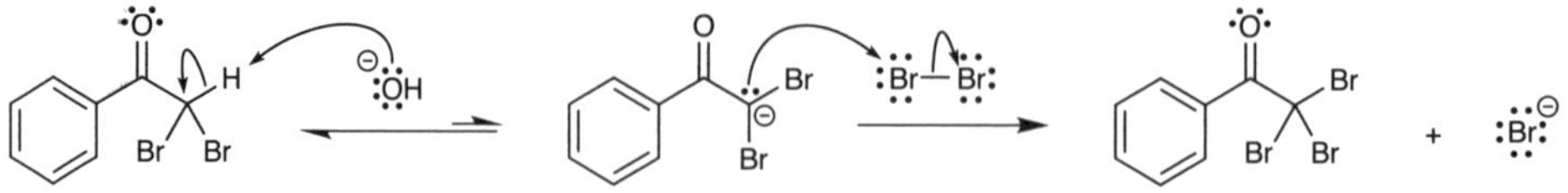

Pense no que aconteceu até este ponto. Um grupo metila (CH_3) foi convertido em um grupo CBr_3. Esta transformação é muito significativa, porque um grupo CBr_3 pode funcionar como grupo de saída:

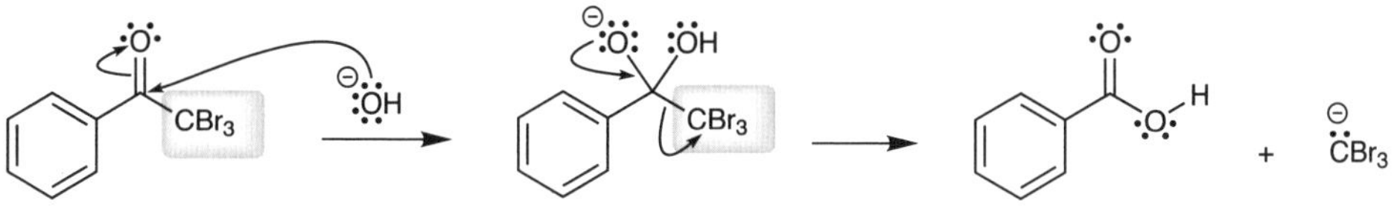

Neste ponto, você deverá estar se sentindo desconfortável. Você provavelmente se lembra da nossa regra de ouro dos capítulos anteriores (não expulse H^- ou C^-), e parece que estamos quebrando nossa regra de ouro. Não estamos expulsando o C^- aqui? Sim, estamos. Na realidade, trata-se de uma das raras exceções à regra de ouro. Em geral, a regra de ouro é válida na ***maior parte*** do tempo, porque o C^- geralmente é muito instável para servir de grupo de saída. Porém, há casos em que um C^- pode ser estabilizado o suficiente para servir de grupo de saída, e esta é uma daquelas raras situações. O CBr_3 (com uma carga negativa no carbono) realmente é um grupo de saída muito bom, devido aos efeitos combinados de remoção de elétron de todos os três átomos de bromo. Porém, ainda que ele possa sair, não é o ânion mais estável. De fato, ele nem é tão estável quanto um íon carboxilato (a base conjugada de um ácido carboxílico). Assim, ocorre a transferência de próton vista a seguir:

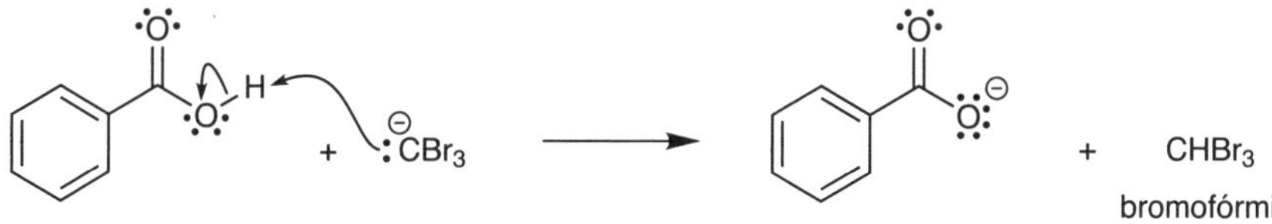

bromofórmio

Isso forma um ânion carboxilato e o $CHBr_3$ (chamado de bromofórmio). E este é o fim do nosso mecanismo. Se quisermos isolar o ácido carboxílico, teremos de introduzir uma fonte de prótons no balão de reação para protonar o ânion carboxilato.

Quando a mesma reação é realizada com o iodo em lugar do bromo, é obtido o iodofórmio como subproduto, em vez do bromofórmio:

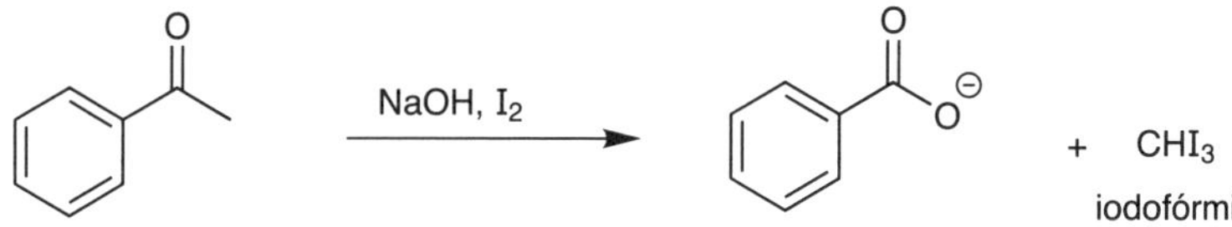

iodofórmio

O iodofórmio é um sólido que precipita a partir da solução. Portanto, esta reação pode ser usada para investigar a natureza de um composto desconhecido. Se o composto desconhecido é uma metilcetona, então, ela produzirá iodofórmio nestas condições (NaOH e I_2). Na realidade, esse teste do iodofórmio não é mais utilizado (agora temos técnicas de espectroscopia que nos dão estas e muitas outras informações). Assim, este teste químico é uma relíquia do passado. Porém, por alguma razão, ainda é utilizado em problemas de livros-texto. Geralmente você o verá da seguinte forma: "Um composto desconhecido dá um teste positivo para iodofórmio e...". O início deste problema está dizendo que você tem uma metilcetona. Se você encontrar um enunciado deste tipo em um problema no seu livro-texto, é isto o que se quer dizer.

Porém, existe um uso muito mais importante para esta reação. Você pode utilizá-la quando resolver problemas de síntese. Esta reação oferece uma maneira de converter uma metilcetona em um ácido carboxílico:

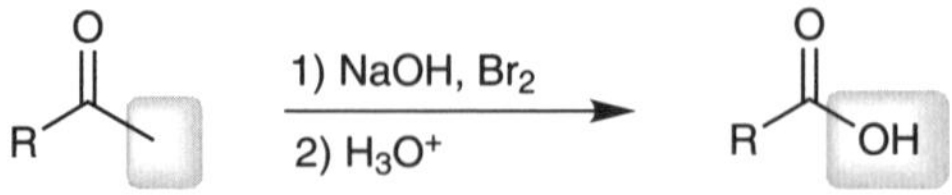

$$R-CO-CH_3 \xrightarrow[2)\ H_3O^+]{1)\ NaOH,\ Br_2} R-CO-OH$$

A reação do halofórmio é mais eficiente quando o outro lado da cetona não tem prótons α, por exemplo:

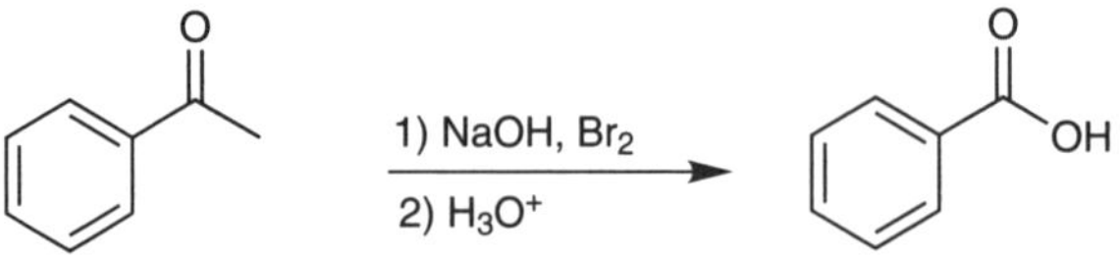

$$C_6H_5COCH_3 \xrightarrow[2)\ H_3O^+]{1)\ NaOH,\ Br_2} C_6H_5COOH$$

Isto deveria ressaltar em sua mente porque se trata de um exemplo novo de uma reação "cruzada". No capítulo anterior, discorremos sobre maneiras de converter cetonas em derivados de ácidos carboxílicos (reações cruzadas). O processo que exploramos nesta seção pode ser usado para converter uma metilcetona em um ácido carboxílico. Você deve adicionar isto à sua caixa de ferramentas de síntese.

EXERCÍCIO 7.24 Preveja os produtos da reação vista a seguir:

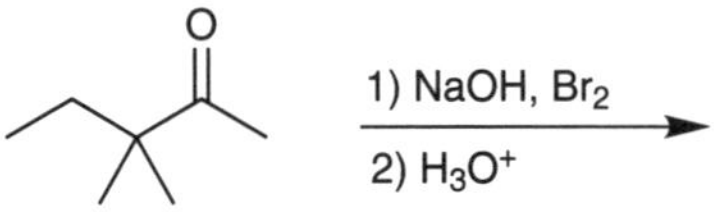

$$\xrightarrow[2)\ H_3O^+]{1)\ NaOH,\ Br_2}$$

Resposta O reagente é uma metilcetona e os reagentes convertem uma metilcetona em um ácido carboxílico (com bromofórmio como subproduto):

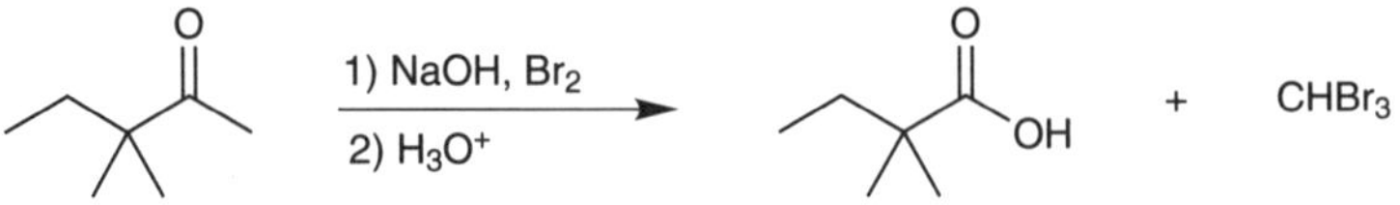

$$\xrightarrow[2)\ H_3O^+]{1)\ NaOH,\ Br_2} \quad \text{OH} \quad + \quad CHBr_3$$

PROBLEMAS Preveja os produtos de cada uma das reações vistas a seguir:

7.25 $\xrightarrow[2)\ H_3O^+]{1)\ NaOH,\ Br_2}$

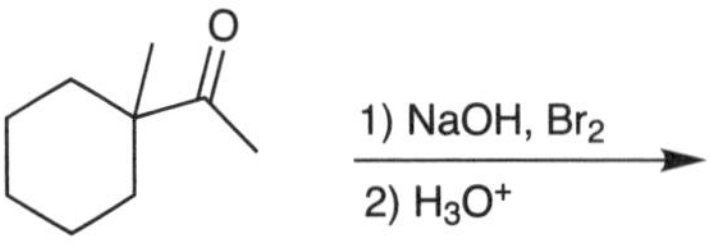

7.26 $\xrightarrow[2)\ H_3O^+]{1)\ NaOH,\ Br_2}$

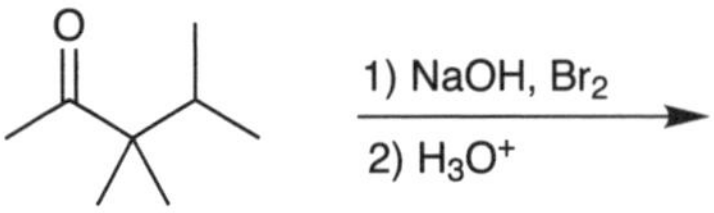

7.27 Em uma folha de papel separada, represente o mecanismo da transformação no problema anterior (7.26).

7.6 ALQUILAÇÃO DE ENOLATOS

Nesta seção, continuaremos explorando reações entre enolatos e eletrófilos. Especificamente, aprenderemos como inserir um grupo alquila em uma posição alfa:

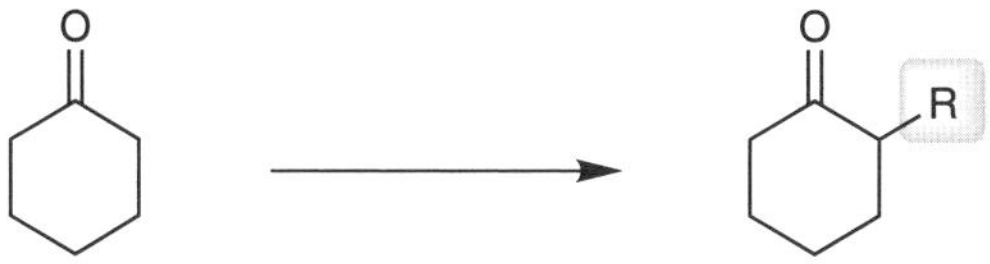

Para alquilar a posição alfa, faz sentido utilizar um enolato para atacar um haleto de alquila, por exemplo:

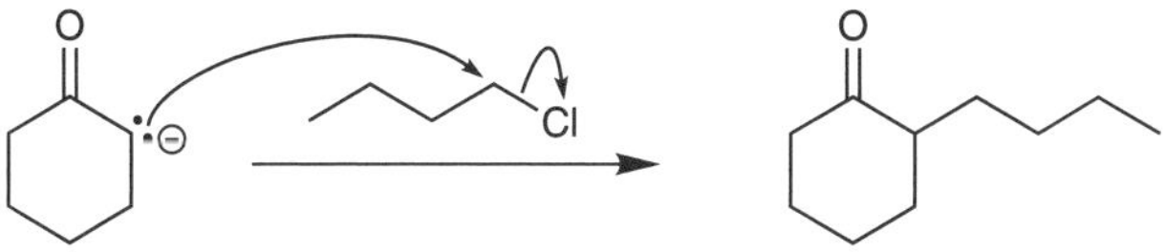

Esta é uma reação S_N2. Então, ela será eficiente com haletos de alquila ***primários*** (se for usado um haleto de alquila secundário, o enolato se comportará como uma base e a eliminação será favorecida em relação à substituição).

Porém, esbarramos em um grande obstáculo ao tentarmos produzir o enolato pelo tratamento de uma cetona com hidróxido. Lembre-se de que, quando utilizamos hidróxido como uma base para formar nosso enolato, verificamos que o equilíbrio fica muito deslocado para o lado da cetona:

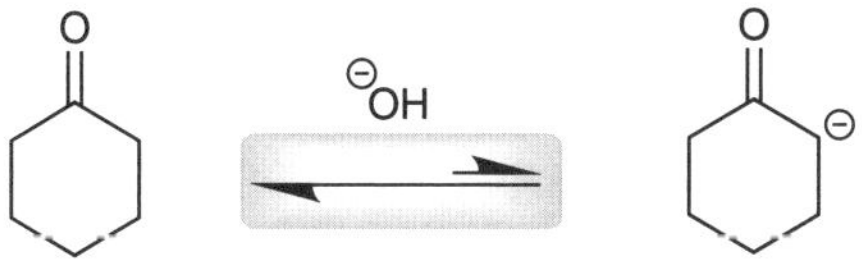

No equilíbrio, há uma quantidade muito pequena de enolato, mas há muita cetona e muito hidróxido presentes. Então, se introduzimos um haleto de alquila no balão de reação, encontramos um grande obstáculo. O excesso de hidróxido pode reagir com o haleto de alquila (eliminação ou substituição) criando reações secundárias competitivas que geram uma mistura de produtos indesejados.

Para evitar este problema, vamos precisar formar o enolato em condições nas quais a maior parte das moléculas de cetona é convertida em enolato. Se pudermos fazer isto, teremos muito pouca base restante e, portanto, não teremos que nos preocupar com a reação da base com o haleto de alquila. É possível realizar isto, mas vamos precisar utilizar uma base que seja muito mais forte do que as bases que temos utilizado até agora (HO^- e RO^-). Podemos utilizar a base vista a seguir:

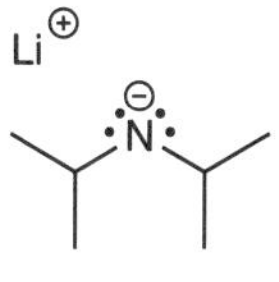

O nome deste composto é di-isopropilamideto de lítio, ou LDA. O LDA é uma base muito forte porque a carga negativa fica em um átomo de nitrogênio (menos estável do que uma carga negativa em um átomo de oxigênio). Os dois grupos isopropila são estericamente volumosos, de modo que o LDA ***não*** é um bom nucleófilo. O LDA é principalmente utilizado como uma base forte estericamente impedida, exatamente o que precisamos em nossa situação. Utilizando o LDA, podemos obter uma conversão eficiente da cetona em enolato. O equilíbrio favorece fortemente o enolato:

LDA

Assim, teremos mais enolato no nosso balão de reação (e muito pouca cetona ou base). Agora, quando introduzimos um haleto de alquila no nosso balão de reação, o risco de reações secundárias competitivas é muito reduzido.

Logo, para alquilar uma cetona, utilizamos os reagentes vistos a seguir:

1) LDA, THF
2) RX

Na etapa 1, usamos o LDA para desprotonar a cetona, formando um enolato. Quando você encontra THF nos reagentes na reação anterior, não fique confuso. O THF (tetraidrofurano) é simplesmente o solvente em geral utilizado com o LDA. Na etapa 2 da reação anterior, usamos um haleto de alquila (RX) para inserir o grupo alquila, em que R é algum grupo alquila primário e X é um halogênio (Cl, Br ou I).

Este processo funciona muito bem quando iniciamos com cetonas simétricas, como é o caso anterior, com a ciclo-hexanona. Porém, o que acontece quando iniciamos com uma cetona assimétrica? Por exemplo, considere a situação vista a seguir:

1) LDA, THF
2) RX
?

Onde será inserido o grupo alquila que entra? Do lado esquerdo ou do lado direito? Para responder a esta pergunta, precisamos examinar atentamente os dois enolatos possíveis:

mais substituído

menos substituído

O enolato mais substituído (figura anterior, à esquerda) é o enolato mais estável. No entanto, o enolato menos substituído (figura anterior, à direita) pode se formar mais rapidamente, porque há duas vezes o número de prótons disponíveis no lado menos substituído:

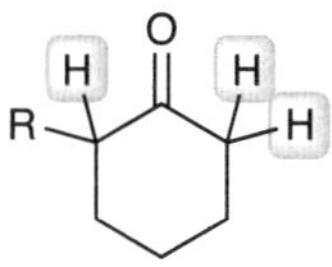

dois prótons deste lado

Assim, do ponto de vista probabilístico, esperamos que o enolato menos substituído se forme de modo mais rápido. Além disso, esperamos que a base estericamente impedida tenha mais facilidade em remover um dos prótons. Temos, então, dois argumentos competitivos:

mais estável

forma-se mais rapidamente

Trata-se de um exemplo clássico da termodinâmica *versus* cinética. A termodinâmica diz respeito à estabilidade e aos níveis de energia. Então, o argumento termodinâmico diz que devemos formar predominantemente o enolato mais estável. No entanto, um argumento cinético nos diz que devemos esperar o outro enolato, apenas porque ele se forma mais rapidamente. Qual argumento vence? A verdade é que é observada uma mistura de produtos. Porém, com o LDA a uma baixa temperatura, há uma clara preferência pela formação do enolato cinético:

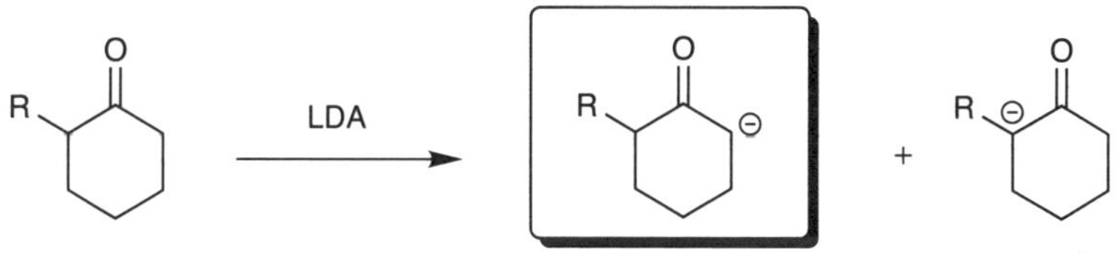

LDA

PRINCIPAL ***SECUNDÁRIO***

Quando introduzimos o haleto de alquila no balão de reação, a alquilacão ocorre principalmente na posição alfa menos substituída:

1) LDA, THF

2) RX

Isto funciona muito bem se ***quisermos*** inserir o grupo alquila na posição menos substituída. Contudo, e se quisermos inserir o grupo alquila na posição mais substituída? Em outras palavras, e se quisermos fazer o que é visto a seguir?

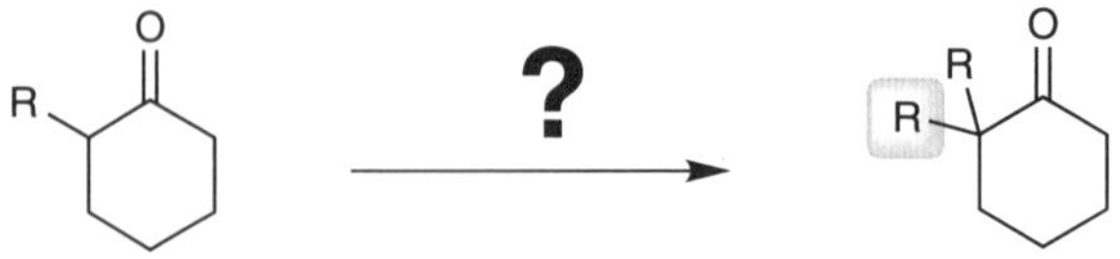

Há muitas maneiras diferentes de se conseguir esta transformação. Essencialmente, precisamos formar o enolato termodinâmico, ao invés do enolato cinético. Alguns livros-texto ensinam uma ou duas maneiras de fazer isto, enquanto outros livros-texto não falarão disto. Você deverá procurar no seu livro-texto e suas anotações de aula para ver se precisa saber como alquilar o lado mais substituído.

EXERCÍCIO 7.28 Preveja o produto principal da reação vista a seguir:

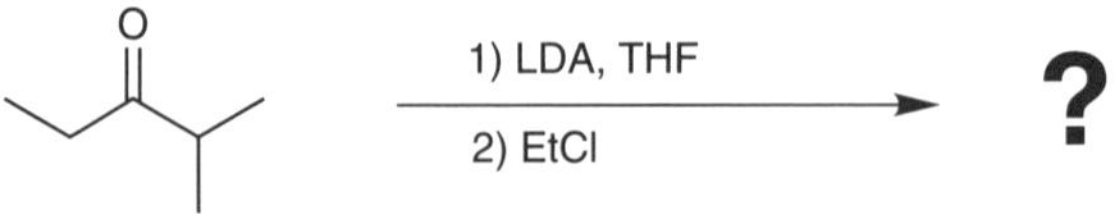

1) LDA, THF
2) EtCl

Resposta Trata-se de uma reação de alquilação. Na etapa 1, estamos utilizando LDA para formar um enolato. E, então, na etapa 2, estamos utilizando um haleto de alquila para a alquilação.

Como o haleto de alquila é, neste caso, o cloreto de etila, inseriremos um grupo etila em um carbono alfa. A única questão é: qual carbono alfa? O carbono mais substituído ou o carbono menos substituído? O uso do LDA como nossa base nos dá predominantemente o enolato cinético (o enolato menos substituído). Portanto, nosso produto principal terá o grupo etila na posição alfa menos substituída:

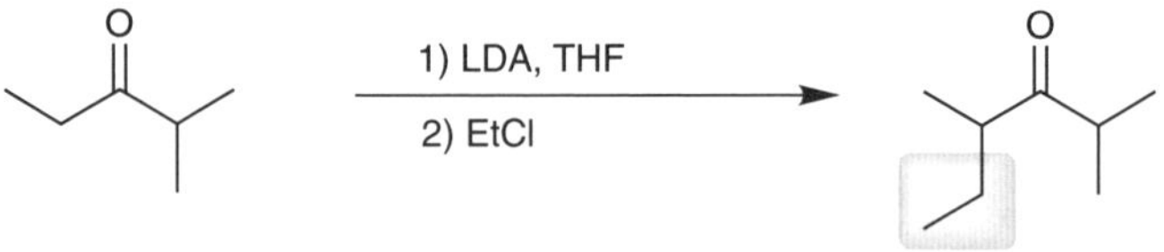

1) LDA, THF
2) EtCl

PROBLEMAS Preveja o produto principal de cada uma das reações vistas a seguir:

7.29 1) LDA, THF 2) MeI

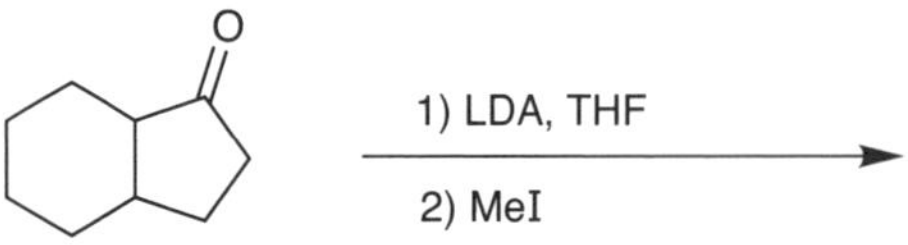

7.30 1) LDA, THF 2) EtBr

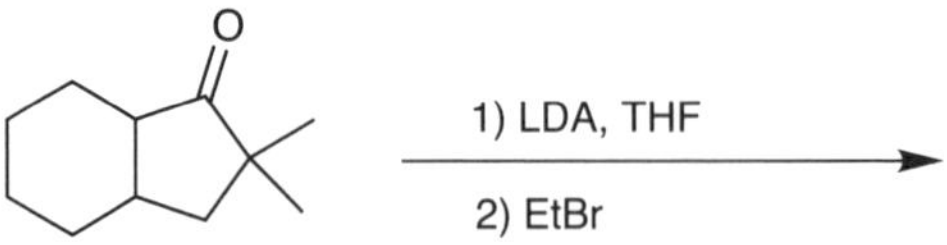

7.31 1) LDA, THF 2) Cl

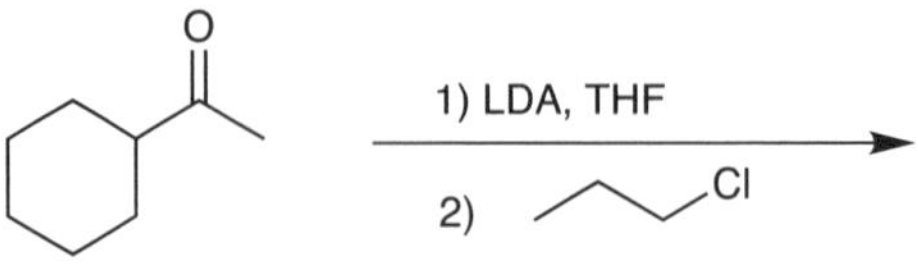

7.32

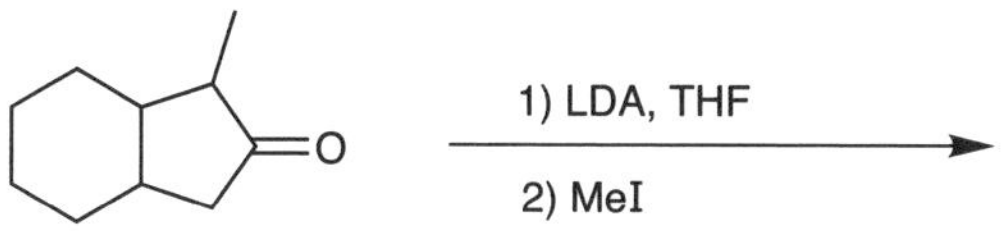

1) LDA, THF
2) MeI

EXERCÍCIO 7.33 Que reagentes você usaria para obter a transformação vista a seguir?

?

Resposta Se examinarmos a diferença entre o material de partida e o produto, veremos que há um grupo metila extra que foi introduzido. Esta metila foi inserida na posição menos substituída, o que pode ser realizado com o LDA e um haleto de metila:

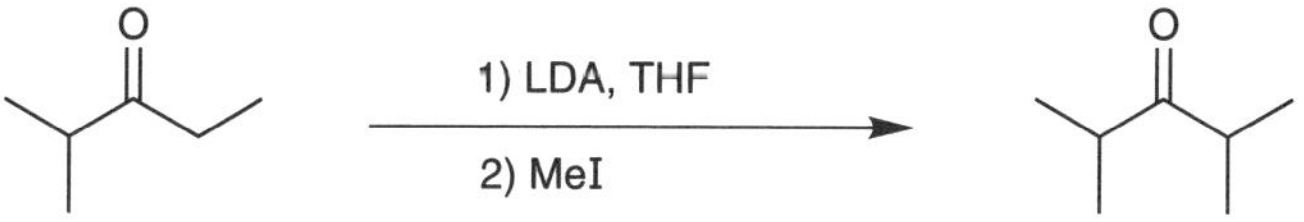

1) LDA, THF
2) MeI

PROBLEMAS Identifique os reagentes que você usaria para obter cada uma das transformações vistas a seguir:

7.34

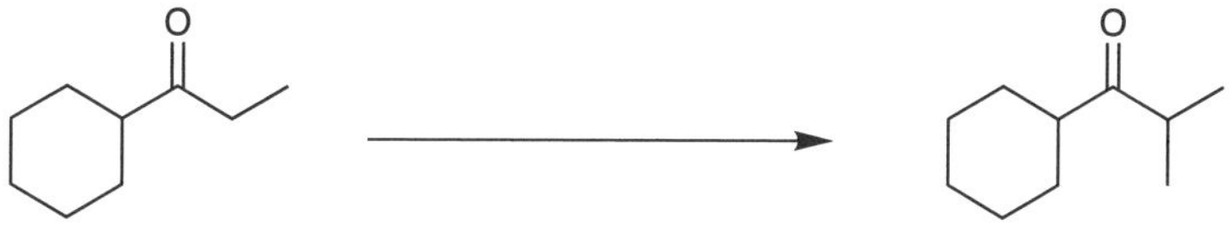

7.35

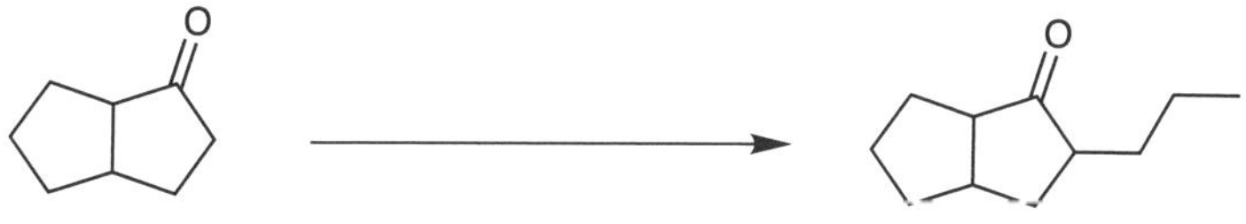

7.36

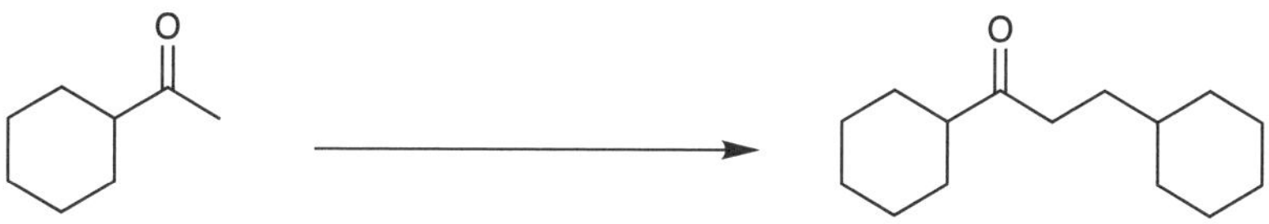

7.7 REAÇÕES DE ALDÓIS

Até este ponto do capítulo, aprendemos como produzir enolatos e eles foram usados para atacar vários eletrófilos (inclusive halogênios e haletos de alquila). Nesta seção, vamos investigar o que acontece quando um enolato ataca uma cetona ou um aldeído.

Suponha que comecemos com uma cetona simples e a submetamos a condições básicas, utilizando hidróxido como base. Já vimos que será estabelecido um equilíbrio entre a cetona e o enolato:

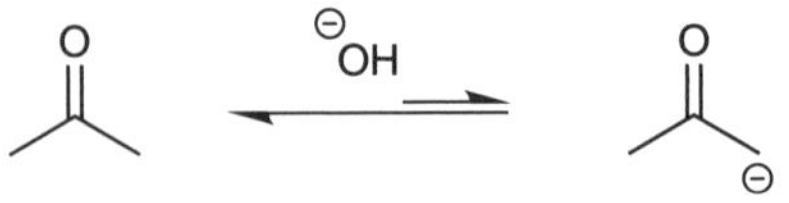

Se fizermos isto na presença de um eletrófilo, o enolato pode atacar o eletrófilo. E, então, o equilíbrio produzirá mais enolato para repor o estoque. Porém, e se não adicionarmos qualquer outro eletrófilo à mistura de reação? E se simplesmente tratarmos a cetona com hidróxido?

Acontece que realmente há um eletrófilo presente. Dissemos que o enolato está em equilíbrio com a cetona (e há muita cetona presente). E as cetonas são eletrofílicas. Dedicamos um capítulo inteiro às reações que ocorrem quando as cetonas são atacadas. Então, o que acontece quando um enolato ataca uma cetona?

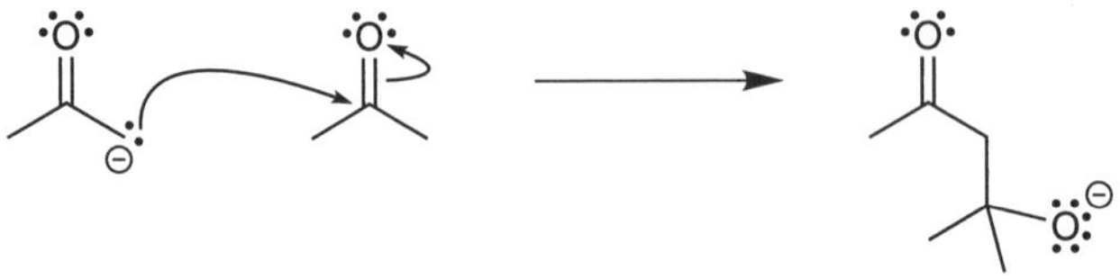

O enolato ataca a cetona formando um intermediário tetraédrico. Agora, nossa regra de ouro nos diz para tentar formar novamente a carbonila, mas não expulsar o H^- ou o C^-. Neste caso, não temos quaisquer grupos de saída que possam ser expulsos. Desse modo, a única maneira de remover a carga é protonar. Nestas condições básicas, a fonte de prótons é a água (não o H_3O^+, porque a presença do H_3O^+ é insignificante em condições básicas):

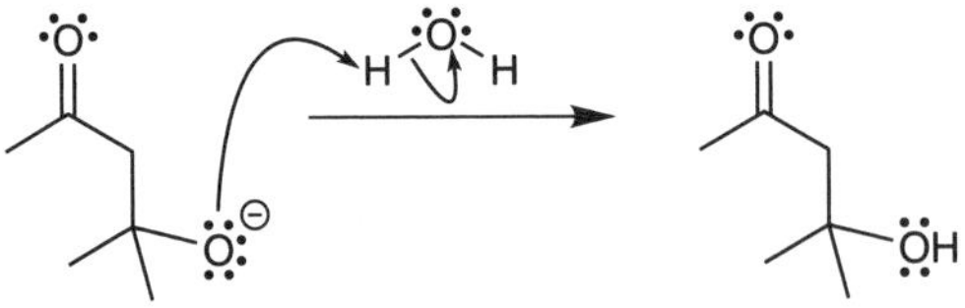

Este é o produto inicial desta reação. Observe que o grupo OH está na posição β em relação ao grupo carbonila sobrevivente:

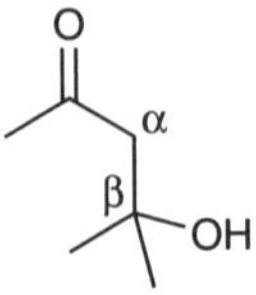

Este será o caso sempre que um enolato atacar um grupo carbonila, independentemente da estrutura da cetona de partida e da estrutura do enolato. O carbono alfa do enolato está atacando diretamente o grupo carbonila da cetona. Isto sempre colocará o grupo OH na posição beta. Sempre. Este produto é chamado de *β-hidroxicetona*, e a reação é chamada de adição ***aldólica***.

Em geral, a reação não para aí (na β-hidroxicetona). Com aquecimento, as condições básicas favorecem uma eliminação formando uma ligação dupla:

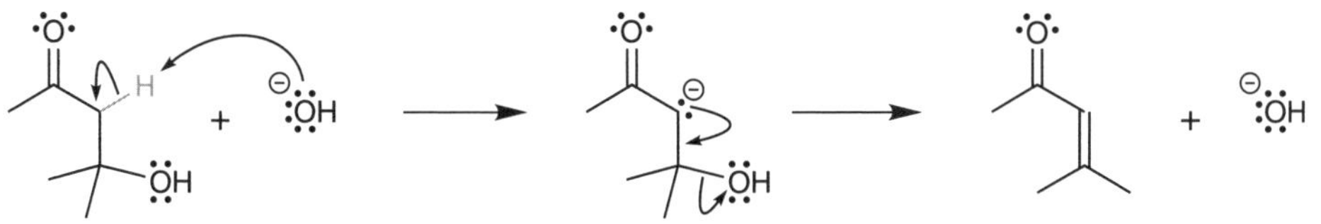

Este produto tem uma ligação dupla em conjugação com o grupo carbonila. A ligação dupla está localizada entre as posições α e β. Assim, o produto é chamado de *cetona α,β-insaturada*.

No laboratório, podemos frequentemente controlar até onde a reação avança. A partir do cuidadoso controle das condições da reação (temperatura, concentrações etc.), geralmente podemos controlar se a reação para em uma *β-hidroxicetona* ou se continua até formar uma *cetona α,β-insaturada*. Então, você pode utilizar uma reação aldólica para formar qualquer um dos dois produtos.

Porém, você deve se familiarizar com a terminologia apropriada. Quando você fizer todo o caminho até a *cetona α,β-insaturada*, chamamos a reação de ***condensação*** aldólica. Por definição, uma condensação é qualquer reação em que duas moléculas se unem e, no processo, é liberada uma molécula pequena. A molécula pequena pode ser N_2 ou CO_2 ou H_2O etc. Neste caso, temos duas moléculas de cetona se unindo e, no processo, é liberada uma molécula de água:

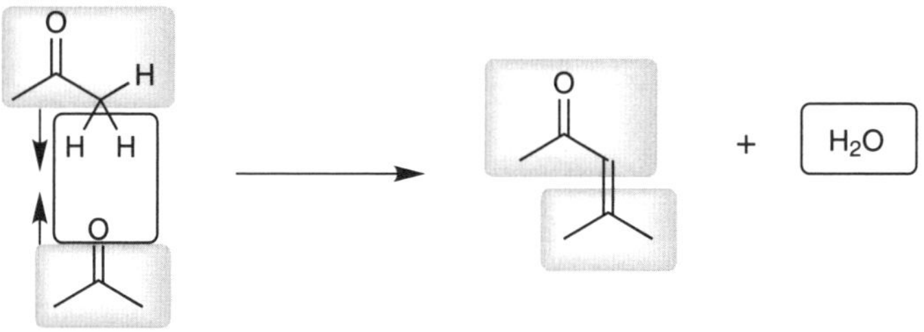

Portanto, chamamos esta reação de ***condensação*** aldólica. Porém, e se controlarmos as condições da reação de modo a pararmos na *β-hidroxicetona*?

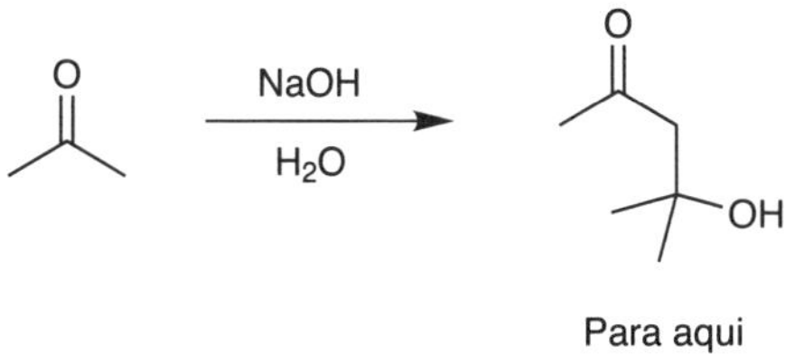

NaOH
H_2O

Para aqui

Se pararmos aqui, então, não podemos mais chamá-la de reação de condensação, porque uma molécula de água não foi perdida no processo. Assim, em vez disso, chamamos a reação de adição aldólica. A diferença entre uma ***condensação*** aldólica e uma ***adição*** aldólica é até onde avançamos no processo:

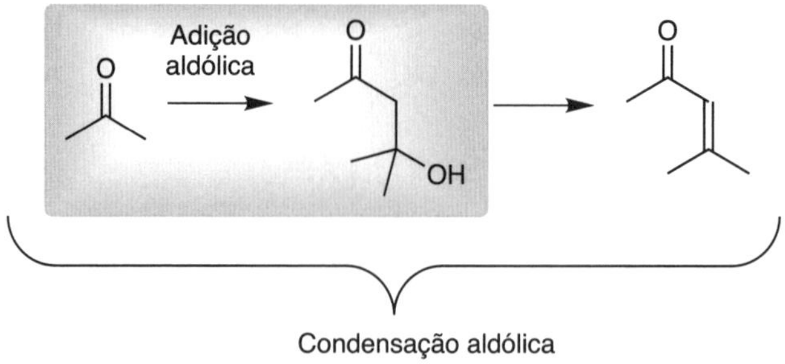

Adição aldólica

Condensação aldólica

Essa distinção (entre a *adição* aldólica e a *condensação* aldólica) com frequência não é considerada nos livros-texto, e você pode encontrar os termos sendo utilizados alternadamente no seu livro-texto. Estou aproveitando para destacar a distinção, pois acredito que será de ajuda para você se lembrar do mecanismo e dominá-lo (dividindo-o na sua mente em duas partes distintas, em que cada parte tem um nome específico).

O mecanismo de uma condensação aldólica é bastante direto. Porém, há vezes em que pode ficar difícil ver que reagentes usar quando se propõe uma síntese. Então, tente pensar nele da maneira que o apresentamos há alguns momentos atrás:

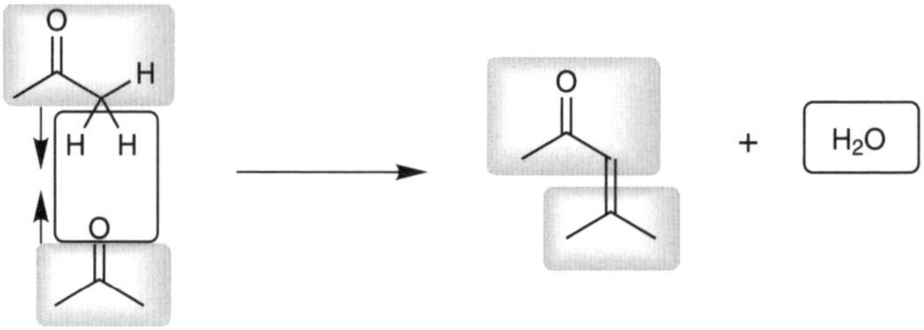

$+ \ H_2O$

Estamos removendo dois prótons alfa de uma cetona e removendo o átomo de oxigênio da outra cetona. ***Não*** confunda o esquema anterior com um mecanismo. Um mecanismo é aquele em que você apresenta todas as setas curvas e os intermediários. Porém, esta maneira de pensar na reação pode ser útil quando se propõe sínteses.

Em um caso em que são esperados dois estereoisômeros, o produto principal será o que apresenta menos interações estéricas, por exemplo:

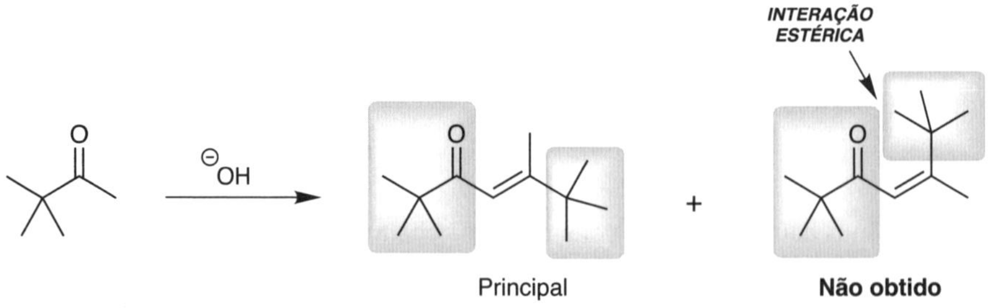

INTERAÇÃO ESTÉRICA

Principal

Não obtido

Vamos praticar um pouco.

EXERCÍCIO 7.37 Represente o produto da condensação aldólica obtido quando o composto visto a seguir é aquecido na presença de íons hidróxido:

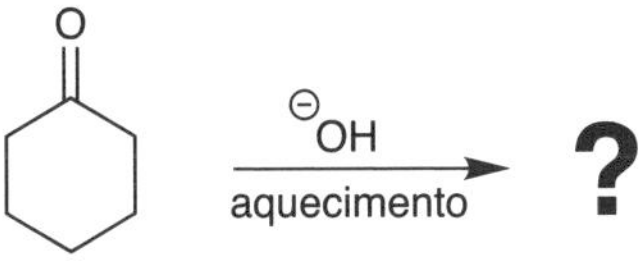

⊖OH
aquecimento
?

Resposta Podemos certamente trabalhar no mecanismo para obter a resposta e logo adquirirmos prática. Porém, por ora, vamos apenas nos certificar de que podemos utilizar nosso método simples para representar o produto esperado.

Começamos desenhando duas moléculas de cetona, de modo que o oxigênio de uma cetona fique apontando diretamente para os prótons alfa da outra cetona:

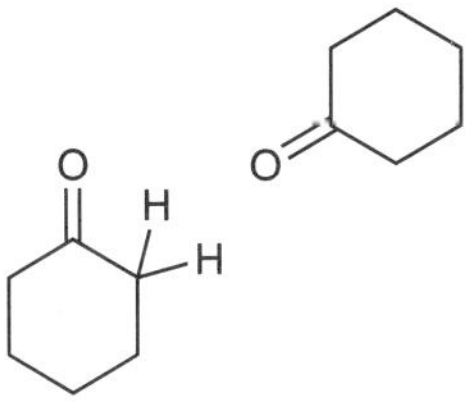

Em seguida, apagamos os dois prótons alfa e o átomo de oxigênio, e juntamos os fragmentos (ligando-os com uma ligação dupla):

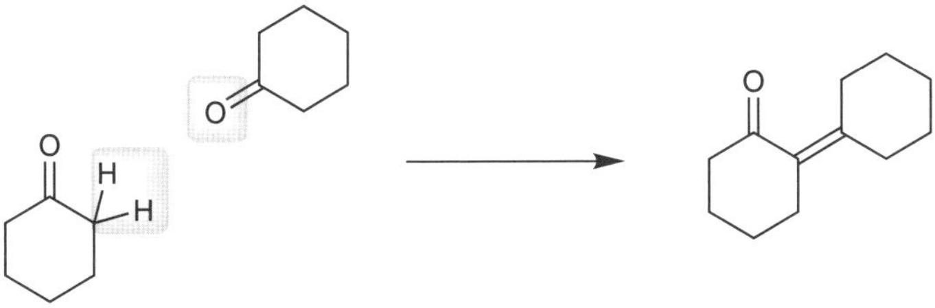

E isto é tudo. É uma maneira simples, mas poderosa, de pensar sobre esta reação.

PROBLEMAS Preveja o produto principal de cada uma das reações vistas a seguir. Em cada caso, suponha que ocorra uma condensação e represente a cetona α,β-insaturada produzida,

7.38 ⊖OH

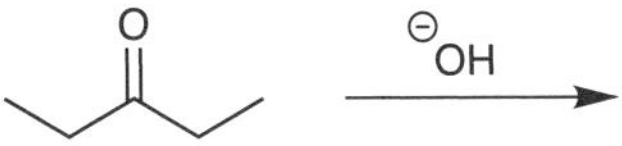

7.39 ⊖OH

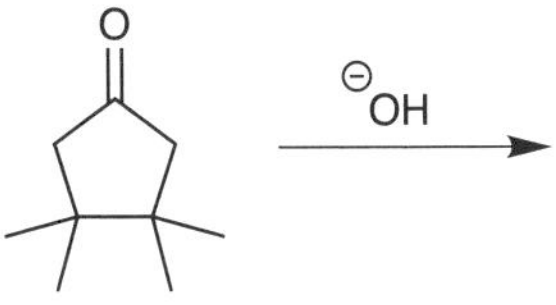

7.40

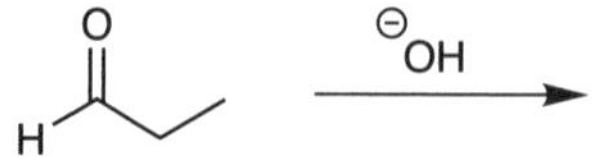

Em todas as condensações aldólicas que vimos até este ponto, duas moléculas *da mesma cetona* reagiam entre si. Uma molécula de cetona era desprotonada dando um enolato, que, então, atacava outra molécula da mesma cetona. Porém, e se tivéssemos utilizado duas cetonas diferentes? Por exemplo, e se tentarmos realizar a transformação vista a seguir?

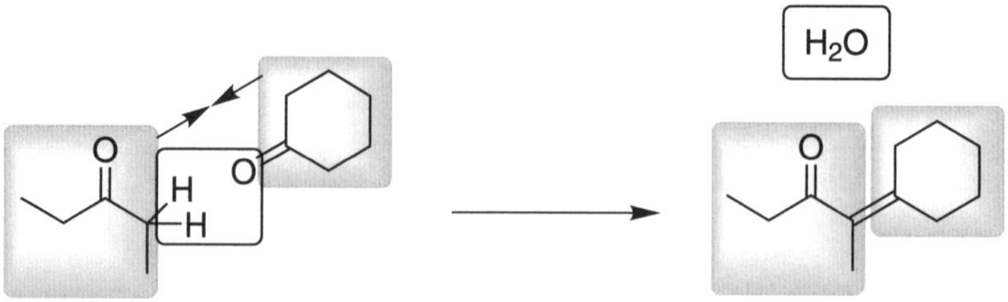

Observe que as cetonas são diferentes umas das outras. Obtemos o que é chamado de aldol ***cruzado***. Este procedimento pode funcionar, mas deve-se ter cuidado para evitar a formação de muitos produtos diferentes. Para ver por que este é o caso, devemos entender que é possível aos enolatos e cetonas trocarem prótons:

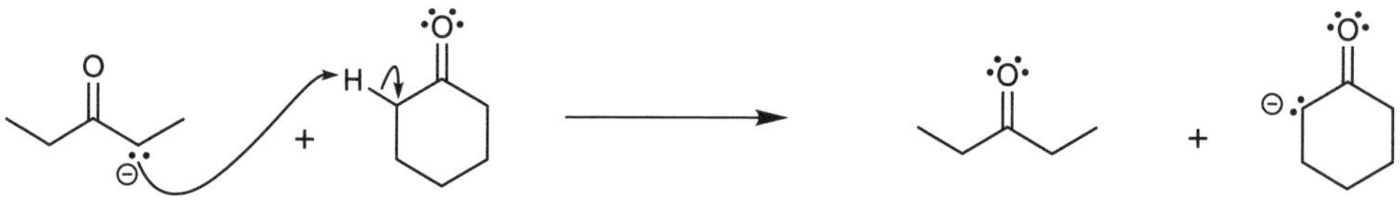

Dessa maneira, você realmente não pode controlar que cetona será convertida em enolato. Isto significa que haverá mais de um tipo de enolato e mais de um tipo de cetona presente na solução (e você não pode impedir que isto aconteça). Portanto, há uma série de reações possíveis que podem ocorrer, e isto dará uma mistura de produtos indesejados.

Portanto, em termos práticos, é importante tentar evitar estes tipos de situações. Há uma maneira fácil de evitar este problema. Se uma das cetonas não tem nenhum próton alfa, então, ela não pode formar um enolato. Por exemplo, considere o composto visto a seguir:

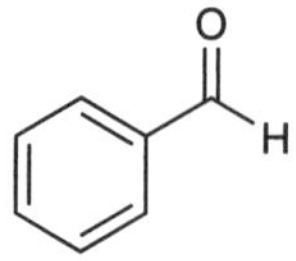

Este composto, chamado de benzaldeído, não tem prótons alfa. Portanto, ele não pode ser convertido em um enolato. Ele vai apenas esperar para ser atacado. A seguir está outro exemplo de um composto sem quaisquer prótons alfa:

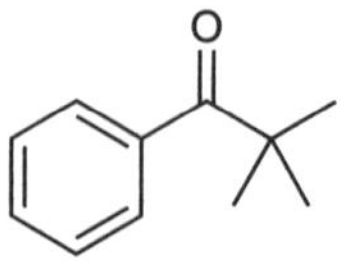

Então, uma maneira de obter um aldol cruzado é certificar-se de que um dos reagentes não tenha prótons alfa. Isto minimizará o número de produtos potenciais. Seu livro-texto pode ou não apresentar métodos para obter um aldol cruzado onde ambas as cetonas de partida têm prótons alfa. Você deverá consultar seu livro-texto e suas anotações de aula para ver se precisa conhecer esses métodos.

EXERCÍCIO 7.41 Que reagentes você usaria para produzir o composto visto a seguir, utilizando uma condensação aldólica?

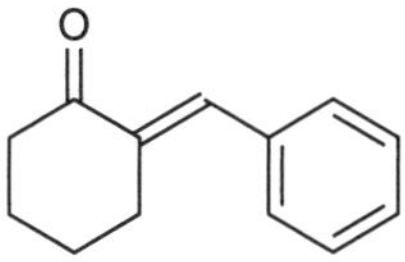

Resposta Podemos adotar o mesmo método que usamos anteriormente. Apenas precisamos realizá-lo de modo inverso. Quebramos a molécula em dois fragmentos para inserir a água. Nós a quebramos na ligação C═C:

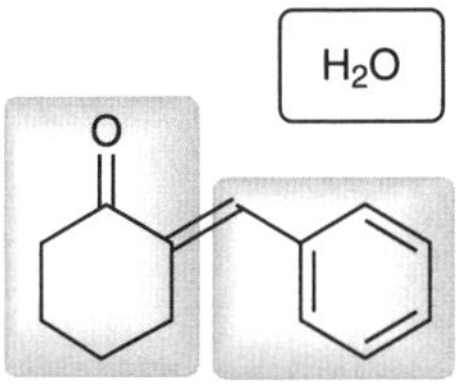

E temos somente que decidir que fragmento recebe o átomo de oxigênio e que fragmento recebe os prótons. O fragmento à esquerda já tem um grupo carbonila, de modo que este fragmento deve receber os dois prótons alfa. O fragmento à direita receberá um grupo carbonila no lugar da ligação C═C:

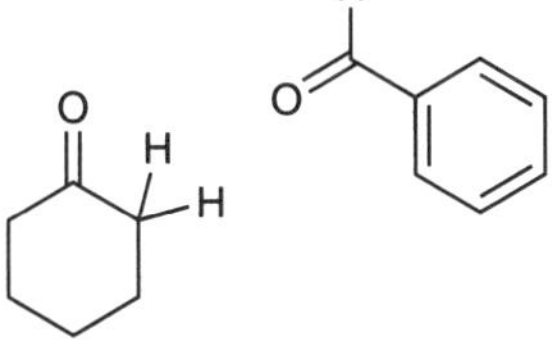

PROBLEMAS Identifique que reagente você utilizaria para produzir cada um dos compostos vistos a seguir (utilizando uma condensação aldólica):

7.42

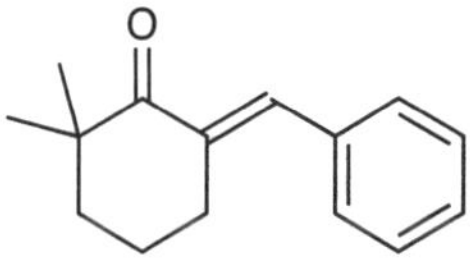

7.43

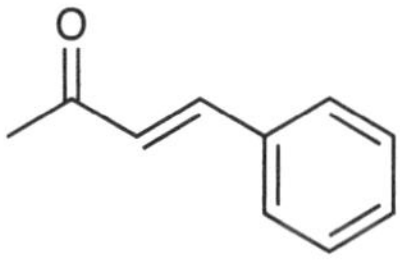

7.44 **7.45**

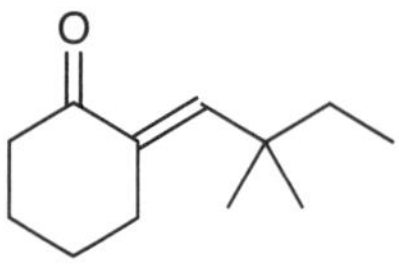

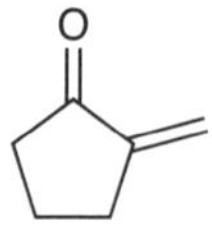

EXERCÍCIO 7.46 Proponha um mecanismo plausível para a transformação vista a seguir:

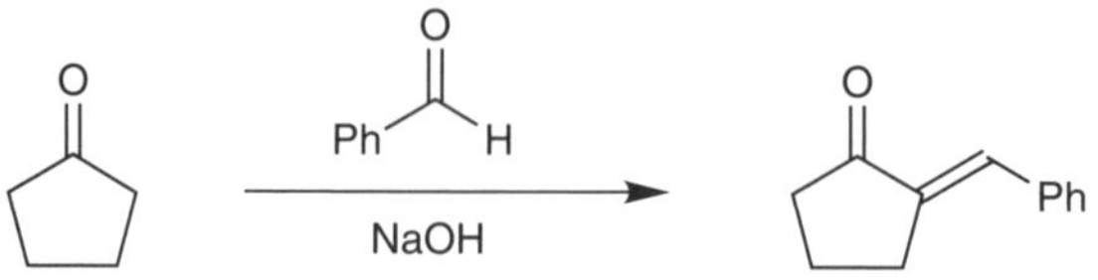

Ph H NaOH Ph

Resposta Na primeira etapa, o hidróxido se comporta como uma base e remove o próton gerando um enolato:

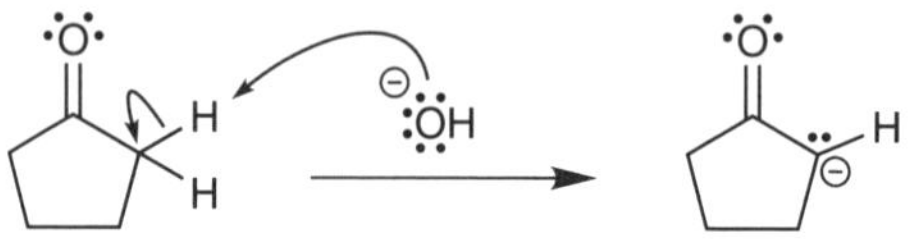

Então, este enolato pode se comportar como nucleófilo e atacar o benzaldeído:

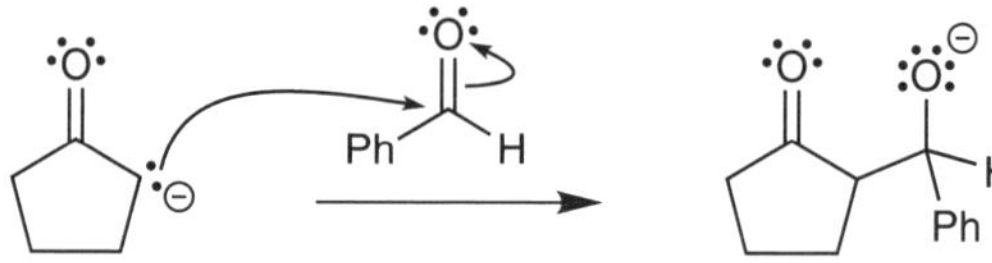

A água, então, funciona como fonte de prótons gerando a β-hidroxicetona:

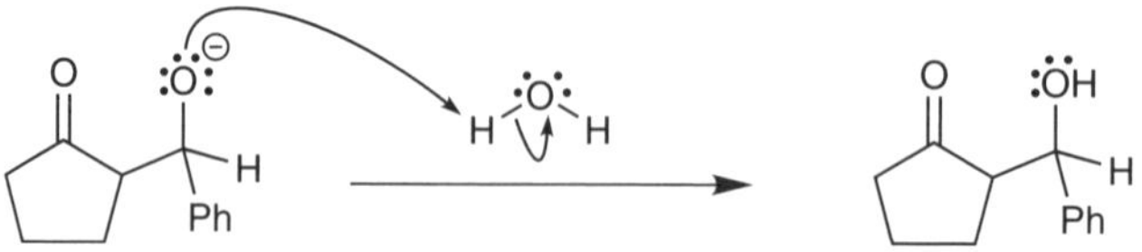

Finalmente, a água é eliminada gerando a cetona α,β-insaturada:

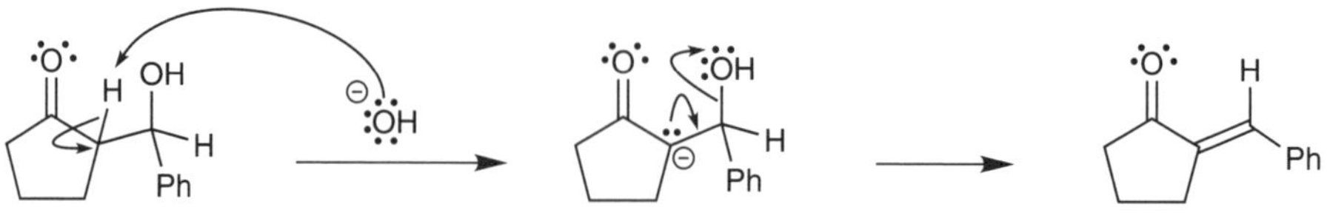

PROBLEMAS Agora vamos praticar um pouco representando mecanismos de condensações aldólicas. Represente um mecanismo para cada uma das transformações vistas a seguir. Você precisará de uma folha separada para escrever cada uma das suas respostas:

7.47

NaOH

7.48

NaOH

7.49

NaOH

7.50

Ph H

NaOH

Ph

7.8 CONDENSAÇÃO DE CLAISEN

Na seção anterior, vimos que um enolato pode atacar uma cetona:

Nesta seção, exploraremos o que acontece quando um ***enolato de éster*** ataca um éster:

RO RO

Um enolato de éster é semelhante a um enolato normal: um enolato de éster é nucleofílico e também atacará um grupo carbonila. Quando um enolato de éster ataca um éster (apresentado anteriormente), a reação que ocorre é chamada de condensação de Claisen. A seguir está a transformação global:

1) $MeO^{\ominus}$

2) H^{+}

O produto é chamado de β-cetoéster:

O éster tem prioridade sobre a outra carbonila, então, marcamos os átomos de carbono (α, β, γ etc.) afastando-se ***do éster***

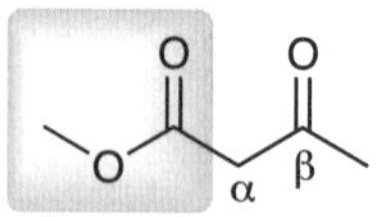

O grupo "ceto" está localizado na posição *beta*

À primeira vista, este produto parece muito diferente das cetonas α,β-insaturadas obtidas das condensações aldólicas. Porém, quando exploramos o mecanismo, vemos o paralelo entre as condensações aldólica e de Claisen.

Comecemos com a primeira etapa: preparação do enolato:

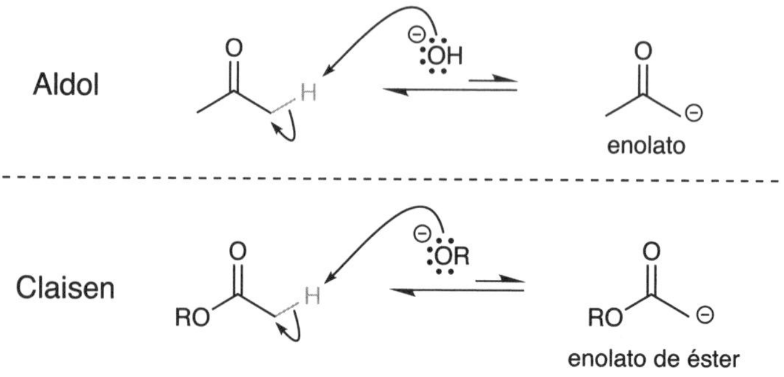

Aldol

enolato

Claisen

enolato de éster

Até este ponto, ambos os mecanismos são quase idênticos. A única diferença é a escolha da base (a condensação aldólica utiliza hidróxido e a condensação de Claisen utiliza um alcóxido), e logo discutiremos a razão disto. Por ora, vamos continuar comparando os mecanismos. Na etapa seguinte, o enolato ataca:

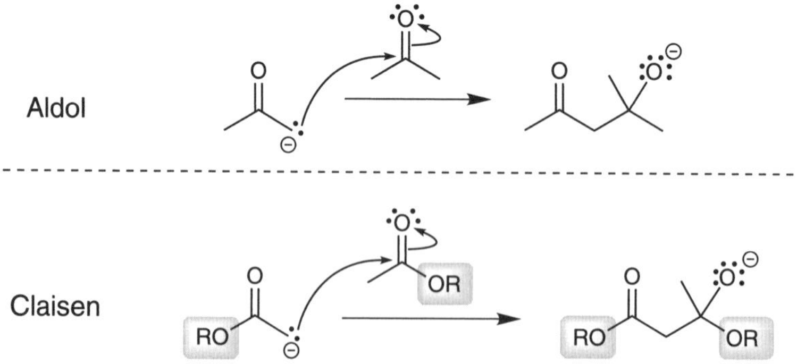

Aldol

Claisen

Uma vez mais, vemos que ambos os mecanismos são essencialmente idênticos. Na condensação de Claisen, os grupos alcóxido parecem simplesmente se juntar.

Porém, agora, as duas reações tomam rumos diferentes. E podemos usar nossa regra de ouro para entender por quê. Na reação aldólica, o grupo carbonila não pode se formar novamente, então, o átomo de oxigênio tem que ser protonado com uma fonte de prótons adequada. Porém, em uma condensação de Claisen, o grupo carbonila PODE se formar novamente, porque há um grupo que pode sair:

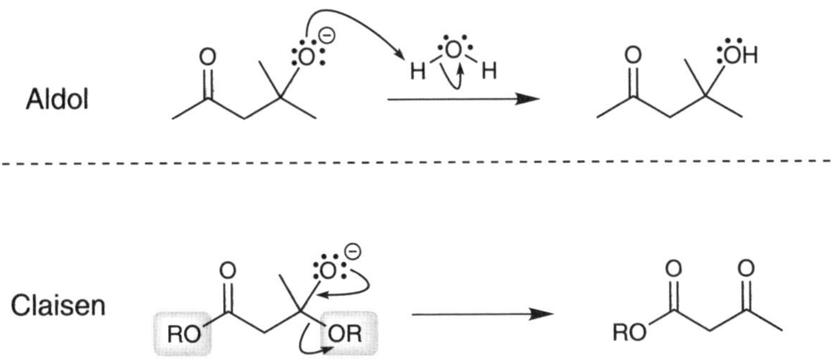

Aldol

Claisen

E eis por que o produto de uma condensação de Claisen parece ser muito diferente do produto de uma condensação aldólica. Porém, quando você entende os mecanismos, pode reconhecer que estas reações são muito semelhantes. A diferença entre elas surge do fato de as condensações de Claisen envolverem ésteres; e os ésteres possuem um grupo de saída "incorporado":

Grupo de saída incorporado

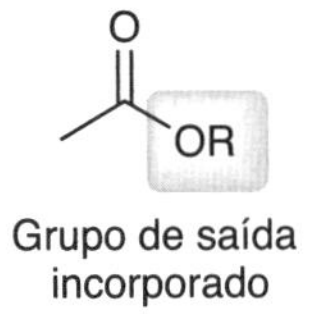

Agora, vamos voltar e explorar o mecanismo mais detalhadamente. Na primeira etapa, produzimos um enolato de éster. Para isto, usamos uma base forte. Porém, destacamos naquele momento que NÃO utilizamos hidróxido. No lugar deste, utilizamos um íon alcóxido. Vamos tentar entender por quê.

Se tivéssemos utilizado o hidróxido, então, poderíamos ter observado uma reação competitiva. Em vez de o hidróxido agir como base removendo um próton, é possível que o hidróxido funcione como nucleófilo, atacando o grupo carbonila do éster:

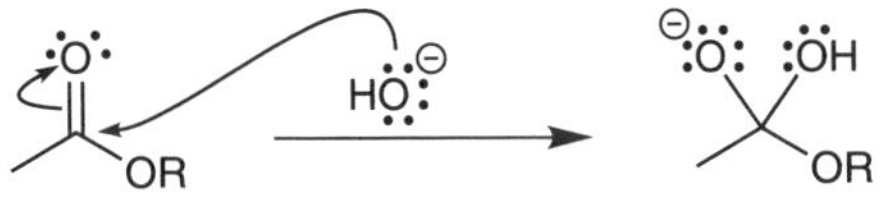

Depois do ataque inicial, o grupo carbonila pôde se formar novamente expulsando o grupo alcóxi. Esta reação secundária indesejada hidrolisa o éster e produz um íon carboxilato (vimos esta reação no capítulo anterior):

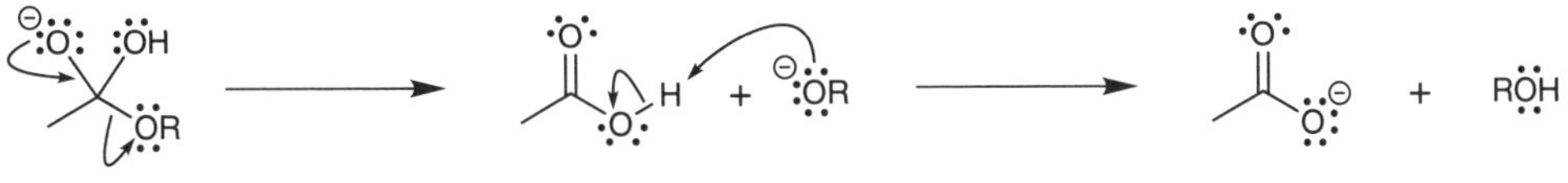

Para evitar isto, usamos um alcóxido como nossa base. É verdade que os alcóxidos *também* podem se comportar como nucleófilos, mas pense no que acontece se o íon alcóxido se comporta como um nucleófilo e ataca:

Quando o grupo carbonila se forma novamente, não importa que grupo alcóxi é expulso. De qualquer maneira, o éster original será regenerado:

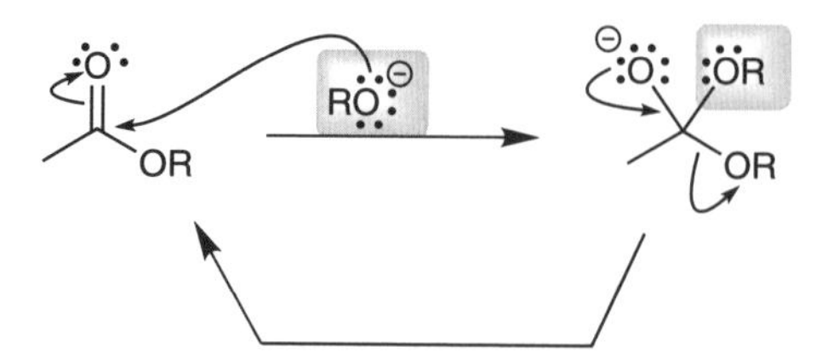

Embora o alcóxido ***possa*** atacar o grupo carbonila, não temos que nos preocupar com isto, pois na verdade ele não leva a novos produtos. Então, podemos evitar reações indesejadas utilizando um íon alcóxido como base para uma condensação de Claisen.

No entanto, tenha cuidado. Não podemos simplesmente usar *nenhum* íon alcóxido. Devemos escolher o íon alcóxido cuidadosamente. Se estamos lidando com um éster de metila, então, utilizamos o metóxido:

A razão para isto é simples. Suponha que utilizássemos etóxido neste caso. Isto realmente alteraria parte do nosso éster:

Isto se chama *trans*esterificação e podemos evitá-la escolhendo nossa base de modo a combinar com o grupo alcóxi do éster. Dessa maneira, evitamos reações secundárias indesejadas. Se estamos lidando com um éster de etila, então, simplesmente utilizamos etóxido como nossa base:

Agora que sabemos que base escolher para uma condensação de Claisen, vamos discorrer sobre outra função especial que a base desempenha em uma condensação de Claisen. Dissemos que o produto final é um β-cetoéster. Porém, lembre-se de que esta reação é realizada em condições básicas (na presença de íons alcóxido). Nestas condições, o β-cetoéster será desprotonado formando um enolato especialmente estabilizado:

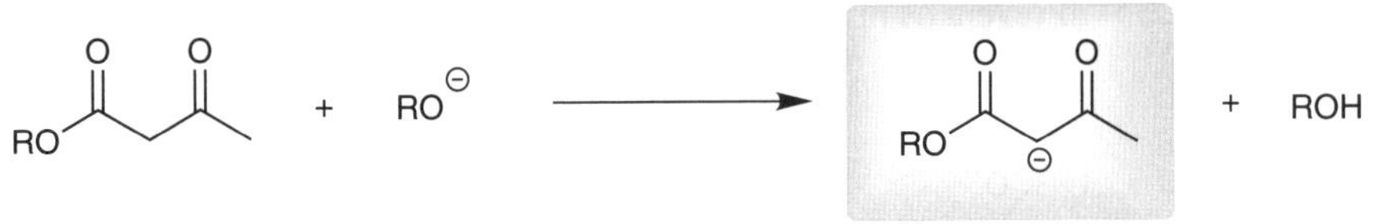

No início deste capítulo, falamos a respeito da estabilidade extra associada a este tipo de enolato "duplo". Este enolato é muito mais estável do que um íon alcóxido. Este é um ponto importante, pois significa que a reação favorecerá a formação do produto. Por quê? Porque a reação está convertendo íons alcóxido em íons enolato (que são mais estáveis):

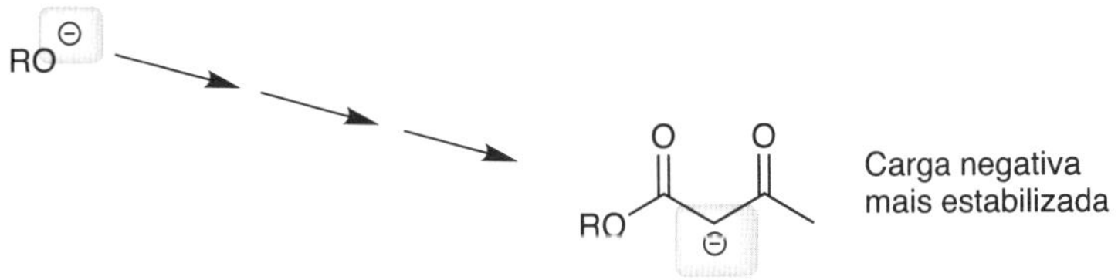

A formação deste enolato estabilizado é uma força motriz intensa que impulsiona a reação no sentido da formação de produtos.

Assim, quando a reação termina, deve ser introduzida uma fonte de prótons no balão de reação para protonar o enolato e obter o produto:

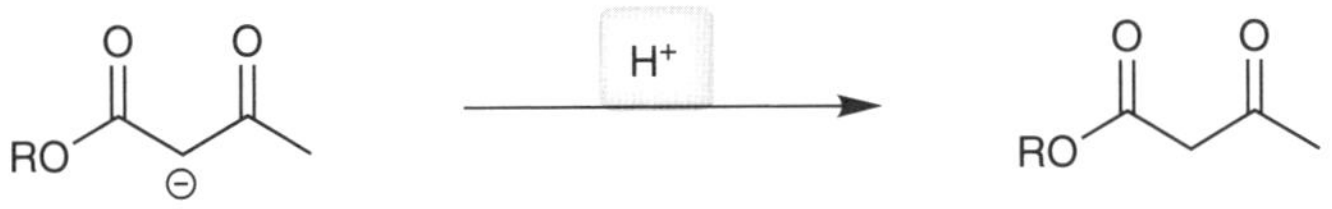

A condensação de Claisen é importante porque nos dá uma maneira de produzir β-cetoésteres. E logo veremos que há um inteligente artifício sintético que você pode usar com β-cetoésteres. Desse modo, certifiquemo-nos de que dominamos a condensação de Claisen.

Globalmente, eis o que está acontecendo:

Estamos removendo um próton alfa de um éster e, então, removendo um grupo alcóxi do outro éster. Os fragmentos restantes são, assim, reunidos. Observe que é liberada uma pequena molécula no processo (ROH). É por isto que chamamos esta reação de ***condensação*** de Claisen.

Agora, vamos praticar a previsão de produtos. Logo voltaremos e dominaremos o mecanismo. Porém, por ora, vamos nos certificar de que você treine seus olhos para ver os produtos de uma condensação de Claisen instantaneamente. Você vai precisar dessa habilidade para propor sínteses.

EXERCÍCIO 7.51 Preveja os produtos da reação vista a seguir:

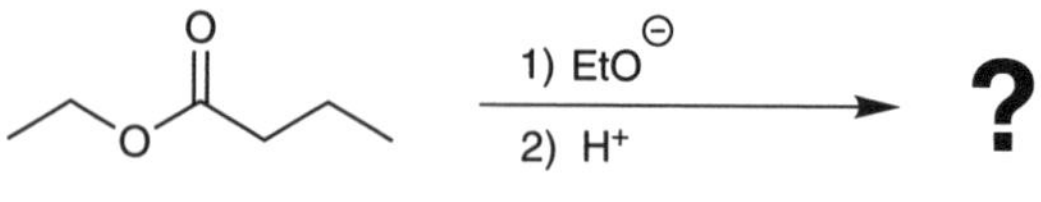

1) $EtO^{\ominus}$
2) H^+
?

Resposta Os dois fragmentos vistos a seguir são unidos, enquanto o EtOH é expulso. Assim,

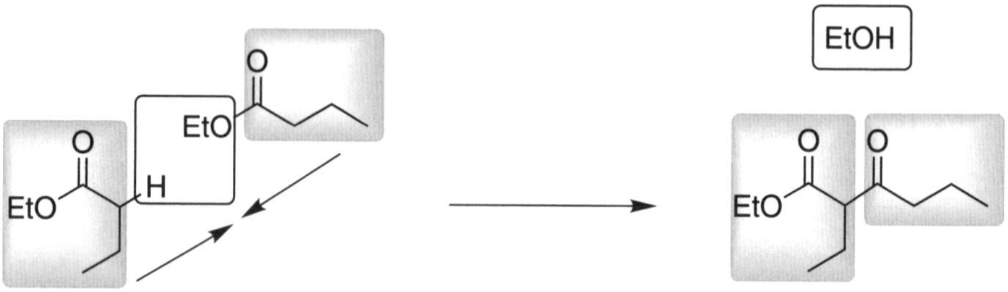

EtOH

EtO H EtO EtO

PROBLEMAS Preveja os produtos das reações vistas a seguir:

7.52 1) $MeO^{\ominus}$ 2) H^+

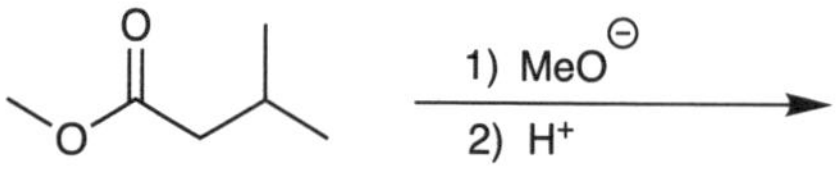

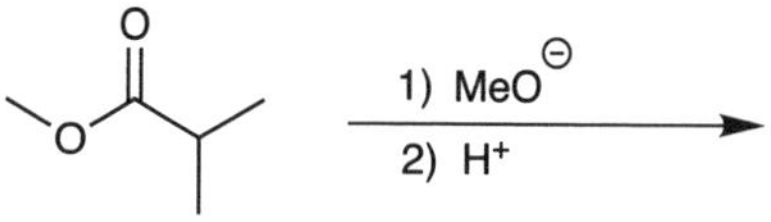

7.53 1) $MeO^{\ominus}$ 2) H^+

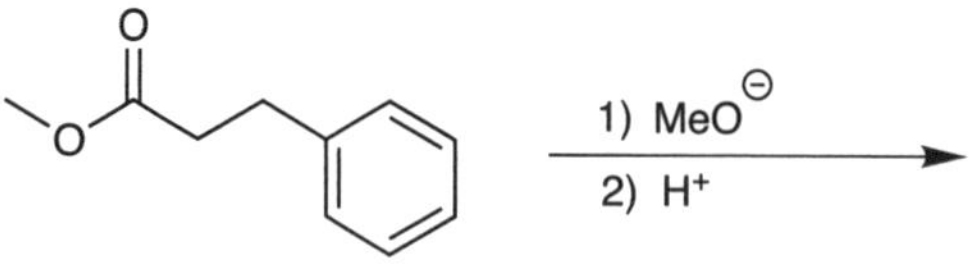

7.54 1) $MeO^{\ominus}$ 2) H^+

7.55 1) $EtO^{\ominus}$ 2) H^+

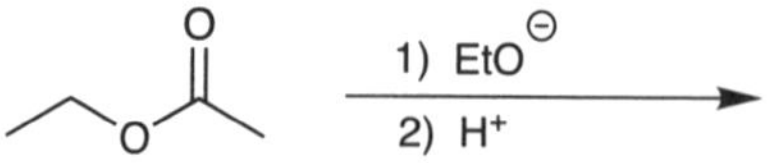

EXERCÍCIO 7.56 Identifique os reagentes que você usaria para preparar o composto visto a seguir utilizando uma condensação de Claisen:

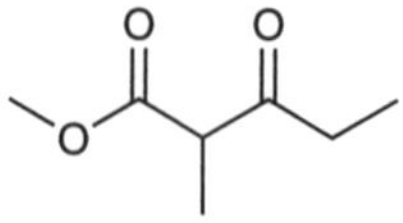

Resposta Quebramos a molécula em dois fragmentos para inserir o MeOH. Nós a quebramos entre as posições α e β:

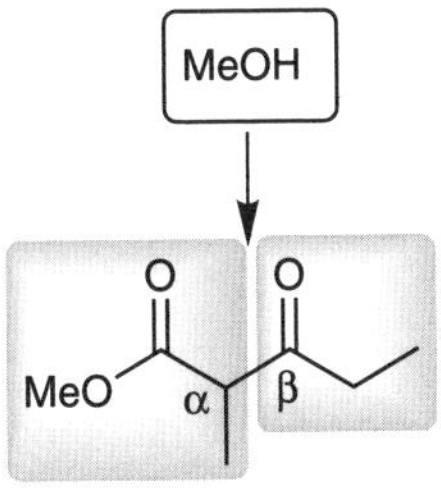

MeOH

MeO α β

E simplesmente temos que decidir que fragmento recebe o grupo metóxi e que fragmento recebe o próton. O fragmento à esquerda já tem seu grupo alcóxi, de modo que ele tem que ser o fragmento que recebe o próton. O fragmento à direita receberá o grupo alcóxi:

MeO MeO

Estes dois ésteres são idênticos, o que é bom. Isto quer dizer que simplesmente precisamos de um tipo de éster. Escolhemos nossa base para combinar com o grupo alcóxi (metóxido neste caso), então, nossa síntese seria semelhante à que se segue:

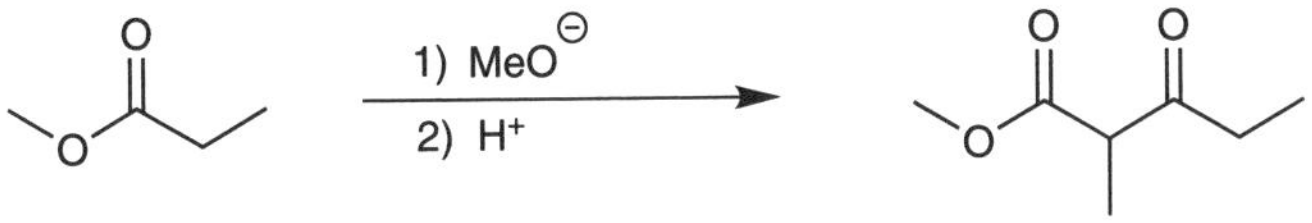

1) $MeO^{\ominus}$
2) H^{+}

É possível obter a condensação de Claisen cruzada (tal como como podemos obter condensações aldólicas cruzadas), mas teríamos as mesmas preocupações anteriores. Teríamos que nos preocupar com as reações secundárias potenciais. Uma condensação de Claisen cruzada será mais eficiente quando um dos ésteres não tem prótons alfa. Você verá que alguns dos problemas a seguir são de produtos de condensações de Claisen cruzadas. Fique atento a eles.

PROBLEMAS Identifique os reagentes que você usaria para preparar cada um dos compostos vistos a seguir utilizando uma condensação de Claisen:

7.57

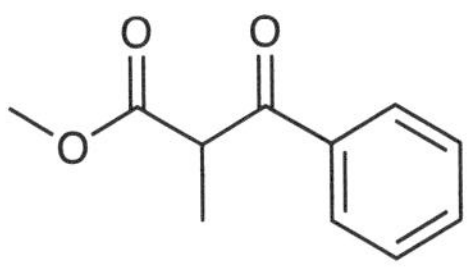

7.58

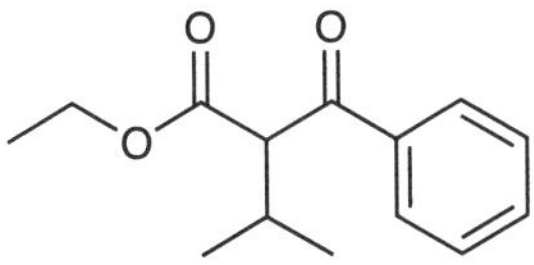

7.59

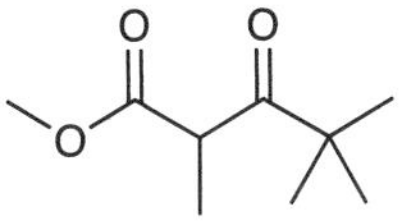

7.60

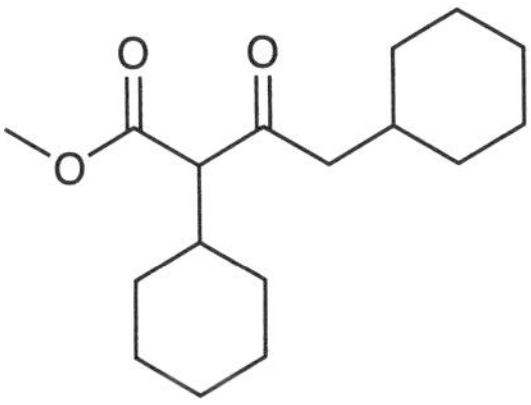

EXERCÍCIO 7.61 Proponha um mecanismo para a transformação vista a seguir:

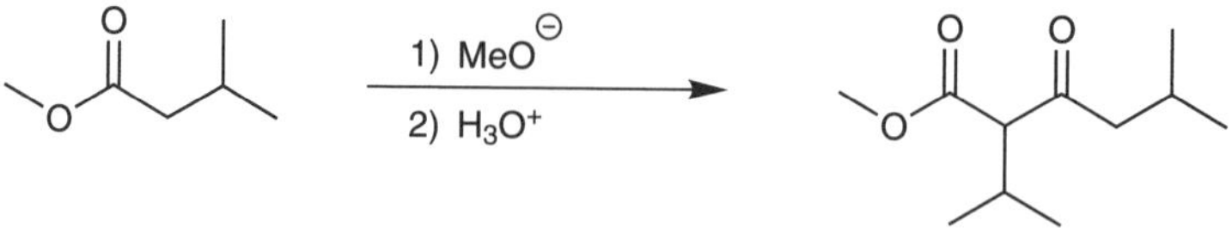

1) MeO⊖
2) H_3O^+

Resposta Primeiramente, o metóxido funciona como base e desprotona o éster:

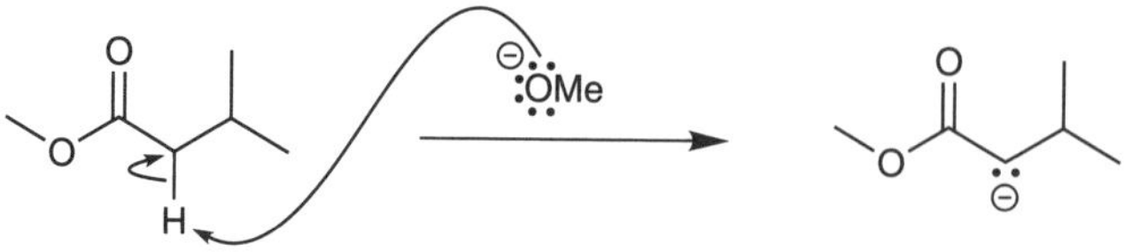

⊖:OMe

Este enolato de éster, então, ataca um éster dando o intermediário visto a seguir:

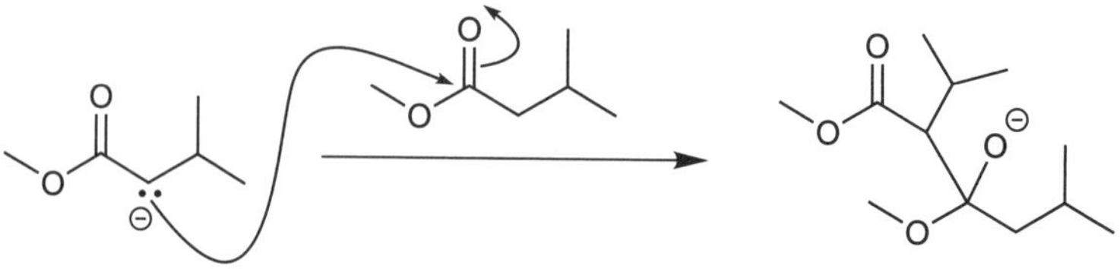

Este intermediário, então, pode formar novamente o grupo carbonila expulsando o metóxido:

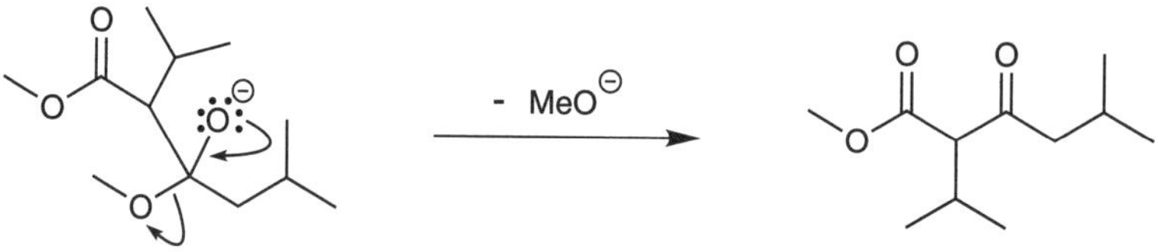

- MeO⊖

Nestas condições básicas (metóxido), o β-cetoéster é desprotonado:

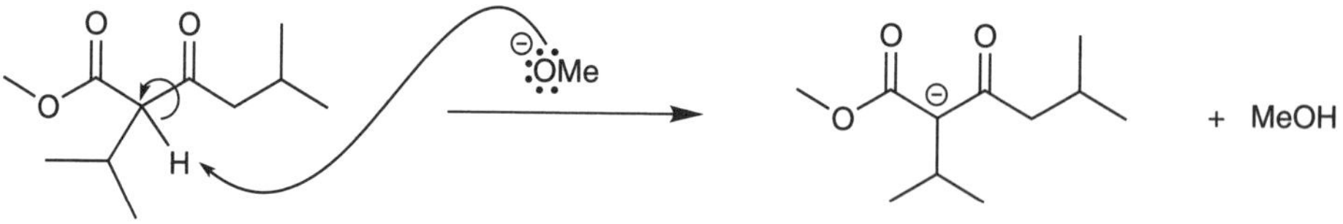

⊖:OMe

+ MeOH

Esta etapa de desprotonação é importante, porque a formação deste ânion estabilizado é a força motriz da reação. Eis por que temos que mostrar esta etapa. Ela explica por que os reagentes indicam que um ácido seja adicionado ao balão ao final da reação. É necessária uma fonte de prótons para regenerar o produto final:

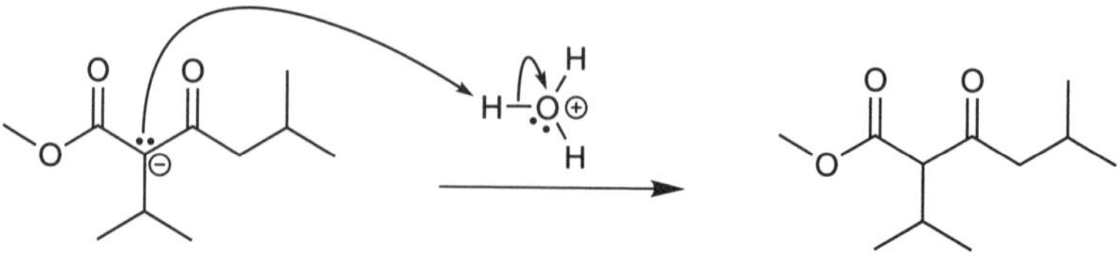

PROBLEMAS Proponha um mecanismo para cada uma das reações vistas a seguir. Você vai precisar de uma folha de papel separada para escrever suas respostas:

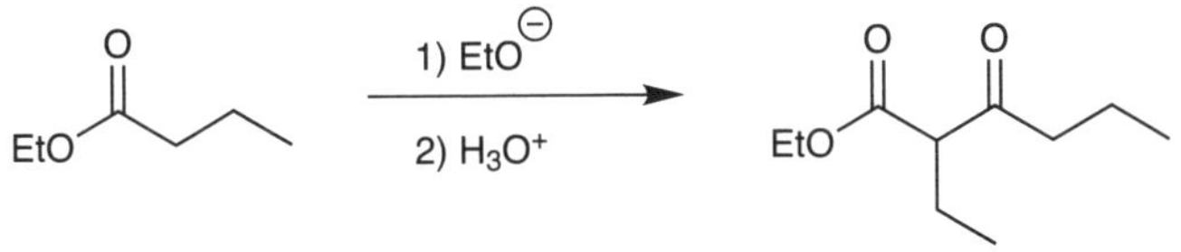
O
EtO
1) EtO⊖
2) H3O+
O O
EtO

7.62

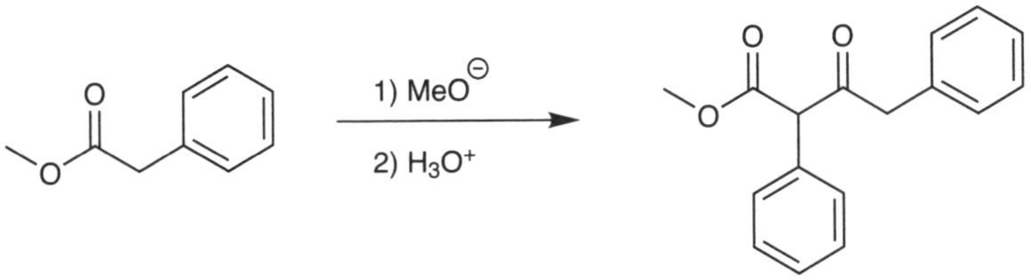
O
O
1) MeO⊖
2) H3O+
O O
O

7.63

7.64 Quando um di-éster é utilizado como material de partida, é possível obter uma condensação de Claisen ***intramolecular***:

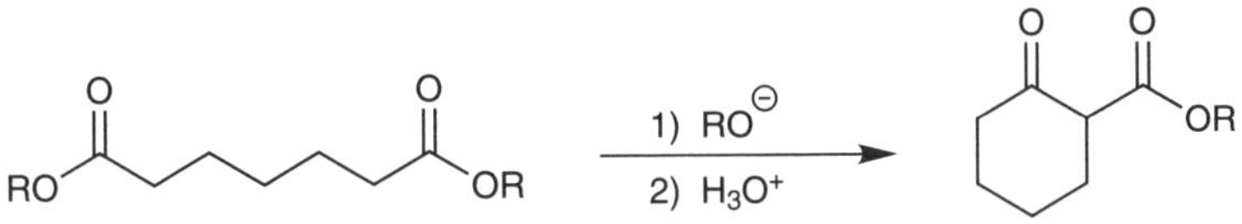
O
O
RO
OR
1) RO⊖
2) H3O+
O O
OR

Observe uma vez mais que o produto é um β-cetoéster. Esta reação tem seu próprio nome (condensação de Dieckmann). Porém, na realidade, ela é apenas uma condensação de Claisen intramolecular. Portanto, as etapas deste mecanismo são idênticas às etapas de uma condensação de Claisen normal. Proponha um mecanismo para a condensação de Dieckmann. Tente fazê-lo sem consultar seu trabalho anterior. Você vai precisar de uma folha separada para escrever sua resposta.

7.9 DESCARBOXILAÇÃO

Na seção anterior aprendemos como utilizar uma condensação de Claisen para preparar um β-cetoéster:

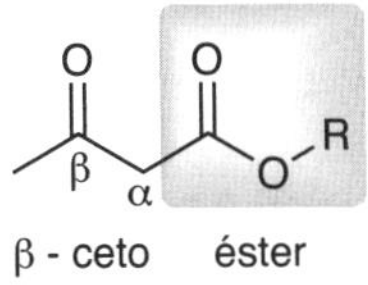
O O
R
β
α
O
β - ceto éster

Vejamos agora o que podemos fazer com os β-cetoésteres. Há algumas técnicas sintéticas muito úteis que começam com os β-cetoésteres. Para ver como elas funcionam, precisaremos nos lembrar de uma reação que vimos no capítulo anterior. Quando exploramos a química dos derivados de ácidos carboxílicos, vimos que os ésteres podem ser hidrolisados para dar ácidos carboxílicos. Podemos utilizar exatamente o mesmo processo para hidrolisar um β-cetoéster, como é visto a seguir:

H_3O^+

β - ceto éster → β - ceto ácido

E o produto é um β-cetoácido, que sofrerá uma reação singular quando aquecido. Especificamente, o grupo carboxílico é completamente expulso:

aquecimento

$+ CO_2$

Este grupo carboxílico é expulso

Chamamos este processo de *descarboxilação*. Esta reação é a base das técnicas sintéticas que aprenderemos nesta seção, então, vamos nos certificar que entendemos como ocorre uma descarboxilação. O processo começa com uma reação pericíclica que libera o CO_2 na forma de gás:

aquecimento

Reações pericíclicas são caracterizadas por um anel de elétrons se movendo em torno de um círculo. Há muitos tipos de reações pericíclicas (a reação de Diels-Alder, que você provavelmente já investigou no volume 1 deste livro, é um tipo de reação pericíclica). As reações pericíclicas na verdade merecem seu próprio capítulo e, infelizmente, muitos livros-texto não dedicam um capítulo inteiro a elas (ficam espalhadas em vários capítulos). Talvez seu professor vá gastar algum tempo com reações pericíclicas. Não vamos cobri-las agora, pois temos que continuar com o tópico em questão.

Na reação anterior, é liberado CO_2 gasoso (que é como o grupo carboxílico é expulso), gerando um enol. E sabemos que os enóis tautomerizam rapidamente dando cetonas:

Assim, quando um β-cetoácido é aquecido, o grupo carboxílico é expulso e terminamos com uma cetona.

Agora considere o que acabamos de fazer. Usamos um β-cetoéster (o produto de uma condensação de Claisen) e o hidrolisamos produzindo um β-ceto***ácido***. Em seguida, aquecemos este composto e expulsamos o grupo carboxila:

β - ceto éster → H_3O^+ → β - ceto ácido → aquecimento, $-CO_2$ → cetona

Ao final, o produto é uma cetona. Para ver por que isto é tão útil, precisamos adicionar mais uma etapa ao início do processo global. Imagine que primeiramente alquilemos o β-cetoéster:

Já vimos este tipo de reação antes (Seção 7.5). Trata-se de uma alquilação. Precisamos de íon alcóxido para produzir um enolato duplamente estabilizado, que, então, ataca o haleto de alquila em uma reação S_N2. Se, então, continuarmos com o restante da estratégia (hidrólise, seguida de descarboxilação), é obtido o produto visto a seguir:

Examine atentamente o produto. Este composto é um derivado substituído da acetona:

acetona

um derivado substituído da acetona

Isto oferece um método para produzir uma ampla variedade de derivados substituídos da acetona.

Isto é útil, porque encontraríamos um obstáculo se tentássemos alquilar a acetona diretamente:

\+ outros produtos

O produto desejado seria obtido juntamente com muitos outros produtos indesejados (a partir da polialquilação e a partir de reações de eliminação). Portanto, a estratégia que aprendemos fornece uma maneira limpa de produzir derivados substituídos da acetona. Porém, tenha cuidado — lembre-se de que a etapa de alquilação é um processo S_N2, e, portanto, os haletos de alquila primários serão mais eficientes. Em outras palavras, você ***poderia*** utilizar esta estratégia para preparar o composto visto a seguir:

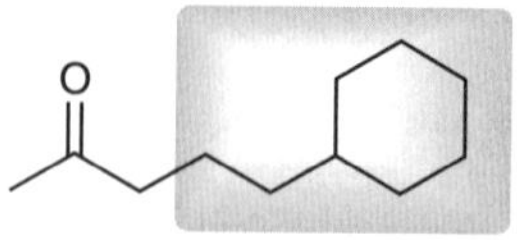

Porém, você ***não*** poderia utilizar esta estratégia sintética para produzir este composto:

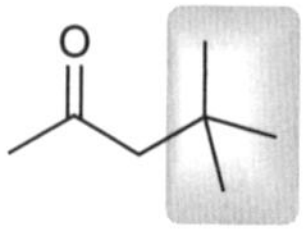

porque ela teria exigido uma etapa de alquilação envolvendo um haleto de alquila terciário, que não pode funcionar como substrato em um processo S_N2.

Para utilizar essa estratégia sintética, sempre teremos que começar com o composto visto a seguir:

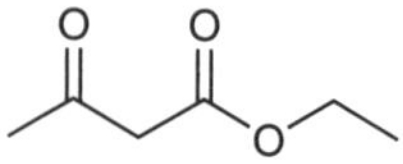

Este composto é chamado de acetoacetato de etila. Este composto pertence a uma classe de compostos chamada de ésteres acetoacéticos. Portanto, chamamos nossa estratégia de ***síntese de ésteres acetoacéticos***.

Para resumir o que vimos, a síntese dos ésteres acetoacéticos tem três etapas principais: alquilação, hidrólise e, a seguir, descarboxilação. Diga isto três vezes bem rápido.

Agora, vamos praticar um pouco o uso desta estratégia sintética.

EXERCÍCIO 7.65 Partindo do acetoacetato de etila, mostre como você prepararia o composto visto a seguir:

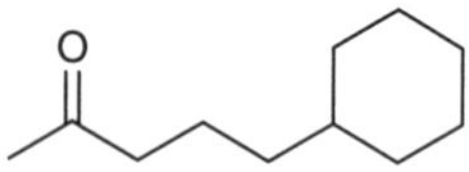

Resposta Lembre-se de que a síntese do acetoacetato de etila tem as etapas vistas a seguir: alquilação, hidrólise e, a seguir, descarboxilação. Assim, para resolver este problema, temos que identificar o grupo alquila que deverá ser inserido:

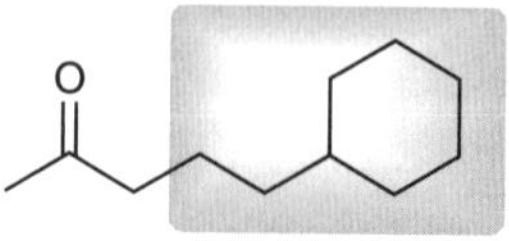

Logo, vamos precisar do haleto de alquila visto a seguir:

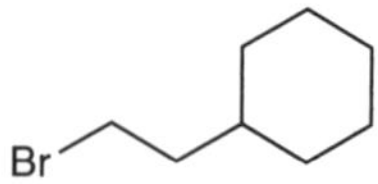

Br

Agora que determinamos qual haleto de alquila utilizar, estamos prontos para propor nossa síntese:

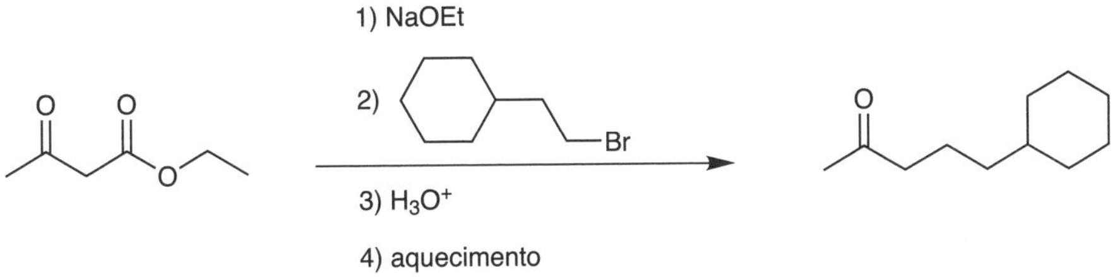

1) NaOEt

2)

Br

3) H_3O^+

4) aquecimento

PROBLEMAS Mostre como você prepararia cada um dos compostos vistos a seguir a partir do acetoacetato de etila:

7.66 **7.67** 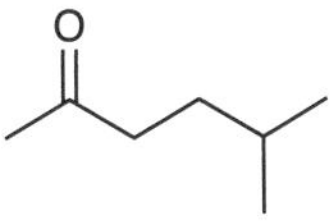 **7.68**

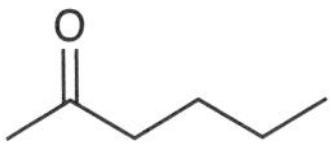

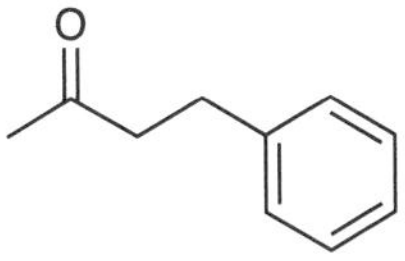

7.69 Explique por que o composto visto a seguir ***não pode*** ser produzido com uma síntese de éster acetoacético.

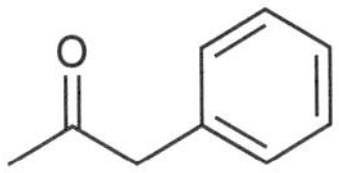

Em todos os problemas que fizemos até este ponto, nós nos concentramos na alquilação feita ***uma vez***. Porém, é também possível alquilar duas vezes, o que daria um produto com dois grupos alquila:

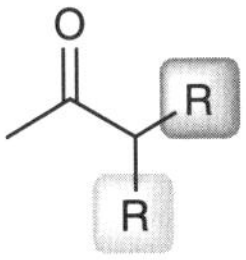

Os grupos R nem sequer precisam ser os mesmos. Na sequência a seguir, você deve observar que são inseridos dois grupos alquila diferentes:

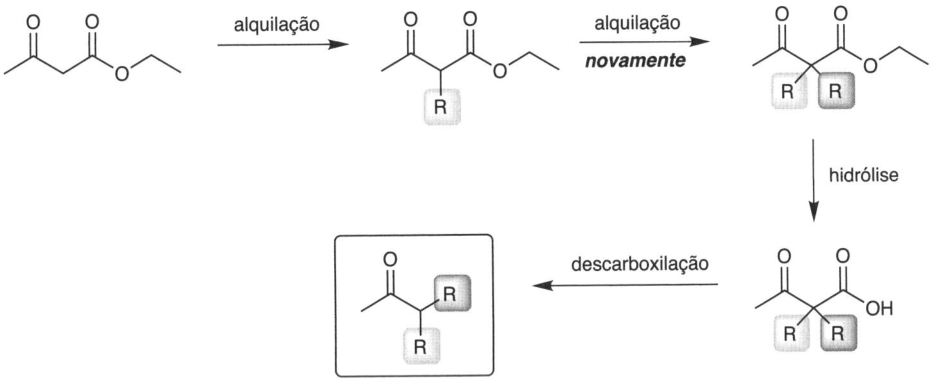

alquilação

alquilação ***novamente***

hidrólise

descarboxilação

7.70 Mostre como você prepararia o composto visto a seguir a partir do acetoacetato de etila:

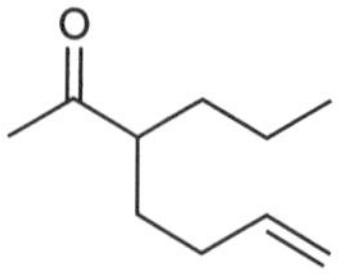

7.71 Mostre como você prepararia o composto visto a seguir a partir do acetoacetato de etila:

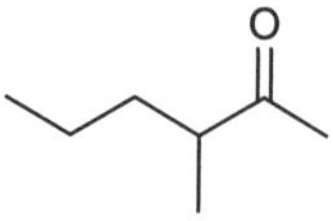

7.72 Proponha uma síntese para a transformação vista a seguir. (*Sugestão:* esta reação é semelhante à síntese dos ésteres acetoacéticos, mas estamos começando com um β-cetoéster diferente):

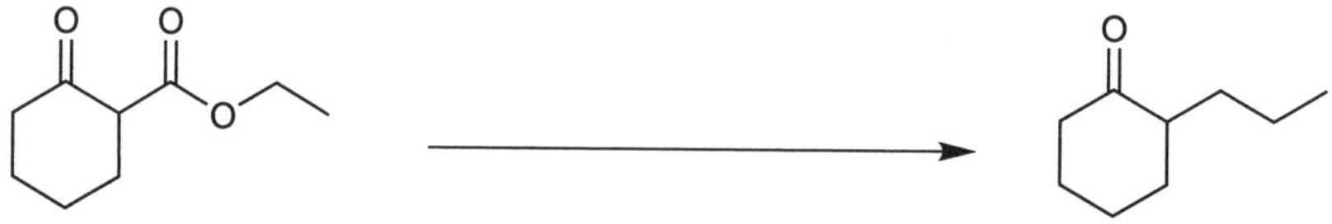

Existe outra estratégia sintética comum que utiliza os mesmos conceitos da síntese de ésteres acetoacéticos. Então, vamos nos concentrar nesta outra estratégia. Ela é chamada de *síntese do éster malônico*, porque o material de partida é um éster malônico (chamado de malonato de dietila):

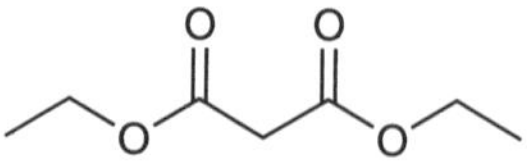

Seguimos as mesmas três etapas da nossa estratégia anterior: alquilação, hidrólise e, a seguir, descarboxilação. A única diferença é que começamos com um material de partida ligeiramente diferente (o éster malônico ao invés do éster acetoacético), de modo que o nosso produto será ligeiramente diferente. Compare as estruturas do acetoacetato de etila e do malonato de dietila:

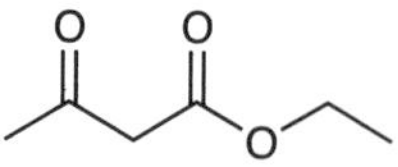

acetoacetato de etila

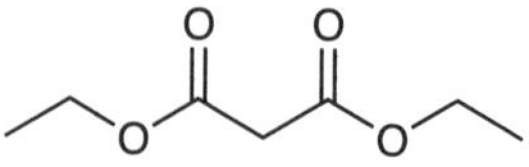

malonato de dietila

Observe que o malonato de dietila tem ***dois*** grupos carboxila (em oposição ao acetoacetato de etila, que tem um grupo carboxila e um grupo carbonila). Para ver como este grupo carboxila adicional afeta a estrutura dos produtos finais, vamos passar pelas três etapas: alquilação, hidrólise e, a seguir, descarboxilação.

Iniciamos com a alquilação:

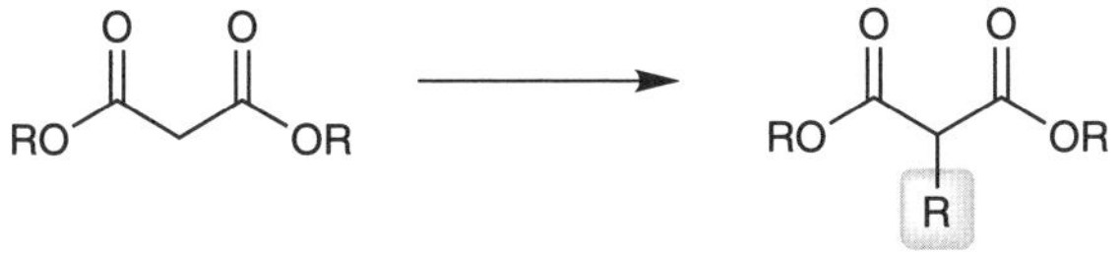

Em seguida, hidrolisamos:

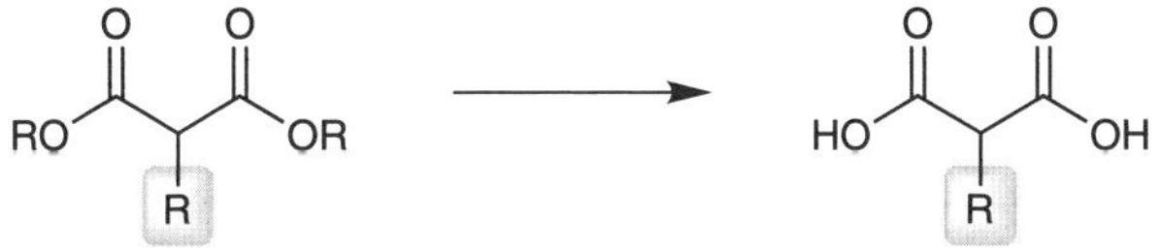

Observe que ***ambos*** os lados são hidrolisados.

Então, finalmente, descarboxilamos:

Apenas um dos lados sofre descarboxilação. Por quê? Lembre-se como funciona uma descarboxilação. Trata-se de uma reação pericíclica que pode ocorrer quando uma ligação C=O é α,β em relação à parte ácido carboxílico. Depois que o primeiro grupo carboxila é expulso, não há mais uma ligação C=O que seja β em relação ao grupo ácido carboxílico restante. Tente representar um mecanismo para o segundo grupo carboxílico de saída e você deverá verificar que não pode fazê-lo.

Observe que o produto agora é um ácido carboxílico substituído. Este é o poder da síntese do éster malônico. Ela oferece um método para produzir uma ampla gama de ácidos carboxílicos substituídos:

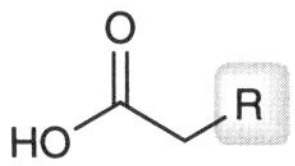

Esta síntese também pode ser usada para inserir ***dois*** grupos alquila (tal como fizemos com a síntese dos ésteres acetoacéticos). Simplesmente alquilaríamos duas vezes no início do nosso procedimento:

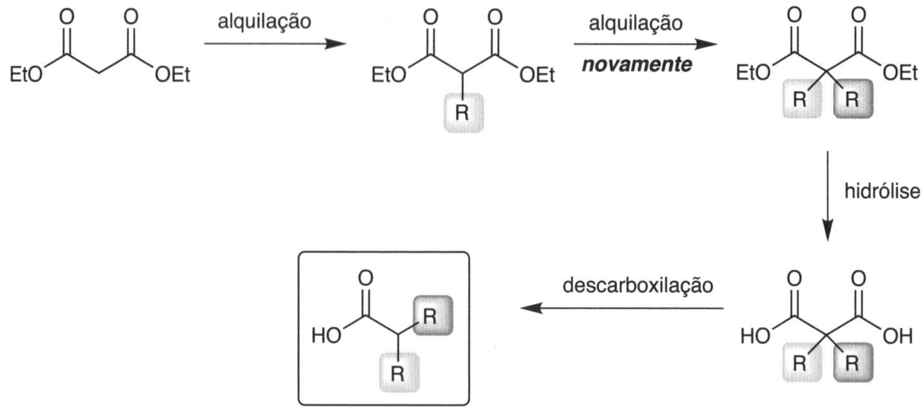

alquilação
alquilação **novamente**
hidrólise
descarboxilação

Uma vez mais, o processo é mais eficiente para grupos R primários, pois a alquilação é um processo S_N2.

Esta estratégia é muito útil, pois seria muito difícil alquilar diretamente um ácido carboxílico. Se tentamos alquilar diretamente um ácido carboxílico, de imediato encontramos um obstáculo, pois não podemos formar um enolato de um ácido carboxílico:

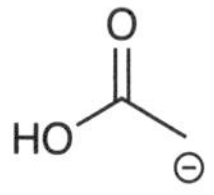

Não se pode formar este enolato

Você não pode formar um enolato na presença de um próton ácido. Então, a síntese do éster malônico nos oferece um caminho que nos desvia deste obstáculo. Ele fornece um método para produzir ácidos carboxílicos substituídos. Vamos praticar um pouco:

EXERCÍCIO 7.73 Partindo do malonato de dietila, mostre como você prepararia o composto visto a seguir:

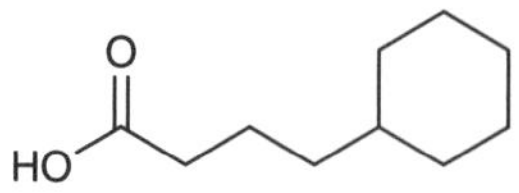

Resposta Lembre-se de que a síntese do éster malônico tem as etapas vistas a seguir: alquilação, hidrólise e, a seguir, descarboxilação. Dessa forma, para resolver este problema, temos que identificar o grupo alquila que deverá ser inserido.

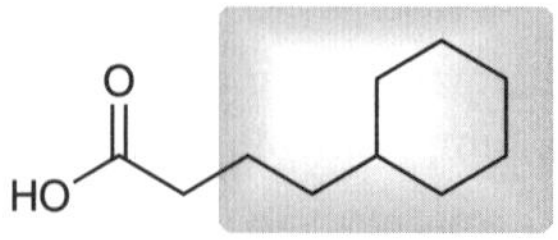

Assim, vamos precisar do haleto de alquila visto a seguir:

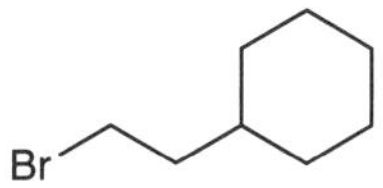

Br

Agora que determinamos qual haleto de alquila vamos usar, estamos prontos para propor nossa síntese:

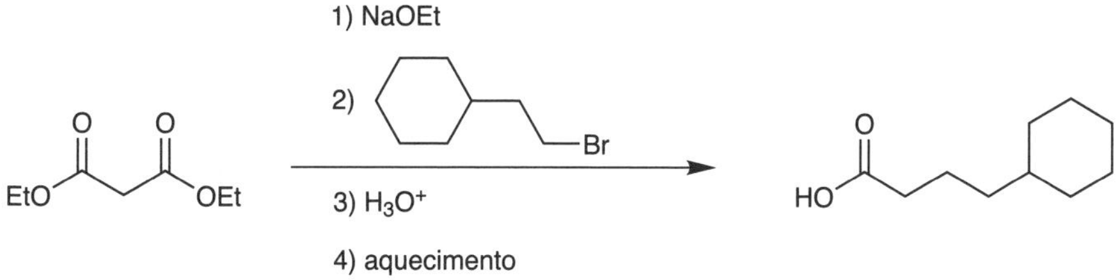

1) NaOEt

2) Br

3) H_3O^+

4) aquecimento

EtO OEt HO

PROBLEMAS Identifique que reagentes você utilizaria para chegar a cada uma das transformações vistas a seguir:

7.74 EtO OEt HO

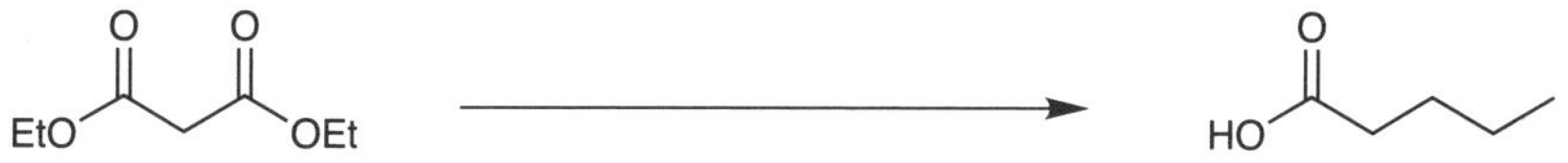

7.75 EtO OEt HO

7.76 EtO OEt HO

7.10 REAÇÕES DE MICHAEL

Neste capítulo, vimos que os enolatos podem atacar uma ampla variedade de eletrófilos. Iniciamos o capítulo com a reação entre enolatos e halogênios. Em seguida, investigamos a reação entre enolatos e haletos de alquila. Vimos ainda que os enolatos podem atacar cetonas ou ésteres. Nesta seção, concluiremos nossa discussão sobre enolatos examinando uma espécie particular de eletrófilo que pode ser atacado por um enolato. Considere o composto visto a seguir.

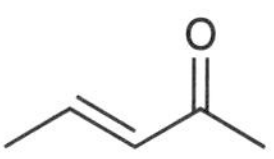

Este composto é uma cetona α,β-insaturada, e vimos que compostos deste tipo podem ser produzidos com uma condensação aldólica. Este composto é um tipo especial de eletrófilo. Para entender por que ele é especial, vamos examinar atentamente as estruturas de ressonância:

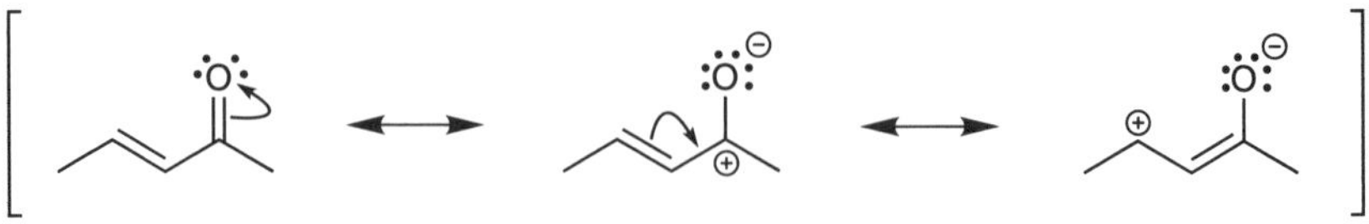

Estas estruturas de ressonância mostram a imagem vista a seguir:

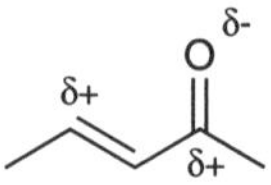

Vemos que há ***dois*** centros eletrofílicos. Já sabíamos que o grupo carbonila é, por si só, eletrofílico. Porém, agora, podemos verificar que a posição β também é eletrofílica. Assim, um nucleófilo que ataca tem duas escolhas. Ele pode atacar no grupo carbonila (conforme já vimos muitas vezes) ***ou*** pode atacar na posição β. Examinemos ambas as possibilidades e vamos comparar os produtos.

Considere o que acontece se o nucleófilo ataca o grupo carbonila e o intermediário é, então, protonado:

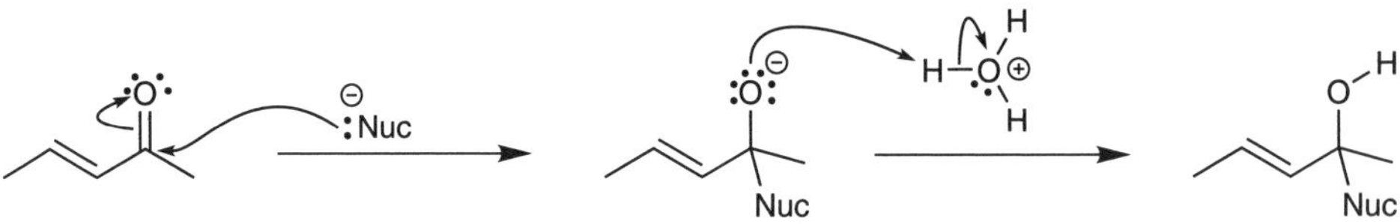

Observe que tínhamos um sistema π que abrangia quatro átomos e inserimos o nucleófilo e o H nas posições 1 e 2:

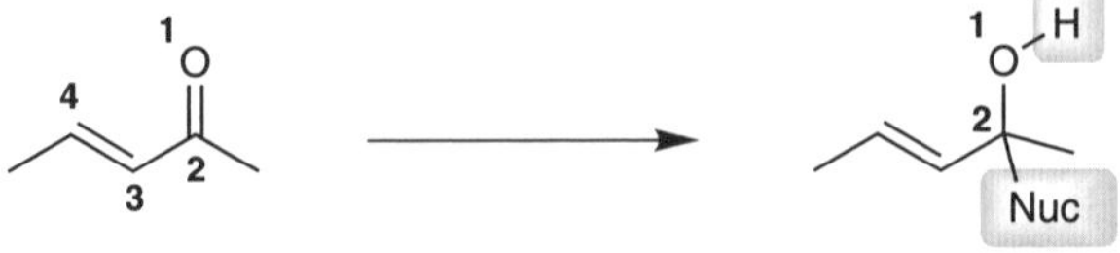

Portanto, chamamos este processo de ***adição 1,2***.

Agora considere o que acontece se o nucleófilo ataca a posição β em vez do grupo carbonila. O intermediário inicial é um enolato:

um enolato

Em seguida, quando este enolato é protonado, é formado um enol:

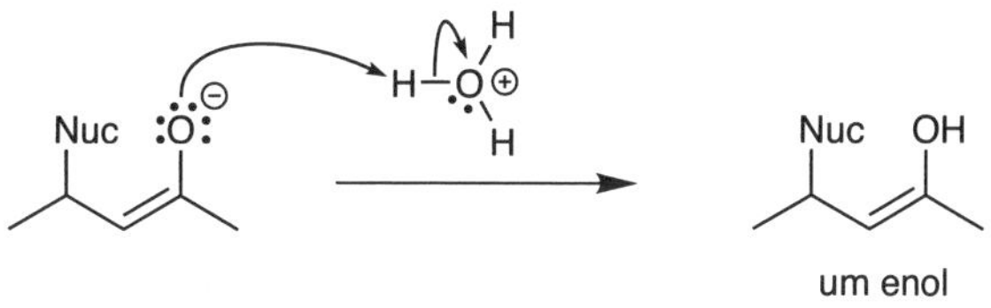

Nuc :Ö:⊖ H–O⊕(H)(H) → Nuc OH
um enol

Uma vez mais, adicionamos o nucleófilo e o H ao sistema π. Porém, desta vez, nós os adicionamos nas *extremidades* deste sistema:

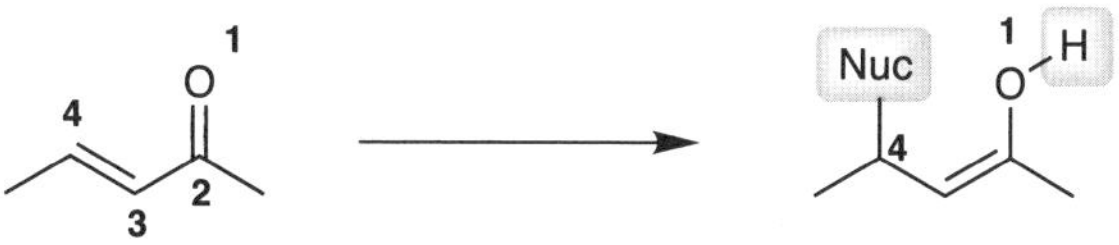

Assim, chamamos este processo de ***adição 1,4***. Os químicos deram a esta reação outros nomes também. Uma adição 1,4 frequentemente é chamada de ***adição conjugada*** ou ***adição de Michael***.

Sabemos que o produto de uma adição 1,4 não vai permanecer na forma de um enol porque um enol tautomeriza formando uma cetona:

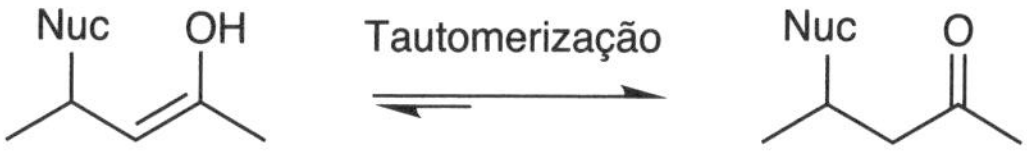

Nuc OH ⇌ (Tautomerização) Nuc O

Quando você examina esta cetona, é difícil ver por que o processo é chamado de adição 1,4. Afinal, ele se assemelha à adição do nucleófilo e do H à ligação C═C:

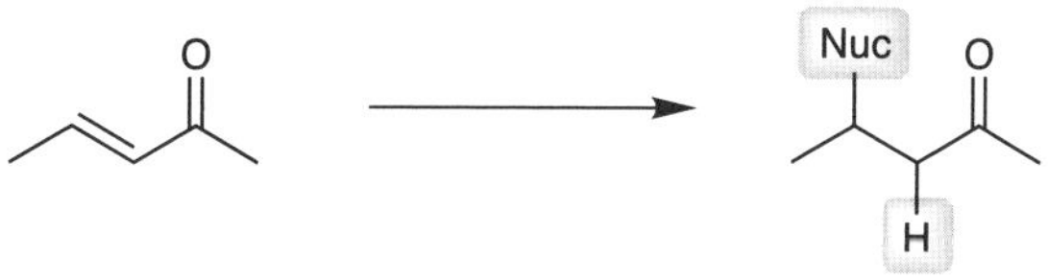

Você precisa representar o mecanismo inteiro (conforme fizemos há um momento atrás) para ver por que nós o chamamos de adição 1,4.

Agora que sabemos a diferença entre uma adição 1,2 e uma adição 1,4, vamos examinar o que acontece quando nosso nucleófilo que ataca é um enolato.

Se uma cetona α,β-insaturada é tratada com um enolato, é obtida uma mistura de produtos. Não só observamos ambas as possibilidades (o enolato atacando o grupo carbonila ou o enolato atacando a posição β), como também pode ficar ainda mais complicado. O produto da adição 1,4 é uma cetona, que pode ser atacada novamente por um enolato. Você pode obter condensações aldólicas cruzadas e toda a sorte de produtos indesejados. Assim, não podemos utilizar um enolato para atacar uma cetona α,β-insaturada. O enolato é reativo demais, e observamos uma mistura de produtos indesejados.

A maneira de contornar este problema é criar um enolato que seja mais estabilizado. Um enolato mais estável será menos reativo e, portanto, será mais seletivo com o que ele vai reagir. Porém, como produzimos um enolato mais estabilizado? Já vimos um exemplo deste tipo neste capítulo. Considere o enolato visto a seguir:

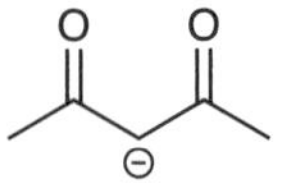

Mencionamos que este enolato é mais estável do que um enolato comum porque a carga negativa está deslocalizada sobre ***dois*** grupos carbonila. Se utilizarmos este enolato para atacar uma cetona α,β-insaturada, vemos que a reação predominante é uma adição 1,4:

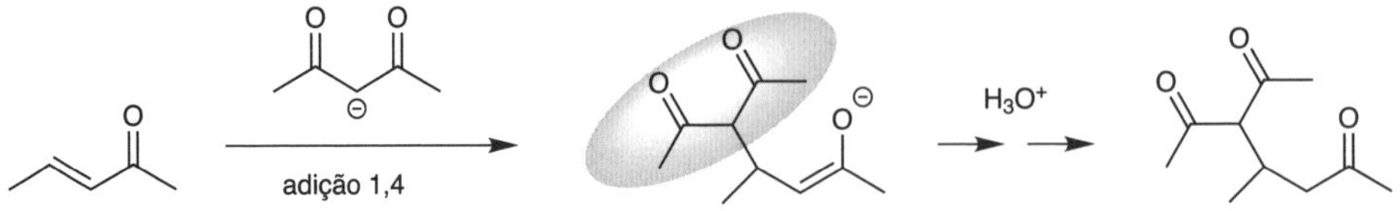

adição 1,4

H_3O^+

Dissemos anteriormente que uma adição 1,4 também é chamada de adição de Michael. Para obter uma adição de Michael, você precisa ter um nucleófilo estabilizado, como o enolato estabilizado apresentado na reação anterior. Este enolato estabilizado é chamado de doador de Michael. São muitos os outros exemplos de ***doadores de Michael***. Examine-os cuidadosamente, pois você vai precisar reconhecê-los como doadores de Michael quando os encontrar:

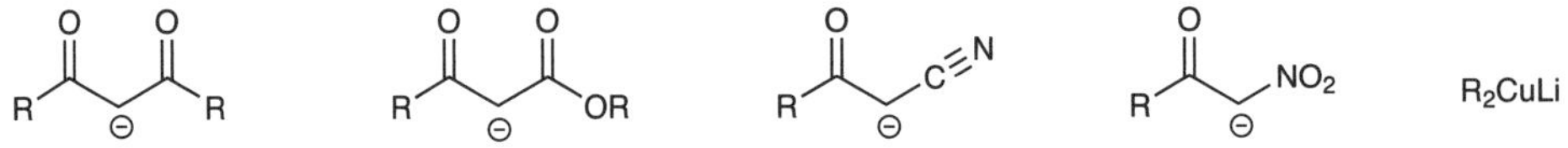

R   R   R   OR   R   C≡N   R NO_2 R_2CuLi

Todos estes nucleófilos são suficientemente estabilizados para se comportarem como doadores de Michael.

Em qualquer reação de Michael, há sempre um doador de Michael ***e*** um receptor de Michael:

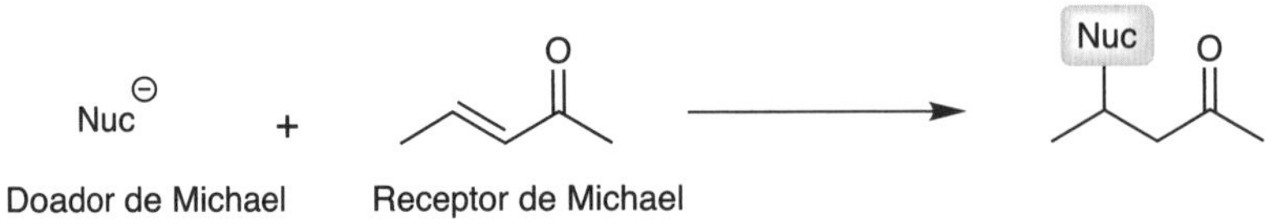

Nuc + → Nuc

Doador de Michael   Receptor de Michael

Na reação anterior, o receptor de Michael é uma cetona α,β-insaturada. Porém, há outros compostos que podem também se comportar como receptores de Michael:

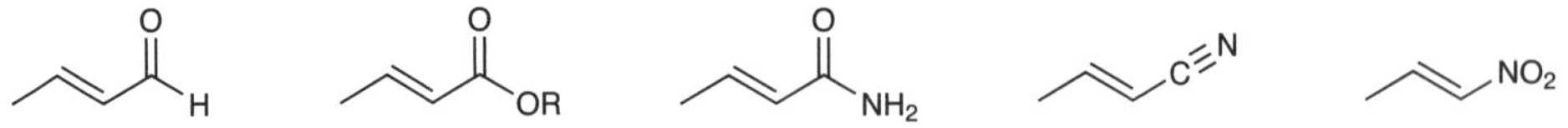

H   OR NH_2 C≡N NO_2

Você pode usar qualquer doador de Michael para atacar qualquer receptor de Michael. Por exemplo, a reação vista a seguir também poderia ser chamada de reação de Michael:

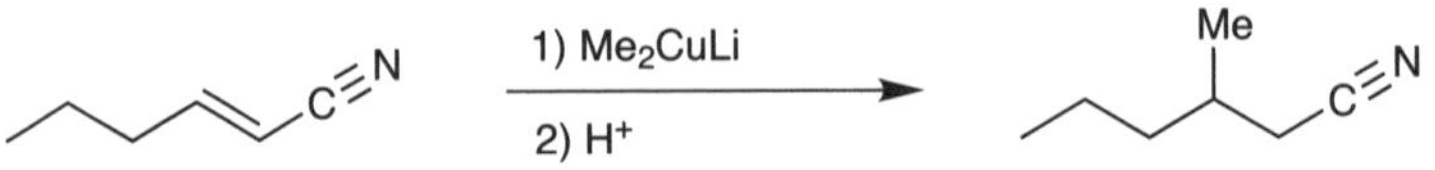

1) Me_2CuLi

2) H^+

Me   C≡N

Para resolver o próximo conjunto de problemas, você precisará rever as listas de doadores de Michael e de receptores de Michael.

EXERCÍCIO 7.77 Represente o produto esperado da reação de Michael vista a seguir:

1) Et_2CuLi
2) H^+
?

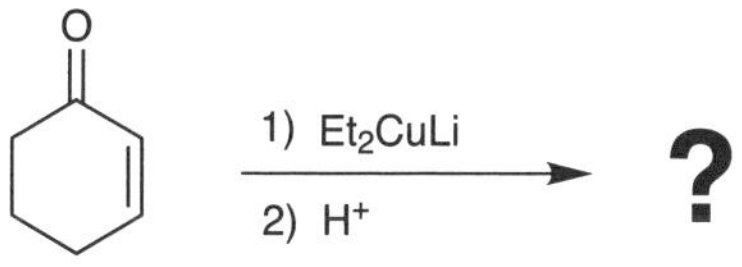

Resposta Em primeiro lugar, identifique o doador de Michael e o receptor de Michael. A cetona α,β-insaturada é um receptor de Michael e o dialquilcuprato de lítio é um doador de Michael. Assim, esperamos a reação de Michael vista a seguir:

1) Et_2CuLi
2) H^+
Et

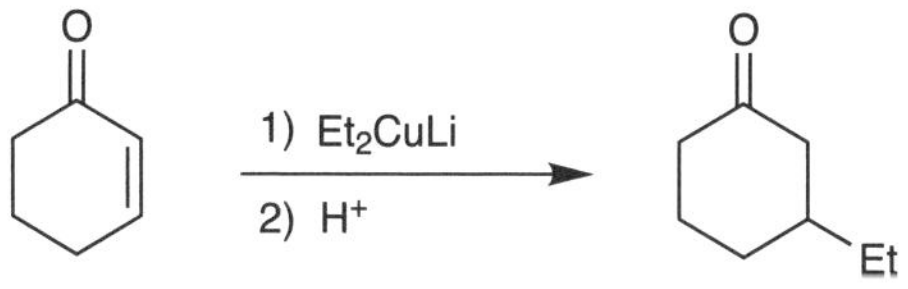

Observe esta transformação por alguns momentos. Pode ser útil para você em um exame.

PROBLEMAS Para cada uma das reações vistas a seguir, determine se você espera ou não uma reação de Michael eficiente. Se assim for, então, represente o produto que você espera. Se não espera uma reação de Michael eficiente, então, simplesmente indique que será obtida uma mistura de produtos indesejados.

7.78 1) ⊖ 2) H^+

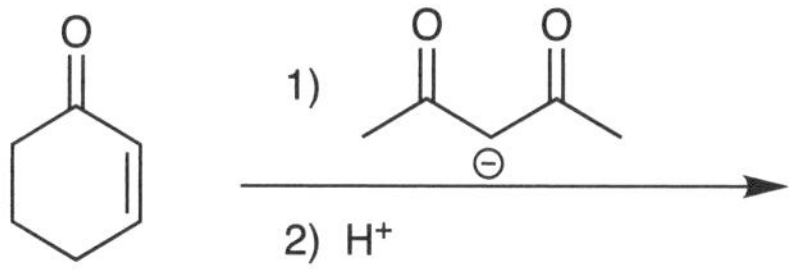

7.79 1) EtMgBr 2) H^+

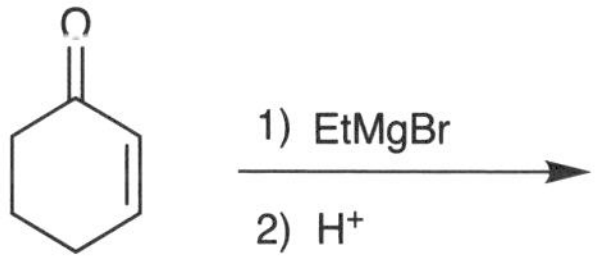

7.80 1) Me_2CuLi 2) H^+

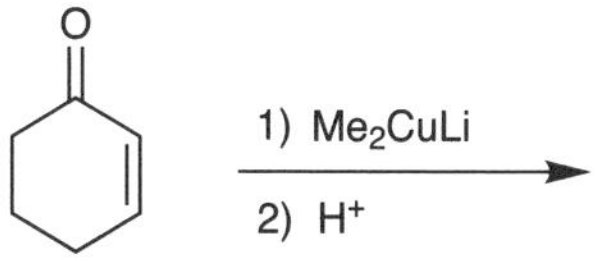

Há mais de um doador de Michael que requer menção especial. As enaminas são doadores de Michael muito especiais, porque elas nos oferecem uma estratégia sintética útil.

Quando aprendemos sobre as cetonas e os aldeídos (Capítulo 5), vimos que você pode preparar uma enamina tratando uma cetona com uma amina secundária, nas condições vistas a seguir:

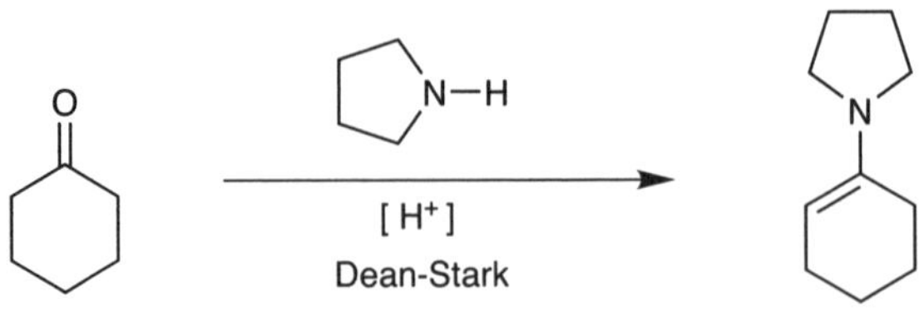

$[H^+]$
Dean-Stark

Esta foi nossa maneira de converter uma cetona em uma enamina. Para entender como uma enamina pode se comportar como doador de Michael, examinemos atentamente as estruturas de ressonância de uma enamina:

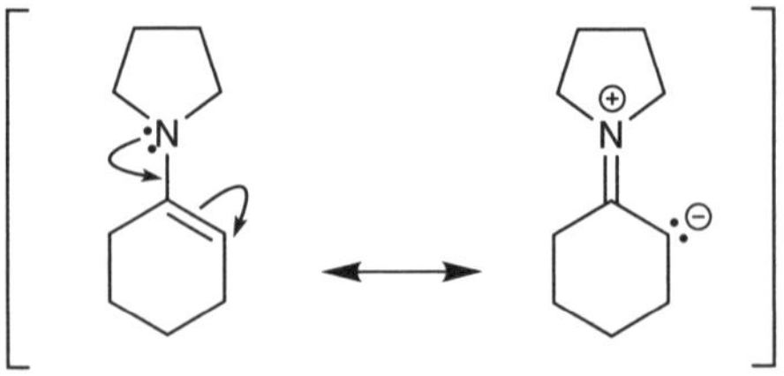

Quando superpomos estas duas imagens em nossas mentes, vemos que o átomo de carbono é nucleofílico (ele tem algum caráter negativo parcial). Porém, trata-se de um nucleófilo bastante fraco, porque o composto não tem uma carga negativa *completa*. Em vez disso, o átomo de carbono possui apenas caráter negativo *parcial*. Portanto, este composto é um nucleófilo *estabilizado* (em outras palavras, ele será seletivo em sua reatividade). Isto quer dizer que temos que adicioná-lo à nossa lista de doadores de Michael. Se utilizarmos uma enamina como nucleófilo para atacar um receptor de Michael, ocorrerá uma reação de Michael:

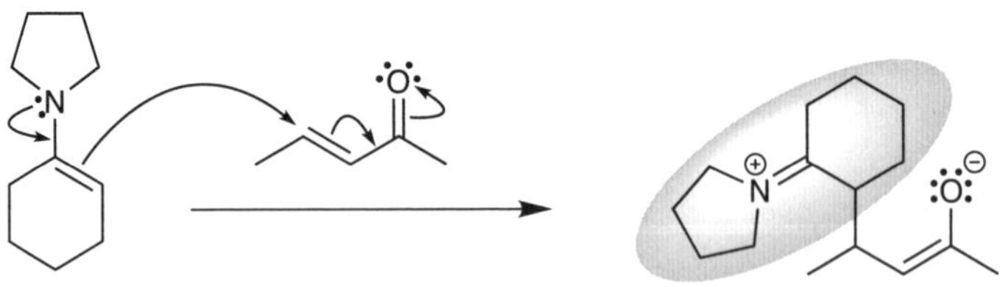

E, então, o grupo imínio resultante pode ser removido pela adição de água em condições ácidas (e, nestas condições, o enolato é protonado formando um enol, que tautomeriza formando uma cetona):

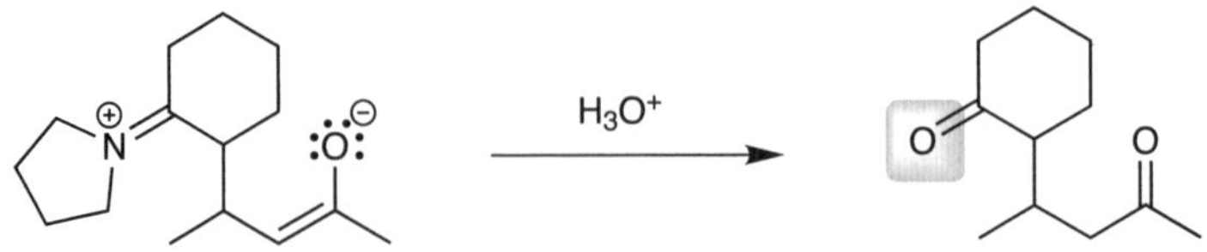

H_3O^+

Porém, por que isto é tão importante? Por que estou separando este doador de Michael e por que estamos aprendemos acerca das enaminas novamente? Para entender a utilidade das enaminas aqui, imaginemos que quiséssemos obter a transformação vista a seguir:

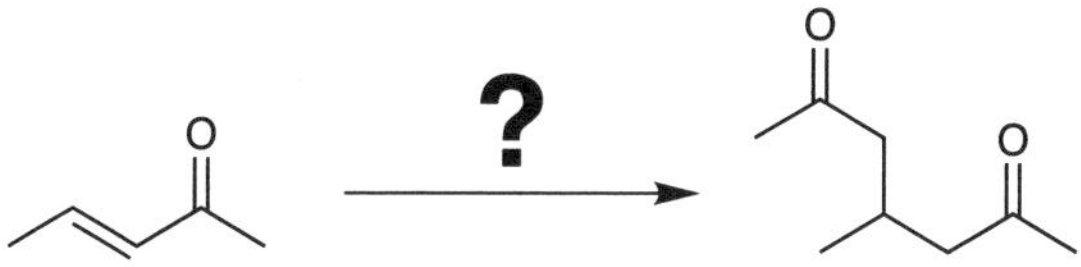

?

Você decide que esta transformação tem que ser simples. Seu plano é usar um nucleófilo que possa atacar uma cetona α,β-insaturada em uma adição 1,4:

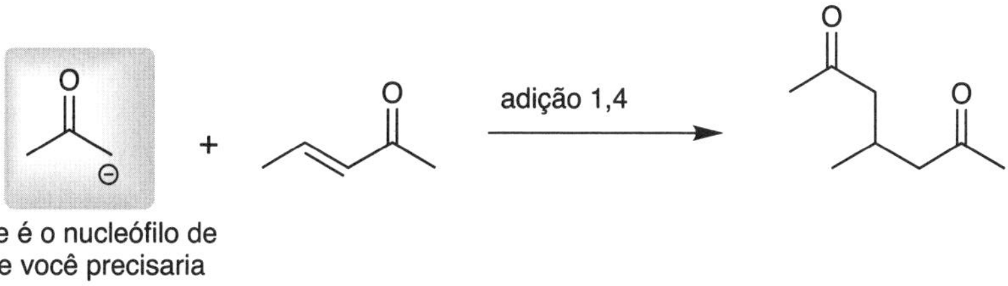

adição 1,4

Este é o nucleófilo de que você precisaria

Porém, quando você tentar realizar esta reação, obtém uma mistura de produtos indesejados. Por quê? Porque este enolato ***não*** é um doador de Michael e, portanto, não atacará de modo eficiente em uma adição 1,4. Assim, como você contorna este problema? É então que nossa enamina ajuda.

No lugar de utilizar um enolato como nucleófilo, suponha que convertamos a cetona em uma enamina:

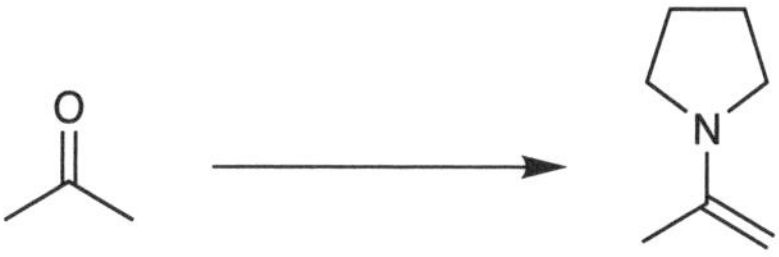

Esta enamina ***é*** um doador de Michael e ***atacará*** de forma limpa em uma adição 1,4:

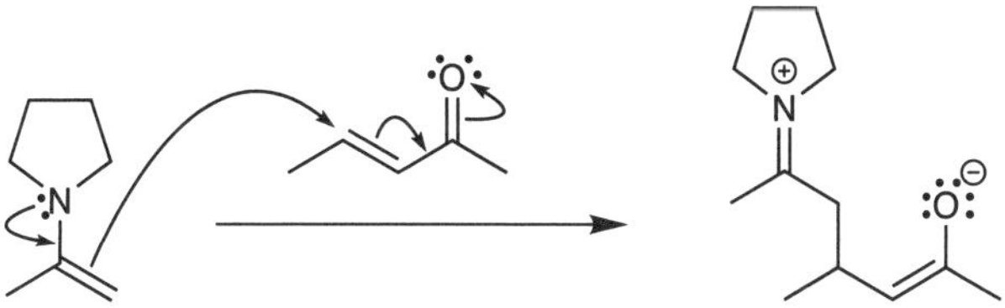

Finalmente, usamos H_3O^+ para remover o grupo imínio e protonar o enolato (que, então, se torna uma cetona):

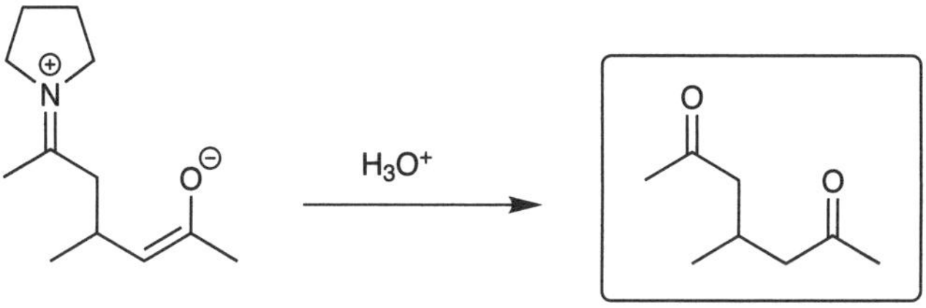

H_3O^+

Ao final, temos o produto desejado. Esta estratégia sintética é chamada de ***síntese da enamina de Stork*** e pode ajudar quando você está propondo sínteses. Sempre que você estiver tentando propor uma síntese, e decide que precisa de um enolato para atacar como nucleófilo em uma adição 1,4, você terá um problema. Um enolato comum não é estável o suficiente para ser um doador de Michael. Porém, você pode convertê-lo em uma enamina, que ***é*** suficientemente estável para ser um doador de Michael. Então, você pode remover a enamina ao final. A enamina serve como uma forma de modificar temporariamente a reatividade do enolato de modo que podemos chegar ao resultado desejado. É bem engenhoso quando você pensa sobre isto.

EXERCÍCIO 7.81 Proponha uma síntese plausível para a transformação vista a seguir:

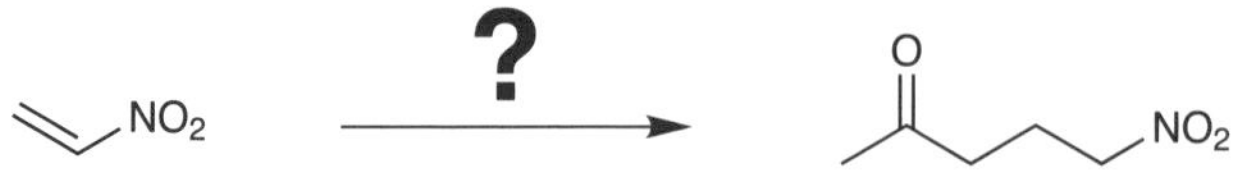

NO_2 ? O NO_2

Resposta Quando inspecionamos esta transformação, vemos que precisamos inserir o fragmento visto a seguir:

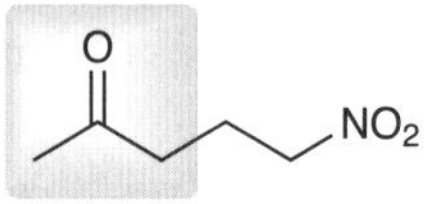

O NO_2

e, ao mesmo tempo, precisamos remover a ligação dupla que estava no material de partida. Podemos realizar ambas as coisas ao mesmo tempo executando uma adição 1,4 com o nucleófilo apropriado. Quando examinamos atentamente para ver que nucleófilo utilizaríamos, entendemos que precisaremos utilizar o enolato visto a seguir:

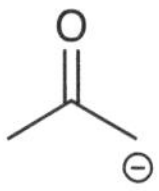

O ⊖

Este enolato ***não*** é estável o suficiente para funcionar como doador de Michael, então, precisamos utilizar uma síntese de enamina de Stork:

O 1) N—H [H^+], Dean-Stark 2) NO_2 3) H_3O^+ O NO_2

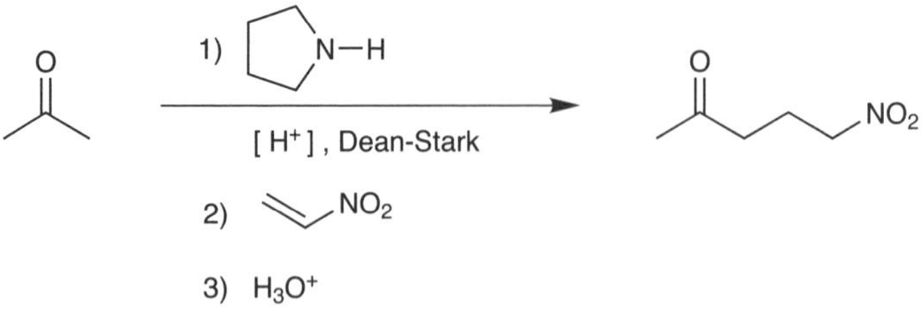

PROBLEMAS Proponha uma síntese para cada uma das transformações vistas a seguir. Em certos casos, você precisará utilizar uma síntese de enamina de Stork, mas, em outros, não será necessário. Analise cada problema com cautela para ver se é necessária uma síntese de enamina de Stork.

7.82

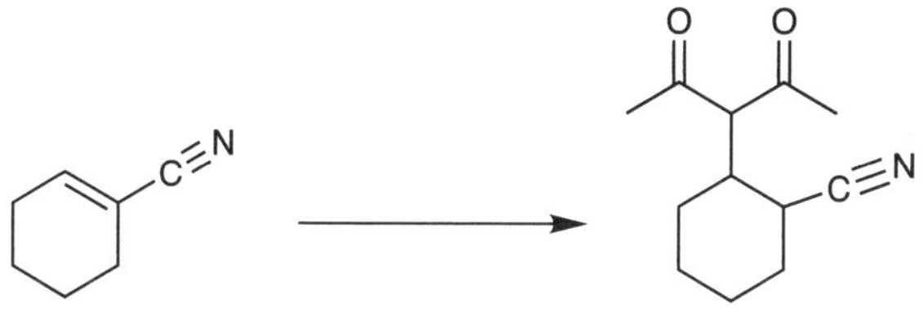

7.83

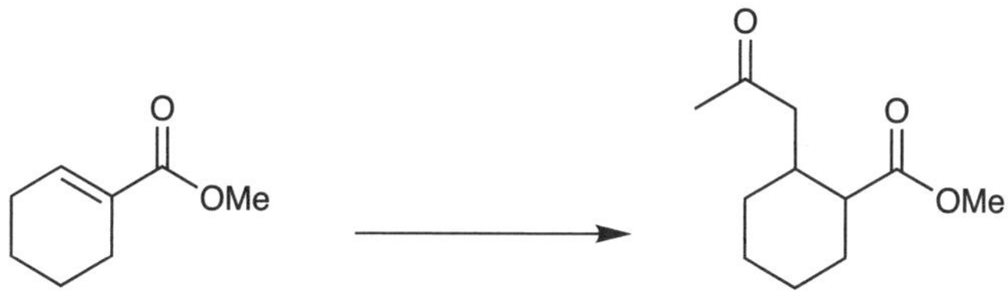

7.84

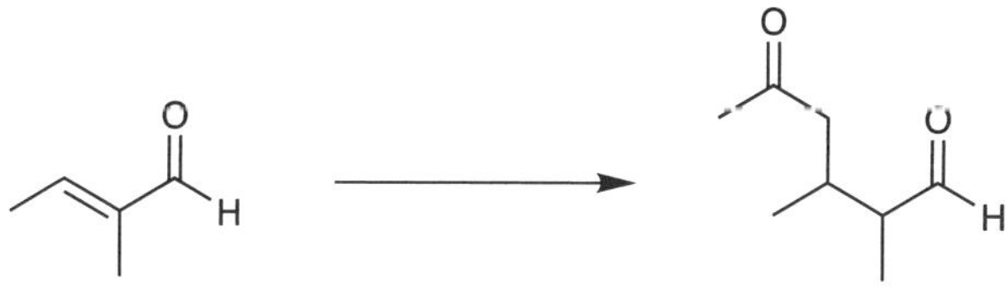

7.85

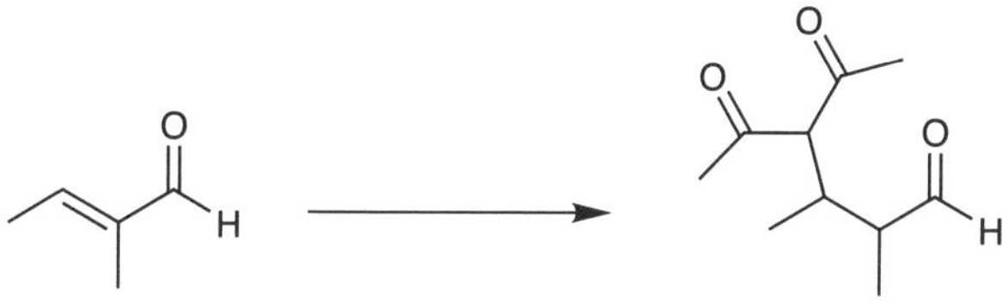

CAPÍTULO 8

AMINAS

8.1 NUCLEOFILICIDADE E BASICIDADE DAS AMINAS

As aminas são classificadas com base no número de grupos alquila ligados ao átomo de nitrogênio central:

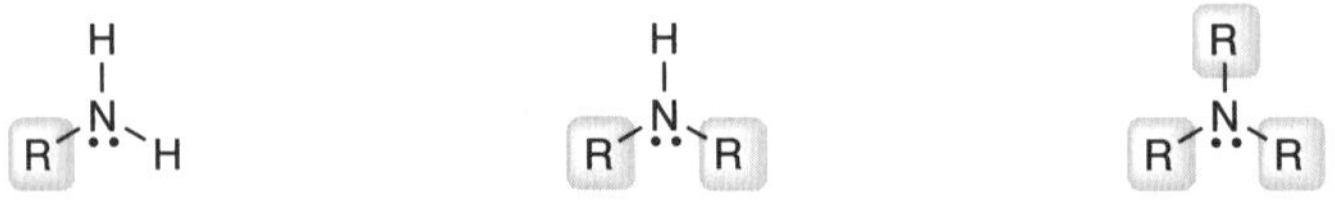

primária secundária terciária

A reatividade de todas as aminas deriva da presença de um par isolado no átomo de nitrogênio. Todas as aminas possuem esse par isolado:

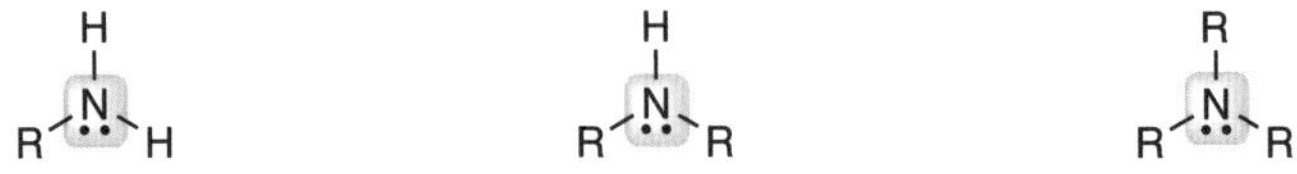

primária secundária terciária

Esse par isolado pode se comportar como um nucleófilo (atacando um eletrófilo):

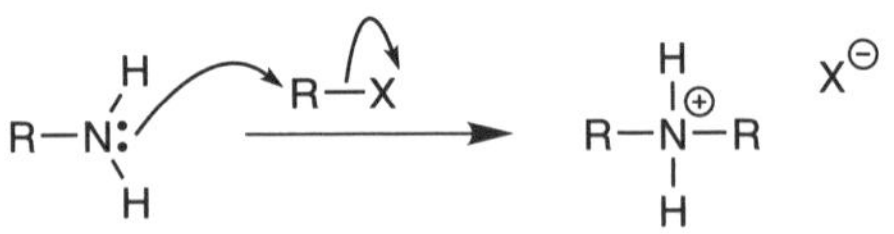

ou pode se comportar como uma base (recebendo um próton):

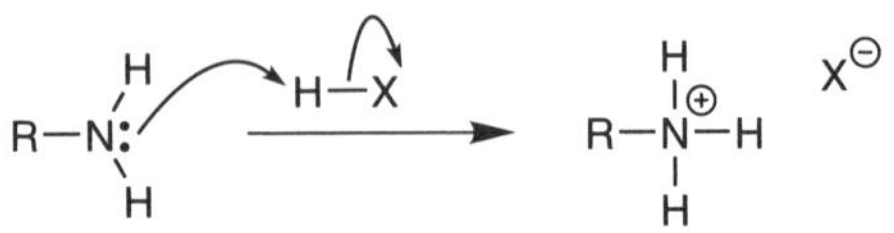

Vamos nos concentrar nesse par isolado de modo a entender por que as aminas são bons nucleófilos *e* boas bases. Quando uma amina participa de uma reação, a primeira etapa será sempre uma das duas possibilidades: ou o par isolado receberá um próton ou o par isolado atacará um eletrófilo.

É claro que, se tivéssemos uma carga negativa no átomo de nitrogênio, seria ainda melhor. Para obter uma carga negativa no átomo de nitrogênio, temos que desprotonar a amina.

As aminas terciárias não têm um próton que possa ser removido, mas as aminas primárias e secundárias podem ser desprotonadas formando os ânions vistos a seguir:

Estes ânions são nucleófilos mais fortes e bases mais fortes do que as aminas sem carga. Essas estruturas são chamadas de ***amidetos***.[1] Aqui estão dois exemplos de amidetos que vimos até este momento neste curso:

Di-isopril***amideto*** de lítio (LDA) ***Amideto*** de sódio

É preciso prestar atenção para não confundir o termo ***amideto***, que se refere a um íon, com o termo ***amida***, que já utilizamos para descrever um tipo de derivado de ácido carboxílico:

uma ***amida*** íon ***amideto***

Agora, voltemos às aminas sem carga. Algumas aminas são menos nucleofílicas e menos básicas do que as aminas regulares. Por exemplo, compare as duas aminas vistas a seguir:

Uma alquilamina Uma arilamina

A primeira amina é chamada de ***alquil***amina porque o átomo de nitrogênio está ligado a um grupo alquila. O segundo composto é chamado de ***aril***amina porque o átomo de nitrogênio está ligado a um anel aromático. As arilaminas são menos nucleofílicas e menos básicas porque o par isolado está deslocalizado no anel aromático. Podemos ver isto quando representamos as estruturas de ressonância:

[1]Essas estruturas também são chamadas de amidas. Entretanto, nesta tradução, optamos por usar o nome amidetos, pois o termo amida também é usado para descrever um tipo de derivado de ácido carboxílico. (N.T.)

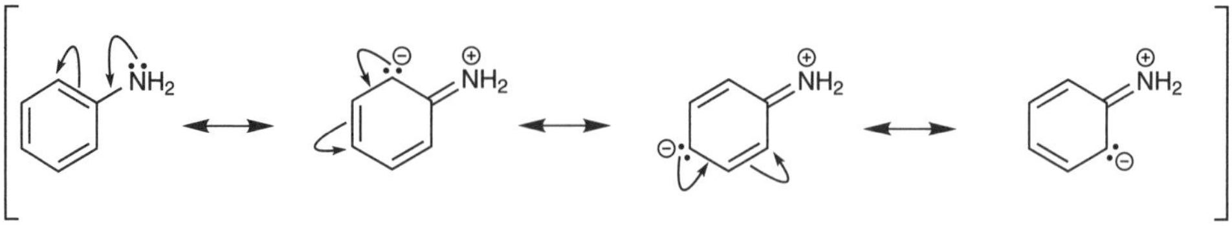

Como o par isolado está deslocalizado, ele fica menos disponível para se comportar como nucleófilo ou como uma base. Isto não quer dizer que uma arilamina não possa atacar algo. De fato, logo veremos uma reação em que uma arilamina ***é*** usada como nucleófilo — porém, ela é ***menos*** nucleofílica do que uma alquilamina.

Agora que fomos apresentados às aminas, vamos nos concentrar em algumas maneiras de prepará-las.

8.2 PREPARAÇÃO DE AMINAS POR MEIO DE REAÇÕES S_N2

Suponha que você queira produzir a amina primária vista a seguir:

Poderia ser tentador sugerir a síntese fosse feita da seguinte maneira:

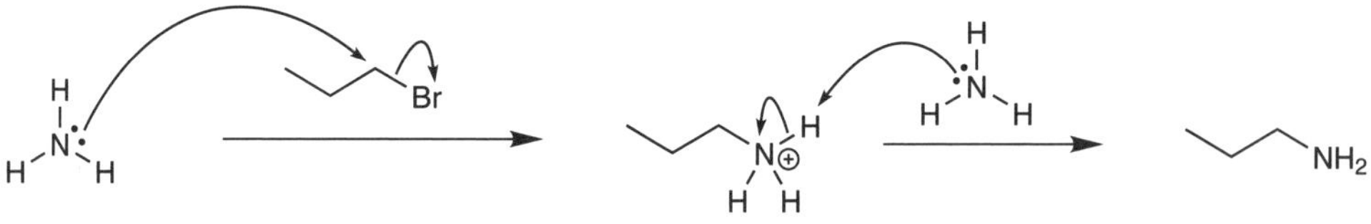

Trata-se simplesmente de uma reação S_N2, seguida de uma desprotonação. Esta abordagem de fato funciona, MAS é difícil fazer com que a reação pare após a monoalquilação. O produto também é nucleófilo e compete com o NH_3 pelo haleto de alquila. Na verdade, ele é um nucleófilo melhor do que o NH_3, pois o grupo alquila é doador de elétrons. Portanto, ele ataca novamente:

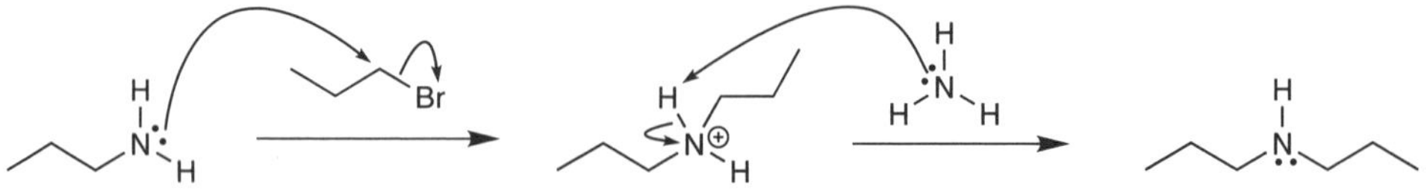

E, então, ele ataca novamente:

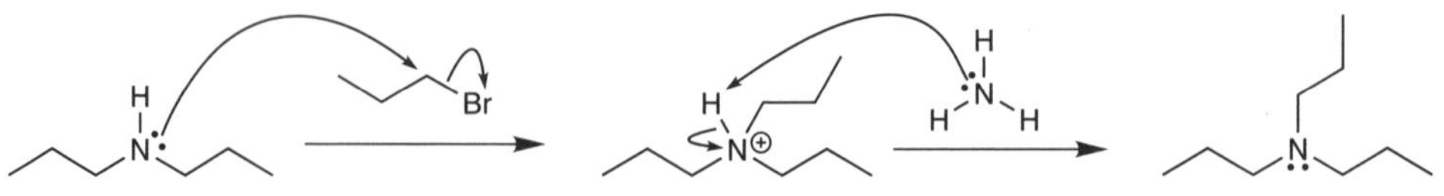

E, então, uma última vez:

Desta vez, não há nenhum próton para remover

O produto final tem quatro grupos alquila (sendo conhecido como ***quaternário***), e o nitrogênio tem carga positiva (é um **íon *amônio***). Portanto, ele é chamado de ***sal de amônio quaternário***. Esta estrutura não tem um par isolado, logo, nem é nucleofílica nem básica.

Se nossa intenção é produzir um sal de amônio quaternário, então, a síntese anterior é uma boa abordagem. Mas e se quisermos produzir uma amina primária? Não podemos simplesmente alquilar a amônia:

NH_3 → NH_2

porque é muito difícil interromper a reação neste estágio. O haleto de alquila reagirá novamente com a amina primária. Mesmo se tentarmos usar apenas um mol de haleto de alquila e um mol de amônia, ainda obteremos uma mistura de produtos indesejados. Vamos obter alguns produtos polialquilados e, então, obter alguma amônia que poderia não encontrar nenhum haleto de alquila para reagir. Então, o que vamos fazer?

Para contornar o problema, usamos um recurso inteligente. Utilizamos uma amina de partida que já tenha dois grupos que evitam a polialquilação.

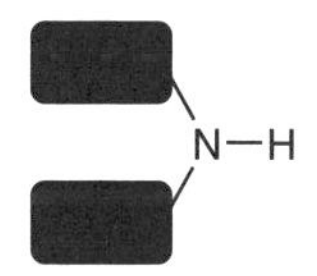

E escolhemos nossos grupos que evitam a polialquilação de modo que sejam facilmente removíveis após a alquilação. Desse modo, primeiro alquilamos e, em seguida, removemos os grupos que evitam a polialquilação:

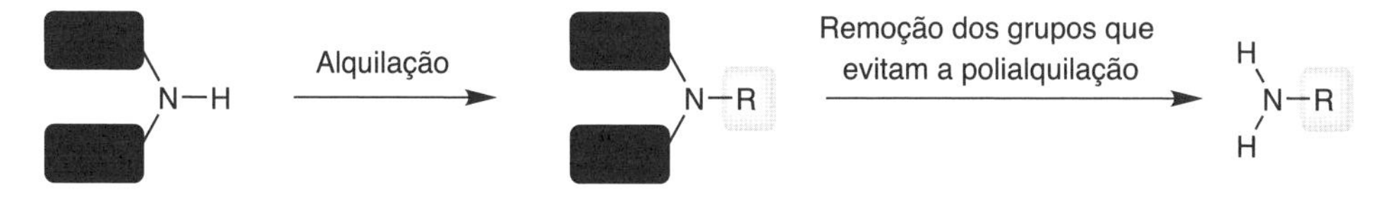

Esta estratégia é chamada de síntese de Gabriel. É uma ótima maneira de produzir haletos de alquila primários, de modo que vamos explorar a estratégia mais detalhadamente.

Começamos com o composto visto a seguir, chamado de ftalimida:

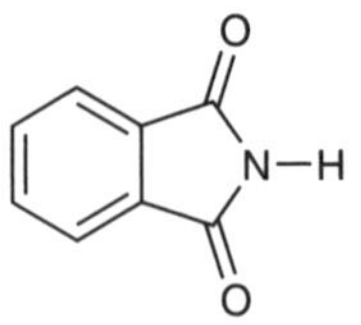

Utilizamos uma base (KOH) para remover o próton, o que dá o ânion visto a seguir:

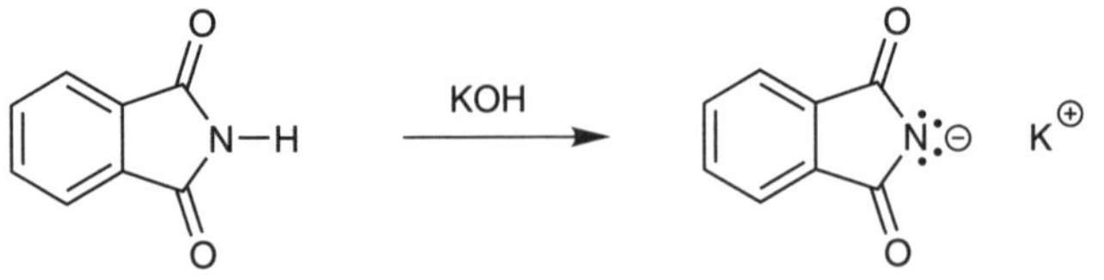

Observe que a carga negativa é muito estabilizada (deslocalizada) por ressonância. É semelhante aos doadores de Michael que vimos no final do último capítulo. Trata-se de um nucleófilo estabilizado. Utilizamos este nucleófilo para atacar um haleto de alquila:

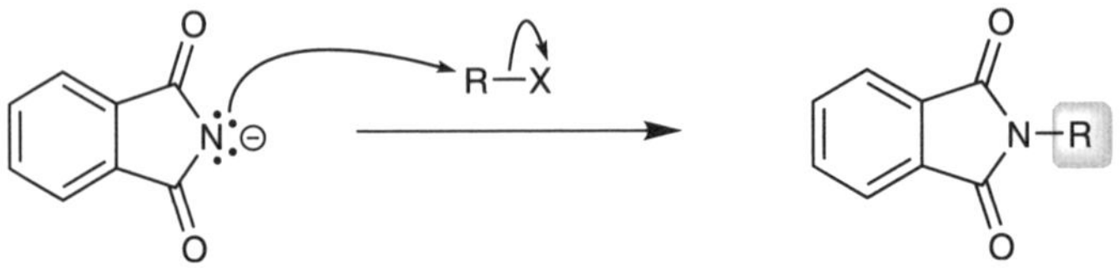

Esta reação avança via um processo S_N2, de modo que os haletos de alquila terciários não podem ser utilizados. Em seguida, é realizada a hidrólise catalisada por ácido ou catalisada por base para liberar a amina. Condições ácidas são mais comuns do que condições básicas.

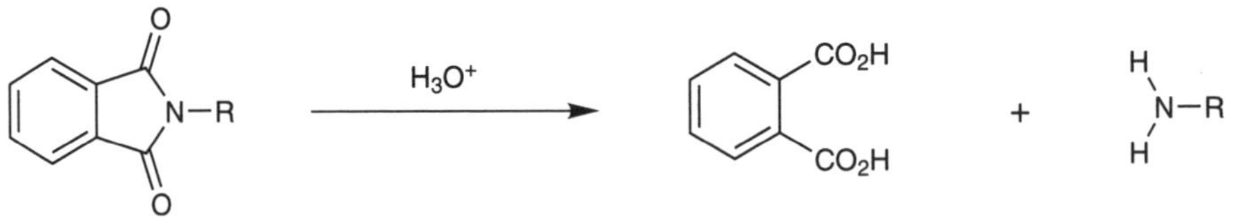

O mecanismo de hidrólise é diretamente análogo à hidrólise das amidas, conforme visto na Seção 6.6. A etapa da hidrólise é lenta, e foram desenvolvidas muitas abordagens alternativas. Uma dessas alternativas utiliza a hidrazina para liberar a amina:

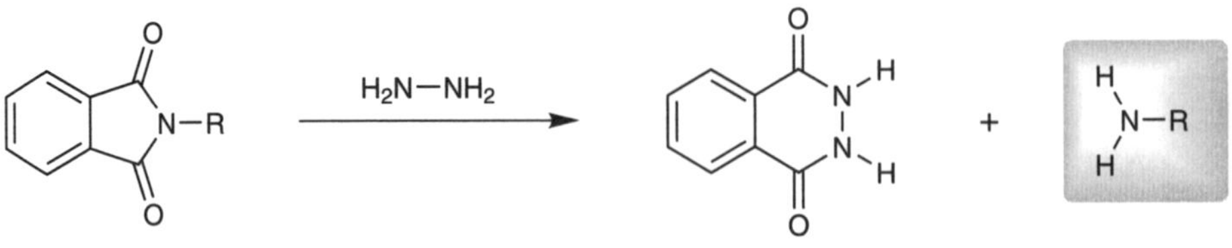

Nesta etapa, os grupos que evitam a polialquilação são removidos, gerando o produto desejado.

A síntese de Gabriel é muito útil para produzir aminas primárias a partir de haletos de alquila primários.

EXERCÍCIO 8.1 Identifique como utilizaríamos uma síntese de Gabriel para preparar a amina vista a seguir:

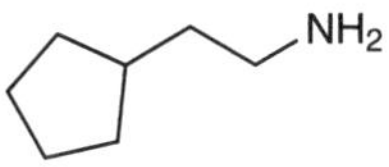

Resposta Para realizar uma síntese de Gabriel, só há uma coisa que precisamos determinar. Devemos identificar o haleto de alquila necessário. Para tanto, apenas colocamos um halogênio no lugar do NH_2, como é visto a seguir:

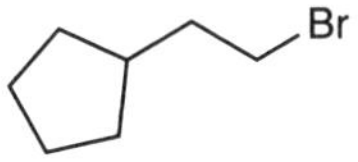

Agora que sabemos que haleto de alquila vamos utilizar, estamos prontos para propor nossa síntese:

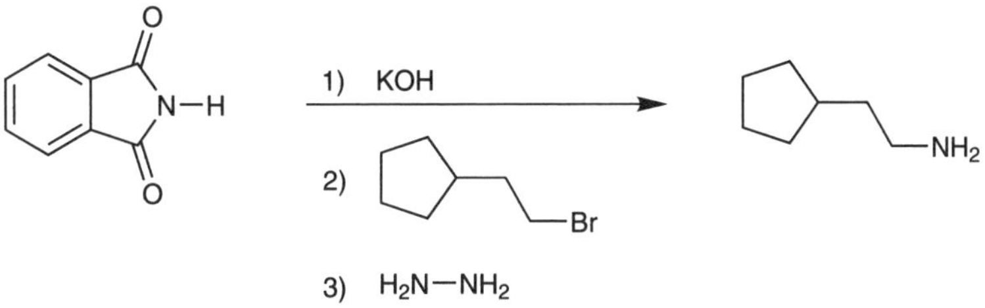

1) KOH

2)

3) H_2N-NH_2

PROBLEMAS Identifique como utilizaríamos uma síntese de Gabriel para preparar cada um dos compostos vistos a seguir:

8.2 NH_2

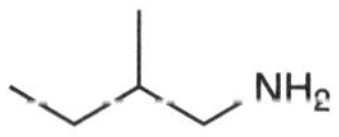

8.3 NH_2

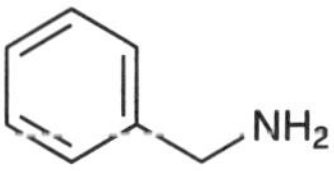

8.4 NH_2

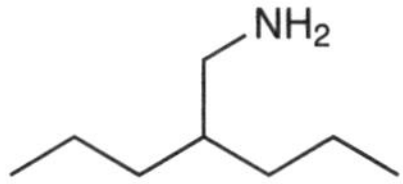

8.5 H_2N

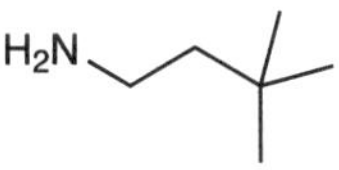

No entanto, a síntese de Gabriel tem suas limitações. Como ela se baseia em uma reação S_N2, ela funciona bem com haletos de alquila ***primários***. Porém, não é tão boa para haletos de alquila secundários, e não funciona para todos os haletos de alquila terciários.

Além disso, ela não funciona para haletos de arila porque você não pode realizar um processo S_N2 em um haleto de arila:

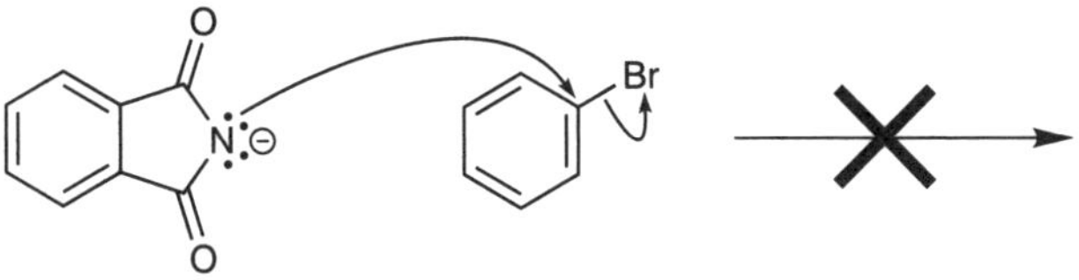

EXERCÍCIO 8.6 É possível preparar o composto visto a seguir com uma síntese de Gabriel?

NH2

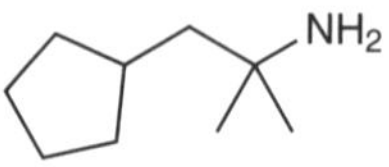

Resposta Representamos o haleto de alquila que seria necessário:

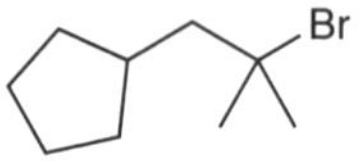

Br

e vemos que é um haleto de alquila terciário, então ***não podemos*** utilizar a síntese de Gabriel para obter o produto desejado neste caso.

PROBLEMAS Identifique se cada um dos compostos vistos a seguir pode ou não ser produzido com uma síntese de Gabriel:

8.7 NH2

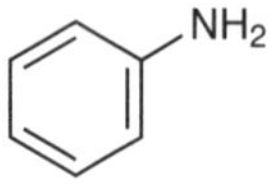

8.8 NH2

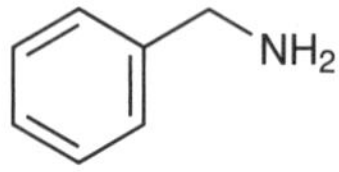

8.9 NH2

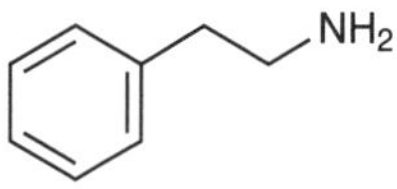

8.10 NH2

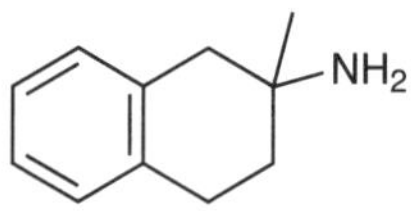

8.3 PREPARAÇÃO DE AMINAS POR MEIO DE AMINAÇÃO REDUTIVA

Na seção anterior, aprendemos como produzir aminas por um processo S_N2. Esse método é melhor para obter aminas primárias. Nesta seção, aprenderemos uma maneira de produzir aminas secundárias utilizando uma síntese em duas etapas (em que a primeira etapa é uma reação que já vimos). Quando aprendemos a respeito das cetonas e dos aldeídos, vimos como produzir ***iminas***:

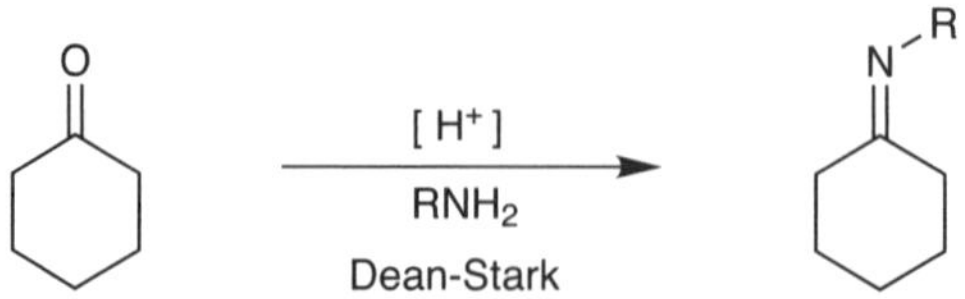

O

[H⁺]
RNH2
Dean-Stark

N R

uma ***imina***

Vimos que uma amina primária pode reagir com uma cetona (sob condições ácidas) dando uma imina. Agora, utilizaremos essa reação para produzir aminas.

Quando formamos uma imina, estamos formando a ligação C—N essencial que você precisa para ter uma amina:

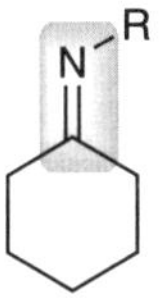

Porém, o estado de oxidação não está correto. Para obter uma amina, precisamos realizar a conversão vista a seguir:

redução

imina

amina

Para converter uma ***i***mina em uma ***a***mina, vamos precisar realizar uma redução. Uma das formas de realizar isso é reduzir a imina da mesma maneira que uma cetona é reduzida, utilizando o HAL:

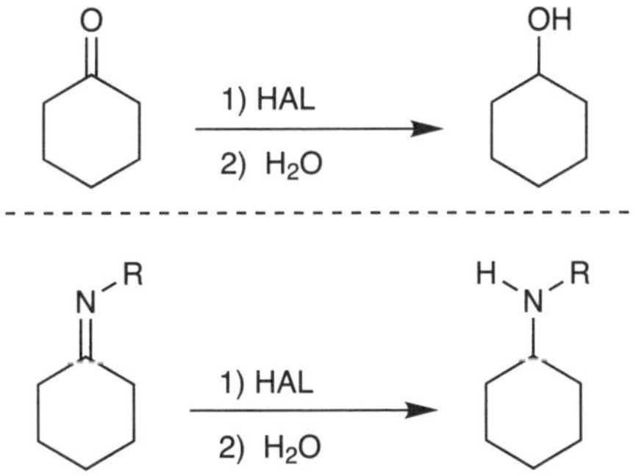

1) HAL
2) H_2O

1) HAL
2) H_2O

De modo alternativo, a ligação C=N pode sofrer hidrogenação (na presença de um catalisador):

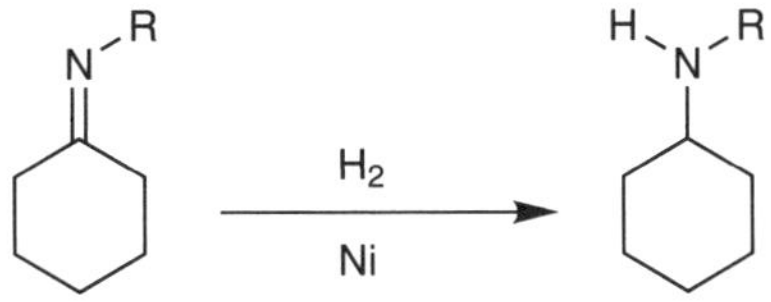

H_2
Ni

Também há muitas outras maneiras de reduzir uma imina. Mas a conclusão é de que agora temos uma síntese em duas etapas para preparar aminas:

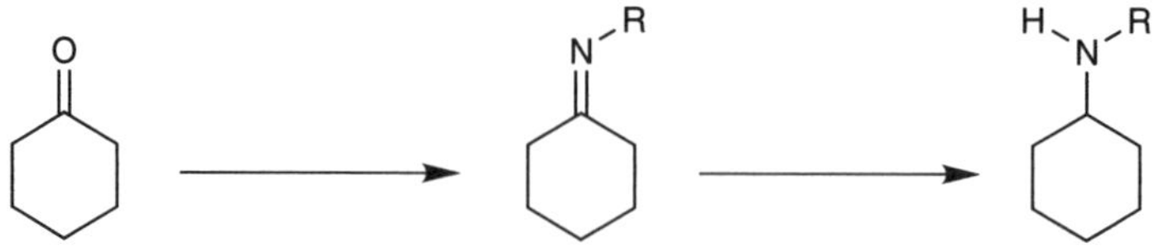

O processo é chamado de ***aminação redutiva***, porque estamos formando uma amina (um processo denominado *aminação*) por meio de uma *redução*.

EXERCÍCIO 8.11 Sugira uma síntese eficiente para a transformação vista a seguir:

Resposta Este problema envolve a conversão de um aldeído em uma amina. Isto deve nos alertar para a possibilidade de uma aminação redutiva. Se usarmos a aminação redutiva, nossa estratégia será como a que é vista a seguir:

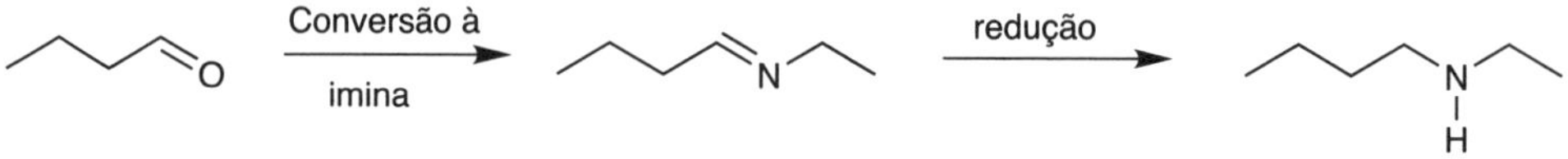

Conversão à imina

redução

Assim, nossa síntese será a seguinte:

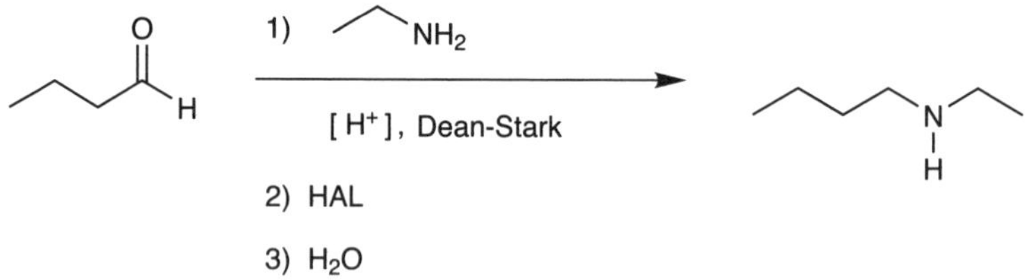

1) NH_2

[H^+], Dean-Stark

2) HAL

3) H_2O

PROBLEMAS Sugira uma síntese eficiente para cada uma das transformações vistas a seguir:

8.12

8.13

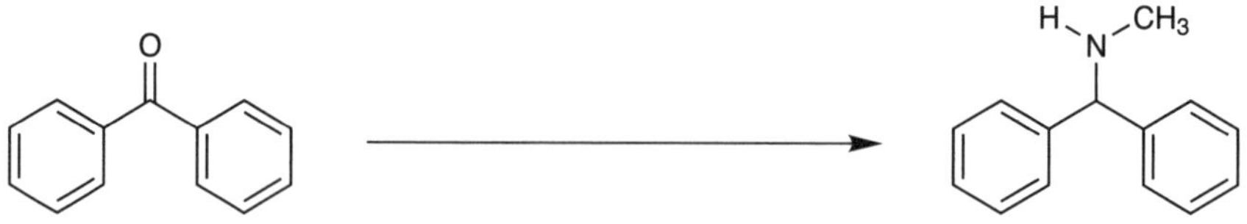

8.14

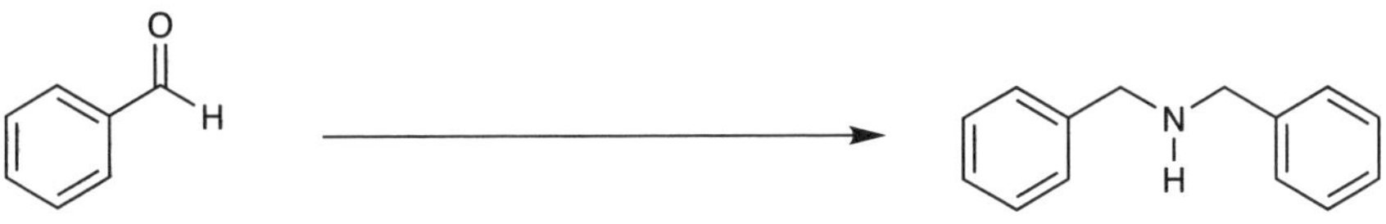

8.15

8.16

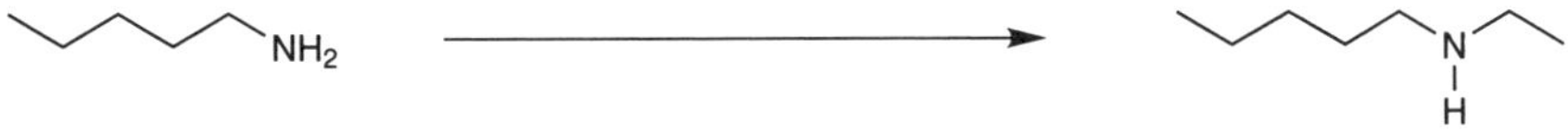

A aminação redutiva é uma técnica útil, pois o material de partida é uma cetona ou um aldeído. E vimos muitas maneiras de preparar cetonas. Este método nos fornece uma maneira de produzir aminas partindo de uma variedade de compostos:

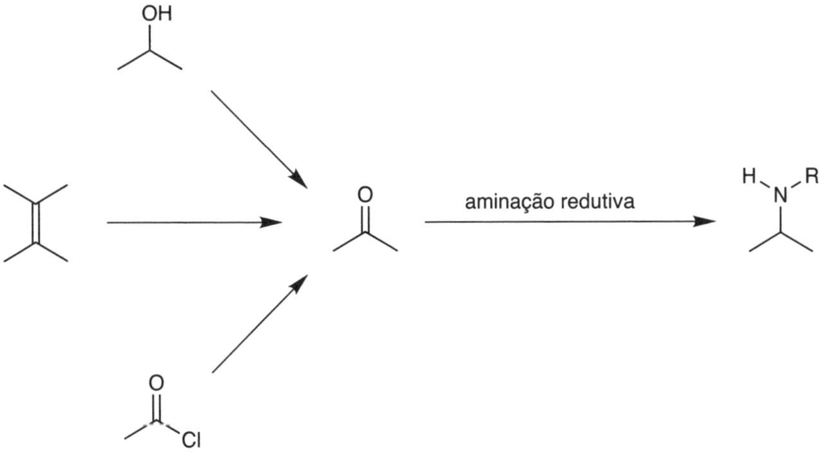

aminação redutiva

Estas reações foram tratadas no Capítulo 5. Os alunos frequentemente têm dificuldade de combinar reações de diferentes capítulos para propor uma síntese; assim, vamos praticar.

EXERCÍCIO 8.17 Sugira uma síntese eficiente para a transformação vista a seguir:

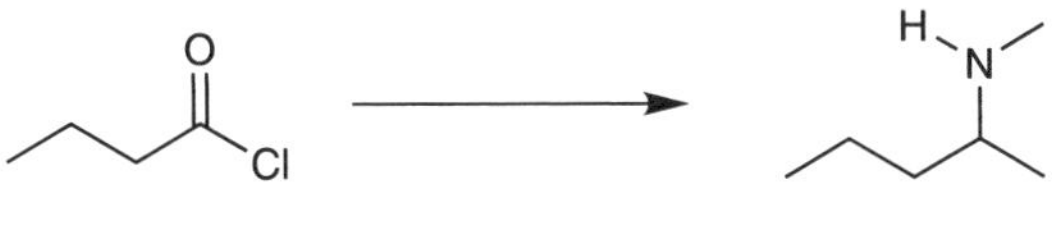

Resposta Nosso produto é uma amina secundária, então, vamos investigar se podemos realizar essa síntese usando uma aminação redutiva. Vamos trabalhar de trás para a frente.

Se utilizássemos uma aminação redutiva, nossa última etapa precisaria ser a redução da seguinte imina:

imina

Logo, precisaríamos produzir a imina anterior, e poderíamos ter realizado isso começando com a cetona vista a seguir:

Então, nossa meta é produzir essa cetona. Se pudermos preparar essa cetona, então, poderemos utilizar uma aminação redutiva para obter o produto desejado:

aminação redutiva

Porém, como produzimos esta cetona a partir do material de partida?

?

Isto envolveria a conversão de um derivado de ácido carboxílico em uma cetona. Neste caso, precisamos de uma reação cruzada (pense em nossa discussão de reações cruzadas no Capítulo 6):

Me_2CuLi

Portanto, nossa síntese global é a que se segue:

1) Me_2CuLi
2) CH_3NH_2
[H^+],
Dean-Stark
3) HAL
4) H_2O

PROBLEMAS Sugira uma síntese eficiente para cada uma das transformações vistas a seguir. Em cada caso, você deverá trabalhar de trás para a frente. Comece perguntando que cetona ou aldeído você necessitaria para gerar o produto desejado por meio de uma aminação redutiva. Em seguida, pergunte a si mesmo como poderia produzir a tal cetona a partir do material inicial.

8.18 OH → H N

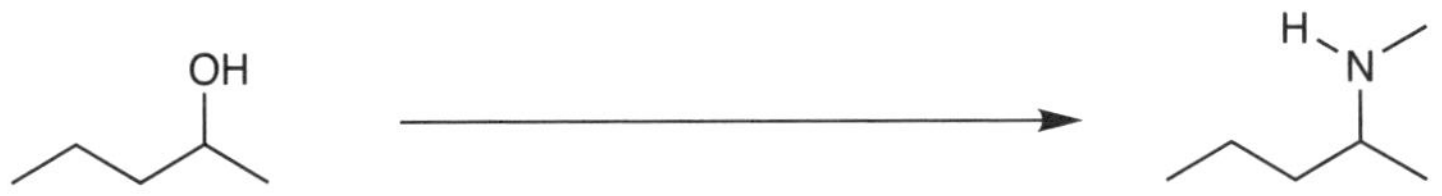

8.19 → H N

8.20 O O → H N

8.21 → H N

8.22 O Cl → H N

8.4 ACILAÇÃO DE AMINAS

Até este ponto neste capítulo, concentramo-nos em maneiras de ***produzir*** aminas. No restante do capítulo, vamos mudar nosso foco. Agora vamos explorar as reações das aminas.

Iniciaremos nossa pesquisa com uma reação que, na realidade, já vimos em um capítulo anterior. Quando estudamos derivados de ácidos carboxílicos (Capítulo 6), vimos que você pode converter um haleto de ácido em uma amida. Por exemplo:

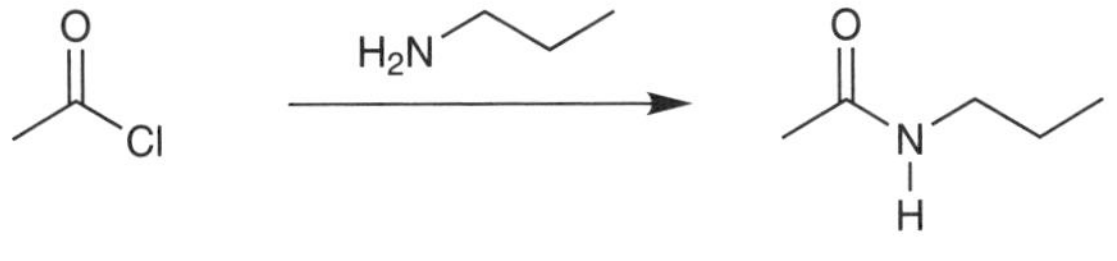

O Cl —(H_2N)→ O N H

Quando a representamos deste modo (com a amina sobre a seta de reação), o foco está no que acontece ao haleto de ácido (ele é convertido em uma amida). Porém, e se escolhermos nos concentrar na amina? Em outras palavras, vamos reescrever a mesma reação de um modo um pouco diferente. Vamos colocar o haleto de ácido em cima da seta de reação, como é visto a seguir:

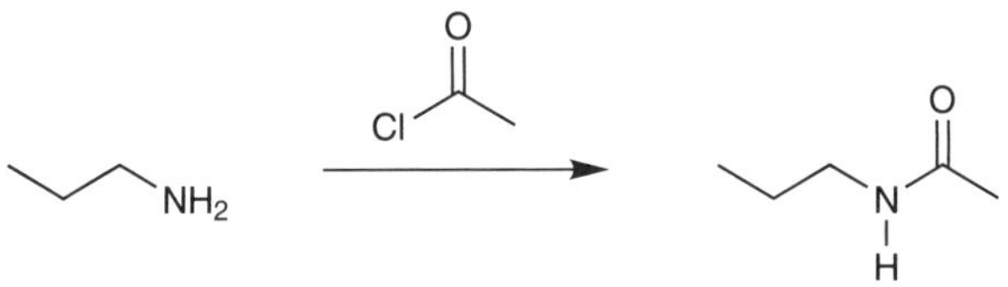

NH_2 —(O Cl)→ O N H

Não fizemos nenhuma alteração na reação. Ela ainda é a mesma reação (uma amina reagindo com um haleto de ácido). Todavia, quando a representamos dessa maneira, nossa atenção se concentra na conversão da ***amina*** em uma ***amida***. O haleto de ácido é simplesmente o reagente que usamos para realizar essa conversão.

Em termos globais, colocamos um grupo ***acila*** na amina:

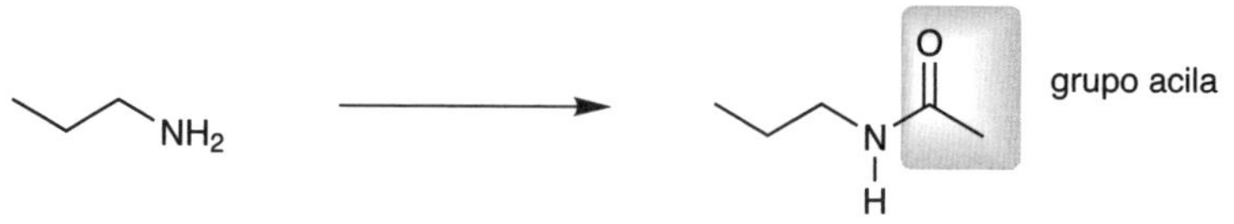

grupo acila

Portanto, chamamos a isto de reação de ***acilação***.

A maioria das aminas primárias e secundárias pode ser acilada. A seguir apresentamos outro exemplo:

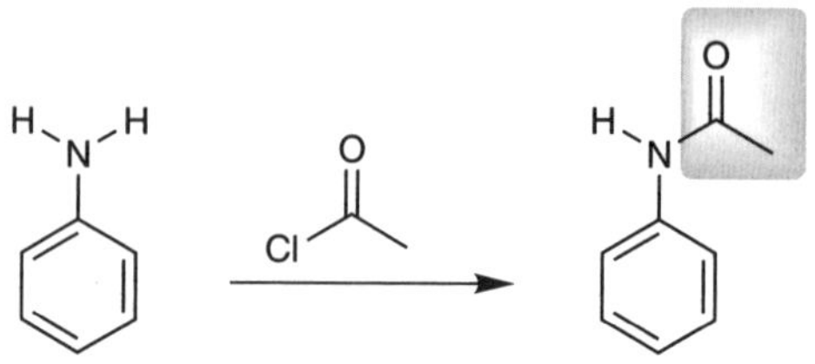

Agora que vimos como acilar uma amina, vamos examinar como remover o grupo acila. Essa reação também foi discutida no capítulo sobre derivados de ácidos carboxílicos. É simplesmente a hidrólise de uma amida:

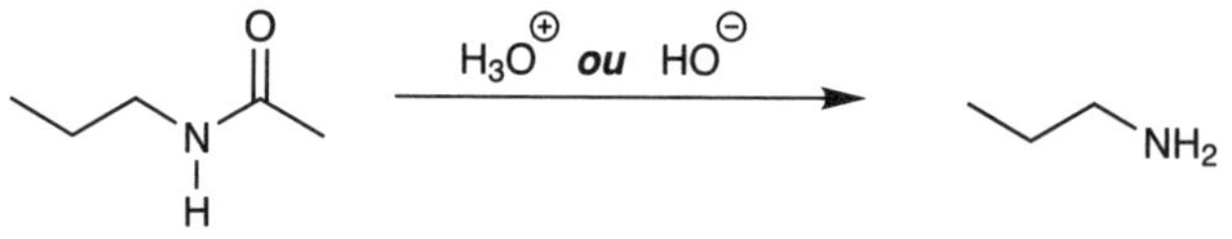

$H_3O^{\oplus}$ ***ou*** $HO^{\ominus}$

Observe que removemos o grupo acila regenerando a amina. Portanto, sabemos agora como inserir um grupo acila e sabemos como removê-lo:

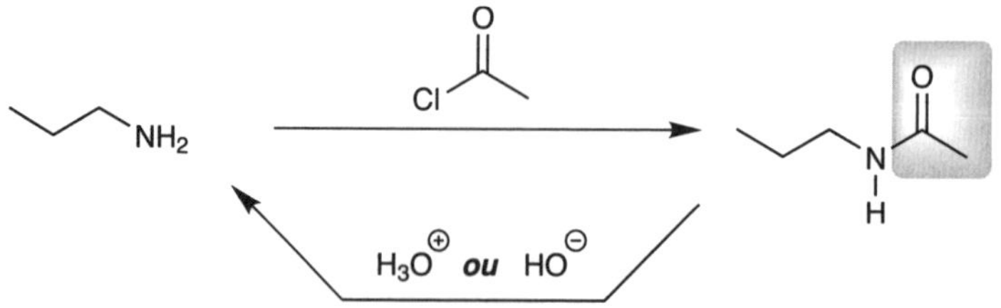

$H_3O^{\oplus}$ ***ou*** $HO^{\ominus}$

Porém, a questão óbvia é: por que desejaríamos fazer isso? Por que instalaríamos um grupo, apenas para removê-lo posteriormente? A resposta a esta pergunta é muito importante, porque ilustra uma estratégia comum que os químicos orgânicos utilizam. Tentemos responder essa pergunta com um exemplo específico.

Imagine que desejamos obter a transformação vista a seguir:

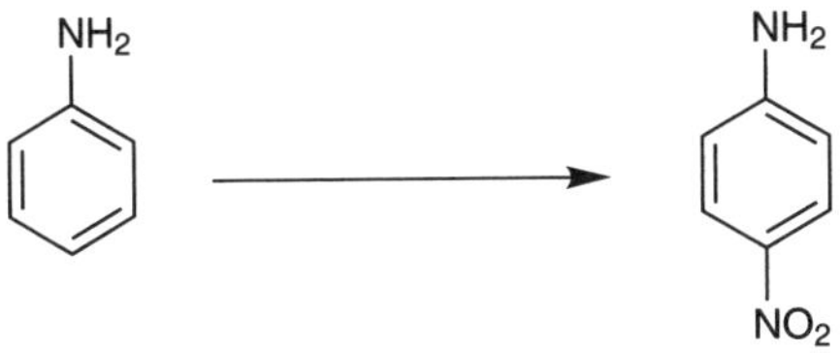

Isto parece fácil de realizar. Você se lembra de como inserir um grupo nitro em um anel aromático (Capítulo 3)? Simplesmente utilizamos uma mistura de ácido nítrico e ácido sulfúrico. O grupo amino é um ativador, então, o direcionamento é para as posições *orto* e *para*, com uma preferência pela substituição *para* (por causas estéricas). Assim, propomos o seguinte:

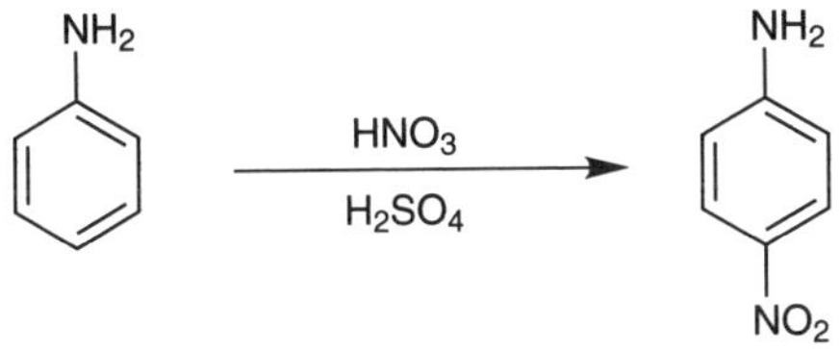

HNO_3 / H_2SO_4

Porém, quando tentamos realizar essa reação, vemos que ela não funciona. É verdade que o grupo amino é um ativador forte. O problema é que ele é um ativador ***muito forte***. Neste caso, um anel altamente ativado está sendo exposto a um agente oxidante muito forte. O anel é tão altamente ativado que a mistura de ácido nítrico e ácido sulfúrico produzirá reações de oxidação indesejadas. O anel é oxidado, destruindo a aromaticidade. Certamente isso não é uma boa coisa, se você quer simplesmente inserir um grupo nitro no anel. Então, como podemos formar o produto desejado?

A maneira de realizar isso é de fato muito inteligente. Primeiro acilamos o grupo amino:

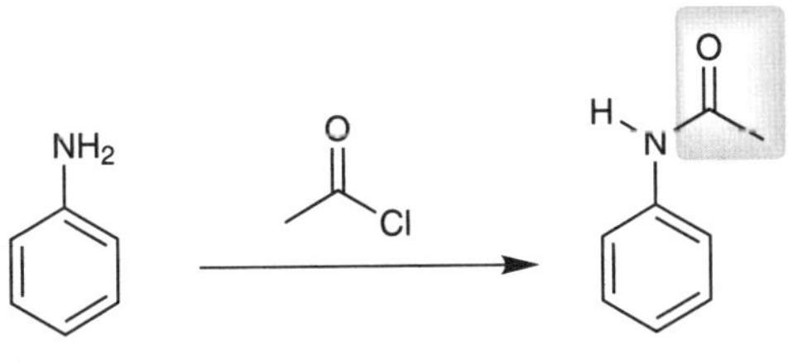

Isto converte o grupo amino (um ativador ***muito forte***) em um ***ativador moderado***. Agora que ele é um ativador moderado, não mais observamos as reações de oxidação indesejadas. O anel sofrerá nitração sem nenhum problema:

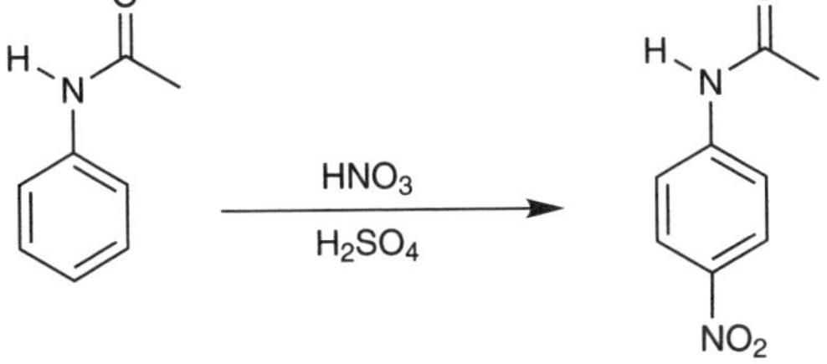

HNO_3 / H_2SO_4

Em seguida, removemos o grupo acila obtendo o produto desejado:

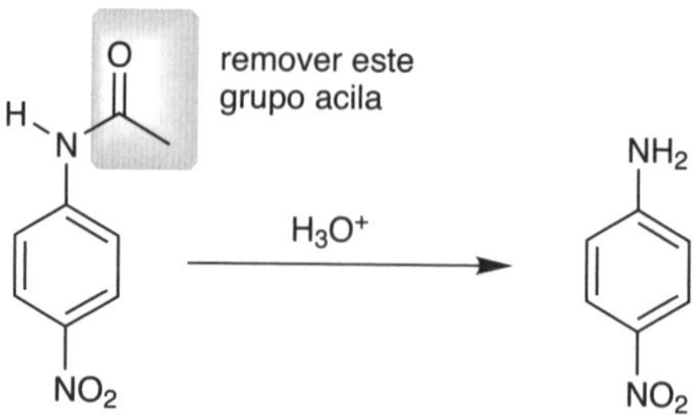

remover este grupo acila

H_3O^+

Pense no que acabamos de fazer. Utilizamos um processo de acilação como uma maneira de ***modificar temporariamente*** a parte eletrônica do grupo amino, de modo que ele não interferisse na reação desejada. Esta estratégia é utilizada o tempo todo pelos químicos orgânicos. Essa ideia de modificar temporariamente um grupo funcional (e, então, convertê-lo de volta mais tarde) é uma ideia utilizada em muitas outras situações (não apenas para a acilação de aminas).

EXERCÍCIO 8.23 Suponha que queiramos realizar a transformação vista a seguir:

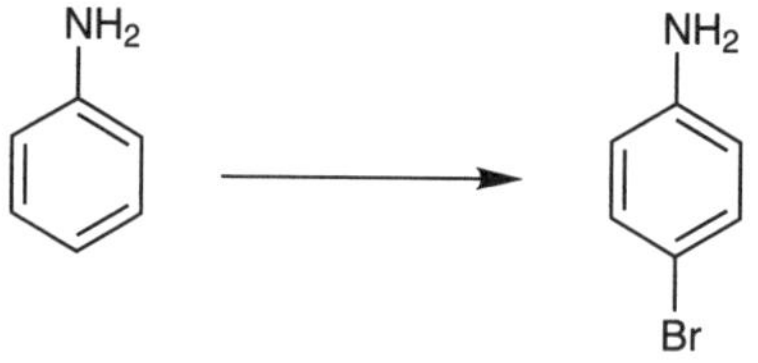

Tentamos realizar essa transformação utilizando o Br_2, mas vemos que a anilina é muito reativa, e obtemos uma mistura de produtos mono, di e tribromados. O que podemos fazer para obter o produto desejado e evitar a polibromação?

Resposta O problema é o grupo amino. Ele é um ativador muito forte. Para driblar esse obstáculo, utilizamos a estratégia que desenvolvemos nesta seção. Acilamos o grupo amino e isso torna o anel menos ativado (temporariamente):

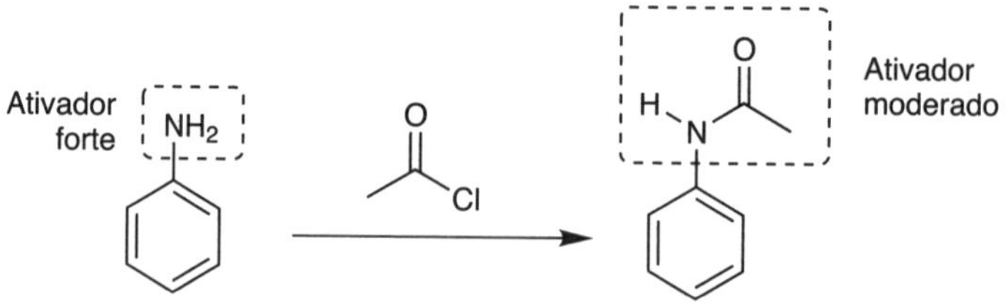

Ativador forte

Ativador moderado

Agora podemos bromar:

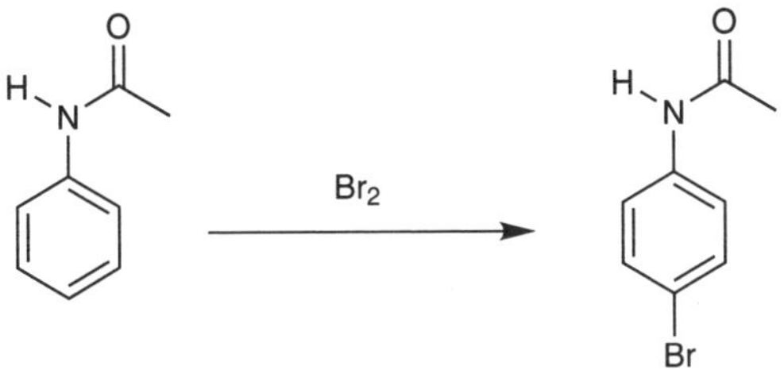

e isto insere um átomo de bromo na posição *para*. Finalmente, removemos o grupo acila para obter o produto desejado:

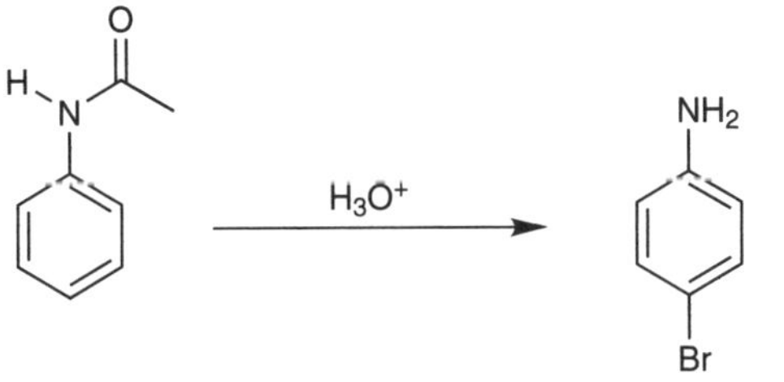

PROBLEMAS Proponha uma síntese eficiente para cada uma das transformações vistas a seguir:

8.24

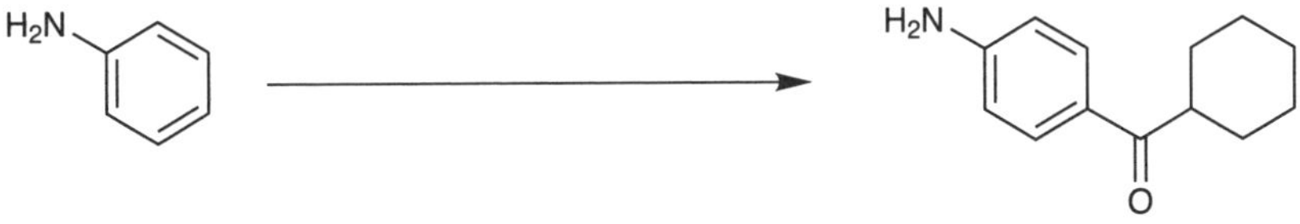

8.25

8.5 REAÇÕES DE AMINAS COM O ÁCIDO NITROSO

Nesta seção, passaremos a explorar as reações que ocorrem entre as aminas e o ácido nitroso. Compare as estruturas do ácido nitr***oso*** e do ácido nítr***ico***:

Ácido nitroso

Ácido nítrico

Quando o ácido nitroso reage com aminas, os produtos são muito úteis. Logo veremos que esses produtos podem ser utilizados em um vasto número de transformações sintéticas. Assim, vamos nos certificar de que você está confortável com as reações entre as aminas e o ácido nitroso.

Comecemos examinando a fonte de ácido nitroso. O ácido nitroso é bastante instável e, portanto, não podemos simplesmente comprá-lo. Você não vai encontrá-lo guardado em um frasco. Em vez disso, temos que produzir o ácido nitroso no balão de reação. Para fazer isso, usamos nitrito de sódio ($NaNO_2$) e HCl:

H—Cl

Nitrito de sódio

Ácido nitroso

Nestas condições (ácidas), o ácido nitroso é protonado uma vez mais produzindo um intermediário positivamente carregado:

H—Cl

Este intermediário pode, então, perder água dando um intermediário altamente reativo, chamado de íon nitrosônio:

$- H_2O$

Íon nitrosônio

Esse intermediário (o íon nitrosônio) é o intermediário no qual devemos nos concentrar. Sempre que falamos a respeito de uma amina reagindo com o ácido nitroso, realmente queremos dizer que a amina está reagindo com o íon nitrosônio (NO^+). Você poderia observar a semelhança entre esse intermediário e o intermediário NO_2^+ (que utilizamos na reação de nitração). Não confunda esses dois intermediários. NO^+ e NO_2^+ são intermediários diferentes. Nesta seção, estamos discutindo somente as reações de aminas com o íon nitrosônio (NO^+).

Conforme dissemos há alguns momentos, os íons nitrosônio não podem ser armazenados em um frasco. Em vez disso, devemos produzi-los ***na presença de uma amina***. Assim, tão logo seja formado o íon nitrosônio, ele reagirá imediatamente com a amina antes que tenha chance de fazer qualquer outra coisa. Isto é chamado de preparação ***in situ***.

Então, agora a questão é: o que acontece quando uma amina reage com um íon nitrosônio? Comecemos explorando as aminas secundárias (e, em seguida, exploraremos as aminas primárias).

Uma amina secundária pode atacar um íon nitrosônio da seguinte forma:

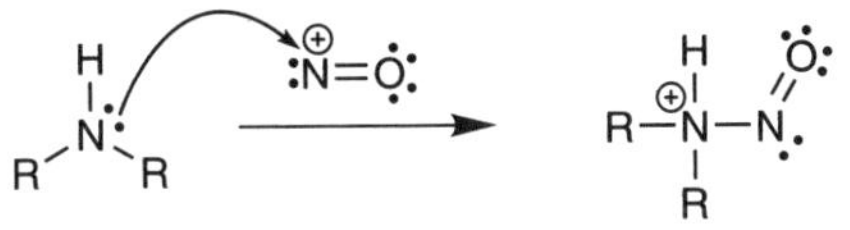

A desprotonação, então, forma o produto:

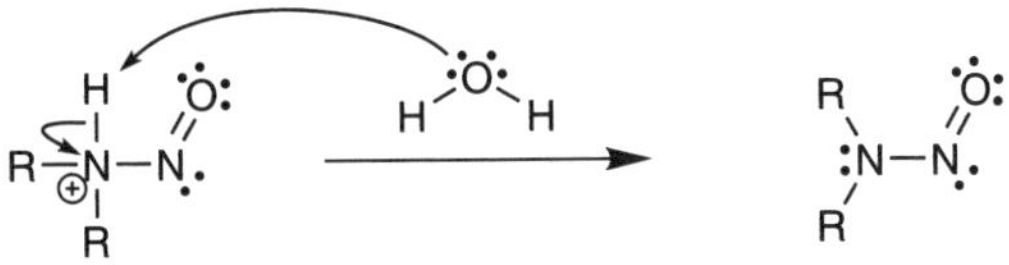

Este produto é chamado de ***N-nitroso amina***. Abreviando, os químicos frequentemente o chamam de ***nitrosamina***.

Esta reação não é muito útil. Porém, quando uma amina ***primária*** ataca um íon nitrosônio, a reação resultante é extremamente importante. A amina ataca, formando inicialmente uma nitrosamina:

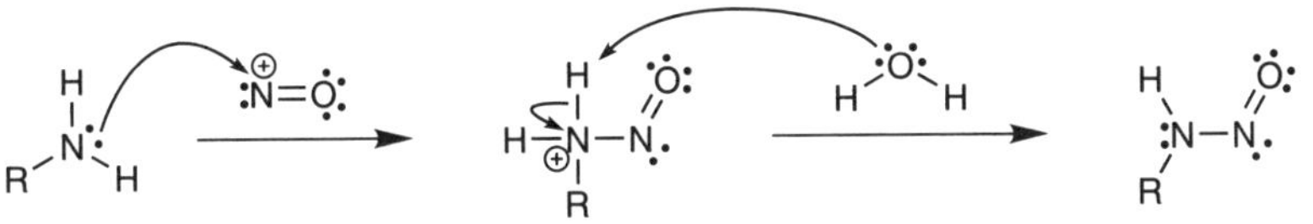

Como iniciamos com uma amina primária, observamos que temos um próton na nossa nitrosamina:

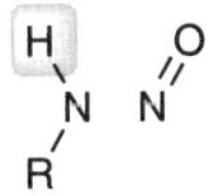

Devido a esse próton, a nitrosamina continua a reagir da maneira vista a seguir:

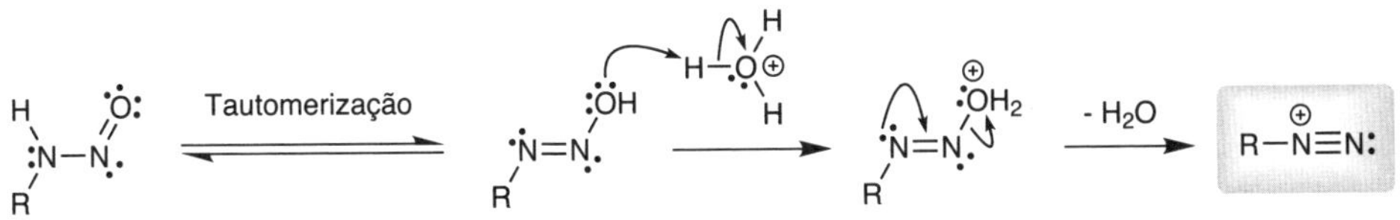

Tautomerização

$- H_2O$

Este produto é chamado de íon ***diazônio***. O termo ***azo*** significa nitrogênio, assim, ***diazo*** significa dois átomos de nitrogênio. E, é claro, ***ônio*** significa uma carga positiva. Isso é o que temos aqui: dois átomos de nitrogênio ligados um ao outro e uma carga positiva; daí, o nome ***diazônio***.

As ***alquil***aminas primárias darão sais de ***alquil***diazônio, e as ***aril***aminas primárias darão sais de ***aril***diazônio:

NH_2 —($NaNO_2$, HCl)→ $N^{\oplus}\equiv N$ $Cl^{\ominus}$

Sal de ***alquil***diazônio

NH_2 —($NaNO_2$, HCl)→ $N^{\oplus}\equiv N$ $Cl^{\ominus}$

Sal de ***aril***diazônio

Os sais de ***alquil***diazônio não são muito úteis. Eles são muito explosivos e, como resultado, são muito perigosos para preparar. Porém, os sais de ***aril***diazônio são muito mais estáveis e muito úteis, conforme veremos na seção a seguir. Por ora, vamos apenas nos certificar de que sabemos como produzir sais de diazônio.

EXERCÍCIO 8.26 Preveja o produto da reação vista a seguir:

NH_2, Br, Br, Br —($NaNO_2$, HCl)→ ?

Resposta Nosso material de partida é uma amina primária. Esses reagentes (nitrito de sódio e HCl) são utilizados para formar ácido nitroso, que, então, forma o íon nitrosônio. As aminas primárias reagem com o íon nitrosônio dando um sal de diazônio. Portanto, o produto dessa reação é:

NH_2, Br, Br, Br —($NaNO_2$, HCl)→ $N\equiv N^{\oplus}$ $Cl^{\ominus}$, Br, Br, Br

PROBLEMAS Preveja o produto principal de cada uma das reações vistas a seguir:

8.27 H_2N —($NaNO_2$, HCl)→

8.28 H_2N — $\xrightarrow[\text{HCl}]{\text{NaNO}_2}$

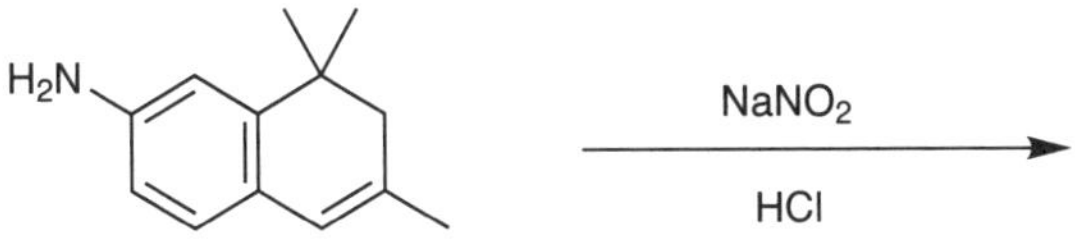

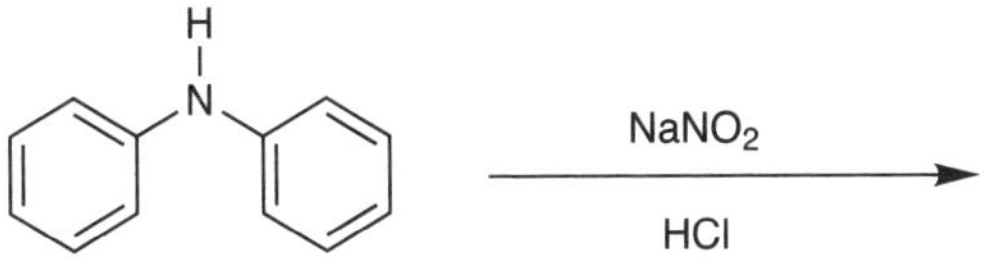

8.29 — $\xrightarrow[\text{HCl}]{\text{NaNO}_2}$

8.30 NH_2 — $\xrightarrow[\text{HCl}]{\text{NaNO}_2}$

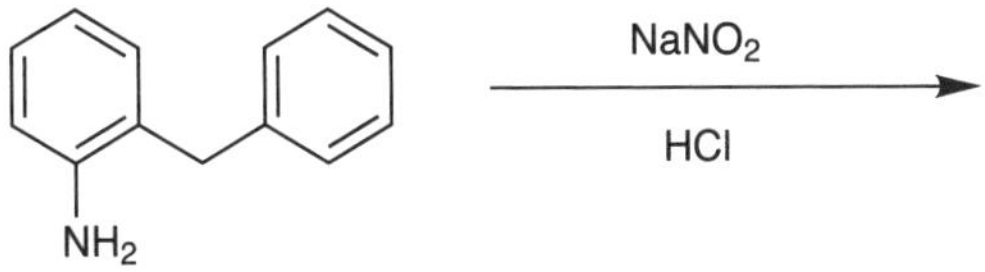

8.6 SAIS DE DIAZÔNIO AROMÁTICOS

Na seção anterior, aprendemos como produzir sais de arildiazônio:

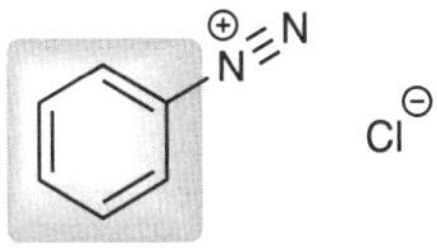

$N^{\oplus}\equiv N$ $Cl^{\ominus}$

Um sal de ***aril***diazônio

Agora vamos aprender o que fazer com os sais de arildiazônio. A seguir estão algumas reações:

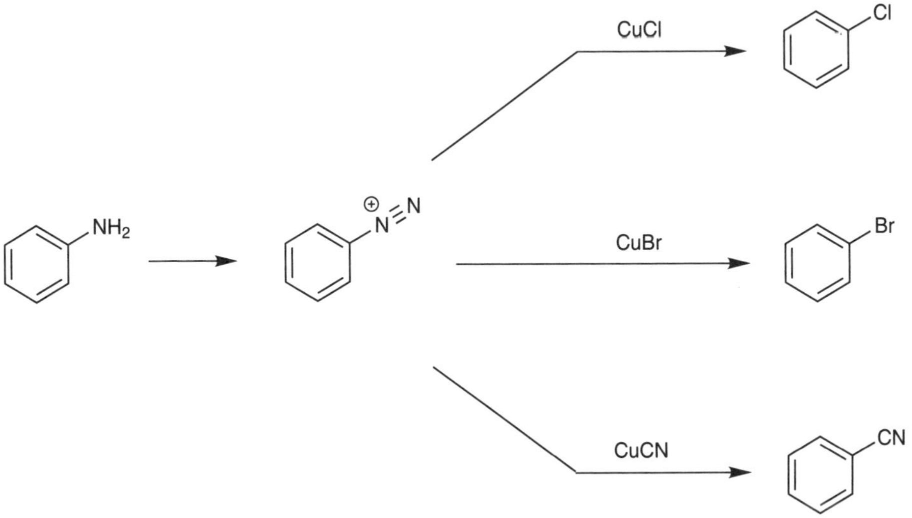

NH_2 → $N^{\oplus}\equiv N$

CuCl → Cl

CuBr → Br

CuCN → CN

Em todas essas reações, estamos utilizando sais de cobre como reagentes. Essas reações são chamadas de ***reações de Sandmeyer***. Elas são úteis, pois nos permitem obter transformações que, caso contrário, não poderíamos realizar com a química que aprendemos nos Capítulos 3 e 4 (substituição eletrofílica e nucleofílica aromática). Como exemplo dessa limitação, não vimos como inserir um grupo ciano em um anel aromático. Esta é a nossa primeira maneira de fazer isso.

EXERCÍCIO 8.31 Que reagentes você utilizaria para obter a transformação vista a seguir:

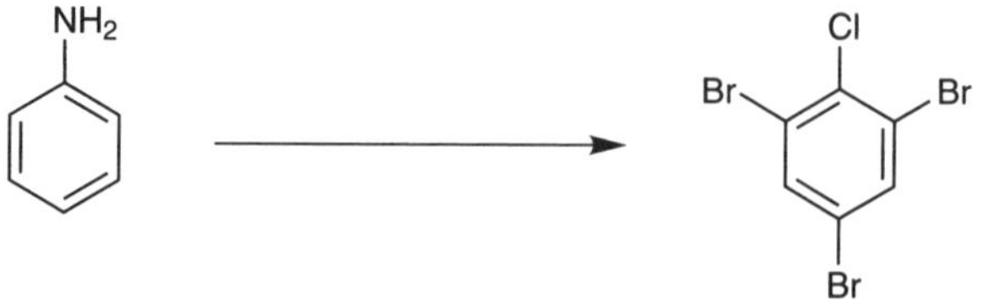

NH2 → Cl, Br, Br, Br

Resposta Se bromássemos a anilina, observaríamos que o grupo amina é tão ativado que iríamos obter um produto tribromado:

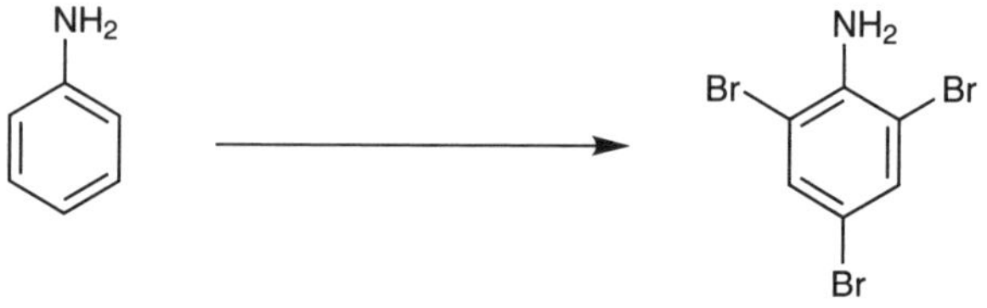

NH2 → NH2, Br, Br, Br

Então, podemos converter o grupo amino em um grupo cloro. Para realizar isso, produzimos um sal de diazônio, seguido de uma reação de Sandmeyer:

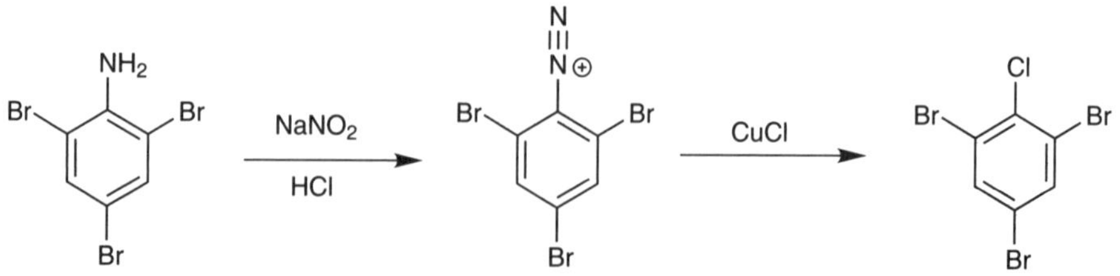

NH2, Br, Br, Br → ($NaNO_2$ / HCl) → N≡N⊕, Br, Br, Br → (CuCl) → Cl, Br, Br, Br

PROBLEMAS Que reagentes você utilizaria para obter cada uma das transformações vistas a seguir?

8.32 NH2, NO2 → Br, NO2

8.33 NH_2 (anel com NO_2) ⟶ CN (anel com NO_2)

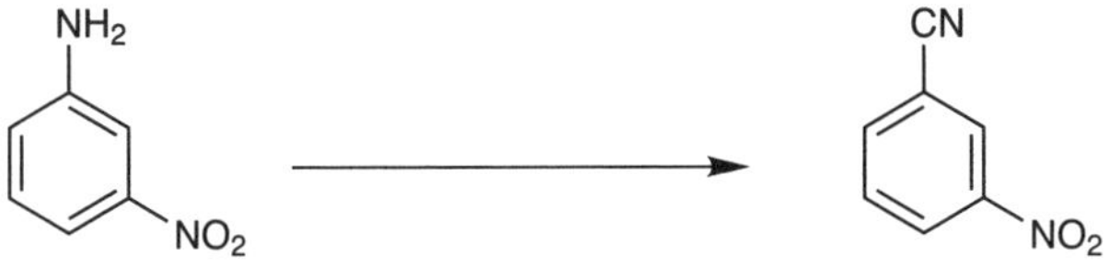

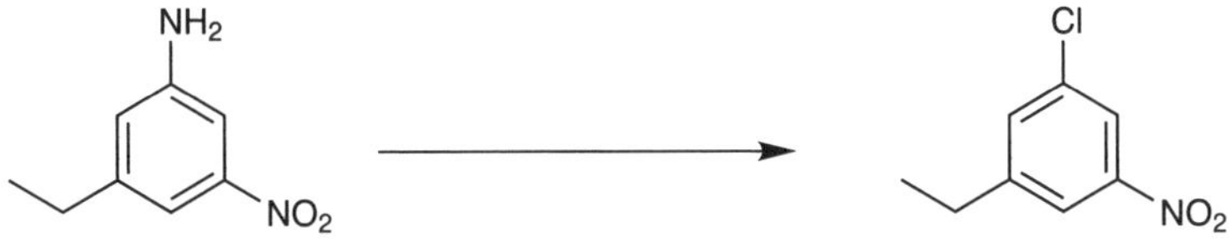

8.34 NH_2 (anel com etil e NO_2) ⟶ Cl (anel com etil e NO_2)

8.35 NH_2 ⟶ Br

8.36 NH_2 ⟶ CN

Até este ponto, vimos algumas reações que você pode realizar com sais de arildiazônio. Muitos professores abordarão reações adicionais dos sais de arildiazônio. Você deverá verificar suas anotações de aula para ver se cabe a você saber isso. Seu livro-texto certamente mostrará outras reações que podem ser realizadas com os sais de arildiazônio.

Tais reações são muito úteis em problemas de síntese. Você verá que alguns problemas combinarão essas reações com reações de substituição eletrofílica aromática. Esses problemas podem variar de dificuldade e realmente ficar difíceis às vezes. Você encontrará muitos desses problemas no seu livro-texto. Para resolver alguns dos problemas de desafio do seu livro-texto, deixo-lhe um conselho de última hora.

Há duas atividades importantes que você tem que realizar para dominar esses tipos de problemas.

1. Você deve rever as reações e os princípios de todo o curso. Repasse seu livro-texto e suas anotações de aulas muitas vezes. Certifique-se de que chegou a um ponto no qual sabe todas as reações (você terá que ter um bom domínio de todas as reações.)
2. Você tem que resolver tantos problemas quanto possíveis. Se você não praticar, verá que mesmo um bom domínio das reações será insuficiente. Para realmente dominar a arte de solução de problemas, você tem que ***praticar***, ***praticar***, ***praticar***. Recomendo que resolva o maior número possível de problemas. Você poderá até achar que eles podem ser divertidos, acredite se quiser.

Este livro destina-se a servir como uma plataforma de lançamento para seus esforços de estudo. Este livro NÃO abrange tudo que você precisa saber. Minha intenção foi dar a você as ***habilidades*** e o ***entendimento*** do que precisa estudar com mais eficiência. Boa sorte.

RESPOSTAS

CAPÍTULO 1

1.1)

1.2) Não

1.3) Não

1.4) Sim

1.5) Sim

1.6)

1.7)

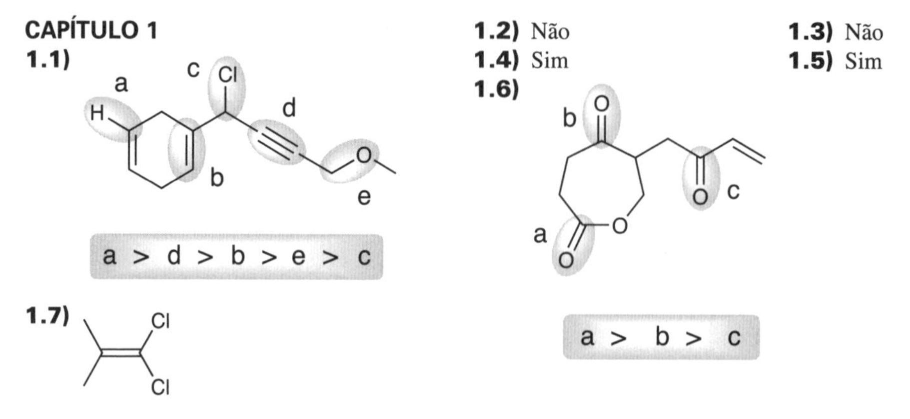

1.8) Considere a terceira estrutura de ressonância apresentada a seguir. Esta estrutura de ressonância tem uma carga positiva, indicando que o átomo de carbono em destaque é deficiente em elétrons. Como resultado, a ligação C═C possui um momento de dipolo excepcionalmente forte, levando a um sinal excepcionalmente forte na espectroscopia IV.

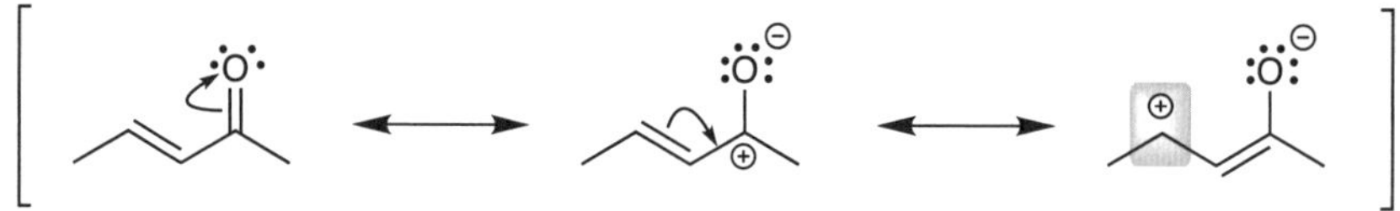

1.9) Álcool

1.10) Nenhum

1.11) Ácido carboxílico

1.12) Álcool

1.13) Ácido carboxílico

1.14) Nenhum

1.15) Álcool

1.16) Ácido carboxílico

1.17) Amina primária

1.18) Cetona (o pequeno pico em 3400 pode ser ignorado. Veja o exercício 1.21 para uma explicação)

1.19) Amina secundária

1.20) Álcool

1.21)

O — A

OH — F

O, OH, MeO — B

O — E

O — C

NH_2 — D

CAPÍTULO 2

2.2) Dois sinais **2.3)** Três sinais **2.4)** Um sinal **2.5)** Dois sinais
2.6) Cinco sinais **2.7)** Três sinais **2.8)** Seis sinais **2.9)** Quatro sinais
2.10) Quatro sinais

2.11)

2.13)

2,7 ppm H
CH_3 3,9 ppm
H_3C CH_3
1,1 ppm

2.14)

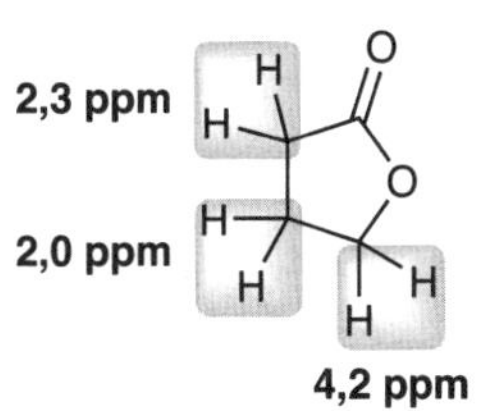

2.15)

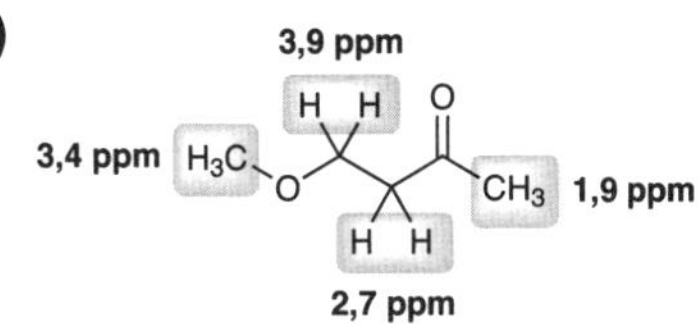

2.16)

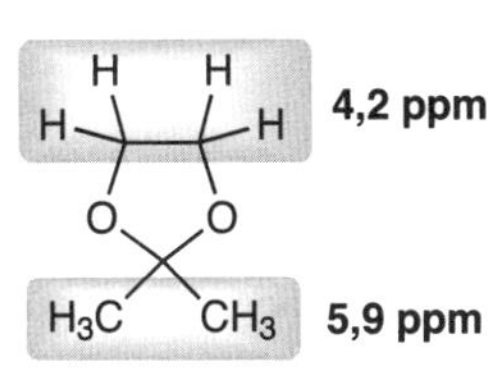

2.17)

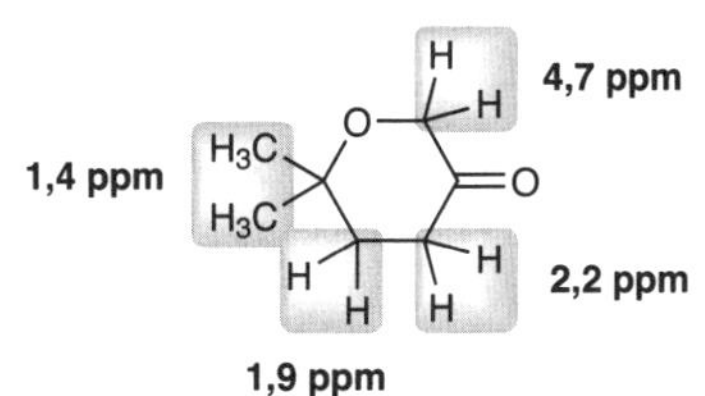

2.18)

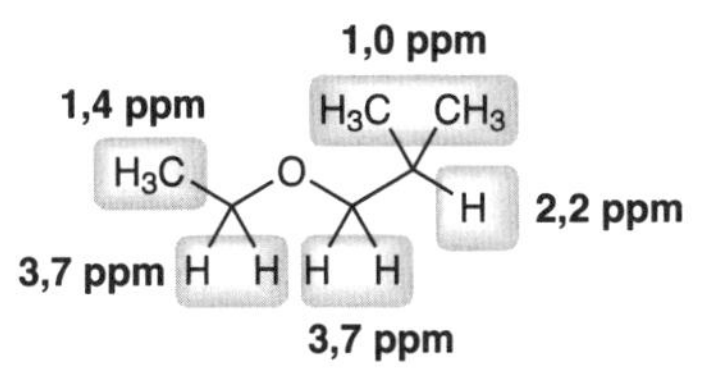

2.19)

6,5 - 8 ppm
2,9 ppm
2,7 ppm
12 ppm
2 ppm
2,5 ppm
2,5 ppm
2 - 5 ppm
10 ppm

2.21) 5:2:2:1 **2.22)** 2:12 **2.23)** 2:2:2

2.25)

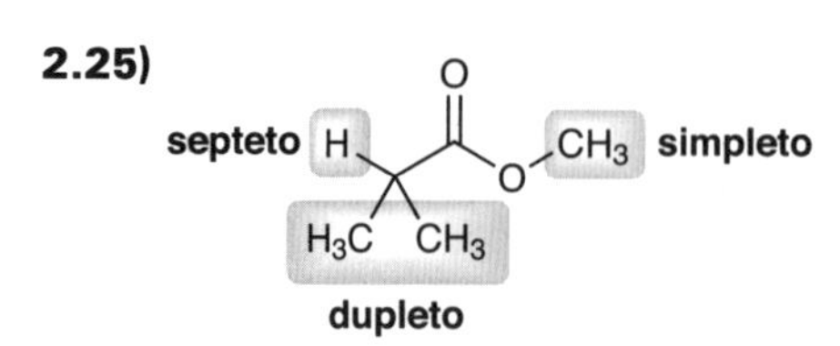

2.26) simpleto H_3C H_3C O O H tripleto H H H tripleto

2.27) tripleto simpleto H_3C H_3C H_3C H H O O CH_3 simpleto H H tripleto

2.28) H H H H simpleto O O H_3C CH_3 simpleto

2.29) H H simpleto O simpleto H_3C H_3C O H H H H tripleto tripleto

2.30) quarteto H H CH_3 CH_3 dupleto tripleto H_3C O H septeto

2.31) Isopropila

2.32) Etila

2.33) Isopropila

2.34) Etila

2.36) Dois graus de insaturação

2.37) Três graus de insaturação

2.38) Dois graus de insaturação

2.39) Sem graus de insaturação

2.40) Sem graus de insaturação

2.41) Quatro graus de insaturação

2.43) O

2.44) O O

2.45) O O

2.46)

2.47) O O

2.48) OH

2.50) Total = Seis sinais (dois sinais entre 0–50 ppm e quatro sinais entre 100–150 ppm)

2.51) Total = Nove sinais (um sinal entre 0–50 ppm, um sinal entre 50–100 ppm, seis sinais entre 100–150 ppm e um sinal entre 150–220 ppm)

2.52) Total = Cinco sinais (três sinais entre 0–50 ppm e dois sinais entre 100–150 ppm)

2.53) Total = Cinco sinais (três sinais entre 0–50 ppm e dois sinais entre 50–100 ppm)

2.54) Total = Três sinais (dois sinais entre 0–50 ppm e um sinal entre 50–100 ppm)

2.55) Total = Cinco sinais (três sinais entre 0–50 ppm e dois sinais entre 50–100 ppm)

CAPÍTULO 3

3.2) Cl Al Cl Cl :Cl—Cl: → Cl Cl—Al—Cl—Cl: Cl

3.3)

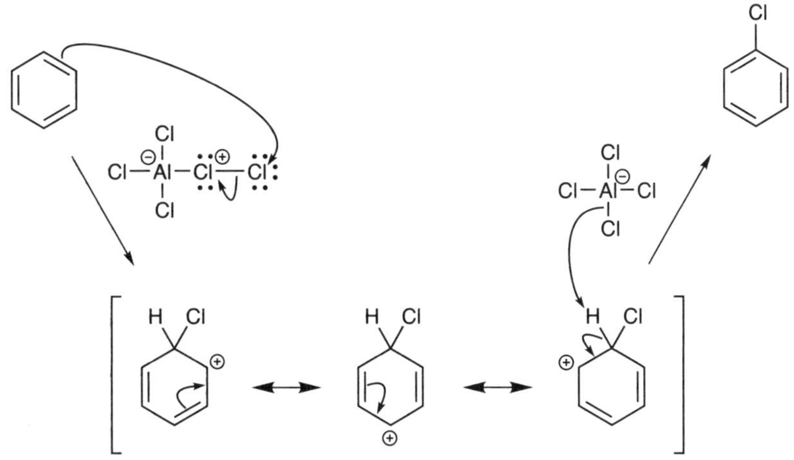

3.4)

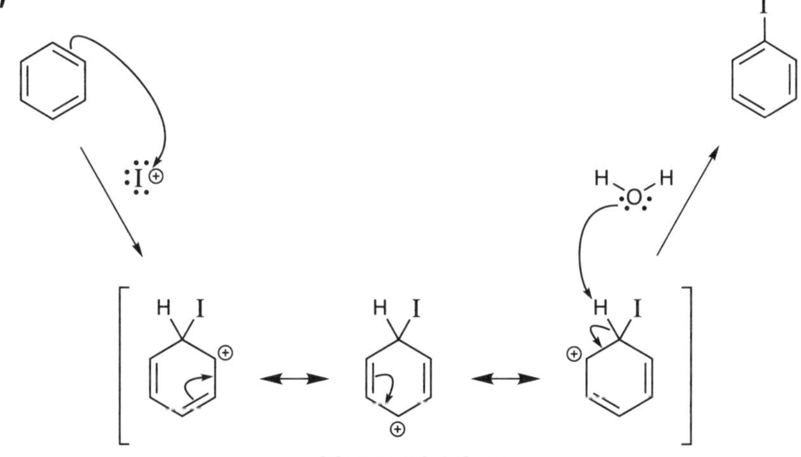

3.5)

Benzeno $\xrightarrow[AlBr_3]{Br_2}$ bromobenzeno (Br)

3.6)

Benzeno $\xrightarrow[H_2SO_4]{HNO_3}$ nitrobenzeno (NO_2)

3.7)

Benzeno $\xrightarrow[AlCl_3]{Cl_2}$ clorobenzeno (Cl)

3.10)

Benzeno → butilbenzeno

1) Cl–C(=O)–CH₂CH₂CH₃ , $AlCl_3$

2) H_2O

3) Zn [Hg] , HCl, aquecimento

3.11)

Benzeno $\xrightarrow{AlCl_3}$ (2-clorobutano, Cl) sec-butilbenzeno

3.12)

Benzeno $\xrightarrow{AlCl_3}$ (cloreto de terc-butila, Cl) terc-butilbenzeno

3.13)

Benzeno $\xrightarrow{AlCl_3}$ (clorociclo-hexano, Cl) ciclo-hexilbenzeno

3.14)

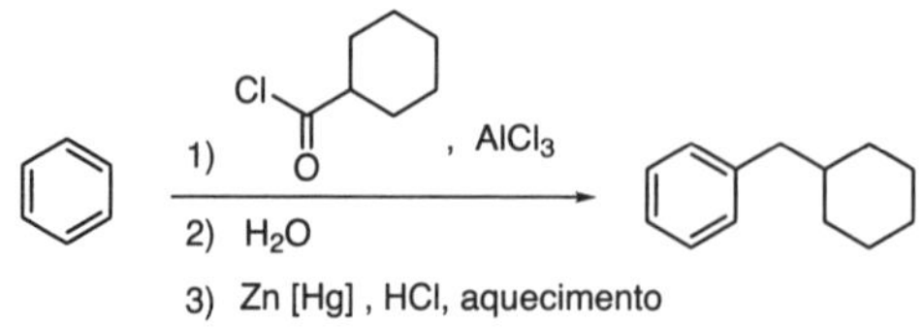

1) cloreto de cicloexanocarbonila, $AlCl_3$
2) H_2O
3) Zn [Hg] , HCl, aquecimento

3.15)

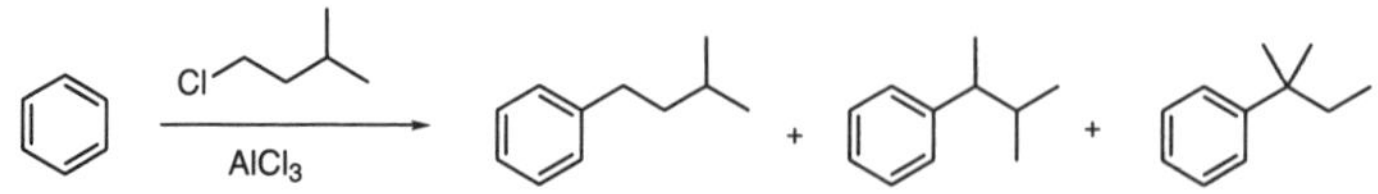

$AlCl_3$

+ +

3.17)

Formação do íon acílio:

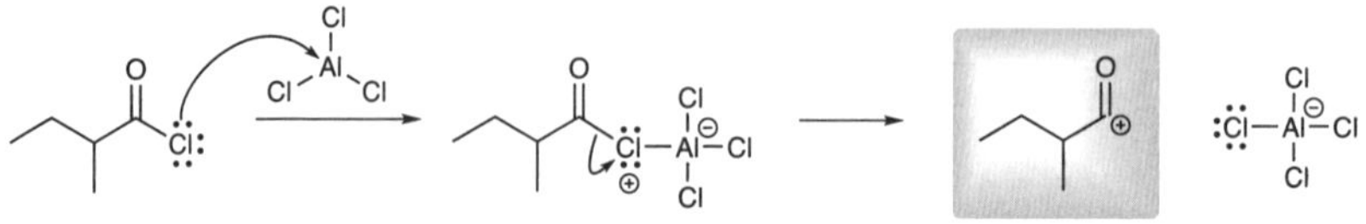

Cl Al Cl Cl O Cl O Cl Al Cl Cl Cl O Cl Al Cl Cl Cl

Substituição aromática eletrofílica:

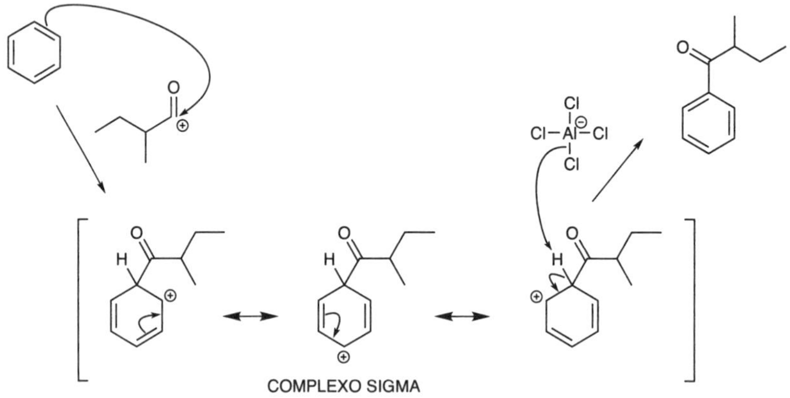

COMPLEXO SIGMA

3.19)

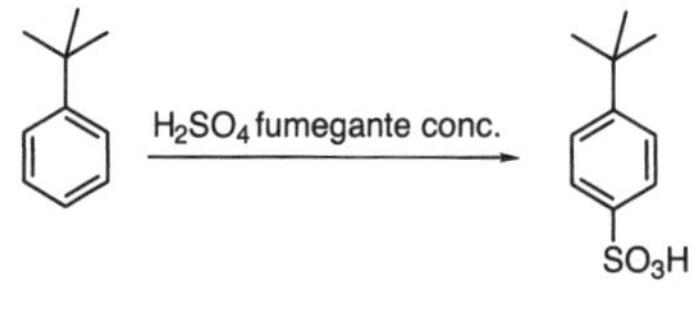

H_2SO_4 fumegante conc.

SO_3H

3.20)

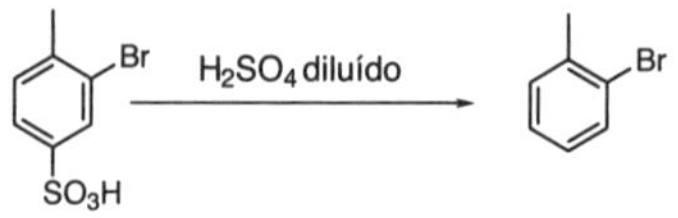

Br H_2SO_4 diluído Br

SO_3H

3.21)

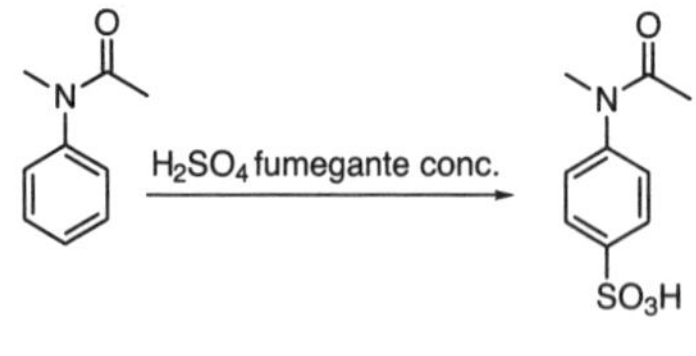

H_2SO_4 fumegante conc.

SO_3H

3.22)

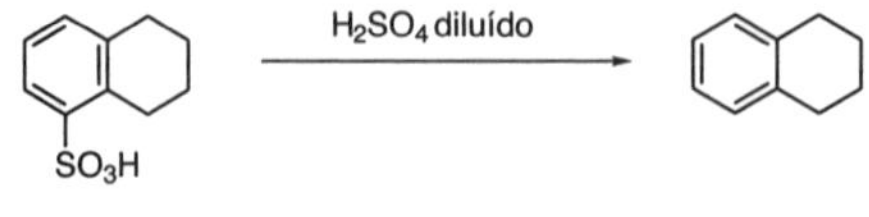

H_2SO_4 diluído

SO_3H

3.23)

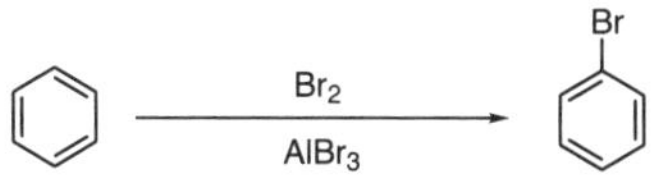

Br_2 / $AlBr_3$ — Br

3.24)

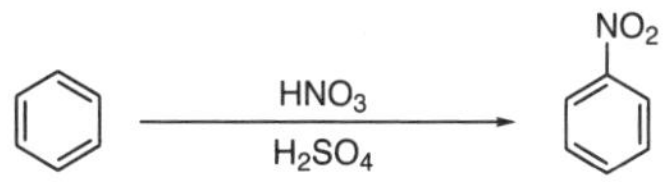

HNO_3 / H_2SO_4 — NO_2

3.25)

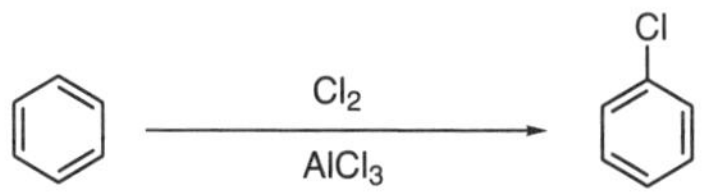

Cl_2 / $AlCl_3$ — Cl

3.26)

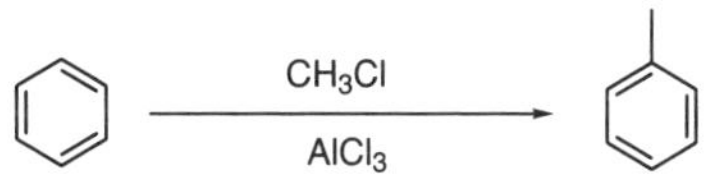

CH_3Cl / $AlCl_3$

3.27)

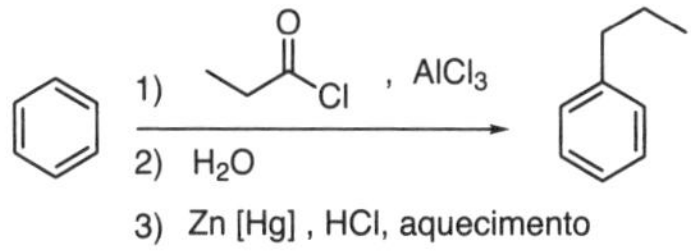

1) O, Cl, $AlCl_3$
2) H_2O
3) Zn [Hg] , HCl, aquecimento

3.28)

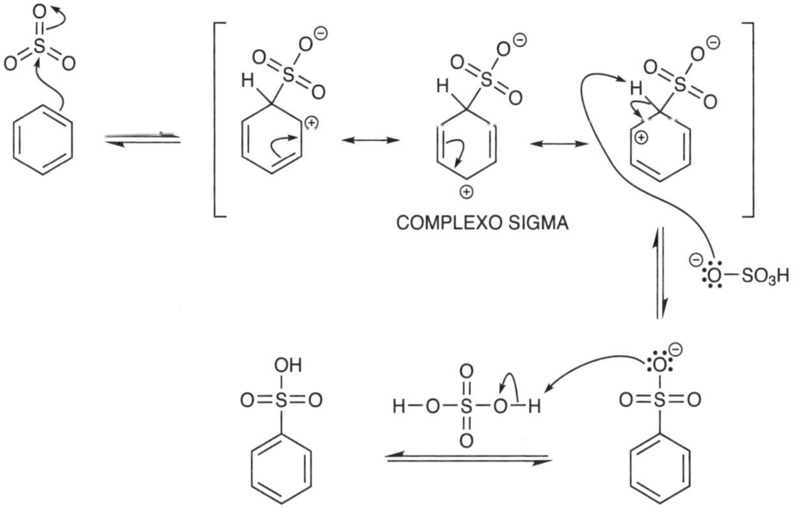

COMPLEXO SIGMA

$O-SO_3H$

OH, O=S=O; H–O–S–O–H; O=S=O

3.29)

OH, O=S=O; H–O–S–O–H; H, O, H

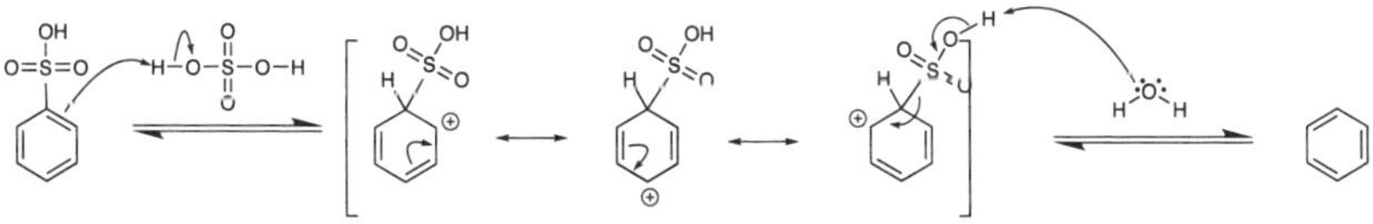

3.31) direcionamento *orto*, *para*

3.32) direcionamento *orto*, *para*

3.33) direcionamento *meta*

3.34) direcionamento *meta*

3.35) direcionamento *orto*, *para*

3.36) direcionamento *meta*

3.37) direcionamento *orto*, *para*

3.39)

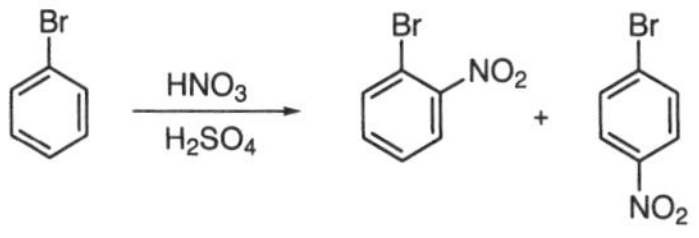

Br — HNO_3 / H_2SO_4 — Br, NO_2 + Br, NO_2

3.40)

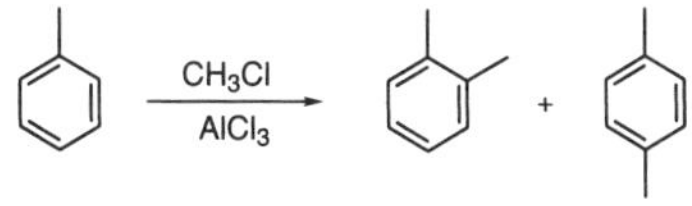

CH_3Cl / $AlCl_3$ — +

3.41)

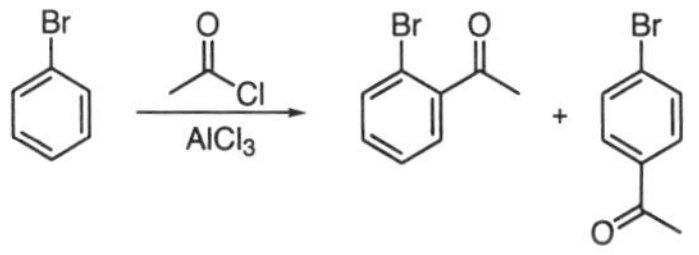

Br — O, Cl / $AlCl_3$ — Br, O + Br, O

3.42)

O, O — ácido sulfúrico fumegante conc. — O, O, SO_3H

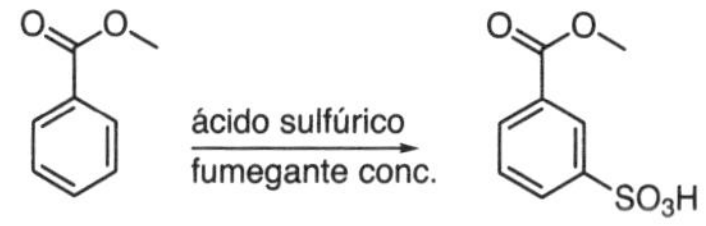

3.43)

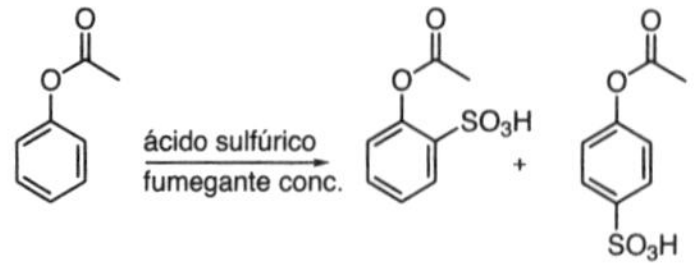

ácido sulfúrico fumegante conc.

SO_3H + SO_3H

3.44)

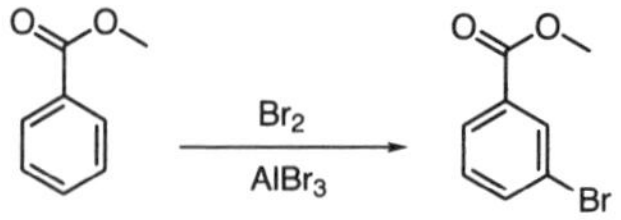

Br_2 / $AlBr_3$

Br

3.45)

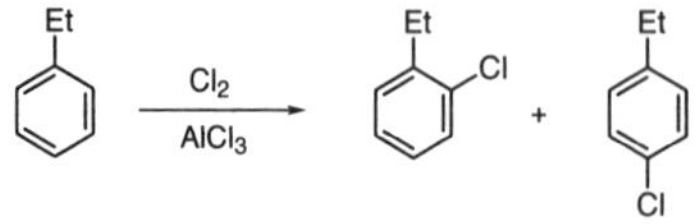

Et → Cl_2 / $AlCl_3$ → Et, Cl + Et, Cl

3.47)

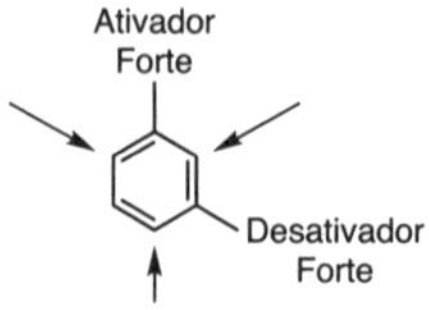

Ativador Forte

Desativador Forte

3.48)

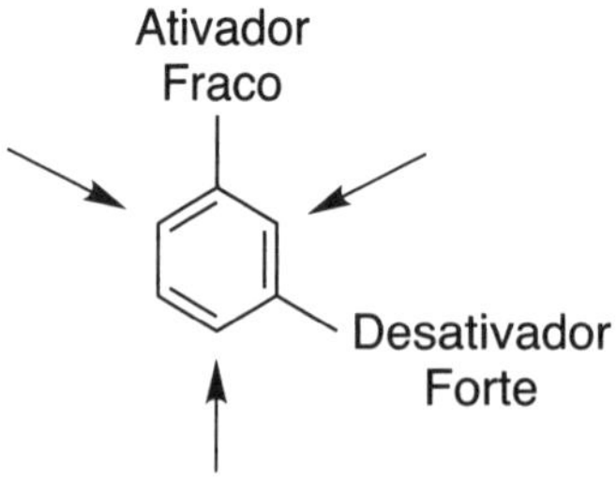

Ativador Fraco

Desativador Forte

3.49)

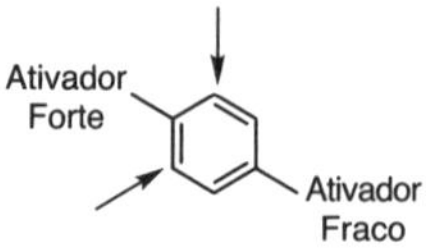

Ativador Forte

Ativador Fraco

3.50)

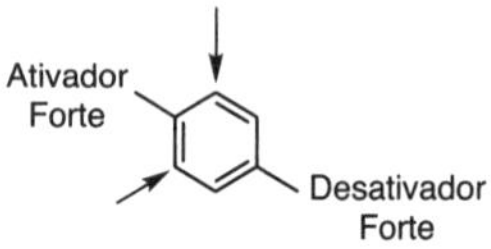

Ativador Forte

Desativador Forte

3.51)

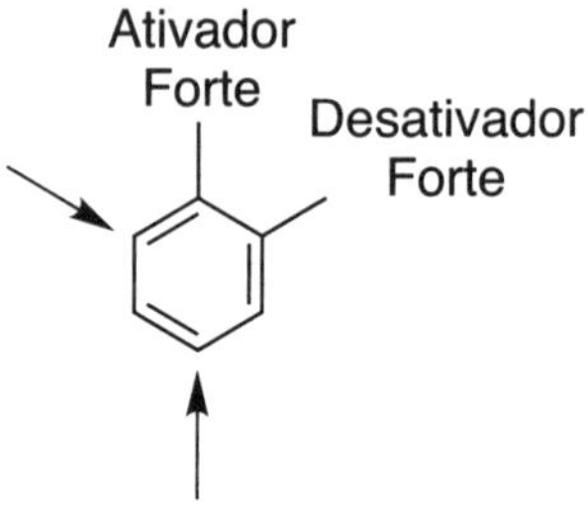

Ativador Forte

Desativador Forte

3.52)

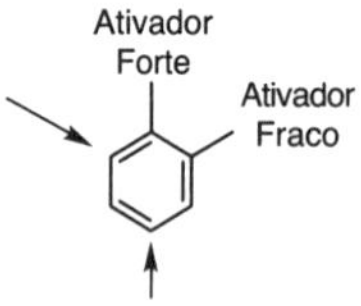

Ativador Forte

Ativador Fraco

3.53)

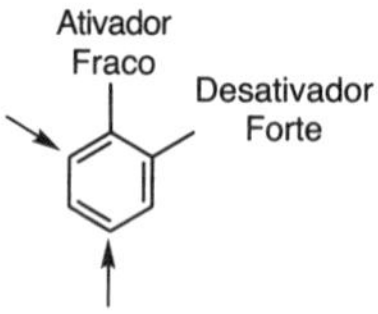

Ativador Fraco

Desativador Forte

3.54)

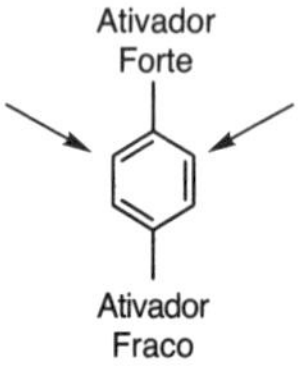

Ativador Forte

Ativador Fraco

3.55)

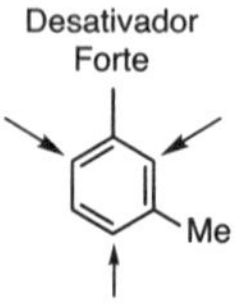

Desativador Forte

Me

3.56)

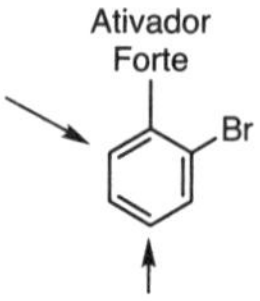

Ativador Forte

Br

3.58)

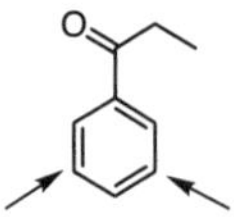

Desativador Moderado

3.59)

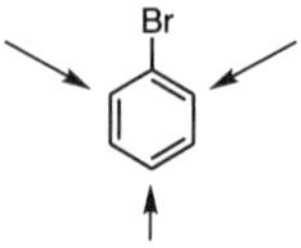

Br

Desativador Fraco

3.60) Ativador forte

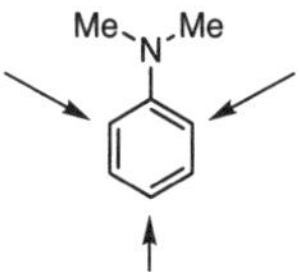

3.61) Ativador fraco

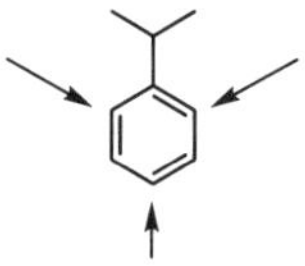

3.62) Ativador moderado

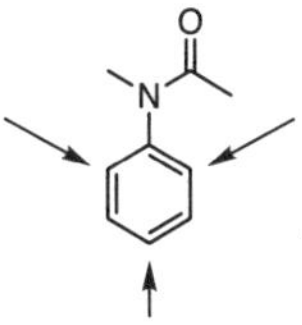

3.63) NO_2 Desativador forte

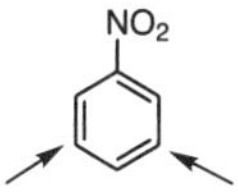

3.64) Desativador moderado

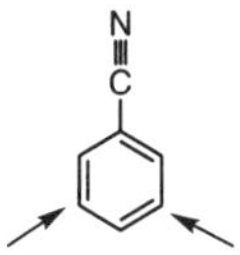

3.65) Desativador moderado

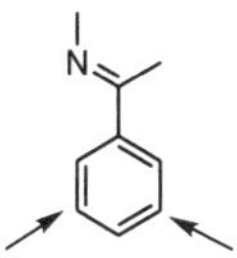

3.66) CBr_3 Desativador forte

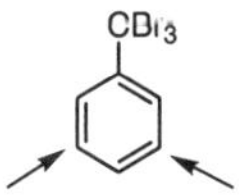

3.67) Desativador moderado

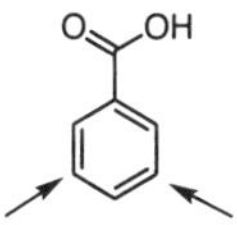

3.68) As estruturas de ressonância mostram que o par isolado no átomo de nitrogênio está deslocalizado e disperso por todo o anel, o que o ativa fortemente. O efeito é o mesmo que se o par isolado estivesse próximo ao anel.

3.70) Br_2, $AlBr_3$

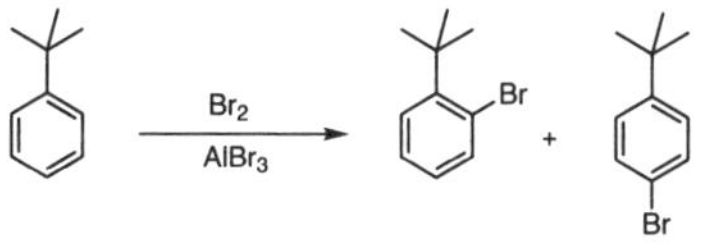

3.71) CH_3Cl, $AlCl_3$

3.72) Br_2

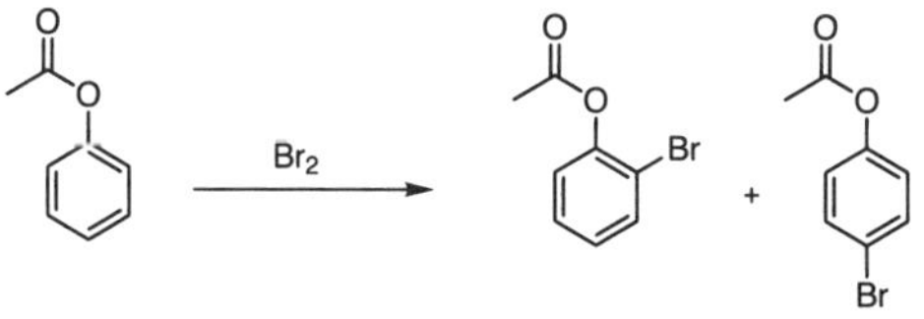

Neste caso, o anel é moderadamente ativado na direção da bromação, então, não é necessário um ácido de Lewis.

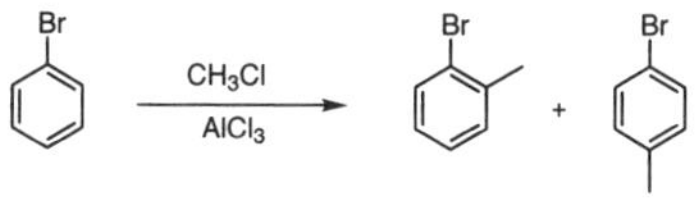

3.73) 1) Cl, $AlCl_3$ 2) H_2O

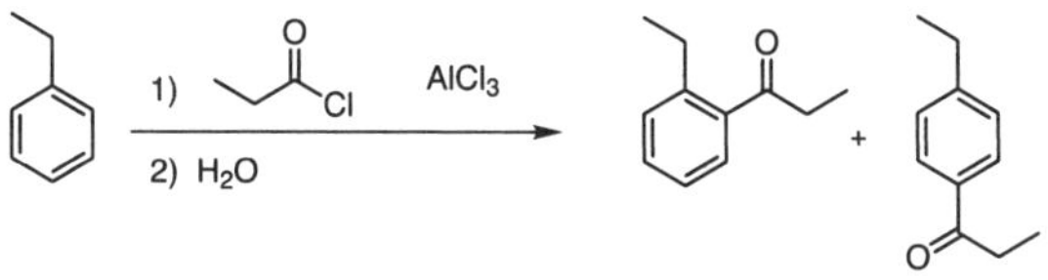

3.74) HNO_3, H_2SO_4

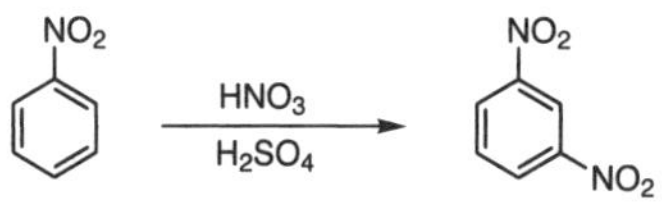

3.76) $\xrightarrow[H_2SO_4]{HNO_3}$ + NO_2; O_2N

3.77) NO_2 $\xrightarrow[AlCl_3]{Cl_2}$ Cl, NO_2 + NO_2, Cl + Cl, NO_2

3.78) OMe, Cl $\xrightarrow[AlCl_3]{CH_3Cl}$ H_3C, OMe, Cl + OMe, Cl, CH_3

3.79) 1) CH_3COCl (O, Cl), $AlCl_3$; 2) H_2O → O, O + O, O, O

3.81) 1) H_2SO_4 fumegante conc. 2) HNO_3 , H_2SO_4 3) H_2SO_4 diluído → NO_2

3.82) NO_2 $\xrightarrow[AlBr_3]{Br_2}$ NO_2, Br

3.83) 1) H_2SO_4 fumegante conc. 2) $AlCl_3$, Cl (O) 3) H_2SO_4 diluído → O, O

3.84) Pr $\xrightarrow[AlCl_3]{CH_3Cl}$ Pr, Me

3.85) Pr 1) H_2SO_4 fumegante conc. 2) Cl_2 , $AlCl_3$ 3) H_2SO_4 diluído → Pr, Cl

3.87) Cl (clorobenzeno) $\xrightarrow[H_2SO_4]{HNO_3}$ 1-cloro-4-nitrobenzeno (Cl, NO_2) Principal

3.88) $\xrightarrow[H_2SO_4]{HNO_3}$ (NO_2) Principal

3.89) $\xrightarrow[AlCl_3]{Cl_2}$ (Cl) Principal

3.90) $\xrightarrow[\text{fumegante conc.}]{H_2SO_4}$ (HO_3S) Principal

3.91) $\xrightarrow[AlCl_3]{CH_3Cl}$ Principal

3.92) $\xrightarrow[AlBr_3]{Br_2}$ (Br) Principal

3.94)
1) (Cl), $AlCl_3$
2) H_2SO_4 fumegante conc.
3) Cl_2, $AlCl_3$
4) H_2SO_4 diluído
(Cl)

3.95)
1) Br_2, $AlBr_3$
2) H_2SO_4 fumegante conc.
3) HNO_3, H_2SO_4
4) H_2SO_4 diluído
(NO_2, Br)

3.96)
1) (Cl), $AlCl_3$
2) H_2SO_4 fumegante conc.
3) CH_3Cl, $AlCl_3$
4) H_2SO_4 diluído

3.97)
1) (O, Cl), $AlCl_3$
2) H_2O
3) Zn [Hg], HCl, aquecimento
4) HNO_3, H_2SO_4
(Pr, NO_2)

3.98)
1) $AlCl_3$, (Cl)
2) HNO_3, H_2SO_4
(NO_2)

3.99)
1) $AlCl_3$, (O, Cl)
2) H_2O
3) Br_2, $AlBr_3$
4) Zn [Hg], HCl, aquecimento
(Br)

3.100)

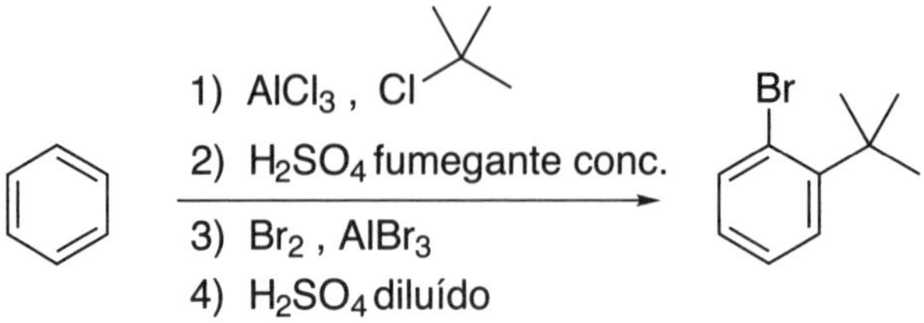

1) $AlCl_3$, Cl–C(CH$_3$)$_3$
2) H_2SO_4 fumegante conc.
3) Br_2, $AlBr_3$
4) H_2SO_4 diluído

Br

3.101)

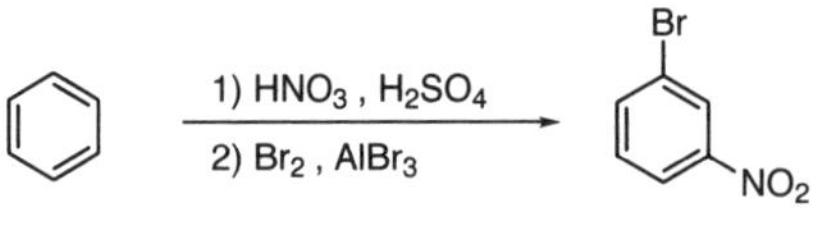

1) HNO_3, H_2SO_4
2) Br_2, $AlBr_3$

Br

NO_2

3.102)

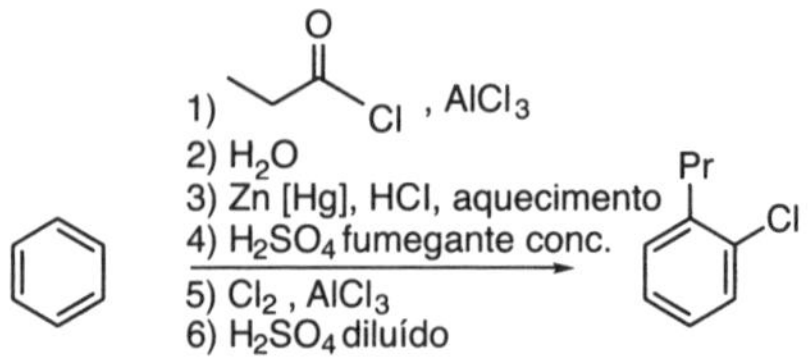

1) CH$_3$CH$_2$COCl, $AlCl_3$
2) H_2O
3) Zn [Hg], HCl, aquecimento
4) H_2SO_4 fumegante conc.
5) Cl_2, $AlCl_3$
6) H_2SO_4 diluído

Pr

Cl

CAPÍTULO 4

4.2) Sim **4.3)** Não **4.4)** Não **4.5)** Sim **4.6)** Não **4.7)** Não

4.9)

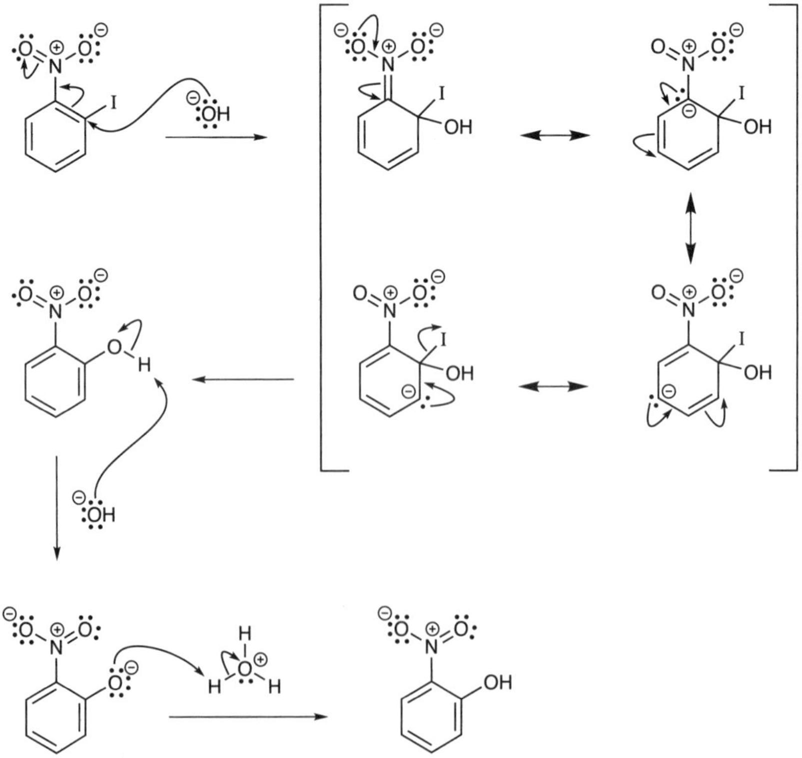

I

OH

OH

I

OH

I

OH

I

OH

H

OH

H

H

H

OH

4.10)

4.11)

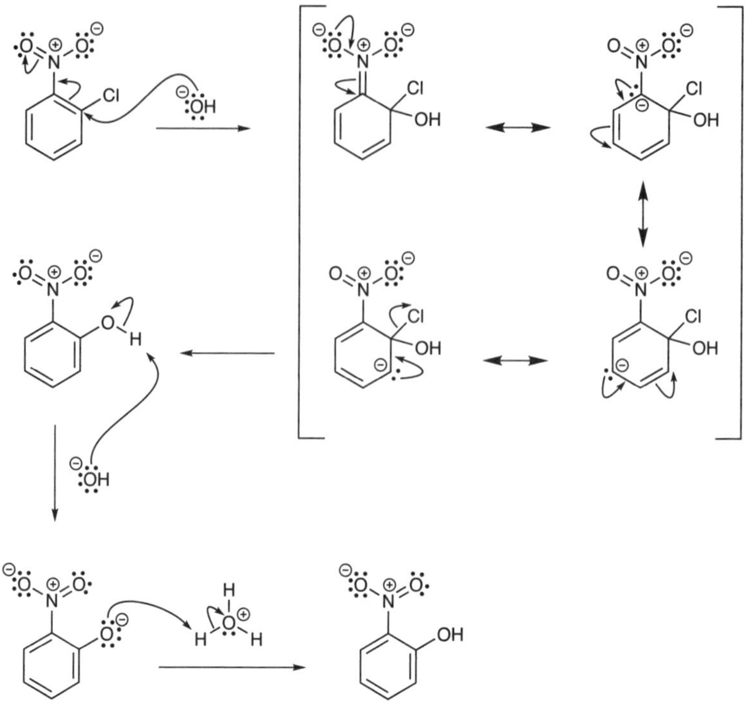

Cl
OH
OH
H
OH

4.13)

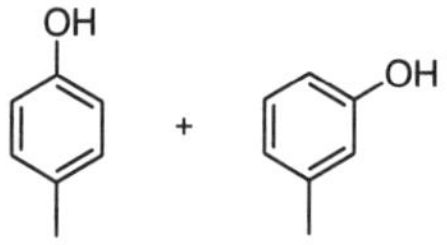

OH + OH

4.14)

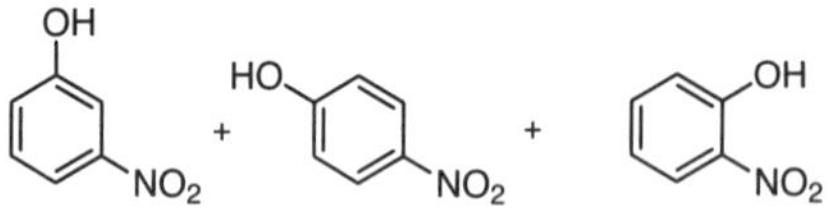

OH NO_2 + HO NO_2 + OH NO_2

4.15)

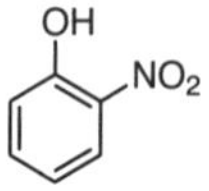

OH NO_2

4.16)

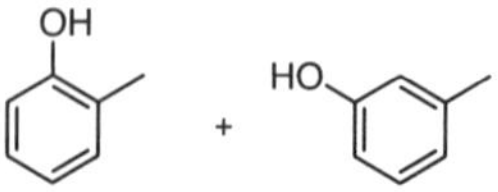

OH + HO

4.17)

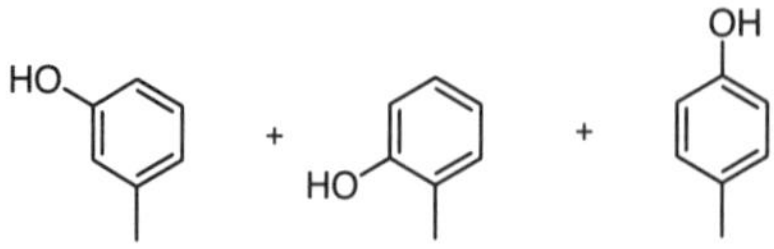

HO + HO + OH

4.18) HO NO_2

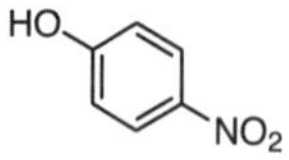

4.20)

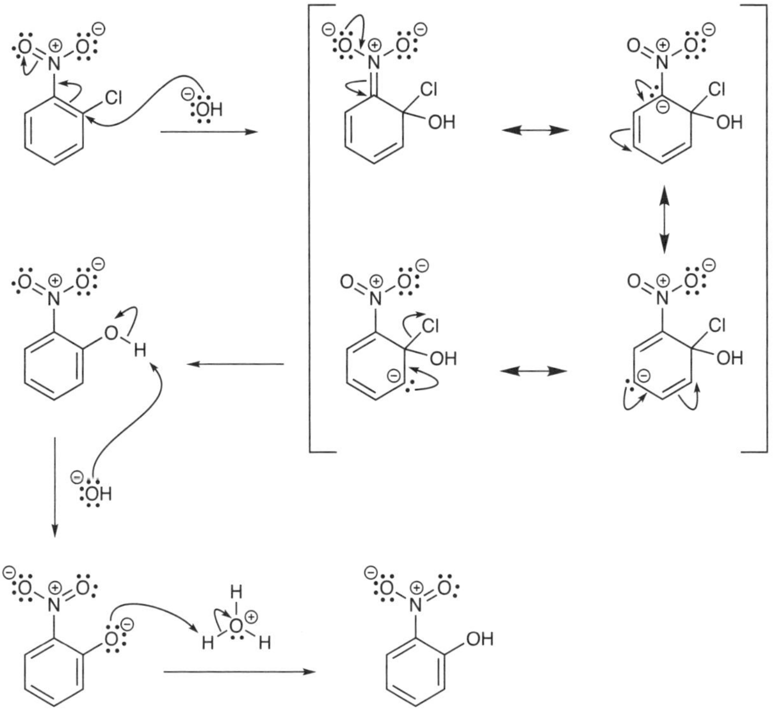

4.21)

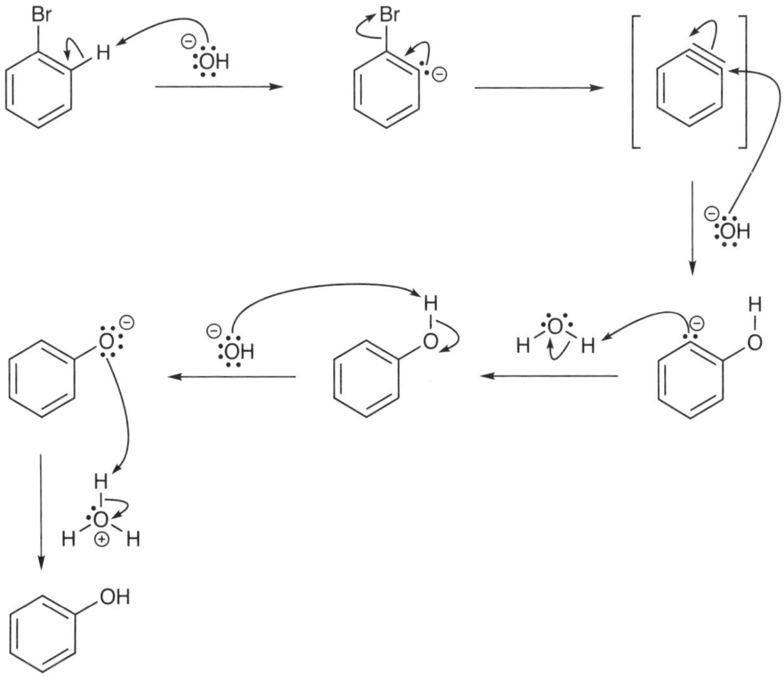

4.22)

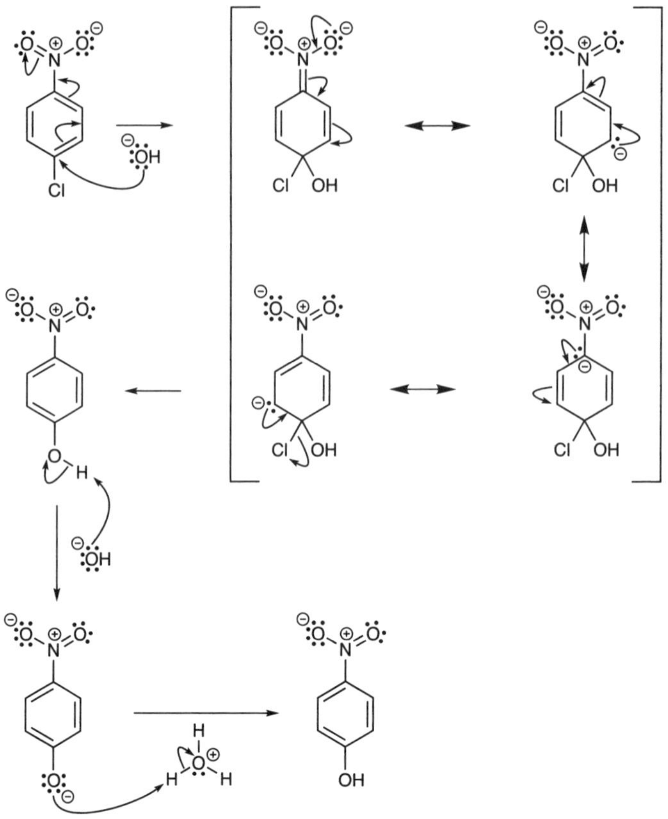

4.23)

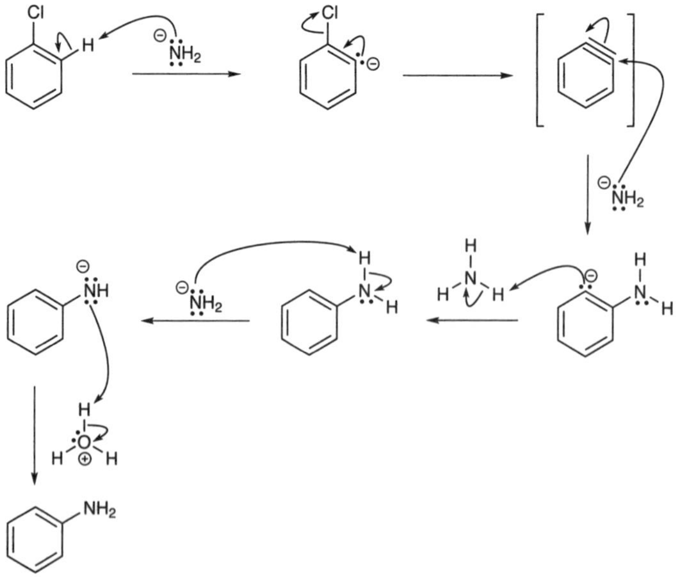

CAPÍTULO 5

5.2)

5.3)

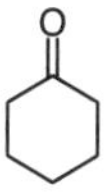

5.4)

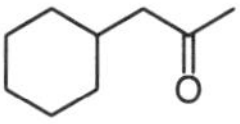

5.5)

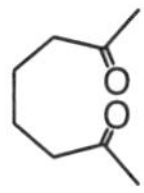

5.6) OH

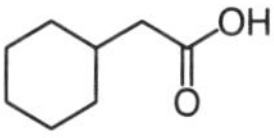

5.7)

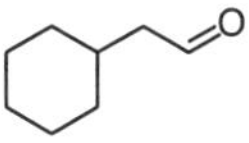

5.9) PCC

5.10) $Na_2Cr_2O_7$, H_2SO_4

5.11) O_3, seguido de DMS

5.12) $Na_2Cr_2O_7$, H_2SO_4

5.14) OH

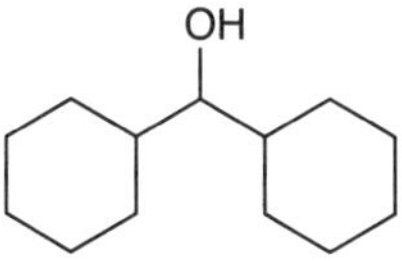

5.15) OH

5.16) O H

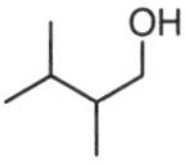

5.17) OH

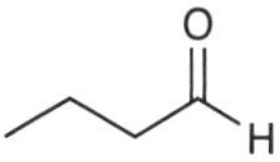

5.18) OH

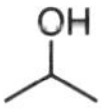

5.20)

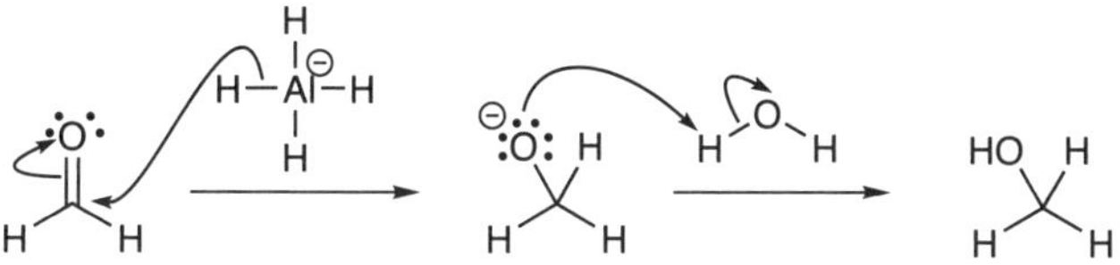

5.21)

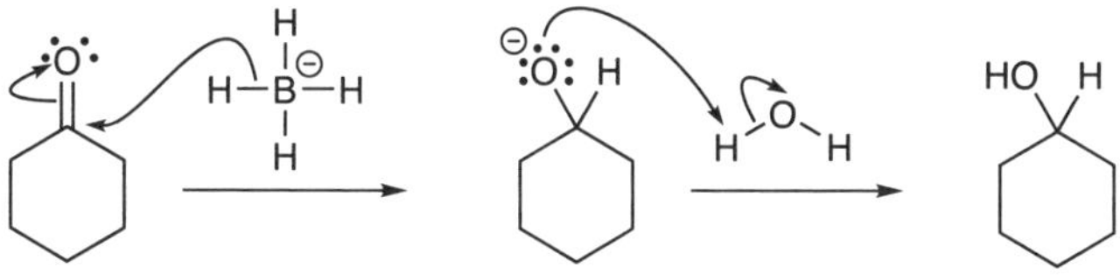

5.22)

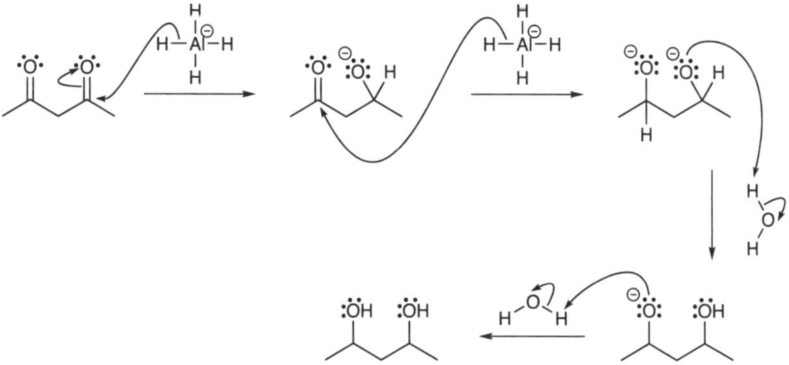

5.24)

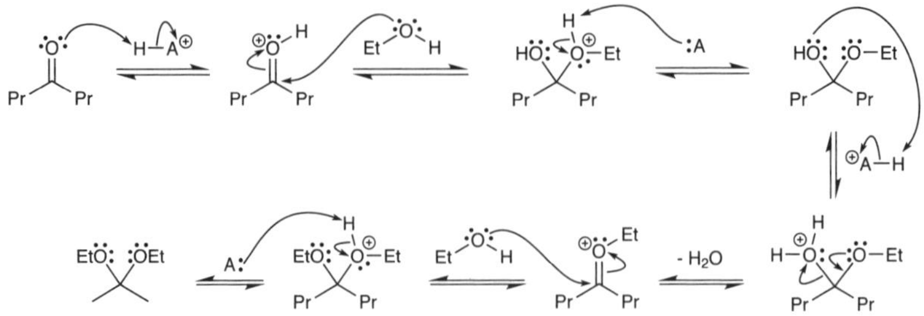

5.25)

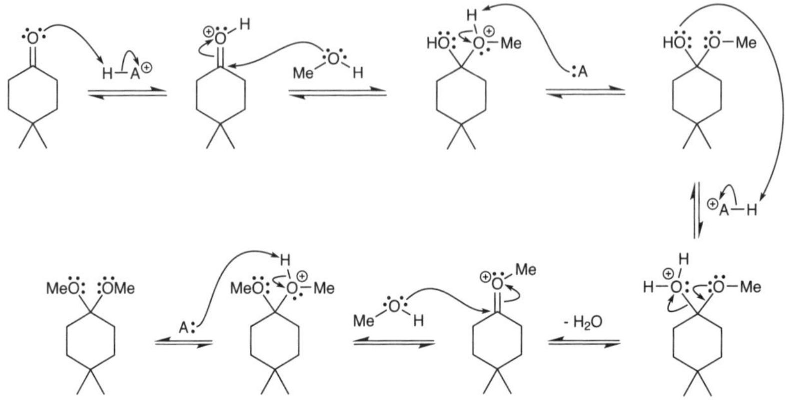

5.26)

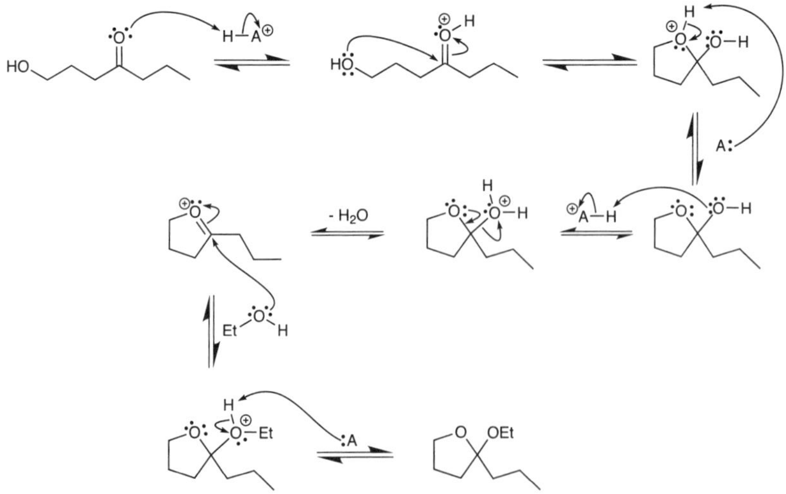

5.27)

- EtOH

- EtOH

5.29)

5.30)

5.31)

5.32)

5.33)

5.34)

5.35)

5.36)

5.37)

5.38)

5.39)

BF_3

5.40)

1) BF_3, HS SH

2) Ni de Raney

5.41)

1) BF_3, HS SH

2) Ni de Raney

5.42)

1) BF_3, HS SH

2) Ni de Raney

5.43)

HS SH

BF_3

5.44)

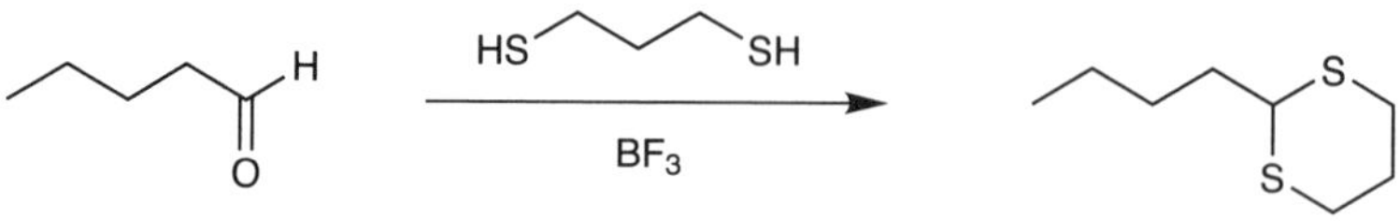

HS SH

BF_3

5.45)

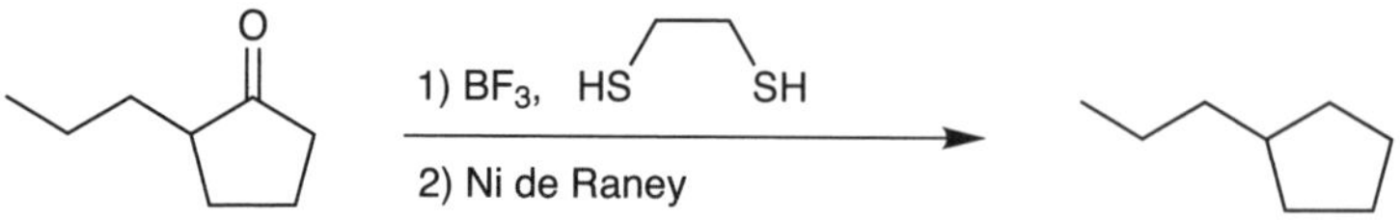

O

1) BF_3, HS SH

2) Ni de Raney

5.46)

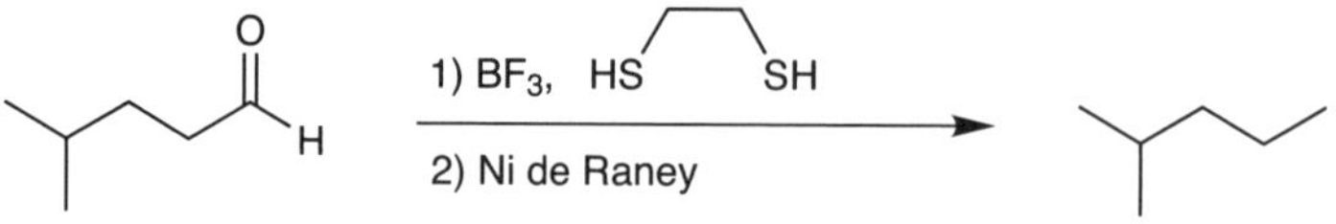

O

H

1) BF_3, HS SH

2) Ni de Raney

5.48)

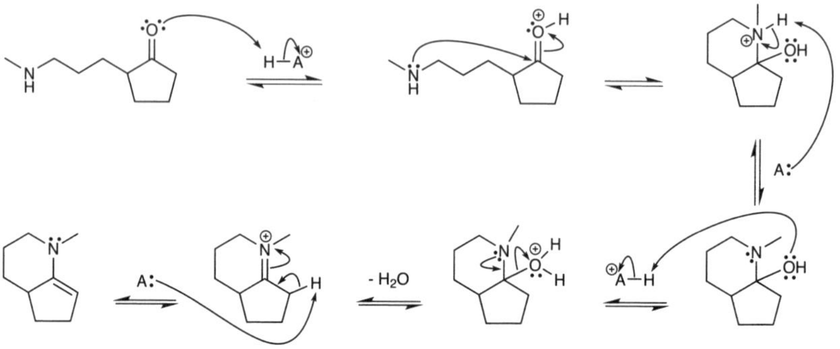

A:

- H_2O

A:

5.49)

H_2N-NH_2

A:

- H_2O

A:

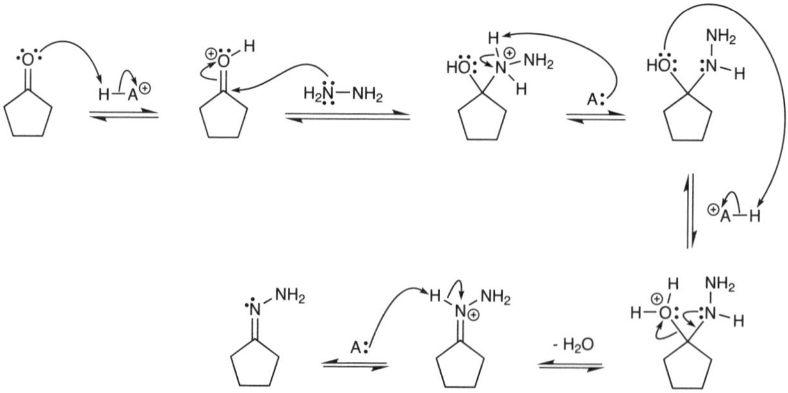

5.50)

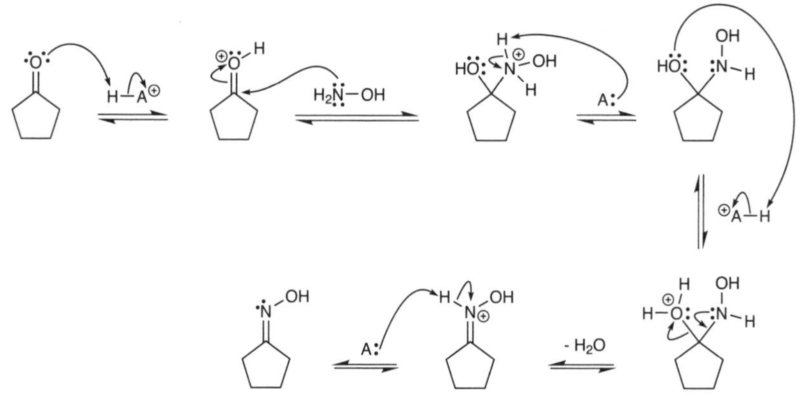

5.51)

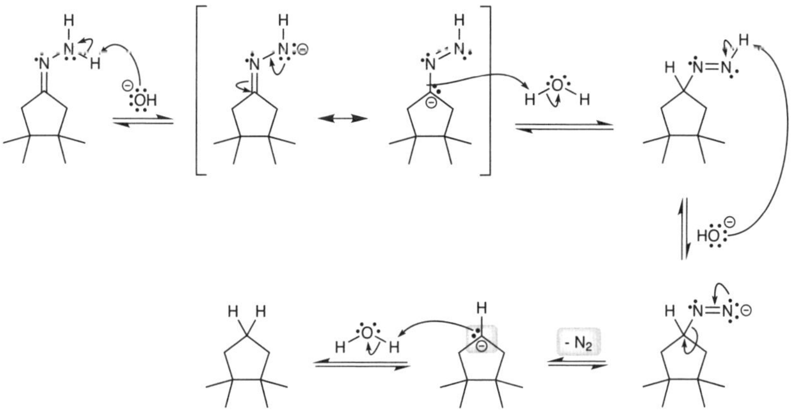

5.52)

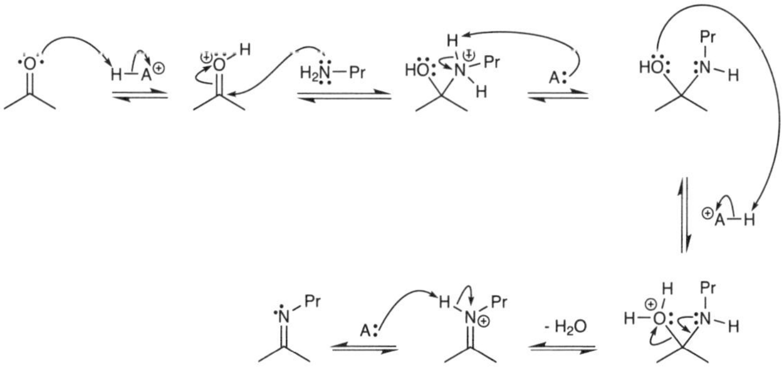

5.53)

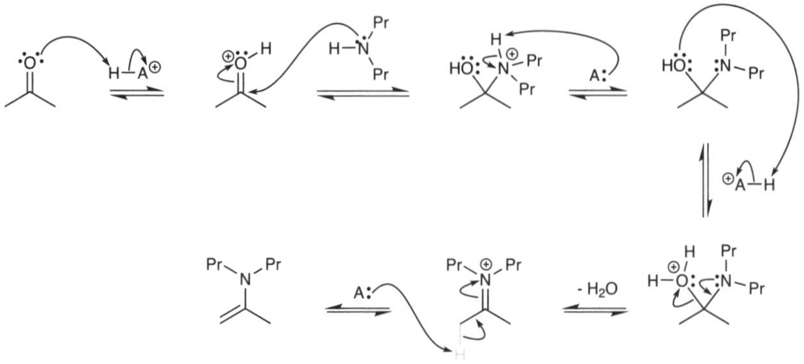

Pr, H, A, $-H_2O$, HO, N, Pr

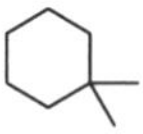

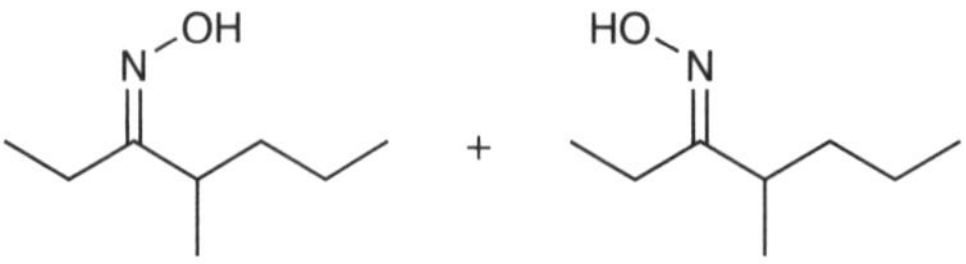

5.55)

5.56) N-OH + HO-N

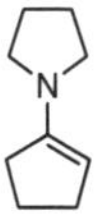

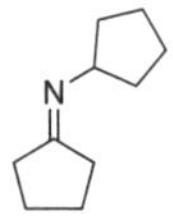

5.57) N

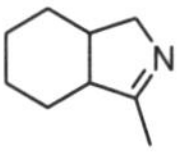

5.58) N

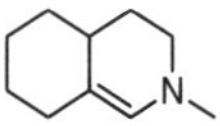

5.59) N

5.60) N

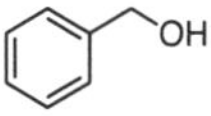

5.62) OH

5.63) CH_3OH

5.64) HO

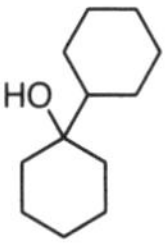

5.65) HO

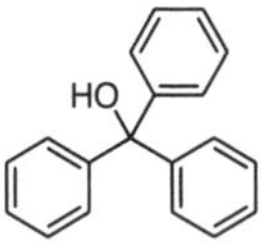

5.67)

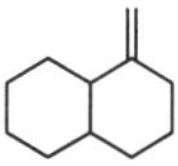

5.68)

5.69)

5.71) O

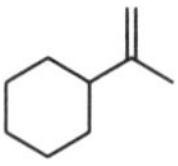

5.72) O, H

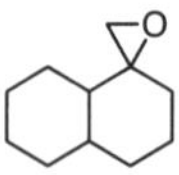

5.73) O, H, H

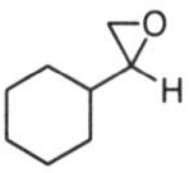

5.75) O, OH

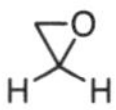

5.76) O, O

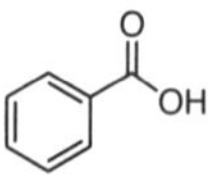

5.77) O, O

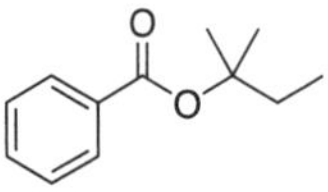

5.78) O, O

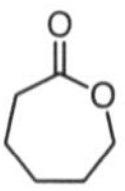

5.79) O, OH

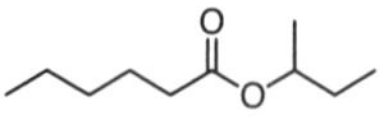

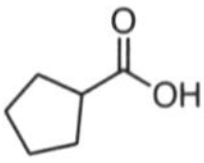

5.81) Ph, $H_2\overset{\ominus}{C}-\overset{\oplus}{P}-Ph$, Ph — =O → =$CH_2$

5.82) =O — MCPBA → =O, O

5.83) —OH — $Na_2Cr_2O_7$ / H_2SO_4, H_2O → =O

5.84) O, O — [H^+] / H_2O → =O

5.85) SCH_3, SCH_3 — Ni de Raney →

5.86) =O — H, N / [H^+] / Dean-Stark → N

5.87) =O — HS SH / BF_3 → S, S

5.88) OH — PCC → O, H

5.89) =O — 1) CH_3MgBr / 2) H_2O → OH, CH_3

5.90) =O — 1) HAL / 2) H_2O → —OH

5.91) S, S — Ni de Raney →

5.92) =O — H, N, H / [H^+] / Dean-Stark → =N

5.93) =O — [H^+] / NH_2OH / ($-H_2O$) → =N, OH

5.94) S, S — Ni de Raney →

5.95) =N, NH_2 — KOH / H_2O / 100 - 200 °C →

5.96) O, H — $Na_2Cr_2O_7$ / H_2SO_4, H_2O / ou / MCPBA → O, OH

5.97) =O — HO OH / [H^+] / Dean-Stark → O, O

5.98) =O — $H_2\overset{\ominus}{C}-\overset{\oplus}{S}(CH_3)_2$ → O

5.99) O — MCPBA → O, O

5.100) =O — [H^+] / H_2N-NH_2 / ($-H_2O$) → =N, NH_2

5.103) 1) MeMgBr; 2) H_2O; 3) $Na_2Cr_2O_7$, H_2SO_4, H_2O; 4) MeMgBr; 5) H_2O

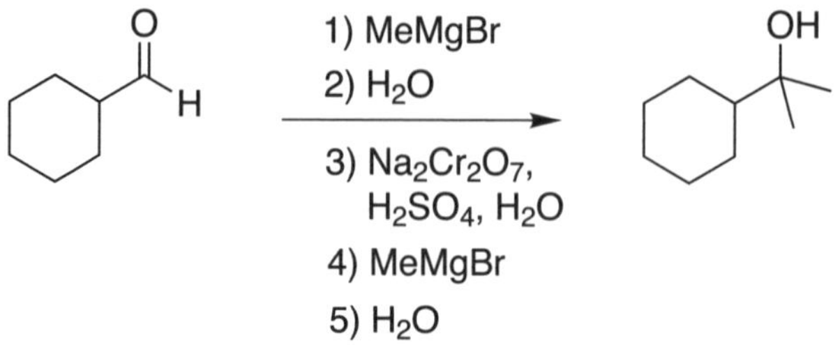

5.104) 1) $Na_2Cr_2O_7$, H_2SO_4, H_2O; 2) MCPBA

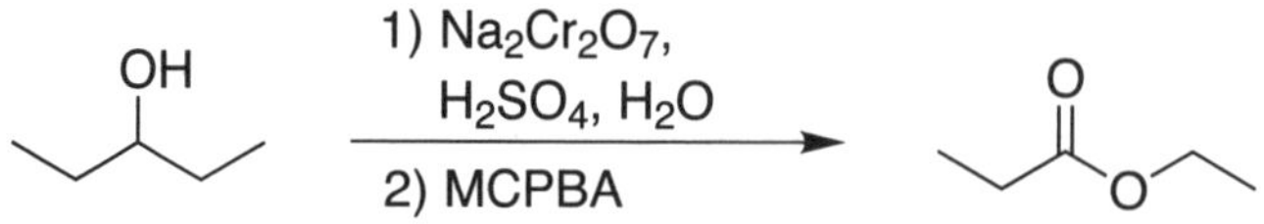

5.105) 1) H_3O^+; 2) $H_2\overset{\ominus}{C}-\overset{\oplus}{S}(CH_3)_2$

5.106) 1) O_3; 2) DMS; 3) HS–CH₂CH₂–SH, BF_3; 4) Ni de Raney

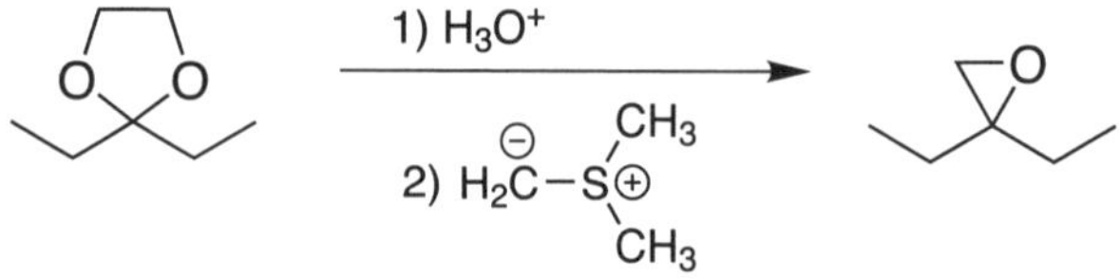

5.107) 1) O_3; 2) DMS; 3) HAL; 4) H_2O

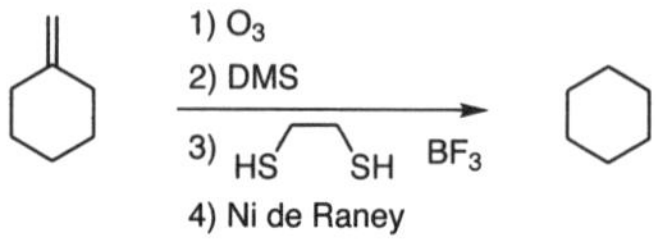

5.108) 1) EtMgBr; 2) H_2O; 3) $Na_2Cr_2O_7$, H_2SO_4, H_2O; 4) $H_2\overset{\ominus}{C}-\overset{\oplus}{P}Ph_3$

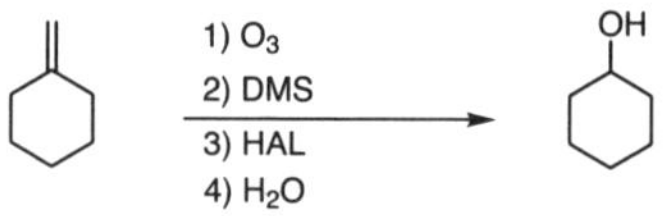

5.109) 1) O_3; 2) DMS; 3) $Na_2Cr_2O_7$, H_2SO_4, H_2O

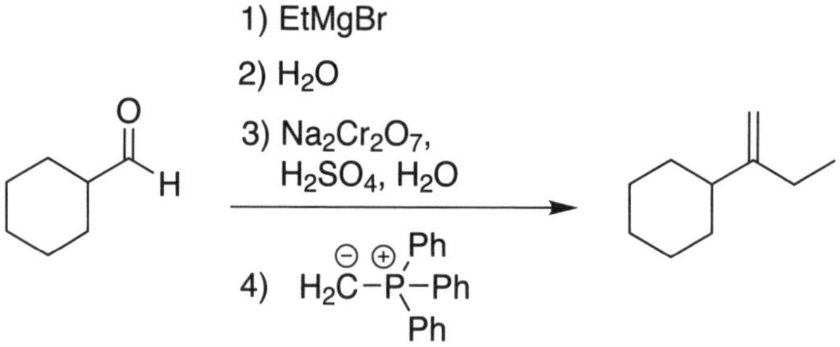

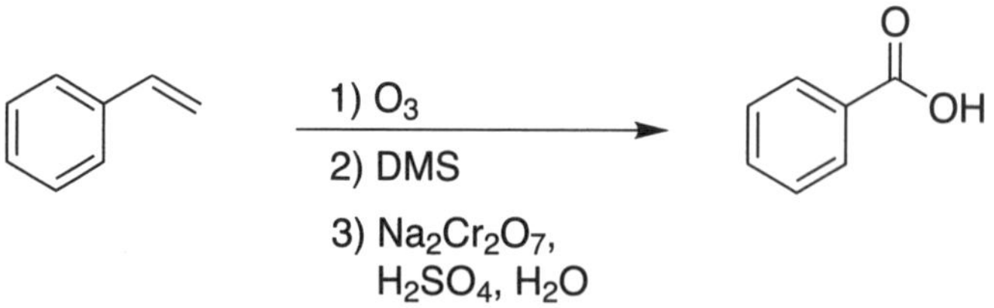

5.110) 1) EtMgBr; 2) H_2O; 3) $Na_2Cr_2O_7$, H_2SO_4, H_2O; 4) MCPBA

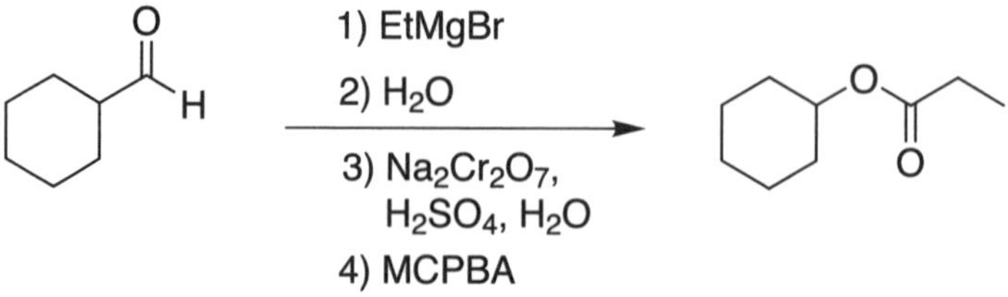

5.111)

1) H_3O^+
2) MCPBA

5.112)

OH

1) PCC
2) MgBr
3) $Na_2Cr_2O_7$, H_2SO_4, H_2O
4) [H^+], , Dean-Stark

N
H

CAPÍTULO 6

6.2)

Cl
CH_3CH_2 MgBr
CH_2CH_3
Cl
- $Cl^{\ominus}$
CH_2CH_3
CH_3CH_2 MgBr
HO CH_2CH_3
CH_2CH_3
H O H
O CH_2CH_3
CH_2CH_3

6.3)

Cl
O H
H O
Cl
- $Cl^{\ominus}$
H
N:

6.4)

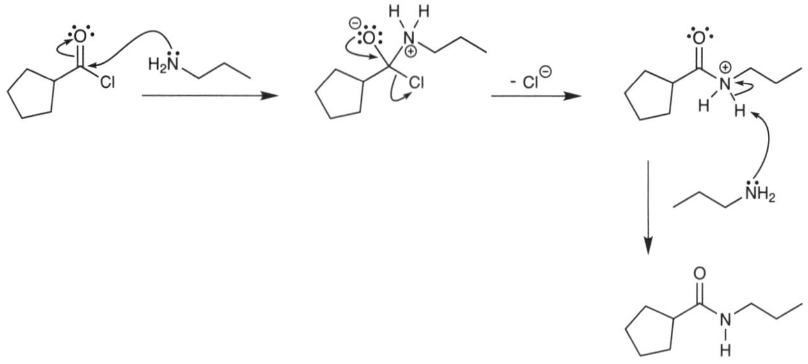

6.5)

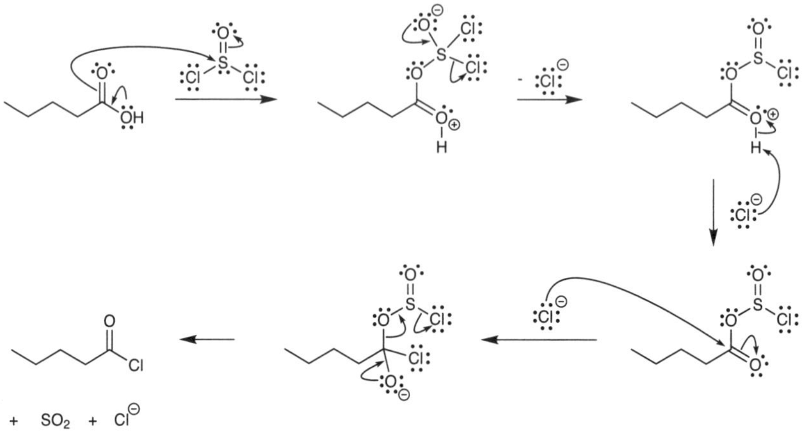

+ SO_2 + $Cl^{\ominus}$

6.6)

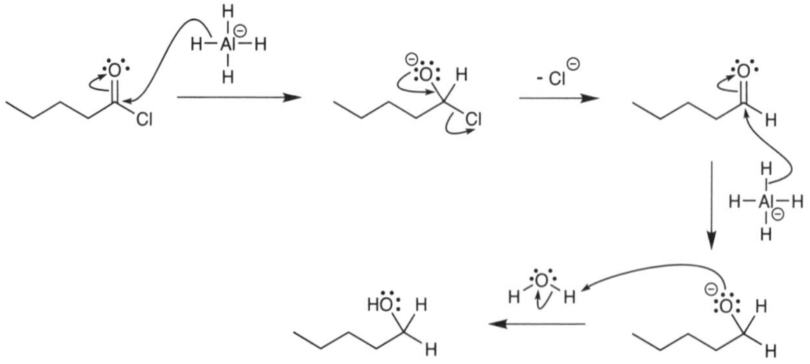

6.8)

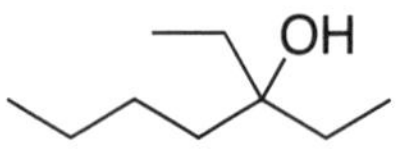

6.9)

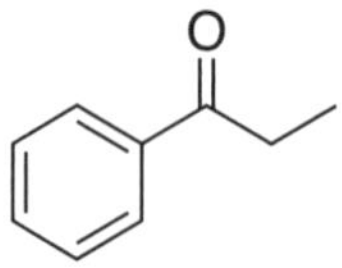

6.10)

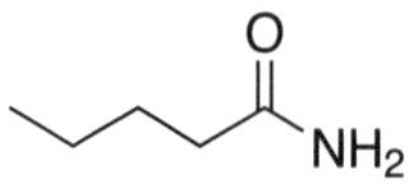

6.11)

6.12)

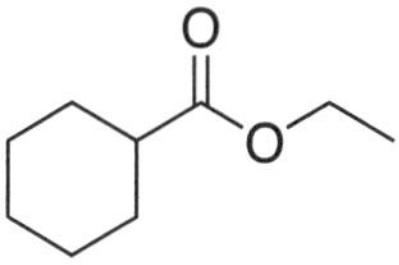

6.14) 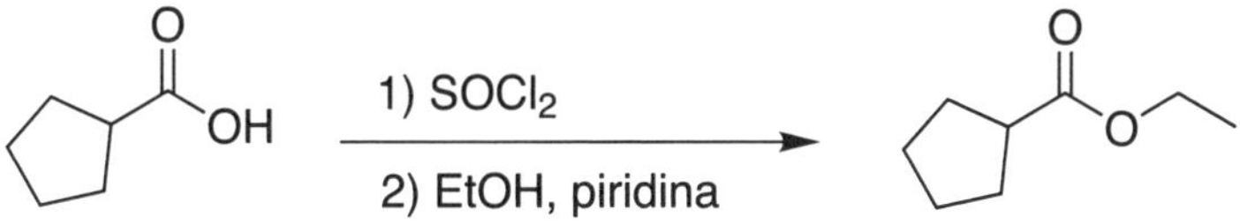 1) $SOCl_2$ 2) EtOH, piridina

6.15) 1) $SOCl_2$ 2) Et_2CuLi

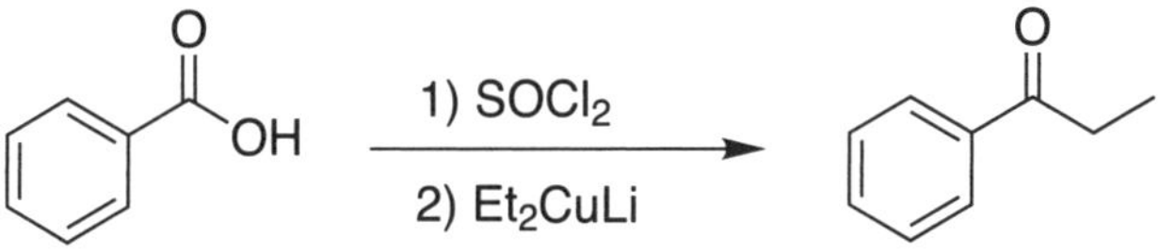

6.16) 1) $SOCl_2$ 2) Me_2CuLi 3) EtMgBr 4) H_2O

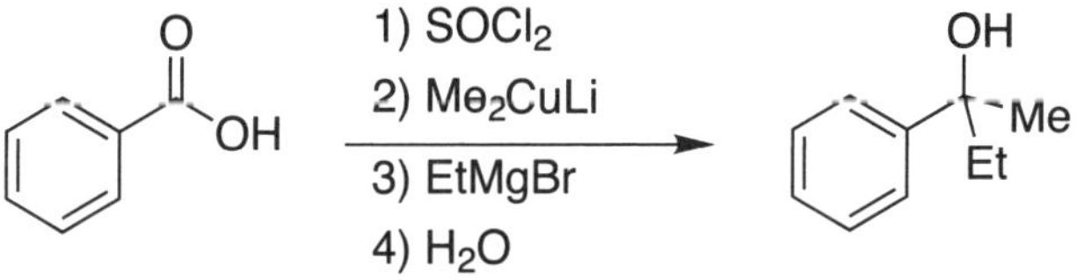

OH Me Et

6.17) 1) $SOCl_2$ 2) Et_2CuLi 3) HAL 4) H_2O

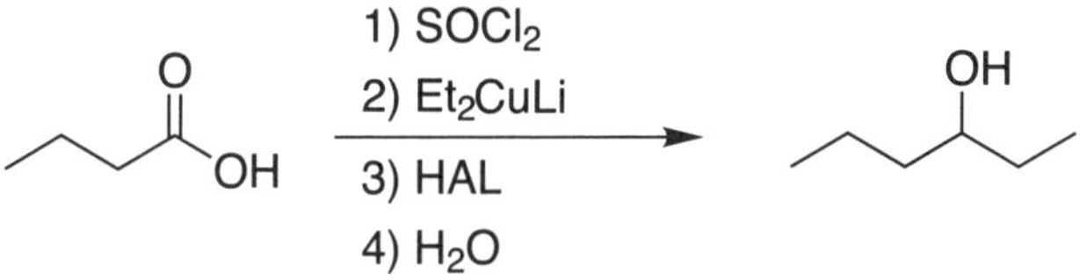

6.18) piridina

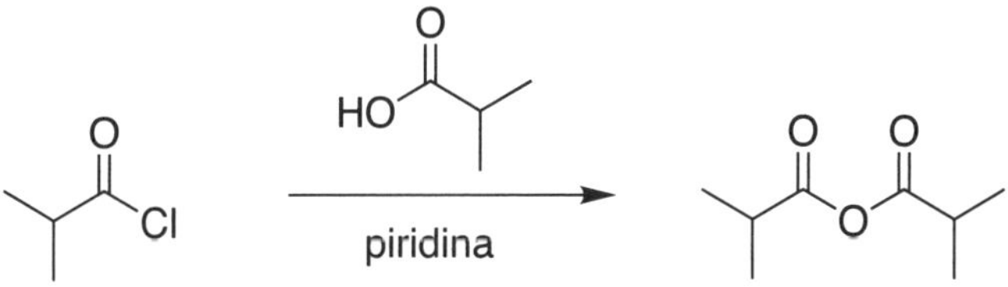

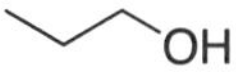

6.20) NH_2

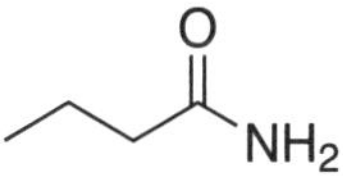

6.21) OH

6.22) OH

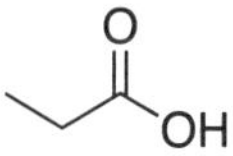

6.25) 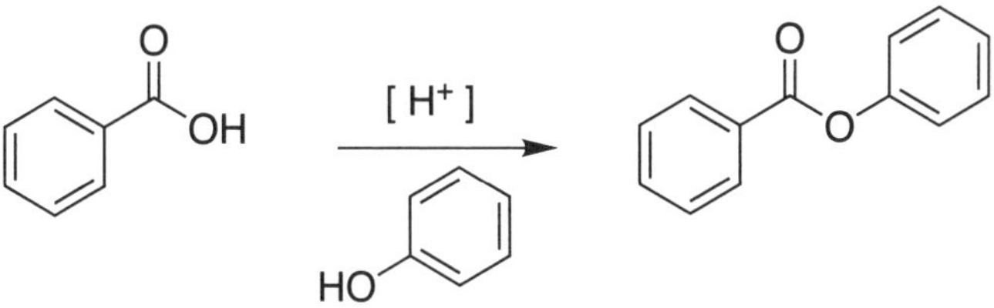 [H^+] HO

6.26) [H^+] HO

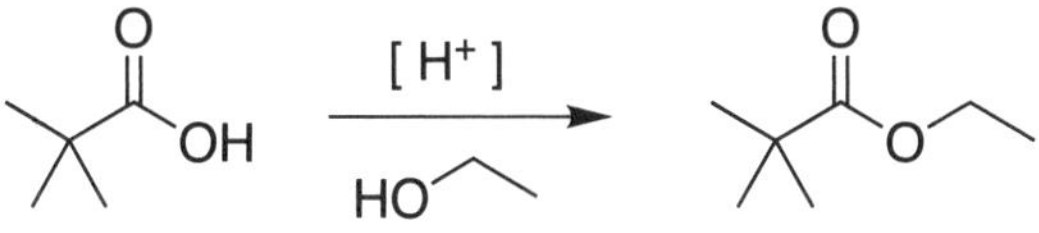

6.27) $[H^+]$

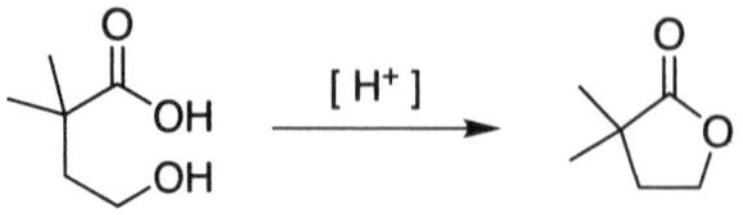

6.28) $[H^+]$

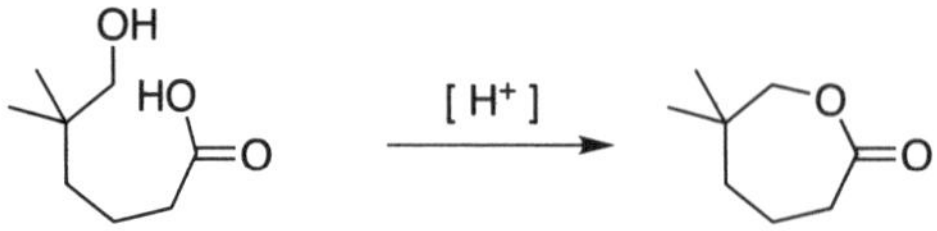

6.30)

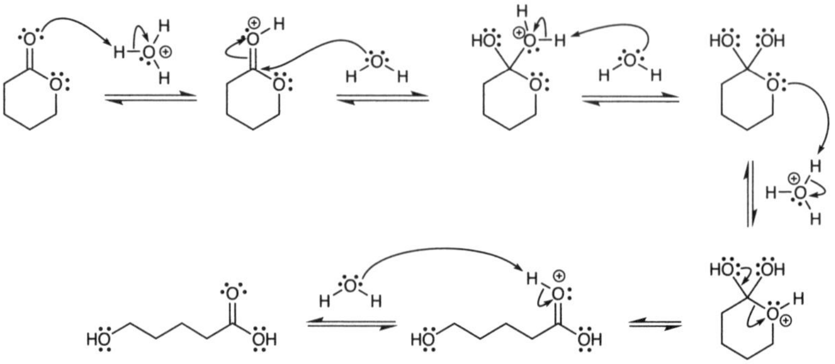

6.31) - EtOH

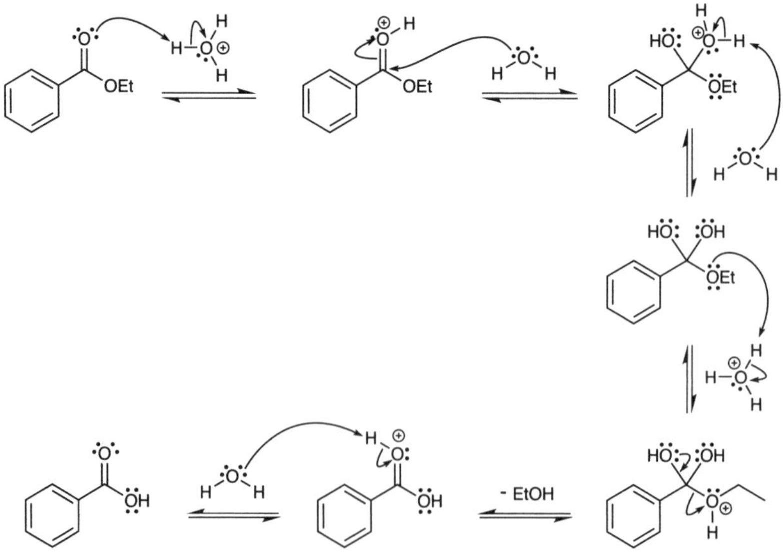

6.33) 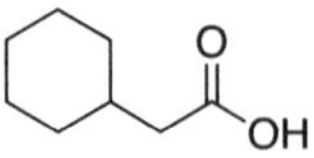 + CH_3OH

6.34)

6.35)

6.36)

6.37)

6.39)

6.40)

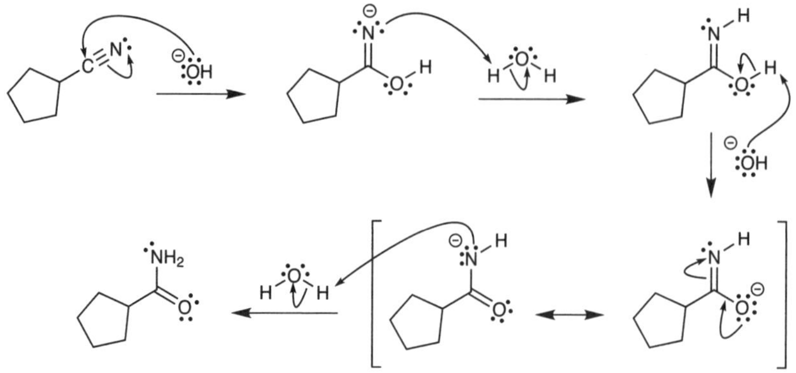

6.41)

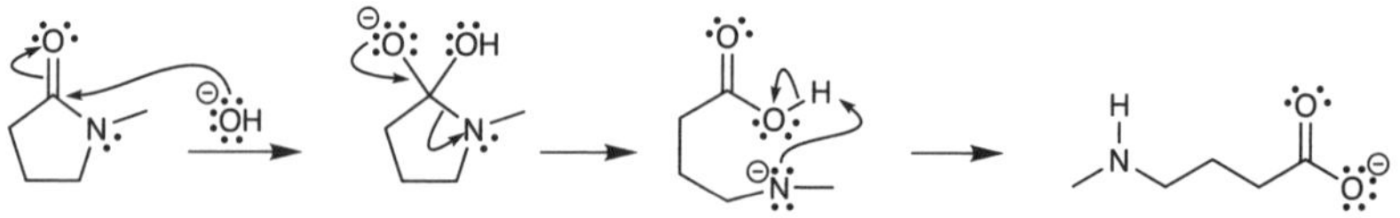

6.42)

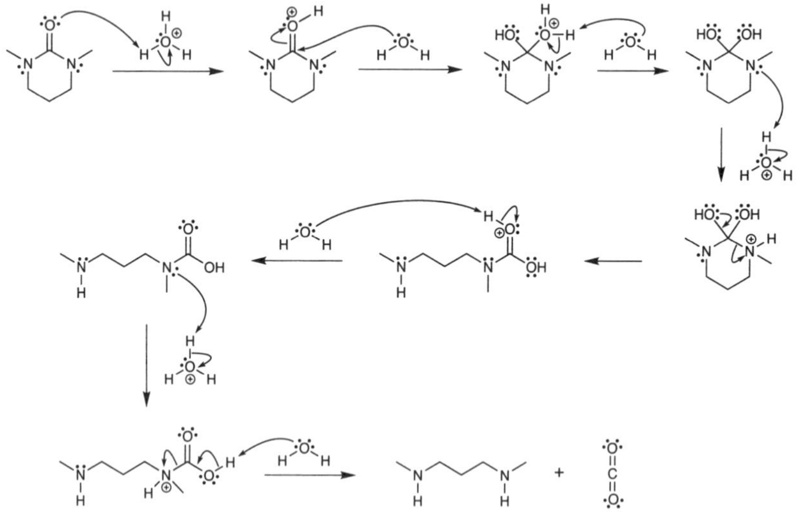

6.44)

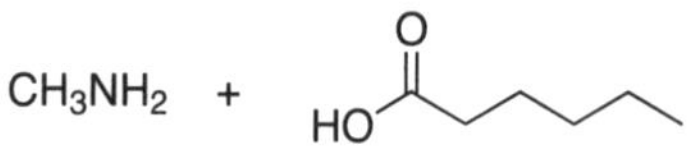

CH_3NH_2 + HO

6.45)

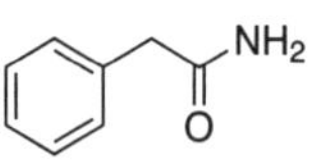

NH_2

O

6.46)

O

OH

N

H

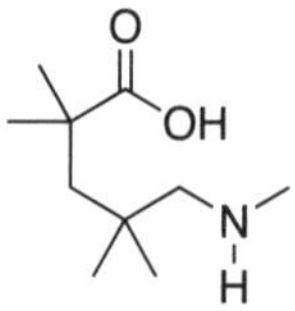

6.48)

$C_6H_5COOMe \xrightarrow[\text{2) } SOCl_2]{\text{1) } H_3O^+} C_6H_5COCl$

6.49)

$C_6H_5COCl \xrightarrow[\text{piridina}]{\text{EtOH}} C_6H_5COOEt$

6.50)

$C_6H_5CONH_2 \xrightarrow[\text{2) } SOCl_2]{\text{1) } H_3O^+} C_6H_5COCl$

6.51)

$C_6H_5COOMe \xrightarrow[\text{2) piridina, } CH_3COCl]{\text{1) } H_3O^+} C_6H_5COOCOCH_3$

6.52)

$CH_3(CH_2)_3CON(CH_3)_2 \xrightarrow[\text{2) [} H^+ \text{], excesso de MeOH}]{\text{1) } H_3O^+} CH_3(CH_2)_3COOCH_3$

6.53)

$CH_3(CH_2)_3COOCH_3 \xrightarrow[\text{aquecimento}]{(CH_3)_2NH} CH_3(CH_2)_3CON(CH_3)_2$

6.55)

C_6H_5COOH → 2-etil-2-fenil-1,3-dioxolano

1) $SOCl_2$
2) Et_2CuLi
3) $HOCH_2CH_2OH$
[H^+] , Dean-Stark

6.56)

$C_6H_{11}COCl$ → $C_6H_{11}CH{=}NCH_3$

1) excesso de HAL
2) H_2O
3) PCC
4) CH_3NH_2 , [H^+] ,
Dean-Stark

6.57)

1) MCPBA
2) $(CH_3)_2NH$
aquecimento

6.58)

OH

1) $Na_2Cr_2O_7$, H_2SO_4, H_2O
2) $SOCl_2$

O Cl

6.59)

O NH$_2$

1) H_3O^+
2) $SOCl_2$
3) Et_2CuLi
4) $(CH_3)_2NH$, [H^+] , Dean-Stark

N

6.60)

O OMe

1) excesso de HAL
2) H_2O
3) PCC
4) HS SH , BF_3

S S

6.61)

OH

1) $Na_2Cr_2O_7$ H_2SO_4, H_2O
2) MCPBA
3) H_3O^+

OH O

6.62)

O OMe

1) H_3O^+
2) $SOCl_2$
3) Et_2CuLi
4) $H_2\overset{\ominus}{C}-\overset{\oplus}{P}Ph_3$

6.63)

O OH

1) $SOCl_2$
2) excesso de HAL
3) H_2O
4) PCC
5) HO OH
[H^+] , Dean-Stark

O O

6.64)

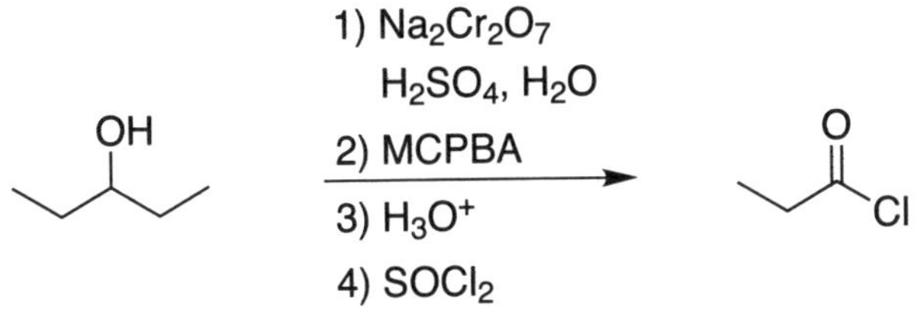

1) $Na_2Cr_2O_7$, H_2SO_4, H_2O
2) MCPBA
3) H_3O^+
4) $SOCl_2$

6.65)

1) $Na_2Cr_2O_7$, H_2SO_4, H_2O
2) $SOCl_2$
3) excesso de $(CH_3)_2NH$

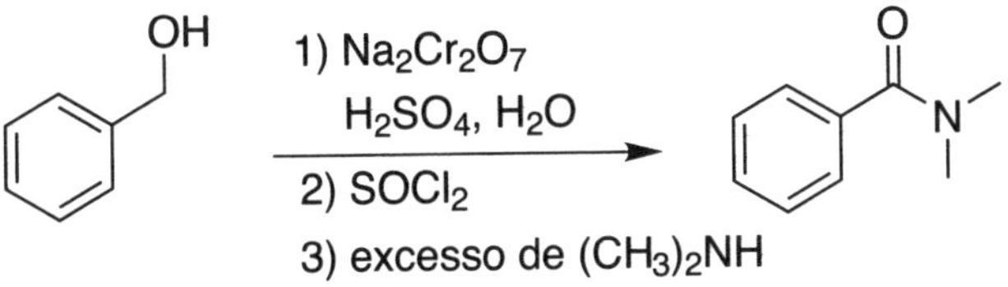

CAPÍTULO 7

7.2) Um próton alfa:

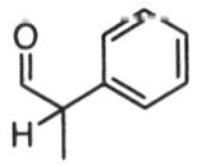

7.3) Um próton alfa:

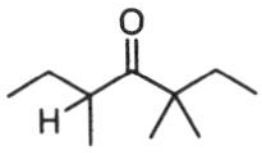

7.4) Sem prótons alfa

7.5) Quatro prótons alfa:

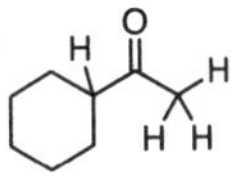

7.6) Dois prótons alfa:

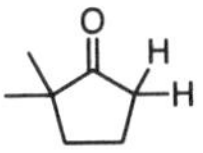

7.7) Sem prótons alfa

7.9)

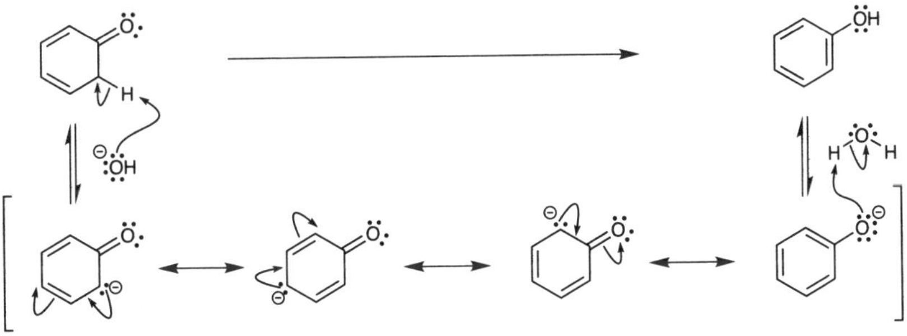

7.10)

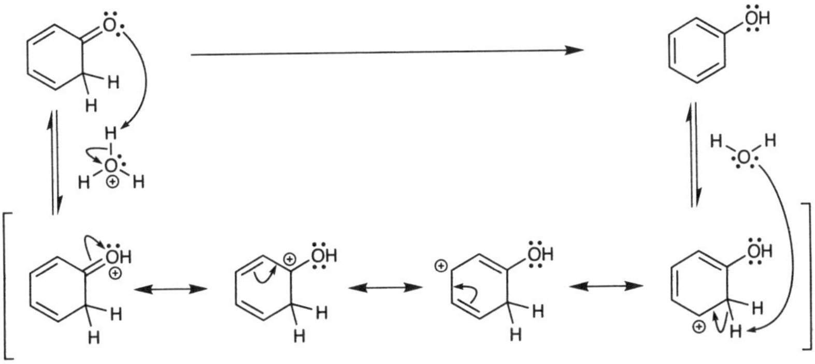

7.11)

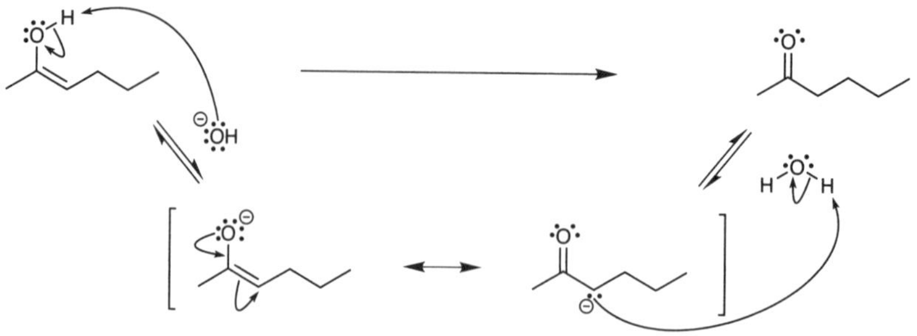

7.12)

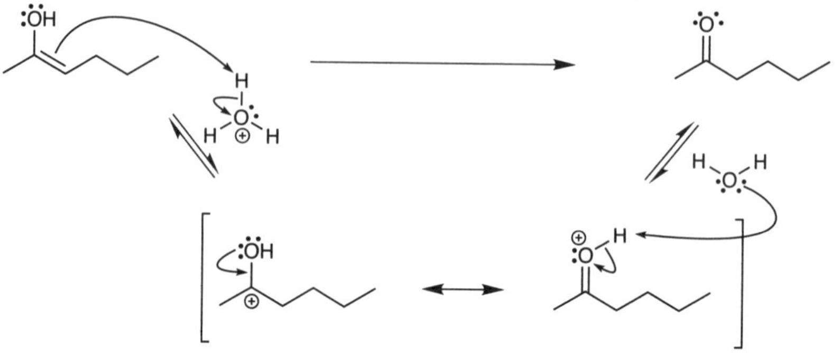

7.13)

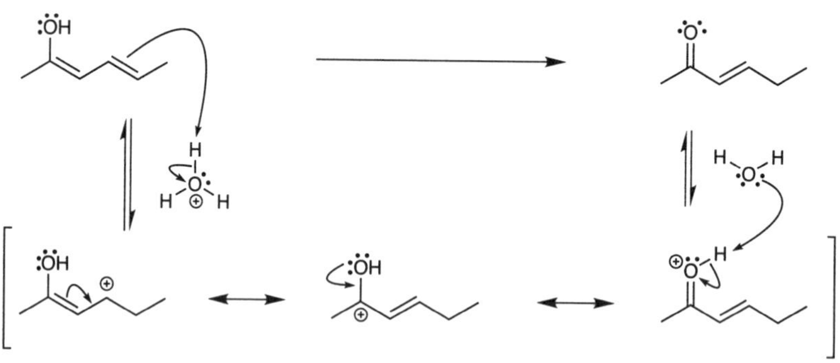

7.15)

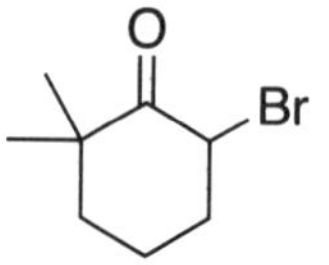

7.16)

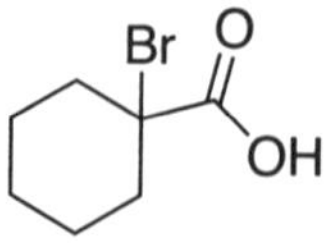

7.17)

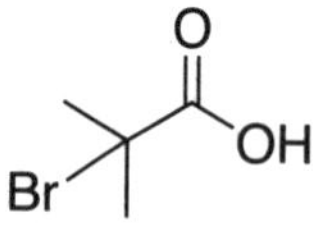

7.18)

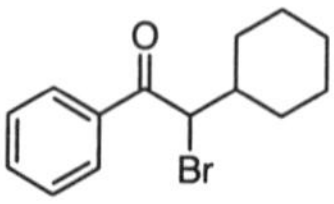

7.20)

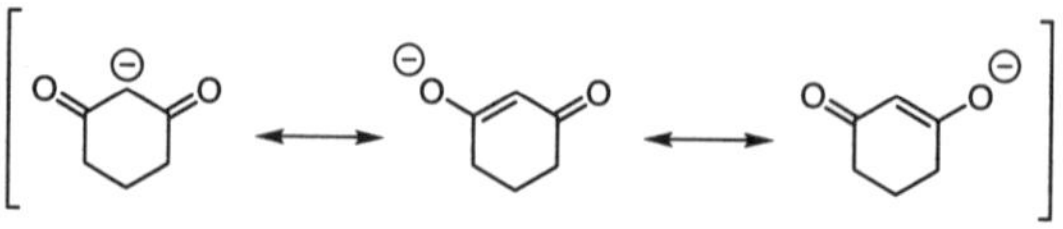

7.21)

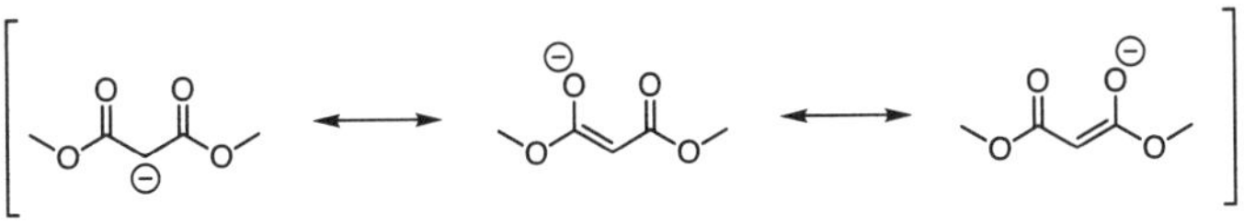

7.22)

7.23)

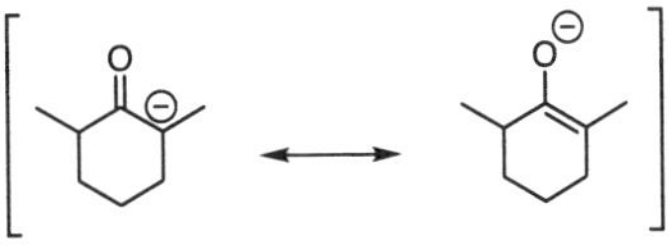

7.25) + $CHBr_3$

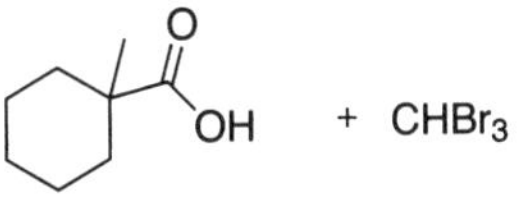

7.26) + $CHBr_3$

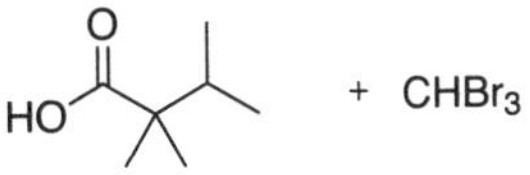

7.27)

+ $CHBr_3$

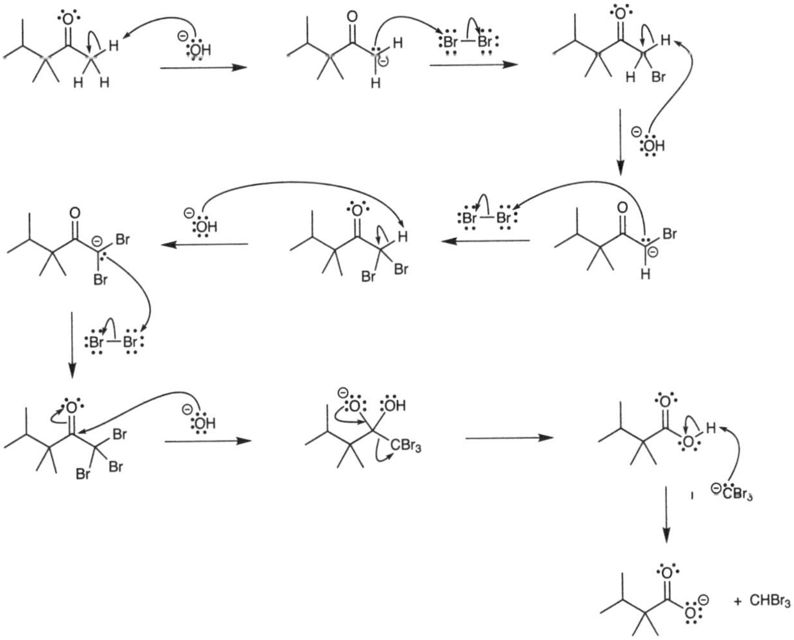

7.29)

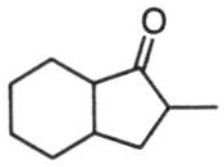

7.30)

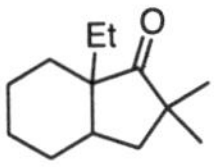

7.31)

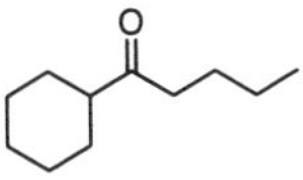

7.32)

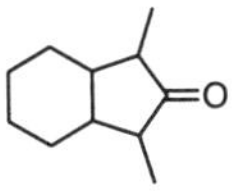

7.34)

1) LDA, THF
2) MeI

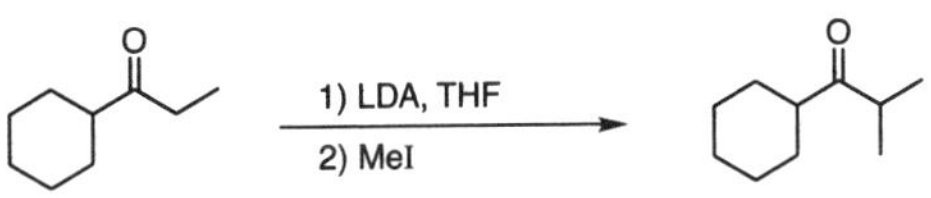

7.35)

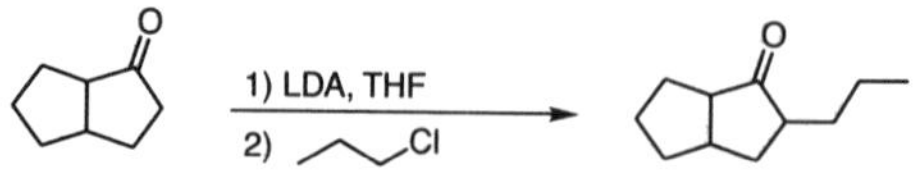

1) LDA, THF
2) Cl

7.36)

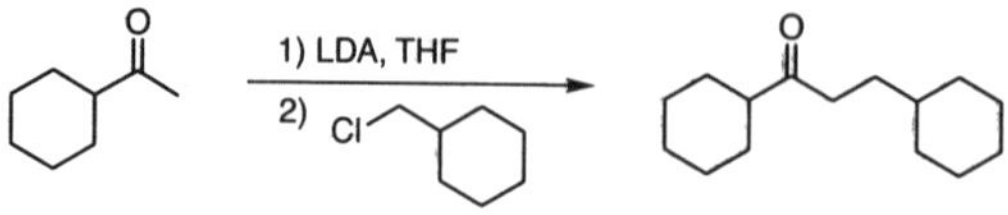

1) LDA, THF
2) Cl

7.38)

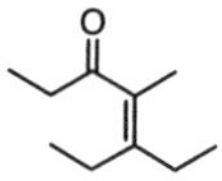

O

7.39)

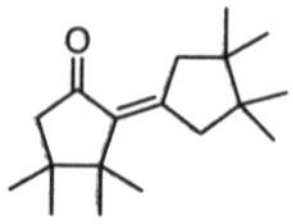

O

7.40)

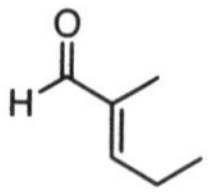

O H

7.42)

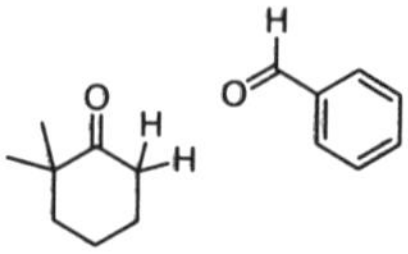

O H H H O

7.43)

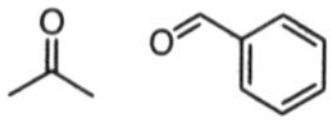

O O

7.44)

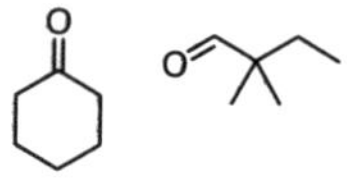

O O

7.45)

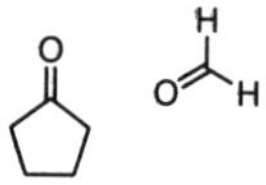

O H O H

7.47)

O H ⊖ :ÖH O ⊖ :Ö: H H O H :Ö:⊖ H H :Ö: H H

O O ⊖ H :ÖH H ⊖ :ÖH O H :ÖH H H

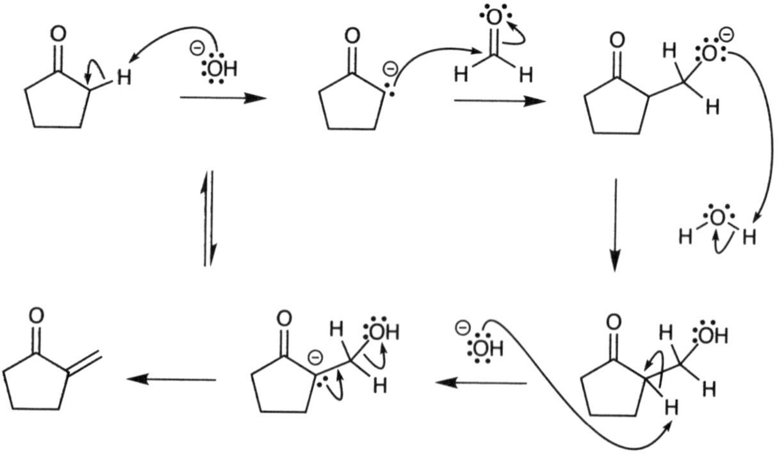

7.48)

O OH H H O H OH OH

7.49)

O OH H H O H OH OH

7.50)

Ph H OH H H Ph OH H Ph H Ph

7.52)

7.53)

7.54)

7.55)

7.57)

1) MeO$^{\ominus}$

MeO

2) H$^+$

7.58)

1) EtO$^{\ominus}$

EtO

2) H$^+$

7.59)

1) MeO$^{\ominus}$

MeO

2) H$^+$

7.60)

1) MeO$^{\ominus}$
2) H^+

7.62)

- EtO$^{\ominus}$

7.63)

- MeO$^{\ominus}$

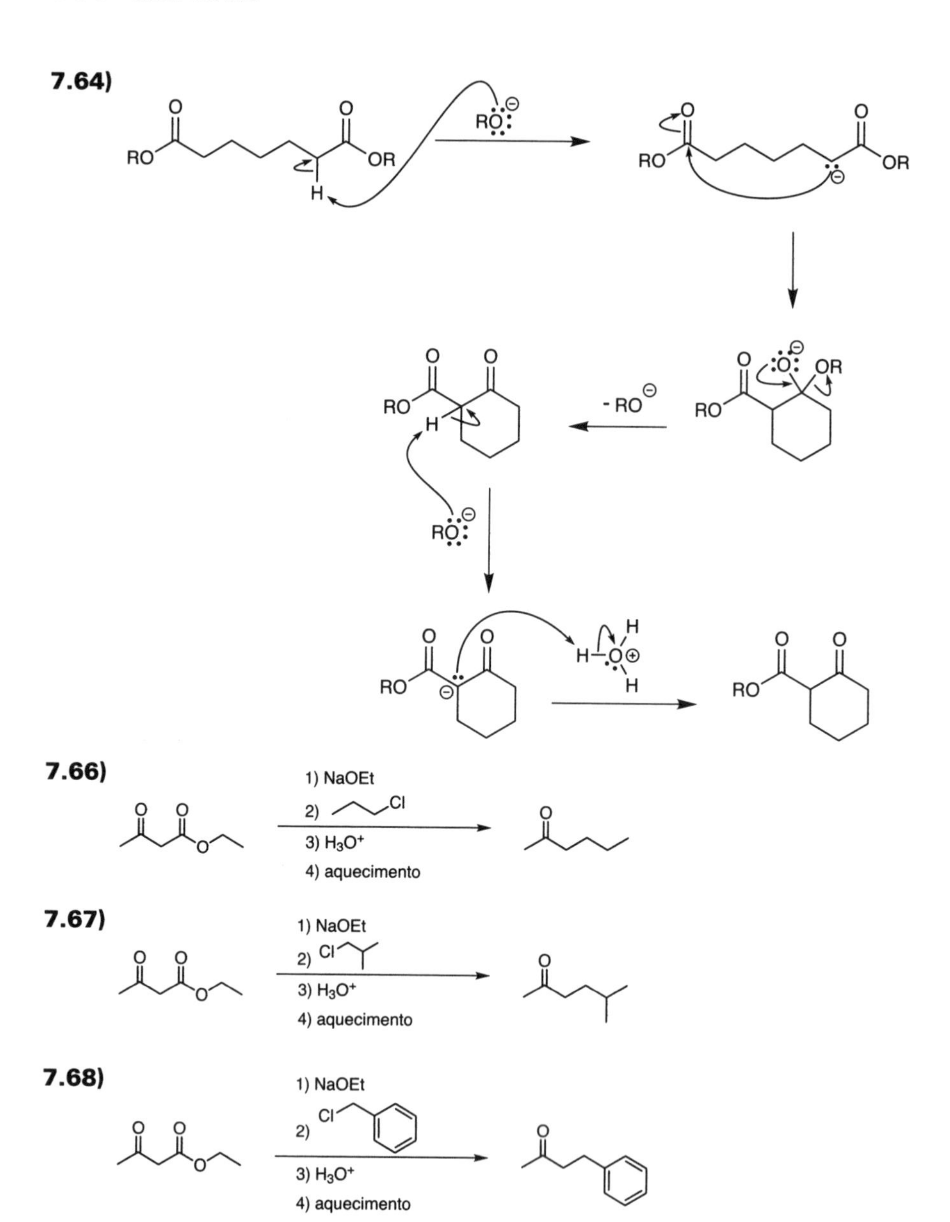

7.69) Você precisaria utilizar o haleto visto a seguir:

Cl

que não sofrerá uma reação S_N2 (o átomo de carbono ligado ao grupo de saída tem hibridização sp^2).

7.70)

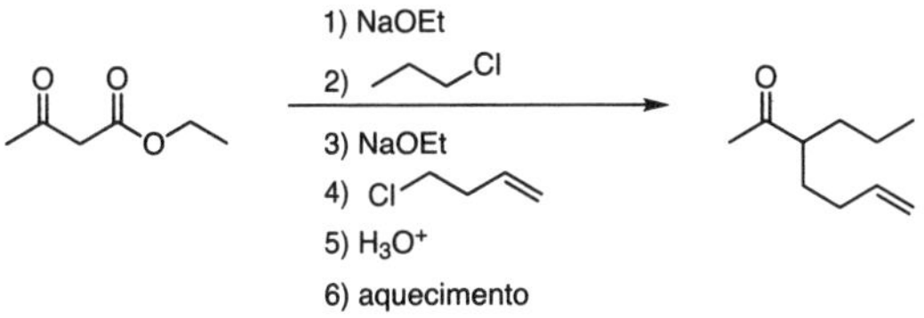

1) NaOEt
2) Cl (1-cloropropano)
3) NaOEt
4) Cl (4-clorobut-1-eno)
5) H_3O^+
6) aquecimento

7.71)

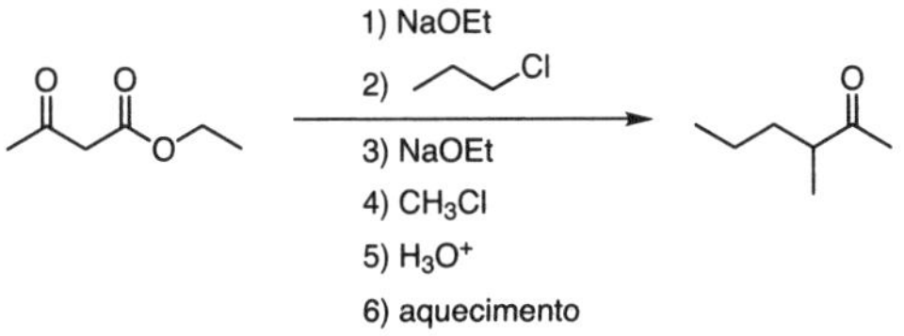

1) NaOEt
2) Cl (1-cloropropano)
3) NaOEt
4) CH_3Cl
5) H_3O^+
6) aquecimento

7.72)

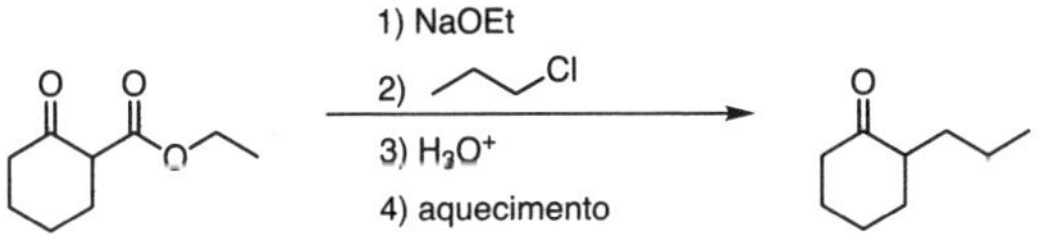

1) NaOEt
2) Cl (1-cloropropano)
3) H_3O^+
4) aquecimento

7.74)

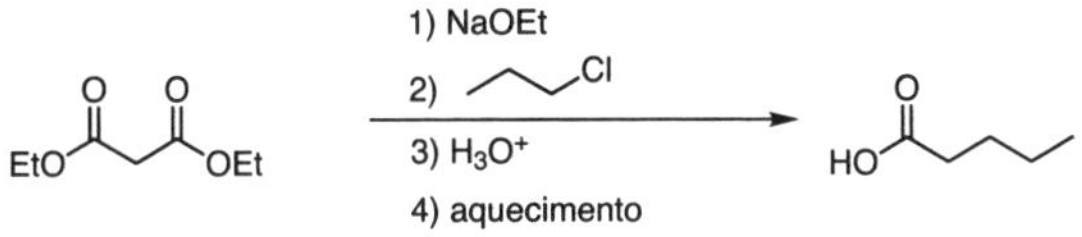

EtO, OEt

1) NaOEt
2) Cl (1-cloropropano)
3) H_3O^+
4) aquecimento

HO

7.75)

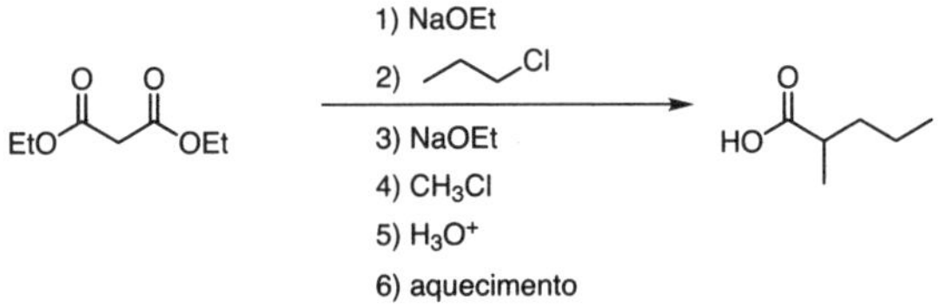

EtO, OEt

1) NaOEt
2) Cl (1-cloropropano)
3) NaOEt
4) CH_3Cl
5) H_3O^+
6) aquecimento

HO

7.76)

EtO, OEt

1) NaOEt
2) Cl (cloreto de benzila)
3) NaOEt
4) EtCl
5) H_3O^+
6) aquecimento

HO

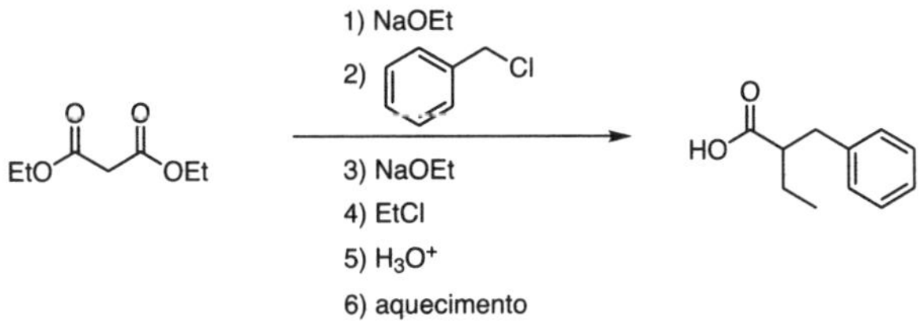

7.78)

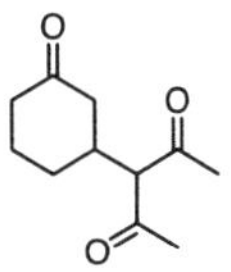

7.79) Não dará uma reação de Michael limpa. Um reagente de Grignard não é um bom doador de Michael. É muito reativo.

7.80)

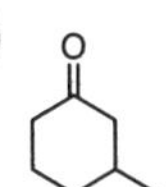

7.82)

1) (acetilacetonato, ânion) 2) H^+

7.83)

1) pirrolidina (N–H), $[H^+]$, Dean-Stark
2) (cicloexenocarboxilato de metila, OMe)
3) H^+

7.84)

1) pirrolidina (N–H), $[H^+]$, Dean-Stark
2) (aldeído α,β-insaturado, H)
3) H_3O^+

7.85)

1) (acetilacetonato, ânion) 2) H^+

CAPÍTULO 8

8.2)

N–H
1) KOH
2) Br
3) $H_2N–NH_2$
NH_2

8.3)

N–H
1) KOH
2) Br
3) $H_2N–NH_2$
NH_2

8.4)

N–H
1) KOH
2) Br
3) $H_2N–NH_2$
NH_2

8.5)

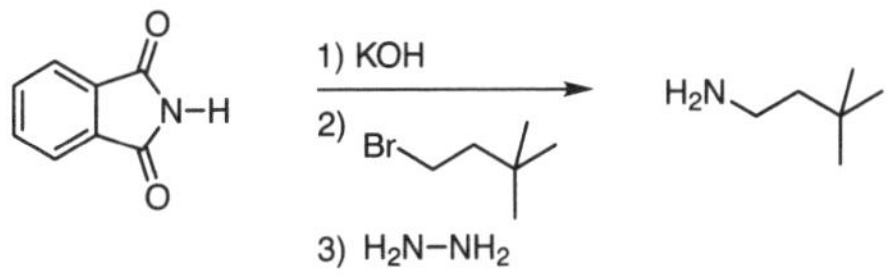

1) KOH

2) Br

3) H_2N-NH_2

H_2N

8.7) Não **8.8)** Sim **8.9)** Sim **8.10)** Não

8.12)

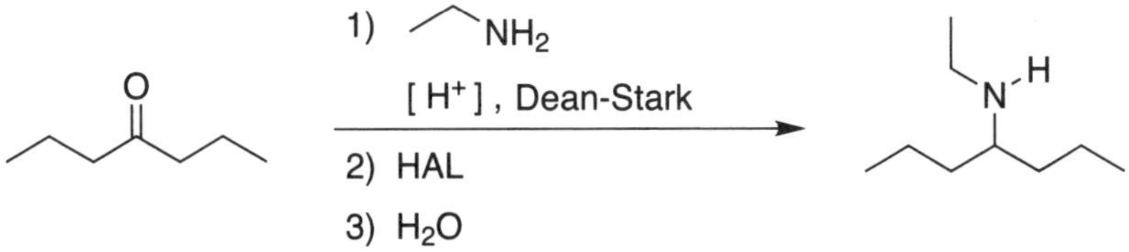

1) NH_2

[H^+] , Dean-Stark

2) HAL

3) H_2O

8.13)

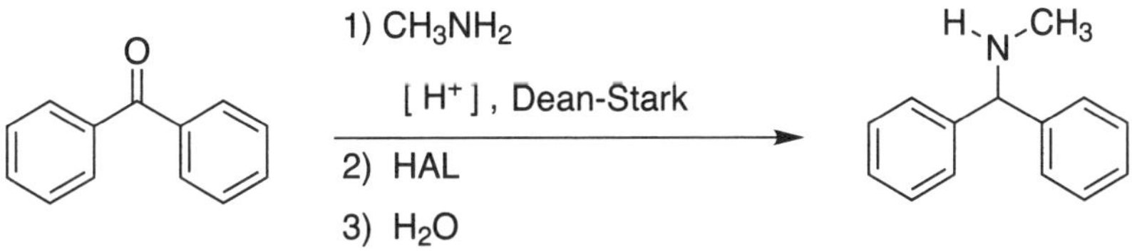

1) CH_3NH_2

[H^+] , Dean-Stark

2) HAL

3) H_2O

8.14)

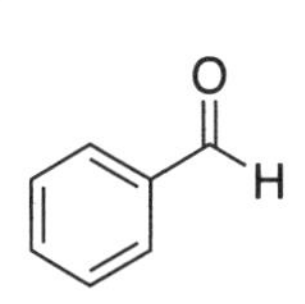

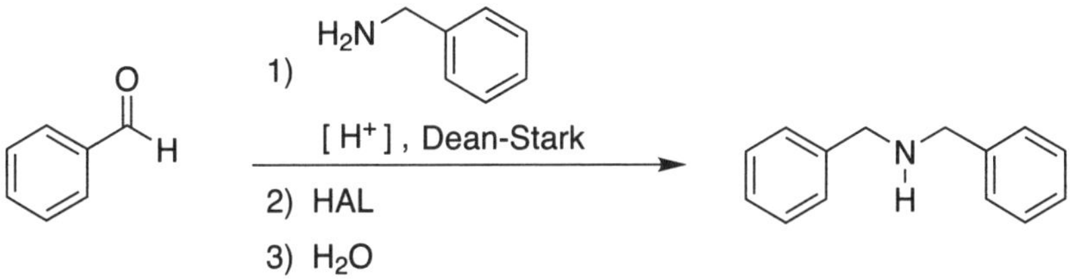

1) H_2N

[H^+] , Dean-Stark

2) HAL

3) H_2O

8.15)

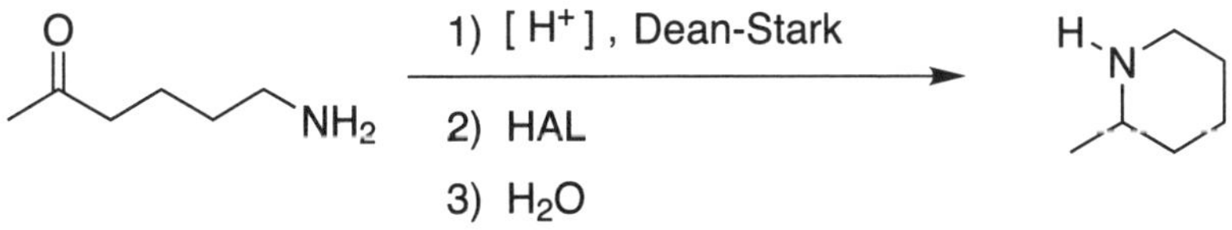

1) [H^+] , Dean-Stark

2) HAL

3) H_2O

8.16)

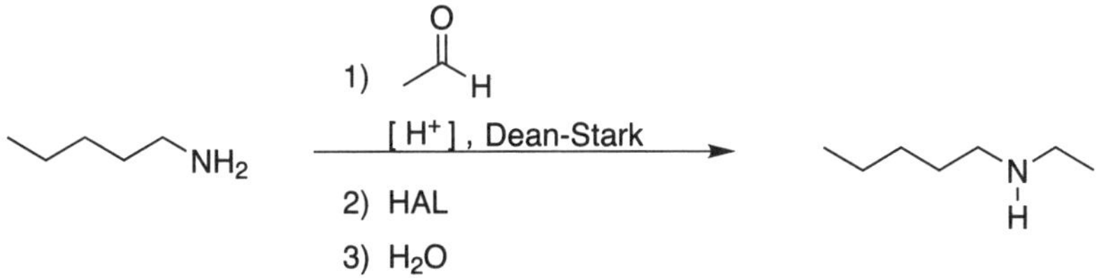

1)

[H^+] , Dean-Stark

2) HAL

3) H_2O

8.18)

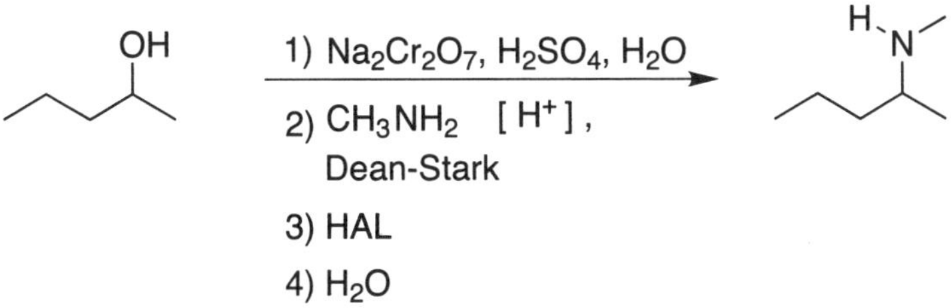

1) $Na_2Cr_2O_7$, H_2SO_4, H_2O

2) CH_3NH_2 [H^+] , Dean-Stark

3) HAL

4) H_2O

8.19)

1) $BH_3 \cdot THF$
2) H_2O_2, NaOH
3) PCC
4) $\diagup\!\diagdown NH_2$ [H^+], Dean-Stark
5) HAL
6) H_2O

8.20)

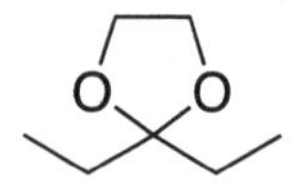

1) H_3O^+
2) [H^+], $CH_3CH_2CH_2NH_2$ Dean-Stark
3) HAL
4) H_2O

8.21)

1) O_3
2) DMS
3) $\diagup\!\diagdown NH_2$ [H^+], Dean-Stark
4) HAL
5) H_2O

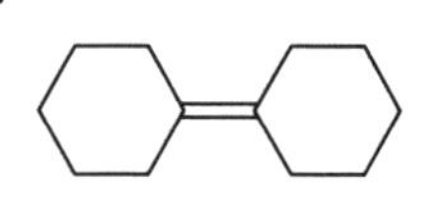

8.22)

1) Et_2CuLi
2) $\diagup\!\diagdown NH_2$ [H^+], Dean-Stark
3) HAL
4) H_2O

8.24)

1) acetyl chloride
2) cyclohexanecarbonyl chloride, $AlCl_3$
3) H_3O^+

8.25)

1) acetyl chloride
2) Cl_2, $AlCl_3$
3) H_3O^+

8.27) $Cl^{\ominus}$ $N{\equiv}N^{\oplus}$

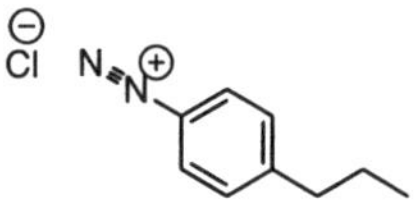

8.28) $Cl^{\ominus}$ $N{\equiv}N^{\oplus}$

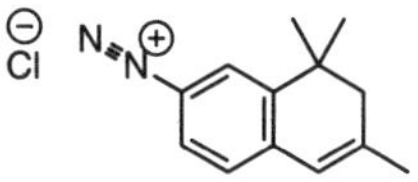

8.29) $O{=}N$ / N

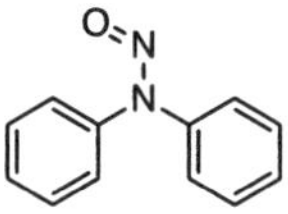

8.30) $^{\oplus}N{\equiv}N$ $Cl^{\ominus}$

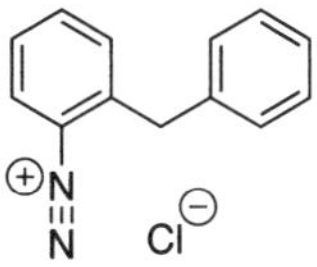

8.32) NH_2, NO_2 — 1) $NaNO_2$, HCl; 2) CuBr → Br, NO_2

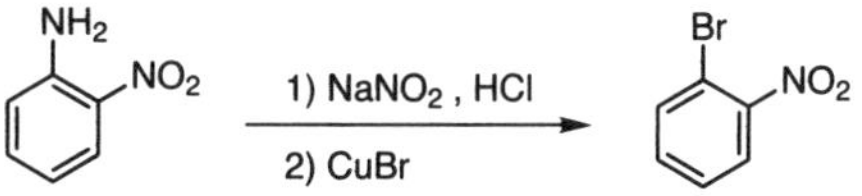

8.33) NH_2, NO_2 — 1) $NaNO_2$, HCl; 2) CuCN → CN, NO_2

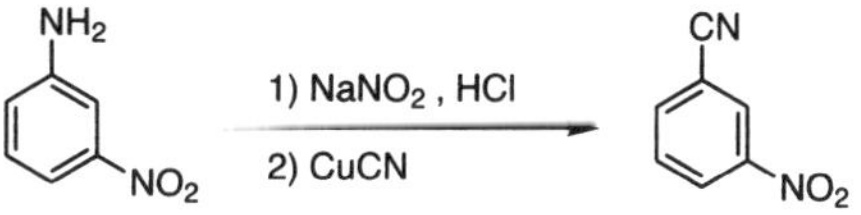

8.34) NH_2, NO_2 — 1) $NaNO_2$, HCl; 2) CuCl → Cl, NO_2

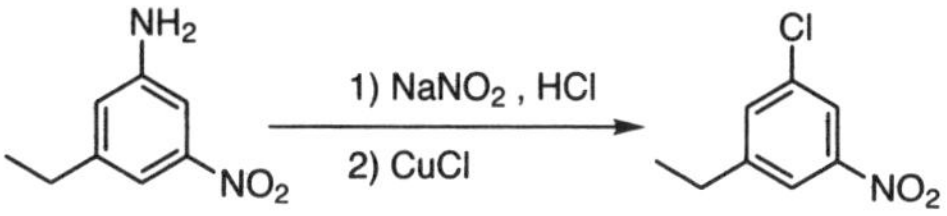

8.35) NH_2 — 1) $NaNO_2$, HCl; 2) CuBr → Br

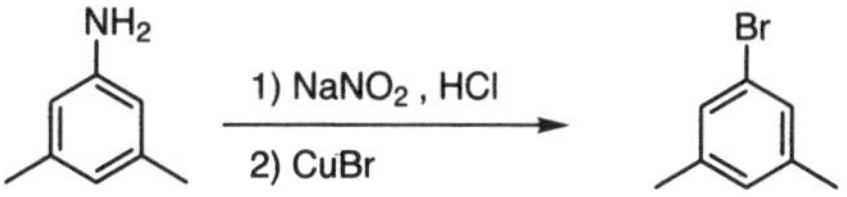

8.36) NH_2 — 1) $NaNO_2$, HCl; 2) CuCN → CN

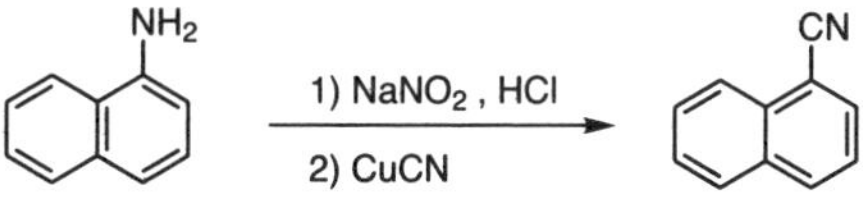

ÍNDICE

B

C

D

F

G

H

S

T